研究生高水平课程体系建设丛书

结构/机构可靠性设计基础

吕震宙　宋述芳　李璐祎　王燕萍　编著

西北工业大学出版社

西　安

【内容简介】 本书全面系统地介绍了结构/机构可靠性分析与设计的基本理论和方法。主要内容包括:①静态可靠性和可靠性灵敏度分析的矩方法、各类数字模拟法和代理模型法;②时变可靠性分析的数字模拟法、跨越率法、包络函数法和代理模型法;③可靠性优化设计和稳健优化设计的基本方法。

本书主要用作高等学校硕、博士研究生和高年级本科生相关课程的教材,也可供从事结构/机构可靠性分析与设计的研究人员和工程技术人员阅读参考。

图书在版编目(CIP)数据

结构/机构可靠性设计基础 / 吕震宙等编著 .—西安:西北工业大学出版社,2019.3(2021.11 重印)
(研究生高水平课程体系建设丛书)
ISBN 978-7-5612-6349-5

Ⅰ.①结… Ⅱ.①吕… Ⅲ.①可靠性设计-研究生-教材 Ⅳ.①TB114.32

中国版本图书馆 CIP 数据核字(2019)第 018239 号

JIEGOU/JIGOU KEKAOXING SHEJI JICHU
结构/机构可靠性设计基础

责任编辑:何格夫　　策划编辑:何格夫
责任校对:朱辰浩　　装帧设计:董小伟
出版发行:西北工业大学出版社
通信地址:西安市友谊西路 127 号　　邮编:710072
电　　话:(029)88491757,88493844
网　　址:www.nwpup.com
印 刷 者:兴平市博闻印务有限公司
开　　本:787 mm×1 092 mm　　1/16
印　　张:22.75
字　　数:597 千字
版　　次:2019 年 3 月第 1 版　　2021 年 11 月第 2 次印刷
定　　价:85.00 元

前　言

结构/机构的可靠性分析与设计是一门古老而又年轻的学科,其发展最早源自于人们意识到影响结构/机构系统性能的因素是不完全可控的,这种不可控的影响因素导致了系统性能的不确定性。为了掌握不确定性因素影响下的系统性能,就有必要发展一种不可控、不确定性因素影响下结构/机构性能的分析与设计方法,于是结构/机构可靠性学科便逐渐发展了起来。近年来,随着工业技术和管理科学的发展,可靠性被应用到越来越多的领域,其理论体系得到了不断的完善,内涵日渐丰富,并且现代计算机软硬件技术的高速发展也为可靠性学科注入了新的活力。

传统的结构/机构可靠性分析与设计方法中一般采用随机性来描述不可控的不确定性因素,以概率密度来量化这种随机不确定性,其中可靠性分析的主要任务是将影响结构/机构性能的输入变量的随机不确定性传递给输出性能,以便掌握输出性能的取值规律,因而可以得出的结论是:可靠性分析就是将输入不确定性传递给输出并得到输出性能不确定性的过程,这种传递依赖于输出性能与输入变量之间的确定性关系。

关于可靠性分析主要任务中的这种不确定性的传递分析,最基本的传递就是依据输出和输入的关系将输入变量的随机不确定性的统计矩信息传递给输出性能,得到输出的统计矩信息,从而部分掌握输出性能的取值规律,并利用概率统计的基本理论由输出的统计矩近似得到结构/机构系统性能满足规定要求的安全概率。在可靠性分析理论中,最先发展的就是这种统计矩传递方法,包括一次二阶矩方法、二次二阶矩方法以及基于各种点估计的矩方法等。统计矩属于随机不确定性的局部统计特征,由输出性能的局部统计特征得到的安全概率或者是失效概率在很多情况(诸如高度非线性、高维变量、小失效概率等)下是不准确的,于是又发展了各种数字模拟方法来解决可靠性分析问题。

数字模拟可靠性分析方法中最基础的方法就是蒙特卡罗模拟法(Monte Carlo Simulation,MCS)。MCS的理论基础是大数定律,它利用失效事件的频率来近似失效事件的概率,这种近似解会随样本数的增加而逐渐收敛于真值。MCS的显著优点是理论基础牢固,思路简单,编程容易,求解难度与变量的分布形式、维度以及极限状态方程的形式无关等,MCS的主要缺点是对小概率事件的计算量大。针对MCS方法的缺点又发展了收敛速度更高的数字模拟方法，最主要的是重要抽样法。重要抽样法由于选取了使估计值方差更小的重要抽样密度函数，从而大大降低了相同样本数下估计值的方差，提高了 MCS 的计算效率。针对工程中常见的高维输入变量的问题，发展了更高效的数字模拟方法，包括子集模拟、线抽样和方向抽样等。其中子集模拟的主要特点是将稀有事件的小概率等价转换成一系列较大的条件概率的乘积，并利用马尔可夫链 Monte Carlo 法来抽取条件样本以高效计算转换后的条件概率，而线抽样和方向抽样则是利用降维的思想来提高高维小失效概率可靠性分析问题的效率。

虽然各种矩传递方法和数字模拟法的效率和精度在不断提高，但仍然无法满足工程中复杂隐式极限状态方程问题的计算效率要求，于是又促使可靠性研究人员发展了可靠性分析的代理模型法。代理模型法的基本思想就是希望通过少量的计算来建立一个在概率上能够近似原问题中隐式极限状态方程的显式代理模型，从而极大地减少可靠性分析的计算量。可靠性分析中的代理模型包括响应面法、支持向量机及 Kriging 模型等，随着如今机器学习算法的不断完善和提高，代理模型在可靠性分析中的应用研究也越来越广泛，并且也使得可靠性分析逐步能够真正地应用于工程中复杂隐式极限状态方程的问题。

本书主要介绍可靠性分析和设计的一些基本理论，包括静态/时变可靠性和可靠性灵敏度分析方法、基于可靠性的优化设计方法和基于稳健性的优化设计方法等。书中针对每一种理论方法都有相应的算例验证，并附有详细的算法流程和算法程序，以便学习各种理论后进行相应的练习，加深对理论知识的理解。为了便于每一章的阅读，本书基本上是每章自成一体的，因此会出现一些不同章节中共同基础部分的少量重复。

本书共 13 章，写作分工如下：第 1，2，10，11，13 章由吕震宙执笔，第 3，4 章由王燕萍执笔，第 5，6，7 章由宋述芳执笔，第 8，9，12 章由李璐祎执笔。全书由吕震宙教授统稿并定稿。

笔者特别要感谢国家自然科学基金（51475370，51775439）和西北工业大学“双一流”研究生核心课程建设项目的资助，感谢本书编写过程中员婉莹、成凯、冯凯旋、凌春燕、肖思男等研究生的辛勤劳动。写作本书曾参阅了相关文献、资料，在此，谨向其作者深致谢忱。

尽管在编写过程中尽心尽力，但由于笔者能力所限，错误或不当之处恳请读者批评指正。

编著者

2018 年 12 月

目　　录

第1章　绪　论

结构/机构通常需要在其服役期内安全可靠地完成规定的任务，然而由于加工制造的误差、外部载荷的差异以及人为失误等因素，会导致实际中的结构/机构可能无法完全安全可靠地完成规定的任务。我们将这些导致结构/机构无法完成规定任务的因素统称为不确定性因素。为了有效地进行结构/机构的安全设计以及性能评估，研究人员在过去的40多年里逐渐发展起了可靠性分析方法。可靠性分析方法在充分考虑不确定性因素的基础上，能够对结构/机构的安全程度及性能进行量化，从而有助于工程人员充分掌握产品的性能并进行性能的设计。

经典的可靠性分析方法可以看作是一种系统行为满足规定要求的概率分析，它采用概率理论对不确定因素进行描述，进而通过不确定性传递分析量化响应量的不确定性，得到结构/机构的可靠度(或失效概率)。可靠性分析的基本框图如图1-1所示。此外，也有学者采用非概率的方法对不确定性因素进行描述，进而提出了非概率可靠性分析方法。本书主要针对结构/机构的概率可靠性分析方法进行介绍。

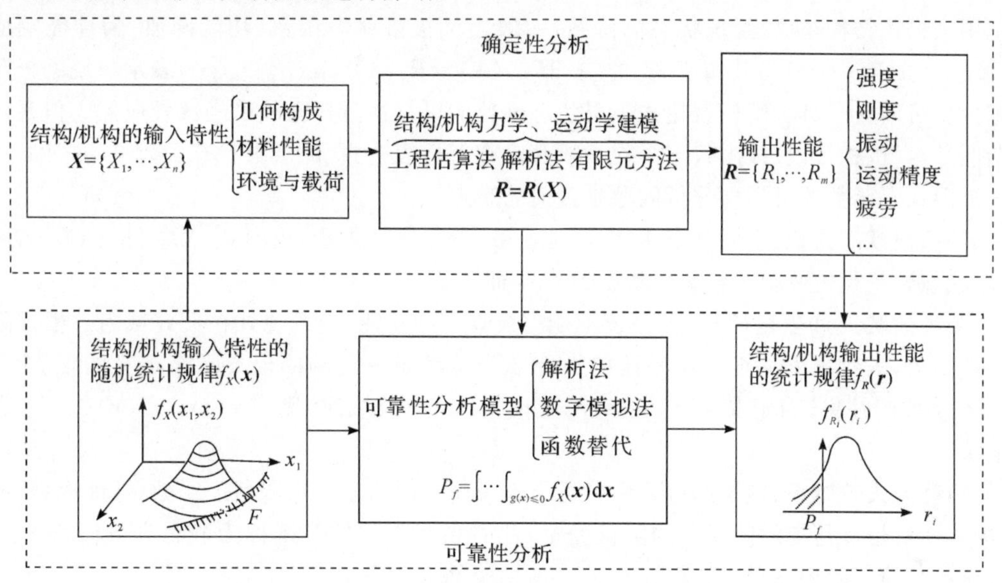

图1-1　结构/机构可靠性分析基本框图

1.1　结构/机构可靠性分析中的基本概念

首先介绍结构/机构可靠性分析中所涉及的一些基本概念。

(1)**输入变量** $\boldsymbol{X}=\{X_1,X_2,\cdots,X_n\}$：在结构/机构的可靠性分析中，将影响结构/机构系统

行为(或称为性能响应量)的不确定性因素称为输入变量,输入变量的不确定性决定了性能响应量的不确定性。输入变量的不确定性通常采用概率密度函数 $f_{\boldsymbol{X}}(\boldsymbol{x},\boldsymbol{\theta}_{\boldsymbol{X}})$ (其中 $\boldsymbol{\theta}_{\boldsymbol{X}}$ 表示输入变量的分布参数)进行定量描述,$f_{\boldsymbol{X}}(\boldsymbol{x},\boldsymbol{\theta}_{\boldsymbol{X}})$ 表示了输入变量的随机取值规律。在一般的结构/机构可靠性分析中,输入变量包括结构/机构的几何构成、材料性能以及外部载荷等,这些输入变量的统计规律在进行可靠性分析之前必须是已知的。如果不了解输入变量的统计规律,就无法得到作为输入变量函数的性能响应量的统计规律,因此输入变量统计规律的获取是可靠性分析与设计中的基本问题。

(2)**性能响应量** $\boldsymbol{R}=\{R_1,R_2,\cdots,R_m\}$:在结构/机构可靠性分析中,响应量是用来描述结构/机构系统行为特性的,它可以是位移、应力、寿命、振动特征量和运动学特征量等。性能响应量是输入变量的函数,即 $\boldsymbol{R}=\boldsymbol{R}(\boldsymbol{X})$,输入变量与性能响应量之间的函数关系是由自然规律确定的。可靠性分析的目的就是要得到性能响应量的统计规律,并且性能响应量的统计规律是由输入变量的统计规律以及输入变量-性能响应量之间的函数关系确定的,因此由自然规律确定的输入变量-性能响应量之间的函数关系是采用概率论的手段进行结构/机构可靠性分析的前提。

(3)**不确定性传递**:在结构/机构可靠性分析中,关键是要得到性能响应量的统计规律,将输入变量的统计规律通过输入变量-性能响应量之间的函数关系传递得到性能响应量的统计规律称为不确定性传递。不确定性传递是可靠性分析的主要问题,常用的方法主要有(近似)解析法、数字模拟法和代理模型法等。

(4)**极限状态函数** $g(\boldsymbol{X})=g_s(g_1(\boldsymbol{X}),g_2(\boldsymbol{X}),\cdots,g_m(\boldsymbol{X}))$:极限状态函数也称为功能函数,它是用来描述结构/机构系统状态的函数,一般定义极限状态函数(功能函数)为性能响应量 $R_k(\boldsymbol{X})(k=1,2,\cdots,m)$ 与其阈值 r_k^* 的差,即 $g_k(\boldsymbol{X})=R_k(\boldsymbol{X})-r_k^*$ 。$g_s(\cdot)$ 表示系统的极限状态函数。目前对于具有解析表达式极限状态函数的可靠性分析方法已经比较成熟。但是对于复杂的结构/机构来说,极限状态函数一般都没有解析表达式,即极限状态函数是隐式的,针对隐式极限状态函数的可靠性分析问题是目前的难点。

(5)**极限状态方程**:极限状态函数(功能函数)等于零的方程,也即 $g_k(\boldsymbol{X})=R_k(\boldsymbol{X})-r_k^*=0$,极限状态方程是失效状态与安全状态的分界面。

(6)**失效域** F **和安全域** S :若系统不能完成规定的功能,则系统处在失效域内。根据系统的功能要求,失效域 F 一般是由系统的性能响应量满足一定的阈值要求来定义的,安全域 S 为失效域 F 的补集,当定义 $F=\{\boldsymbol{x}:g(\boldsymbol{x})\leqslant 0\}$ 为失效域时,则 $S=\{\boldsymbol{x}:g(\boldsymbol{x})>0\}$ 表示安全域。

(7)**静态失效概率**:传统的可靠性分析中不考虑时间对系统极限状态函数(功能函数)的影响,输入变量也都是与时间无关的随机变量,此时系统失效的概率称为静态失效概率 P_f ,它可以表示为如下的积分形式:

$$P_f=P\{F\}=P\{g(\boldsymbol{x})\leqslant 0\}$$
$$=\int_F f_{\boldsymbol{X}}(\boldsymbol{x},\boldsymbol{\theta}_{\boldsymbol{X}})\mathrm{d}\boldsymbol{x}=\int_{g(\boldsymbol{x})\leqslant 0} f_{\boldsymbol{X}}(\boldsymbol{x},\boldsymbol{\theta}_{\boldsymbol{X}})\mathrm{d}\boldsymbol{x} \tag{1-1}$$

(8)**时变失效概率**:在可靠性分析中,系统的极限状态函数(功能函数)以及输入变量都有可能与时间相关,此时,系统的极限状态函数(功能函数)可以表示为 $g(\boldsymbol{X},\boldsymbol{Y}(t),t)$,其中 $\boldsymbol{X}$ 表示与时间无关的输入变量,$\boldsymbol{Y}(t)$ 表示与时间相关的输入变量,t 表示时间变量。时变失效概

率定义为系统在给定时间段 $[t_0,t_s]$ 内失效的概率，它可以表示为

$$P_f(t_0,t_s)=P\{g(\boldsymbol{x},\boldsymbol{y}(t),t)\leqslant 0,\exists t\in[t_0,t_s]\} \quad (1-2)$$

此时的时变失效域可以表示为 $F=\{\boldsymbol{x},\boldsymbol{y}(t):g(\boldsymbol{x},\boldsymbol{y}(t),t)\leqslant 0,\exists t\in[t_0,t_s]\}$，时变安全域可以表示为 $S=\{\boldsymbol{x},\boldsymbol{y}(t):g(\boldsymbol{x},\boldsymbol{y}(t),t)>0,\forall t\in[t_0,t_s]\}$。

(9)**单失效模式与多失效模式**：失效模式是与系统的极限状态方程相对应的，当系统只有一个极限状态方程时，则称系统具有单个失效模式。对于单个失效模式的问题，单个极限状态函数的统计规律就是系统的统计规律，单失效模式的失效概率就是系统的失效概率。当系统具有多个极限状态方程时，则称系统具有多个失效模式。对于多失效模式的问题，系统的失效与模式的失效具有一定的逻辑关系，如串联关系、并联关系或混联关系等，在确定了系统与各模式失效的关系以及各模式极限状态函数的统计规律后，就可以确定系统的统计规律和系统的失效概率了。单失效模式的可靠性分析问题较为简单，多失效模式的可靠性分析方法是建立在单失效模式可靠性分析基础上的更为复杂的分析方法。

(10)**失效概率函数**：由式(1-1)可以看出，失效概率 P_f 的值会随着输入变量分布参数 $\boldsymbol{\theta}_X$ 取值的变化而变化。当输入变量分布参数 $\boldsymbol{\theta}_X$ 为变量时，失效概率 P_f 将成为输入变量分布参数 $\boldsymbol{\theta}_X$ 的函数，即 $P_f(\boldsymbol{\theta}_X)$。$P_f(\boldsymbol{\theta}_X)$ 可以反映出不同分布参数的取值对应的失效概率，高效计算 $P_f(\boldsymbol{\theta}_X)$ 可以为结构的可靠性优化设计奠定基础。

(11)**可靠性局部灵敏度**：可靠性局部灵敏度定义为输入变量分布参数的变化引起失效概率变化的比率，它在数学上可以表示为失效概率 P_f 对输入变量分布参数 θ_{X_i} 的偏导数，即 $\partial P_f/\partial\theta_{X_i}$。可靠性局部灵敏度表示的是输入变量分布参数在给定点 $\boldsymbol{\theta}_X^*$ 对失效概率的影响程度，它可以为结构可靠性的梯度优化设计方法提供优化的方向。

(12)**基于失效概率的全局灵敏度**：基于失效概率的全局灵敏度能够衡量输入变量在其整个分布域内变化时对失效概率的平均影响，其定义为系统的无条件失效概率与某一输入变量固定的条件下系统的条件失效概率之间差异的平均值。基于失效概率的全局灵敏度表示的是当某一输入变量的不确定性消除时所引起系统失效概率的变化，反映了输入变量的不确定性对系统失效概率的影响。

1.2 结构/机构可靠性分析的研究进展

结构/机构可靠性分析中的关键问题是估计结构/机构的失效概率，这也是可靠性研究人员一直重点关注的问题，结构/机构可靠性领域的大多数研究均围绕该问题而展开。根据式(1-1)可以看出，失效概率可以表示为一个高维积分问题，为了有效地估计失效概率，研究人员相继提出了许多有效的方法。这些方法主要有近似解析法、数字模拟法以及代理模型法。

近似解析法中最为典型的方法是一次可靠性方法和二次可靠性方法，其主要思想是在输入变量的均值点或设计点(失效域内联合概率密度最大的点)采用超平面或二次超曲面来近似实际的极限状态函数。一次可靠性方法中的一次二阶矩法和改进一次二阶矩法是最为基本的方法，它们具有计算效率高的优点，但对于复杂的非线性可靠性分析问题，其计算精度不足。矩方法是另一种估计失效概率的近似解析法，该方法通过数值积分的方法先求得极限状态函数的前若干阶矩，然后基于这些矩的信息并在合理的假设下估计出失效概率，常用的矩方法主要有二阶矩法、三阶矩法和四阶矩法，其中用于估计极限状态函数各阶矩的方法主要有点估计

法、降维积分法、无迹变换法以及稀疏网格积分法等。矩方法在低维输入条件下也具有较高的计算效率,但其具有较多的约束条件(包括输入变量的维度、极限状态函数的非线性程度以及分布等)。

数字模拟法是一种较为通用的估计失效概率的方法,该方法基于大数定律利用样本均值来近似估计母体均值[将式(1-1)求解失效概率积分转化成均值的形式],或者说是用失效的频率来估计失效的概率,只要有足够多的样本,那么所得到的估计值就会收敛于真实的失效概率。最基本的数字模拟法是蒙特卡罗模拟法,该方法首先根据输入变量的联合概率密度函数产生一组输入变量的样本,进而通过失效域内的样本数与总样本数的比值来近似估计失效概率。蒙特卡罗模拟法具有原理简单和适用范围广的特点,但其计算效率一般较低,特别是对于小失效概率的问题。为了提高蒙特卡罗模拟法的计算效率,研究人员又相继提出了一些改进的蒙特卡罗模拟法,如重要抽样法、子集模拟法、线抽样法以及方向抽样法等。这些改进的蒙特卡罗模拟法能在一定程度上提高计算效率,但其也面临着一些限制条件。作为一种比较通用的方法,数字模拟法一直受到研究人员的关注。

代理模型法是另外一种常用的估计失效概率的方法,其基本思想是通过回归或分类的方法构建一个能够近似真实极限状态函数的代理模型,进而在此基础上采用蒙特卡罗模拟法(或其他方法)估计失效概率。相对于真实的复杂物理模型,代理模型的计算代价非常小,因而可以有效提高失效概率的计算效率。常用的估计失效概率的代理模型法主要有响应面法、支持向量机法以及 *Kriging* 代理模型法等。近年来,基于代理模型的可靠性分析方法以及与数字模拟法有机结合的嵌入式代理模型方法得到了越来越多研究人员的关注。

相对而言,时变失效概率的估计比静态失效概率要更复杂一些,最直接的时变失效概率估计方法是蒙特卡罗模拟法,由于需要产生与时间相关的随机样本,因而其估计过程更为复杂。跨越率法也是一种常用的估计时变失效概率的方法,该方法根据极限状态函数从安全域进入失效域的跨越率来估计时变失效概率。跨越率法具有较高的计算效率,但其计算精度相对较低。另一类用以估计时变失效概率的方法是首先将时变可靠性分析问题转化为静态可靠性分析问题,进而采用静态失效概率方法来估计时变失效概率,这种转换使得已有的静态可靠性分析方法可以用于时变可靠性分析,这类方法主要有极值法和包络函数法等。时变可靠性分析更符合实际中的问题,因而时变失效概率的估计问题也逐渐得到了更多的关注与研究。

可靠性灵敏度分析旨在研究输入变量对失效概率的影响,从而帮助研究人员了解输入变量对失效概率的影响程度,进而有助于结构/机构的可靠性设计与优化。传统的可靠性灵敏度定义为失效概率对输入变量分布参数的偏导数,反映出了输入变量分布参数对失效概率的影响程度,其估计方法与失效概率的估计方法基本一致,如近似解析法(一次二阶矩法、矩方法)、蒙特卡罗模拟法等。基于偏导数的可靠性灵敏度只反映出了输入变量的一些特征量(如均值、方差)对失效概率的影响,为了更全面地衡量输入变量的不确定性对失效概率的影响,研究人员又提出了基于失效概率的全局灵敏度分析方法,该方法通过衡量系统的无条件失效概率与某一输入变量固定的条件下系统的条件失效概率之间差异的平均值来度量输入变量的不确定性对系统失效概率的影响。基于失效概率的全局灵敏度能够更全面地衡量输入变量的不确定性对系统失效概率的平均影响,有助于结构/机构的不确定性优化设计,也逐渐得到了越来越多的关注。

1.3 本书主要内容

本书主要介绍结构/机构的可靠性及可靠性灵敏度分析方法，主要内容包含可靠性及可靠性灵敏度分析的矩方法、数字模拟法(蒙特卡罗模拟法、重要抽样法、子集模拟法、线抽样法、方向抽样法)以及代理模型法(响应面法、支持向量机法、*Kriging* 代理模型法)，此外，还将介绍时变可靠性分析的基本方法(蒙特卡罗模拟法、跨越率法、极值法、包络函数法、代理模型法)以及基于失效概率的全局灵敏度分析方法，最后简单地介绍随机不确定性环境下的结构优化设计方法。

第2章　可靠性和可靠性灵敏度分析的矩方法

矩方法是当前应用十分广泛的一种可靠性分析方法，其基本思想是利用功能函数的一些特征点处的函数值计算得到功能函数的低阶矩（主要是一阶到四阶矩），然后根据各阶矩信息来近似失效概率。本章将给出矩方法的基本原理和实现过程以及在这些方法的基础上发展的可靠性灵敏度计算方法。由于一次二阶矩法也属于利用功能函数的一阶矩和二阶矩来进行可靠性分析的，因此该方法也归并在矩方法这一章中进行介绍。

2.1　一次二阶矩方法(First Order and Second Moment，FOSM)

2.1.1　均值一次二阶矩可靠性分析方法

功能函数 $Y=g(\boldsymbol{X})$ 是输入变量 $\boldsymbol{X}=\{X_1,X_2,\cdots,X_n\}^{\mathrm{T}}$ 的函数，由概率论基本原理可知，当功能函数为输入变量的线性函数且输入变量服从正态分布时，功能函数也服从正态分布，并且功能函数的分布参数可以由输入变量的一阶矩和二阶矩简单推导求得。基于这一原理，均值一次二阶矩方法在输入变量的均值点处将非线性的功能函数用泰勒级数展开成线性表达式，以线性功能函数代替原非线性功能函数，求解线性功能函数的可靠度指标，从而得到原功能函数的近似失效概率[1-2]。

1. 线性功能函数

设功能函数 $Y=g(\boldsymbol{X})$ 是服从正态分布的 n 维输入随机变量 $\boldsymbol{X}=\{X_1,X_2,\cdots,X_n\}^{\mathrm{T}}$ 的线性函数，即

$$Y=g(\boldsymbol{X})=a_0+\sum_{i=1}^{n}a_iX_i \tag{2-1}$$

其中 $a_i(i=0,1,\cdots,n)$ 为常数。

功能函数的均值 μ_g 和方差 σ_g^2 可分别表示为

$$\mu_g=a_0+\sum_{i=1}^{n}a_i\mu_{X_i} \tag{2-2}$$

$$\sigma_g^2=\sum_{i=1}^{n}a_i^2\sigma_{X_i}^2+\sum_{i=1}^{n}\sum_{\substack{j=1\\ j\neq i}}^{n}a_ia_j\mathrm{Cov}(X_i,X_j) \tag{2-3}$$

其中 μ_{X_i} 为 X_i 的均值，$\mathrm{Cov}(X_i,X_j)$ 是 X_i 和 X_j 的协方差，$\mathrm{Cov}(X_i,X_j)=\rho_{X_iX_j}\sigma_{X_i}\sigma_{X_j}$，$\rho_{X_iX_j}$ 为 X_i 和 X_j 的线性相关系数。

当输入变量相互独立时，方差 σ_g^2 简化为

$$\sigma_g^2=\sum_{i=1}^{n}a_i^2\sigma_{X_i}^2 \tag{2-4}$$

依据正态变量线性组合后仍然服从正态分布，且正态分布随机变量的密度函数由其均值和方差唯一确定的原理，可得到功能函数服从正态分布的结论，即

$$Y \sim N(\mu_g, \sigma_g^2) \tag{2-5}$$

将功能函数的均值 μ_g 和标准差 σ_g 的比值记为可靠度指标 β，则有

$$\beta = \frac{\mu_g}{\sigma_g} = \frac{a_0 + \sum_{i=1}^{n} a_i \mu_{X_i}}{\sqrt{\sum_{i=1}^{n} a_i^2 \sigma_{X_i}^2 + \sum_{i=1}^{n} \sum_{j=1, j\neq i}^{n} a_i a_j \mathrm{Cov}(X_i, X_j)}} \tag{2-6}$$

由此便可得到一次二阶矩方法的可靠度 P_r 和失效概率 P_f 分别为

$$P_r = P\{Y > 0\} = P\left\{\frac{Y-\mu_g}{\sigma_g} > -\frac{\mu_g}{\sigma_g}\right\} = \Phi(\beta) \tag{2-7}$$

$$P_f = P\{Y \leqslant 0\} = P\left\{\frac{Y-\mu_g}{\sigma_g} \leqslant -\frac{\mu_g}{\sigma_g}\right\} = \Phi(-\beta) \tag{2-8}$$

式中 $\Phi(\cdot)$ 为标准正态变量的累积分布函数。

2. 非线性功能函数

当功能函数为输入变量的非线性函数时，均值一次二阶矩方法将功能函数在输入变量的均值点 $\boldsymbol{\mu_X} = (\mu_{X_1}, \mu_{X_2}, \cdots, \mu_{X_n})$ 处线性展开成泰勒级数，即

$$Y = g(X_1, X_2, \cdots, X_n) \approx g(\mu_{X_1}, \mu_{X_2}, \cdots, \mu_{X_n}) + \sum_{i=1}^{n} \left.\frac{\partial g}{\partial X_i}\right|_{\boldsymbol{\mu_X}} (X_i - \mu_{X_i}) \tag{2-9}$$

其中 $\left.\frac{\partial g}{\partial X_i}\right|_{\boldsymbol{\mu_X}}$ 表示功能函数的导函数在均值点 $\boldsymbol{\mu_X}$ 处的函数值。

由式(2-9)的线性化功能函数，可近似得到功能函数的均值 μ_g 和方差 σ_g^2 分别为

$$\mu_g = g(\mu_{X_1}, \mu_{X_2}, \cdots, \mu_{X_n}) \tag{2-10}$$

$$\sigma_g^2 = \sum_{i=1}^{n} \left(\left.\frac{\partial g}{\partial X_i}\right|_{\boldsymbol{\mu_X}}\right)^2 \sigma_{X_i}^2 + \sum_{i=1}^{n} \sum_{j=1, j\neq i}^{n} \left.\frac{\partial g}{\partial X_i}\right|_{\boldsymbol{\mu_X}} \left.\frac{\partial g}{\partial X_j}\right|_{\boldsymbol{\mu_X}} \mathrm{Cov}(X_i, X_j) \tag{2-11}$$

当各输入变量相互独立时，上式 σ_g^2 简化为

$$\sigma_g^2 = \sum_{i=1}^{n} \left(\left.\frac{\partial g}{\partial X_i}\right|_{\boldsymbol{\mu_X}}\right)^2 \sigma_{X_i}^2 \tag{2-12}$$

在非线性功能函数情况下，可靠度指标 β 和失效概率 P_f 分别为

$$\beta = \frac{\mu_g}{\sigma_g} = \frac{g(\mu_{X_1}, \mu_{X_2}, \cdots, \mu_{X_n})}{\sqrt{\sum_{i=1}^{n} \left(\left.\frac{\partial g}{\partial X_i}\right|_{\boldsymbol{\mu_X}}\right)^2 \sigma_{X_i}^2 + \sum_{i=1}^{n} \sum_{j=1, j\neq i}^{n} \left.\frac{\partial g}{\partial X_i}\right|_{\boldsymbol{\mu_X}} \left.\frac{\partial g}{\partial X_j}\right|_{\boldsymbol{\mu_X}} \mathrm{Cov}(X_i, X_j)}} \tag{2-13}$$

$$P_f = \Phi(-\beta) \tag{2-14}$$

2.1.2　均值一次二阶矩可靠性灵敏度分析方法

可靠性局部灵敏度简称为可靠性灵敏度，其定义为失效概率 P_f 对输入变量分布参数(正态分布时分布参数包括均值 μ_{X_i}、标准差 σ_{X_i} 和相关系数 $\rho_{X_iX_j}$)的偏导数。由失效概率 P_f 与可靠度指标 β 的关系，以及可靠度指标 β 与输入变量分布参数之间的关系，可利用下列的复合函数求导法则，求得可靠性灵敏度 $\partial P_f / \partial \mu_{X_i}$、$\partial P_f / \partial \sigma_{X_i}$ 和 $\partial P_f / \partial \rho_{X_iX_j}$ 分别为

$$\frac{\partial P_f}{\partial \mu_{X_i}} = \frac{\partial P_f}{\partial \beta} \frac{\partial \beta}{\partial \mu_{X_i}} \tag{2-15}$$

$$\frac{\partial P_f}{\partial \sigma_{X_i}}=\frac{\partial P_f}{\partial \beta}\frac{\partial \beta}{\partial \sigma_{X_i}} \tag{2-16}$$

$$\frac{\partial P_f}{\partial \rho_{X_iX_j}}=\frac{\partial P_f}{\partial \beta}\frac{\partial \beta}{\partial \rho_{X_iX_j}} \tag{2-17}$$

由于

$$P_f=\Phi(-\beta)=1-\frac{1}{\sqrt{2\pi}}\int_{-\infty}^{\beta}\exp\left(-\frac{1}{2}t^2\right)\mathrm{d}t \tag{2-18}$$

则有

$$\frac{\partial P_f}{\partial \beta}=-\frac{1}{\sqrt{2\pi}}\exp\left(-\frac{1}{2}\beta^2\right) \tag{2-19}$$

将相应的可靠度指标与功能函数均值和方差代入式(2-19),可得

$$\frac{\partial P_f}{\partial \beta}=-\frac{1}{\sqrt{2\pi}}\exp\left[-\frac{1}{2}\left(\frac{\mu_g}{\sigma_g}\right)^2\right] \tag{2-20}$$

1.输入变量独立情况

当正态输入变量相互独立且功能函数为线性时,由可靠度指标与输入变量分布参数的关系可得

$$\frac{\partial \beta}{\partial \mu_{X_i}}=\frac{a_i}{\sigma_g} \tag{2-21}$$

$$\frac{\partial \beta}{\partial \sigma_{X_i}}=-\frac{a_i^2\sigma_{X_i}\mu_g}{\sigma_g^3} \tag{2-22}$$

进而最终可以得到可靠性灵敏度 $\partial P_f/\partial \mu_{X_i}$ 和 $\partial P_f/\partial \sigma_{X_i}$ 的完整结果分别为

$$\frac{\partial P_f}{\partial \mu_{X_i}}=\frac{\partial P_f}{\partial \beta}\frac{\partial \beta}{\partial \mu_{X_i}}=-\frac{a_i}{\sqrt{2\pi}\sigma_g}\exp\left[-\frac{1}{2}\left(\frac{\mu_g}{\sigma_g}\right)^2\right] \tag{2-23}$$

$$\frac{\partial P_f}{\partial \sigma_{X_i}}=\frac{\partial P_f}{\partial \beta}\frac{\partial \beta}{\partial \sigma_{X_i}}=\frac{a_i^2\sigma_{X_i}\mu_g}{\sqrt{2\pi}\sigma_g^3}\exp\left[-\frac{1}{2}\left(\frac{\mu_g}{\sigma_g}\right)^2\right] \tag{2-24}$$

当输入变量相互独立且功能函数为非线性时,则可以得到相应的可靠性灵敏度 $\partial P_f/\partial \mu_{X_i}$ 和 $\partial P_f/\partial \sigma_{X_i}$ 的完整结果分别为

$$\frac{\partial P_f}{\partial \mu_{X_i}}=\frac{\partial P_f}{\partial \beta}\frac{\partial \beta}{\partial \mu_{X_i}}=-\frac{\partial g/\partial X_i\,|_{\boldsymbol{\mu}_X}}{\sqrt{2\pi}\sigma_g}\exp\left[-\frac{1}{2}\left(\frac{\mu_g}{\sigma_g}\right)^2\right] \tag{2-25}$$

$$\frac{\partial P_f}{\partial \sigma_{X_i}}=\frac{\partial P_f}{\partial \beta}\frac{\partial \beta}{\partial \sigma_{X_i}}=\frac{(\partial g/\partial X_i\,|_{\boldsymbol{\mu}_X})^2\sigma_{X_i}\mu_g}{\sqrt{2\pi}\sigma_g^3}\exp\left[-\frac{1}{2}\left(\frac{\mu_g}{\sigma_g}\right)^2\right] \tag{2-26}$$

2.输入变量相关情况

当输入变量相关且功能函数为线性时,可靠性灵敏度 $\partial P_f/\partial \mu_{X_i}$、$\partial P_f/\partial \sigma_{X_i}$ 和 $\partial P_f/\partial \rho_{X_iX_j}$ 的最终解分别为

$$\frac{\partial P_f}{\partial \mu_{X_i}}=\frac{\partial P_f}{\partial \beta}\frac{\partial \beta}{\partial \mu_{X_i}}=-\frac{a_i}{\sqrt{2\pi}\sigma_g}\exp\left[-\frac{1}{2}\left(\frac{\mu_g}{\sigma_g}\right)^2\right] \tag{2-27}$$

$$\frac{\partial P_f}{\partial \sigma_{X_i}}=\frac{\partial P_f}{\partial \beta}\frac{\partial \beta}{\partial \sigma_{X_i}}=\frac{\mu_g}{\sqrt{2\pi}\sigma_g^3}\left(a_i^2\sigma_{X_i}+\sum_{j=1,j\neq i}^{n}a_ia_j\rho_{X_iX_j}\sigma_{X_j}\right)\exp\left[-\frac{1}{2}\left(\frac{\mu_g}{\sigma_g}\right)^2\right] \tag{2-28}$$

$$\frac{\partial P_f}{\partial \rho_{X_iX_j}}=\frac{\partial P_f}{\partial \beta}\frac{\partial \beta}{\partial \rho_{X_iX_j}}=\frac{a_ia_j\sigma_{X_i}\sigma_{X_j}\mu_g}{2\sqrt{2\pi}\sigma_g^3}\exp\left[-\frac{1}{2}\left(\frac{\mu_g}{\sigma_g}\right)^2\right] \tag{2-29}$$

当输入变量相关且功能函数为非线性时，可靠性灵敏度 $\partial P_f/\partial \mu_{X_i}$ 、$\partial P_f/\partial \sigma_{X_i}$ 和 $\partial P_f/\partial \rho_{X_iX_j}$ 的最终解分别为

$$\frac{\partial P_f}{\partial \mu_{X_i}}=-\frac{\partial g/\partial X_i\,|_{\mu_x}}{\sqrt{2\pi}\sigma_g}\exp\left[-\frac{1}{2}\left(\frac{\mu_g}{\sigma_g}\right)^2\right] \tag{2-30}$$

$$\frac{\partial P_f}{\partial \sigma_{X_i}}=\frac{\mu_g}{\sqrt{2\pi}\sigma_g^3}\left[\left(\frac{\partial g}{\partial X_i}\bigg|_{\mu_x}\right)^2\sigma_{X_i}+\sum_{j=1,j\neq i}^{n}\frac{\partial g}{\partial X_i}\bigg|_{\mu_x}\frac{\partial g}{\partial X_j}\bigg|_{\mu_x}\rho_{X_iX_j}\sigma_{X_j}\right]\exp\left[-\frac{1}{2}\left(\frac{\mu_g}{\sigma_g}\right)^2\right] \tag{2-31}$$

$$\frac{\partial P_f}{\partial \rho_{X_iX_j}}=\frac{\partial g/\partial X_i\,|_{\mu_x}\partial g/\partial X_j\,|_{\mu_x}\sigma_{X_i}\sigma_{X_j}\mu_g}{2\sqrt{2\pi}\sigma_g^3}\exp\left[-\frac{1}{2}\left(\frac{\mu_g}{\sigma_g}\right)^2\right] \tag{2-32}$$

均值一次二阶矩方法对于线性功能函数且输入变量为正态的问题可以得到失效概率的精确解。当输入变量的分布形式未知，但其均值（一阶矩）和标准差（二阶矩）已知时，由均值一次二阶矩方法可以求得失效概率的近似解。尽管均值一次二阶矩方法的适用范围非常有限，而且它还需要求解功能函数的导函数，但由于其容易实现，且仅需要知道输入变量的一阶矩和二阶矩，因此在工程中有一定的应用价值。必须指出的是，该方法具有致命的弱点，那就是它对于物理意义相同而数学表达式不同的非线性问题有可能得到完全不同的失效概率，这就要求在选择功能函数时，应尽量选择线性化程度较好的形式，以便采用均值一次二阶矩法能够得到精度较高的解。此外，基于均值一次二阶矩法的可靠性灵敏度分析对于正态输入变量且功能函数为线性的情况，可以得到可靠性灵敏度的精确解；对于正态输入变量且非线性程度不大的功能函数，该方法得到的可靠性灵敏度近似解也是可以接受的；但对于高度非线性功能函数，该方法得到的可靠性灵敏度解将可能是完全错误的。

2.1.3　算例分析

算例 2.1　机翼的九盒段结构由 64 个杆元件和 42 个板元件构成，材料为铝合金。已知外载荷与各个单元的强度均为正态随机变量，且相互独立。外载荷 P 的均值和变异系数分别为 $\mu_P=150\text{kg}$ 和 $V_P=0.25$（变异系数定义为标准差与均值绝对值之比），第 i 个单元强度 R_i 的均值和变异系数分别为 $\mu_{R_i}=83.5\text{kg}$ 和 $V_{R_i}=0.12(i=68,77,78)$。由失效模式的枚举方法可求得结构主要失效模式的极限状态函数为 $g(R_{68},R_{77},R_{78},P)=4.0R_{68}-3.999\,8R_{77}+4.0R_{78}-P$。

采用均值一次二阶矩法（FOSM）进行可靠性分析的过程如下：

由于各变量相互独立，此线性功能函数的均值 μ_g 和方差 σ_g^2 分别为

$$\mu_g=4.0\times 83.5-3.999\,8\times 83.5+4.0\times 83.5-150=184.016\,7$$

$$\sigma_g^2=4.0^2\times 10.02^2+3.999\,8^2\times 10.02^2+4.0^2\times 10.02^2+37.50^2=6.225\,3\times 10^3$$

可靠性指标为

$$\beta=\frac{\mu_g}{\sigma_g}=\frac{184.016\,7}{\sqrt{6.225\,3\times 10^3}}=2.332\,3$$

则失效概率为

$$P_f=\Phi(-\beta)=0.009\,842$$

根据式(2-25)和式(2-26)，可得到可靠性灵敏度计算结果，见表 2-1。

表 2-1 算例 2.1 均值一次二阶矩可靠性灵敏度计算结果

$\frac{\partial P_f/\partial\mu_{R_{68}}}{10^{-3}}$	$\frac{\partial P_f/\partial\mu_{R_{77}}}{10^{-3}}$	$\frac{\partial P_f/\partial\mu_{R_{78}}}{10^{-3}}$	$\frac{\partial P_f/\partial\mu_P}{10^{-3}}$	$\frac{\partial P_f/\partial\sigma_{R_{68}}}{10^{-3}}$	$\frac{\partial P_f/\partial\sigma_{R_{77}}}{10^{-3}}$	$\frac{\partial P_f/\partial\sigma_{R_{78}}}{10^{-3}}$	$\frac{\partial P_f/\partial\sigma_P}{10^{-3}}$
−1.333	1.333	−1.333	0.333 1	1.579	1.579	1.579	0.369 3

算例 2.2 某内压圆筒形容器所用材料为 $15MnV$，输入随机变量取为内径 D、内压强 P、壁厚 t 以及屈服强度 σ_s，输入随机变量相互独立且服从正态分布，其分布参数见表 2-2。该内压圆筒的极限状态函数为 $g=\sigma_s-PD/2t$。采用均值一次二阶矩法对该算例进行可靠性及可靠性灵敏度分析。

表 2-2 输入变量的分布参数

随机变量	均值	标准差
D/mm	460	7
P/MPa	20	2.4
t/mm	19	0.8
σ_s/MPa	392	31.4

由于各变量相互独立，此非线性功能函数的均值 μ_g 和方差 σ_g^2 分别为

$$\mu_g=g(\mu_D,\mu_P,\mu_t,\mu_{\sigma_s})=392-20\times 460/(2\times 19)=149.894\ 7$$

$$\begin{aligned}\sigma_g^2&=\left(\frac{\partial g}{\partial D}\bigg|_{\mu_x}\right)^2\sigma_D^2+\left(\frac{\partial g}{\partial P}\bigg|_{\mu_x}\right)^2\sigma_P^2+\left(\frac{\partial g}{\partial t}\bigg|_{\mu_x}\right)^2\sigma_t^2+\left(\frac{\partial g}{\partial \sigma_s}\bigg|_{\mu_x}\right)^2\sigma_{\sigma_s}^2\\&=\left(-\frac{\mu_P}{2\mu_t}\right)^2\sigma_D^2+\left(-\frac{\mu_D}{2\mu_t}\right)^2\sigma_P^2+\left(\frac{\mu_P\mu_D}{2\mu_t^2}\right)^2\sigma_t^2+\sigma_{\sigma_s}^2\\&=1.947\ 5\times 10^3\end{aligned}$$

可靠性指标为

$$\beta=\frac{\mu_g}{\sigma_g}=\frac{184.016\ 7}{\sqrt{1.947\ 5\times 10^3}}=3.396\ 6$$

则失效概率为

$$P_f=\Phi(-\beta)=3.411\times 10^{-4}$$

根据式(2-25)和式(2-26)，可得到可靠性灵敏度计算结果，见表 2-3。

表 2-3 算例 2.2 均值一次二阶矩可靠性灵敏度计算结果

$\frac{\partial P_f/\partial\mu_D}{10^{-5}}$	$\frac{\partial P_f/\partial\mu_P}{10^{-4}}$	$\frac{\partial P_f/\partial\mu_t}{10^{-4}}$	$\frac{\partial P_f/\partial\mu_{\sigma_s}}{10^{-5}}$	$\frac{\partial P_f/\partial\sigma_D}{10^{-6}}$	$\frac{\partial P_f/\partial\sigma_P}{10^{-4}}$	$\frac{\partial P_f/\partial\sigma_t}{10^{-4}}$	$\frac{\partial P_f/\partial\sigma_{\sigma_s}}{10^{-5}}$
1.487	3.419	−3.599	−2.824	4.215	7.645	2.824	6.826

2.2 改进一次二阶矩可靠性分析方法(Advanced FOSM, AFOSM)

2.2.1 改进一次二阶矩可靠性分析方法

改进一次二阶矩法与均值一次二阶矩法是类似的，它也是通过将非线性功能函数进行线性展开，然后用线性功能函数的失效概率来近似原非线性功能函数的失效概率的。与均值一次二阶矩法的不同之处在于，改进一次二阶矩方法线性化功能函数的点是失效域中的最可能失效点(又称设计点)，而均值一次二阶矩法线性化的点是输入变量的均值点。对于一个给定

的非线性功能函数，其失效域中的最可能失效点是不能预先得知的，它需要通过迭代或者直接寻优的过程来求得。以下将以线性功能函数为例说明设计点和可靠度指标的几何意义，然后再介绍非线性功能函数下改进一次二阶矩法的实现过程。

1. 线性功能函数

设功能函数 $Y=g(\boldsymbol{X})$ 是服从正态分布的随机输入变量 $\boldsymbol{X}=\{X_1,X_2,\cdots,X_n\}^{\mathrm{T}}$ 的线性函数，即

$$Y=g(\boldsymbol{X})=a_0+\sum_{i=1}^{n}a_iX_i \tag{2-33}$$

此时改进一次二阶矩方法与均值一次二阶矩法的可靠性分析结果是完全一致的。下面就线性功能函数情况下可靠度指标及设计点的几何意义进行说明。首先对正态分布的输入随机变量进行标准化，令

$$Z_i=\frac{X_i-\mu_{X_i}}{\sigma_{X_i}}\quad (i=1,2,\cdots,n) \tag{2-34}$$

将式(2-34)的逆变换 $X_i=\sigma_{X_i}Z_i+\mu_{X_i}$ 代入功能函数中，可得标准正态 $\boldsymbol{Z}$ 空间中的极限状态方程为

$$a_0+\sum_{i=1}^{n}a_i(\sigma_{X_i}Z_i+\mu_{X_i})=0 \tag{2-35}$$

对该方程两边同除以 $\sqrt{\sum_{i=1}^{n}a_i^2\sigma_{X_i}^2}$，可得到标准型法线方程为

$$-\sum_{i=1}^{n}\frac{a_i\sigma_{X_i}Z_i}{\sqrt{\sum_{i=1}^{n}a_i^2\sigma_{X_i}^2}}=\frac{a_0+\sum_{i=1}^{n}a_i\mu_{X_i}}{\sqrt{\sum_{i=1}^{n}a_i^2\sigma_{X_i}^2}}=\beta \tag{2-36}$$

式(2-36)右端项为可靠度指标 β。记式中 Z_i 的系数为

$$\lambda_i=-\frac{a_i\sigma_{X_i}}{\sqrt{\sum_{i=1}^{n}a_i^2\sigma_{X_i}^2}}=\cos\theta_i\quad (i=1,2,\cdots,n) \tag{2-37}$$

则在标准正态空间中的极限状态方程可写为

$$\sum_{i=1}^{n}\lambda_iZ_i=\beta \tag{2-38}$$

图 2-1 所示为二维情况下该极限状态方程的几何示意图。

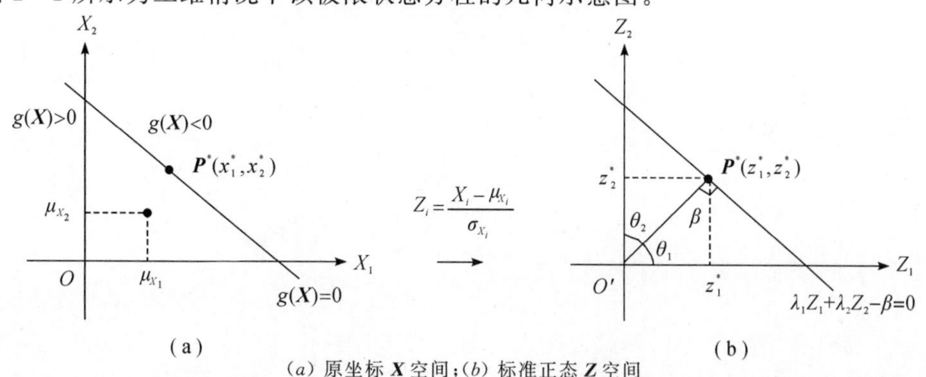

(a) 原坐标 $\boldsymbol{X}$ 空间；(b) 标准正态 $\boldsymbol{Z}$ 空间

图 2-1　二维情况下线性功能函数在标准正态空间中可靠性指标与设计点的几何示意图

由图 2-1 可以看出,在标准正态空间中,可靠度指标的几何意义为坐标原点到极限状态方程的最短距离。而过标准正态空间的坐标原点向极限状态方程作垂线的垂足 $\boldsymbol{P}^*(z_1^*,z_2^*,\cdots,z_n^*)$ 称为设计点。显然在标准正态 $\boldsymbol{Z}$ 空间中,设计点 $\boldsymbol{P}^*(z_1^*,z_2^*,\cdots,z_n^*)$ 是极限状态方程定义的失效域 $F=\left\{\boldsymbol{z}: \sum_{i=1}^{n}\lambda_i z_i-\beta\leqslant 0\right\}$ 中的概率密度最大的点,它在极限状态方程上且是失效域中对失效概率贡献最大的点,也称之为最可能失效点(*Most Probable Point in failure domain, MPP*)。由于原坐标 $\boldsymbol{X}$ 空间到标准正态空间 $\boldsymbol{Z}$ 的变换为 $X_i=\sigma_{X_i}Z_i+\mu_{X_i}$,所以在求得标准正态 $\boldsymbol{Z}$ 空间中的设计点 $\boldsymbol{P}^*(z_1^*,z_2^*,\cdots,z_n^*)$ 后,可对应求得 $\boldsymbol{X}$ 空间设计点坐标 $x_i^*=\sigma_{X_i}z_i^*+\mu_{X_i}$。

2. 非线性功能函数

设在失效域中的最可能失效点——设计点为 $\boldsymbol{P}^*(x_1^*,x_2^*,\cdots,x_n^*)$,将非线性的功能函数在设计点处泰勒展开,取线性部分,有

$$Y=g(X_1,X_2,\cdots,X_n)\approx g(x_1^*,\cdots,x_n^*)+\sum_{i=1}^{n}\frac{\partial g}{\partial X_i}\bigg|_{\boldsymbol{P}^*}(X_i-x_i^*) \tag{2-39}$$

由上小节线性功能函数分析可知,设计点 $\boldsymbol{P}^*$ 在极限状态方程 $g(X_1,X_2,\cdots,X_n)=0$ 定义的失效边界上,所以有 $g(x_1^*,x_2^*,\cdots,x_n^*)=0$,将 $g(x_1^*,x_2^*,\cdots,x_n^*)=0$ 代入式(2-39),便可得到原功能函数对应的线性极限状态方程为

$$\sum_{i=1}^{n}\frac{\partial g}{\partial X_i}\bigg|_{\boldsymbol{P}^*}(X_i-x_i^*)=0 \tag{2-40}$$

整理上述方程,可得

$$\sum_{i=1}^{n}\frac{\partial g}{\partial X_i}\bigg|_{\boldsymbol{P}^*}X_i-\sum_{i=1}^{n}\frac{\partial g}{\partial X_i}\bigg|_{\boldsymbol{P}^*}x_i^*=0 \tag{2-41}$$

按线性情况下可靠度指标和失效概率的计算公式可知,式(2-41)所示的线性极限状态方程的可靠度指标 β 和失效概率 P_f 可以分别由下列两式精确求解:

$$\beta=\frac{\sum_{i=1}^{n}\frac{\partial g}{\partial X_i}\Big|_{\boldsymbol{P}^*}\mu_{X_i}-\sum_{i=1}^{n}\frac{\partial g}{\partial X_i}\Big|_{\boldsymbol{P}^*}x_i^*}{\left[\sum_{i=1}^{n}\left(\frac{\partial g}{\partial X_i}\Big|_{\boldsymbol{P}^*}\right)^2\sigma_{X_i}^2\right]^{1/2}}=\frac{\sum_{i=1}^{n}\frac{\partial g}{\partial X_i}\Big|_{\boldsymbol{P}^*}(\mu_{X_i}-x_i^*)}{\left[\sum_{i=1}^{n}\left(\frac{\partial g}{\partial X_i}\Big|_{\boldsymbol{P}^*}\right)^2\sigma_{X_i}^2\right]^{1/2}} \tag{2-42}$$

$$P_f=\Phi(-\beta) \tag{2-43}$$

由于非线性的功能函数已经进行了线性化处理,因此此时可靠度指标及设计点的几何意义与上小节线性功能函数类似,如图 2-2 所示。

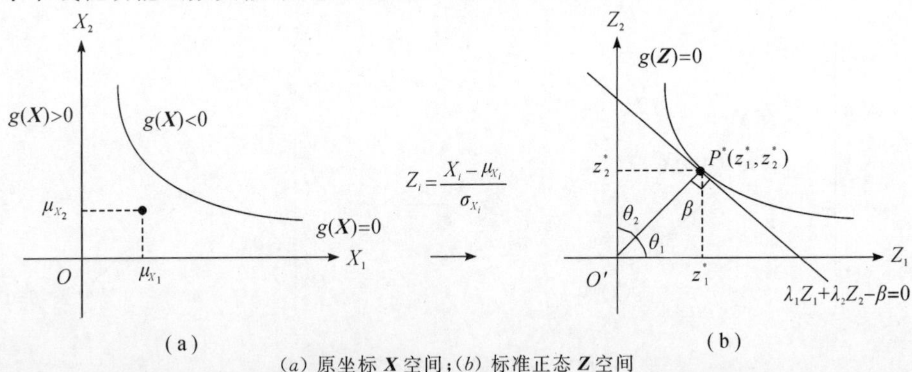

(*a*) 原坐标 $\boldsymbol{X}$ 空间;(*b*) 标准正态 $\boldsymbol{Z}$ 空间

图 2-2 二维情况下非线性功能函数在标准正态空间中可靠性指标与设计点的几何示意图

由于在标准正态空间 $\boldsymbol{Z}$ 中，可靠度指标为坐标原点到极限状态方程的最短距离，设计点为坐标原点到极限状态方程垂线作垂足 $\boldsymbol{P}^*(z_1^*, z_2^*, \cdots, z_n^*)$，那么由图 2-2($b$)可知，在标准正态空间 $\boldsymbol{Z}$ 中，有

$$z_i^* = \lambda_i \beta \tag{2-44}$$

其中

$$\lambda_i = -\frac{\left.\dfrac{\partial g}{\partial X_i}\right|_{P^*} \sigma_{X_i}}{\left[\sum_{i=1}^{n}\left(\left.\dfrac{\partial g}{\partial X_i}\right|_{P^*}\right)^2 \sigma_{X_i}^2\right]^{1/2}} = \cos\theta_i \quad (i=1,2,\cdots,n) \tag{2-45}$$

将标准正态 $\boldsymbol{Z}$ 空间的设计点 $\boldsymbol{P}^*(z_1^*, z_2^*, \cdots, z_n^*)$ 变换到原坐标空间，可得设计点 $\boldsymbol{P}^*(x_1^*, x_2^*, \cdots, x_n^*)$ 的坐标为

$$x_i^* = \mu_{X_i} + \sigma_{X_i} z_i^* = \mu_{X_i} + \sigma_{X_i}\lambda_i\beta \quad (i=1,2,\cdots,n) \tag{2-46}$$

又由于 $\boldsymbol{P}^*(x_1^*, x_2^*, \cdots, x_n^*)$ 位于失效边界上，所以显然有下式成立：

$$g(x_1^*, x_2^*, \cdots, x_n^*) = 0 \tag{2-47}$$

上述设计点和可靠度指标的几何意义指出了求解它们的思路，即将输入变量空间标准正态化，在标准正态空间中采用最优化的方法，就可以求得设计点和可靠度指标。现给出一种常用的改进一次二阶矩的迭代求解方法[3-4]，其基本步骤如下：

(1)假定设计点坐标 $\boldsymbol{P}^*(x_1^*, x_2^*, \cdots, x_n^*)$ 的初始值，一般取为输入变量的均值 $\boldsymbol{\mu}_X$；

(2)利用设定的初始设计点值，根据式(2-45)计算 λ_i；

(3)将 $x_i^* = \mu_{X_i} + \sigma_{X_i}\lambda_i\beta$ 代入式(2-47)，得出关于 β 的方程；

(4)解关于 β 的方程，求出 β 值；

(5)将所得 β 值代入式(2-46)，得出新的设计点坐标值；

(6)重复以上步骤，直到迭代前后两次的可靠度指标的相对误差满足精度要求为止。

上述改进的一次二阶矩方法的迭代求解过程可由图 2-3 所示的计算流程图来实现。

与均值一次二阶矩法相比，改进一次二阶矩法将线性展开功能函数的点由均值点变成了设计点，从而使得物理意义相同而数学表达式不同的问题具有了统一的解。由于设计点是对失效概率贡献最大的点，因此在设计点处线性展开比在均值点处线性展开对失效概率的近似具有更高的精度。对于极限状态方程非线性程度不大的情况，改进一次二阶矩法能给出近似精度较高的结果。由于工程上有很多问题满足改进一次二阶矩法的适用范围，从而使得改进一次二阶矩法在工程上被广泛运用，并在此基础上形成了一定的设计标准。

改进一次二阶矩方法的缺点可以归纳如下：①不能反映功能函数的非线性对失效概率的影响，对于图 2-4 所示四种情况，它们的失效域有很大差异，但采用改进一次二阶矩法得到的结果都是一样的。②在功能函数的非线性程度较大的情况下，迭代算法受初始点影响较大；对具有多个设计点的问题，改进一次二阶矩方法可能会陷入局部最优，甚至不收敛。③对极限状态方程的解析表达式有一定的依赖性，从迭代法的步骤可以看出，改进一次二阶矩法是一种基于功能函数梯度的迭代优化方法，而隐式函数的梯度比较难求，特别是基于有限元模型的隐式情况，梯度的计算量相当大。

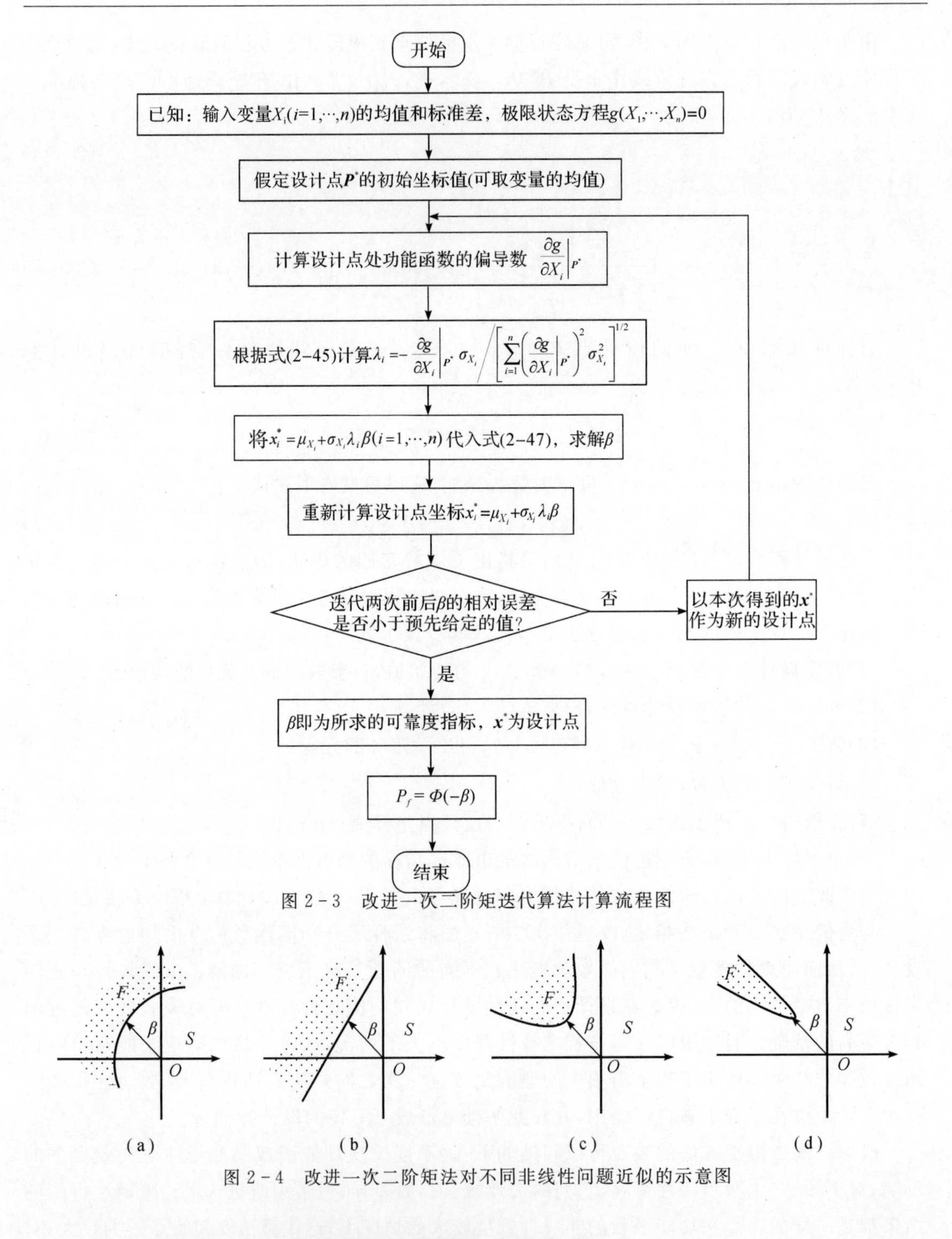

图 2-3　改进一次二阶矩迭代算法计算流程图

图 2-4　改进一次二阶矩法对不同非线性问题近似的示意图

2.2.2　改进一次二阶矩可靠性灵敏度分析方法

改进的一次二阶矩可靠性灵敏度分析是建立在改进一次二阶矩可靠性分析基础上的，采用改进的一次二阶矩方法将非线性的功能函数在设计点 $\boldsymbol{P}^*(x_1^*,x_2^*,\cdots,x_n^*)$ 处展开成线性函数为

$$Y \approx g(x_1^*, \cdots, x_n^*) + \sum_{i=1}^{n} \frac{\partial g}{\partial X_i}\bigg|_{\boldsymbol{P}^*} (X_i - x_i^*) \tag{2-48}$$

可求得近似的可靠度指标 β 和失效概率 P_f 分别为

$$\beta \approx \frac{\mu_g}{\sigma_g} = \frac{\sum_{i=1}^{n} \frac{\partial g}{\partial X_i}\Big|_{\boldsymbol{P}^*} \mu_{X_i} - \sum_{i=1}^{n} \frac{\partial g}{\partial X_i}\Big|_{\boldsymbol{P}^*} x_i^*}{\sqrt{\sum_{i=1}^{n} \left(\frac{\partial g}{\partial X_i}\Big|_{\boldsymbol{P}^*}\right)^2 \sigma_{X_i}^2}} = \frac{\sum_{i=1}^{n} \frac{\partial g}{\partial X_i}\Big|_{\boldsymbol{P}^*} (\mu_{X_i} - x_i^*)}{\sqrt{\sum_{i=1}^{n} \left(\frac{\partial g}{\partial X_i}\Big|_{\boldsymbol{P}^*}\right)^2 \sigma_{X_i}^2}} \tag{2-49}$$

$$P_f \approx \Phi(-\beta) \tag{2-50}$$

在式(2-48)中，令 $c_0 = g(x_1^*, x_1^*, \cdots, x_n^*) - \sum_{i=1}^{n} \frac{\partial g}{\partial X_i}\Big|_{\boldsymbol{P}^*} x_i^*$，$c_i = \frac{\partial g}{\partial X_i}\Big|_{\boldsymbol{P}^*} (i = 1, 2, \cdots, n)$，则实际功能函数 $g(\boldsymbol{X})$ 在设计点处线性展开后的近似功能函数 $G(\boldsymbol{X})$ 可简记为

$$g(\boldsymbol{X}) \approx G(\boldsymbol{X}) = c_0 + \sum_{i=1}^{n} c_i X_i \tag{2-51}$$

由式(2-51)即可求得输入变量相互独立情况下 $G(\boldsymbol{X})$ 的均值 μ_G 和标准差 σ_G 分别为

$$\mu_G = c_0 + \sum_{i=1}^{n} c_i \mu_{X_i} \tag{2-52}$$

$$\sigma_G = \sqrt{\sum_{i=1}^{n} c_i^2 \sigma_{X_i}^2} \tag{2-53}$$

从而可容易求得可靠度指标 β 和失效概率 P_f 的简化形式分别为

$$\beta = \frac{\mu_G}{\sigma_G} = \frac{c_0 + \sum_{i=1}^{n} c_i \mu_{X_i}}{\sqrt{\sum_{i=1}^{n} c_i^2 \sigma_{X_i}^2}} \tag{2-54}$$

$$P_f = \Phi(-\beta) \tag{2-55}$$

根据可靠性灵敏度的定义和复合函数求导法则，可求得输入变量相互独立情况下失效概率对输入变量分布参数的可靠性灵敏度 $\partial P_f / \partial \mu_{X_i}$ 和 $\partial P_f / \partial \sigma_{X_i}$ 分别为

$$\frac{\partial P_f}{\partial \mu_{X_i}} = \frac{\partial P_f}{\partial \beta} \frac{\partial \beta}{\partial \mu_{X_i}} = -\frac{c_i}{\sqrt{2\pi}\,\sigma_G} \exp\left[-\frac{1}{2}\left(\frac{\mu_G}{\sigma_G}\right)^2\right] \tag{2-56}$$

$$\frac{\partial P_f}{\partial \sigma_{X_i}} = \frac{\partial P_f}{\partial \beta} \frac{\partial \beta}{\partial \sigma_{X_i}} = \frac{c_i^2 \sigma_{X_i} \mu_G}{\sqrt{2\pi}\,\sigma_G^3} \exp\left[-\frac{1}{2}\left(\frac{\mu_G}{\sigma_G}\right)^2\right] \tag{2-57}$$

当考虑输入变量的相关性时，可求得失效概率对输入变量的可靠性灵敏度为

$$\frac{\partial P_f}{\partial \mu_{X_i}} = -\frac{c_i}{\sqrt{2\pi}\,\sigma_G} \exp\left[-\frac{1}{2}\left(\frac{\mu_G}{\sigma_G}\right)^2\right] \tag{2-58}$$

$$\frac{\partial P_f}{\partial \sigma_{X_i}} = \frac{\mu_G}{\sqrt{2\pi}\,\sigma_G^3}\left(c_i^2 \sigma_{X_i} + \sum_{j=1, j\neq i}^{n} c_i c_j \rho_{X_i X_j} \sigma_{X_j}\right) \exp\left[-\frac{1}{2}\left(\frac{\mu_G}{\sigma_G}\right)^2\right] \tag{2-59}$$

$$\frac{\partial P_f}{\partial \rho_{X_i X_j}} = \frac{c_i c_j \sigma_{X_i} \sigma_{X_j} \mu_G}{2\sqrt{2\pi}\,\sigma_G^3} \exp\left[-\frac{1}{2}\left(\frac{\mu_G}{\sigma_G}\right)^2\right] \tag{2-60}$$

设输入变量 $\boldsymbol{X} = \{X_1, X_2, \cdots, X_n\}^{\mathrm{T}}$ 的均值向量和标准差向量分别为 $\boldsymbol{\mu_X} = \{\mu_{X_1}, \mu_{X_2}, \cdots, \mu_{X_n}\}$ 和 $\boldsymbol{\sigma_X} = \{\sigma_{X_1}, \sigma_{X_2}, \cdots, \sigma_{X_n}\}$，采用基于改进的一次二阶矩迭代法求解可靠性灵敏度的步骤

可总结如下：

(1)假定一个初始设计点 $\boldsymbol{P}^*$，一般取为输入变量的均值点 $\boldsymbol{\mu}_{\boldsymbol{X}}$；

(2)利用设计点 $\boldsymbol{P}^*$ 计算 $\lambda_i=-\left.\dfrac{\partial g}{\partial X_i}\right|_{P^*}\sigma_{X_i}\Big/\sqrt{\sum\limits_{i=1}^{n}\left(\left.\dfrac{\partial g}{\partial X_i}\right|_{P^*}\right)^2\sigma_{X_i}^2}=\cos\theta_i(i=1,2,\cdots,n)$；

(3)将 $x_i^*=\mu_{X_i}+\sigma_{X_i}\lambda_i\beta$ 代入 $g(\boldsymbol{x})=0$ 中，得到关于 β 的方程，解方程求出 β 的值；

(4)将求得的 β 代入 $x_i^*=\mu_{X_i}+\sigma_{X_i}\lambda_i\beta$ 中，得到新的设计点 $\boldsymbol{P}^*$；

(5)重复(2)～(4)，直到前后两次迭代求得的可靠度指标相对误差小于精度要求；

(6)求得可靠度指标 β 后，运用式(2-56)和式(2-57)就可以得到输入变量相互独立情况下失效概率对输入变量分布参数的可靠性灵敏度；运用式(2-58)～式(2-60)就可以得到输入变量相关情况下的可靠性灵敏度。

采用改进的一次二阶矩方法进行可靠性灵敏度分析时，其精度很大程度上依赖于功能函数的非线性程度，非线性程度较小时，采用该方法可以得到可靠性灵敏度的高精度解，但非线性程度较大时，由于可能产生的迭代不收敛或近似精度较差的问题，此时可靠性灵敏度有可能得不到或者得到错误解。

2.2.3 算例分析及算法参考程序

算例 2.3 再次考虑算例 2.1。表 2-4 列出了改进一次二阶矩法求解可靠度指标的迭代过程。

表 2-4 算例 2.3 改进一次二阶矩法求解可靠性指标的迭代过程

迭代次数	可靠性指标 β	变量			
		R_{68}	R_{77}	R_{78}	P
0(初始值)	0	83.5	83.5	83.5	150.0
1	2.332 3	71.628 7	95.373 0	71.628 7	191.568 7
2	2.332 3	71.628 7	95.373 0	71.628 7	191.568 7

由于各变量相互独立且服从正态分布，则失效概率为

$$P_f=\Phi(-\beta)=\Phi(-2.332\ 3)=0.009\ 842$$

在求得 $\beta=2.332\ 3$ 后，运用式(2-56)和式(2-57)计算得到的可靠性灵敏度见表 2-5。

表 2-5 算例 2.3 改进一次二阶矩法可靠性灵敏度计算结果

$\dfrac{\partial P_f/\partial\mu_{R_{68}}}{10^{-3}}$	$\dfrac{\partial P_f/\partial\mu_{R_{77}}}{10^{-3}}$	$\dfrac{\partial P_f/\partial\mu_{R_{78}}}{10^{-3}}$	$\dfrac{\partial P_f/\partial\mu_P}{10^{-3}}$	$\dfrac{\partial P_f/\partial\sigma_{R_{68}}}{10^{-3}}$	$\dfrac{\partial P_f/\partial\sigma_{R_{77}}}{10^{-3}}$	$\dfrac{\partial P_f/\partial\sigma_{R_{78}}}{10^{-3}}$	$\dfrac{\partial P_f/\partial\sigma_P}{10^{-3}}$
-1.333	1.333	-1.333	0.333 2	1.579	1.579	1.579	0.369 3

对比改进一次二阶矩法和上节均值一次二阶矩法的计算结果，可以看到两者失效概率与可靠性灵敏度的估计值都是一致的，这是因为该算例的功能函数是线性的。对于线性功能函数，均值一次二阶矩在均值点处泰勒线性展开和改进一次二阶矩法在设计点处泰勒线性展开得到的功能函数与原功能函数是完全一致的。表 2-8 列出了该算例改进一次二阶矩法计算的 *MATLAB* 程序。

算例 2.4　再次考虑算例 2.2。表 2-6 列出了改进的一次二阶矩法求解可靠性指标的迭代过程。

表 2-6　算例 2.4 改进一次二阶矩法求解可靠性指标的迭代过程

迭代次数	可靠性指标 β	变量			
		D	P	t	σ_s
0(初始值)	0	460	20	19	392
1	3.335 6	461.949 3	25.270 3	18.383 6	317.476 4
2	3.324 2	462.437 6	25.238 1	18.200 0	320.635 8
3	3.324 1	462.442 5	25.260 9	18.189 4	321.116 1

由于各变量相互独立且服从正态分布，则失效概率为

$$P_f = \Phi(-\beta) = \Phi(-3.3241) = 4.435\ 2 \times 10^{-4}$$

运用式(2-56)和式(2-57)计算得到的可靠性灵敏度见表 2-7。

表 2-7　算例 2.4 改进一次二阶矩法可靠性灵敏度计算结果

$\dfrac{\partial P_f/\partial \mu_D}{10^{-5}}$	$\dfrac{\partial P_f/\partial \mu_P}{10^{-4}}$	$\dfrac{\partial P_f/\partial \mu_t}{10^{-5}}$	$\dfrac{\partial P_f/\partial \mu_{\sigma_s}}{10^{-5}}$	$\dfrac{\partial P_f/\partial \sigma_D}{10^{-6}}$	$\dfrac{\partial P_f/\partial \sigma_P}{10^{-4}}$	$\dfrac{\partial P_f/\partial \sigma_t}{10^{-4}}$	$\dfrac{\partial P_f/\partial \sigma_{\sigma_s}}{10^{-5}}$
2.385	4.369	−6.059	−3.439	8.321	9.578	6.139	7.764

对于该算例，对比改进一次二阶矩法与上节均值一次二阶矩法的计算结果，可以看到失效概率的估计值有较明显的差异，这是因为该算例的功能函数是非线性的。均值一次二阶矩法在处理非线性问题时计算精度有所下降，特别是针对高度非线性问题，甚至有可能出现错误的结果。而改进一次二阶矩法改善了均值一次二阶矩的这一弱点，对于非线性问题能够得到相对精度较高的结果。表 2-8 列出了该算例改进一次二阶矩法计算的 *MATLAB* 程序。

表 2-8　改进一次二阶矩法的 MATLAB 程序

```
clc; clear;
g =@(x) 4. * x(:,1)-3.9998. * x(:,2)+4. * x(:,3)-x(:,4); %算例 3 功能函数
Mean=[83.5 83.5 83.5 150]; Std=[10.02 10.02 10.02 37.5]; %算例 3 输入变量均值和标准差
%g =@(x) x(:,4)-x(:,2). * x(:,1)./(2. * x(:,3)); %算例 4 功能函数
%Mean=[460 20 19 392];   Std=[7 2.4 0.8 31.4]; %算例 4 输入变量均值和标准差
%改进一次二阶矩法求解可靠度指标(以下程序通用)
d=size(Mean,2);
Xi=Mean;   k=1; beta(k)=0; X(1,:)=Xi; deta=0.00001; %初始化
syms Beta
while  1   %迭代计算可靠度指标
D=diag(deta. * ones(1,d));
for i=1:d
Pd(i)=(g(Xi+D(i,:))-g(Xi))./deta;   %差分法计算偏导数
end
Lmd=-Pd. * Std./(sum(Pd.^2. * Std.^2)).^0.5;
xi=Mean+Std. * Lmd. * Beta;
```

```
k=k+1;
beta(k)=min(double(solve(g(xi)==0,Beta)));
Xi=Mean+Std.*Lmd.*beta(k);
X(k,:)=Xi;
if abs((beta(k)-beta(k-1))./beta(k))<0.001
     break;
end
end
Pf=normcdf(-beta)  %失效概率估计
%改进一次二阶矩计算可靠性灵敏度
c0=g(Xi)-Pd*Xi'; ci=Pd;
Sigma=(ci.^2*Std.^2')^0.5;
Niu=c0+ci*Mean';
FNiu=-ci./(2*pi*Sigma^2)^0.5*exp(-0.5*(Niu/Sigma)^2)  %失效概率对输入变量均值灵敏度
FSigma=(ci.^2.*Std*Niu)./((2*pi)^0.5*Sigma^3)*exp(-0.5*(Niu/Sigma)^2)
%失效概率对输入变量标准差灵敏度
```

2.3 针对非正态变量的 Rackwitz-Fiessler(R-F)方法

改进的一次二阶矩方法只能处理输入变量为正态分布的情况，但在实际分析计算中，结构的输入变量不一定均服从正态分布。对于输入变量为非正态分布的情况，Rackwitz 和 Fiessler[5-6] 提出了一种等价正态变量算法，简称为 R-F 法。R-F 法的基本思路：将非正态变量转化为等价的正态变量，然后再采用改进的一次二阶矩法求解可靠度指标，进而得到失效概率。

2.3.1 R-F 法的基本原理及计算公式

1. 非正态变量等价正态化变换的等价条件

假定非正态随机变量 X 服从某一分布，其分布函数为 $F_X(x)$ ，密度函数为 $f_X(x)$ 。为找到非正态变量 X 的等价正态变量 $X' \sim N(\mu'_X, \sigma'^2_X)$ ，必然要确定两个分布参数 μ'_X 和 σ'_X，R-F 法提出了在特定点 x^* 处的等价变换条件为

$$F_X(x^*) = \Phi_{X'}(x^*) = \Phi\left(\frac{x^* - \mu'_X}{\sigma'_X}\right) \tag{2-61}$$

$$f_X(x^*) = \Phi'_{X'}(x^*) = \Phi'\left(\frac{x^* - \mu'_X}{\sigma'_X}\right) = \frac{1}{\sigma'_X}\varphi\left(\frac{x^* - \mu'_X}{\sigma'_X}\right) \tag{2-62}$$

式中 $\Phi(\cdot)$ 和 $\varphi(\cdot)$ 分别为标准正态分布的分布函数和密度函数，$\Phi'(\cdot)$ 表示标准正态分布函数的导函数。

依据这两个条件，可以确定等价正态变量 X' 的两个基本分布参数 μ'_X 和 σ'_X 。对条件式(2-61)取反函数，有

$$\frac{x^* - \mu'_X}{\sigma'_X} = \Phi^{-1}(F_X(x^*)) \tag{2-63}$$

进而得到 μ'_X 和 σ'_X 的关系为

$$\mu'_X = x^* - \sigma'_X \cdot \Phi^{-1}(F_X(x^*)) \tag{2-64}$$

将式(2-63)代入式(2-62)，可求得参数 σ'_X 为

$$\sigma'_X = \frac{\varphi(\Phi^{-1}(F_X(x^*)))}{f_X(X^*)} \tag{2-65}$$

再将式(2-65)代入式(2-64)，可得 μ'_X。

2. 具有非正态输入变量功能函数的可靠性分析

对于功能函数

$$Y = g(\boldsymbol{X}) \tag{2-66}$$

设式中输入变量 $\boldsymbol{X} = \{X_1, X_2, \cdots, X_n\}^{\mathrm{T}}$ 相互独立，且 $X_i(i=1,2,\cdots,n)$ 对应的分布函数和密度函数分别为 $F_{X_i}(x_i)$ 和 $f_{X_i}(x_i)$。

依据式(2-64)和式(2-65)，可得到 X_i 的等价正态随机变量 X'_i 的均值 μ'_{X_i} 和标准差 σ'_{X_i} 分别为

$$\mu'_{X_i} = x_i^* - \sigma'_{X_i} \cdot \Phi^{-1}(F_{X_i}(x_i^*)) \tag{2-67}$$

$$\sigma'_{X_i} = \frac{\varphi(\Phi^{-1}(F_{X_i}(x_i^*)))}{f_{X_i}(x_i^*)} \tag{2-68}$$

为保证等价前后失效概率具有较高的近似精度，对于服从非正态分布的变量 X_i，可将等价变换的特定点 x_i^* 取为设计点的第 i 个坐标值。图 2-5 所示为非正态变量 X 在 x^* 点等价正态化变换示意图，其中 $f_X(x)$ 和 $\Phi'_{X'}(x)$ 分别表示非正态变量 X 和等价正态变量 X' 的概率密度函数，$F_X(x)$ 和 $\Phi_{X'}(x)$ 分别表示非正态变量 X 和等价正态变量 X' 的累积分布函数。由图 2-5 可以很直观地看到 R-F 法中由式(2-61)及式(2-62)定义的两个等价变换条件，这两个条件要求等价转换的正态变量 X' 与非正态变量 X 在特征点 x^* 处的概率密度函数值与累积分布函数值均相等。

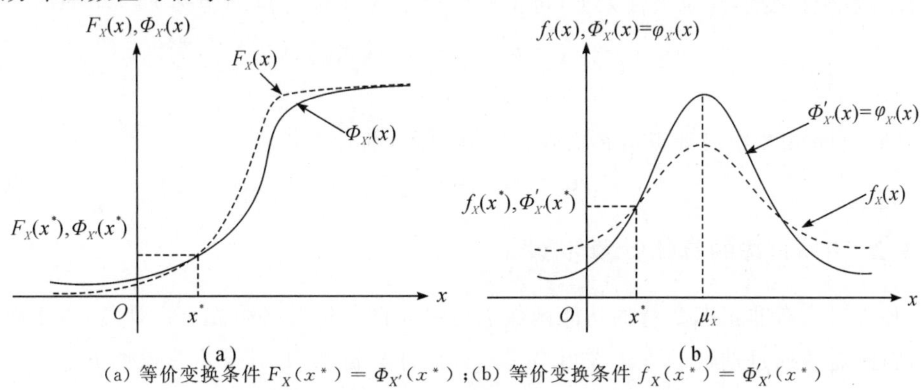

(a) 等价变换条件 $F_X(x^*) = \Phi_{X'}(x^*)$；(b) 等价变换条件 $f_X(x^*) = \Phi'_{X'}(x^*)$

图 2-5　非正态分布的等价正态变换图

得到了等价正态随机变量 $\boldsymbol{X}' = \{X'_1, X'_2, \cdots, X'_n\}^{\mathrm{T}}$ 后，可按照改进的一次二阶矩法求解可靠度指标。将功能函数在设计点 $\boldsymbol{P}^*(x'^*_1, x'^*_2, \cdots, x'^*_n)$ 处展开，取线性部分，并利用设计点在极限状态方程上 $g(x'^*_1, x'^*_2, \cdots, x'^*_n) = 0$，有

$$\sum_{i=1}^{n} \frac{\partial g}{\partial X'_i}\bigg|_{\boldsymbol{P}^*} (X'_i - x'^*_i) = 0 \tag{2-69}$$

将等价正态输入变量标准化，令

$$Z_i = \frac{X'_i - \mu'_{X_i}}{\sigma'_{X_i}} \qquad (i=1,2,\cdots,n) \tag{2-70}$$

则在新的 $\boldsymbol{Z}$ 坐标系下的极限状态方程为

$$\sum_{i=1}^{n} \frac{\partial g}{\partial X'_i}\bigg|_{\boldsymbol{P}^*} (Z_i \sigma'_{X_i} + \mu'_{X_i}) - \sum_{i=1}^{n} \frac{\partial g}{\partial X'_i}\bigg|_{\boldsymbol{P}^*} x'^*_i = 0 \tag{2-71}$$

该方程两边乘以 $-\left[\sum_{i=1}^{n}\left(\frac{\partial g}{\partial X'_i}\bigg|_{\boldsymbol{P}^*}\right)^2 \sigma'^2_{X_i}\right]^{-1/2}$，可得到标准正态空间中标准型法线方程为

$$-\sum_{i=1}^{n} \frac{\frac{\partial g}{\partial X'_i}\bigg|_{\boldsymbol{P}^*} \sigma'_{X_i}}{\left[\sum_{i=1}^{n}\left(\frac{\partial g}{\partial X'_i}\bigg|_{\boldsymbol{P}^*}\right)^2 \sigma'^2_{X_i}\right]^{1/2}} Z_i = \frac{\sum_{i=1}^{n} \frac{\partial g}{\partial X'_i}\bigg|_{\boldsymbol{P}^*} \mu'_{X_i} - \sum_{i=1}^{n} \frac{\partial g}{\partial X'_i}\bigg|_{\boldsymbol{P}^*} x'^*_i}{\left[\sum_{i=1}^{n}\left(\frac{\partial g}{\partial X'_i}\bigg|_{\boldsymbol{P}^*}\right)^2 \sigma'^2_{X_i}\right]^{1/2}} \tag{2-72}$$

将式(2-72)中 Z_i 的系数设为

$$\lambda_i = -\frac{\frac{\partial g}{\partial X'_i}\bigg|_{\boldsymbol{P}^*} \sigma'_{X_i}}{\left[\sum_{i=1}^{n}\left(\frac{\partial g}{\partial X'_i}\bigg|_{\boldsymbol{P}^*}\right)^2 \sigma'^2_{X_i}\right]^{1/2}} = \cos\theta_i \qquad (i=1,2,\cdots,n) \tag{2-73}$$

而式(2-72)右端常数项即为可靠度指标 β，可得

$$\beta = \frac{\sum_{i=1}^{n} \frac{\partial g}{\partial X'_i}\bigg|_{\boldsymbol{P}^*} \mu'_{X_i} - \sum_{i=1}^{n} \frac{\partial g}{\partial X'_i}\bigg|_{\boldsymbol{P}^*} x'^*_i}{\left[\sum_{i=1}^{n}\left(\frac{\partial g}{\partial X'_i}\bigg|_{\boldsymbol{P}^*}\right)^2 \sigma'^2_{X_i}\right]^{1/2}} = \frac{\sum_{i=1}^{n} \frac{\partial g}{\partial X'_i}\bigg|_{\boldsymbol{P}^*} (\mu'_{X_i} - x'^*_i)}{\left[\sum_{i=1}^{n}\left(\frac{\partial g}{\partial X'_i}\bigg|_{\boldsymbol{P}^*}\right)^2 \sigma'^2_{X_i}\right]^{1/2}} \tag{2-74}$$

此时，标准正态空间 $\boldsymbol{Z}$ 中设计点的坐标 z_i^* $(i=1,\cdots,n)$ 为

$$z_i^* = \lambda_i \beta \tag{2-75}$$

将设计点坐标变换到原坐标系下，可得原坐标系 $\boldsymbol{X}$ 中设计点的坐标 x_i^* 为

$$x'^*_i = \mu'_{X_i} + \sigma'_{X_i} z_i^* = \mu'_{X_i} + \sigma'_{X_i} \lambda_i \beta \tag{2-76}$$

$$x_i^* = x'^*_i \tag{2-77}$$

并且原坐标系 $\boldsymbol{X}$ 中设计点落在极限状态方程上，则有下式成立：

$$g(x_1^*, x_2^*, \cdots, x_n^*) = 0 \tag{2-78}$$

2.3.2　R-F 法的具体计算步骤

R-F 法对含有非正态变量的功能函数进行可靠性分析时必须先有设计点，由于设计点是未知的，因此需要通过迭代的方法求得最终的可靠性分析结果，其基本步骤如下：

(1)假定设计点 $\boldsymbol{P}^*(x_1^*,\cdots,x_n^*)$ 初始值，一般取输入变量的均值点 $\boldsymbol{\mu_X}$；

(2)利用所给的初始值，依据式(2-67)和式(2-68)计算 μ'_{X_i} 和 σ'_{X_i}；

(3)依据式(2-73)计算 λ_i；

(4)将 $x_i^* = x'^*_i = \mu'_{X_i} + \sigma'_{X_i}\lambda_i\beta$ 代入式(2-78)，得出关于 β 的方程；

(5)解所得方程，求出 β 值；

(6)将所得 β 值代入式(2-76)和式(2-77)，得出新的设计点值；

(7)重复以上步骤，直到迭代前后两次的差异满足精度要求。

上述 R－F 法计算可靠度指标及失效概率的迭代流程图如图 2－6 所示。

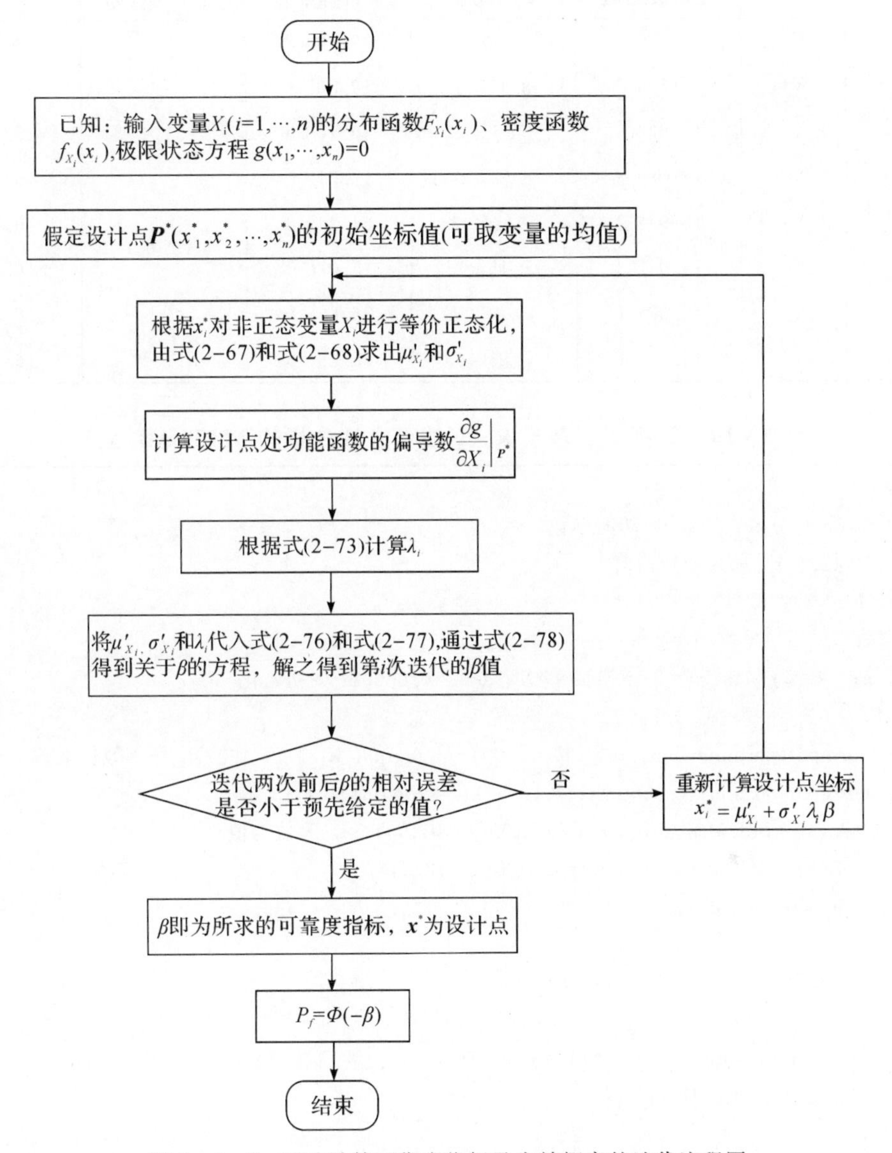

图 2－6　R－F 法计算可靠度指标及失效概率的迭代流程图

2.3.3　算例分析及算法参考程序

算例 2.5　考虑下面功能函数的可靠性分析问题：

$$g(\boldsymbol{X})=X_1-X_2$$

设 X_1 服从[0,100]区间上的均匀分布，X_2 服从分布参数为 12.5 的指数分布。用 R－F 法对上述问题进行可靠性分析。

用 R－F 法经过 4 次迭代可求得收敛的可靠性分析结果，具体迭代过程见表 2－9。表 2－10列出了该算例 R－F 可靠性分析的 MATLAB 程序。

表 2-9 算例 2.5 的 R-F 法迭代过程

迭代次数	变量	变量假定值	等价均值	等价标准差	可靠性指标	设计点
1	X_1	50	50	39.894 2	0.998 1	12.084 8
	X_2	12.5	8.178 6	12.805 1		12.084 8
2	X_1	12.084 8	35.621 2	20.103 6	1.154 9	15.912 3
	X_2	12.084 8	8.270 8	12.517 9		15.912 3
3	X_1	15.912 3	40.109 3	24.243 8	1.155 4	16.301 1
	X_2	15.912 3	7.153 1	15.028 0		16.301 1
4	X_1	16.301 1	40.490 4	24.628 8	1.155 4	16.306 4
	X_2	16.301 1	7.010 4	15.267 5		16.306 4

表 2-10 算例 2.5 基于 R-F 法可靠性分析的 MATLAB 程序

```
clc; clear;
g =@(x)x(:,1)-x(:,2);  %功能函数
Mean=[50 12.5];%输入变量均值
d=size(Mean,2);
syms  Beta
Xi=Mean;   k=1; beta(k)=0; X(1,:)=Xi; deta=0.00001; %初始化
while  1
Std(1)=normpdf(norminv(unifcdf(Xi(1),0,100)))./unifpdf(Xi(1),0,100);  %等效标准差
Std(2)=normpdf(norminv(expcdf(Xi(2),12.5)))./exppdf(Xi(2),12.5);
Mean(1)=Xi(1)-Std(1) * norminv(unifcdf(Xi(1),0,100)); %等效均值
Mean(2)=Xi(2)-Std(2) * norminv(expcdf(Xi(2),12.5));
D=diag(deta. * ones(1,d));
for i=1:d
Pd(i)=(g(Xi+D(i,:))-g(Xi))./deta;
end
Lmd=-Pd. * Std./(sum(Pd.^2. * Std.^2)).^0.5;
xi=Mean+Std. * Lmd. * Beta;
k=k+1;
beta(k)=min(double(solve(g(xi)==0,Beta)));
Xi=Mean+Std. * Lmd. * beta(k);
X(k,:)=Xi;
if abs((beta(k)-beta(k-1))./beta(k))<0.001
    break;
end
end
beta %可靠度指标
```

2.4　计算功能函数各阶矩的点估计方法

2.4.1　功能函数概率矩的定义

设输入变量 $\boldsymbol{X}=\{X_1,X_2,\cdots,X_n\}^{\mathrm{T}}$ 的联合概率密度函数为 $f_{\boldsymbol{X}}(\boldsymbol{x})$，则结构响应的功能函数 $Y=g(\boldsymbol{X})$ 的概率矩可由以下公式来计算：

$$\mu_g=\int g(\boldsymbol{x})f_{\boldsymbol{X}}(\boldsymbol{x})\mathrm{d}\boldsymbol{x} \tag{2-79}$$

$$\sigma_g^2=\int [g(\boldsymbol{x})-\mu_g]^2 f_{\boldsymbol{X}}(\boldsymbol{x})\mathrm{d}\boldsymbol{x} \tag{2-80}$$

$$\alpha_{kg}\sigma_g^k=\int [g(\boldsymbol{x})-\mu_g]^k f_{\boldsymbol{X}}(\boldsymbol{x})\mathrm{d}\boldsymbol{x}\qquad (k>2) \tag{2-81}$$

式中 α_{kg} 表示结构响应的 k 阶无量纲中心矩。为后续表达方便起见，记 α_{1g}（或 μ_g）、α_{2g}（或 σ_g）、α_{3g} 和 α_{4g} 分别表示功能函数的均值、标准差、偏度和峰度。

功能函数的概率矩给出了功能函数的部分统计信息，而功能函数的统计信息（通常为 $\alpha_{kg}(k=1,\cdots,4)$）与功能函数的概率密度函数是密切联系的，如果获得了功能函数 $Y=g(\boldsymbol{X})$ 的概率密度函数 $f_Y(y)$，那么就可以非常容易地近似得到失效概率了。

2.4.2　Rosenblueth 方法

Rosenblueth 方法[7]的基本思想是：在考虑输入随机变量包含不确定因素的情况下，利用功能函数的离散加权估计值来计算功能函数的前三阶统计矩。

1. 单变量函数

经典的 Rosenblueth 方法利用两点离散分布的统计矩来逼近连续随机变量的统计矩。设 x_+ 和 x_- 是随机变量 X 的两个实现值，p_- 和 p_+ 是离散概率密度函数在 x_+ 和 x_- 点处的值，称之为权值。当 x_+ 、x_- 和 p_- 、p_+ 同时满足下面 4 个方程时，采用两点离散分布可以精确逼近连续分布的前三阶统计矩，即

$$p_+ + p_- =1 \tag{2-82}$$

$$p_+ u_+ + p_- u_- =\mu_U \tag{2-83}$$

$$p_+ u_+^2 + p_- u_-^2 =\sigma_U^2 \tag{2-84}$$

$$p_+ u_+^3 + p_- u_-^3 =\gamma_U \tag{2-85}$$

式中 μ_U 、σ_U^2 和 γ_U 分别为正则化随机变量 $U=(X-\mu_X)/\sigma_X$ 的均值、方差和偏度，标号 u_- 和 u_+ 分别为正则化随机变量 U 空间的两个实现值，它与原始随机变量 X 空间的两个实现值 x_- 和 x_+ 的关系为

$$u_-=\frac{x_- - \mu_X}{\sigma_X} \tag{2-86}$$

$$u_+=\frac{x_+ - \mu_X}{\sigma_X} \tag{2-87}$$

解方程式(2-82)～式(2-85)，可得四个未知量的解为

$$p_+=\frac{u_-}{u_+ + u_-} \tag{2-88}$$

$$p_- = 1 - p_+ \tag{2-89}$$

$$u_+ = \frac{\gamma_U}{2} + \sqrt{1 + \left(\frac{\gamma_U}{2}\right)^2} \tag{2-90}$$

$$u_- = u_+ - \gamma_U \tag{2-91}$$

基于前面的讨论，如果功能函数 $Y = g(X)$ 仅是单随机变量 X 的函数，那么随机变量 $Y = g(X)$ 的前三阶原点矩 $E[Y^k]$ $(k=1,2,3)$ 可由下式来近似计算：

$$E[Y^k] \approx p_+ g(x_+)^k + p_- g(x_-)^k \qquad (k=1,2,3) \tag{2-92}$$

2. 多变量函数

对于含有 n 个随机变量的问题，Rosenblueth 方法同样根据输入随机变量 X_i 的离散分布 $(x_{i\pm}, p_{i\pm})$ $(i=1,\cdots,n)$ 来估计结构响应随机变量 $Y = g(X_1, X_2, \cdots, X_n)$ 的原点矩，计算公式为

$$E[Y^k] \approx \sum_{a_1=+}^{-} \sum_{a_2=+}^{-} \cdots \sum_{a_n=+}^{-} p_{1a_1} p_{2a_2} \cdots p_{na_n} \left(g(x_{1a_1}, x_{2a_2}, \cdots, x_{na_n})\right)^k \tag{2-93}$$

式中 $g(x_{1a_1}, x_{2a_2}, \cdots, x_{na_n})$ 表示结构响应在估计点 $(x_{1a_1}, x_{2a_2}, \cdots, x_{na_n})$ 处的值，p_{ia_i} $(i=1,2,\cdots,n)$ 为相应估计值点的权值，a_i 是符号变量，表示“+”或“－”，也就是说，对于每一个随机变量 X_i 都会取到两个值 x_{i+} 和 x_{i-}，对于 n 个随机变量，则需要 $2n$ 个取值点，那么取值点的所有组合状态为 2^n 个。

式(2-93)的计算过程考虑了变量的相关性，如果各个随机变量之间是相互独立的，Roenblueth 建议采用 Y' 逼近原始的功能函数 Y，即

$$Y \approx Y' = g'(\boldsymbol{X}) = g(\boldsymbol{\mu_X}) \prod_{i=1}^{n} \left(\frac{g_i}{g(\boldsymbol{\mu_X})}\right) \tag{2-94}$$

式中 $g(\boldsymbol{\mu_X})$ 表示功能函数在所有输入随机变量 X_i 取均值 μ_{X_i} 时的响应值，即 $g(\boldsymbol{\mu_X}) = g(\mu_{X_1}, \mu_{X_2}, \cdots, \mu_{X_n})$，$g_i$ 表示除第 i 个随机变量 X_i 外其他随机变量取均值时的功能函数，即 $g_i = g(\mu_{X_1}, \mu_{X_2}, \cdots, X_i, \cdots, \mu_{X_n})$，很显然 g_i 是个单变量函数，计算功能函数原点矩时每个 g_i 只需要取两个点 x_{i+} 和 x_{i-} 进行计算，计算量缩减到 $2n+1$。则结构响应的原点矩公式为

$$E[Y^k] = \frac{1}{(g^{n-1}(\boldsymbol{\mu_X}))^k} \prod_{i=1}^{n} (p_{i+} g_{i+}^k + p_{i-} g_{i-}^k) \tag{2-95}$$

式中 g_{i+} 表示单变量函数 g_i 在 $(\mu_{X_1}, \mu_{X_2}, \cdots, x_{i+}, \cdots, \mu_{X_n})$ 处的估计值，p_{i+} 是相应估值点的权值，g_{i-} 表示单变量函数 g_i 在 $(\mu_{X_1}, \mu_{X_2}, \cdots, x_{i-}, \cdots, \mu_{X_n})$ 处的估计值，p_{i-} 是相应估值点的权值。

2.4.3 Gorman 和 Seo 的三点估计方法

Gorman 及 Seo[8] 等人发展了 Rosenbluth 的思想，采用三点离散分布统计矩来描述连续分布的统计矩，从而进一步得到了三点估计方法。

1. 单变量函数

当功能函数仅有一个随机变量 X 时，即 $Y = g(X)$，Y 的均值 α_{1g}、标准差 α_{2g}、偏度 α_{3g} 和峰度 α_{4g} 可由以下公式来计算：

$$\alpha_{1g} = P_{X\cdot 1} g(l_{X\cdot 1}) + P_{X\cdot 2} g(l_{X\cdot 2}) + P_{X\cdot 3} \tag{2-96}$$

$$\alpha_{2g}=[P_{X\cdot1}(g(l_{X\cdot1})-\alpha_{1g})^2+P_{X\cdot2}(g(l_{X\cdot2})-\alpha_{1g})^2+P_{X\cdot3}(g(l_{X\cdot3})-\alpha_{1g})^2]^{1/2} \tag{2-97}$$

$$\alpha_{3g}=\frac{1}{\alpha_{2g}^3}[P_{X\cdot1}(g(l_{X\cdot1})-\alpha_{1g})^3+P_{X\cdot2}(g(l_{X\cdot2})-\alpha_{1g})^3+P_{X\cdot3}(g(l_{X\cdot3})-\alpha_{1g})^3] \tag{2-98}$$

$$\alpha_{4g}=\frac{1}{\alpha_{2g}^4}[P_{X\cdot1}(g(l_{X\cdot1})-\alpha_{1g})^4+P_{X\cdot2}(g(l_{X\cdot2})-\alpha_{1g})^4+P_{X\cdot3}(g(l_{X\cdot3})-\alpha_{1g})^4] \tag{2-99}$$

式中 $l_{X\cdot i}$ 和 $P_{X\cdot i}$ $(i=1,2,3)$ 是输入变量 X 的三点离散分布的取值点及相应的权值，它们与连续性随机变量 X 的均值 α_{1X} 、标准差 α_{2X} 、偏度 α_{3X} 和峰度 α_{4X} 有关，可采用以下公式来计算：

$$P_{X\cdot1}=\frac{1}{2}\left(\frac{1+\alpha_{3X}/\sqrt{4\alpha_{4X}-3\alpha_{3X}^2}}{\alpha_{4X}-\alpha_{3X}^2}\right) \tag{2-100}$$

$$P_{X\cdot2}=1-\frac{1}{\alpha_{4X}-\alpha_{3X}^2} \tag{2-101}$$

$$P_{X\cdot3}=\frac{1}{2}\left(\frac{1-\alpha_{3X}/\sqrt{4\alpha_{4X}-3\alpha_{3X}^2}}{\alpha_{4X}-\alpha_{3X}^2}\right) \tag{2-102}$$

$$l_{X\cdot1}=\alpha_{1X}-\frac{\alpha_{2X}}{2}\left(\sqrt{4\alpha_{4X}-3\alpha_{3X}^2}-\alpha_{3X}\right) \tag{2-103}$$

$$l_{X\cdot2}=\alpha_{1X} \tag{2-104}$$

$$l_{X\cdot3}=\alpha_{1X}+\frac{\alpha_{2X}}{2}\left(\sqrt{4\alpha_{4X}-3\alpha_{3X}^2}+\alpha_{3X}\right) \tag{2-105}$$

2. 多变量函数

当功能函数含有 n 个输入变量时，即 $Y=g(X_1,X_2,\cdots,X_n)$ ，Y 的均值 α_{1g} 、标准差 α_{2g} 、偏度 α_{3g} 和峰度 α_{4g} 可由以下公式来计算：

$$\alpha_{1g}=\sum_{i_1=1}^{3}P_{X_1\cdot i_1}\sum_{i_2=1}^{3}P_{X_2\cdot i_2}\cdots\sum_{i_n=1}^{3}P_{X_n\cdot i_n}g(l_{X_1\cdot i_1},l_{X_2\cdot i_2},\cdots,l_{X_n\cdot i_n}) \tag{2-106}$$

$$\alpha_{2g}=\left[\sum_{i_1=1}^{3}P_{X_1\cdot i_1}\sum_{i_2=1}^{3}P_{X_2\cdot i_2}\cdots\sum_{i_n=1}^{3}P_{X_n\cdot i_n}(g(l_{X_1\cdot i_1},l_{X_2\cdot i_2},\cdots,l_{X_n\cdot i_n})-\alpha_{1g})^2\right]^{1/2} \tag{2-107}$$

$$\alpha_{3g}=\frac{1}{\alpha_{2g}^3}\left[\sum_{i_1=1}^{3}P_{X_1\cdot i_1}\sum_{i_2=1}^{3}P_{X_2\cdot i_2}\cdots\sum_{i_n=1}^{3}P_{X_n\cdot i_n}(g(l_{X_1\cdot i_1},l_{X_2\cdot i_2},\cdots,l_{X_n\cdot i_n})-\alpha_{1g})^3\right] \tag{2-108}$$

$$\alpha_{4g}=\frac{1}{\alpha_{2g}^4}\left[\sum_{i_1=1}^{3}P_{X_1\cdot i_1}\sum_{i_2=1}^{3}P_{X_2\cdot i_2}\cdots\sum_{i_n=1}^{3}P_{X_n\cdot i_n}(g(l_{X_1\cdot i_1},l_{X_2\cdot i_2},\cdots,l_{X_n\cdot i_n})-\alpha_{1g})^4\right] \tag{2-109}$$

其中对于第 k 个变量 $X_k(k=1,\cdots,n)$ 的参数 $P_{X_k\cdot i_k}$ 和 $l_{X_k\cdot i_k}$ $(i_k=1,2,3)$ 可以由 X_k 的均值 α_{1X_k} 、标准差 α_{2X_k} 、偏度 α_{3X_k} 和峰度 α_{4X_k} 按式(2-100)～式(2-105)类似给出。

可以看出三点估计法的计算量与输入随机变量维度 n 呈指数关系，当输入变量个数较大时，计算量是非常惊人的，例如当 $n=13$ 时，功能函数的计算量为 $3^{13}=1\ 594\ 323$ 次，因此该方法不适用于高维输入变量情况。

2.4.4 Zhou 和 Nowak 的点估计方法

Zhou 和 Nowak 于 1988 年发表的文献中采用 Gauss 数值积分来计算功能函数的统计矩[9]，从基本原理上看，他们的方法属于点估计方法的一种。以下详细介绍 Zhou 和 Nowak 的点估计方法。

1. 单变量函数

若功能函数是单个标准正态随机变量 X 的函数，即 $Y=g(X)$ ，则 X 的概率密度函数 $f_X(x)$ 为

$$f_X(x)=\varphi(x)=\frac{1}{\sqrt{2\pi}}\exp\left(-\frac{1}{2}x^2\right) \tag{2-110}$$

将式(2-110)代入计算功能函数原点矩的公式，并令 $x=\sqrt{2}u$ ，可得

$$E[g^k(X)]=\int g^k(x)f_X(x)\,\mathrm{d}x=\frac{1}{\sqrt{\pi}}\int_{-\infty}^{+\infty}\exp(-u^2)\,g^k(\sqrt{2}u)\,\mathrm{d}u \tag{2-111}$$

该式的积分可采用 Gauss-Hermite 积分公式进行近似计算，即

$$\frac{1}{\sqrt{\pi}}\int_{-\infty}^{+\infty}\exp(-u^2)\,g^k(\sqrt{2}u)\,\mathrm{d}u\approx\frac{1}{\sqrt{\pi}}\sum_{i=1}^{m}w_i g^k(\sqrt{2}u_i) \tag{2-112}$$

式中积分点 $u_i(i=1,\cdots,m)$ 为 $(-\infty,+\infty)$ 上带权 e^{-u^2} 正交的 $m+1$ 次 Hermite 多项式 $H_{m+1}(u)=(-1)^{m+1}\mathrm{e}^{x^2}\dfrac{d^{m+1}(\mathrm{e}^{-x^2})}{dx^{m+1}}$ 的零点，积分点的权系数 w_i 为

$$w_i=\frac{2^{m+2}(m+1)!\,\sqrt{\pi}}{[H'_{m+1}(u_i)]^2} \tag{2-113}$$

式中 m 为积分节点数。表 2-11 给出了部分 Gauss-Hermite 积分公式的积分点 u_i 和权系数 w_i 。

表 2-11 Gauss-Hermite 积分公式的积分点 u_i 和权系数 w_i

积分节点数 m	积分点 u_i	权系数 w_i
1	0	1.772 453 850 9
2	±0.707 106 781 2	0.886 226 925 5
3	±1.224 744 871 4	0.295 408 975 2
	0	1.181 635 900 6
4	±1.650 680 123 9	0.081 312 835 5
	±0.524 647 623 3	0.804 914 090 0
5	±2.020 182 870 5	0.019 953 242 1
	±0.958 572 464 6	0.393 619 323 2
	0	0.945 308 720 5
6	±2.350 604 973 7	0.004 530 009 9
	±1.335 849 074 0	0.157 067 320 3
	±0.436 077 411 9	0.724 629 595 2
7	±2.651 961 356 8	0.000 971 781 3
	±1.673 551 628 8	0.054 515 582 9
	±0.816 287 882 9	0.425 607 252 6
	0	0.810 264 617 6

对于非正态随机变量 X 可作如下转换：

$$x = F_X^{-1}(\Phi(z)) \tag{2-114}$$

式中 $\Phi(\cdot)$ 是标准正态分布的累积分布函数，$F_X(x)$ 是随机变量 X 的累积分布函数。通过这个转换，求功能函数原点矩的积分可以从非正态 X 空间转换到标准正态 Z 空间，由于 $x = F_X^{-1}(\Phi(z))$，所以 $\mathrm{d}x = \dfrac{\varphi(z)}{f_X(x)}\mathrm{d}z$，进而可得

$$\begin{aligned}\int_{-\infty}^{+\infty} g^k(x) f_X(x)\,\mathrm{d}x &= \int_{-\infty}^{+\infty} g^k(F_X^{-1}(\Phi(z)))\varphi(z)\,\mathrm{d}z \\ &\overset{z=\sqrt{2}u}{=} \frac{1}{\sqrt{\pi}}\int_{-\infty}^{+\infty} g^k(F_X^{-1}(\Phi(\sqrt{2}u)))\exp(-u^2)\,\mathrm{d}u \\ &\approx \frac{1}{\sqrt{\pi}}\sum_{i=0}^{m} w_i g^k(F_X^{-1}(\Phi(\sqrt{2}u_i)))\end{aligned} \tag{2-115}$$

2. 多变量函数

以下分为多维标准独立正态变量情况和多维非正态变量情况来讨论。

(1)多维标准独立正态变量情况。

当输入随机向量 $\boldsymbol{X} = \{X_1, X_2, \cdots, X_n\}^{\mathrm{T}}$ 由相互独立的标准正态变量构成时，其联合概率密度函数 $f_{\boldsymbol{X}}(x_1, x_2, \cdots, x_n)$ 为

$$f_{\boldsymbol{X}}(x_1, x_2, \cdots, x_n) = \varphi_{X_1}(x_1)\varphi_{X_2}(x_2)\cdots\varphi_{X_n}(x_n) \tag{2-116}$$

式中 $\varphi_{X_i}(x_i)$ 为标准正态变量 X_i 的概率密度函数。

将式(2－116)代入功能函数 k 阶原点矩的计算公式，可得

$$E[g^k(\boldsymbol{X})] = \int_{-\infty}^{+\infty}\cdots\int_{-\infty}^{+\infty}\varphi_{X_1}(x_1)\varphi_{X_2}(x_2)\cdots\varphi_{X_n}(x_n) g^k(x_1, x_2, \cdots, x_n)\,\mathrm{d}x_1\mathrm{d}x_2\cdots\mathrm{d}x_n \tag{2-117}$$

目前主要有两种方法来计算式(2－117)的多维积分。

第一种方法：采用式(2－94)所示的逼近表达式，用 $Y' = g(\boldsymbol{\mu}_{\boldsymbol{X}})\prod_{i=1}^{n}\left(\dfrac{g_i}{g(\boldsymbol{\mu}_{\boldsymbol{X}})}\right)$ 代替 Y 可得到 Y 的 k 阶矩的近似表达式为

$$E[g^k(\boldsymbol{X})] \approx E\left[\left(g(\boldsymbol{\mu}_{\boldsymbol{X}})\prod_{i=1}^{n}\left(\frac{g_i}{g(\boldsymbol{\mu}_{\boldsymbol{X}})}\right)\right)^k\right] = \frac{1}{(g^{n-1}(\boldsymbol{\mu}_{\boldsymbol{X}}))^k}\prod_{i=1}^{n}E[g_i^k] \tag{2-118}$$

其中 $E[g_i^k]$ 是单变量 X_i 函数的 k 阶原点矩，同样采用 Gauss－Hermite 积分公式计算式(2－118)的积分，得

$$E[g^k(\boldsymbol{X})] \approx \frac{1}{(\sqrt{\pi}\, g^{n-1}(\boldsymbol{\mu}_{\boldsymbol{X}}))^k}\prod_{i=1}^{n}\left(\sum_{j=1}^{m_i} w_{ij} g_i^k(x_{ij})\right) \tag{2-119}$$

其中 m_i 表示第 i 个输入变量的积分节点数，w_{ij} 和 x_{ij} 表示第 i 个变量 x_i 的第 j 个积分权重系数和积分节点，$x_{ij} = \sqrt{2}u_{ij}$。

第二种方法：将联合概率密度函数写为

$$f_X(x_1, x_2, \cdots, x_n) = \frac{1}{\sqrt{(2\pi)^n}}\exp\left(-\frac{1}{2}x_1^2 - \frac{1}{2}x_2^2 - \cdots - \frac{1}{2}x_n^2\right) \tag{2-120}$$

令 $X_i=\sqrt{2}u_i$，并代入功能函数 Y 的 k 阶原点矩的积分表达式，可得

$$E[g^k(\boldsymbol{X})]=\frac{1}{\sqrt{\pi^n}}\int_{-\infty}^{+\infty}\cdots\int_{-\infty}^{+\infty}\exp(-u_1^2-\cdots-u_n^2)g^k(\sqrt{2}u_1,\cdots,\sqrt{2}u_n)\,\mathrm{d}u_1\cdots\mathrm{d}u_n \tag{2-121}$$

与单变量情况类似，式(2-121)的多维积分同样可以使用多维 Gauss-Hermite 积分公式进行估计，即

$$E[g^k(\boldsymbol{X})]\approx\frac{1}{\sqrt{\pi^n}}\sum_{j=1}^{m}w_j g^k(\sqrt{2}u_{1j},\sqrt{2}u_{2j},\cdots,\sqrt{2}u_{nj}) \tag{2-122}$$

其中 $u_{ij}(i=1,2,\cdots,n;j=1,\cdots,m)$ 为第 i 个变量的第 j 个积分点，w_j 为第 j 个积分点的权值。

(2) 多维非正态变量情况。

基于 Rosenblatt 变换，上一小节多维标准独立正态变量情况下的计算公式可以拓展到非正态随机变量情况。假设随机向量 $\boldsymbol{X}=\{X_1,X_2,\cdots,X_n\}^{\mathrm{T}}$ 具有联合分布函数 $F_{\boldsymbol{X}}(x_1,x_2,\cdots,x_n)$，它可以表示为一系列条件分布函数的乘积形式，即

$$F_{\boldsymbol{X}}(x_1,x_2,\cdots,x_n)=F_{X_1}(x_1)F_{X_2|X_1}(x_2)\cdots F_{X_n|X_1\cdots X_{n-1}}(x_n) \tag{2-123}$$

其中 $F_{X_i|X_1\cdots X_{i-1}}(i=2,\cdots,n)$ 为条件分布函数。

进一步可以得到与标准独立正态变量 u_i 对应的非正态变量 X_i 的变换表达式为

$$\left.\begin{aligned}X_1&=F_{X_1}^{-1}[\Phi(u_1)]\\X_2&=F_{X_2|X_1}^{-1}[\Phi(u_2)]\\&\cdots\cdots\\X_n&=F_{X_n|X_1\cdots X_{n-1}}^{-1}[\Phi(u_n)]\end{aligned}\right\} \tag{2-124}$$

这一变换的 Jacobian 行列式值为

$$\boldsymbol{J}=\frac{\varphi(u_1)\cdots\varphi(u_n)}{f_{\boldsymbol{X}}(x_1,\cdots,x_n)} \tag{2-125}$$

将式(2-124)和式(2-125)代入 $g(\boldsymbol{X})$ 的 k 阶原点矩计算公式可得

$$\begin{aligned}E[g^k(\boldsymbol{X})]&=\int_{-\infty}^{+\infty}\cdots\int_{-\infty}^{+\infty}f_{\boldsymbol{X}}(x_1,\cdots,x_n)g^k(x_1,\cdots,x_n)\,\mathrm{d}x_1\cdots\mathrm{d}x_n\\&=\int_{-\infty}^{+\infty}\cdots\int_{-\infty}^{+\infty}f_{\boldsymbol{X}}(x_1,\cdots,x_n)g^k(x_1,\cdots,x_n)J\,\mathrm{d}u_1\cdots\mathrm{d}u_n\\&=\int_{-\infty}^{+\infty}\cdots\int_{-\infty}^{+\infty}\varphi(u_1)\cdots\varphi(u_n)g^k(x_1,\cdots,x_n)\,\mathrm{d}u_1\cdots\mathrm{d}u_n\end{aligned} \tag{2-126}$$

式(2-126)可用多维标准独立正态变量情况下功能函数 k 阶原点矩的两种方法进行计算。

2.4.5 Zhao 和 Ono 的点估计方法

Zhao 和 Ono[10-11] 利用 Rosenblatt 变换和 Gauss-Hermite 积分公式得到了与 Zhou 和 Nowak 方法类似的点估计方法，所不同的是：对于多变量函数，Zhao 和 Ono 采用了精度更高的逼近形式，这将在下文中看到。

1. 单变量函数

当功能函数 $Y=g(X)$ 只含有一个服从任意分布的输入变量时，Y 的均值 μ_g、标准差 σ_g 和 k 阶无量纲中心矩 α_{kg}（$k>2$）可以由下列各式近似给出：

$$\mu_g = \sum_{l=1}^{m} P_l \times g(T^{-1}(u_l)) \tag{2-127}$$

$$\sigma_g^2 = \sum_{l=1}^{m} P_l \times (g(T^{-1}(u_l)) - \mu_g)^2 \tag{2-128}$$

$$\alpha_{kg}\sigma_g^k = \sum_{l=1}^{m} P_l \times (g(T^{-1}(u_l)) - \mu_g)^k \qquad (k > 2) \tag{2-129}$$

式中 m 为用来近似计算功能函数各阶矩的节点数，这里取 $m=7$，7 个点处的参数 u_l 和 P_l 分别为 $u_1=0$，$u_2=-u_3=1.154\,405\,4$，$u_4=-u_5=2.366\,759\,4$，$u_6=-u_7=3.750\,439\,7$，$P_1=16/35$，$P_2=P_3=0.240\,123\,3$，$P_4=P_5=3.075\,7\times10^{-2}$，$P_6=P_7=5.482\,7\times10^{-4}$。

$T^{-1}(u_l)$ 为任意分布的输入变量 X 标准正态化变换函数的反函数，在点 u_l 处所对应的 X 的值为 $x_l=T^{-1}(u_l)$。若 X 是具有均值 μ_X 和标准差 σ_X 的正态随机变量，则有 $x_l=T^{-1}(u_l)=\mu_X+u_l\sigma_X$；若 X 是具有分布函数 $F_X(x)$ 的非正态变量，则可以由近似等价正态化变化的表达式 $F_X(x_l)=\Phi(u_l)$，得到与标准正态点 u_l 所对应的 x_l 为 $x_l=T^{-1}(u_l)=F_X^{-1}(\Phi(u_l))$，$\Phi(\cdot)$ 为标准正态变量的分布函数。在很多非正态分布情况下，$F_X^{-1}(\Phi(u_l))$ 只能通过数值方法计算得到。

从原理上讲，对于单变量函数的情况，Zhao 和 Ono 的点估计法与 Zhou 和 Nowak 的点估计法是完全一致的，只是 Zhao 和 Ono 的点估计法公式是用于计算中心矩的，而 Zhou 和 Nowak 的点估计公式是用于计算原点矩的。

2. 多变量函数

当功能函数 Y 中含有 n 个输入变量时，即 $Y=g(X_1,X_2,\cdots,X_n)$，Zhao 和 Ono 采用的逼近形式为

$$Y \approx Y' = \sum_{i=1}^{n}(g_i - g(\boldsymbol{\mu}_X)) + g(\boldsymbol{\mu}_X) \tag{2-130}$$

式中 $g_i=g(T^{-1}(u_{\mu_{X_1}},u_{\mu_{X_2}},\cdots,u_i,\cdots,u_{\mu_{X_n}}))$，其中向量 $\{u_{\mu_{X_1}},u_{\mu_{X_2}},\cdots,u_{\mu_{X_n}}\}$ 是原始随机变量的均值向量 $\boldsymbol{\mu}_X$ 在标准正态空间中的映射量，显然 g_i 仅是 u_i 的函数。这种逼近形式不会如 Rosenblueth 方法那样出现数值奇异现象，而且使多变量函数演变成了单变量函数和的形式。经 Rahman 等人的研究表明，这个逼近形式的精度更高。此多变量函数 Y 的前四阶无量纲中心矩，均值 α_{1g}、标准差 α_{2g}、偏度 α_{3g} 和峰度 α_{4g} 可由下列各式近似给出：

$$\alpha_{1g} = \sum_{i=1}^{n}(\mu_{g_i} - g(\boldsymbol{\mu}_X)) + g(\boldsymbol{\mu}_X) \tag{2-131}$$

$$\alpha_{2g} = \sigma_g = \left(\sum_{i=1}^{n}\sigma_{g_i}^2\right)^{1/2} \tag{2-132}$$

$$\alpha_{3g} = \sum_{i=1}^{n}\alpha_{3g_i}\sigma_{g_i}^3/\sigma_g^3 \tag{2-133}$$

$$\alpha_{4g} = \left(\sum_{i=1}^{n}\alpha_{4g_i}\sigma_{g_i}^4 + 6\sum_{i=1}^{n-1}\sum_{j>i}^{n}\sigma_{g_i}^2\sigma_{g_j}^2\right)/\sigma_g^4 \tag{2-134}$$

其中 μ_{g_i}、σ_{g_i} 和 $\alpha_{kg_i}(k=3,4)$ 分别为 g_i 的均值、标准差和 $k(k=3,4)$ 阶无量纲中心矩。

2.5 可靠性及可靠性灵敏度分析的四阶矩方法

2.5.1 可靠性分析的四阶矩方法

如果得到了功能函数 $Y=g(\boldsymbol{X})$ 的前四阶矩[μ_g（或 α_{1g} ），σ_g（或 α_{2g} ），α_{3g} 及 α_{4g}]，基于功能函数的前四阶矩可通过高阶矩标准化技术来近似得到失效概率[12-13]。

设有功能函数 $Y=g(\boldsymbol{X})$，假如功能函数的前四阶中心矩已知，将其标准化为

$$z_u=\frac{Y-\mu_g}{\sigma_g} \tag{2-135}$$

则失效域 $(Y\leqslant 0)$ 的概率 $P\{Y\leqslant 0\}$ 可以表达为

$$P\{Y\leqslant 0\}=P\left\{\frac{Y-\mu_g}{\sigma_g}\leqslant\frac{0-\mu_g}{\sigma_g}\right\}=P\{z_u\leqslant-\beta_{2M}\} \tag{2-136}$$

其中 β_{2M} 为二阶可靠度指标，有

$$\beta_{2M}=\frac{\mu_g}{\sigma_g} \tag{2-137}$$

根据高阶矩标准化技术法，可得到标准正态随机变量为

$$u=\frac{3(\alpha_{4g}-1)z_u+\alpha_{3g}(1-z_u^2)}{\sqrt{(5\alpha_{3g}^2-9\alpha_{4g}+9)(1-\alpha_{4g})}} \tag{2-138}$$

将式(2-136)中的 z_u 进行式(2-138)所示的标准正态化，有

$$\begin{aligned}P\{z_u\leqslant-\beta_{2M}\}&=P\left\{\frac{3(\alpha_{4g}-1)z_u+\alpha_{3g}(1-z_u^2)}{\sqrt{(5\alpha_{3g}^2-9\alpha_{4g}+9)(1-\alpha_{4g})}}\leqslant-\frac{3(\alpha_{4g}-1)\beta_{2M}+\alpha_{3g}(\beta_{2M}^2-1)}{\sqrt{(5\alpha_{3g}^2-9\alpha_{4g}+9)(1-\alpha_{4g})}}\right\}\\&=P\left\{u\leqslant-\frac{3(\alpha_{4g}-1)\beta_{2M}+\alpha_{3g}(\beta_{2M}^2-1)}{\sqrt{(5\alpha_{3g}^2-9\alpha_{4g}+9)(1-\alpha_{4g})}}\right\}\\&=\Phi(-\beta_{4M})\end{aligned} \tag{2-139}$$

其中 β_{4M} 为四阶可靠度指标，有

$$\beta_{4M}=\frac{3(\alpha_{4g}-1)\beta_{2M}+\alpha_{3g}(\beta_{2M}^2-1)}{\sqrt{(5\alpha_{3g}^2-9\alpha_{4g}+9)(1-\alpha_{4g})}} \tag{2-140}$$

相应地，考虑前四阶矩的失效概率 P_{f4M} 为

$$P_{f4M}=P\{z_u\leqslant-\beta_{2M}\}=\Phi(-\beta_{4M}) \tag{2-141}$$

其中，当 $\alpha_{3g}=0$ 时，$\beta_{4M}=\beta_{2M}$ 。

2.5.2 可靠性灵敏度分析的四阶矩方法

本小节将基于高阶矩标准化技术的四阶矩方法拓展到可靠性灵敏度分析领域。考虑四阶矩时，P_f 对输入变量分布参数的灵敏度 $\theta_{X_i}^{(k)}$（ X_i 的第 k 个分布参数）计算公式为

$$\frac{\partial P_f}{\partial\theta_{X_i}^{(k)}}=\frac{\partial P_f}{\partial\beta_{4M}}\frac{\partial\beta_{4M}}{\partial\theta_{X_i}^{(k)}}=\frac{\partial P_f}{\partial\beta_{4M}}\left[\frac{\partial\beta_{4M}}{\partial\beta_{2M}}\left(\frac{\partial\beta_{2M}}{\partial\alpha_{1g}}\frac{\partial\alpha_{1g}}{\partial\theta_{X_i}^{(k)}}+\frac{\partial\beta_{2M}}{\partial\alpha_{2g}}\frac{\partial\alpha_{2g}}{\partial\theta_{X_i}^{(k)}}\right)+\frac{\partial\beta_{4M}}{\partial\alpha_{3g}}\frac{\partial\alpha_{3g}}{\partial\theta_{X_i}^{(k)}}+\frac{\partial\beta_{4M}}{\partial\alpha_{4g}}\frac{\partial\alpha_{4g}}{\partial\theta_{X_i}^{(k)}}\right] \tag{2-142}$$

其中，$\frac{\partial P_f}{\partial \beta_{4M}}$ 可由式(2－141)解析求得，$\frac{\partial \beta_{2M}}{\partial \alpha_{1g}}$、$\frac{\partial \beta_{2M}}{\partial \alpha_{2g}}$ 可由式(2－137)求得，而 $\frac{\partial \beta_{4M}}{\partial \beta_{2M}}$、$\frac{\partial \beta_{4M}}{\partial \alpha_{3g}}$ 和 $\frac{\partial \beta_{4M}}{\partial \alpha_{4g}}$ 则可由式(2－140)解析给出，分别为

$$\frac{\partial P_f}{\partial \beta_{4M}}=-\frac{1}{\sqrt{2\pi}}\mathrm{e}^{-\beta_{4M}^2/2} \tag{2-143}$$

$$\frac{\partial \beta_{2M}}{\partial \alpha_{1g}}=\frac{1}{\alpha_{2g}} \tag{2-144}$$

$$\frac{\partial \beta_{2M}}{\partial \alpha_{2g}}=-\frac{\alpha_{1g}}{\alpha_{2g}^2} \tag{2-145}$$

$$\frac{\partial \beta_{4M}}{\partial \beta_{2M}}=\frac{3\alpha_{4g}+2\alpha_{3g}\beta_{2M}-3}{[(9\alpha_{4g}-5\alpha_{3g}^2-9)(\alpha_{4g}-1)]^{1/2}} \tag{2-146}$$

$$\frac{\partial \beta_{4M}}{\partial \alpha_{3g}}=\frac{\beta_{2M}^2-1}{[(9\alpha_{4g}-5\alpha_{3g}^2-9)(\alpha_{4g}-1)]^{1/2}}+\frac{5[3(\alpha_{4g}-1)\beta_{2M}+\alpha_{3g}(\beta_{2M}^2-1)](\alpha_{4g}-1)\alpha_{3g}}{2[(9\alpha_{4g}-5\alpha_{3g}^2-9)(\alpha_{4g}-1)]^{3/2}} \tag{2-147}$$

$$\frac{\partial \beta_{4M}}{\partial \alpha_{4g}}=\frac{3\beta_{2M}}{[(9\alpha_{4g}-5\alpha_{3g}^2-9)(\alpha_{4g}-1)]^{1/2}}-\frac{[3(\alpha_{4g}-1)\beta_{2M}+\alpha_{3g}(\beta_{2M}^2-1)](18\alpha_{4g}-18-5\alpha_{3g}^2)}{2[(9\alpha_{4g}-5\alpha_{3g}^2-9)(\alpha_{4g}-1)]^{3/2}} \tag{2-148}$$

在可靠度灵敏度计算公式(2－142)中还涉及功能函数各阶矩 $\alpha_{kg}(k=1,2,3,4)$ 对输入变量分布参数 $\theta_{X_i}^{(k)}$ 的偏导数，下面对这些偏导数的计算公式进行推导。为了使推导更有一般性，首先简要回顾统计矩的计算公式，即

$$\alpha_{1g}=\int_{R^n} g(\boldsymbol{x})f_{\boldsymbol{X}}(\boldsymbol{x})\,\mathrm{d}\boldsymbol{x} \tag{2-149}$$

$$\alpha_{2g}=\left[\int_{R^n}(g(\boldsymbol{x})-\alpha_{1g})^2 f_{\boldsymbol{X}}(\boldsymbol{x})\,\mathrm{d}\boldsymbol{x}\right]^{1/2} \tag{2-150}$$

$$\alpha_{3g}=\frac{1}{\alpha_{2g}^3}\int_{R^n}(g(\boldsymbol{x})-\alpha_{1g})^3 f_{\boldsymbol{X}}(\boldsymbol{x})\,\mathrm{d}\boldsymbol{x} \tag{2-151}$$

$$\alpha_{4g}=\frac{1}{\alpha_{2g}^4}\int_{R^n}(g(\boldsymbol{x})-\alpha_{1g})^4 f_{\boldsymbol{X}}(\boldsymbol{x})\,\mathrm{d}\boldsymbol{x} \tag{2-152}$$

其中 R^n 表示 n 维变量空间。由式(2－149)～式(2－152)两边对 $\theta_{X_i}^{(k)}$ 求偏导，推得功能函数的矩 $\alpha_{kg}(k=1,2,3,4)$ 对 $\theta_{X_i}^{(k)}$ 的偏导数分别为

$$\frac{\partial \alpha_{1g}}{\partial \theta_{X_i}^{(k)}}=\int \frac{\partial f_{\boldsymbol{X}}(\boldsymbol{x})}{\partial \theta_{X_i}^{(k)}}g(\boldsymbol{x})\,\mathrm{d}\boldsymbol{x} \tag{2-153}$$

$$\frac{\partial \alpha_{2g}}{\partial \theta_{X_i}^{(k)}}=\frac{1}{2\alpha_{2g}}\int\left[\frac{\partial f_{\boldsymbol{X}}(\boldsymbol{x})}{\partial \theta_{X_i}^{(k)}}(g(\boldsymbol{x})-\alpha_{1g})^2\right]\mathrm{d}\boldsymbol{x}-2\int(g(\boldsymbol{x})-\alpha_{1g})\frac{\partial \alpha_{1g}}{\partial \theta_{X_i}^{(k)}}f_{\boldsymbol{X}}(\boldsymbol{x})\,\mathrm{d}\boldsymbol{x} \tag{2-154}$$

$$\begin{aligned}\frac{\partial \alpha_{3g}}{\partial \theta_{X_i}^{(k)}}=&-\frac{3}{\alpha_{2g}^4}\frac{\partial \alpha_{2g}}{\partial \theta_{X_i}^{(k)}}\int(g(\boldsymbol{x})-\alpha_{1g})^3 f_{\boldsymbol{X}}(\boldsymbol{x})\,\mathrm{d}\boldsymbol{x}+\\&\frac{1}{\alpha_{2g}^3}\left\{\int\left[\frac{\partial f_{\boldsymbol{X}}(\boldsymbol{x})}{\partial \theta_{X_i}^{(k)}}(g(\boldsymbol{x})-\alpha_{1g})^3\right]\mathrm{d}\boldsymbol{x}-3\frac{\partial \alpha_{1g}}{\partial \theta_{X_i}^{(k)}}\int[(g(\boldsymbol{x})-\alpha_{1g})^2]f_{\boldsymbol{X}}(\boldsymbol{x})\,\mathrm{d}\boldsymbol{x}\right\}\end{aligned} \tag{2-155}$$

$$\begin{aligned}\frac{\partial \alpha_{4g}}{\partial \theta_{X_i}^{(k)}}=&-\frac{4}{\alpha_{2g}^5}\frac{\partial \alpha_{2g}}{\partial \theta_{X_i}^{(k)}}\int(g(\boldsymbol{x})-\alpha_{1g})^4 f_{\boldsymbol{X}}(\boldsymbol{x})\,\mathrm{d}\boldsymbol{x}+\\&\frac{1}{\alpha_{2g}^4}\left\{\int\left[\frac{\partial f_{\boldsymbol{X}}(\boldsymbol{x})}{\partial \theta_{X_i}^{(k)}}(g(\boldsymbol{x})-\alpha_{1g})^4\right]\mathrm{d}\boldsymbol{x}-4\frac{\partial \alpha_{1g}}{\partial \theta_{X_i}^{(k)}}\int[(g(\boldsymbol{x})-\alpha_{1g})^3]f_{\boldsymbol{X}}(\boldsymbol{x})\,\mathrm{d}\boldsymbol{x}\right\}\end{aligned} \tag{2-156}$$

对式(2-153)～式(2-156)作变换,可得到以数学期望形式表示的 $\dfrac{\partial \alpha_{kg}}{\partial \theta_{X_i}^{(k)}}(k=1,2,3,4)$ 分别为

$$\frac{\partial \alpha_{1g}}{\partial \theta_{X_i}^{(k)}}=\int\left(\frac{\partial f_{\boldsymbol{X}}(\boldsymbol{x})}{\partial \theta_{X_i}^{(k)}} \frac{g(\boldsymbol{x})}{f_{\boldsymbol{X}}(\boldsymbol{x})}\right) f_{\boldsymbol{X}}(\boldsymbol{x}) \mathrm{d} \boldsymbol{x}=E\left[\frac{\partial f_{\boldsymbol{X}}(\boldsymbol{x})}{\partial \theta_{X_i}^{(k)}} \frac{g(\boldsymbol{x})}{f_{\boldsymbol{X}}(\boldsymbol{x})}\right] \tag{2-157}$$

$$\begin{aligned}\frac{\partial \alpha_{2g}}{\partial \theta_{X_i}^{(k)}}&=\frac{1}{2\alpha_{2g}}\left\{\int\left[\frac{\partial f_{\boldsymbol{X}}(\boldsymbol{x})}{\partial \theta_{X_i}^{(k)}} \frac{(g(x)-\alpha_{1g})^2}{f_{\boldsymbol{X}}(\boldsymbol{x})}\right] f_{\boldsymbol{X}}(\boldsymbol{x}) \mathrm{d} \boldsymbol{x}-2\int(g(\boldsymbol{x})-\alpha_{1g}) \frac{\partial \alpha_{1g}}{\partial \theta_{X_i}^{(k)}} f_{\boldsymbol{X}}(\boldsymbol{x}) \mathrm{d} \boldsymbol{x}\right\} \\ &=\frac{1}{2\alpha_{2g}} E\left[\frac{\partial f_{\boldsymbol{X}}(\boldsymbol{x})}{\partial \theta_{X_i}^{(k)}} \frac{(g(\boldsymbol{x})-\alpha_{1g})^2}{f_{\boldsymbol{X}}(\boldsymbol{x})}\right]\end{aligned} \tag{2-158}$$

$$\begin{aligned}\frac{\partial \alpha_{3g}}{\partial \theta_{X_i}^{(k)}}=&-\frac{3}{\alpha_{2g}^4} \frac{\partial \alpha_{2g}}{\partial \theta_{X_i}^{(k)}} \int(g(\boldsymbol{x})-\alpha_{1g})^3 f_{\boldsymbol{X}}(\boldsymbol{x}) \mathrm{d} \boldsymbol{x}+ \\ &\frac{1}{\alpha_{2g}^3}\left\{\int\left[\frac{\partial f_{\boldsymbol{X}}(\boldsymbol{x})}{\partial \theta_{X_i}^{(k)}} \frac{(g(\boldsymbol{x})-\alpha_{1g})^3}{f_{\boldsymbol{X}}(\boldsymbol{x})}\right] f_{\boldsymbol{X}}(\boldsymbol{x}) \mathrm{d} \boldsymbol{x}-3 \frac{\partial \alpha_{1g}}{\partial \theta_{X_i}^{(k)}} \int\left[(g(\boldsymbol{x})-\alpha_{1g})^2\right] f_{\boldsymbol{X}}(\boldsymbol{x}) \mathrm{d} \boldsymbol{x}\right\} \\ =&-3 \frac{\alpha_{3g}}{\alpha_{2g}} \frac{\partial \alpha_{2g}}{\partial \theta_{X_i}^{(k)}}+\frac{1}{\alpha_{2g}^3} E\left[\frac{\partial f_{\boldsymbol{X}}(\boldsymbol{x})}{\partial \theta_{X_i}^{(k)}} \frac{(g(\boldsymbol{x})-\alpha_{1g})^3}{f_{\boldsymbol{X}}(\boldsymbol{x})}\right]-\frac{3}{\alpha_{2g}} \frac{\partial \alpha_{1g}}{\partial \theta_{X_i}^{(k)}}\end{aligned} \tag{2-159}$$

$$\begin{aligned}\frac{\partial \alpha_{4g}}{\partial \theta_{X_i}^{(k)}}=&-\frac{4}{\alpha_{2g}^5} \frac{\partial \alpha_{2g}}{\partial \theta_{X_i}^{(k)}} \int(g(\boldsymbol{x})-\alpha_{1g})^4 f_{\boldsymbol{X}}(\boldsymbol{x}) \mathrm{d} \boldsymbol{x}+ \\ &\frac{1}{\alpha_{2g}^4}\left\{\int\left[\frac{\partial f_{\boldsymbol{X}}(\boldsymbol{x})}{\partial \theta_{X_i}^{(k)}} \frac{(g(\boldsymbol{x})-\alpha_{1g})^4}{f_{\boldsymbol{X}}(\boldsymbol{x})}\right] f_{\boldsymbol{X}}(\boldsymbol{x}) \mathrm{d} \boldsymbol{x}-4 \frac{\partial \alpha_{1g}}{\partial \theta_{X_i}^{(k)}} \int\left((g(\boldsymbol{x})-\alpha_{1g})^3\right) f_{\boldsymbol{X}}(\boldsymbol{x}) \mathrm{d} \boldsymbol{x}\right\} \\ =&-4 \frac{\alpha_{4g}}{\alpha_{2g}} \frac{\partial \alpha_{2g}}{\partial \theta_{X_i}^{(k)}}+\frac{1}{\alpha_{2g}^4} E\left[\frac{\partial f_{\boldsymbol{X}}(\boldsymbol{x})}{\partial \theta_{X_i}^{(k)}} \frac{(g(\boldsymbol{x})-\alpha_{1g})^4}{f_{\boldsymbol{X}}(\boldsymbol{x})}\right]-4 \frac{\alpha_{3g}}{\alpha_{2g}} \frac{\partial \alpha_{1g}}{\partial \theta_{X_i}^{(k)}}\end{aligned} \tag{2-160}$$

上述计算 $\alpha_{kg}(k=1,2,3,4)$ 对 $\theta_{X_i}^{(k)}$ 偏导数的公式中涉及概率密度函数 $f_{\boldsymbol{X}}(\boldsymbol{x})$ 对参数 $\theta_{X_i}^{(k)}$ 的偏导数 $\dfrac{\partial f_{\boldsymbol{X}}(\boldsymbol{x})}{\partial \theta_{X_i}^{(k)}}$,对于工程中已知的概率密度函数是可以解析给出的。对于正态变量情况,显然有以下各式成立:

$$\frac{1}{f_{X_i}(x_i)} \frac{\partial f_{X_i}(x_i)}{\partial \mu_{X_i}}=\frac{1}{\sigma_{X_i}} \frac{x_i-\mu_{X_i}}{\sigma_{X_i}}=\frac{1}{\sigma_{X_i}} u_i \tag{2-161}$$

$$\frac{1}{f_{X_i}(x_i)} \frac{\partial f_{X_i}(x_i)}{\partial \sigma_{X_i}}=\frac{1}{\sigma_{X_i}}\left[\left(\frac{x_i-\mu_{X_i}}{\sigma_{X_i}}\right)^2-1\right]=\frac{1}{\sigma_{X_i}}(u_i^2-1) \tag{2-162}$$

式中 u_i 为对输入随机向量 $\boldsymbol{X}=\{X_1,X_2,\cdots,X_n\}^{\mathrm{T}}$ 中的第 i 个分量 x_i 引入的标准正态变量,即 $u_i=\dfrac{x_i-\mu_{X_i}}{\sigma_{X_i}}$。采用点估计方法对于式(2-157)～式(2-160)中的数学期望计算只须利用估计功能函数均值 α_{1g} 的特征点进行即可,不需要增加计算量,因为特征点是相同的。功能函数的各阶矩对输入变量分布参数的偏导数得到后,将其代入式(2-142),就可得到基于点估计的可靠性灵敏度了。

2.5.3　算例分析及算法参考程序

算例 2.6　考虑下面功能函数的可靠性和可靠性灵敏度分析问题。

$$g(\boldsymbol{X})=\exp(0.2X_1+1.4)-X_2$$

其中各输入变量相互独立，且服从标准正态分布，采用三点估计结合四阶矩方法得到的可靠性及可靠性灵敏度计算结果见表 2-12。

表 2-12　算例 2.6 的可靠性灵敏度计算结果

方法	$\partial P_f/\partial\theta_{X_1}^{(1)}$	$\partial P_f/\partial\theta_{X_1}^{(2)}$	$\partial P_f/\partial\theta_{X_2}^{(1)}$	$\partial P_f/\partial\theta_{X_2}^{(2)}$	P_f	N
MCS	−0.000 659 4	0.010 64	0.001 133	0.003 291	0.000 360 5	10^7
四阶矩	−0.000 536 0	0.015 09	0.001 047	0.002 752	0.000 3193	9

注：MCS(蒙特卡罗模拟方法)计算结果可以作为精确解来验证其他方法；N 表示 $Y=g(\boldsymbol{X})$ 被调用的次数，对于隐式极限状态函数，尤其是采用有限元来计算极限状态值的问题，N 的大小反映了方法的效率。

算例 2.7　重新考虑算例 2.2，采用三点估计结合四阶矩方法得到的可靠性及可靠性灵敏度计算结果见表 2-13。

表 2-13　算例 2.7 的可靠性及可靠性灵敏度计算结果

方法	$\dfrac{\partial P_f/\partial\mu_D}{10^{-5}}$	$\dfrac{\partial P_f/\partial\mu_P}{10^{-4}}$	$\dfrac{\partial P_f/\partial\mu_t}{10^{-4}}$	$\dfrac{\partial P_f/\partial\mu_{\sigma_s}}{10^{-5}}$	P_f
MCS	2.461	4.533	−6.370	−3.513	4.586×10^{-4}
四阶矩	2.393	4.398	−6.047	−3.452	4.414×10^{-4}
方法	$\dfrac{\partial P_f/\partial\sigma_D}{10^{-6}}$	$\dfrac{\partial P_f/\partial\sigma_P}{10^{-4}}$	$\dfrac{\partial P_f/\partial\sigma_t}{10^{-4}}$	$\dfrac{\partial P_f/\partial\sigma_{\sigma_s}}{10^{-5}}$	N
MCS	8.220	9.940	6.850	7.877	10^7
四阶矩	7.848	9.723	5.694	8.081	81

从算例 2.6 和算例 2.7 可以看出，基于三点估计结合四阶矩方法的失效概率及可靠性灵敏度的估计值与 MCS 方法的结果较为接近。相比于 MCS，其计算量大大减少。表 2-16 列出了该算例采用三点估计结合四阶矩方法进行可靠性及可靠性灵敏度分析的 MATLAB 程序。

2.6　系统可靠性及可靠性灵敏度分析的矩方法

2.6.1　系统可靠性及可靠性灵敏度分析

如果系统有 l 个失效模式，相应的功能函数为 $g_j(\boldsymbol{X})(j=1,2,\cdots,l)$，当 l 个失效模式构成串联系统时，系统的功能函数 $g^{(s)}(\boldsymbol{X})$ 为

$$g^{(s)}(\boldsymbol{X})=\min(g_1(\boldsymbol{X}),g_2(\boldsymbol{X}),\cdots,g_l(\boldsymbol{X}))\tag{2-163}$$

当 l 个失效模式构成并联系统时，系统的功能函数 $g^{(s)}(\boldsymbol{X})$ 为

$$g^{(s)}(\boldsymbol{X})=\max(g_1(\boldsymbol{X}),g_2(\boldsymbol{X}),\cdots,g_l(\boldsymbol{X}))\tag{2-164}$$

系统多模式与单模式可靠性分析的区别在于调用功能函数的次数不同，当采用 Rosenblueth 或者 Gorman - Seo 的点估计法近似极限状态函数的概率矩时，多模式对于每个模式需要调用 $g_j(\boldsymbol{X})$ 的次数为 m^{n_j}（$j=1,2,\cdots,l$；n_j 为功能函数中所包含的输入变量的个数，m 为点估计法的节点个数），因此 l 个失效模式调用功能函数的总次数为 $\sum_{j=1}^{l} m^{n_j}$；而当采用 Zhou - Nowak 或是 Zhao - Ono 的方法估计功能函数的概率矩时，每个失效模式调用 $g_j(\boldsymbol{X})$（$j=1,2,\cdots,l$）的次数为 $m\times n_j+1$，因此 l 个失效模式调用极限状态函数的总次数为 $\sum_{j=1}^{l}(m\times n_j+1)$ 次。

获得系统功能函数的前几阶统计矩后，同样可以利用上述介绍的几种方法得到不同精度的失效概率估计值及相应的可靠性灵敏度值。

2.6.2 算例分析及算法参考程序

算例 2.8 考虑非线性的串联系统 $g_1(\boldsymbol{X})=2X_1^2-X_2+6$，$g_2(\boldsymbol{X})=X_1+X_2^2-4$，系统功能函数为 $g=\min\{g_1,g_2\}$，其中 $X_1\sim N(5,1^2)$，$X_2\sim N(1,0.1^2)$，利用三点估计结合四阶矩方法的可靠性及可靠性灵敏度计算结果见表 2 - 14。下列表中 $\theta_X^{(1)}$ 均为 X 的均值，$\theta_X^{(2)}$ 均为 X 的标准差。

表 2 - 14 算例 2.8 的可靠性及可靠性灵敏度计算结果

方法	$\partial P_f/\partial\theta_{X_1}^{(1)}$	$\partial P_f/\partial\theta_{X_1}^{(2)}$	$\partial P_f/\partial\theta_{X_2}^{(1)}$	$\partial P_f/\partial\theta_{X_2}^{(2)}$	P_f	N
MCS	−0.055 60	0.107 4	−0.107 6	0.031 59	0.024 14	10^7
四阶矩	−0.056 06	0.108 3	−0.107 8	0.031 68	0.024 31	18

算例 2.9 钢架结构，有以下 4 个失效模式：

$$g_1=2M_1+2M_3-4.5S$$
$$g_2=2M_1+M_2+M_3-4.5S$$
$$g_3=M_1+M_2+2M_3-4.5S$$
$$g_4=M_1+2M_2+M_3-4.5S$$

因为是串联系统，所以系统的功能函数 g 与 g_1,g_2,g_3 和 g_4 的关系为 $g=\min\{g_1,g_2,g_3,g_4\}$。在各个失效模式的功能函数中，$M_i(i=1,2,3,4)$ 和 S 是独立的，均值和标准差分别为 $\mu_{M_i}=2(i=1,2,3)$，$\mu_S=1$，$\sigma_{M_i}=0.2(i=1,2,3)$，$\sigma_S=0.25$。三点估计结合四阶矩方法的可靠性及可靠性灵敏度的分析结果见表 2 - 15。

表 2 - 15 算例 2.9 可靠性及可靠性灵敏度计算结果

方法	$\partial P_f/\partial\theta_{M_1}^{(1)}$	$\partial P_f/\partial\theta_{M_1}^{(2)}$	$\partial P_f/\partial\theta_{M_2}^{(1)}$	$\partial P_f/\partial\theta_{M_2}^{(2)}$	P_f
MCS	−0.014 37	0.012 35	−0.007 758	0.009 07	0.003 787
四阶矩	−0.014 32	0.011 11	−0.007 866	0.008 15	0.003 711

方法	$\partial P_f/\partial\theta_{M_3}^{(1)}$	$\partial P_f/\partial\theta_{M_3}^{(2)}$	$\partial P_f/\partial\theta_S^{(1)}$	$\partial P_f/\partial\theta_S^{(2)}$	N
MCS	−0.014 17	0.012 35	0.041 33	0.101 26	10^7
四阶矩	−0.014 32	0.011 11	0.040 12	0.098 44	324

由算例 2.8 和算例 2.9 可以看出，对于系统可靠性及可靠性灵敏度的分析问题而言，基于

三点估计结合四阶矩方法计算结果较准确。相比于 MCS,其计算量大大减少。表 2-16 列出了该算例采用三点估计结合四阶矩方法进行可靠性及可靠性灵敏度分析的 MATLAB 程序。

表 2-16　三点估计结合四阶矩方法的可靠性及可靠性灵敏度分析的 MATLAB 程序

```
clc;  clear;
%算例 2.6
g =@(x)exp(0.2.*x(:,1)+1.4)-x(:,2);
Mean=[0 0];  Std=[1 1];  Pd=[0 0]; Fd=[3 3]; d=2;
%算例 2.7
%g =@(x) x(:,4)-x(:,2).*x(:,1)./(2.*x(:,3)); %功能函数
%Mean=[460 20 19 392];  Std=[7 2.4 0.8 31.4]; Pd=[0 0 0 0]; Fd=[3 3 3 3];
%输入变量均值、标准差、偏度、峰度
%算例 2.8
%g1=@(x)2.*x(:,1).^2-x(:,2)+6;
%g2=@(x)x(:,1)+x(:,2).^2-4;
%g=@(x)min([g1(x),g2(x)]'); %功能函数
%Mean=[5 1];  Std=[1 0.1];  Pd=[0 0]; Fd=[3 3]; %输入变量均值、标准差、偏度、峰度
%算例 2.9
%g1=@(x)2.*x(:,1)+2.*x(:,3)-4.5.*x(:,4);
%g2=@(x)2.*x(:,1)+x(:,2)+x(:,3)-4.5.*x(:,4);
%g3=@(x)x(:,1)+x(:,2)+2.*x(:,3)-4.5.*x(:,4);
%g4=@(x)x(:,1)+2.*x(:,2)+x(:,3)-4.5.*x(:,4);
%g=@(x)min([g1(x),g2(x),g3(x),g4(x)]'); %功能函数
%Mean=[2 2 2 1];  Std=[0.2 0.2 0.2 0.25]; Pd=[0 0 0 0]; Fd=[3 3 3 3];
%输入变量均值、标准差、偏度、峰度
%MCS 失效概率估计(该行以后程序通用)
d=size(Mean,2);
n=10^(7);  x=lhsnorm(Mean,diag(Std.^2),n);
Y=g(x); F=find(Y<0);
IF=zeros(n,1); IF(F)=1;
Pf=mean(IF)          %MCS 失效概率计算结果
%蒙特卡罗模拟可靠性灵敏度估计
for i=1:d
u(:,i)=(x(:,i)-Mean(i))./Std(i);
end
for i=1:d
  Fp(i)=mean(IF.*u(:,i)./Std(i));
  Fp(i+d)=mean(IF.*(u(:,i).^2-1)./Std(i));
end
Fp          %MCS 可靠性灵敏度计算结果
%三点估计结合四阶矩(高阶矩标准化技术)法失效概率估计
for i=1:d
  p(i,1)=0.5*((1+Pd(i)/(4*Fd(i)-3*Pd(i)^2))^0.5./(Fd(i)-Pd(i)^2));
```

```
    p(i,2)=1-1./(Fd(i)-Pd(i)^2);
    p(i,3)=0.5*((1-Pd(i)/(4*Fd(i)-3*Pd(i)^2))^0.5./(Fd(i)-Pd(i)^2));
    l(i,1)=Mean(i)-Std(i)./2*((4*Fd(i)-3*Pd(i)^2)^0.5-Pd(i));
    l(i,2)=Mean(i);
    l(i,3)=Mean(i)+Std(i)./2*((4*Fd(i)-3*Pd(i)^2)^0.5+Pd(i));
    L(i,1)=-0.5.*12.^0.5;
    L(i,2)=0;
    L(i,3)=0.5.*12.^0.5;
end
a=1:3;
[K{1:d}]=ndgrid(a);
Bh=reshape(cat(d+1,K{:}),[],d);
a1=0;
for i=1:3^d
    P=1;X=[];
for j=1:d
    P=P*p(j,Bh(i,j));
    X=[X l(j,Bh(i,j))];
end
a1=a1+P*g(X);
end
a2=0; a3=0; a4=0;
for i=1:3^d
    P=1;X=[];
for j=1:d
    P=P*p(j,Bh(i,j));
    X=[X l(j,Bh(i,j))];
end
a2=a2+P*(g(X)-a1)^2;
    a3=a3+P*(g(X)-a1)^3;
    a4=a4+P*(g(X)-a1)^4;
end
a2=a2.^0.5; a3=a3./a2.^3; a4=a4./a2.^4;
    Beta2=a1./a2;    Beta4=(3*(a4-1)*Beta2+a3*(Beta2^2-1))./((5*a3^2-9*a4+9)*(1-
a4))^0.5;
    Pf=normcdf(-Beta4)    %失效概率估计
%三点估计结合四阶矩(高阶矩标准化技术)法可靠性灵敏度估计
Pd1=zeros(1,2*d);Pd2=zeros(1,2*d);
for i=1:3^d
for k=1:d
    P=1;X=[];
for j=1:d
    P=P*p(j,Bh(i,j));
```

```
    X=[X l(j,Bh(i,j))];
end
    Pd1(k)=Pd1(k)+L(k,Bh(i,k)) * P * g(X)./Std(k);
    Pd1(k+d)=Pd1(k+d)+(L(k,Bh(i,k))^2-1) * P * g(X)./Std(k);
    Pd2(k)=Pd2(k)+L(k,Bh(i,k)) * P * (g(X)-a1)^2./Std(k);
    Pd2(k+d)=Pd2(k+d)+(L(k,Bh(i,k))^2-1) * P * (g(X)-a1)^2./Std(k);
end
end
  Pd2=Pd2./(2 * a2);
Pd3=-3 * a3./a2 * Pd2-3 * Pd1/a2;    Pd4=-4 * a4./a2 * Pd2-4 * Pd1/a2 * a3;
for i=1:3^d
for k=1:d
    P=1;X=[];
for j=1:d
    P=P * p(j,Bh(i,j));
  X=[X l(j,Bh(i,j))];
end
    Pd3(k)=Pd3(k)+L(k,Bh(i,k)) * P * (g(X)-a1).^3./a2.^3./Std(k);
    Pd3(k+d)=Pd3(k+d)+(L(k,Bh(i,k))^2-1) * P * (g(X)-a1).^3./a2.^3./Std(k);
    Pd4(k)=Pd4(k)+L(k,Bh(i,k)) * P * (g(X)-a1).^4./a2.^4./Std(k);
    Pd4(k+d)=Pd4(k+d)+(L(k,Bh(i,k))^2-1) * P * (g(X)-a1).^4./a2.^4./Std(k);
end
end
P142=-exp(-Beta4^2./2)/(2 * pi).^0.5;
P145=(3 * a4+2 * a3 * Beta2-3)/((9 * a4-5 * a3^2-9) * (a4-1))^0.5;
P143=1/a2;
P144=-a1/a2^2;
P146=(Beta2^2-1)./((9 * a4-5 * a3^2-9) * (a4-1))^0.5+5 * (3 * (a4-1) * Beta2+a3 * (Beta2^2
-1)) * (a4-1) * a3/(2 * ((9 * a4-5 * a3^2-9) * (a4-1))^1.5);    P147=3 * Beta2/((9 * a4-5 * a3^
2-9) * (a4-1))^0.5-(3 * (a4-1) * Beta2+a3 * (Beta2^2-1)) * (18 * a4-18-5 * a3^2)/(2 * ((9 *
a4-5 * a3^2-9) * (a4-1))^1.5);
SFp=P142. * (P145. * (P143. * Pd1+P144. * Pd2)+P146. * Pd3+P147. * Pd4)
```

2.7 相关变量的独立转换

在上述介绍的矩方法中，很多方法(如 AFOSM 法和 R-F 法在计算可靠度指标时)均要求输入变量相互独立。但实际应用中各个输入变量往往是相关的，并且这种相关性有时会对可靠性分析结果产生显著影响，因此必须将上述方法扩展到输入变量相关的情况。解决这个问题的基本思想是：将相关的变量变换为互不相关的变量，然后再运用上述方法求出可靠度指标和失效概率。

2.7.1 一般分布情况下相关变量向独立正态变量转化的 Rosenblatt 方法

假设输入变量 $\boldsymbol{X}=\{X_1,X_2,\cdots,X_n\}^{\mathrm{T}}$ 具有联合分布函数 $F_{\boldsymbol{X}}(x_1,x_2,\cdots,x_n)$，它可以表示为一系列的条件分布函数的乘积形式，即

$$F_{\boldsymbol{X}}(x_1,x_2,\cdots,x_n)=F_{X_1}(x_1)F_{X_2|X_1}(x_2)\cdots F_{X_n|X_1\cdots X_{n-1}}(x_n) \tag{2-165}$$

其中 $F_{X_i|X_1\cdots X_{i-1}}(i=2,\cdots,n)$ 为条件分布函数。

Rosenblatt 变换定义变换关系 $\boldsymbol{u}=T(\boldsymbol{x})$，其中随机向量 $\boldsymbol{u}=\{u_1,u_2,\cdots,u_n\}^{\mathrm{T}}$ 为[14]

$$\left.\begin{aligned} u_1&=F_{X_1}(x_1)\\ u_2&=F_{X_2|X_1}(x_2)\\ &\cdots\cdots\\ u_n&=F_{X_n|X_1\cdots X_{n-1}}(x_n)\end{aligned}\right\} \tag{2-166}$$

随机变量 $U_1,U_2,\cdots,U_n$ 均在[0, 1]区间服从均匀分布，利用反变换法可以将随机变量 X_i 转化为独立的标准正态变量 Z_i，对应的变换表达式为

$$\left.\begin{aligned} z_1&=\Phi^{-1}(F_{X_1}(x_1))\\ z_2&=\Phi^{-1}(F_{X_2|X_1}(x_2))\\ &\cdots\cdots\\ z_n&=\Phi^{-1}(F_{X_n|X_1\cdots X_{n-1}}(x_n))\end{aligned}\right\} \tag{2-167}$$

2.7.2 正态分布情况下相关变量独立化转换的正交变换方法

设输入变量为 $\boldsymbol{X}=\{X_1,X_2,\cdots,X_n\}^{\mathrm{T}}$，且各变量之间相关，则 n 维正态变量 $\boldsymbol{X}$ 的密度函数为

$$f_{\boldsymbol{X}}(\boldsymbol{x})=(2\pi)^{-n/2}\left|\boldsymbol{C}_{\boldsymbol{X}}\right|^{-1/2}\exp\left[-\frac{1}{2}(\boldsymbol{x}-\boldsymbol{\mu}_{\boldsymbol{X}})^{\mathrm{T}}\boldsymbol{C}_{\boldsymbol{X}}^{-1}(\boldsymbol{x}-\boldsymbol{\mu}_{\boldsymbol{X}})\right] \tag{2-168}$$

式中 $\boldsymbol{\mu}_{\boldsymbol{X}}=\{\mu_{X_1},\mu_{X_2},\cdots,\mu_{X_n}\}^{\mathrm{T}}$ 为均值向量，$\boldsymbol{C}_{\boldsymbol{X}}=\begin{bmatrix}\sigma_{X_1}^2 & \mathrm{Cov}(X_1,X_2) & \cdots & \mathrm{Cov}(X_1,X_n)\\ \mathrm{Cov}(X_2,X_1) & \sigma_{X_2}^2 & \cdots & \mathrm{Cov}(X_2,X_n)\\ \vdots & \vdots & & \vdots\\ \mathrm{Cov}(X_n,X_1) & \mathrm{Cov}(X_n,X_2) & \cdots & \sigma_{X_n}^2\end{bmatrix}$ 为 $\boldsymbol{X}$ 的协方差阵；$|\boldsymbol{C}_{\boldsymbol{X}}|$ 为协方差矩阵的行列式值；$\boldsymbol{C}_{\boldsymbol{X}}^{-1}$ 为协方差矩阵的逆矩阵；$\boldsymbol{x}$，$\boldsymbol{\mu}_{\boldsymbol{X}}$，$(\boldsymbol{x}-\boldsymbol{\mu}_{\boldsymbol{X}})$均为 n 维向量。

根据线性代数原理可以证明[15-16]，由式(2-168)确定的 n 维正态密度函数，必然存在一个正交矩阵 $\boldsymbol{A}$，使对于 n 维随机向量 $\boldsymbol{Z}=\{Z_1,Z_2,\cdots,Z_n\}^{\mathrm{T}}$ 有

$$f_{\boldsymbol{Z}}(\boldsymbol{Az}+\boldsymbol{\mu}_{\boldsymbol{X}})=(2\pi)^{-n/2}(\lambda_1\lambda_2\cdots\lambda_n)^{-1/2}\exp\left(-\frac{1}{2}\sum_{i=1}^{n}\frac{z_i^2}{\lambda_i}\right) \tag{2-169}$$

式中 $(\lambda_1,\lambda_2,\cdots,\lambda_n)$ 为 $\boldsymbol{C}_{\boldsymbol{X}}$ 的特征根，$\boldsymbol{A}$ 为正交矩阵。

根据这一结论，可以将相关的 n 维正态随机向量 $\boldsymbol{X}=\{X_1,X_2,\cdots,X_n\}^{\mathrm{T}}$ 转化为 n 维不相关的正态随机向量 $\boldsymbol{Z}=\{Z_1,Z_2,\cdots,Z_n\}^{\mathrm{T}}$。具体变换过程为

$$\boldsymbol{Z}=\boldsymbol{A}^{\mathrm{T}}(\boldsymbol{X}-\boldsymbol{\mu}_{\boldsymbol{X}}) \tag{2-170}$$

式中 $\boldsymbol{A}$ 的列向量等于协方差矩阵 $\boldsymbol{C}_X$ 的正交特征向量。

$\boldsymbol{Z}$ 的协方差阵 $\boldsymbol{C}_Z$ 和均值向量 $\boldsymbol{\mu}_Z$ 分别为

$$\boldsymbol{C}_Z = \boldsymbol{A}^{\mathrm{T}} \boldsymbol{C}_X \boldsymbol{A} = \begin{bmatrix} \lambda_1 & 0 & \cdots & 0 \\ \vdots & \lambda_2 & \cdots & 0 \\ 0 & \vdots & & \vdots \\ 0 & 0 & \cdots & \lambda_n \end{bmatrix} \tag{2-171}$$

$$\boldsymbol{\mu}_Z = (0, 0, \cdots, 0)^{\mathrm{T}} \tag{2-172}$$

将式(2-170)进行反变换后可得

$$\boldsymbol{X} = \boldsymbol{A}\boldsymbol{Z} + \boldsymbol{\mu}_X \tag{2-173}$$

将该式结果代入原相关变量空间 $\boldsymbol{X}$ 的功能函数 $g(\boldsymbol{X})$ 中，可得到相互独立正态变量空间 $\boldsymbol{Z}$ 中的功能函数 $g(\boldsymbol{Z})$ 。

2.7.3 标准正态空间中两线性功能函数相关系数的几何意义

设在 n 维标准正态 $\boldsymbol{X}$ 空间中，存在两个线性功能函数 $g_1(\boldsymbol{X})$ 和 $g_2(\boldsymbol{X})$ ，即

$$\left.\begin{aligned} g_1(\boldsymbol{X}) &= a_0 + \sum_{i=1}^{n} a_i X_i \\ g_2(\boldsymbol{X}) &= b_0 + \sum_{i=1}^{n} b_i X_i \end{aligned}\right\} \tag{2-174}$$

在标准正态空间中，设坐标原点 O 到线性极限状态方程 $g_1(\boldsymbol{x})=0$ 和 $g_2(\boldsymbol{x})=0$ 的设计点 $\boldsymbol{P}_1^*(X_1^*, X_2^*, \cdots, X_n^*)$ 和 $\boldsymbol{P}_2^*(X_1^*, X_2^*, \cdots, X_n^*)$ 的单位方向向量分别为 $\boldsymbol{n}_1$ 和 $\boldsymbol{n}_2$，则

$$\left.\begin{aligned} \boldsymbol{n}_1 &= -\frac{(a_1, a_2, \cdots, a_n)}{\sqrt{\sum_{i=1}^{n} a_i^2}} \\ \boldsymbol{n}_2 &= -\frac{(b_1, b_2, \cdots, b_n)}{\sqrt{\sum_{i=1}^{n} b_i^2}} \end{aligned}\right\} \tag{2-175}$$

记这两个方向向量 $\boldsymbol{n}_1$ 和 $\boldsymbol{n}_2$ 的夹角为 γ ，则有

$$\cos\gamma = \langle \boldsymbol{n}_1, \boldsymbol{n}_2 \rangle = \frac{\sum_{i=1}^{n} a_i b_i}{\sqrt{\sum_{i=1}^{n} a_i^2}\sqrt{\sum_{i=1}^{n} b_i^2}} \tag{2-176}$$

图 2-7 所示为二维情况下两线性极限状态方程 $g_1(\boldsymbol{x}) = 0$ 和 $g_2(\boldsymbol{x}) = 0$ 的几何关系示意图。

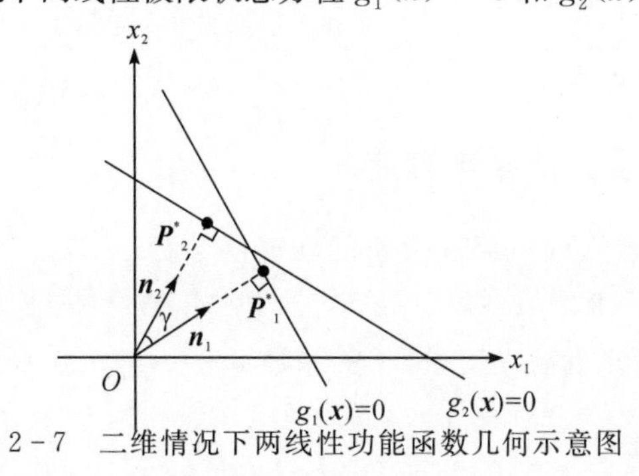

图 2-7　二维情况下两线性功能函数几何示意图

由于 $g_1(\boldsymbol{X})$ 和 $g_2(\boldsymbol{X})$ 为标准正态随机变量 $\boldsymbol{X}$ 的函数，则 $g_1(\boldsymbol{X})$ 和 $g_2(\boldsymbol{X})$ 的均值和方差可分别表示为

$$\left.\begin{aligned} \mu_{g_1} &= a_0 + \sum_{i=1}^{n} a_i \mu_{X_i} = a_0 \\ \sigma_{g_1}^2 &= \sum_{i=1}^{n} a_i^2 \sigma_{X_i}^2 = \sum_{i=1}^{n} a_i^2 \\ \mu_{g_2} &= b_0 + \sum_{i=1}^{n} b_i \mu_{X_i} = b_0 \\ \sigma_{g_2}^2 &= \sum_{i=1}^{n} b_i^2 \sigma_{X_i}^2 = \sum_{i=1}^{n} b_i^2 \end{aligned}\right\} \tag{2-177}$$

此外，$g_1(\boldsymbol{X})$ 和 $g_2(\boldsymbol{X})$ 的协方差可表示为

$$\begin{aligned} \mathrm{Cov}(g_1, g_2) &= E[(g_1 - \mu_{g_1})(g_2 - \mu_{g_2})] \\ &= E\left[\left(\sum_{i=1}^{n} a_i X_i\right)\left(\sum_{i=1}^{n} b_i X_i\right)\right] \\ &= \sum_{i=1}^{n} a_i b_i E[X_i^2] + \sum_{i=1}^{n} \sum_{j=1, j\neq i}^{n} a_i b_j E[X_i] E[X_j] \\ &= \sum_{i=1}^{n} a_i b_i (\sigma_{X_i}^2 + \mu_{X_i}^2) \\ &= \sum_{i=1}^{n} a_i b_i \end{aligned} \tag{2-178}$$

则 $g_1(\boldsymbol{X})$ 和 $g_2(\boldsymbol{X})$ 的相关系数可表示为

$$\rho(g_1, g_2) = \frac{\mathrm{Cov}(g_1, g_2)}{\sigma_{g_1} \sigma_{g_2}} = \frac{\sum_{i=1}^{n} a_i b_i}{\sqrt{\sum_{i=1}^{n} a_i^2} \sqrt{\sum_{i=1}^{n} b_i^2}} = \cos\gamma \tag{2-179}$$

根据式(2-179)可知，标准正态空间中两线性功能函数 $g_1(\boldsymbol{X})$ 和 $g_2(\boldsymbol{X})$ 的相关系数等于这两个功能函数单位法向量之间夹角的余弦值，也即是坐标原点 O 到线性极限状态方程 $g_1(\boldsymbol{x})=0$ 和 $g_2(\boldsymbol{x})=0$ 的设计点 $\boldsymbol{P}_1^*(x_1^*, x_2^*, \cdots, x_n^*)$ 和 $\boldsymbol{P}_2^*(x_1^*, x_2^*, \cdots, x_n^*)$ 的单位方向向量 $\boldsymbol{n}_1$ 和 $\boldsymbol{n}_2$ 夹角的余弦值。当 $\gamma=0°$ 时，$\cos\gamma=1$，此时 $g_1(\boldsymbol{x})=0$ 和 $g_2(\boldsymbol{x})=0$ 互相平行，表明 $g_1(\boldsymbol{X})$ 和 $g_2(\boldsymbol{X})$ 线性相关；当 $\gamma=90°$ 时，$\cos\gamma=0$，此时 $g_1(\boldsymbol{x})=0$ 和 $g_2(\boldsymbol{x})=0$ 互相垂直，表明 $g_1(\boldsymbol{X})$ 和 $g_2(\boldsymbol{X})$ 不相关。

2.7.4 算例分析及算法参考程序

算例 2.10 Y 型节点管的可靠性分析的功能函数为

$$g(M_i, F, M_o) = 1 - 2\times10^{-5} F - (2\times10^{-4} \mid M_i \mid)^{1.2} - (2\times10^{-5} \mid M_o \mid)^{2.1} = 0$$

其中 M_i，F 和 M_o 为正态分布输入变量，相关系数 $\rho_{FM_i}=\rho_{FM_o}=0$，$\rho_{M_iM_o}=0.25$，其分布参数见表 2-17。

表 2-17　算例 2.10 输入变量及分布参数

输入变量	均值	标准差
M_i	2×10^3	0.5×10^3
F	1×10^4	0.2×10^4
M_o	1×10^4	0.4×10^4

记输入变量 $\boldsymbol{X}=\{M_i,F,M_o\}^{\mathrm{T}}$ 的协方差矩阵为 $\boldsymbol{C_X}$，则有

$$\boldsymbol{C_X}=\begin{bmatrix}500^2 & 0 & 500\,000\\ 0 & 2\,000^2 & 0\\ 500\,000 & 0 & 4\,000^2\end{bmatrix}$$

求解得到协方差矩阵的特征值 $\lambda_1,\lambda_2,\lambda_3$ 和由特征向量组成的正交矩阵 $\boldsymbol{A}$ 分别为

$$\{\lambda_1,\lambda_2,\lambda_3\}^{\mathrm{T}}=\{2.341\,4\times10^5,400\,000\,0,1.601\,6\times10^7\}^{\mathrm{T}}$$

$$\boldsymbol{A}=\begin{bmatrix}0.999\,5 & 0 & 0.317\,0\\ 0 & -1 & 0\\ -0.031\,70 & 0 & 0.999\,5\end{bmatrix}$$

由 2.7.2 节可知，变换后的独立正态变量 $\boldsymbol{Z}$ 的均值为 $\boldsymbol{\mu}_Z=\{0,0,0\}^{\mathrm{T}}$，标准差为 $\boldsymbol{\sigma}_Z=\left\{\sqrt{\lambda_1},\sqrt{\lambda_2},\sqrt{\lambda_3}\right\}^{\mathrm{T}}=\{48.388\,3,2\,000,4\,198.16\}^{\mathrm{T}}$。然后将式(2-173)所示的变换代入到原相关变量空间 $\boldsymbol{X}$ 中的功能函数 $g(\boldsymbol{X})$，可得到独立变量空间 $\boldsymbol{Z}$ 中的功能函数 $g(\boldsymbol{Z})$ 为

$$g(\boldsymbol{Z})=1-2\times10^{-5}(-Z_2+\mu_F)-(2\times10^{-4}\,|\,0.999\,5Z_1+0.031\,7Z_3+\mu_{M_i}\,|)^{1.2}-(2\times10^{-5}\,|-0.031\,7Z_1+0.999\,5Z_3+\mu_{M_o}\,|)^{2.1}$$

在独立空间 $\boldsymbol{Z}$ 中应用改进一次二阶矩法进行可靠性分析，表 2-18 列出了改进的一次二阶矩法求解可靠性指标的迭代过程。

表 2-18　算例 2.10 改进一次二阶矩法求解可靠性指标的迭代过程

迭代次数	可靠性指标 β	变量		
		Z_1	Z_2	Z_3
0(初始值)	0	0	0	0
1	3.382 0	1 343.308 6	−2 300.769 0	6 209.646 8
2	3.382 0	1 343.308 6	−2 300.769 0	6 209.646 8

失效概率为

$$P_f=\Phi(-\beta)=3.598\,4\times10^{-4}$$

表 2-19 列出了该算例进行独立正态转换及基于改进的一次二阶矩法进行可靠性分析的 MATLAB 程序。

表 2-19　算例 2.10 可靠性分析的 MATLAB 程序

```
clc; clear;
g=@(x)1-2.*10^(-5).*x(:,2)-(2.*10.^(-4).*abs(x(:,1))).^1.2-(2.*10.^(-5).*abs
(x(:,3))).^2.1; %原功能函数
%MCS 可靠性分析
n=10^7; d=3; %样本点及输入变量维度
```

```
Meanx=[2000 10000 10000]；%输入变量均值
Covx=[500^2 0 500000；0 2000^2 0；500000 0 4000^2]；%输入变量协方差矩阵
x=lhsnorm(Meanx,Covx,n)；%拉丁超立方抽样
Y=g(x)；F=find(Y<0)；          %模型估计
IF=zeros(n,1)；IF(F)=1；
Pf=mean(IF)              %失效概率估计
%相关变量独立转换
[A,Lmd]=eig(Covx)；%计算相关变量协方差矩阵的特征值及特征向量
Mean=zeros(1,d)；Std=diag(Lmd.^0.5)'；%转换后独立输入变量均值及方差
x1=@(z)A(1,1).*z(:,1)+A(1,2).*z(:,2)+A(1,3).*z(:,3)+Meanx(1)；
x2=@(z)A(2,1).*z(:,1)+A(2,2).*z(:,2)+A(2,3).*z(:,3)+Meanx(2)；
x3=@(z)A(3,1).*z(:,1)+A(3,2).*z(:,2)+A(3,3).*z(:,3)+Meanx(3)；
g1=@(z)1-2.*10^(-5).*x2(z)-(2.*10.^(-4).*abs(x1(z))).^1.2-(2.*10.^(-5).*abs(x3
(z))).^2.1；%新功能函数
%改进一次二阶矩法可靠性分析
Zi=Mean；  k=1；beta(k)=0；Z(1,:)=Zi；deta=0.00001；
syms Beta
while  1
D=diag(deta.*ones(1,d))；
for i=1:d
Pd(i)=(g1(Zi+D(i,:))-g1(Zi))./deta；
end
Lmd=-Pd.*Std./(sum(Pd.^2.*Std.^2)).^0.5；
zi=Mean+Std.*Lmd.*Beta；
k=k+1；
beta(k)=min(double(solve(g1(zi)==0,Beta)))；
Xi=Mean+Std.*Lmd.*beta(k)；
X(k,:)=Xi；
if abs((beta(k)-beta(k-1))./beta(k))<0.001
break；
end
end
Pf=normcdf(-beta)
```

2.8 基于点估计的矩方法进行可靠性及可靠性灵敏度分析的适用范围讨论

基于点估计的矩方法在进行可靠性及可靠性灵敏度分析时具有很多优点，例如不需要求功能函数的导数、不需要搜索设计点等等。虽然基于点估计的矩方法有很多优点，但是任何方法都不是万能的，都具有一定的适用范围。如果功能函数 $Y=g(\boldsymbol{X})$ 的偏度 a_{3g} 较大，此时基于高阶矩标准化技术的四阶矩方法的计算结果会产生很大的误差。研究表明，四阶矩方法适用

于偏度为负值的情况，同时功能函数中随机变量的幂次不宜超过 3 次。实际计算中，四阶矩方法的适用范围由二阶可靠度指标 β_{2M}、偏度 α_{3g} 及峰度 α_{4g} 共同决定，其适用范围如下：

（1）当 $1 \leqslant \beta_{2M} \leqslant 2$ 时

$$\left.\begin{array}{l} 0 \leqslant \alpha_{3g} \leqslant 1.2/\beta_{2M}, 2.2 + 2\alpha_{3g} \leqslant \alpha_{4g} \leqslant 7.5 - \alpha_{3g} \\ \alpha_{3g} \leqslant 0, 2.2 + \alpha_{3g}^2 \leqslant \alpha_{4g} \leqslant 7.5 + \alpha_{3g}^2 \end{array}\right\} \tag{2-180}$$

（2）当 $2 \leqslant \beta_{2M} \leqslant 5$ 时

$$\left.\begin{array}{l} 0 \leqslant \alpha_{3g} \leqslant 1.2/\beta_{2M}, 2.7 + 1.5\alpha_{3g} \leqslant \alpha_{4g} \leqslant 5.2 - 2\alpha_{3g} \\ \alpha_{3g} \leqslant 0, 2.7 + \alpha_{3g}^2 \leqslant \alpha_{4g} \leqslant 5.2 + \alpha_{3g}^2 \end{array}\right\} \tag{2-181}$$

此外，对于一些失效概率非常小的问题，基于点估计的矩方法也可能得不到较好的分析结果，因为仅仅采用低阶矩很难逼近功能函数概率密度函数的尾部，需要考虑功能函数的更高阶统计矩才可行。

2.9　本章小结

本章主要介绍了可靠性及可靠性灵敏度分析的矩方法，包括均值一次二阶矩、改进一次二阶矩方法、四阶矩方法以及求解功能函数前若干阶矩的点估计方法。

一次二阶矩方法由于其概念较为简单且易于实现而在工程中具有广泛的应用价值。当功能函数是线性函数时，均值一次二阶矩方法与改进一次二阶矩方法没有区别。当功能函数为非线性函数时，均值一次二阶矩方法和改进一次二阶矩方法得到的均为近似解。不论是改进一次二阶矩方法还是均值一次二阶矩方法，对于非线性功能函数问题，二者均需要将非线性功能函数进行线性展开，因此二者均需要求解功能函数的导函数。对于显式功能函数，其导函数求解较容易，而对于复杂工程结构可靠性分析中遇到的隐式功能函数问题，其导函数则较难求解。对于隐式功能函数问题，基于点估计的可靠性和可靠性灵敏度分析方法不需要迭代和搜索技术，并且可以容易地处理多模式和多设计点可靠性问题，因而这类方法十分适于工程应用。但是，对高度非线性的极限状态函数及高维问题，点估计方法是不适用的。

参考文献

[1] HASOFER A M, LIND N C. An exact and invariant first order reliability format[J]. Journal of Engineering Mechanics. 1974, 100: 111-121.

[2] HOHENBICHLER M, GOLLWITZER S, KRUSE W, et al. New light on first- and second-order reliability methods[J]. Structural Safety, 1987, 4(4): 267-284.

[3] 何水清，王善. 结构可靠性分析与设计[M]. 北京：国防工业出版社，1993.

[4] DU X, CHEN W. A most probable point-based method for efficient uncertainty analysis[J]. Design Manufacturing, 2001, 4(1): 47-66.

[5] RACKWITZ R, FIESSLER B. Structural reliability under combined random load sequences[J]. Computers and Structures, 1978, 9: 489-494.

[6] HOHENBICHLER M, RACKWITZ R. Zon-normal dependent vectors in structural

safety[J]. Journal of the Engineering Mechanics Division, 1981, 107(6): 1227 - 1238.

[7] ROSENBLUETH E. Two-point estimates in probability[J]. Applied Mathematical Modeling, 1981, 5(5): 329 - 335.

[8] SEO H S, KWAK B M. Efficient statistical tolerance analysis for general distributions using three-point information[J]. International Journal of Production Research, 2002, 40(4): 931 - 944.

[9] ZHOU J H, NOWAK A S. Integration formulas to evaluate functions of random variables[J]. Structural Safety, 1988, 5(4): 267 - 284.

[10] ZHAO Y G, ONO T. Moment method for structural reliability[J]. Structural Safety, 2001, 23: 47 - 75.

[11] ZHAO Y G, ONO T. New point estimates for probability moments[J]. Journal of Engineering Mechanics, 2000, 126(4): 433 - 436.

[12] ZHAO Y G, ONO T. On the problems of the fourth moment method[J]. Structural Safety, 2004, 26: 343 - 347.

[13] ZHAO Y G, LU Z H. Applicable range of the fourth-moment method for structural reliability[J]. Journal of Asian Architecture and Building Engineering, 2007, 6(1): 151 - 158.

[14] ROSENBLATT M. Remarks on a Multivariate Transformation[J]. The Annals of Mathematical Statistics, 1952, 23: 470 - 472.

[15] SMITH G N. Probability and statistics in civil engineering[M]. London: William Collins Sons & Co Ltd, 1986: 196 - 202.

[16] BORRI A, SPERANZINI E. Structural reliability analysis using a standard deterministic finite element code[J]. Structural Safety, 1997, 19(4): 361 - 382.

第 3 章　Monte Carlo 数字模拟法

本章将介绍可靠性和可靠性局部灵敏度分析的 Monte Carlo 数字模拟法(Monte Carlo Simulation, MCS),其理论依据为两条大数定律:样本均值依概率收敛于母体均值以及事件发生的频率依概率收敛于事件发生的概率。采用 Monte Carlo 法进行可靠性及可靠性局部灵敏度分析时,首先要将求解的问题转化成某个概率模型的期望值,然后对概率模型进行随机数字模拟实验,以样本均值估计母体均值,或者以事件发生的频率近似事件发生的概率,进而对可靠性及可靠性局部灵敏度进行求解。

3.1　随机数发生器和随机变量的抽样原理

3.1.1　随机数发生器

在可靠性和可靠性局部灵敏度分析的数字模拟实验过程中,需要产生服从各种概率分布的随机变量的样本,通常是先产生[0,1]区间上的均匀独立分布的随机样本,然后将这些样本转化为服从各种分布的随机样本,因此产生各种分布的随机样本中,最基本的是产生[0,1]区间上均匀分布的随机变量的样本。通常把[0,1]区间上均匀分布的随机变量的样本称为随机数,服从其他分布的随机变量的样本一般都是通过变换[0,1]区间均匀独立的随机数来实现的。

目前,已经有很多种获得随机数的方法,如随机数表法、物理方法和数学方法等。随机数表法是将随机事件产生的随机数整理成表格以供使用,但由于费时、占用内存大、表长有限等缺陷而不适于计算机使用,已逐渐被淘汰。物理方法是指采用物理随机数发生器,把具有随机性质的物理过程直接变换成随机数,如以放射性物质为随机源的放射型随机数发生器,或以晶体管的固有噪声为随机源的随机数发生器。物理方法可以产生真正的随机数,但是这种随机过程不能重复出现,无法重现随机数的模拟过程。数学方法是目前产生随机数最常用的方法,其原理是利用数学迭代公式来产生随机数。由于这种方法的随机数是用算法产生的,因而本质上是确定性的,并且具有一定的循环周期,所以只能近似地具备随机性质。通常把这样得到的随机数称为伪随机数。但是只要产生伪随机数的递推公式和参数选择合适,由此产生的随机数也会具有较好的随机性,完全可以满足实际可靠性数字模拟的要求。

计算机通过一定的算法产生数字序列 $\{r_1, r_2, \cdots\}$,所得的数字序列的统计性质与从[0,1]区间上均匀分布的总体抽样所得的样本具有相同的性质。在选取随机数的生成算法时一般应考虑算法的生成速度和生成随机数的周期。虽然产生一次随机数的时间很短,但由于实际模拟时可能需要成千上万的随机数,因此生成随机数的速度对程序总体运行时间的影响很大。

另外，产生伪随机数的序列应有足够长的周期，且产生的随机数应有较理想的统计性质，如均匀性和独立性等。常用的随机数算法有线性同余发生器和组合发生器。关于随机数发生器及其检验的详细内容可参考文献[1-5]。

3.1.2 随机变量的抽样原理

随机数发生器可以产生[0,1]区间的均匀独立的样本。在实际问题中，输入变量的分布形式是多种多样的，如何由[0,1]区间内的均匀独立的样本来产生服从一般分布的输入变量的样本是可靠性和可靠性局部灵敏度分析必须解决的问题。产生服从一般分布的输入变量的样本有两点基本要求：其一是准确性，即由这种方法产生的随机变量样本应准确地服从所要求的分布；其二是快速性，在可靠性和可靠性局部灵敏度分析中，产生随机变量样本的速度极大地影响着数字模拟执行的效率。常用的产生随机变量样本的方法有四种，包括反变换法、组合法、卷积法和接受-拒绝法，其中反变换法是最常使用且最直观的方法，因此本书只简要介绍反变换法。

反变换法是以概率积分变换定理为基础的。由于随机变量分布函数在[0,1]区间上均匀取值，为得到分布函数为 $F_X(x)$ 的随机变量 X 的样本值，可先产生[0,1]区间上均匀分布的独立随机变量样本 r_i，然后由反分布函数 $F_X^{-1}(r_i)$ 得到的值即为所需要的随机变量 X 的样本值 x_i，即

$$x_i = F_X^{-1}(r_i) \tag{3-1}$$

这种方法是通过对分布函数进行反变换来得到随机变量的样本的，因而称为反变换法。

表 3-1 列出了一些用反变换法进行随机抽样的常见分布的随机变量的抽样公式。

表 3-1 常见分布的随机变量的抽样公式

分布名称/数学符号表达	概率密度函数 $f_X(x)$	抽样公式
标准均匀分布 $U(0,1)$	$f_X(x)=\begin{cases}1, 0\leqslant x\leqslant 1\\0,\text{其他}\end{cases}$	r
$[a,b]$区间上的均匀分布 $U(a,b)$	$f_X(x)=\begin{cases}\dfrac{1}{b-a}, a\leqslant x\leqslant b\\0,\text{其他}\end{cases}$	$(b-a)r+a$
指数分布 $E(\lambda)$	$f_X(x)=\begin{cases}\lambda e^{-\lambda t}, t>0\\0,\text{其他}\end{cases}$	$-\dfrac{1}{\lambda}\ln(1-r)$ 或者 $-\dfrac{1}{\lambda}\ln(r)$
标准正态分布 $N(0,1)$	$f_X(x)=\dfrac{1}{\sqrt{2\pi}}e^{-x^2/2}$	$\sqrt{-2\ln(r_1)}\cos(2\pi r_2)$ 或者 $\sqrt{-2\ln(r_1)}\sin(2\pi r_2)$
一般正态分布 $N(\mu,\sigma^2)$	$f_X(x)=\dfrac{1}{\sqrt{2\pi}\sigma}e^{-\frac{(x-\mu)^2}{2\sigma^2}}$	$x_{SN}\sigma+\mu$
对数正态分布 $LN(\mu,\sigma^2)$	$f_X(x)=\dfrac{1}{\sqrt{2\pi}\sigma x}e^{-\frac{(\ln x-\mu)^2}{2\sigma^2}}, (x>0)$	$\exp(x_{SN}\sigma+\mu)$

注：r,r_1,r_2 表示由随机数发生器产生的[0,1]区间的均匀独立随机样本，x_{SN} 为标准正态分布的随机数。

3.1.3 可靠性分析中常用的抽样方法

产生随机变量的要求分布的随机样本是 Monte Carlo 方法以及改进的数字模拟方法的基

础。目前在一些软件工具中都有常用分布的随机样本产生算法，进行可靠性及可靠性局部灵敏度数字模拟时只须调用这些工具即可，使用时需要注意的是随机样本的周期。下面将介绍几种可靠性分析中常用的抽样方法及其 MATLAB 命令。

1. 简单随机抽样

简单随机抽样方法用于产生变量空间随机分布的样本。均匀分布和正态分布是可靠性分析中最为常见的两种分布。一维均匀分布和一维正态分布的简单随机抽样的 MATLAB 命令见表 3-2。

表 3-2　简单随机抽样的 MATLAB 命令

```
%(1) [a,b]区间上的均匀分布
X=unifrnd(a,b,N,1);    % N:抽样个数,X:样本,N×1 维向量
%(2) 正态分布
X=normrnd(miu,sigma,N,1);    % miu 和 sigma 分别是正态分布的均值和标准差
```

2. 拉丁超立方抽样

简单随机抽样会有样本过度聚集的问题，而采用拉丁超立方抽样[6]可以解决这个问题。其基本思想是：首先明确抽样个数 N，然后将样本区间均匀进行 N 等分，在每一个小区间里随机产生一个数，再将 N 个随机数的顺序打乱得到的这 N 个样本即为所需的随机样本。也就是说，拉丁超立方抽样既能保证样本的随机性又能保证样本的相对均匀性。标准均匀分布和正态分布的拉丁超立方抽样的 MATLAB 命令见表 3-3。

表 3-3　拉丁超立方抽样的 MATLAB 命令

```
%(1)标准均匀分布
X=lhsdesign(N,1);    % N:抽样个数,X:标准均匀分布样本,N×1 维向量
%(2)正态分布
X=lhsnorm(miu,sigma^2,N,1);    % miu 和 sigma^2 分别是正态分布的均值和方差
```

3. Sobol 序列抽样

相比于简单随机抽样，Sobol 序列抽样[7]着重在概率空间中产生均匀的分布。其不仅具有均匀性，而且当样本个数为 2 的整数次幂时，在 $[0,1]^n$（n 表示输入变量维数）区间中，Sobol 序列得到的样本在每个单元内有且仅有一个样本点。也就是说，Sobol 序列可以达到和拉丁超立方抽样相同的高质量分布的样本，同时其不需要预先确定样本的数量或者将样本存储起来，并且可以根据需要生成无限个样本。标准均匀分布和标准正态分布的 Sobol 序列抽样的 MATLAB 命令见表 3-4。

表 3-4　Sobol 序列抽样的 MATLAB 命令

```
%(1) 标准均匀分布
X=sobolset(1,'Skip',Num1,'Leap',Num2);
%或者
X=qrandstream('sobol',1,'Skip',Num1,'Leap',Num2);
%Skip 和 Num1 表示从第 Num1 行 Sobol 序列开始抽取样本
%Leap 和 Num2 表示每隔 Num2 行 Sobol 序列抽一个样本
%(2) 标准正态分布
q=qrandstream('sobol',n,'Skip', Num1,'Leap', Num2);    %产生标准均匀分布的样本
X0=qrand(q,N);
X=norminv(X0);    %标准正态样本
```

不同的抽样方式并不影响数字模拟法的计算精度，但是会影响计算的效率和结果的稳健性。

3.2 Monte Carlo 法可靠性分析及其收敛性

3.2.1 单失效模式情况下失效概率求解的 Monte Carlo 法及其收敛性分析

设结构的功能函数为

$$Y = g(\boldsymbol{X}) = g(X_1, X_2, \cdots, X_n) \tag{3-2}$$

极限状态方程 $g(\boldsymbol{x}) = 0$ 将输入变量空间分为失效域 $F = \{\boldsymbol{x}: g(\boldsymbol{x}) \leqslant 0\}$ 和安全域 $S = \{\boldsymbol{x}: g(\boldsymbol{x}) > 0\}$ 两部分，结构的失效概率 P_f 可表示为

$$P_f = \int_F f_{\boldsymbol{X}}(\boldsymbol{x}) \mathrm{d}\boldsymbol{x} \tag{3-3}$$

其中 $f_{\boldsymbol{X}}(\boldsymbol{x})$ 是输入随机变量 $\boldsymbol{X} = \{X_1, X_2, \cdots, X_n\}^{\mathrm{T}}$ 的联合概率密度函数，当输入变量相互独立时，有 $f_{\boldsymbol{X}}(\boldsymbol{x}) = \prod_{i=1}^{n} f_{X_i}(x_i)$，其中 $f_{X_i}(x_i)(i = 1, 2, \cdots, n)$ 是输入变量 X_i 的概率密度函数。

式(3-3)表明，失效概率的精确表达式为输入变量的联合概率密度函数在失效域内的积分，其可以改写为失效域指示函数 $I_F(\boldsymbol{x})$ 的数学期望形式，即

$$P_f = \int_F f_{\boldsymbol{X}}(\boldsymbol{x}) \mathrm{d}\boldsymbol{x} = \int_{R^n} I_F(\boldsymbol{x}) f_{\boldsymbol{X}}(\boldsymbol{x}) \mathrm{d}\boldsymbol{x} = E[I_F(\boldsymbol{x})] \tag{3-4}$$

失效域指示函数的取值为 $I_F(\boldsymbol{x}) = 1$(若 $\boldsymbol{x} \in F$)，否则 $I_F(\boldsymbol{x}) = 0$。$E[\cdot]$ 表示期望算子。

式(3-4)表明，结构的失效概率为失效域指示函数的数学期望。依据大数定律，失效域指示函数的数学期望可以由失效域指示函数的样本均值来近似估计。Monte Carlo 法根据输入变量的联合概率密度函数 $f_{\boldsymbol{X}}(\boldsymbol{x})$ 抽取 N 个输入变量的样本 $\{\boldsymbol{x}_1, \boldsymbol{x}_2, \cdots, \boldsymbol{x}_N\}^{\mathrm{T}}$，则失效概率的估计值 $\hat{P}_f$ 为失效域指示函数的样本均值也就是落入失效域内的样本个数 N_F 与总样本个数 N 的比值，即

$$\hat{P}_f = \frac{1}{N} \sum_{j=1}^{N} I_F(\boldsymbol{x}_j) = \frac{N_F}{N} \tag{3-5}$$

式(3-5)表明失效概率估计值 $\hat{P}_f$ 为输入变量样本 $\{\boldsymbol{x}_1, \boldsymbol{x}_2, \cdots, \boldsymbol{x}_N\}^{\mathrm{T}}$ 的函数，由于样本是随机变量，因此 $\hat{P}_f$ 也是一个随机变量。为了研究失效概率估计值 $\hat{P}_f$ 的收敛性，下面将求解失效概率估计值的均值、方差和变异系数。

对式(3-5)两边求数学期望，可得失效概率估计值 $\hat{P}_f$ 的期望 $E[\hat{P}_f]$ 为

$$E[\hat{P}_f] = E\left[\frac{1}{N} \sum_{j=1}^{N} I_F(\boldsymbol{x}_j)\right] \tag{3-6}$$

由于样本 $\boldsymbol{x}_j$ 与母体独立同分布，因此可得

$$E[\hat{P}_f] = \frac{1}{N} \sum_{j=1}^{N} E[I_F(\boldsymbol{x}_j)] = E[I_F(\boldsymbol{x}_j)] = E[I_F(\boldsymbol{x})] = P_f \tag{3-7}$$

式(3-7)表明，采用 Monte Carlo 法求得的失效概率估计值 $\hat{P}_f$ 是失效概率的无偏估计。利用样本均值代替总体均值可得失效概率估计值 $\hat{P}_f$ 的均值 $E[\hat{P}_f]$ 的估计值为

$$E[\hat{P}_f] = E[I_F(\boldsymbol{x})] \approx \frac{1}{N} \sum_{j=1}^{N} I_F(\boldsymbol{x}_j) = \hat{P}_f \tag{3-8}$$

对式(3-5)两边求方差，可得

$$\mathrm{Var}[\hat{P}_f]=\mathrm{Var}\left[\frac{1}{N}\sum_{j=1}^{N}I_F(\boldsymbol{x}_j)\right]=\frac{1}{N^2}\sum_{j=1}^{N}\mathrm{Var}[I_F(\boldsymbol{x}_j)] \tag{3-9}$$

由于样本 $\boldsymbol{x}_j$ 与母体独立同分布，因此可得

$$\mathrm{Var}[\hat{P}_f]=\frac{1}{N}\mathrm{Var}[I_F(\boldsymbol{x}_j)]=\frac{1}{N}\mathrm{Var}[I_F(\boldsymbol{x})] \tag{3-10}$$

利用样本方差代替总体方差，可得

$$\begin{aligned}\mathrm{Var}[I_F(\boldsymbol{x})]&\approx\frac{1}{N-1}\left[\sum_{j=1}^{N}I_F^2(\boldsymbol{x}_j)-N\left(\frac{1}{N}\sum_{j=1}^{N}I_F(\boldsymbol{x}_j)\right)^2\right]\\&=\frac{N}{N-1}\left[\frac{1}{N}\sum_{j=1}^{N}I_F^2(\boldsymbol{x}_j)-\left(\frac{1}{N}\sum_{j=1}^{N}I_F(\boldsymbol{x}_j)\right)^2\right]\\&=\frac{N}{N-1}\left[\frac{1}{N}\sum_{j=1}^{N}I_F(\boldsymbol{x}_j)-\hat{P}_f^2\right]=\frac{N(\hat{P}_f-\hat{P}_f^2)}{N-1}\end{aligned} \tag{3-11}$$

将式(3-11)代入式(3-10)，可得失效概率估计值 $\hat{P}_f$ 的方差 $\mathrm{Var}[\hat{P}_f]$ 的估计值为

$$\mathrm{Var}[\hat{P}_f]\approx\frac{\hat{P}_f-\hat{P}_f^2}{N-1} \tag{3-12}$$

失效概率估计值 $\hat{P}_f$ 的变异系数 $\mathrm{Cov}[\hat{P}_f]$ 及变异系数的估计值为

$$\mathrm{Cov}[\hat{P}_f]=\frac{\sqrt{\mathrm{Var}[\hat{P}_f]}}{E[\hat{P}_f]}\approx\sqrt{\frac{1-\hat{P}_f}{(N-1)\hat{P}_f}} \tag{3-13}$$

3.2.2　多失效模式情况下失效概率求解的 Monte Carlo 法及其收敛性分析

多失效模式情况下系统的失效域 $F^{(s)}$ 是由多个模式共同决定的。设系统有 l 个失效模式，对应的功能函数分别为 $g_k(\boldsymbol{X})(k=1,2,\cdots,l)$，则在串联和并联两种情况下系统的失效域 $F^{(s)}$ 为

$$F^{(s)}=\begin{cases}\bigcup\limits_{k=1}^{l}F_k=\bigcup\limits_{k=1}^{l}\{\boldsymbol{x}:g_k(\boldsymbol{x})\leqslant 0\}，串联\\\bigcap\limits_{k=1}^{l}F_k=\bigcap\limits_{k=1}^{l}\{\boldsymbol{x}:g_k(\boldsymbol{x})\leqslant 0\}，并联\end{cases} \tag{3-14}$$

对于其他的混联情况，也可以根据各个失效模式与系统失效的关系，写出系统失效域与各个失效模式失效域的逻辑关系。

与单失效模式情况相似，多失效模式情况下系统的失效概率 $P_f^{(s)}$ 可表示为

$$P_f^{(s)}=\int_{F^{(s)}}f_{\boldsymbol{X}}(\boldsymbol{x})\mathrm{d}\boldsymbol{x}=\int_{R^n}I_{F^{(s)}}(\boldsymbol{x})f_{\boldsymbol{X}}(\boldsymbol{x})\mathrm{d}\boldsymbol{x}=E[I_{F^{(s)}}(\boldsymbol{x})] \tag{3-15}$$

其中 $I_{F^{(s)}}(\boldsymbol{x})$ 是系统失效域 $F^{(s)}$ 的指示函数，若 $\boldsymbol{x}\in F^{(s)}$ 则 $I_{F^{(s)}}(\boldsymbol{x})=1$，否则 $I_{F^{(s)}}(\boldsymbol{x})=0$。

采用 Monte Carlo 法对多失效模式情况下的系统失效概率进行求解时，首先根据输入变量的联合概率密度函数 $f_{\boldsymbol{X}}(\boldsymbol{x})$ 抽取 N 个输入变量的样本 $\{\boldsymbol{x}_1,\boldsymbol{x}_2,\cdots,\boldsymbol{x}_N\}^{\mathrm{T}}$，则系统失效概率的估计值 $\hat{P}_f^{(s)}$ 为系统失效域指示函数的样本均值，也就是落入系统失效域内的样本个数 N_F 与总样本个数 N 的比值，即

$$\hat{P}_f^{(s)}=\frac{1}{N}\sum_{j=1}^{N}I_{F^{(s)}}(\boldsymbol{x}_j)=\frac{N_F}{N} \tag{3-16}$$

与单失效模式情况类似，多失效模式情况下系统失效概率估计值 $\hat{P}_f^{(s)}$ 的期望 $E[\hat{P}_f^{(s)}]$、方差 $\mathrm{Var}[\hat{P}_f^{(s)}]$ 和变异系数 $\mathrm{Cov}[\hat{P}_f^{(s)}]$ 的估计值分别为

$$E[\hat{P}_f^{(s)}] \approx \frac{1}{N}\sum_{j=1}^{N} I_{F^{(s)}}(\boldsymbol{x}_j) = \hat{P}_f^{(s)} \tag{3-17}$$

$$\mathrm{Var}[\hat{P}_f^{(s)}] \approx \frac{\hat{P}_f^{(s)} - (\hat{P}_f^{(s)})^2}{N-1} \tag{3-18}$$

$$\mathrm{Cov}[\hat{P}_f^{(s)}] \approx \sqrt{\frac{1-\hat{P}_f^{(s)}}{(N-1)\hat{P}_f^{(s)}}} \tag{3-19}$$

3.2.3 Monte Carlo 法求解失效概率的步骤

(1)根据输入变量的联合概率密度函数 $f_{\boldsymbol{X}}(\boldsymbol{x})$ 产生输入变量的 N 个样本 $\{\boldsymbol{x}_1,\boldsymbol{x}_2,\cdots,\boldsymbol{x}_N\}^{\mathrm{T}}$ 。

(2)计算输入变量样本对应的功能函数值 $\{g(\boldsymbol{x}_1),g(\boldsymbol{x}_2),\cdots,g(\boldsymbol{x}_N)\}^{\mathrm{T}}$ 。

(3)根据功能函数的符号判断样本 $\boldsymbol{x}_j(j=1,2,\cdots,N)$ 是否落入失效域内。若 $g(\boldsymbol{x}_j)\leqslant 0$，则 $I_F(\boldsymbol{x}_j)=1$(或 $I_{F^{(s)}}(\boldsymbol{x}_j)=1$)，否则 $I_F(\boldsymbol{x}_j)=0$(或 $I_{F^{(s)}}(\boldsymbol{x}_j)=0$)。

(4)根据式(3-5)(或式(3-16))计算失效概率估计值 $\hat{P}_f$ (或 $\hat{P}_f^{(s)}$)。

(5)根据式(3-13)(或式(3-19))计算失效概率估计值 $\hat{P}_f$ (或 $\hat{P}_f^{(s)}$)的变异系数 $\mathrm{Cov}[\hat{P}_f]$(或 $\mathrm{Cov}[\hat{P}_f^{(s)}]$)。

以单失效模式情况为例，Monte Carlo 法求解失效概率的流程图如图 3-1 所示。

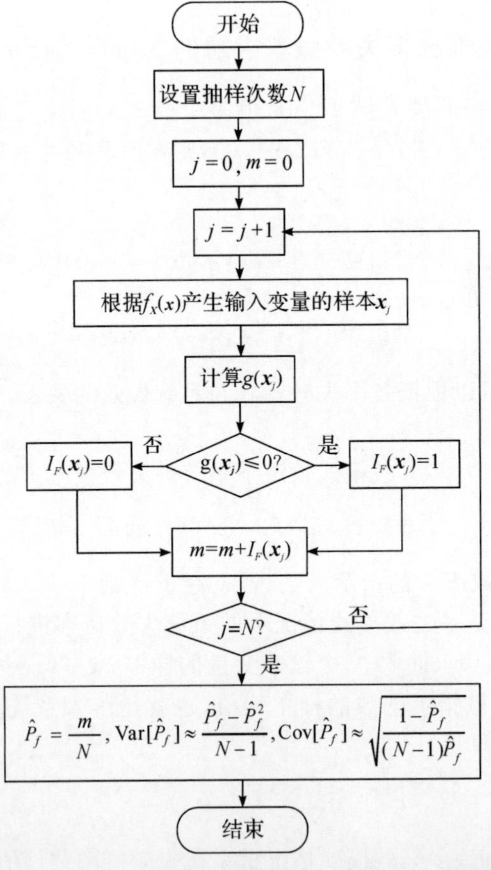

图 3-1 Monte Carlo 法求解单失效模式情况下的失效概率的流程图

从 Monte Carlo 法求解失效概率的原理及步骤中可以看出，Monte Carlo 法对功能函数的形式和维数、输入随机变量的维数及其分布形式均无特殊要求，而且十分易于编程实现。只要随机变量的样本足够大，就能得到高精度的失效概率估计值。然而，对实际工程应用而言，结构的失效概率一般是较小的，此时样本点数 N 必须很大才能得到收敛的失效概率估计值(采用 Monte Carlo 法求解失效概率时，一般估计值的变异系数达到 10^{-2} 量级才能得到收敛的解，因此一般须满足 $N=(10^2 \sim 10^4)/P_f$)，因此 Monte Carlo 法的计算量常常是工程实际应用无法接受的。但在理论研究中，Monte Carlo 法的解常作为参考解来检验其他新方法的计算精度。

3.3　Monte Carlo 法可靠性局部灵敏度分析及其收敛性

Monte Carlo 法计算单失效模式和多失效模式情况下的可靠性局部灵敏度的原理是一致的，计算公式也基本相同，因此本节以单失效模式为例介绍可靠性局部灵敏度分析的基本原理及其 Monte Carlo 解法。

可靠性局部灵敏度定义为失效概率 P_f 对输入随机变量 X_i 的第 k 个分布参数 $\theta_{X_i}^{(k)}$ ($i=1,2,\cdots,n$; $k=1,2,\cdots,m_i$ ，其中 m_i 为第 i 个输入变量 X_i 的分布参数的总数)的偏导数，即

$$\frac{\partial P_f}{\partial \theta_{X_i}^{(k)}}=\frac{\partial \int_F f_{\boldsymbol{X}}(\boldsymbol{x})\mathrm{d}\boldsymbol{x}}{\partial \theta_{X_i}^{(k)}}=\int_F \frac{\partial f_{\boldsymbol{X}}(\boldsymbol{x})}{\partial \theta_{X_i}^{(k)}}\mathrm{d}\boldsymbol{x} \tag{3-20}$$

为了采用 Monte Carlo 法对式(3－20)所示的可靠性局部灵敏度进行求解，需将式(3－20)转换成式(3－21)所示的期望的形式。

$$\begin{aligned}\frac{\partial P_f}{\partial \theta_{X_i}^{(k)}}&=\int_F \frac{\partial f_{\boldsymbol{X}}(\boldsymbol{x})}{\partial \theta_{X_i}^{(k)}}\frac{1}{f_{\boldsymbol{X}}(\boldsymbol{x})}f_{\boldsymbol{X}}(\boldsymbol{x})\mathrm{d}\boldsymbol{x}\\&=\int_{R^n} I_F(\boldsymbol{x})\frac{\partial f_{\boldsymbol{X}}(\boldsymbol{x})}{\partial \theta_{X_i}^{(k)}}\frac{1}{f_{\boldsymbol{X}}(\boldsymbol{x})}f_{\boldsymbol{X}}(\boldsymbol{x})\mathrm{d}\boldsymbol{x}\\&=E\left[\frac{I_F(\boldsymbol{x})}{f_{\boldsymbol{X}}(\boldsymbol{x})}\cdot\frac{\partial f_{\boldsymbol{X}}(\boldsymbol{x})}{\partial \theta_{X_i}^{(k)}}\right]\end{aligned} \tag{3-21}$$

根据输入变量的联合概率密度函数 $f_{\boldsymbol{X}}(\boldsymbol{x})$ 抽取输入变量的 N 个样本 $\{\boldsymbol{x}_1,\boldsymbol{x}_2,\cdots,\boldsymbol{x}_N\}^{\mathrm{T}}$ ，则利用 Monte Carlo 法得到的可靠性局部灵敏度的估计值 $\partial\hat{P}_f/\partial\theta_{X_i}^{(k)}$ 为

$$\frac{\partial \hat{P}_f}{\partial \theta_{X_i}^{(k)}}=\frac{1}{N}\sum_{j=1}^{N}\left[\frac{I_F(\boldsymbol{x}_j)}{f_{\boldsymbol{X}}(\boldsymbol{x}_j)}\cdot\frac{\partial f_{\boldsymbol{X}}(\boldsymbol{x}_j)}{\partial \theta_{X_i}^{(k)}}\right] \tag{3-22}$$

对式(3－22)两边分别求数学期望，根据样本 $\boldsymbol{x}_j$ 与母体独立同分布的性质，并利用样本均值代替母体均值，可得可靠性局部灵敏度估计值 $\partial\hat{P}_f/\partial\theta_{X_i}^{(k)}$ 的均值 $E[\partial\hat{P}_f/\partial\theta_{X_i}^{(k)}]$ 及均值的估计值为

$$\begin{aligned}E\left[\frac{\partial \hat{P}_f}{\partial \theta_{X_i}^{(k)}}\right]&=E\left[\frac{1}{N}\sum_{j=1}^{N}\left(\frac{I_F(\boldsymbol{x}_j)}{f_{\boldsymbol{X}}(\boldsymbol{x}_j)}\cdot\frac{\partial f_{\boldsymbol{X}}(\boldsymbol{x}_j)}{\partial \theta_{X_i}^{(k)}}\right)\right]=E\left[\frac{I_F(\boldsymbol{x})}{f_{\boldsymbol{X}}(\boldsymbol{x})}\cdot\frac{\partial f_{\boldsymbol{X}}(\boldsymbol{x})}{\partial \theta_{X_i}^{(k)}}\right]=\frac{\partial P_f}{\partial \theta_{X_i}^{(k)}}\\&\approx\frac{1}{N}\sum_{j=1}^{N}\left[\frac{I_F(\boldsymbol{x}_j)}{f_{\boldsymbol{X}}(\boldsymbol{x}_j)}\cdot\frac{\partial f_{\boldsymbol{X}}(\boldsymbol{x}_j)}{\partial \theta_{X_i}^{(k)}}\right]=\frac{\partial \hat{P}_f}{\partial \theta_{X_i}^{(k)}}\end{aligned} \tag{3-23}$$

因此 Monte Carlo 法得到的可靠性局部灵敏度的估计值 $\partial\hat{P}_f/\partial\theta_{X_i}^{(k)}$ 为可靠性局部灵敏度的无偏估计，且可靠性局部灵敏估计值的均值在模拟过程中可以用 $\partial\hat{P}_f/\partial\theta_{X_i}^{(k)}$ 来近似。

对式(3-22)两边分别求方差，根据样本 $\boldsymbol{x}_j$ 与母体独立同分布的性质，再利用样本方差代替母体方差，可得可靠性局部灵敏度估计值 $\partial\hat{P}_f/\partial\theta_{X_i}^{(k)}$ 的方差 $\mathrm{Var}[\partial\hat{P}_f/\partial\theta_{X_i}^{(k)}]$ 及方差的估计值为

$$\begin{aligned}\mathrm{Var}\left[\frac{\partial\hat{P}_f}{\partial\theta_{X_i}^{(k)}}\right]&=\mathrm{Var}\left[\frac{1}{N}\sum_{j=1}^{N}\left(\frac{I_F(\boldsymbol{x}_j)}{f_{\boldsymbol{X}}(\boldsymbol{x}_j)}\cdot\frac{\partial f_{\boldsymbol{X}}(\boldsymbol{x}_j)}{\partial\theta_{X_i}^{(k)}}\right)\right]=\frac{1}{N}\mathrm{Var}\left[\frac{I_F(\boldsymbol{x})}{f_{\boldsymbol{X}}(\boldsymbol{x})}\cdot\frac{\partial f_{\boldsymbol{X}}(\boldsymbol{x})}{\partial\theta_{X_i}^{(k)}}\right]\\&\approx\frac{1}{N}\cdot\frac{1}{N-1}\left\{\sum_{j=1}^{N}\left(\frac{I_F(\boldsymbol{x}_j)}{f_{\boldsymbol{X}}(\boldsymbol{x}_j)}\cdot\frac{\partial f_{\boldsymbol{X}}(\boldsymbol{x}_j)}{\partial\theta_{X_i}^{(k)}}\right)^2-N\left[\frac{1}{N}\sum_{j=1}^{N}\left(\frac{I_F(\boldsymbol{x}_j)}{f_{\boldsymbol{X}}(\boldsymbol{x}_j)}\cdot\frac{\partial f_{\boldsymbol{X}}(\boldsymbol{x}_j)}{\partial\theta_{X_i}^{(k)}}\right)\right]^2\right\}\\&\approx\frac{1}{N-1}\left\{\frac{1}{N}\sum_{j=1}^{N}\left(\frac{I_F(\boldsymbol{x}_j)}{f_{\boldsymbol{X}}(\boldsymbol{x}_j)}\cdot\frac{\partial f_{\boldsymbol{X}}(\boldsymbol{x}_j)}{\partial\theta_{X_i}^{(k)}}\right)^2-\left(\frac{\partial\hat{P}_f}{\partial\theta_{X_i}^{(k)}}\right)^2\right\}\end{aligned}\tag{3-24}$$

可靠性局部灵敏度估计值 $\partial\hat{P}_f/\partial\theta_{X_i}^{(k)}$ 的变异系数 $\mathrm{Cov}[\partial\hat{P}_f/\partial\theta_{X_i}^{(k)}]$ 为

$$\mathrm{Cov}[\partial\hat{P}_f/\partial\theta_{X_i}^{(k)}]=\frac{\sqrt{\mathrm{Var}[\partial\hat{P}_f/\partial\theta_{X_i}^{(k)}]}}{|E[\partial\hat{P}_f/\partial\theta_{X_i}^{(k)}]|}\tag{3-25}$$

特别地，对于相互独立的 n 维正态随机变量而言，输入变量的联合概率密度函数 $f_{\boldsymbol{X}}(\boldsymbol{x})$ 可以写成每个输入变量的概率密度函数 $f_{X_i}(x_i)(i=1,2,\cdots,n)$ 的乘积，且 $\theta_{X_i}^{(k)}$ 只与 $f_{X_i}(x_i)$ 有关，此时的可靠性局部灵敏度估计值 $\partial\hat{P}_f/\partial\theta_{X_i}^{(k)}$ 可以改写为

$$\frac{\partial\hat{P}_f}{\partial\theta_{X_i}^{(k)}}=\frac{1}{N}\sum_{j=1}^{N}\left\{\frac{I_F(\boldsymbol{x}_j)}{f_{\boldsymbol{X}}(\boldsymbol{x}_j)}\cdot\frac{f_{\boldsymbol{X}}(\boldsymbol{x}_j)}{f_{X_i}(x_{ji})}\cdot\frac{\partial f_{X_i}(x_{ji})}{\partial\theta_{X_i}^{(k)}}\right\}=\frac{1}{N}\sum_{j=1}^{N}\left\{\frac{I_F(\boldsymbol{x}_j)}{f_{X_i}(x_{ji})}\cdot\frac{\partial f_{X_i}(x_{ji})}{\partial\theta_{X_i}^{(k)}}\right\}\tag{3-26}$$

其中 x_{ji} 表示第 i 个输入变量的第 j 个样本。

假设 $X_i\sim N(\mu_{X_i},\sigma_{X_i}^2)(i=1,2,\cdots,n)$，此时有

$$\frac{1}{f_{X_i}(x_{ji})}\cdot\frac{\partial f_{X_i}(x_{ji})}{\partial\mu_{X_i}}=\frac{x_{ji}-\mu_{X_i}}{\sigma_{X_i}^2}\tag{3-27}$$

$$\frac{1}{f_{X_i}(x_{ji})}\cdot\frac{\partial f_{X_i}(x_{ji})}{\partial\sigma_{X_i}}=\frac{1}{\sigma_{X_i}}\left[\left(\frac{x_{ji}-\mu_{X_i}}{\sigma_{X_i}}\right)^2-1\right]\tag{3-28}$$

将式(3-27)和式(3-28)代入到式(3-26)中，即可得到输入变量是相互独立的正态变量情况下的可靠性局部灵敏度的估计值，即

$$\frac{\partial\hat{P}_f}{\partial\mu_{X_i}}=\frac{1}{N}\sum_{j=1}^{N}\left[I_F(\boldsymbol{x}_j)\cdot\frac{x_{ji}-\mu_{X_i}}{\sigma_{X_i}^2}\right]\tag{3-29}$$

$$\frac{\partial\hat{P}_f}{\partial\sigma_{X_i}}=\frac{1}{N}\sum_{j=1}^{N}\left\{I_F(\boldsymbol{x}_j)\cdot\frac{1}{\sigma_{X_i}}\left[\left(\frac{x_{ji}-\mu_{X_i}}{\sigma_{X_i}}\right)^2-1\right]\right\}\tag{3-30}$$

从上述分析过程可以看出，在 Monte Carlo 数字模拟方法中，利用估计失效概率的样本点也可以同时估计出可靠性局部灵敏度，即利用同一组样本点即可得到结构的失效概率及可靠性局部灵敏度的估计值。

3.4 相关正态变量情况下的可靠性及可靠性局部灵敏度分析的 Monte Carlo 法

变量相关情况下的可靠性及可靠性局部灵敏度的定义式与独立变量情况相同。本节将研

究输入变量是相关正态变量情况时,失效概率及可靠性局部灵敏度求解的两种 Monte Carlo 法,即 Monte Carlo 直接法和 Monte Carlo 转换法。

3.4.1　相关正态变量的独立变换

实际应用中各个输入变量往往是相关的,并且这种相关性有时会对可靠性产生显著影响,因此必须将上述可靠性及可靠性局部灵敏度分析方法扩展到输入变量相关的情况。解决这个问题的基本思想是:将相关的变量变换为互不相关的变量,然后再运用前述方法求解失效概率和可靠性局部灵敏度。本小节将介绍相关正态变量情况下的独立变换方法。

假设 n 维相关正态输入变量为 $\boldsymbol{X}=\{X_1,X_2,\cdots,X_n\}^{\mathrm{T}}$,且 $X_i\sim N(\mu_{X_i},\sigma_{X_i}^2)$ $(i=1,2,\cdots,n)$,则 $\boldsymbol{X}$ 的联合概率密度函数为

$$f_{\boldsymbol{X}}(\boldsymbol{x})=(2\pi)^{-\frac{n}{2}}\ |\boldsymbol{C_X}|^{-\frac{1}{2}}\exp\left[-\frac{1}{2}(\boldsymbol{x}-\boldsymbol{\mu_X})^{\mathrm{T}}\boldsymbol{C_X}^{-1}(\boldsymbol{x}-\boldsymbol{\mu_X})\right]\tag{3-31}$$

其中 $\boldsymbol{\mu_X}=\{\mu_{X_1},\mu_{X_2},\cdots,\mu_{X_n}\}^{\mathrm{T}}$ 为输入变量 $\boldsymbol{X}$ 的均值向量,$\boldsymbol{C_X}$ 为 $\boldsymbol{X}$ 的协方差矩阵,如式(3-32)所示,$\boldsymbol{C_X}^{-1}$ 是其逆矩阵,$|\boldsymbol{C_X}|$ 为该矩阵的行列式值。

$$\boldsymbol{C_X}=\begin{bmatrix}\sigma_{X_1}^2 & \rho_{X_1X_2}\sigma_{X_1}\sigma_{X_2} & \cdots & \rho_{X_1X_n}\sigma_{X_1}\sigma_{X_n}\\ \rho_{X_2X_1}\sigma_{X_2}\sigma_{X_1} & \sigma_{X_2}^2 & \cdots & \rho_{X_2X_n}\sigma_{X_2}\sigma_{X_n}\\ \vdots & \vdots & & \vdots\\ \rho_{X_nX_1}\sigma_{X_n}\sigma_{X_1} & \rho_{X_nX_2}\sigma_{X_n}\sigma_{X_2} & \cdots & \sigma_{X_n}^2\end{bmatrix}\tag{3-32}$$

其中 $\rho_{X_iX_j}(i=1,2,\cdots,n;j=1,2,\cdots,n)$ 为输入变量 X_i 和 X_j 的相关系数。

由线性代数理论[8]可以证明,对于式(3-31)所示的 n 维正态概率密度函数,必然存在一个正交矩阵 $\boldsymbol{A}$,使得对于相互独立的 n 维正态随机变量 $\boldsymbol{Y}=\{Y_1,Y_2,\cdots,Y_n\}^{\mathrm{T}}$,有下式成立

$$f_{\boldsymbol{Y}}(\boldsymbol{y})=f_{\boldsymbol{X}}(\boldsymbol{Ay}+\boldsymbol{\mu_X})\cdot|\boldsymbol{A}|^{-1}=(2\pi)^{-n/2}(\lambda_1\lambda_2\cdots\lambda_n)^{-1/2}\exp\left(-\frac{1}{2}\sum_{i=1}^{n}\frac{y_i^2}{\lambda_i}\right)\tag{3-33}$$

其中 $\{\lambda_1,\lambda_2,\cdots,\lambda_n\}$ 是协方差矩阵 $\boldsymbol{C_X}$ 的特征根,且

$$\boldsymbol{Y}=\boldsymbol{A}^{\mathrm{T}}(\boldsymbol{X}-\boldsymbol{\mu_X})\tag{3-34}$$

式(3-33)和式(3-34)中矩阵 $\boldsymbol{A}$ 的列向量等于协方差矩阵 $\boldsymbol{C_X}$ 的正交特征向量。

$\boldsymbol{Y}$ 的均值向量 $\boldsymbol{\mu_Y}$ 和协方差矩阵 $\boldsymbol{C_Y}$ 分别为

$$\boldsymbol{\mu_Y}=\{0,0,\cdots,0\}^{\mathrm{T}}\tag{3-35}$$

$$\boldsymbol{C_Y}=\boldsymbol{A}^{\mathrm{T}}\boldsymbol{C_X}\boldsymbol{A}=\begin{bmatrix}\lambda_1 & 0 & \cdots & 0\\ \vdots & \lambda_2 & \cdots & 0\\ 0 & \vdots & & \vdots\\ 0 & 0 & \cdots & \lambda_n\end{bmatrix}\tag{3-36}$$

将式(3-34)进行反变换后可得

$$\boldsymbol{X}=\boldsymbol{AY}+\boldsymbol{\mu_X}\tag{3-37}$$

将式(3-37)代入原相关变量空间的功能函数 $g(\boldsymbol{X})$ 中,可得独立正态变量空间中的功能函数 $g(\boldsymbol{Y})$。

3.4.2 相关正态变量情况下可靠性及可靠性局部灵敏度分析的 Monte Carlo 直接法

1. Monte Carlo 直接法可靠性及可靠性局部灵敏度分析的基本原理及公式

Monte Carlo 直接法求解相关正态变量情况下的失效概率及可靠性局部灵敏度的原理和输入变量独立的情况类似，只须将独立输入变量的联合概率密度函数用相关正态变量的联合概率密度函数代替即可。即首先根据式(3－31)所示的相关正态变量的联合概率密度函数 $f_{\boldsymbol{X}}(\boldsymbol{x})$ 抽取输入变量 $\boldsymbol{X}$ 的 N 个样本 $\{\boldsymbol{x}_1,\boldsymbol{x}_2,\cdots,\boldsymbol{x}_N\}^{\mathrm{T}}$，然后利用式(3－5)计算失效概率的估计值。同时，利用这组样本可得相关正态变量情况下的可靠性局部灵敏度的估计值，即

$$\frac{\partial\hat{P}_f}{\partial\theta_{X_i}^{(k)}}=\frac{1}{N}\sum_{l=1}^{N}\left[\frac{I_F(\boldsymbol{x}_l)}{f_{\boldsymbol{X}}(\boldsymbol{x}_l)}\cdot\frac{\partial f_{\boldsymbol{X}}(\boldsymbol{x}_l)}{\partial\theta_{X_i}^{(k)}}\right] \tag{3-38}$$

对于式(3－31)所示的相关正态输入变量的联合概率密度函数 $f_{\boldsymbol{X}}(\boldsymbol{x})$，有

$$\frac{1}{f_{\boldsymbol{X}}(\boldsymbol{x}_l)}\cdot\frac{\partial f_{\boldsymbol{X}}(\boldsymbol{x}_l)}{\partial\mu_{X_i}}=\sum_{s=1}^{n}(\boldsymbol{C}_{\boldsymbol{X}}^{-1})_{si}(x_{ls}-\mu_{X_s}) \tag{3-39}$$

$$\frac{1}{f_{\boldsymbol{X}}(\boldsymbol{x}_l)}\cdot\frac{\partial f_{\boldsymbol{X}}(\boldsymbol{x}_l)}{\partial\sigma_{X_i}}=-\frac{1}{2}\left[(\boldsymbol{x}_l-\boldsymbol{\mu}_{\boldsymbol{X}})^{\mathrm{T}}\frac{\partial\boldsymbol{C}_{\boldsymbol{X}}^{-1}}{\partial\sigma_{X_i}}(\boldsymbol{x}_l-\boldsymbol{\mu}_{\boldsymbol{X}})+\frac{1}{|\boldsymbol{C}_{\boldsymbol{X}}|}\frac{\partial|\boldsymbol{C}_{\boldsymbol{X}}|}{\partial\sigma_{X_i}}\right] \tag{3-40}$$

$$\frac{1}{f_{\boldsymbol{X}}(\boldsymbol{x}_l)}\cdot\frac{\partial f_{\boldsymbol{X}}(\boldsymbol{x}_l)}{\partial\rho_{X_iX_j}}=-\frac{1}{2}\left[(\boldsymbol{x}_l-\boldsymbol{\mu}_{\boldsymbol{X}})^{\mathrm{T}}\frac{\partial\boldsymbol{C}_{\boldsymbol{X}}^{-1}}{\partial\rho_{X_iX_j}}(\boldsymbol{x}_l-\boldsymbol{\mu}_{\boldsymbol{X}})+\frac{1}{|\boldsymbol{C}_{\boldsymbol{X}}|}\frac{\partial|\boldsymbol{C}_{\boldsymbol{X}}|}{\partial\rho_{X_iX_j}}\right] \tag{3-41}$$

其中 $(\boldsymbol{C}_{\boldsymbol{X}}^{-1})_{si}$ 表示协方差矩阵 $\boldsymbol{C}_{\boldsymbol{X}}$ 的逆矩阵 $\boldsymbol{C}_{\boldsymbol{X}}^{-1}$ 的第 s 行第 i 列的元素，x_{ls} 表示第 l 个样本的第 s 维元素。

将式(3－39)～式(3－41)分别代入式(3－38)中，可得失效概率对输入变量 X_i 的均值 μ_{X_i}、标准差 σ_{X_i} 及输入变量 X_i 和 X_j 的相关系数 $\rho_{X_iX_j}$ 的可靠性局部灵敏度估计值，分别为

$$\frac{\partial\hat{P}_f}{\partial\mu_{X_i}}=\frac{1}{N}\sum_{l=1}^{N}I_F(\boldsymbol{x}_l)\sum_{s=1}^{n}(\boldsymbol{C}_{\boldsymbol{X}}^{-1})_{si}(x_{ls}-\mu_{X_s}) \tag{3-42}$$

$$\frac{\partial\hat{P}_f}{\partial\sigma_{X_i}}=-\frac{1}{N}\sum_{l=1}^{N}\frac{1}{2}I_F(\boldsymbol{x}_l)\left[(\boldsymbol{x}_l-\boldsymbol{\mu}_{\boldsymbol{X}})^{\mathrm{T}}\frac{\partial\boldsymbol{C}_{\boldsymbol{X}}^{-1}}{\partial\sigma_{X_i}}(\boldsymbol{x}_l-\boldsymbol{\mu}_{\boldsymbol{X}})+\frac{1}{|\boldsymbol{C}_{\boldsymbol{X}}|}\frac{\partial|\boldsymbol{C}_{\boldsymbol{X}}|}{\partial\sigma_{X_i}}\right] \tag{3-43}$$

$$\frac{\partial\hat{P}_f}{\partial\rho_{X_iX_j}}=-\frac{1}{N}\sum_{l=1}^{N}\frac{1}{2}I_F(\boldsymbol{x}_l)\left[(\boldsymbol{x}_l-\boldsymbol{\mu}_{\boldsymbol{X}})^{\mathrm{T}}\frac{\partial\boldsymbol{C}_{\boldsymbol{X}}^{-1}}{\partial\rho_{X_iX_j}}(\boldsymbol{x}_l-\boldsymbol{\mu}_{\boldsymbol{X}})+\frac{1}{|\boldsymbol{C}_{\boldsymbol{X}}|}\frac{\partial|\boldsymbol{C}_{\boldsymbol{X}}|}{\partial\rho_{X_iX_j}}\right] \tag{3-44}$$

2. Monte Carlo 直接法求解相关正态变量可靠性及可靠性局部灵敏度估计值的收敛性分析

相关正态变量情况下，可靠性和可靠性局部灵敏度分析的 Monte Carlo 直接法需要抽取相关输入变量的样本，这种相关样本可通过独立样本转换得到，即首先产生独立正态变量的样本，然后依据独立变量到相关变量的变换关系式(3－37)，即可得到相关正态变量的样本。需要注意的是，由于本小节考虑的是相关正态变量情况，因此 Monte Carlo 直接法得到的失效概率及可靠性局部灵敏度估计值的均值、方差和变异系数就难以解析推导，此时可以采用多次重复分析的方法来求得相应估计值的收敛性特征。

多次重复分析法求解可靠性及可靠性局部灵敏度估计值的收敛性特征的原理相同，公式相似，因此下面将以失效概率为例，说明多次重复分析方法求估计值的收敛性特征的基本原理和公式。

利用 Monte Carlo 直接法求得失效概率的 m 个估计值 $\hat{P}_f^{(j)}(j=1,2,\cdots,m)$，利用样本均值代替母体均值，利用样本方差代替母体的方差，可得失效概率估计值的均值、方差和变异系

数分别为

$$E[\hat{P}_f] \approx \frac{1}{m}\sum_{j=1}^{m}\hat{P}_f^{(j)} \tag{3-45}$$

$$\mathrm{Var}[\hat{P}_f] \approx \frac{1}{m-1}\left(\sum_{j=1}^{m}(\hat{P}_f^{(j)})^2 - m\left[\frac{1}{m}\sum_{j=1}^{m}\hat{P}_f^{(j)}\right]^2\right) \tag{3-46}$$

$$\mathrm{Cov}[\hat{P}_f] = \sqrt{\mathrm{Var}[\hat{P}_f]}/E[\hat{P}_f] \tag{3-47}$$

要求可靠性局部灵敏度估计值的均值、方差及变异系数，只须将式(3-45)～式(3-47)中的失效概率估计值 $\hat{P}_f^{(j)}\,(j=1,2,\cdots,m)$ 替换成可靠性局部灵敏度的估计值 $(\partial\hat{P}_f/\partial\theta_{X_i}^{(k)})^{(j)}\,(j=1,2,\cdots,m)$ 即可。

显然，m 越大，估计值的收敛性特征估计就越准确，一般情况下，$m\geqslant 10$。

3.4.3　相关正态变量情况下可靠性及可靠性局部灵敏度分析的 Monte Carlo 转换法

1. Monte Carlo 转换法求解相关正态变量情况下的失效概率

Monte Carlo 转换法求解相关正态变量情况下的失效概率的基本思想是：首先根据 3.4.1 节的方法将相关正态变量 $\boldsymbol{X}$ 等价地转换成独立的正态变量 $\boldsymbol{Y}$，同时 $\boldsymbol{X}$ 空间的功能函数 $g(\boldsymbol{X})$ 也被转换为 $\boldsymbol{Y}$ 空间的功能函数 $g(\boldsymbol{Y})$。在转换后的独立的 $\boldsymbol{Y}$ 空间中，结构的失效域为 $F=\{\boldsymbol{y}: g(\boldsymbol{y})\leqslant 0\}$。在转换后的独立正态空间中，利用 3.2 节所述的 Monte Carlo 法可靠性分析的策略，求得的失效概率的估计值及其均值、方差和变异系数即为相关正态变量情况下的失效概率的估计值及其均值、方差和变异系数。Monte Carlo 转换法求解相关正态变量情况下的失效概率的策略与 3.2 节类似，因此本小节不再赘述。

2. Monte Carlo 转换法求解相关正态变量情况下的可靠性局部灵敏度

Monte Carlo 转换法求解相关正态变量情况下的可靠性局部灵敏度的基本思想是：首先根据 3.4.1 节的方法将相关正态变量 $\boldsymbol{X}$ 等价地转换成独立的正态变量 $\boldsymbol{Y}$，然后在转换后的独立正态空间 $\boldsymbol{Y}$ 中求得独立正态变量情况下的可靠性局部灵敏度估计值，最后再利用 $\boldsymbol{Y}$ 空间的输入变量的分布参数与 $\boldsymbol{X}$ 空间的输入变量的分布参数的转换关系，由复合函数求导法将求得的 $\boldsymbol{Y}$ 空间的可靠性局部灵敏度的估计值转换到 $\boldsymbol{X}$ 空间，即可得相关正态变量情况下的可靠性局部灵敏度估计值。Monte Carlo 转换法求解相关正态变量情况下的可靠性局部灵敏度的具体步骤如下所述。

(1) Monte Carlo 法求解独立正态空间中的可靠性局部灵敏度。

利用 3.4.1 节的方法将相关正态变量 $\boldsymbol{X}=\{X_1,X_2,\cdots,X_n\}^{\mathrm{T}}$ 转换成独立正态变量 $\boldsymbol{Y}=\{Y_1,Y_2,\cdots,Y_n\}^{\mathrm{T}}$，其联合概率密度函数 $f_{\boldsymbol{Y}}(\boldsymbol{y})$ 为

$$f_{\boldsymbol{Y}}(\boldsymbol{y}) = (2\pi)^{-\frac{n}{2}}\,|\,\boldsymbol{C}_{\boldsymbol{Y}}\,|^{-\frac{1}{2}}\exp\left(-\frac{1}{2}\boldsymbol{y}^{\mathrm{T}}\boldsymbol{C}_{\boldsymbol{Y}}^{-1}\boldsymbol{y}\right) \tag{3-48}$$

其中

$$\boldsymbol{C}_{\boldsymbol{Y}} = \begin{bmatrix} \lambda_1 & \rho_{Y_1Y_2}\sqrt{\lambda_1\lambda_2} & \cdots & \rho_{Y_1Y_n}\sqrt{\lambda_1\lambda_n} \\ \rho_{Y_2Y_1}\sqrt{\lambda_2\lambda_1} & \lambda_2 & \cdots & \rho_{Y_2Y_n}\sqrt{\lambda_2\lambda_n} \\ \vdots & \vdots & & \vdots \\ \rho_{Y_nY_1}\sqrt{\lambda_n\lambda_1} & \rho_{Y_nY_2}\sqrt{\lambda_n\lambda_2} & \cdots & \lambda_n \end{bmatrix} \tag{3-49}$$

为独立正态变量$\boldsymbol{Y}$的协方差矩阵，λ_i为相关正态变量$\boldsymbol{X}$的协方差矩阵$\boldsymbol{C_X}$的特征值，也是Y_i的方差。

在由相关正态变量$\boldsymbol{X}$空间转换而来的独立正态变量$\boldsymbol{Y}$空间中，Y_i与Y_j的相关系数$\rho_{Y_iY_j}=0$，因此$\boldsymbol{C_Y}$中只有主对角线元素是非零的，而非主对角线元素均为零。但作为$\boldsymbol{Y}$空间的分布参数，失效概率对相关系数$\rho_{Y_iY_j}$的可靠性局部灵敏度会对$\boldsymbol{X}$空间的可靠性局部灵敏度产生影响，因此在独立的$\boldsymbol{Y}$空间中也必须估计可靠性局部灵敏度$\partial P_f/\partial\rho_{Y_iY_j}$，将$\boldsymbol{C_Y}$写成式(3-49)的形式，就是为了估计$\partial P_f/\partial\rho_{Y_iY_j}$。

根据可靠性局部灵敏度的定义，失效概率对第i个独立正态变量Y_i的第k个分布参数$\theta_{Y_i}^{(k)}$(包括均值μ_{Y_i}、标准差σ_{Y_i}和相关系数$\rho_{Y_iY_j}$)的偏导数可表示为

$$\frac{\partial P_f}{\partial\theta_{Y_i}^{(k)}}=\int_{R^n}I_F(\boldsymbol{y})\frac{\partial f_{\boldsymbol{Y}}(\boldsymbol{y})}{\partial\theta_{Y_i}^{(k)}}\mathrm{d}\boldsymbol{y}=\int_{R^n}I_F(\boldsymbol{y})\frac{\partial f_{\boldsymbol{Y}}(\boldsymbol{y})}{\partial\theta_{Y_i}^{(k)}}\frac{1}{f_{\boldsymbol{Y}}(\boldsymbol{y})}f_{\boldsymbol{Y}}(\boldsymbol{y})\mathrm{d}\boldsymbol{y}=E\left[\frac{I_F(\boldsymbol{y})}{f_{\boldsymbol{Y}}(\boldsymbol{y})}\cdot\frac{\partial f_{\boldsymbol{Y}}(\boldsymbol{y})}{\partial\theta_{Y_i}^{(k)}}\right] \tag{3-50}$$

根据$f_{\boldsymbol{Y}}(\boldsymbol{y})$抽取独立正态变量$\boldsymbol{Y}$的$N$个样本$\{\boldsymbol{y}_1,\boldsymbol{y}_2,\cdots,\boldsymbol{y}_N\}^{\mathrm{T}}$，则(3-50)式所示的可靠性局部灵敏度$\partial P_f/\partial\theta_{Y_i}^{(k)}$的估计值为

$$\begin{aligned}\frac{\partial\hat{P}_f}{\partial\theta_{Y_i}^{(k)}}&=\frac{1}{N}\sum_{l=1}^{N}\left[\frac{I_F(\boldsymbol{y}_l)}{f_{\boldsymbol{Y}}(\boldsymbol{y}_l)}\cdot\frac{\partial f_{\boldsymbol{Y}}(\boldsymbol{y}_l)}{\partial\theta_{Y_i}^{(k)}}\right]=\frac{1}{N}\sum_{l=1}^{N}\left[\frac{I_F(\boldsymbol{y}_l)}{f_{\boldsymbol{Y}}(\boldsymbol{y}_l)}\cdot\frac{f_{\boldsymbol{Y}}(\boldsymbol{y}_l)}{f_{Y_i}(y_{li})}\cdot\frac{\partial f_{Y_i}(y_{li})}{\partial\theta_{Y_i}^{(k)}}\right]\\&=\frac{1}{N}\sum_{l=1}^{N}\left[\frac{I_F(\boldsymbol{y}_l)}{f_{Y_i}(y_{li})}\cdot\frac{\partial f_{Y_i}(y_{li})}{\partial\theta_{Y_i}^{(k)}}\right]\end{aligned} \tag{3-51}$$

其中y_{li}表示$\boldsymbol{Y}$的第l个样本的第i维元素。

对于独立正态变量$\boldsymbol{Y}$，有

$$\frac{1}{f_{Y_i}(y_{li})}\cdot\frac{\partial f_{Y_i}(y_{li})}{\partial\mu_{Y_i}}=\frac{y_{li}-\mu_{Y_i}}{\sigma_{Y_i}^2} \tag{3-52}$$

$$\frac{1}{f_{Y_i}(y_{li})}\cdot\frac{\partial f_{Y_i}(y_{li})}{\partial\sigma_{Y_i}}=\frac{1}{\sigma_{Y_i}}\left[\left(\frac{y_{li}-\mu_{Y_i}}{\sigma_{Y_i}}\right)^2-1\right] \tag{3-53}$$

$$\frac{1}{f_{\boldsymbol{Y}}(\boldsymbol{y}_l)}\cdot\frac{\partial f_{\boldsymbol{Y}}(\boldsymbol{y}_l)}{\partial\rho_{Y_iY_j}}=-\frac{1}{2}\left[(\boldsymbol{y}_l-\boldsymbol{\mu}_{\boldsymbol{Y}})^{\mathrm{T}}\frac{\partial\boldsymbol{C}_{\boldsymbol{Y}}^{-1}}{\partial\rho_{Y_iY_j}}(\boldsymbol{y}_l-\boldsymbol{\mu}_{\boldsymbol{Y}})+\frac{1}{|\boldsymbol{C}_{\boldsymbol{Y}}|}\frac{\partial|\boldsymbol{C}_{\boldsymbol{Y}}|}{\partial\rho_{Y_iY_j}}\right] \tag{3-54}$$

将式(3-52)～式(3-54)代入到式(3-51)中，可得失效概率对变量均值μ_{Y_i}、标准差σ_{Y_i}及相关系数$\rho_{Y_iY_j}$的可靠性局部灵敏度估计值$\partial\hat{P}_f/\partial\mu_{Y_i}$、$\partial\hat{P}_f/\partial\sigma_{Y_i}$及$\partial\hat{P}_f/\partial\rho_{Y_iY_j}$分别为

$$\frac{\partial\hat{P}_f}{\partial\mu_{Y_i}}=\frac{1}{N}\sum_{l=1}^{N}\left[I_F(\boldsymbol{y}_l)\cdot\frac{y_{li}-\mu_{Y_i}}{\sigma_{Y_i}^2}\right] \tag{3-55}$$

$$\frac{\partial\hat{P}_f}{\partial\sigma_{Y_i}}=\frac{1}{N}\frac{1}{\sigma_{Y_i}}\sum_{l=1}^{N}I_F(\boldsymbol{y}_l)\left[\left(\frac{y_{li}-\mu_{Y_i}}{\sigma_{Y_i}}\right)^2-1\right] \tag{3-56}$$

$$\frac{\partial\hat{P}_f}{\partial\rho_{Y_iY_j}}=-\frac{1}{2N}\sum_{l=1}^{N}I_F(\boldsymbol{y}_l)\left[(\boldsymbol{y}_l-\boldsymbol{\mu}_{Y})^{\mathrm{T}}\frac{\partial\boldsymbol{C}_{\boldsymbol{Y}}^{-1}}{\partial\rho_{Y_iY_j}}(\boldsymbol{y}_l-\boldsymbol{\mu}_{\boldsymbol{Y}})+\frac{1}{|\boldsymbol{C}_{\boldsymbol{Y}}|}\frac{\partial|\boldsymbol{C}_{\boldsymbol{Y}}|}{\partial\rho_{Y_iY_j}}\right] \tag{3-57}$$

(2) 独立空间中的可靠性局部灵敏度估计值的方差分析。

由于样本$\{\boldsymbol{y}_1,\boldsymbol{y}_2,\cdots,\boldsymbol{y}_N\}^{\mathrm{T}}$与母体独立同分布，利用样本均值代替母体均值以及利用样本方差代替母体方差，可得独立正态空间中可靠性局部灵敏度估计值$\partial\hat{P}_f/\partial\theta_{Y_i}^{(k)}$的期望$E[\partial\hat{P}_f/\partial\theta_{Y_i}^{(k)}]$、方差$\mathrm{Var}[\partial\hat{P}_f/\partial\theta_{Y_i}^{(k)}]$及变异系数$\mathrm{Cov}[\partial\hat{P}_f/\partial\theta_{Y_i}^{(k)}]$分别为

$$E\left[\frac{\partial \hat{P}_f}{\partial \theta_{Y_i}^{(k)}}\right] \approx \frac{1}{N}\sum_{l=1}^{N}\left[\frac{I_F(\boldsymbol{y}_l)}{f_{Y_i}(y_{li})} \cdot \frac{\partial f_{Y_i}(y_{li})}{\partial \theta_{Y_i}^{(k)}}\right] = \frac{\partial \hat{P}_f}{\partial \theta_{Y_i}^{(k)}} \tag{3-58}$$

$$\text{Var}\left[\frac{\partial \hat{P}_f}{\partial \theta_{Y_i}^{(k)}}\right] \approx \frac{1}{N-1}\left[\frac{1}{N}\sum_{l=1}^{N}\left(\frac{I_F(\boldsymbol{y}_l)}{f_{Y_i}(y_{li})} \cdot \frac{\partial f_{Y_i}(y_{li})}{\partial \theta_{Y_i}^{(k)}}\right)^2 - \left(\frac{\partial \hat{P}_f}{\partial \theta_{Y_i}^{(k)}}\right)^2\right] \tag{3-59}$$

$$\text{Cov}[\partial \hat{P}_f/\partial \theta_{Y_i}^{(k)}] = \sqrt{\text{Var}[\partial \hat{P}_f/\partial \theta_{Y_i}^{(k)}]} / |E[\partial \hat{P}_f/\partial \theta_{Y_i}^{(k)}]| \tag{3-60}$$

(3) 独立正态变量空间可靠性局部灵敏度向相关正态变量空间可靠性局部灵敏度的转换。

根据变量 $\boldsymbol{Y}$ 和 $\boldsymbol{X}$ 的转换关系，采用复合函数求导公式，可由独立正态变量 $\boldsymbol{Y}$ 空间中的可靠性局部灵敏度估计值转换得到相关正态变量 $\boldsymbol{X}$ 空间中的可靠性局部灵敏度估计值，即

$$\frac{\partial \hat{P}_f}{\partial \mu_{X_i}} = \sum_{s=1}^{n}\left(\frac{\partial \hat{P}_f}{\partial \mu_{Y_s}}\frac{\partial \mu_{Y_s}}{\partial \mu_{X_i}} + \frac{\partial \hat{P}_f}{\partial \sigma_{Y_s}}\frac{\partial \sigma_{Y_s}}{\partial \mu_{X_i}}\right) + \sum_{s=1}^{n}\sum_{\substack{r=1\\ r\neq s}}^{n}\frac{\partial \hat{P}_f}{\partial \rho_{Y_sY_r}}\frac{\partial \rho_{Y_sY_r}}{\partial \mu_{X_i}} \tag{3-61}$$

$$\frac{\partial \hat{P}_f}{\partial \sigma_{X_i}} = \sum_{s=1}^{n}\left(\frac{\partial \hat{P}_f}{\partial \mu_{Y_s}}\frac{\partial \mu_{Y_s}}{\partial \sigma_{X_i}} + \frac{\partial \hat{P}_f}{\partial \sigma_{Y_s}}\frac{\partial \sigma_{Y_s}}{\partial \sigma_{X_i}}\right) + \sum_{s=1}^{n}\sum_{\substack{r=1\\ r\neq s}}^{n}\frac{\partial \hat{P}_f}{\partial \rho_{Y_sY_r}}\frac{\partial \rho_{Y_sY_r}}{\partial \sigma_{X_i}} \tag{3-62}$$

$$\frac{\partial \hat{P}_f}{\partial \rho_{X_iX_j}} = \sum_{s=1}^{n}\left(\frac{\partial \hat{P}_f}{\partial \mu_{Y_s}}\frac{\partial \mu_{Y_s}}{\partial \rho_{X_iX_j}} + \frac{\partial \hat{P}_f}{\partial \sigma_{Y_s}}\frac{\partial \sigma_{Y_s}}{\partial \rho_{X_iX_j}}\right) + \sum_{s=1}^{n}\sum_{\substack{r=1\\ r\neq s}}^{n}\frac{\partial \hat{P}_f}{\partial \rho_{Y_sY_r}}\frac{\partial \rho_{Y_sY_r}}{\partial \rho_{X_iX_j}} \tag{3-63}$$

显然，要求相关正态变量 $\boldsymbol{X}$ 空间中的可靠性局部灵敏度，还需要知道 $\boldsymbol{Y}$ 的分布参数(包括 μ_{Y_i}、σ_{Y_i} 和 $\rho_{Y_iY_j}$)对 $\boldsymbol{X}$ 的分布参数(包括 μ_{X_i}、σ_{X_i} 和 $\rho_{X_iX_j}$)的偏导数。

由式(3-34)可知，变量 $\boldsymbol{Y}$ 和 $\boldsymbol{X}$ 之间具有线性关系。在 $\boldsymbol{X}$ 的分布参数名义值处，设 $\boldsymbol{Y}$ 的分量 Y_s、Y_r 与 $\boldsymbol{X}$ 的各分量 $\{X_1, X_2, \cdots, X_n\}$ 之间存在的线性关系如下所示，即

$$Y_s = b_{s1}X_1 + b_{s2}X_2 + \cdots + b_{sn}X_n + b_{s0} \tag{3-64}$$

$$Y_r = b_{r1}X_1 + b_{r2}X_2 + \cdots + b_{rn}X_n + b_{r0} \tag{3-65}$$

其中系数 b_{sk} 和 b_{rk} $(k=1,2,\cdots,n)$ 分别是矩阵 $\boldsymbol{B}=\boldsymbol{A}^{\mathrm{T}}$ 的第 s 行第 k 列元素和第 r 行第 k 列元素，$b_{s0} = -\sum_{k=1}^{n} b_{sk}\mu_{X_k}$ 和 $b_{r0} = -\sum_{k=1}^{n} b_{rk}\mu_{X_k}$ 为常数。

由式(3-64)和式(3-65)可得 μ_{Y_s}、μ_{Y_r}、σ_{Y_s} 和 σ_{Y_r} 与 $\boldsymbol{X}$ 的分布参数的关系为

$$\mu_{Y_s} = \sum_{k=1}^{n} b_{sk}\mu_{X_k} + b_{s0} \tag{3-66}$$

$$\mu_{Y_r} = \sum_{k=1}^{n} b_{rk}\mu_{X_k} + b_{r0} \tag{3-67}$$

$$\sigma_{Y_s} = \left(\sum_{k=1}^{n} b_{sk}^2\sigma_{X_k}^2 + \sum_{k=1}^{n}\sum_{l=1, l\neq k}^{n} b_{sk}b_{sl}\rho_{X_kX_l}\sigma_{X_k}\sigma_{X_l}\right)^{\frac{1}{2}} \tag{3-68}$$

$$\sigma_{Y_r} = \left(\sum_{k=1}^{n} b_{rk}^2\sigma_{X_k}^2 + \sum_{k=1}^{n}\sum_{l=1, l\neq k}^{n} b_{rk}b_{rl}\rho_{X_kX_l}\sigma_{X_k}\sigma_{X_l}\right)^{\frac{1}{2}} \tag{3-69}$$

则 Y_s 的分布参数 μ_{Y_s} 和 σ_{Y_s} 对 X_i 的分布参数 μ_{X_i}、σ_{X_i} 和 $\rho_{X_iX_j}$ 的偏导数可以通过下列各式解析求得：

$$\frac{\partial \mu_{Y_s}}{\partial \mu_{X_i}} = b_{si} \tag{3-70}$$

$$\frac{\partial \mu_{Y_s}}{\partial \sigma_{X_i}} = \frac{\partial \sigma_{Y_s}}{\partial \mu_{X_i}} = \frac{\partial \mu_{Y_s}}{\partial \rho_{X_i X_j}} = 0 \tag{3-71}$$

$$\frac{\partial \sigma_{Y_s}}{\partial \sigma_{X_i}} = \frac{1}{\sigma_{Y_s}} \left(b_{si}^2 \sigma_{Y_s} + \sum_{l=1, l \neq i}^{n} b_{si} b_{sl} \rho_{X_i X_l} \sigma_{X_l} \right) \tag{3-72}$$

$$\frac{\partial \sigma_{Y_s}}{\partial \rho_{X_i X_j}} = \frac{1}{2\sigma_{Y_s}} b_{si} b_{sj} \sigma_{X_i} \sigma_{X_j} \tag{3-73}$$

要求 $\partial \rho_{Y_s Y_r} / \partial \mu_{X_i}$ 、$\partial \rho_{Y_s Y_r} / \partial \sigma_{X_i}$ 和 $\partial \rho_{Y_s Y_r} / \partial \rho_{X_i X_j}$ ，还需要利用下式求出 Y_s 和 Y_r 的协方差 $\mathrm{Cov}(Y_s, Y_r)$ ：

$$\begin{aligned} \mathrm{Cov}(Y_s, Y_r) &= \mathrm{Cov}\left(\sum_{k=1}^{n} b_{sk} X_k + b_{s0}, \sum_{k=1}^{n} b_{rk} X_k + b_{r0} \right) \\ &= \sum_{k=1}^{n} b_{sk} b_{rk} \sigma_{X_k}^2 + \sum_{k=1}^{n} \sum_{l=1, l \neq k}^{n} b_{sk} b_{rl} \rho_{X_k X_l} \sigma_{X_k} \sigma_{X_l} \end{aligned} \tag{3-74}$$

又因为

$$\mathrm{Cov}(Y_s, Y_r) = \rho_{Y_s Y_r} \sigma_{Y_s} \sigma_{Y_r} \tag{3-75}$$

所以

$$\rho_{Y_s Y_r} = \frac{1}{\sigma_{Y_s} \sigma_{Y_r}} \left(\sum_{k=1}^{n} b_{sk} b_{rk} \sigma_{X_k}^2 + \sum_{k=1}^{n} \sum_{l=1, l \neq k}^{n} b_{sk} b_{rl} \rho_{X_k X_l} \sigma_{X_k} \sigma_{X_l} \right) \tag{3-76}$$

对式(3-76)求偏导,可得 $\partial \rho_{Y_s Y_r} / \partial \mu_{X_i}$ 、$\partial \rho_{Y_s Y_r} / \partial \sigma_{X_i}$ 和 $\partial \rho_{Y_s Y_r} / \partial \rho_{X_i X_j}$ 分别为

$$\frac{\partial \rho_{Y_s Y_r}}{\partial \mu_{X_i}} = 0 \tag{3-77}$$

$$\frac{\partial \rho_{Y_s Y_r}}{\partial \sigma_{X_i}} = \frac{1}{\sigma_{Y_s} \sigma_{Y_r}} \left(2 b_{si} b_{ri} \sigma_{X_i} + 2 \sum_{l=1, l \neq i}^{n} b_{si} b_{rl} \rho_{X_i X_l} \sigma_{X_l} \right) \tag{3-78}$$

$$\frac{\partial \rho_{Y_s Y_r}}{\partial \rho_{X_i X_j}} = \frac{1}{\sigma_{Y_s} \sigma_{Y_r}} b_{si} b_{rj} \sigma_{X_i} \sigma_{X_j} \tag{3-79}$$

将求得的 $\partial \mu_{Y_s} / \partial \mu_{X_i}$ ，$\partial \sigma_{Y_s} / \partial \mu_{X_i}$ ，$\partial \rho_{Y_s Y_r} / \partial \mu_{X_i}$ ，$\partial \mu_{Y_s} / \partial \sigma_{X_i}$ ，$\partial \sigma_{Y_s} / \partial \sigma_{X_i}$ ，$\partial \rho_{Y_s Y_r} / \partial \sigma_{X_i}$ ，$\partial \mu_{Y_s} / \partial \rho_{X_i X_j}$ ，$\partial \sigma_{Y_s} / \partial \rho_{X_i X_j}$ ，$\partial \rho_{Y_s Y_r} / \partial \rho_{X_i X_j}$ ，$\partial P_f / \partial \mu_{Y_s}$ ，$\partial P_f / \partial \sigma_{Y_s}$ 及 $\partial P_f / \partial \rho_{Y_s Y_r}$ 代入式(3-61)～式(3-63),可得相关正态变量情况下的可靠性局部灵敏度估计值为

$$\frac{\partial \hat{P}_f}{\partial \mu_{X_i}} = \sum_{s=1}^{n} \frac{\partial \hat{P}_f}{\partial \mu_{Y_s}} \frac{\partial \mu_{Y_s}}{\partial \mu_{X_i}} \tag{3-80}$$

$$\frac{\partial \hat{P}_f}{\partial \sigma_{X_i}} = \sum_{s=1}^{n} \frac{\partial \hat{P}_f}{\partial \sigma_{Y_s}} \frac{\partial \sigma_{Y_s}}{\partial \sigma_{X_i}} + \sum_{s=1}^{n} \sum_{\substack{r=1 \\ r \neq s}}^{n} \frac{\partial \hat{P}_f}{\partial \rho_{Y_s Y_r}} \frac{\partial \rho_{Y_s Y_r}}{\partial \sigma_{X_i}} \tag{3-81}$$

$$\frac{\partial \hat{P}_f}{\partial \rho_{X_i X_j}} = \sum_{s=1}^{n} \frac{\partial \hat{P}_f}{\partial \sigma_{Y_s}} \frac{\partial \sigma_{Y_s}}{\partial \rho_{X_i X_j}} + \sum_{s=1}^{n} \sum_{\substack{r=1 \\ r \neq s}}^{n} \frac{\partial \hat{P}_f}{\partial \rho_{Y_s Y_r}} \frac{\partial \rho_{Y_s Y_r}}{\partial \rho_{X_i X_j}} \tag{3-82}$$

(4) Monte Carlo 转换法求解相关正态变量可靠性局部灵敏度估计值的收敛性分析。

利用 Monte Carlo 转换法求解相关正态变量情况下的可靠性局部灵敏度时,其收敛性产生于 $\partial \hat{P}_f / \partial \theta_Y$（$\theta_Y$ 包括 μ_Y，σ_Y 和 $\rho_{Y_s Y_r}$）的求解过程中。由 $\partial \hat{P}_f / \partial \theta_Y$ 及 $\partial \theta_Y / \partial \theta_X$（$\theta_X$ 包括 μ_X，σ_X 和 $\rho_{X_i X_j}$）来求解 $\partial \hat{P}_f / \partial \theta_X$ 的过程是解析的,因此在这个解析的过程中不会产生不确定性,但是 $\partial \hat{P}_f / \partial \theta_Y$ 的不确定性会传递给 $\partial \hat{P}_f / \partial \theta_X$,解析地分析 $\partial \hat{P}_f / \partial \theta_X$ 的收敛性比较困难,因此本

书利用 3.4.2 节介绍的多次重复分析的方法来得到 $\partial\hat{P}_f/\partial\theta_X$ 的收敛性指标。

3.4.4　Monte Carlo 直接法和 Monte Carlo 转换法的比较

Monte Carlo 直接法的优点是不需要进行可靠性局部灵敏度的转换，因此在求解可靠性局部灵敏度时更直接，但直接法需要产生相关的随机样本，而一般来说，相关随机样本的产生较独立随机样本的产生更困难些。对于相关正态输入变量来说，可以对通过独立随机样本进行变换来得到相关正态样本。在 Monte Carlo 直接法中，推导结果的收敛性的解析表达式比较困难，可以通过多次重复分析来估计结果的收敛性。

Monte Carlo 转换法的优点是在进行相关正态变量的可靠性局部灵敏度分析时不需要产生相关样本点。在独立的正态空间中求得可靠性局部灵敏度的估计值后，经过解析变换即可求得相关正态变量空间的可靠性局部灵敏度，而且独立正态空间的可靠性局部灵敏度估计值的方差比较容易估计。缺点是它必须求得独立正态空间的分布参数对相关正态空间的分布参数的偏导数，但由于此求导过程是解析的，因此计算量与直接法相比不会有明显增加。另外，需指出的是：在 Monte Carlo 转换法中，如果采用相同样本估计独立空间的可靠性局部灵敏度，由于独立空间的每项可靠性局部灵敏度估计值的相关性，会造成转换后的可靠性局部灵敏度估计值方差估计的困难，因此也只能通过多次重复分析来估计其收敛性。

3.4.5　算例分析及算法参考程序

算例 3.1　考虑功能函数 $g(\boldsymbol{X})=4X_1-3.9998X_2+4X_3-X_4$，输入变量 $X_i(i=1,2,3,4)$ 相互独立且均服从正态分布，其均值向量为 $\{83.5,83.5,83.5,150\}^{\mathrm{T}}$，变异系数向量为 $\{0.12,0.12,0.12,0.25\}^{\mathrm{T}}$。可靠性及可靠性局部灵敏度的计算结果见表 3-5，由于此功能函数是线性的，因此一次二阶矩法（FOSM）和改进一次二阶矩法（AFOSM）得到的解析解可以作为其精确解。相应的参考程序见表 3-6。

由表 3-5 中计算结果可以看出，Monte Carlo 法得到的失效概率和可靠性局部灵敏度的估计值与 FOSM 以及 AFOSM 法得到的解相差不大。

表 3-5　算例 3.1 计算结果　　单位：10^{-3}

	FOSM	AFOSM	MCS
$\hat{P}_f$	9.842	9.842	9.851 (0.010 03)
$\partial\hat{P}_f/\partial\mu_{X_1}$	−1.333	−1.333	−1.348 (0.011 94)
$\partial\hat{P}_f/\partial\mu_{X_2}$	1.333	1.333	1.344 (0.011 90)
$\partial\hat{P}_f/\partial\mu_{X_3}$	−1.333	−1.333	−1.352 (0.011 85)
$\partial\hat{P}_f/\partial\mu_{X_4}$	0.333	0.333	0.337 (0.012 21)
$\partial\hat{P}_f/\partial\sigma_{X_1}$	1.579	1.579	1.601 (0.019 45)
$\partial\hat{P}_f/\partial\sigma_{X_2}$	1.579	1.579	1.586 (0.019 05)
$\partial\hat{P}_f/\partial\sigma_{X_3}$	1.579	1.579	1.587 (0.018 92)
$\partial\hat{P}_f/\partial\sigma_{X_4}$	0.369	0.369	0.376 (0.020 79)

注：Monte Carlo 法（MCS）的抽样次数为 10^6。括号内的数值为估计值的变异系数，下述算例中不再赘述。

表 3-6　算例 3.1 Monte Carlo 法参考程序

```
clear;
clc;
format long;
g=@(x) 4. * x(:,1)-3.9998. * x(:,2)+4. * x(:,3)-x(:,4);
miu=[83.5 83.5 83.5 150];
cov=[0.12 0.12 0.12 0.25];
sigma=miu. * cov;
dim=length(miu);
N=10^6;
for i=1:dim
X(:,i)=normrnd(miu(i),sigma(i),N,1);
end
I=g(X)<=0; %指示函数
Pf=nnz(I)/N    %失效概率
Cov_Pf=sqrt((1-Pf)/((N-1) * Pf))    %变异系数
%失效概率对均值的局部灵敏度及变异系数
for j=1:dim
dpf_du(j)=mean(I. * (X(:,j)-miu(j))/sigma(j).^2);
V_dpf_du(j)=(mean((I. * (X(:,j)-miu(j))/sigma(j).^2).^2)-dpf_du(j).^2)/(N-1);
C_dpf_du(j)=sqrt(V_dpf_du(j))/abs(dpf_du(j));
end
%失效概率对标准差的局部灵敏度及变异系数
for j=1:dim
dpf_ds(j)=mean(I. * (((X(:,j)-miu(j))/sigma(j)).^2-1)/sigma(j));
V_dpf_ds(j)=(mean((I. * (((X(:,j)-miu(j))/sigma(j)).^2-1)/sigma(j)).^2)-dpf_ds(j).^2)/(N
-1);
C_dpf_ds(j)=sqrt(V_dpf_ds(j))/abs(dpf_ds(j));
end
```

算例 3.2　结构的两个失效模式对应的功能函数 $g_1(\boldsymbol{X})=2-X_2+\exp(-0.1X_1^2)+(0.2X_1)^4$ 和 $g_2(\boldsymbol{X})=4.5-X_1X_2$ 为并联关系，即系统的功能函数为 $g(\boldsymbol{X})=\max\{g_1,g_2\}$，其中 X_1 和 X_2 是相关的正态随机变量，且 $X_1\sim N(0.85,(1/3)^2)$，$X_2\sim N(0,1)$，$\rho_{X_1X_2}=0.4$。表 3-7 给出了两种方法在抽样 10^6 次时的计算结果。Monte Carlo 直接法的参数程序见表 3-8，Monte Carlo 转换法的参数程序见表 3-9。

表 3-7　算例 3.2 可靠性及可靠性局部灵敏度计算结果

	$\hat{P}_f/10^{-4}$	$\partial\hat{P}_f/\partial\mu_{X_1}$	$\partial\hat{P}_f/\partial\mu_{X_2}$	$\partial\hat{P}_f/\partial\sigma_{X_1}$	$\partial\hat{P}_f/\partial\sigma_{X_2}$	$\partial\hat{P}_f/\partial\rho_{X_1X_2}$
MCS 1	7.270 (0.037 07)	0.002 622 (0.043 71)	0.002 017 (0.037 90)	0.004 777 (0.057 09)	0.005 978 (0.039 47)	0.002 570 (0.057 63)
MCS 2	7.270 (0.037 07)	0.002 758 (0.039 31)	0.002 091 (0.043 31)	0.005 066 (0.026 58)	0.006 170 (0.044 59)	0.002 710 (0.063 19)

注：MCS 1 表示相关正态变量情况下的可靠性及可靠性局部灵敏度分析的 Monte Carlo 直接法，MCS 2 表示相关正态变量情况下的可靠性及可靠性局部灵敏度分析的 Monte Carlo 转换法，以下相同。

表 3-8　算例 3.2 Monte Carlo 直接法参考程序

```
clear;
clc;
format long;
miu=[0.85 0];
sigma=[1/3 1];
C=[(1/3)^2 0.4*1/3; 0.4*1/3 1];%协方差阵
[A,lamd]=eig(C);%求协方差矩阵的特征向量和特征值
[m,n,v]=find(lamd);
lamd=v';
miuy=[0,0];%独立变量的均值
sigmay=sqrt(lamd);%独立变量的方差
N=10^6;
y1=normrnd(miuy(1),sigmay(1),1,N);
y2=normrnd(miuy(2),sigmay(2),1,N);
y=[y1;y2];
miux=miu'*ones(1,N);
x=A*y+miux;%将独立的随机变量转换为相关变量
%失效概率估计值
g1=2-x(2,:)+exp(-0.1*x(1,:).^2)+(0.2*x(1,:)).^4;
g2=4.5-x(1,:).*x(2,:);
g=max(g1,g2);  %%功能函数值
I=g<=zeros(1,N);
m=nnz(I);
pf=m/N
%求解均值的灵敏度
C1=inv(C);
dpdu=I*(C1'*(x-miux))'/N
%求协方差阵的一般表达式
syms sigma1 sigma2 row12;
Cx=[sigma1^2 row12*sigma1*sigma2; row12*sigma1*sigma2 sigma2^2];%协方差矩阵
C2=inv(Cx);  %协方差阵的逆矩阵
dC2dsigma=[diff(C2,sigma1) diff(C2,sigma2)];%协方差阵关于标准差的偏导数
D=det(Cx);    %Cx的行列式
dDdsigma=[diff(D,sigma1) diff(D,sigma2)];%协方差矩阵的行列式关于方差的导数
dC2drow=[diff(C2,row12)];   %协方差矩阵关于相关系数的导数
dDdrow=[diff(D,row12)];     %协方差矩阵的行列式对相关系数的导数
%求关于方差的灵敏度
S=subs(dC2dsigma,{sigma1,sigma2,row12},{1/3 1 0.4});
T=subs(dDdsigma/D,{sigma1,sigma2,row12},{1/3 1 0.4});
t1=sum(((x-miux)'*S(:,1:2))'.*(x-miux));
t2=sum(((x-miux)'*S(:,3:4))'.*(x-miux));
```

```
t=[(t1+T(1))' (t2+T(2))'];
dpdsigma=-(0.5*I*t)/N
%求解关于相关系数的灵敏度
A=subs(dC2drow,{sigma1,sigma2,row12},{1/3 1 0.4});
B=subs(dDdrow/D,{sigma1,sigma2,row12},{1/3 1 0.4});
s1=sum(((x-miux)'*A)'.*(x-miux));
s=(s1+B)';
dpdrow=-(0.5*I*s)/N
```

表 3-9　算例 3.2 Monte Carlo 转换法参考程序

```
clear;
clc;
format long;
miu=[0.85 0];
sigma=[1/3 1];
C=[(1/3)^2 0.4*1/3;0.4*1/3 1];%协方差阵
[A,lamd]=eig(C);      %求协方差阵的特征值和特征向量
[m,n,v]=find(lamd);   %找到 lamd 中的非零向量
lamd=v';
miuy=[0 0];%独立变量的均值
sigmay=sqrt(lamd);%独立变量的标准差
%生成独立的随机数
N=10^6;
miux=miu'*ones(1,N);
g1=@(x) 2-x(2,:)+exp(-0.1*x(1,:).^2)+(0.2*x(1,:)).^4;
g2=@(x) 4.5-x(1,:).*x(2,:);
g1y=@(y) g1(A*y+miux);
g2y=@(y) g2(A*y+miux);
y1=normrnd(0,sigmay(1),1,N);y2=normrnd(0,sigmay(2),1,N);
%失效概率估计值
y=[y1;y2];
G1y=g1y(y); G2y=g2y(y);
Gy=max(G1y,G2y);
I=Gy<=zeros(1,N);
m=nnz(I);
pf=m/N
%%%%%%%%%%%%%%%%%%独立标准正态空间内
sigmay=sigmay'*ones(1,N);
dpdu=I*(y./(sigmay).^2)'/N;    %关于均值的灵敏度
dpdsigma=(I*(((y./sigmay).^2-1)./sigmay)')/N;    %关于标准差的灵敏度
%关于相关系数的灵敏度
syms sigma1 sigma2 row12;
```

```
Cy=[sigma1^2 row12 * sigma1 * sigma2; row12 * sigma1 * sigma2 sigma2^2];
%协方差矩阵的一般表达式
C1=inv(Cy);
dC1drow=diff(C1,row12);  %协方差矩阵关于相关系数的导数
D=det(Cy);
dDdrow=diff(D,row12);  %协方差阵的行列式关于相关系数的导数
dC1=subs(dC1drow,{sigma1,sigma2,row12},{0.3026,1.0097,0});
dD=subs(dDdrow/D,{sigma1,sigma2,row12},{0.3026,1.0097,0});
s1=sum((y' * dC1)'.* y);
t=(s1+dD)';
dpdrow=-(1/2 * I * t)/N;
% %%%%%%转换到原变量空间
B=A';  dim=length(miu);
for s=1:dim
dpdux(:,s)=dpdu * B(:,s);  %关于均值的可靠性局部灵敏度
end
row=0.4;
for s=1:dim
dsydsx1(s,:)=(B(s,1)^2 * sigmay(s)+B(s,1) * B(s,2) * row * sigma(2))/sigmay(s);
dsydsx2(s,:)=(B(s,2)^2 * sigmay(s)+B(s,2) * B(s,1) * row * sigma(1))/sigmay(s);
end
drydsx1=(2 * B(1,1) * B(2,1) * sigma(1)+B(1,1) * B(2,2) * row * sigma(2))/(sigmay(1) * sigmay
(2));
drydsx2=(2 * B(1,2) * B(2,2) * sigma(2)+B(1,2) * B(2,1) * row * sigma(1))/(sigmay(1) * sigmay
(2));
%关于标准差的可靠性局部灵敏度
dpdsx(:,1)=dpdsigma * dsydsx1+dpdrow * drydsx1;
dpdsx(:,2)=dpdsigma * dsydsx2+dpdrow * drydsx2;
dsydrow=[B(1,1) * B(1,2) * sigma(1) * sigma(2)/(2 * sigmay(1)) B(2,1) * B(2,2) * sigma(1) * sig-
ma(2)/(2 * sigmay(2))];
drydrx=B(1,1) * B(2,2) * sigma(1) * sigma(2)/(sigmay(1) * sigmay(2));
dpdrx=dpdsigma * dsydrow'+dpdrow * drydrx     %关于变异系数的可靠性局部灵敏度
```

算例 3.3　如图 3-2 所示的框架，四个失效模式对应的功能函数分别为

$$g_1 = 2M_1 + 2M_3 - 4.5S \tag{3-83}$$

$$g_2 = 2M_1 + M_2 + M_3 - 4.5S \tag{3-84}$$

$$g_3 = M_1 + M_2 + 2M_3 - 4.5S \tag{3-85}$$

$$g_4 = M_1 + 2M_2 + M_3 - 4.5S \tag{3-86}$$

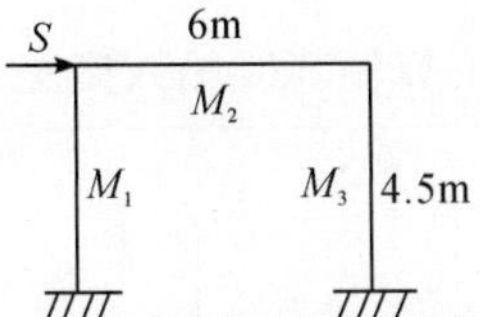

图 3-2　单层单隔弹塑性框架

此系统为串联系统，故系统的功能函数定义为上述四个失效模式的最小值，即 $g=\min\{g_1,g_2,g_3,g_4\}$ 。其中，基本随机变量 $M_i(i=1,2,3)$ 和 S 服从正态分布，其均值与标准差分别为 $\mu_{M_i}=200\text{tm}(i=1,2,3)$ ，$\sigma_{M_i}=40\text{tm}(i=1,2,3)$ ，$\mu_S=80\text{t}$ ，$\sigma_S=25\text{t}$ ，相关系数 $\rho_{M_1M_2}=\rho_{M_2M_3}=0.2$，$\rho_{M_1M_3}=0.3$。表 3－10 给出了两种方法在抽样 4×10^6 次时得到的可靠性及可靠性局部灵敏度计算结果。算法程序参考表 3－8 和表 3－9。

表 3－10　算例 3.3 可靠性及可靠性局部灵敏度计算结果　　单位：10^{-4}

	$\hat{P}_f$	$\partial\hat{P}_f/\partial\mu_{M_1}$	$\partial\hat{P}_f/\partial\mu_{M_2}$	$\partial\hat{P}_f/\partial\mu_{M_3}$	$\partial\hat{P}_f/\partial\mu_S$
MCS 1	69.93 (0.005 96)	−1.951 (0.008 34)	−0.870 0 (0.016 44)	−1.932 (0.008 33)	5.355 (0.006 42)
MCS 2	69.39 (0.005 98)	−1.918 (0.008 02)	−8.924 (0.017 88)	−1.912 (0.008 05)	5.309 (0.006 44)
	$\partial\hat{P}_f/\partial\sigma_{M_1}$	$\partial\hat{P}_f/\partial\sigma_{M_2}$	$\partial\hat{P}_f/\partial\sigma_{M_3}$	$\partial\hat{P}_f/\partial\sigma_S$	$\partial\hat{P}_f/\partial\rho_{M_1M_2}$
MCS 1	2.994 (0.011 87)	1.579 (0.018 30)	2.863 (0.012 04)	9.097 (0.008 20)	8.190 (0.048 07)
MCS 2	2.885 (0.006 74)	1.635 (0.013 21)	2.866 (0.006 78)	8.985 (0.008 19)	8.544 (0.055 24)
	$\partial\hat{P}_f/\partial\rho_{M_1M_3}$	$\partial\hat{P}_f/\partial\rho_{M_2M_3}$	$\partial\hat{P}_f/\partial\rho_{M_1S}$	$\partial\hat{P}_f/\partial\rho_{M_2S}$	$\partial\hat{P}_f/\partial\rho_{M_3S}$
MCS 1	38.79 (0.011 33)	8.629 (0.045 06)	−64.81 (0.009 11)	−31.99 (0.017 40)	−64.37 (0.009 10)
MCS 2	37.05 (0.013 14)	8.696 (0.054 28)	−63.84 (0.008 99)	−32.66 (0.018 04)	−63.71 (0.009 01)

算例 3.4　如图 3－3 所示的超静定桁架，输入随机变量服从正态分布，其分布参数见表 3－11。相关系数 $\rho_{R_1R_2}=\rho_{R_1R_3}=\rho_{R_2R_3}=0.2$，$\rho_{FP}=0.05$。考虑五个主要失效模式，它们的功能函数分别为

$$g_1=R_2+\sqrt{2}R_3/2-P \tag{3-87}$$

$$g_2=R_1+\sqrt{2}R_3/2-P-F \tag{3-88}$$

$$g_3=2R_1-P \tag{3-89}$$

$$g_4=\sqrt{2}R_3-P \tag{3-90}$$

$$g_5=R_1+R_2-P+F \tag{3-91}$$

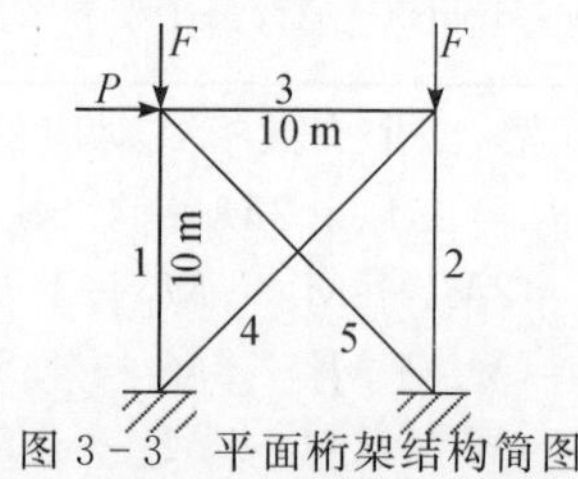

图 3－3　平面桁架结构简图

表 3－11　算例 3.4 输入变量的分布参数

	R_1/kN	R_2/kN	R_3/kN	F/kN	P/kN
均值	137.2	98.0	196.0	29.4	127.4
变异系数	0.15	0.15	0.15	0.15	0.3

此系统为串联系统，故系统的功能函数定义为上述五个失效模式中的最小值，即 $g=\min\{g_1,g_2,g_3,g_4,g_5\}$。表 3-12 给出了两种方法在抽样 4×10^6 次时的可靠性及可靠性局部灵敏度估算结果。算法程序参考表 3-8 和表 3-9。

表 3-12　算例 3.4 可靠性及可靠性局部灵敏度计算结果　　　**单位：10^{-4}**

	$\hat{P}_f$	$\partial\hat{P}_f/\partial\mu_{R_1}$	$\partial\hat{P}_f/\partial\mu_{R_2}$	$\partial\hat{P}_f/\partial\mu_{R_3}$	$\partial\hat{P}_f/\partial\mu_F$	$\partial\hat{P}_f/\partial\mu_P$	$\partial\hat{P}_f/\partial\sigma_{R_1}$
MCS 1	164.4 (0.003 87)	−5.088 (0.009 06)	−4.173 (0.012 62)	−5.392 (0.006 05)	2.332 (0.063 32)	8.470 (0.004 10)	8.984 (0.010 25)
MCS 2	164.3 (0.003 87)	−5.113 (0.008 52)	−4.138 (0.012 82)	−5.405 (0.006 48)	2.564 (0.057 62)	8.451 (0.004 11)	8.866 (0.008 30)

	$\partial\hat{P}_f/\partial\sigma_{R_2}$	$\partial\hat{P}_f/\partial\sigma_{R_3}$	$\partial\hat{P}_f/\partial\sigma_F$	$\partial\hat{P}_f/\partial\sigma_P$	$\partial\hat{P}_f/\partial\rho_{R_1R_2}$	$\partial\hat{P}_f/\partial\rho_{R_1R_3}$	$\partial\hat{P}_f/\partial\rho_{R_1F}$
MCS 1	4.771 (0.018 39)	7.099 (0.009 07)	1.242 (0.171 11)	14.38 (0.005 04)	−10.20 (0.052 27)	10.80 (0.057 89)	−6.920 (0.069 77)
MCS 2	4.796 (0.016 04)	7.108 (0.008 72)	1.370 (0.155 49)	14.36 (0.005 05)	−10.21 (0.052 41)	12.22 (0.057 51)	−7.548 (0.059 96)

	$\partial\hat{P}_f/\partial\rho_{R_1P}$	$\partial\hat{P}_f/\partial\rho_{R_2R_3}$	$\partial\hat{P}_f/\partial\rho_{R_2F}$	$\partial\hat{P}_f/\partial\rho_{R_2P}$	$\partial\hat{P}_f/\partial\rho_{R_3F}$	$\partial\hat{P}_f/\partial\rho_{R_3P}$	$\partial\hat{P}_f/\partial\rho_{FP}$
MCS 1	−82.79 (0.010 43)	25.99 (0.021 25)	2.962 (0.132 24)	−57.19 (0.013 49)	−5.821 (0.083 50)	−134.00 (0.006 38)	8.224 (0.082 23)
MCS 2	−82.87 (0.010 05)	26.05 (0.023 25)	2.711 (0.145 58)	−56.48 (0.013 75)	−6.318 (0.083 00)	−134.17 (0.006 65)	8.925 (0.075 82)

从算例 3.2～算例 3.4 的失效概率和可靠性局部灵敏度估计的结果可以看出，在相关正态变量情况下对结构进行可靠性及可靠性局部灵敏度分析时，本章所讨论的基于 Monte Carlo 直接法和转换法的可靠性及可靠性局部灵敏度分析方法是两种稳健、准确的分析方法。

3.5　本章小结

基于 Monte Carlo 模拟的可靠性及可靠性局部灵敏度分析方法思路简单、易于实现、结果稳健准确、应用广泛，可以解决工程中具有非线性隐式功能函数及非正态变量的复杂可靠性及可靠性局部灵敏度分析问题。Monte Carlo 数字模拟方法的根本依据就是概率论中的大数定律，它需要大量的样本模拟才可能得到稳健的解。在工程应用中，结构的失效概率往往都很小，为了保证计算精度，要求抽样模拟的次数取得很大，其所需要的计算量往往是工程问题无法接受的。因此 Monte Carlo 法在实际工程问题中较少采用，但是在理论研究方面，常常将 Monte Carlo 法的解作为一种检验其他新方法的标准解。

参考文献

[1]　吕震宙，宋述芳，李洪双，等. 结构/机构可靠性及可靠性局部灵敏度分析[M]. 北京：科学出版社，2009.

[2]　熊光楞，肖田元，张燕云. 连续系统仿真与离散事件系统仿真[M]. 北京：清华大学出版社，2003.

[3] LOHR S L. Sampling: Design and analysis[M]. Arizona State: Duxbury Press, 1999.
[4] 赵选民，徐伟，师义民，等. 数理统计[M]. 北京:科学出版社，2003.
[5] MARSAGLIA G, BRAY T A. One-line random number generators and their use in combinations[J]. Communications of the Acm Cacm Homepage, 1968, 3(11): 757 - 759.
[6] STEIN M. Large sample properties of simulations using Latin hypercube sampling [J]. Technometrics, 1987, 29(2): 143 - 151.
[7] BURHENNE S, JACOB D, HENZE G P. Sampling based on Sobol' sequences for Monte Carlo techniques applied to building simulation[C]. Proceedings of Building Simulation 2011:12th Conference of International Building Performance Simulation Association, Sydney, November 14 - 16, 2011: 1816 - 1823.
[8] LEBRUN R, DUTFOY A. A generalization of the Nataf transformation to distributions with elliptical copula[J]. Probabilistic Engineering Mechanics, 2009, 24(2): 172 - 178.

第4章　重要抽样法

对工程中常见的小失效概率问题，Monte Carlo 法必须抽取大量的样本才能得到收敛的结果，抽样效率极低。因此研究人员提出了改进的数字模拟法，重要抽样法就是其中最常见的一种。重要抽样法由于其抽样效率高且计算方差小而得到了广泛的应用，本章将着重介绍重要抽样法进行可靠性及可靠性局部灵敏度分析的基本原理及实现过程。

4.1　基于设计点的重要抽样法

重要抽样法的基本思路为：通过采用重要抽样密度函数代替原来的抽样密度函数，使得样本落入失效域的概率增加，以此来获得高的抽样效率和快的收敛速度。重要抽样密度函数选取的基本原则是：使得对失效概率贡献大的样本以较大的概率出现，这样可以减小估计值的方差。

4.1.1　重要抽样可靠性分析

1. 重要抽样可靠性分析的基本原理和公式

重要抽样法通过引入重要抽样密度函数 $h_{\boldsymbol{X}}(\boldsymbol{x})$ 将求解失效概率的积分式转换为以 $h_{\boldsymbol{X}}(\boldsymbol{x})$ 为密度函数的数学期望的形式，即

$$\begin{aligned}P_f &= \int_{R^n} I_F(\boldsymbol{x}) f_{\boldsymbol{X}}(\boldsymbol{x}) \mathrm{d}\boldsymbol{x} = \int_{R^n} I_F(\boldsymbol{x}) \frac{f_{\boldsymbol{X}}(\boldsymbol{x})}{h_{\boldsymbol{X}}(\boldsymbol{x})} h_{\boldsymbol{X}}(\boldsymbol{x}) \mathrm{d}\boldsymbol{x} \\ &= E\left[I_F(\boldsymbol{x}) \frac{f_{\boldsymbol{X}}(\boldsymbol{x})}{h_{\boldsymbol{X}}(\boldsymbol{x})}\right]\end{aligned} \tag{4-1}$$

其中 $f_{\boldsymbol{X}}(\boldsymbol{x})$ 为输入变量 $\boldsymbol{X}=\{X_1, X_2, \cdots, X_n\}^{\mathrm{T}}$ 的联合概率密度函数。

根据重要抽样密度函数 $h_{\boldsymbol{X}}(\boldsymbol{x})$ 抽取输入变量 $\boldsymbol{X}$ 的 N 个样本 $\{\boldsymbol{x}_1, \boldsymbol{x}_2, \cdots, \boldsymbol{x}_N\}^{\mathrm{T}}$，则失效概率的估计值 $\hat{P}_f$ 为

$$\hat{P}_f = \frac{1}{N}\sum_{j=1}^{N}\left[I_F(\boldsymbol{x}_j) \frac{f_{\boldsymbol{X}}(\boldsymbol{x}_j)}{h_{\boldsymbol{X}}(\boldsymbol{x}_j)}\right] \tag{4-2}$$

2. 重要抽样法求解失效概率的收敛性分析[1]

对式(4-2)两边求数学期望，由于样本 $\boldsymbol{x}_j(j=1,2,\cdots,N)$ 和母体独立同分布，且样本均值可以用来近似母体均值，可得失效概率估计值 $\hat{P}_f$ 的期望 $E[\hat{P}_f]$ 以及期望的估计值为

$$\begin{aligned}E[\hat{P}_f] &= E\left\{\frac{1}{N}\sum_{j=1}^{N}\left[I_F(\boldsymbol{x}_j) \frac{f_{\boldsymbol{X}}(\boldsymbol{x}_j)}{h_{\boldsymbol{X}}(\boldsymbol{x}_j)}\right]\right\} = E\left[I_F(\boldsymbol{x}) \frac{f_{\boldsymbol{X}}(\boldsymbol{x})}{h_{\boldsymbol{X}}(\boldsymbol{x})}\right] = P_f \\ &\approx \frac{1}{N}\sum_{j=1}^{N}\left[I_F(\boldsymbol{x}_j) \frac{f_{\boldsymbol{X}}(\boldsymbol{x}_j)}{h_{\boldsymbol{X}}(\boldsymbol{x}_j)}\right] = \hat{P}_f\end{aligned} \tag{4-3}$$

式(4-3)表明重要抽样法求得的失效概率估计值为失效概率的无偏估计，且 $E[\hat{P}_f]$ 在模拟过程中可以用 $\hat{P}_f$ 来估计。

对式(4-2)两边求方差，由于样本 $\boldsymbol{x}_j(j=1,2,\cdots,N)$ 和母体独立同分布，且样本方差可以用来近似母体方差，可得失效概率估计值 $\hat{P}_f$ 的方差 $\mathrm{Var}[\hat{P}_f]$ 及方差的估计值为

$$\begin{aligned}
\mathrm{Var}[\hat{P}_f] &= \mathrm{Var}\left[\frac{1}{N}\sum_{j=1}^{N} I_F(\boldsymbol{x}_j)\frac{f_{\boldsymbol{X}}(\boldsymbol{x}_j)}{h_{\boldsymbol{X}}(\boldsymbol{x}_j)}\right] = \frac{1}{N^2}\sum_{j=1}^{N}\mathrm{Var}\left[I_F(\boldsymbol{x}_j)\frac{f_{\boldsymbol{X}}(\boldsymbol{x}_j)}{h_{\boldsymbol{X}}(\boldsymbol{x}_j)}\right] \\
&= \frac{1}{N}\mathrm{Var}\left[I_F(\boldsymbol{x}_j)\frac{f_{\boldsymbol{X}}(\boldsymbol{x}_j)}{h_{\boldsymbol{X}}(\boldsymbol{x}_j)}\right] = \frac{1}{N}\mathrm{Var}\left[I_F(\boldsymbol{x})\frac{f_{\boldsymbol{X}}(\boldsymbol{x})}{h_{\boldsymbol{X}}(\boldsymbol{x})}\right] \\
&\approx \frac{1}{N-1}\left\{\frac{1}{N}\sum_{j=1}^{N}\left[I_F(\boldsymbol{x}_j)\frac{f_{\boldsymbol{X}}(\boldsymbol{x}_j)}{h_{\boldsymbol{X}}(\boldsymbol{x}_j)}\right]^2 - \left[\frac{1}{N}\sum_{j=1}^{N} I_F(\boldsymbol{x}_j)\frac{f_{\boldsymbol{X}}(\boldsymbol{x}_j)}{h_{\boldsymbol{X}}(\boldsymbol{x}_j)}\right]^2\right\} \\
&= \frac{1}{N-1}\left\{\frac{1}{N}\sum_{j=1}^{N}\left[I_F(\boldsymbol{x}_j)\frac{f_{\boldsymbol{X}}^2(\boldsymbol{x}_j)}{h_{\boldsymbol{X}}^2(\boldsymbol{x}_j)}\right] - \hat{P}_f^2\right\}
\end{aligned} \tag{4-4}$$

求得失效概率估计值的期望和方差后，可求得失效概率估计值的变异系数 $\mathrm{Cov}[\hat{P}_f]$ 为

$$\mathrm{Cov}[\hat{P}_f] = \sqrt{\mathrm{Var}[\hat{P}_f]}/E[\hat{P}_f] \tag{4-5}$$

3. 最优重要抽样密度函数

若取重要抽样密度函数为

$$h_{\boldsymbol{X}}^{\mathrm{opt}}(\boldsymbol{x}) = \frac{I_F(\boldsymbol{x}) f_{\boldsymbol{X}}(\boldsymbol{x})}{P_f} \tag{4-6}$$

将式(4-6)所示的 $h_{\boldsymbol{X}}^{\mathrm{opt}}(\boldsymbol{x})$ 代入式(4-4)可得重要抽样失效概率估计值的方差 $\mathrm{Var}[\hat{P}_f]=0$，因此 $h_{\boldsymbol{X}}^{\mathrm{opt}}(\boldsymbol{x})$ 是最优的重要抽样密度函数。

显然，最优重要抽样密度函数 $h_{\boldsymbol{X}}^{\mathrm{opt}}(\boldsymbol{x})$ 与待求解的失效概率 P_f 有关，因此在实际应用中，最优重要抽样密度函数是不可能预先得到的。由于设计点是失效域中对失效概率贡献最大的点，因此一般选择密度中心在设计点的密度函数作为重要抽样密度函数，从而使得按重要抽样密度函数抽取的样本点有较大的比率落在对失效概率贡献较大的区域，进而使得基于重要抽样密度函数的数字模拟法的失效概率结果较快地收敛于真值。二维独立标准正态空间中原概率密度函数 $f_{\boldsymbol{X}}(\boldsymbol{x})$ 与重要抽样密度函数 $h_{\boldsymbol{X}}(\boldsymbol{x})$ 的等密度线的对比如图 4-1 所示。

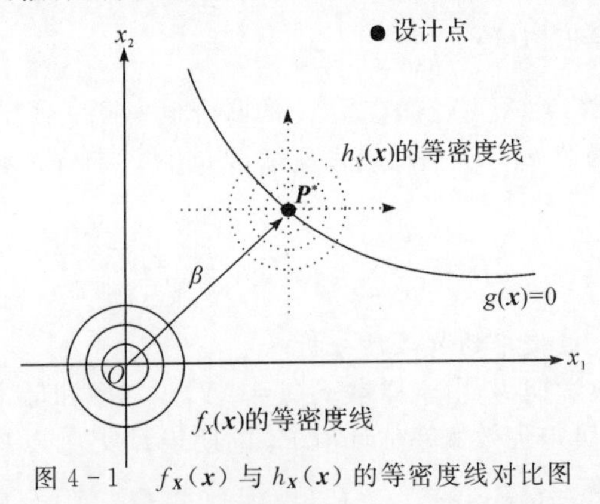

图 4-1　$f_{\boldsymbol{X}}(\boldsymbol{x})$ 与 $h_{\boldsymbol{X}}(\boldsymbol{x})$ 的等密度线对比图

4. 重要抽样法求解失效概率的步骤

(1) 利用 AFOSM 方法或者其他优化算法计算功能函数的设计点 $\boldsymbol{x}^*$。

(2) 以设计点 $\boldsymbol{x}^*$ 为抽样中心构造重要抽样密度函数 $h_{\boldsymbol{X}}(\boldsymbol{x})$，并根据 $h_{\boldsymbol{X}}(\boldsymbol{x})$ 产生输入变量

$\boldsymbol{X}$ 的 N 个样本 $\{\boldsymbol{x}_1,\boldsymbol{x}_2,\cdots,\boldsymbol{x}_N\}^{\mathrm{T}}$ 。

(3) 将输入变量的样本 $\boldsymbol{x}_j(j=1,2,\cdots,N)$ 代入功能函数，根据指示函数在样本点处的值 $I_F(\boldsymbol{x}_j)$ ，对 $f_{\boldsymbol{X}}(\boldsymbol{x}_j)/h_{\boldsymbol{X}}(\boldsymbol{x}_j)$ 和 $[f_{\boldsymbol{X}}(\boldsymbol{x}_j)/h_{\boldsymbol{X}}(\boldsymbol{x}_j)]^2$ 进行累加。

(4) 由式(4－2)求得失效概率的估计值 $\hat{P}_f$ ，并由式(4－3)～式(4－5)求得失效概率估计值的均值、方差和变异系数。

重要抽样法求解失效概率的流程图如图4－2所示。

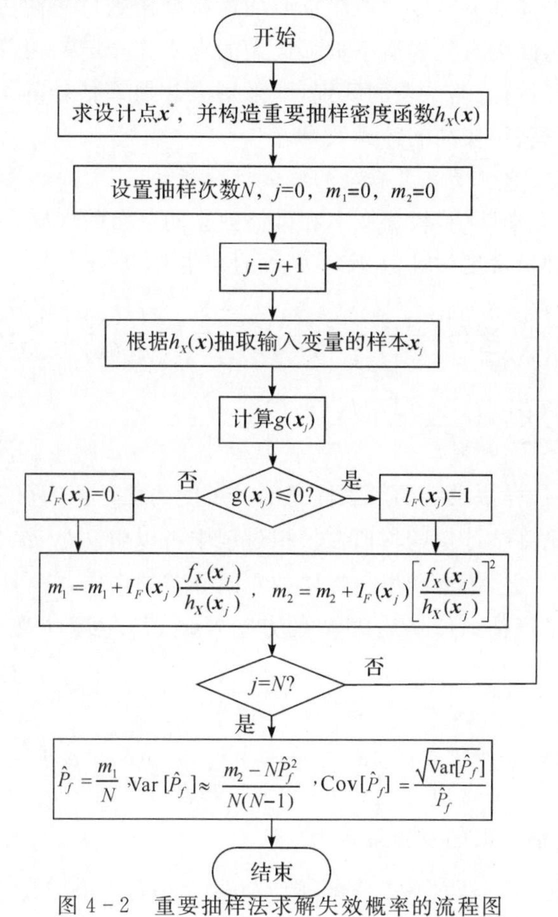

图4－2　重要抽样法求解失效概率的流程图

与 Monte Carlo 法相比，重要抽样法作为一种改进的数字模拟法，其对于功能函数的形式、个数、变量的维数及其分布形式均无特殊要求，通过将抽样中心转移至设计点，使更多的样本落入到失效域，提高了抽样效率，但是重要抽样密度函数的确定依赖于设计点的计算。

4.1.2　重要抽样可靠性局部灵敏度分析

1. 重要抽样可靠性局部灵敏度分析的基本原理和公式

重要抽样法通过引入重要抽样密度函数 $h_{\boldsymbol{X}}(\boldsymbol{x})$ 将求解可靠性局部灵敏度的积分式转换为

$$\begin{aligned}\frac{\partial P_f}{\partial\theta_{X_i}^{(k)}}&=\int_{R^n}I_F(\boldsymbol{x})\frac{\partial f_{\boldsymbol{X}}(\boldsymbol{x})}{\partial\theta_{X_i}^{(k)}}\mathrm{d}\boldsymbol{x}=\int_{R^n}I_F(\boldsymbol{x})\frac{\partial f_{\boldsymbol{X}}(\boldsymbol{x})}{\partial\theta_{X_i}^{(k)}}\frac{1}{h_{\boldsymbol{X}}(\boldsymbol{x})}h_{\boldsymbol{X}}(\boldsymbol{x})\mathrm{d}\boldsymbol{x}\\&=E\left[\frac{I_F(\boldsymbol{x})}{h_{\boldsymbol{X}}(\boldsymbol{x})}\cdot\frac{\partial f_{\boldsymbol{X}}(\boldsymbol{x})}{\partial\theta_{X_i}^{(k)}}\right]\end{aligned}\tag{4-7}$$

其中 $\theta_{X_i}^{(k)}$ 是输入变量 X_i 的第 k 个参数。

由重要抽样密度函数 $h_{\boldsymbol{X}}(\boldsymbol{x})$ 抽取输入变量 $\boldsymbol{X}$ 的 N 个样本 $\{\boldsymbol{x}_1,\boldsymbol{x}_2,\cdots,\boldsymbol{x}_N\}^{\mathrm{T}}$，则可靠性局部灵敏度的估计值 $\partial\hat{P}_f/\partial\theta_{X_i}^{(k)}$ 为

$$\frac{\partial\hat{P}_f}{\partial\theta_{X_i}^{(k)}}=\frac{1}{N}\sum_{j=1}^{N}\left[\frac{I_F(\boldsymbol{x}_j)}{h_{\boldsymbol{X}}(\boldsymbol{x}_j)}\cdot\frac{\partial f_{\boldsymbol{X}}(\boldsymbol{x}_j)}{\partial\theta_{X_i}^{(k)}}\right] \tag{4-8}$$

理论上，求解可靠性局部灵敏度的最优重要抽样密度函数与求解失效概率的最优重要抽样密度函数是有差异的，因为对失效概率贡献最大的点不完全与对可靠性局部灵敏度贡献最大的点重合。粗略分析时可忽略二者的区别，即采用失效概率估计的重要抽样函数来估算可靠性局部灵敏度，也可以获得较高的计算效率。

2. 重要抽样法求解可靠性局部灵敏度的收敛性分析

对式(4-8)两边求数学期望，根据样本和母体独立同分布的性质，且利用样本均值代替母体均值，可得可靠性局部灵敏度估计值 $\partial\hat{P}_f/\partial\theta_{X_i}^{(k)}$ 的期望 $E[\partial\hat{P}_f/\partial\theta_{X_i}^{(k)}]$ 及期望的估计值

$$\begin{aligned}E\left[\frac{\partial\hat{P}_f}{\partial\theta_{X_i}^{(k)}}\right]&=E\left[\frac{1}{N}\sum_{j=1}^{N}\left(\frac{I_F(\boldsymbol{x}_j)}{h_{\boldsymbol{X}}(\boldsymbol{x}_j)}\cdot\frac{\partial f_{\boldsymbol{X}}(\boldsymbol{x}_j)}{\partial\theta_{X_i}^{(k)}}\right)\right]=E\left[\frac{I_F(\boldsymbol{x})}{h_{\boldsymbol{X}}(\boldsymbol{x})}\cdot\frac{\partial f_{\boldsymbol{X}}(\boldsymbol{x})}{\partial\theta_{X_i}^{(k)}}\right]=\frac{\partial P_f}{\partial\theta_{X_i}^{(k)}}\\&\approx\frac{1}{N}\sum_{j=1}^{N}\left[\frac{I_F(\boldsymbol{x}_j)}{h_{\boldsymbol{X}}(\boldsymbol{x}_j)}\cdot\frac{\partial f_{\boldsymbol{X}}(\boldsymbol{x}_j)}{\partial\theta_{X_i}^{(k)}}\right]=\frac{\partial\hat{P}_f}{\partial\theta_{X_i}^{(k)}}\end{aligned} \tag{4-9}$$

式(4-9)表明重要抽样法求得的可靠性局部灵敏度的估计值为可靠性局部灵敏度的无偏估计，且可靠性局部灵敏度估计值的均值在模拟过程中可以由 $\partial\hat{P}_f/\partial\theta_{X_i}^{(k)}$ 近似。

对式(4-8)两边求方差，依据样本与母体独立同分布的性质，并利用样本方差代替母体方差，可得可靠性局部灵敏度估计值 $\partial\hat{P}_f/\partial\theta_{X_i}^{(k)}$ 的方差 $\mathrm{Var}[\partial\hat{P}_f/\partial\theta_{X_i}^{(k)}]$ 及方差的估计值为

$$\begin{aligned}\mathrm{Var}\left[\frac{\partial\hat{P}_f}{\partial\theta_{X_i}^{(k)}}\right]&=\mathrm{Var}\left[\frac{1}{N}\sum_{j=1}^{N}\left(\frac{I_F(\boldsymbol{x}_j)}{h_{\boldsymbol{X}}(\boldsymbol{x}_j)}\cdot\frac{\partial f_{\boldsymbol{X}}(\boldsymbol{x}_j)}{\partial\theta_{X_i}^{(k)}}\right)\right]=\frac{1}{N}\mathrm{Var}\left[\frac{I_F(\boldsymbol{x})}{h_{\boldsymbol{X}}(\boldsymbol{x})}\cdot\frac{\partial f_{\boldsymbol{X}}(\boldsymbol{x})}{\partial\theta_{X_i}^{(k)}}\right]\\&\approx\frac{1}{N-1}\left[\frac{1}{N}\sum_{j=1}^{N}\left(\frac{I_F(\boldsymbol{x}_j)}{h_{\boldsymbol{X}}(\boldsymbol{x}_j)}\frac{\partial f_{\boldsymbol{X}}(\boldsymbol{x}_j)}{\partial\theta_{X_i}^{(k)}}\right)^2-\left(\frac{\partial\hat{P}_f}{\partial\theta_{X_i}^{(k)}}\right)^2\right]\end{aligned} \tag{4-10}$$

可靠性局部灵敏度估计值的变异系数为

$$\mathrm{Cov}[\partial\hat{P}_f/\partial\theta_{X_i}^{(k)}]=\sqrt{\mathrm{Var}[\partial\hat{P}_f/\partial\theta_{X_i}^{(k)}]}/|E[\partial\hat{P}_f/\partial\theta_{X_i}^{(k)}]| \tag{4-11}$$

当 n 维输入变量 $\boldsymbol{X}=\{X_1,X_2,\cdots,X_n\}^{\mathrm{T}}$ 服从相互独立的正态分布，即 $X_i\sim N(\mu_{X_i},\sigma_{X_i}^2)$ 时，可靠性局部灵敏度估计值 $\partial\hat{P}_f/\partial\mu_{X_i}$ 和 $\partial\hat{P}_f/\partial\sigma_{X_i}$ 可以分别简化为

$$\frac{\partial\hat{P}_f}{\partial\mu_{X_i}}=\frac{1}{N}\sum_{j=1}^{N}\left[\frac{I_F(\boldsymbol{x}_j)f_{\boldsymbol{X}}(\boldsymbol{x}_j)}{h_{\boldsymbol{X}}(\boldsymbol{x}_j)}\cdot\frac{x_{ji}-\mu_{X_i}}{\sigma_{X_i}^2}\right] \tag{4-12}$$

$$\frac{\partial\hat{P}_f}{\partial\sigma_{X_i}}=\frac{1}{N}\sum_{j=1}^{N}\left\{\frac{I_F(\boldsymbol{x}_j)f_{\boldsymbol{X}}(\boldsymbol{x}_j)}{h_{\boldsymbol{X}}(\boldsymbol{x}_j)}\cdot\frac{1}{\sigma_{X_i}}\cdot\left[\frac{(x_{ji}-\mu_{X_i})^2}{\sigma_{X_i}^2}-1\right]\right\} \tag{4-13}$$

其中 $\boldsymbol{x}_j=\{x_{j1},x_{j2},\cdots,x_{jn}\}$ 为按 $h_{\boldsymbol{X}}(\boldsymbol{x})$ 抽取的 N 个样本中的第 j 个样本点，x_{ji} 为第 j 个样本的第 i 维分量。

3. 重要抽样法求解可靠性局部灵敏度的步骤

(1)利用 AFOSM 方法或者其他优化算法计算功能函数的设计点 $\boldsymbol{x}^*$。

(2)以设计点 $\boldsymbol{x}^*$ 为抽样中心构造重要抽样密度函数 $h_{\boldsymbol{X}}(\boldsymbol{x})$，并根据 $h_{\boldsymbol{X}}(\boldsymbol{x})$ 产生输入变量

$\boldsymbol{X}$ 的 N 个样本 $\{\boldsymbol{x}_1,\boldsymbol{x}_2,\cdots,\boldsymbol{x}_N\}^{\mathrm{T}}$ 。

(3)将输入变量的样本 $\boldsymbol{x}_j(j=1,2,\cdots,N)$ 代入功能函数，根据指示函数在 $\boldsymbol{x}_j$ 处的值 $I_F(\boldsymbol{x}_j)$ ，对 $\dfrac{I_F(\boldsymbol{x}_j)}{h_{\boldsymbol{X}}(\boldsymbol{x}_j)}\cdot\dfrac{\partial f_{\boldsymbol{X}}(\boldsymbol{x}_j)}{\partial\theta_{X_i}^{(k)}}$ 和 $\left(\dfrac{I_F(\boldsymbol{x}_j)}{h_{\boldsymbol{X}}(\boldsymbol{x}_j)}\cdot\dfrac{\partial f_{\boldsymbol{X}}(\boldsymbol{x}_j)}{\partial\theta_{X_i}^{(k)}}\right)^2$ 进行累加。

(4)由式(4-8)求得可靠性局部灵敏度的估计值 $\partial\hat{P}_f/\partial\theta_{X_i}^{(k)}$ ，并由式(4-9)～式(4-11)求得可靠性局部灵敏度估计值的均值、方差和变异系数。

重要抽样法求解可靠性局部灵敏度的流程图如图 4-3 所示。

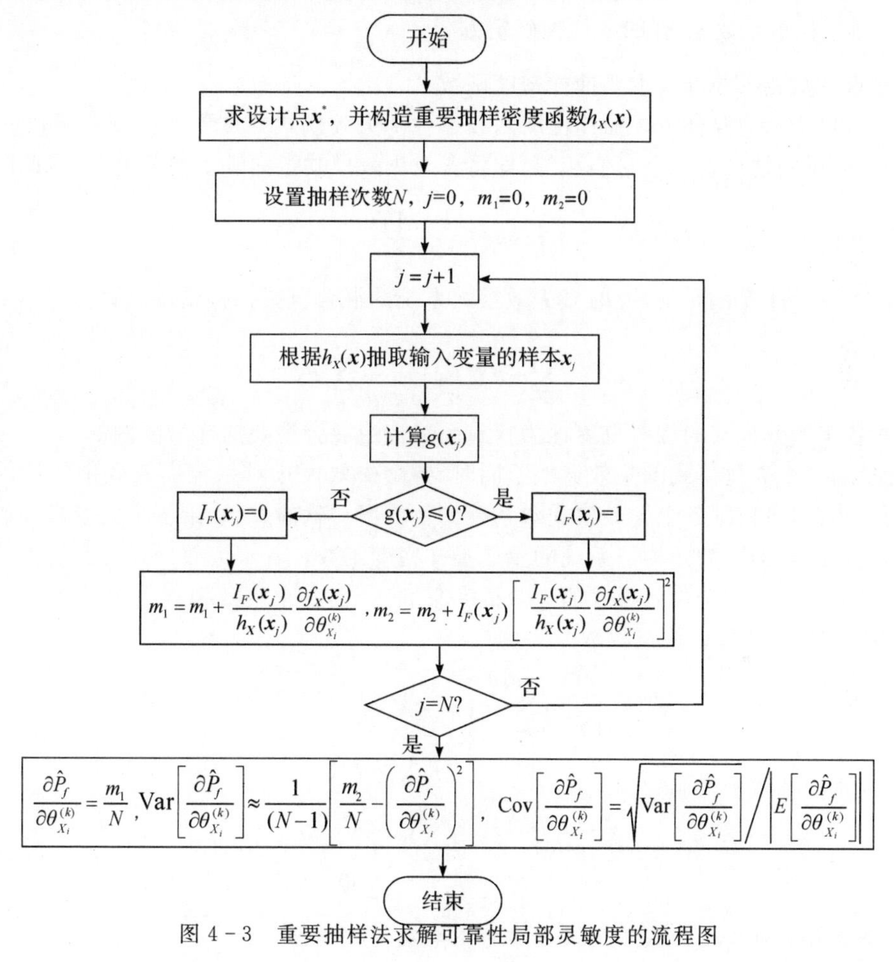

图 4-3　重要抽样法求解可靠性局部灵敏度的流程图

4.1.3　多失效模式情况下的混合重要抽样法

多失效模式情况下的重要抽样法与单失效模式情况的主要区别在于多失效模式情况下多个功能函数具有多个设计点，而单失效模式的重要抽样法通常只考虑一个设计点。多失效模式情况下的混合重要抽样密度函数[2-4]的构造首先要针对每个失效模式构造一个重要抽样密度函数，然后用加权的方法来构造多失效模式情况下的可靠性与可靠性局部灵敏度分析的重要抽样密度函数。

1. 混合重要抽样密度函数的构造

设结构系统的 m 个失效模式对应的功能函数为 $g_k(\boldsymbol{X})(k=1,2,\cdots,m)$ ，相应的设计点和

可靠度指标分别为 $\boldsymbol{x}_k^*$ 和 β_k，则多失效模式系统的重要抽样密度函数 $h_{\boldsymbol{X}}(\boldsymbol{x})$ 为

$$h_{\boldsymbol{X}}(\boldsymbol{x})=\sum_{k=1}^{m}\alpha_k h_{\boldsymbol{X}}^{(k)}(\boldsymbol{x}) \tag{4-14}$$

其中 $h_{\boldsymbol{X}}^{(k)}(\boldsymbol{x})$ 是第 k 个失效模式的重要抽样密度函数，α_k 为 $h_{\boldsymbol{X}}^{(k)}(\boldsymbol{x})$ 在混合重要抽样密度函数中的权数。

为保证加权之后的系统的重要抽样函数 $h_{\boldsymbol{X}}(\boldsymbol{x})$ 为密度函数，即满足 $\int_{R^n}h_{\boldsymbol{X}}(\boldsymbol{x})\mathrm{d}\boldsymbol{x}=1$，则要求 $\sum_{k=1}^{m}\alpha_k=1$。权重系数 α_k 有如下两种确定方式。

(1)权重系数相等的混合重要抽样密度函数

式(4-14)所示的混合重要抽样密度函数中各个失效模式的重要抽样密度函数的权重 α_k 的选择中最简单的情形就是令它们相等，即将各个失效模式按同等重要程度对待，此时有

$$\alpha_k=\frac{1}{m}\qquad(k=1,\cdots,m) \tag{4-15}$$

显然条件 $\sum_{k=1}^{m}\alpha_k=1$ 是满足的，此时多失效模式系统的混合重要抽样密度函数为

$$h_{\boldsymbol{X}}(\boldsymbol{x})=\sum_{k=1}^{m}\alpha_k h_{\boldsymbol{X}}^{(k)}(\boldsymbol{x})=\frac{1}{m}\sum_{k=1}^{m}h_{\boldsymbol{X}}^{(k)}(\boldsymbol{x}) \tag{4-16}$$

(2)以各个失效模式的相对重要性为权重系数构造混合重要抽样密度函数。

实际上当各个失效模式的失效概率不同时，各个失效模式对系统失效概率估计值的贡献是不同的。为此，可依据各个失效模式对系统失效概率贡献的大小，给各个失效模式的重要抽样密度函数以不同的权数来构造系统的重要抽样密度函数。各个失效模式对系统失效概率贡献的大小可近似地由各个失效模式的失效概率来表达，而各个失效模式的失效概率又可以由 $\Phi(-\beta_k)$ 来近似，因此可以构造权数 α_k 为

$$\alpha_k=\frac{\Phi(-\beta_k)}{\sum_{j=1}^{m}\Phi(-\beta_j)}\qquad(k=1,\cdots,m) \tag{4-17}$$

此时系统的重要抽样密度函数为

$$h_{\boldsymbol{X}}(\boldsymbol{x})=\sum_{k=1}^{m}\alpha_k h_{\boldsymbol{X}}^{(k)}(\boldsymbol{x})=\sum_{k=1}^{m}\frac{\Phi(-\beta_k)}{\sum_{j=1}^{m}\Phi(-\beta_j)}h_{\boldsymbol{X}}^{(k)}(\boldsymbol{x}) \tag{4-18}$$

2.混合重要抽样密度函数下失效概率的求解及其收敛性分析

基于混合重要抽样的多失效模式系统的失效概率可以表达为

$$\begin{aligned}P_f&=\int_{R^n}I_F(\boldsymbol{x})\frac{f_{\boldsymbol{X}}(\boldsymbol{x})}{h_{\boldsymbol{X}}(\boldsymbol{x})}h_{\boldsymbol{X}}(\boldsymbol{x})\mathrm{d}\boldsymbol{x}=\int_{R^n}I_F(\boldsymbol{x})\frac{f_{\boldsymbol{X}}(\boldsymbol{x})}{h_{\boldsymbol{X}}(\boldsymbol{x})}\Big(\sum_{k=1}^{m}\alpha_k h_{\boldsymbol{X}}^{(k)}(\boldsymbol{x})\Big)\mathrm{d}\boldsymbol{x}\\&=\sum_{k=1}^{m}\int_{R^n}I_F(\boldsymbol{x})\frac{f_{\boldsymbol{X}}(\boldsymbol{x})}{h_{\boldsymbol{X}}(\boldsymbol{x})}\alpha_k h_{\boldsymbol{X}}^{(k)}(\boldsymbol{x})\mathrm{d}\boldsymbol{x}=\sum_{k=1}^{m}E\left[I_F(\boldsymbol{x})\frac{f_{\boldsymbol{X}}(\boldsymbol{x})}{h_{\boldsymbol{X}}(\boldsymbol{x})}\alpha_k\right]_{h_{\boldsymbol{X}}^{(k)}(\boldsymbol{x})}\end{aligned} \tag{4-19}$$

根据第 k 个失效模式的重要抽样密度函数 $h_{\boldsymbol{X}}^{(k)}(\boldsymbol{x})$ 抽取 N_k 个输入变量的样本 $\{\boldsymbol{x}_1^{(k)},\boldsymbol{x}_2^{(k)},\cdots,\boldsymbol{x}_{N_k}^{(k)}\}^T$，则系统失效概率的估计值 $\hat{P}_f$ 为

$$\hat{P}_f=\sum_{k=1}^{m}\frac{1}{N_k}\sum_{j_k=1}^{N_k}I_F(\boldsymbol{x}_{j_k}^{(k)})\frac{f_{\boldsymbol{X}}(\boldsymbol{x}_{j_k}^{(k)})}{h_{\boldsymbol{X}}(\boldsymbol{x}_{j_k}^{(k)})}\alpha_k \tag{4-20}$$

失效概率估计值 $\hat{P}_f$ 的均值 $E[\hat{P}_f]$、方差 $\mathrm{Var}[\hat{P}_f]$ 和变异系数 $\mathrm{Cov}[\hat{P}_f]$ 分别为

$$E[\hat{P}_f]=E\left[\sum_{k=1}^{m}\frac{1}{N_k}\sum_{j_k=1}^{N_k}I_F(\boldsymbol{x}_{j_k}^{(k)})\frac{f_{\boldsymbol{X}}(\boldsymbol{x}_{j_k}^{(k)})}{h_{\boldsymbol{X}}(\boldsymbol{x}_{j_k}^{(k)})}\alpha_k\right]=E\left[\sum_{k=1}^{m}I_F(\boldsymbol{x})\frac{f_{\boldsymbol{X}}(\boldsymbol{x})}{h_{\boldsymbol{X}}(\boldsymbol{x})}\alpha_k\right]_{h_{\boldsymbol{X}}^{(k)}(\boldsymbol{x})}=P_f$$

$$\approx\sum_{k=1}^{m}\frac{1}{N_k}\sum_{j_k=1}^{N_k}I_F(\boldsymbol{x}_{j_k}^{(k)})\frac{f_{\boldsymbol{X}}(\boldsymbol{x}_{j_k}^{(k)})}{h_{\boldsymbol{X}}(\boldsymbol{x}_{j_k}^{(k)})}\alpha_k=\hat{P}_f \tag{4-21}$$

$$\mathrm{Var}[\hat{P}_f]=\mathrm{Var}\left[\sum_{k=1}^{m}\frac{1}{N_k}\sum_{j_k=1}^{N_k}I_F(\boldsymbol{x}_{j_k}^{(k)})\frac{f_{\boldsymbol{X}}(\boldsymbol{x}_{j_k}^{(k)})}{h_{\boldsymbol{X}}(\boldsymbol{x}_{j_k}^{(k)})}\alpha_k\right]$$

$$\approx\sum_{k=1}^{m}\frac{1}{N_k(N_k-1)}\left\{\sum_{j_k=1}^{N_k}\left(I_F(\boldsymbol{x}_{j_k}^{(k)})\frac{f_{\boldsymbol{X}}(\boldsymbol{x}_{j_k}^{(k)})}{h_{\boldsymbol{X}}(\boldsymbol{x}_{j_k}^{(k)})}\alpha_k\right)^2-N_k\left(\frac{1}{N_k}\sum_{j_k=1}^{N_k}I_F(\boldsymbol{x}_{j_k}^{(k)})\frac{f_{\boldsymbol{X}}(\boldsymbol{x}_{j_k}^{(k)})}{h_{\boldsymbol{X}}(\boldsymbol{x}_{j_k}^{(k)})}\alpha_k\right)^2\right\} \tag{4-22}$$

$$\mathrm{Cov}[\hat{P}_f]=\sqrt{\mathrm{Var}[\hat{P}_f]}/E[\hat{P}_f] \tag{4-23}$$

3. 混合重要抽样失效概率求解的步骤

(1) 用 AFOSM 或其他优化算法求解各个失效模式对应的设计点 $\boldsymbol{x}_k^*$ 和可靠度指标 $\beta_k(k=1,2,\cdots,m)$。

(2) 以各个设计点 $\boldsymbol{x}_k^*$ 为抽样中心，构造各个失效模式的重要抽样密度函数 $h_{\boldsymbol{X}}^{(k)}(\boldsymbol{x})$。

(3) 确定加权系数 α_k，构造系统的混合重要抽样密度函数 $h_{\boldsymbol{X}}(\boldsymbol{x})$。

(4) 按照各个失效模式的重要抽样密度函数进行抽样，并按式(4-20)估计失效概率。

(5) 按式(4-21)～式(4-23)求得失效概率估计值的均值 $E[\hat{P}_f]$、方差 $\mathrm{Var}[\hat{P}_f]$ 和变异系数 $\mathrm{Cov}[\hat{P}_f]$。

混合重要抽样法求解失效概率的流程图如图 4-4 所示。

4. 混合重要抽样可靠性局部灵敏度分析及其收敛性

基于混合抽样的多失效模式系统的可靠性局部灵敏度可以表达为

$$\begin{aligned}\frac{\partial P_f}{\partial\theta_{X_i}^{(k)}}&=\int_{R^n}I_F(\boldsymbol{x})\frac{\partial f_{\boldsymbol{X}}(\boldsymbol{x})}{\partial\theta_{X_i}^{(k)}}\frac{1}{h_{\boldsymbol{X}}(\boldsymbol{x})}h_{\boldsymbol{X}}(\boldsymbol{x})\mathrm{d}\boldsymbol{x}\\&=\int_{R^n}I_F(\boldsymbol{x})\frac{\partial f_{\boldsymbol{X}}(\boldsymbol{x})}{\partial\theta_{X_i}^{(k)}}\frac{1}{h_{\boldsymbol{X}}(\boldsymbol{x})}\left(\sum_{k=1}^{m}\alpha_k h_{\boldsymbol{X}}^{(k)}(\boldsymbol{x})\right)\mathrm{d}\boldsymbol{x}\\&=\sum_{k=1}^{m}\int_{R^n}I_F(\boldsymbol{x})\frac{\partial f_{\boldsymbol{X}}(\boldsymbol{x})}{\partial\theta_{X_i}^{(k)}}\frac{1}{h_{\boldsymbol{X}}(\boldsymbol{x})}\alpha_k h_{\boldsymbol{X}}^{(k)}(\boldsymbol{x})\mathrm{d}\boldsymbol{x}\\&=\sum_{k=1}^{m}E\left[\frac{I_F(\boldsymbol{x})}{h_{\boldsymbol{X}}(\boldsymbol{x})}\cdot\frac{\partial f_{\boldsymbol{X}}(\boldsymbol{x})}{\partial\theta_{X_i}^{(k)}}\alpha_k\right]_{h_{\boldsymbol{X}}^{(k)}(\boldsymbol{x})}\end{aligned} \tag{4-24}$$

根据第 k 个失效模式的重要抽样密度函数 $h_{\boldsymbol{X}}^{(k)}(\boldsymbol{x})$ 抽取 N_k 个输入变量的样本 $\{\boldsymbol{x}_1^{(k)},\boldsymbol{x}_2^{(k)},\cdots,\boldsymbol{x}_{N_k}^{(k)}\}^{\mathrm{T}}$，则系统可靠性局部灵敏度的估计值 $\partial\hat{P}_f/\partial\theta_{X_i}^{(k)}$ 为

$$\frac{\partial\hat{P}_f}{\partial\theta_{X_i}^{(k)}}=\sum_{k=1}^{m}\frac{\alpha_k}{N_k}\sum_{j_k=1}^{N_k}\left(\frac{I_F(\boldsymbol{x}_{j_k}^{(k)})}{h_{\boldsymbol{X}}(\boldsymbol{x}_{j_k}^{(k)})}\cdot\frac{\partial f_{\boldsymbol{X}}(\boldsymbol{x}_{j_k}^{(k)})}{\partial\theta_{X_i}^{(k)}}\right) \tag{4-25}$$

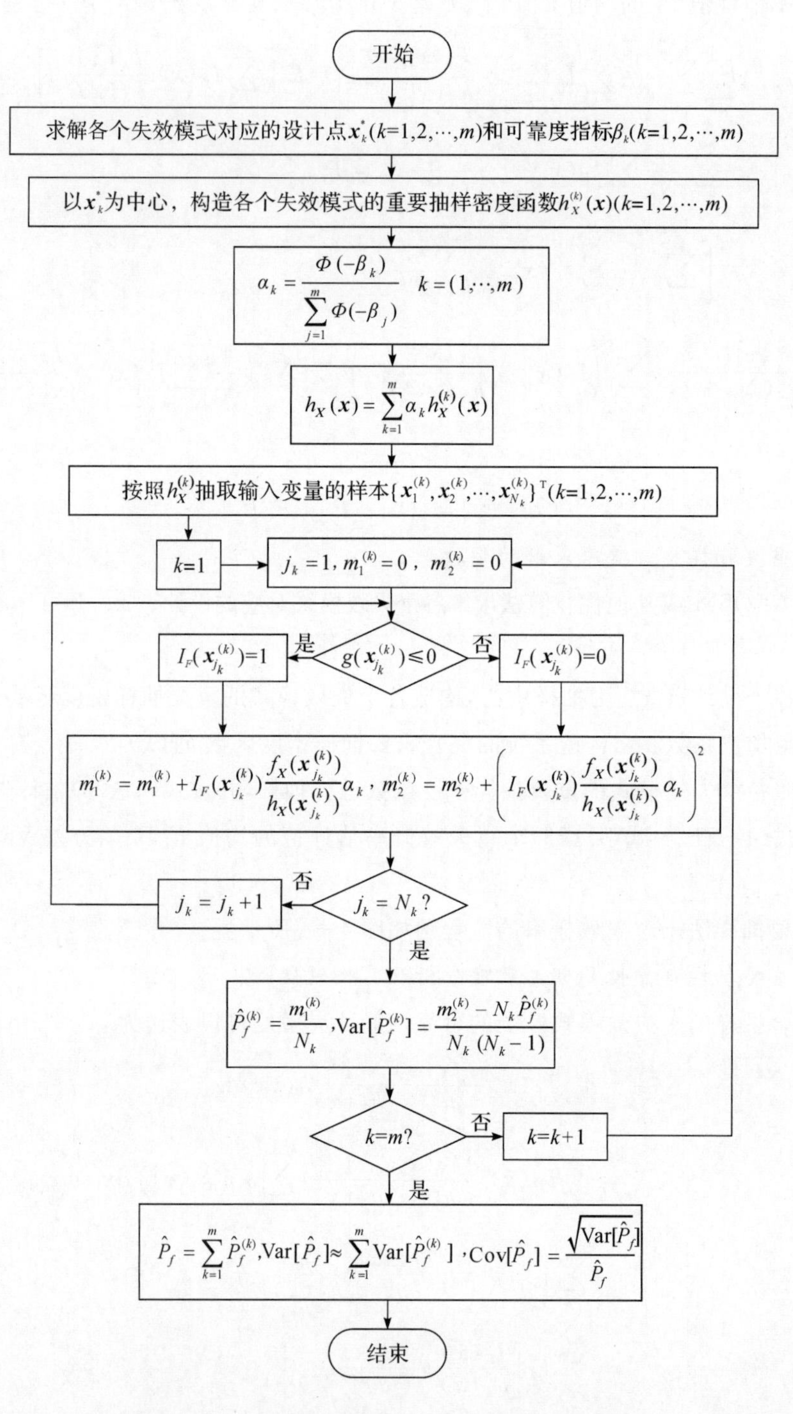

图 4-4　混合重要抽样法求解失效概率的流程图

可靠性局部灵敏度估计值 $\partial\hat{P}_f/\partial\theta_{X_i}^{(k)}$ 的均值 $E[\partial\hat{P}_f/\partial\theta_{X_i}^{(k)}]$、方差 $\mathrm{Var}[\partial\hat{P}_f/\partial\theta_{X_i}^{(k)}]$ 和变异系数 $\mathrm{Cov}[\partial\hat{P}_f/\partial\theta_{X_i}^{(k)}]$ 分别为

$$E\left[\frac{\partial \hat{P}_f}{\partial \theta_{X_i}^{(k)}}\right]=E\left[\sum_{k=1}^{m}\frac{\alpha_k}{N_k}\sum_{j_k=1}^{N_k}\left(\frac{I_F(\boldsymbol{x}_{j_k}^{(k)})}{h_{\boldsymbol{X}}(\boldsymbol{x}_{j_k}^{(k)})}\cdot\frac{\partial f_{\boldsymbol{X}}(\boldsymbol{x}_{j_k}^{(k)})}{\partial \theta_{X_i}^{(k)}}\right)\right]$$
$$=\sum_{k=1}^{m}E\left[\frac{I_F(\boldsymbol{x})}{h_{\boldsymbol{X}}(\boldsymbol{x})}\cdot\frac{\partial f_{\boldsymbol{X}}(\boldsymbol{x})}{\partial \theta_{X_i}^{(k)}}\alpha_k\right]_{h_{\boldsymbol{X}}^{(k)}(\boldsymbol{x})}=\frac{\partial P_f}{\partial \theta_{X_i}^{(k)}}$$
$$\approx\sum_{k=1}^{m}\frac{\alpha_k}{N_k}\sum_{j_k=1}^{N_k}\left(\frac{I_F(\boldsymbol{x}_{j_k}^{(k)})}{h_{\boldsymbol{X}}(\boldsymbol{x}_{j_k}^{(k)})}\cdot\frac{\partial f_{\boldsymbol{X}}(\boldsymbol{x}_{j_k}^{(k)})}{\partial \theta_{X_i}^{(k)}}\right)=\frac{\partial \hat{P}_f}{\partial \theta_{X_i}^{(k)}} \tag{4-26}$$

$$\mathrm{Var}\left[\frac{\partial \hat{P}_f}{\partial \theta_{X_i}^{(k)}}\right]=\mathrm{Var}\left[\sum_{k=1}^{m}\frac{\alpha_k}{N_k}\sum_{j_k=1}^{N_k}\left(\frac{I_F(\boldsymbol{x}_{j_k}^{(k)})}{h_{\boldsymbol{X}}(\boldsymbol{x}_{j_k}^{(k)})}\cdot\frac{\partial f_{\boldsymbol{X}}(\boldsymbol{x}_{j_k}^{(k)})}{\partial \theta_{X_i}^{(k)}}\right)\right]=\sum_{k=1}^{m}\frac{1}{N_k}\mathrm{Var}\left[\frac{I_F(\boldsymbol{x}_{j_k}^{(k)})}{h_{\boldsymbol{X}}(\boldsymbol{x}_{j_k}^{(k)})}\cdot\frac{\partial f_{\boldsymbol{X}}(\boldsymbol{x}_{j_k}^{(k)})}{\partial \theta_{X_i}^{(k)}}\alpha_k\right]$$
$$\approx\sum_{k=1}^{m}\frac{1}{N_k(N_k-1)}\left\{\sum_{j_k=1}^{N_k}\left(\frac{I_F(\boldsymbol{x}_{j_k}^{(k)})}{h_{\boldsymbol{X}}(\boldsymbol{x}_{j_k}^{(k)})}\cdot\frac{\partial f_{\boldsymbol{X}}(\boldsymbol{x}_{j_k}^{(k)})}{\partial \theta_{X_i}^{(k)}}\alpha_k\right)^2-N_k\left[\frac{1}{N_k}\sum_{j_k=1}^{N_k}\left(\frac{I_F(\boldsymbol{x}_{j_k}^{(k)})}{h_{\boldsymbol{X}}(\boldsymbol{x}_{j_k}^{(k)})}\cdot\frac{\partial f_{\boldsymbol{X}}(\boldsymbol{x}_{j_k}^{(k)})}{\partial \theta_{X_i}^{(k)}}\alpha_k\right)\right]^2\right\} \tag{4-27}$$

$$\mathrm{Cov}[\partial \hat{P}_f/\partial \theta_{X_i}^{(k)}]=\sqrt{\mathrm{Var}[\partial \hat{P}_f/\partial \theta_{X_i}^{(k)}]}/|E[\partial \hat{P}_f/\partial \theta_{X_i}^{(k)}]| \tag{4-28}$$

5. 各失效模式变量不全相同时重要抽样密度函数的扩展[5]

传统的重要抽样法在计算结构系统失效概率时，只考虑了各个功能函数含有相同的输入变量的情况。而在工程实际中，每个功能函数含有的输入变量不完全相同的情况却更为普遍。因此本节将讨论输入变量不完全相同情况下的扩展重要抽样法。

由上述多失效模式重要抽样失效概率的估计过程可以看出，对于输入变量不全相同的失效模式，在构造每个失效模式的重要抽样密度函数时必须进行扩展，这种扩展表现在每个失效模式设计点维数的统一上。假定系统包含的所有输入变量 $\boldsymbol{X}=\{X_1,X_2,\cdots,X_n\}^{\mathrm{T}}$ 均服从正态分布，第一个功能函数包含的输入变量为 $\boldsymbol{X}^{(1)}=\{X_1,X_2,\cdots,X_m\}^{\mathrm{T}}(m<n)$，且第一个功能函数的设计点为 $\boldsymbol{x}^{*(1)}=\{x_1^{*(1)},x_2^{*(1)},\cdots,x_m^{*(1)}\}$。将系统的各个输入变量标准正态化，有

$$Y_i=\frac{X_i-\mu_{X_i}}{\sigma_{X_i}}\qquad(i=1,2,\cdots,n) \tag{4-29}$$

则在第一个功能函数所含输入变量组成的标准正态空间中，其设计点 $P^{*(1)}$ 的坐标为 $\{y_1^{*(1)},y_2^{*(1)}\cdots,y_m^{*(1)}\}$，且

$$y_i^{*(1)}=\frac{x_i^{*(1)}-\mu_{X_i}}{\sigma_{X_i}}\qquad(i=1,2,\cdots,m) \tag{4-30}$$

由于设计点是标准正态空间中极限状态面上距离原点 O 最近的点，所以在向量空间 $\boldsymbol{X}^{(1)}=\{X_1,X_2,\cdots,X_m\}^{\mathrm{T}}$ 中有下列关系式成立：

$$\overline{\boldsymbol{OP}^{*(1)}}=\min[\overline{OP^{(1)}}]=\sqrt{(y_1^{*(1)})^2+(y_2^{*(1)})^2+\cdots+(y_m^{*(1)})^2}$$
$$P^{(1)}\in g^{(1)}(x_1,x_2,\cdots,x_m)=0 \tag{4-31}$$

其中 O 为标准正态空间中的坐标原点，$P^{(1)}$ 为第一个极限状态面 $g^{(1)}(x_1,x_2,\cdots,x_m)=0$ 上的点，$\overline{\boldsymbol{OP}^{*(1)}}$ 表示原点 O 到设计点 $\boldsymbol{P}^{*(1)}$ 的距离，$\overline{OP^{(1)}}$ 表示原点到点 $P^{(1)}$ 的距离。在系统所有输入变量形成的标准正态空间中，设计点 $\boldsymbol{P}^{*(1)}$ 的坐标应扩展为 $\{y_1^{*(1)},y_2^{*(1)}\cdots,y_m^{*(1)},y_{m+1}^{*(1)},\cdots,y_n^{*(1)}\}$，记扩展后的设计点为 $\boldsymbol{P}_e^{*(1)}$，此时 $\boldsymbol{P}_e^{*(1)}$ 仍应当是 $g^{(1)}(x_1,x_2,\cdots,x_m)=0$ 上距离原点最近的点，即

$$\overline{\boldsymbol{OP}_e^{*(1)}} = \min[\overline{OP_e^{(1)}}] = \sqrt{(y_1^{*(1)})^2 + (y_2^{*(1)})^2 + \cdots + (y_n^{*(1)})^2}$$

$$P_e^{(1)} \in g^{(1)}(x_1, x_2, \cdots, x_m) = 0 \tag{4-32}$$

就第一个功能函数而言，当且仅当 $y_i^{*(1)} = 0 (i = m+1, \cdots, n)$ 时，$\overline{\boldsymbol{OP}_e^{*(1)}}$ 最小，因此在整个变量空间中，第一个功能函数的设计点应扩展为 $\{y_1^{*(1)}, y_2^{*(1)} \cdots, y_m^{*(1)}, 0, \cdots, 0\}$。同理，可以得到其他功能函数的扩展设计点。将扩展重要抽样密度函数的密度中心放在扩展的设计点上，而重要抽样函数的方差的选取，则可根据重要抽样函数与原密度函数的形状接近能降低估计方差的性质，将所有的输入变量转化到标准正态空间后，取重要抽样函数的方差阵为单位阵来得到。

如果输入变量不服从正态分布，则可根据非正态变量向正态变量转换的 R－F 法，将输入变量转化成服从正态分布的随机变量，然后再按上述方法对单个功能函数的设计点进行扩展。

将包含不全相同输入变量失效模式的设计点扩展成维数相同的设计点后，即可采用上小节的方法进行可靠性和可靠性局部灵敏度的重要抽样估计了。

4.1.4 基于核密度估计的自适应重要抽样法

由前述内容可知，在实际应用过程中，重要抽样密度函数的构造是重要抽样法的关键，而最优重要抽样密度函数是不可能预先得到的。通常选取重要抽样函数的原则是使得所构造的重要抽样密度函数能够在对失效概率贡献较大的区域具有较多的样本点。设计点是失效域中密度函数值最大的点，故而一般的重要抽样密度函数都将抽样中心选择在设计点处。设计点的获得通常需要求解一个含约束的优化问题，对于多设计点问题，一般的重要抽样法应用起来就会比较困难。

本小节将介绍另一种构造重要抽样密度函数的策略，该方法首先对失效域进行预抽样，获得失效域的样本信息，然后利用失效域中的样本由核密度方法逼近失效域中样本分布的密度函数，以之作为重要抽样密度函数，并称之为基于核密度估计的重要抽样密度函数。失效域中的样本能够反映原密度函数在失效域中的分布情况，因此由这些样本拟合出的重要抽样密度函数更接近最优的重要抽样密度函数 $h_X^{\text{opt}}(\boldsymbol{x})$，从而使得失效概率计算的效率大大提高。Au[6]采用了基于 Metropolis－Hastings 准则的马尔可夫链来预先模拟失效域的样本，而不是采用传统的 Monte Carlo 抽样，这将使得失效域样本模拟的效率大为提高。随着马尔可夫链状态点的增加，模拟样本的概率密度分布趋于最优的重要抽样密度函数。由于采用的基于核密度估计的重要抽样密度函数趋于最优的重要抽样密度函数，因此相比于传统的基于设计点的重要抽样方法，基于核密度估计的重要抽样方法将具有较高的抽样效率和计算精度。由于基于核密度估计的重要抽样密度函数随失效域的样本自适应调整，因此也称该方法为基于核密度估计的自适应重要抽样方法。

1. 基于马尔可夫链的失效样本的模拟

基于核密度估计的自适应重要抽样法的第一步就是利用马尔可夫链模拟失效域中的条件样本点，并且条件样本点的联合概率密度函数是随着样本点数目的增多逐渐趋近于最优的重要抽样密度函数 $h_X^{\text{opt}}(\boldsymbol{x})$ 的。失效域中条件样本点的模拟采用的是基于 Metropolis－Hastings 准则的马尔可夫链，其模拟失效域中的条件样本点的步骤如下所述。

(1)定义马尔可夫链的极限(平稳)分布。

当需要模拟失效域 F 中的 M 个条件样本点 $\boldsymbol{x}_j^F (j = 1, 2, \cdots, M)$ 时，定义马尔可夫链的极

限分布为失效域 F 内的条件概率密度 $q_{\boldsymbol{X}}(\boldsymbol{x} \mid F)=I_F(\boldsymbol{x})f_{\boldsymbol{X}}(\boldsymbol{x})/P\{F\}$。

(2)选择合理的建议分布 $f_{\boldsymbol{X}}^*(\boldsymbol{\varepsilon} \mid \boldsymbol{x})$。

建议分布 $f_{\boldsymbol{X}}^*(\boldsymbol{\varepsilon} \mid \boldsymbol{x})$ 控制着马尔可夫链过程中一个状态向另一个状态的转移,具有对称性的正态分布和均匀分布均可以作为马尔可夫链的建议分布。为描述简单,这里选择具有对称性的 n 维均匀分布为建议分布,$f_{\boldsymbol{X}}^*(\boldsymbol{\varepsilon} \mid \boldsymbol{x})$ 为

$$f_{\boldsymbol{X}}^*(\boldsymbol{\varepsilon} \mid \boldsymbol{x})=\begin{cases}1/\prod_{i=1}^{n} l_i & \mid \varepsilon_i - x_i \mid \leqslant l_i/2(i=1,2,\cdots,n)\\ 0,\text{其他}\end{cases} \tag{4-33}$$

其中 ε_i 和 x_i 分别为 n 维向量 $\boldsymbol{\varepsilon}$ 和 $\boldsymbol{x}$ 的第 i 维分量,l_i 是以 $\boldsymbol{x}$ 为中心的 n 维超多面体 x_i 方向上的边长,它决定了下一个样本偏离当前样本的最大允许距离,在给定链长 M 的情况下,l_i 将影响着马尔可夫链样本覆盖区域的大小。l_i 越大,样本覆盖的区域也越大,但是过大的 l_i 会导致重复样本产生的概率增大,而太小的 l_i 会增加样本的相关性,这都会影响到马尔可夫链的收敛性。考虑到下一个样本到当前样本的最大允许距离为三倍的变量标准差,可取经验值 $l_i=6\sigma_{X_i}M^{-1/(n+4)}$($\sigma_{X_i}$ 是输入变量 X_i 的标准差)。

(3) 选取马尔可夫链初始状态 $\boldsymbol{x}_0^F$。

一般要求马尔可夫链的初始状态 $\boldsymbol{x}_0^F$ 服从极限分布 $q_{\boldsymbol{X}}(\boldsymbol{x} \mid F)$,可依据工程经验或数值方法确定失效域 F 中的一点作为 $\boldsymbol{x}_0^F$。

(4)确定马尔可夫链的第 j 个状态 $\boldsymbol{x}_j^F$。马尔可夫链的第 j 个状态 $\boldsymbol{x}_j^F$ 是在前一个状态 $\boldsymbol{x}_{j-1}^F$ 的基础上,由建议分布和 Metropolis - Hastings 准则确定的,具体步骤如下:

(4.1)由建议分布 $f_{\boldsymbol{X}}^*(\boldsymbol{\varepsilon} \mid \boldsymbol{x}_{j-1}^F)$ 产生备选状态 $\boldsymbol{\varepsilon}$。

(4.2)计算备选状态 $\boldsymbol{\varepsilon}$ 的条件概率密度函数值 $q_{\boldsymbol{X}}(\boldsymbol{\varepsilon} \mid F)$ 与马尔可夫链前一个状态的条件概率密度函数值 $q_{\boldsymbol{X}}(\boldsymbol{x}_{j-1}^F \mid F)$ 的比值 $r=q_{\boldsymbol{X}}(\boldsymbol{\varepsilon} \mid F)/q_{\boldsymbol{X}}(\boldsymbol{x}_{j-1}^F \mid F)$。

(4.3)依据 Metropolis - Hastings 准则,以 $\min(1,r)$ 的概率接受备选状态 $\boldsymbol{\varepsilon}$ 作为马尔可夫链的第 j 个状态 $\boldsymbol{x}_j^F$,以 $1-\min(1,r)$ 的概率接受状态 $\boldsymbol{x}_{j-1}^F$ 作为马尔可夫链的第 j 个状态 $\boldsymbol{x}_j^F$,即

$$\boldsymbol{x}_j^F=\begin{cases}\boldsymbol{\varepsilon}, & \min(1,r)>\mathrm{random}[0,1]\\ \boldsymbol{x}_{j-1}^F, & \min(1,r)\leqslant \mathrm{random}[0,1]\end{cases} \tag{4-34}$$

其中,random[0,1] 为[0,1]区间均匀分布的随机数。

(5) 产生 M 个服从 $q_{\boldsymbol{X}}(\boldsymbol{x} \mid F)$ 的条件样本点。

重复步骤(4),产生 M 个马尔可夫链的状态 $\{\boldsymbol{x}_1^F,\boldsymbol{x}_2^F,\cdots,\boldsymbol{x}_M^F\}^{\mathrm{T}}$ 作为失效域 F 内服从条件概率密度函数 $q_{\boldsymbol{X}}(\boldsymbol{x} \mid F)$ 的条件样本点。

2. 核密度函数的构建

运用马尔可夫链模拟得到失效域内的样本点的目的就是设法逼近最优的重要抽样密度函数。基于马尔可夫链模拟得到的失效域内的样本点,利用核密度函数估计法即可得到近似的最优重要抽样密度函数。核密度函数估计是一种非参数概率密度函数估计方法,它包括固定宽核密度函数估计方法和自适应宽核密度函数估计方法。

(1)固定宽核密度函数估计。

固定宽核密度函数可以表示为

$$k(\boldsymbol{x})=\frac{1}{M}\sum_{j=1}^{M}\frac{1}{w^{n}}K\left(\frac{\boldsymbol{x}-\boldsymbol{x}_{j}^{F}}{w}\right) \tag{4-35}$$

其中 $\boldsymbol{x}_j^F(j=1,2,\cdots,M)$ 为构建密度函数的样本点，n 为输入变量的维数，w 为窗口宽度参数，$K(\cdot)$ 为核概率密度函数，通常取正态型核密度函数，其形式为

$$K(\boldsymbol{x})=\frac{1}{\sqrt{(2\pi)^{n}\mid \boldsymbol{S}\mid}}\exp\left(-\frac{1}{2}\boldsymbol{x}^{\mathrm{T}}\boldsymbol{S}^{-1}\boldsymbol{x}\right) \tag{4-36}$$

其中 $\boldsymbol{S}=\sum_{j=1}^{M}(\boldsymbol{x}_j^F-\overline{\boldsymbol{x}})(\boldsymbol{x}_j^F-\overline{\boldsymbol{x}})^{\mathrm{T}}$ 为样本集 $\{\boldsymbol{x}_1^F,\boldsymbol{x}_2^F,\cdots,\boldsymbol{x}_M^F\}^{\mathrm{T}}$ 的协方差阵(亦称离差阵)，表示每个样本点 $\boldsymbol{x}_j^F$ 在不同方向和范围上的数据分散性，$\overline{\boldsymbol{x}}$ 为样本 $\boldsymbol{x}_j^F(j=1,2,\cdots,M)$ 的均值。

窗口宽度参数 w 控制着核密度函数的平滑性，过大的 w 将引起核密度函数的过光滑，过小的 w 将引起核密度函数尾部的误差。以下的自适应宽核密度函数估计方法比固定宽核密度函数估计方法具有更好的收敛性和平滑性。

(2)自适应宽核密度函数估计。

自适应宽核密度函数估计是在固定宽核密度函数的基础上，通过修正窗口宽度参数为 $w\lambda_j$ 得到的，其形式为

$$k(\boldsymbol{x})=\frac{1}{M}\sum_{j=1}^{M}\frac{1}{(w\lambda_j)^{n}}K\left(\frac{\boldsymbol{x}-\boldsymbol{x}_{j}^{F}}{w\lambda_j}\right) \tag{4-37}$$

其中 $\lambda_j(j=1,2,\cdots,M)$ 为局部带宽因子。式(4-37)中的参数 λ_j 和 w 的确定方式如下：

(2.1) 局部带宽因子 λ_j 为

$$\lambda_j=\{[\prod_{k=1}^{M}f_{\boldsymbol{X}}(\boldsymbol{x}_k^F)]^{1/M}/f_{\boldsymbol{X}}(\boldsymbol{x}_j^F)\}^{\alpha} \tag{4-38}$$

其中 $0\leqslant\alpha\leqslant 1$ 为灵敏因子，$\alpha=0$ 时自适应宽核密度函数估计方法即为固定宽核密度函数估计方法。

(2.2)窗口宽度参数 w 为

$$w=M_d^{-\frac{1}{n+4}} \tag{4-39}$$

其中 M_d 为不同样本的个数($M_d\leqslant M$)。

3.基于核密度函数 $k(\boldsymbol{x})$ 的抽样

在核密度函数 $k(\boldsymbol{x})$ 构建好之后，就可将核密度函数作为重要抽样密度函数来进行抽样。其抽取 N 个样本 $\boldsymbol{x}_i(i=1,2,\cdots,N)$ 的过程如下：

首先产生一个 $[1,M]$ 区间上均匀分布的离散随机整数 u，如果 $u=j(j=1,2,\cdots,M)$，那么选取第 j 个分量核密度抽样函数 $k_j(\boldsymbol{x})$ 来产生样本 $\boldsymbol{x}_i$，其中 $k_j(\boldsymbol{x})$ 的形式为

$$k_j(\boldsymbol{x})=\frac{1}{(w\lambda_j)^{n}}K\left(\frac{\boldsymbol{x}-\boldsymbol{x}_{j}^{F}}{w\lambda_j}\right) \tag{4-40}$$

其中 $\boldsymbol{x}_j^F(j=1,2,\cdots,M)$ 为构建核密度函数所用的样本点，即马尔可夫链模拟产生的样本点。重复这个过程，直至得到 N 个重要抽样样本点 $\boldsymbol{x}_i(i=1,2,\cdots,N)$ 。

4.基于核密度估计的自适应重要抽样可靠性及可靠性局部灵敏度分析

在得到核密度函数 $k(\boldsymbol{x})$ 后，将 $k(\boldsymbol{x})$ 作为重要抽样密度函数，即可利用重要抽样法对失效概率和可靠性局部灵敏度进行求解。基于核密度估计的自适应重要抽样可靠性和可靠性局部灵敏度分析的步骤如下所述。

(1)产生失效域中的样本。

运用马尔可夫链方法模拟失效域中的 M 个样本 $\boldsymbol{x}_j^F(j=1,2,\cdots,M)$ 。

(2)构建核密度函数。

利用第(1)步中产生的失效域中的样本,运用式(4-38)及式(4-39)计算核函数中的局部带宽因子 $\lambda_j(j=1,2,\cdots,M)$ 及窗口宽度参数 w ,然后代入式(4-37)中得到核密度函数 $k(\boldsymbol{x})$ 。

(3)重要抽样模拟。

将核密度函数 $k(\boldsymbol{x})$ 作为重要抽样密度函数进行重要抽样,得到 N 个样本 $\boldsymbol{x}_i(i=1,2,\cdots,N)$ 。

(4)失效概率及可靠性局部灵敏度的估计。

利用 $k(\boldsymbol{x})$ 产生的样本及 4.1.1 节和 4.1.2 节中的基于重要抽样的可靠性和可靠性局部灵敏度分析的基本公式,求得失效概率和可靠性局部灵敏度的估计值及估计值的均值、方差和变异系数。

4.1.5 算例分析及算法参考程序

算例 4.1 线性功能函数为 $g(\boldsymbol{X})=2-(X_1+X_2)/\sqrt{2}$,其中 X_1 和 X_2 为相互独立的标准正态变量。失效概率及可靠性局部灵敏度的估计值如表 4-1 所示,相应的参考程序见表4-2和表 4-3。

由表 4-1 中失效概率和可靠性局部灵敏度的计算结果可以看出,重要抽样法和基于核密度估计的重要抽样法得到的失效概率和可靠性局部灵敏度估计值接近精确解(AFOSM 得到的解)。相比于 Monte Carlo 法,重要抽样法和基于核密度估计的自适应重要抽样法计算可靠性和可靠性局部灵敏度的效率有明显的提高。基于核密度估计的自适应重要抽样法首先利用 1 000 个样本点拟合出重要抽样密度函数,再根据重要抽样密度函数抽取 5 000 个输入变量的样本点计算失效概率和可靠性局部灵敏度,因此功能函数的调用次数为 6 000。

表 4-1　算例 4.1 计算结果　　　　**单位:10^{-2}**

	$\hat{P}_f$	$\partial\hat{P}_f/\partial\mu_{X_1}$	$\partial\hat{P}_f/\partial\sigma_{X_1}$	$\partial\hat{P}_f/\partial\mu_{X_2}$	$\partial\hat{P}_f/\partial\sigma_{X_2}$	N
AFOSM	2.275 0	3.817 7	5.399 1	3.817 7	5.399 1	—
MCS	2.232 0 (0.020 9)	3.843 3 (0.022 8)	5.648 1 (0.031 0)	3.677 3 (0.023 0)	5.092 9 (0.032 3)	10^5
IS	2.302 5 (0.021 7)	3.828 0 (0.022 8)	5.343 2 (0.031 8)	3.867 4 (0.022 7)	5.481 6 (0.031 8)	5 000
KDIS	2.250 4 (0.011 2)	3.869 8 (0.016 5)	5.544 0 (0.031 5)	3.782 8 (0.009 9)	5.246 4 (0.016 1)	5 000 ($M=1\ 000$)

注:AFOSM 表示改进的一次二阶矩方法,MCS 表示 Monte Carlo 法,IS 表示重要抽样法,KDIS 表示基于核密度估计的自适应重要抽样法。括号内的数值表示估计值的变异系数, N 表示功能函数调用次数。下述算例中不再赘述。

表 4-2　算例 4.1 重要抽样法参考程序

```
clear;
clc;
format long;
miu=[0 0];%变量均值
sigma=[1 1];%变量标准差
```

```
g=@(x) 2-(x(:,1)+x(:,2))/sqrt(2);%功能函数
x0=miu;
beta0=0;
while (1)
    dg=[mydiff1(g,x0,1) mydiff1(g,x0,2)];    %功能函数的偏微分
    s=(dg.^2)*(sigma.^2)';
    lamd=-dg.*sigma/sqrt(s);    %lamd的值
    G=@(beta) g(miu+sigma.*lamd*beta);    %嵌套调用函数
    beta=fzero(G,0);    %求解 beta
    x0=miu+sigma.*lamd*beta;    %新的设计点
    if abs(beta-beta0)<=1e-3
        break;
    end
    beta0=beta;
end
x0    %设计点
miux=x0;
N=5000;
x1=normrnd(miux(1),1,N,1);
x2=normrnd(miux(2),1,N,1);
f1=1/sqrt(2*pi)*exp(-1/2*x1.^2);
f2=1/sqrt(2*pi)*exp(-1/2*x2.^2);
f=f1.*f2;    %联合概率密度函数
h1=1/sqrt(2*pi)*exp(-1/2*(x1-miux(1)).^2);
h2=1/sqrt(2*pi)*exp(-1/2*(x2-miux(2)).^2);
h=h1.*h2;%重要抽样密度函数
g=2-(x1+x2)/sqrt(2);%功能函数
I=g<=zeros(N,1);%通过逻辑运算确定指示函数
m=nnz(I);%I中非零元素的个数
%失效概率估计值
pf=I'*(f./h)/N
varpf=((I'*(f.^2./h.^2))/N-pf^2)/(N-1)
covpf=sqrt(varpf)/pf
%关于均值的可靠性局部灵敏度
dfdu=[x1.*f x2.*f];
dpdu=((I./h)'*dfdu)/N
vardpdu=(((I.^2./h.^2)'*dfdu.^2)/N-dpdu.^2)/(N-1)
covdpdu=sqrt(vardpdu)./abs(dpdu)
%关于方差的可靠性局部灵敏度
dfdsigma=[(-1+x1.^2).*f (-1+x2.^2).*f];
dpdsigma=((I./h)'*dfdsigma)/N
```

```
vardpdsigma=(((I.^2./h.^2)' * dfdsigma.^2)/N-dpdsigma.^2)/(N-1)
covdpdsigma=sqrt(vardpdsigma)./abs(dpdsigma)
% mydiff1 函数(自定义求导函数)
function f = mydiff1(fun,x,dim)
%UNTITLED4 Summary of this function goes here 数值微分改进
% fun: the name of the function
% x: x 是一个向量(vector), x=[x1,x2,x3,…]
% dim:对哪一维求导(对第几个自变量求导)
if dim<1,error('dim should >=1'),end;
h=0.00001;
n=length(x);
if dim>n,error('dim should <=%d',n),end;
I=zeros(1,n);
I(dim)=1;
f=(-fun(x+2*h*I)+8*fun(x+h*I)-8*fun(x-h*I)+fun(x-2*h*I))/(12*h);
end
```

表 4-3　算例 4.1 基于核密度估计的自适应重要抽样法参考程序

```
clear;
clc;
format long;
miu=[0 0];  sigma=[1 1];
n=length(miu);   %%输入变量维度
g=@(x) 2-(x(:,1)+x(:,2))/sqrt(2);
f1=@(x) 1/sqrt(2*pi)*exp(-x(:,1).^2/2); f2=@(x) 1/sqrt(2*pi)*exp(-x(:,2).^2/2);
fx=@(x) f1(x).*f2(x);  %输入变量的联合概率密度函数
%利用 MCMC 抽取失效域内的样本
M=1000;  %MCMC 抽样个数
x0=[1.8 1.8];  %MCMC 初始样本点
lk=6*sigma(1)*(M^(-1/(n+4)));   %如果各个输入变量的标准差不同,lk 是不同的
[X_F]=Makov_MH(n,M,x0,lk,g,fx);
% KDE 拟合概率密度函数
lamda=ones(1,M);  %局部带宽因子
m=unique(X_F,'rows');
Md=length(m(:,1));  %不同样本的个数
w=Md^(-1/(n+4));  %窗口宽度参数
sigma1=sqrt(var(X_F(:,1)));  sigma2=sqrt(var(X_F(:,2)));
%重要抽样密度函数
hx=@(x) 0;
for t=1:M
    K1=@(x) 1/sqrt(2*pi*sigma1^2)*exp(-((x(:,1)-X_F(t,1))/(w*lamda(t))).^2/(2*sig-
ma1^2));
```

```
    K2=@(x) 1/sqrt(2 * pi * sigma2^2) * exp(-((x(:,2)-X_F(t,2))/(w * lamda(t))).^2/(2 * sig-
ma2^2));
    K=@(x)  K1(x). * K2(x);
    kj=@(x) K(x)/((w * lamda(t))^n);
    hx=@(x) hx(x)+kj(x);
end
% KDE 重要抽样
N=5000;   %重要抽样样本点的个数
for s=1:N
u=round(rand(1,1) * M);
if u==0
    u=1;
end
K1=@(x) 1/sqrt(2 * pi * sigma1^2) * exp(-((x(:,1)-X_F(u,1))/(w * lamda(u))).^2/(2 * sigma1^
2));
K2=@(x) 1/sqrt(2 * pi * sigma2^2) * exp(-((x(:,2)-X_F(u,2))/(w * lamda(u))).^2/(2 * sigma2^
2));
K=@(x)  K1(x). * K2(x);
kj=@(x) K(x)/((w * lamda(u))^n);
[X_I(s,:),neval] = slicesample(x0,1,'pdf',kj,'burnin',2000,'thin',5);  %重要抽样样本
end
Y=g(X_I);   I=Y<=zeros(N,1);
f=fx(X_I);  h=hx(X_I)/M;
%失效概率估计值
pf=I' * (f./h)/N
varpf=((I' * (f.^2./h.^2))/N-pf^2)/(N-1)
covpf=sqrt(varpf)/pf
%关于均值的可靠性局部灵敏度估计值
dfdu=[X_I(:,1). * f X_I(:,2). * f];
dpdu=((I./h)' * dfdu)/N
vardpdu=(((I.^2./h.^2)' * dfdu.^2)/N-dpdu.^2)/(N-1)
covdpdu=sqrt(vardpdu)./abs(dpdu)
%关于标准差的可靠性局部灵敏度估计值
dfdsigma=[(-1+X_I(:,1).^2). * f (-1+X_I(:,2).^2). * f];
dpdsigma=((I./h)' * dfdsigma)/N
vardpdsigma=(((I.^2./h.^2)' * dfdsigma.^2)/N-dpdsigma.^2)/(N-1)
covdpdsigma=sqrt(vardpdsigma)./abs(dpdsigma)
%%%%%%%%%%%%   Makov_MH:自定义函数模拟条件样本
function [z]=Makov_MH(n,N,z,lk,g,fx)
for k=1:(N-1)
for r=1:n
```

```
        e(:,r)=unifrnd(z(k,r)-lk/2,z(k,r)+lk/2,1,1);
    end
    Ie=g(e)<=0;Ik_1=g(z(k,:))<=0;
    r=Ie * fx(e)/(Ik_1 * fx(z(k,:)));
    A=[1 r];
    if min(A)>random('unif',0,1)
        z(k+1,:)=e;
    else
        z(k+1,:)=z(k,:);
    end
    end
    end
```

算例 4.2 非线性功能函数为 $g(\boldsymbol{X})=X_1^3+X_1^2X_2+X_2^3-18$,其中 X_1 和 X_2 相互独立且 $X_1 \sim N(10,5^2)$,$X_2 \sim N(9.9,5^2)$。可靠性及可靠性局部灵敏度计算结果列于表 4-4 中,相应的参考程序见表 4-2 和 4-3。

由表 4-4 中失效概率和可靠性局部灵敏度的计算结果可以看出,重要抽样法和基于核密度估计的重要抽样法的计算结果和 Monte Carlo 法得到的结果相差不大,且计算效率较于 Monte Carlo 法均有很大的提高。

表 4-4 算例 4.2 计算结果 **单位:10^{-3}**

	$\hat{P}_f$	$\partial\hat{P}_f/\partial\mu_{X_1}$	$\partial\hat{P}_f/\partial\sigma_{X_1}$	$\partial\hat{P}_f/\partial\mu_{X_2}$	$\partial\hat{P}_f/\partial\sigma_{X_2}$	N
MCS	5.803 7 (0.013 1)	−2.045 3 (0.013 9)	2.926 2 (0.018 0)	−2.528 1 (0.013 6)	4.752 2 (0.016 0)	10^5
IS	5.465 5 (0.035 4)	−1.908 0 (0.029 4)	2.742 1 (0.027 6)	−2.404 1 (0.039 8)	4.597 3 (0.053 0)	5 000
KDIS	5.719 0 (0.010 1)	−2.041 4 (0.010 8)	2.936 1 (0.017 0)	−2.458 6 (0.011 0)	4.464 4 (0.016 1)	5 000 ($M=800$)

算例 4.3 九盒段结构由 64 个杆元件和 42 个板元件构成,材料为铝合金。已知外载荷与各个单元的强度均为正态随机变量,且外载荷 P 的均值和变异系数分别为 $\mu_P=150\text{kg}$ 和 $V_P=0.25$,第 i 个单元强度 R_i 的均值和变异系数分别为 $\mu_{R_i}=83.5\text{kg}$ 和 $V_{R_i}=0.12$ $(i=68,77,78)$。该系统的两个主要失效模式的功能函数分别为

$$g_1(\boldsymbol{X})=4.0R_{78}+4.0R_{68}-3.999\,8R_{77}-P \tag{4-41}$$

$$g_2(\boldsymbol{X})=0.229\,9R_{78}+3.242\,5R_{77}-P \tag{4-42}$$

其中 $\boldsymbol{X}=\{R_{68},R_{77},R_{78},P\}$,该系统的功能函数为 $g(\boldsymbol{X})=\min\{g_1,g_2\}$。可靠性及可靠性局部灵敏度计算结果列于表 4-5 中,混合重要抽样法的参考程序见表 4-6,基于核密度估计的重要抽样法的参考程序见表 4-3。

由表 4-5 中的失效概率及可靠性局部灵敏度的估计值可以看出,在变异系数水平相近的条件下,混合重要抽样法以及基于核密度估计的重要抽样法的计算效率明显高于 Monte Carlo 法。

表 4-5 算例 4.3 可靠性及可靠性局部灵敏度计算结果 单位:10^{-3}

	$\hat{P}_f$	N	$\partial\hat{P}_f/\partial\mu_{R_{68}}$	$\partial\hat{P}_f/\partial\sigma_{R_{68}}$	$\partial\hat{P}_f/\partial\mu_{R_{77}}$
MCS	11.560 (0.029 2)	10^6	−1.304 8 (0.040 9)	1.721 6 (0.062 3)	0.819 6 (0.073 4)
IS	11.944 (0.035 9)	4 000	−1.319 4 (0.050 8)	1.721 5 (0.075 0)	0.813 9 (0.087 7)
KDIS	11.353 (0.033 6)	5 000 ($M=1\ 000$)	−1.247 0 (0.058 0)	1.493 6 (0.093 7)	0.792 1 (0.073 0)
	$\partial\hat{P}_f/\partial\sigma_{R_{77}}$	$\partial\hat{P}_f/\partial\mu_{R_{78}}$	$\partial\hat{P}_f/\partial\sigma_{R_{78}}$	$\partial\hat{P}_f/\partial\mu_P$	$\partial\hat{P}_f/\partial\sigma_P$
MCS	2.479 5 (0.051 6)	−1.255 6 (0.040 1)	1.400 4 (0.067 4)	0.447 2 (0.035 1)	0.624 3 (0.052 8)
IS	2.412 1 (0.050 5)	−1.287 9 (0.049 5)	1.489 3 (0.077 3)	0.466 9 (0.036 7)	0.631 3 (0.050 0)
KDIS	2.449 8 (0.035 7)	−1.233 1 (0.051 6)	1.442 5 (0.077 6)	0.460 0 (0.027 6)	0.656 7 (0.034 7)

注:此例中 IS 表示多失效模式情况下的混合重要抽样法。

表 4-6 算例 4.3 混合重要抽样法参考程序

```
clear;
clc;
format long;
miu=[83.5 83.5 83.5 150];
cov=[0.12 0.12 0.12 0.25];
sigma=cov. * miu;
g1=@(x) 4 * x(:,3)+4 * x(:,1)-3.9998 * x(:,2)-x(:,4);
x10=miu;
beta0=0;
while(1)
dg=[mydiff1(g1,x10,1) mydiff1(g1,x10,2) mydiff1(g1,x10,3) mydiff1(g1,x10,4)];
s=dg.^2 * (sigma.^2)';
lamd=-dg. * sigma/sqrt(s);
G=@(beta1) g1(miu+sigma. * lamd * beta1);
beta1=fzero(G,0);.
x10=miu+sigma. * lamd * beta1;
if(abs(beta1-beta0)<=1e-6)
    break;
end
beta0=beta1;
end
g2=@(x) 0 * x(:,1)+0.2299 * x(:,3)+3.2425 * x(:,2)-x(:,4);
x20=miu; beta0=0;
while(1)
```

```
    dg=[mydiff1(g2,x20,1) mydiff1(g2,x20,2) mydiff1(g2,x20,3) mydiff1(g2,x20,4)];
    s=dg.^2*(sigma.^2)';
    lamd=-dg.*sigma/sqrt(s);
    G=@(beta2) g2(miu+sigma.*lamd*beta2);
    beta2=fzero(G,0);
    x20=miu+sigma.*lamd*beta2;
      if(abs(beta2-beta0)<=1e-6)
          break;
      end
      beta0=beta2;
end
%重要抽样密度函数的权重
alpha1=normcdf(-beta1)/(normcdf(-beta1)+normcdf(-beta2));
alpha2=normcdf(-beta2)/(normcdf(-beta1)+normcdf(-beta2));
N1=2000; N2=2000;
%以第一个设计点为抽样中心抽样
x11=normrnd(x10(1),sigma(1),N1,1); x12=normrnd(x10(2),sigma(2),N1,1);
x13=normrnd(x10(3),sigma(3),N1,1); x14=normrnd(x10(4),sigma(4),N1,1);
x1=[x11 x12 x13 x14];
%以第二个设计点为抽样中心抽样
x21=normrnd(x20(1),sigma(1),N2,1); x22=normrnd(x20(2),sigma(2),N2,1);
x23=normrnd(x20(3),sigma(3),N2,1); x24=normrnd(x20(4),sigma(4),N2,1);
x2=[x21 x22 x23 x24];
%输入变量的原概率密度函数
f1=@(x) 1/sqrt(2*pi*sigma(1)^2)*exp(-(x(:,1)-miu(1)).^2/(2*sigma(1)^2));
f2=@(x) 1/sqrt(2*pi*sigma(2)^2)*exp(-(x(:,2)-miu(2)).^2/(2*sigma(2)^2));
f3=@(x) 1/sqrt(2*pi*sigma(3)^2)*exp(-(x(:,3)-miu(3)).^2/(2*sigma(3)^2));
f4=@(x) 1/sqrt(2*pi*sigma(4)^2)*exp(-(x(:,4)-miu(4)).^2/(2*sigma(4)^2));
fx=@(x) f1(x).*f2(x).*f3(x).*f4(x);
%重要抽样密度函数 H1
h11=@(x) 1/sqrt(2*pi*sigma(1)^2)*exp(-(x(:,1)-x10(1)).^2/(2*sigma(1)^2));
h12=@(x) 1/sqrt(2*pi*sigma(2)^2)*exp(-(x(:,2)-x10(2)).^2/(2*sigma(2)^2));
h13=@(x) 1/sqrt(2*pi*sigma(3)^2)*exp(-(x(:,3)-x10(3)).^2/(2*sigma(3)^2));
h14=@(x) 1/sqrt(2*pi*sigma(4)^2)*exp(-(x(:,4)-x10(4)).^2/(2*sigma(4)^2));
H1=@(x) h11(x).*h12(x).*h13(x).*h14(x);
%重要抽样密度函数 H2
h21=@(x) 1/sqrt(2*pi*sigma(1)^2)*exp(-(x(:,1)-x20(1)).^2/(2*sigma(1)^2));
h22=@(x) 1/sqrt(2*pi*sigma(2)^2)*exp(-(x(:,2)-x20(2)).^2/(2*sigma(2)^2));
h23=@(x) 1/sqrt(2*pi*sigma(3)^2)*exp(-(x(:,3)-x20(3)).^2/(2*sigma(3)^2));
h24=@(x) 1/sqrt(2*pi*sigma(4)^2)*exp(-(x(:,4)-x20(4)).^2/(2*sigma(4)^2));
H2=@(x) h21(x).*h22(x).*h23(x).*h24(x);
%总重要抽样密度函数
```

```
hx=@(x) alpha1 * H1(x)+alpha2 * H2(x);
Y1=min(g1(x1),g2(x1));   Y2=min(g1(x2),g2(x2));
I1=Y1<=zeros(N1,1);        I2=Y2<=zeros(N2,1);
P1=I1' * (fx(x1)./hx(x1))/N1;    P2=I2' * (fx(x2)./hx(x2))/N2;
%失效概率估计值及其变异系数
Pf=alpha1 * P1+alpha2 * P2
V_P1=(alpha1^2 * ((I1.^2)' * (fx(x1).^2./(hx(x1).^2)))-N1 * (P1 * alpha1)^2/(N1^2))/(N1 * (N1
-1));
V_P2=(alpha2^2 * ((I2.^2)' * (fx(x2).^2./(hx(x2).^2)))-N2 * (P2 * alpha2)^2/(N2^2))/(N2 * (N2
-1));
V_Pf=V_P1+V_P2;
cov_Pf=sqrt(V_Pf)/Pf
%关于均值的灵敏度及其变异系数
dfdu1=[(x1(:,1)-miu(1)).* fx(x1)/(sigma(1)^2) (x1(:,2)-miu(2)).* fx(x1)/(sigma(2)^2)…
       (x1(:,3)-miu(3)).* fx(x1)/(sigma(3)^2) (x1(:,4)-miu(4)).* fx(x1)/(sigma(4)^2)];
dfdu2=[(x2(:,1)-miu(1)).* fx(x2)/(sigma(1)^2) (x2(:,2)-miu(2)).* fx(x2)/(sigma(2)^2)…
       (x2(:,3)-miu(3)).* fx(x2)/(sigma(3)^2) (x2(:,4)-miu(4)).* fx(x2)/(sigma(4)^2)];
dpdu1=((I1./hx(x1))' * dfdu1)/N1; dpdu2=((I2./hx(x2))' * dfdu2)/N2;
dpdu=alpha1 * dpdu1+alpha2 * dpdu2
V_du1=(alpha1^2 * ((I1.^2./hx(x1).^2)' * dfdu1.^2)-N1 * (dpdu1 * alpha1).^2/(N1^2))/(N1 * (N1
-1));
V_du2=(alpha2^2 * ((I2.^2./hx(x2).^2)' * dfdu2.^2)-N2 * (dpdu2 * alpha2).^2/(N2^2))/(N2 * (N2
-1));
V_dpdu=V_du1+V_du2;
cov_du=sqrt(V_dpdu)./abs(dpdu)
%关于标准差的灵敏度及其变异系数
dfds1=[(-1+(x1(:,1)-miu(1)).^2/(sigma(1)^2)).* fx(x1)/sigma(1) (-1+(x1(:,2)-miu(2)).
^2/(sigma(2)^2)).* fx(x1)/sigma(2)…
       (-1+(x1(:,3)-miu(3)).^2/(sigma(3)^2)).* fx(x1)/sigma(3) (-1+(x1(:,4)-miu(4)).^
2/(sigma(4)^2)).* fx(x1)/sigma(4)];
dfds2=[(-1+(x2(:,1)-miu(1)).^2/(sigma(1)^2)).* fx(x2)/sigma(1) (-1+(x2(:,2)-miu(2)).
^2/(sigma(2)^2)).* fx(x2)/sigma(2)…
       (-1+(x2(:,3)-miu(3)).^2/(sigma(3)^2)).* fx(x2)/sigma(3) (-1+(x2(:,4)-miu(4)).^
2/(sigma(4)^2)).* fx(x2)/sigma(4)];
dpds1=((I1./hx(x1))' * dfds1)/N1;   dpds2=((I2./hx(x2))' * dfds2)/N2;
dpds=alpha1 * dpds1+alpha2 * dpds2
V_ds1=(alpha1^2 * ((I1.^2./hx(x1).^2)' * dfds1.^2)-N1 * (dpds1 * alpha1).^2/(N1^2))/(N1 * (N1
-1));
V_ds2=(alpha2^2 * ((I2.^2./hx(x2).^2)' * dfds2.^2)-N2 * (dpds2 * alpha2).^2/(N2^2))/(N2 * (N2
-1));
V_dpds=V_ds1+V_ds2;
cov_du=sqrt(V_dpds)./abs(dpds)
```

4.2　截断抽样和截断重要抽样法

截断抽样法和截断重要抽样法进行可靠性和可靠性局部灵敏度分析的基本思想是:在独立标准正态空间中,以原点为球心,以可靠度指标为半径的β超球内的样本点一定位于安全域内,通过避免β超球内安全样本点功能函数的计算,从而达到在保证计算精度的同时提高可靠性和可靠性局部灵敏度计算效率的目的。

4.2.1　n维标准正态空间的概率分布特性与β球的概率

设$g(\boldsymbol{X})$为n维独立标准正态变量$\boldsymbol{X}=\{X_1,X_2,\cdots,X_n\}^{\mathrm{T}}$空间中的功能函数。在独立标准正态空间中,可靠度指标β为坐标原点到极限状态面$g(\boldsymbol{x})=0$的最短距离,即

$$\left.\begin{array}{l}\beta^2=\min(\sum_{i=1}^{n}x_i^2)\\ g(x_1,x_2,\cdots,x_n)=0\end{array}\right\} \tag{4-43}$$

由于$X_i \sim N(0,1)(i=1,2,\cdots,n)$,所以有如下概率特征成立:

$$R=\|\boldsymbol{x}\|^2=\sum_{i=1}^{n}X_i^2 \sim \chi^2(n) \tag{4-44}$$

且R的概率密度函数$f_R(r)$和累积分布函数$F_R(r)$分别为

$$f_R(r)=\begin{cases}\dfrac{1}{2^{n/2}\Gamma\left(\dfrac{n}{2}\right)}r^{\frac{n}{2}-1}\mathrm{e}^{-\frac{r}{2}}, & r\geqslant 0\\ 0, & r<0\end{cases} \tag{4-45}$$

$$F_R(r)=\int_{-\infty}^{r}f_R(t)\mathrm{d}t \tag{4-46}$$

显然,在n维独立标准正态空间中,方程$X_1^2+X_2^2+\cdots+X_n^2=\beta^2$定义了$n$维欧氏空间$R^n$中以原点为中心且以$\beta$为半径的$n$维超球,通常称其为$\beta$球。$\beta$球将空间$R^n$划分为$\|\boldsymbol{x}\|^2<\beta^2$和$\|\boldsymbol{x}\|^2\geqslant\beta^2$两部分,如图4-5所示。由于$\beta$为坐标原点到极限状态面$g(\boldsymbol{x})=0$的最短距离,所以$\|\boldsymbol{x}\|^2<\beta^2$确定的区域必在安全域$S=\{\boldsymbol{x}:g(\boldsymbol{x})>0\}$内。

由于$\|\boldsymbol{x}\|^2\sim\chi^2(n)$,所以样本点落在$\beta$球内部的概率$P\{\|\boldsymbol{x}\|^2<\beta^2\}$和落在$\beta$球外部的概率$P\{\|\boldsymbol{x}\|^2\geqslant\beta^2\}$可以采用$n$维$\chi^2$分布的累积分布函数$F_{\chi^2(n)}(\cdot)$表示为

$$P\{\|\boldsymbol{x}\|^2<\beta^2\}=F_{\chi^2(n)}(\beta^2) \tag{4-47}$$

$$P\{\|\boldsymbol{x}\|^2\geqslant\beta^2\}=1-F_{\chi^2(n)}(\beta^2) \tag{4-48}$$

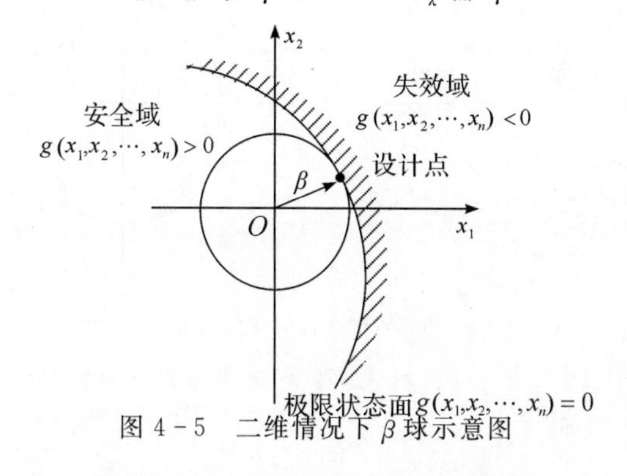

图4-5　二维情况下β球示意图

4.2.2 基于截断抽样的可靠性分析方法

1.截断抽样法的原理和计算公式

在独立标准正态空间中，β 球将样本空间划分为 $\|\boldsymbol{x}\|^2 < \beta^2$ 的部分和 $\|\boldsymbol{x}\|^2 \geqslant \beta^2$ 的部分，由全概率公式可知，失效概率可以表示为

$$
\begin{aligned}
P_f &= P\{g(\boldsymbol{x}) \leqslant 0 \mid \boldsymbol{x} \in R^n\} \\
&= P\{g(\boldsymbol{x}) \leqslant 0 \mid \|\boldsymbol{x}\|^2 < \beta^2\} P\{\|\boldsymbol{x}\|^2 < \beta^2\} \\
&\quad + P\{g(\boldsymbol{x}) \leqslant 0 \mid \|\boldsymbol{x}\|^2 \geqslant \beta^2\} P\{\|\boldsymbol{x}\|^2 \geqslant \beta^2\}
\end{aligned} \tag{4-49}
$$

又由于 $\|\boldsymbol{x}\|^2 < \beta^2$ 内的样本是绝对安全的，因此 $P\{g(\boldsymbol{x}) \leqslant 0 \mid \|\boldsymbol{x}\|^2 < \beta^2\} = 0$。且有

$$
P\{\|\boldsymbol{x}\|^2 \geqslant \beta^2\} = P\left\{\sum_{i=1}^{n} x_i^2 \geqslant \beta^2\right\} = 1 - F_{\chi^2(n)}(\beta^2) \tag{4-50}
$$

将式(4-50)代入到式(4-49)中，可得

$$
P_f = [1 - F_{\chi^2(n)}(\beta^2)] \cdot P\{g(\boldsymbol{x}) \leqslant 0 \mid \|\boldsymbol{x}\|^2 \geqslant \beta^2\} \tag{4-51}
$$

引入 β 球截去后剩余变量空间(也即 $\|\boldsymbol{x}\|^2 \geqslant \beta^2$ 空间)的概率密度函数，即截断抽样概率密度函数 $f_{\boldsymbol{X}}^{\mathrm{tr}}(\boldsymbol{x})$ 为

$$
f_{\boldsymbol{X}}^{\mathrm{tr}}(\boldsymbol{x}) = \begin{cases} \dfrac{1}{1 - F_{\chi^2(n)}(\beta^2)} f_{\boldsymbol{X}}(\boldsymbol{x}) & \|\boldsymbol{x}\|^2 \geqslant \beta^2 \\ 0 & \|\boldsymbol{x}\|^2 < \beta^2 \end{cases} \tag{4-52}
$$

则式(4-51)可改写为

$$
\begin{aligned}
P_f &= [1 - F_{\chi^2(n)}(\beta^2)] \cdot \int_{g(\boldsymbol{x}) \leqslant 0} f_{\boldsymbol{X}}^{\mathrm{tr}}(\boldsymbol{x}) \mathrm{d}\boldsymbol{x} = [1 - F_{\chi^2(n)}(\beta^2)] \cdot \int_{R^n} I_F(\boldsymbol{x}) f_{\boldsymbol{X}}^{\mathrm{tr}}(\boldsymbol{x}) \mathrm{d}\boldsymbol{x} \\
&= [1 - F_{\chi^2(n)}(\beta^2)] E[I_F(\boldsymbol{x})]
\end{aligned} \tag{4-53}
$$

根据截断抽样概率密度函数 $f_{\boldsymbol{X}}^{\mathrm{tr}}(\boldsymbol{x})$ 抽取输入变量 $\boldsymbol{X}$ 的 M 个样本 $\{\boldsymbol{x}_1, \boldsymbol{x}_2, \cdots, \boldsymbol{x}_M\}^{\mathrm{T}}$，可得失效概率的估计值 $\hat{P}_f$ 为

$$
\hat{P}_f = [1 - F_{\chi^2(n)}(\beta^2)] \cdot \frac{1}{M} \sum_{j=1}^{M} I_F(\boldsymbol{x}_j) \tag{4-54}
$$

$f_{\boldsymbol{X}}(\boldsymbol{x})$ 与 $f_{\boldsymbol{X}}^{\mathrm{tr}}(\boldsymbol{x})$ 的等密度线对比如图 4-6 所示。

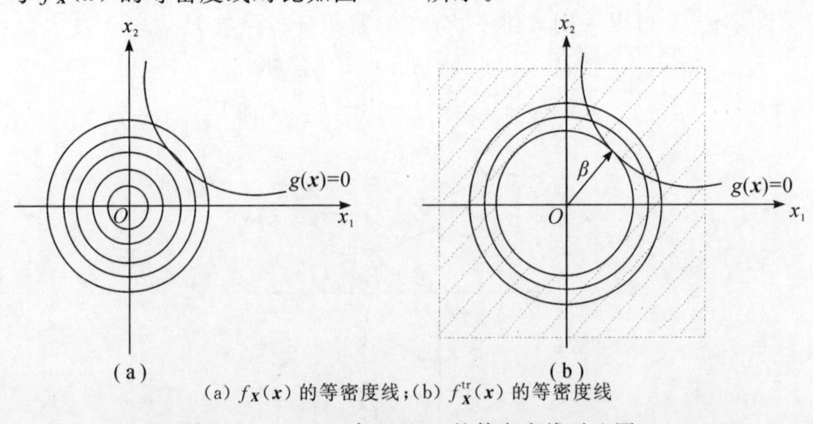

(a) $f_{\boldsymbol{X}}(\boldsymbol{x})$ 的等密度线；(b) $f_{\boldsymbol{X}}^{\mathrm{tr}}(\boldsymbol{x})$ 的等密度线

图 4-6　$f_{\boldsymbol{X}}(\boldsymbol{x})$ 与 $f_{\boldsymbol{X}}^{\mathrm{tr}}(\boldsymbol{x})$ 的等密度线对比图

2. 截断抽样法失效概率估计值的收敛性分析

对式(4-54)两边求数学期望，根据样本与母体独立同分布的性质，再用样本均值代替母体均值，可得失效概率估计值 $\hat{P}_f$ 的期望 $E[\hat{P}_f]$ 及期望的估计值为

$$\begin{aligned}E[\hat{P}_f] &= [1-F_{\chi^2(n)}(\beta^2)]\cdot E\left[\frac{1}{M}\sum_{j=1}^{M}I_F(\boldsymbol{x}_j)\right] = [1-F_{\chi^2(n)}(\beta^2)]\cdot E[I_F(\boldsymbol{x})] = P_f \\ &\approx [1-F_{\chi^2(n)}(\beta^2)]\cdot\frac{1}{M}\sum_{j=1}^{M}I_F(\boldsymbol{x}_j) = \hat{P}_f\end{aligned} \tag{4-55}$$

由式(4-55)可知，基于截断抽样得到的失效概率估计值是失效概率的无偏估计，且失效概率估计值的期望在模拟过程中可以由 $\hat{P}_f$ 来估计。

对式(4-54)两边求方差，根据样本与母体独立同分布的性质，再用样本方差代替母体方差，可得失效概率估计值 $\hat{P}_f$ 的方差 $\mathrm{Var}[\hat{P}_f]$ 及方差的估计值为

$$\begin{aligned}\mathrm{Var}[\hat{P}_f] &= \mathrm{Var}\left\{[1-F_{\chi^2(n)}(\beta^2)]\cdot\frac{1}{M}\sum_{j=1}^{M}I_F(\boldsymbol{x}_j)\right\} = \frac{[1-F_{\chi^2(n)}(\beta^2)]^2}{M}\cdot\mathrm{Var}[I_F(\boldsymbol{x}_j)] \\ &= \frac{[1-F_{\chi^2(n)}(\beta^2)]^2}{M}\cdot\mathrm{Var}[I_F(\boldsymbol{x})] \\ &\approx \frac{[1-F_{\chi^2(n)}(\beta^2)]^2}{M(M-1)}\left(\sum_{j=1}^{M}I_F^2(\boldsymbol{x}_j) - M\left[\frac{1}{M}\sum_{j=1}^{M}I_F(\boldsymbol{x}_j)\right]^2\right) \\ &= \frac{[1-F_{\chi^2(n)}(\beta^2)]^2}{M-1}\left(\frac{1}{M}\sum_{j=1}^{M}I_F^2(\boldsymbol{x}_j) - \left[\frac{1}{M}\sum_{j=1}^{M}I_F(\boldsymbol{x}_j)\right]^2\right) \\ &= \frac{[1-F_{\chi^2(n)}(\beta^2)]\hat{P}_f}{M-1} - \frac{\hat{P}_f^2}{M-1}\end{aligned} \tag{4-56}$$

失效概率估计值 $\hat{P}_f$ 的变异系数 $\mathrm{Cov}[\hat{P}_f]$ 为

$$\mathrm{Cov}[\hat{P}_f] = \sqrt{\mathrm{Var}[\hat{P}_f]}/E[\hat{P}_f] \tag{4-57}$$

3. 基于截断抽样的失效概率的求解步骤

(1)将原始输入变量空间转换到独立标准正态空间，用 AFOSM 方法或者其他优化算法计算可靠度指标 β。

(2)构造 β 球，将输入变量空间分成球内 $\|\boldsymbol{x}\|^2 < \beta^2$ 和球外 $\|\boldsymbol{x}\|^2 \geqslant \beta^2$ 两部分。

(3)根据截断抽样概率密度函数 $f_{\boldsymbol{X}}^{\mathrm{tr}}(\boldsymbol{x})$ 抽取输入变量 $\boldsymbol{X}$ 的 M 个样本 $\{\boldsymbol{x}_1,\boldsymbol{x}_2,\cdots,\boldsymbol{x}_M\}^{\mathrm{T}}$。

(4)计算 M 个样本对应的功能函数值，对指示函数的值 $I_F(\boldsymbol{x}_j)(j=1,2,\cdots,M)$ 进行累加。最后由式(4-54)求得失效概率的估计值 $\hat{P}_f$，根据式(4-55)～式(4-57)求得失效概率估计值的均值、方差和变异系数。

实际上利用截断抽样法求失效概率时，可按照下述步骤进行求解：

(1)将原始输入变量空间转换到独立标准正态空间，用 AFOSM 方法或者其他优化算法计算可靠度指标 β。

(2)根据输入变量 $\boldsymbol{X}$ 的联合概率密度函数 $f_{\boldsymbol{X}}(\boldsymbol{x})$ 抽取 N 个样本 $\{\boldsymbol{x}_1,\boldsymbol{x}_2,\cdots,\boldsymbol{x}_N\}^{\mathrm{T}}$。判断出落在球外 $\|\boldsymbol{x}\|^2 \geqslant \beta^2$ 的 $M(M<N)$ 个样本，这 M 个样本即为 $f_{\boldsymbol{X}}^{\mathrm{tr}}(\boldsymbol{x})$ 的样本，且

$$1-F_{\chi^2(n)}(\beta^2)=P\{\|\boldsymbol{x}\|^2\geqslant\beta^2\}\approx\frac{M}{N} \tag{4-58}$$

(3)将落在球外的 M 个样本代入到功能函数中，对指示函数的值 $I_F(\boldsymbol{x}_j)(j=1,2,\cdots,M)$ 进行累加。最后利用式(4-54)求得失效概率的估计值，利用式(4-55)～式(4-57)求得失效概率估计值的均值、方差和变异系数。

截断抽样法求解失效概率的流程图如图4-7所示。

4.2.3 基于截断抽样的可靠性局部灵敏度分析方法

独立标准正态空间中，基于截断抽样的可靠性局部灵敏度计算式为

$$\begin{aligned}\frac{\partial P_f}{\partial\theta_{X_i}^{(k)}}&=\int_{R^n}I_F(\boldsymbol{x})\frac{\partial f_{\boldsymbol{X}}(\boldsymbol{x})}{\partial\theta_{X_i}^{(k)}}\mathrm{d}\boldsymbol{x}=\int_{R^n}I_F(\boldsymbol{x})\frac{\partial f_{\boldsymbol{X}}(\boldsymbol{x})}{\partial\theta_{X_i}^{(k)}}\frac{1}{f_{\boldsymbol{X}}^{\mathrm{tr}}(\boldsymbol{x})}f_{\boldsymbol{X}}^{\mathrm{tr}}(\boldsymbol{x})\mathrm{d}\boldsymbol{x}\\&=[1-F_{\chi^2(n)}(\beta^2)]\cdot\int_{R^n}I_F(\boldsymbol{x})\frac{\partial f_{\boldsymbol{X}}(\boldsymbol{x})}{\partial\theta_{X_i}^{(k)}}\frac{1}{f_{\boldsymbol{X}}(\boldsymbol{x})}f_{\boldsymbol{X}}^{\mathrm{tr}}(\boldsymbol{x})\mathrm{d}\boldsymbol{x}\\&=[1-F_{\chi^2(n)}(\beta^2)]\cdot E\left[\frac{I_F(\boldsymbol{x})}{f_{\boldsymbol{X}}(\boldsymbol{x})}\cdot\frac{\partial f_{\boldsymbol{X}}(\boldsymbol{x})}{\partial\theta_{X_i}^{(k)}}\right]\end{aligned} \tag{4-59}$$

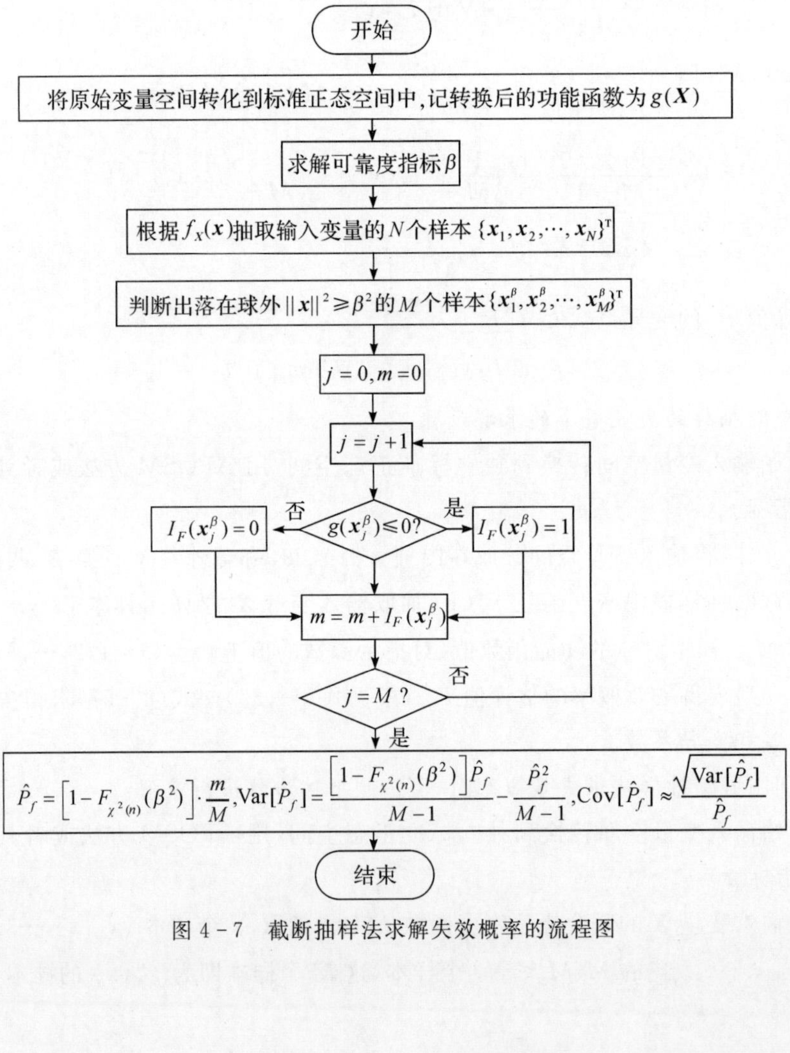

开始

将原始变量空间转化到标准正态空间中，记转换后的功能函数为 $g(\boldsymbol{X})$

求解可靠度指标 β

根据 $f_X(\boldsymbol{x})$ 抽取输入变量的 N 个样本 $\{\boldsymbol{x}_1,\boldsymbol{x}_2,\cdots,\boldsymbol{x}_N\}^{\mathrm{T}}$

判断出落在球外 $\|\boldsymbol{x}\|^2\geqslant\beta^2$ 的 M 个样本 $\{\boldsymbol{x}_1^\beta,\boldsymbol{x}_2^\beta,\cdots,\boldsymbol{x}_M^\beta\}^{\mathrm{T}}$

$j=0,m=0$

$j=j+1$

$g(\boldsymbol{x}_j^\beta)\leqslant 0$?

否：$I_F(\boldsymbol{x}_j^\beta)=0$

是：$I_F(\boldsymbol{x}_j^\beta)=1$

$m=m+I_F(\boldsymbol{x}_j^\beta)$

$j=M$?（否：返回 $j=j+1$）

是

$\hat{P}_f=\left[1-F_{\chi^2(n)}(\beta^2)\right]\cdot\dfrac{m}{M}$，$\mathrm{Var}[\hat{P}_f]=\dfrac{\left[1-F_{\chi^2(n)}(\beta^2)\right]\hat{P}_f}{M-1}-\dfrac{\hat{P}_f^2}{M-1}$，$\mathrm{Cov}[\hat{P}_f]\approx\dfrac{\sqrt{\mathrm{Var}[\hat{P}_f]}}{\hat{P}_f}$

结束

图4-7 截断抽样法求解失效概率的流程图

根据截断抽样概率密度函数 $f_{\boldsymbol{X}}^{\mathrm{tr}}(\boldsymbol{x})$ 抽取输入变量的 M 个样本点 $\{\boldsymbol{x}_1,\boldsymbol{x}_2,\cdots,\boldsymbol{x}_M\}^{\mathrm{T}}$，则可靠性局部灵敏度的估计值为

$$\frac{\partial \hat{P}_f}{\partial \theta_{X_i}^{(k)}}=[1-F_{\chi^2(n)}(\beta^2)]\cdot\frac{1}{M}\sum_{j=1}^{M}\left(\frac{I_F(\boldsymbol{x}_j)}{f_{\boldsymbol{X}}(\boldsymbol{x}_j)}\cdot\frac{\partial f_{\boldsymbol{X}}(\boldsymbol{x}_j)}{\partial \theta_{X_i}^{(k)}}\right) \tag{4-60}$$

对式(4－60)两边求数学期望，根据样本和母体独立同分布的性质，并利用样本均值近似母体均值，可得可靠性局部灵敏度估计值 $\partial\hat{P}_f/\partial\theta_{X_i}^{(k)}$ 的期望 $E[\partial\hat{P}_f/\partial\theta_{X_i}^{(k)}]$ 及期望的估计值为

$$\begin{aligned}E\left[\frac{\partial \hat{P}_f}{\partial \theta_{X_i}^{(k)}}\right]&=[1-F_{\chi^2(n)}(\beta^2)]\cdot E\left[\frac{1}{M}\sum_{j=1}^{M}\left(\frac{I_F(\boldsymbol{x}_j)}{f_{\boldsymbol{X}}(\boldsymbol{x}_j)}\cdot\frac{\partial f_{\boldsymbol{X}}(\boldsymbol{x}_j)}{\partial \theta_{X_i}^{(k)}}\right)\right]\\&=[1-F_{\chi^2(n)}(\beta^2)]\cdot E\left[\frac{I_F(\boldsymbol{x})}{f_{\boldsymbol{X}}(\boldsymbol{x})}\cdot\frac{\partial f_{\boldsymbol{X}}(\boldsymbol{x})}{\partial \theta_{X_i}^{(k)}}\right]=\frac{\partial P_f}{\partial \theta_{X_i}^{(k)}}\\&\approx[1-F_{\chi^2(n)}(\beta^2)]\cdot\frac{1}{M}\sum_{j=1}^{M}\left[\frac{I_F(\boldsymbol{x}_j)}{f_{\boldsymbol{X}}(\boldsymbol{x}_j)}\cdot\frac{\partial f_{\boldsymbol{X}}(\boldsymbol{x}_j)}{\partial \theta_{X_i}^{(k)}}\right]=\frac{\partial \hat{P}_f}{\partial \theta_{X_i}^{(k)}}\end{aligned} \tag{4-61}$$

由式(4－61)可知，基于截断抽样得到的可靠性局部灵敏度估计值为可靠性局部灵敏度的无偏估计，且可靠性局部灵敏度估计值的期望在模拟的过程中可以由 $\partial\hat{P}_f/\partial\theta_{X_i}^{(k)}$ 来估计。

对式(4－60)两边求方差，根据样本和母体独立同分布的性质，再利用样本方差近似母体方差，可得可靠性局部灵敏度估计值 $\partial\hat{P}_f/\partial\theta_{X_i}^{(k)}$ 的方差 $\mathrm{Var}[\partial\hat{P}_f/\partial\theta_{X_i}^{(k)}]$ 及方差的估计值为

$$\begin{aligned}&\mathrm{Var}\left[\frac{\partial \hat{P}_f}{\partial \theta_{X_i}^{(k)}}\right]=\mathrm{Var}\left[(1-F_{\chi^2(n)}(\beta^2))\cdot\frac{1}{M}\sum_{j=1}^{M}\left(\frac{I_F(\boldsymbol{x}_j)}{f_{\boldsymbol{X}}(\boldsymbol{x}_j)}\cdot\frac{\partial f_{\boldsymbol{X}}(\boldsymbol{x}_j)}{\partial \theta_{X_i}^{(k)}}\right)\right]\\&=\frac{[1-F_{\chi^2(n)}(\beta^2)]^2}{M}\cdot\mathrm{Var}\left[\frac{I_F(\boldsymbol{x})}{f_{\boldsymbol{X}}(\boldsymbol{x})}\cdot\frac{\partial f_{\boldsymbol{X}}(\boldsymbol{x})}{\partial \theta_{X_i}^{(k)}}\right]\\&\approx\frac{[1-F_{\chi^2(n)}(\beta^2)]^2}{M-1}\left\{\frac{1}{M}\sum_{j=1}^{M}\left(\frac{I_F(\boldsymbol{x}_j)}{f_{\boldsymbol{X}}(\boldsymbol{x}_j)}\cdot\frac{\partial f_{\boldsymbol{X}}(\boldsymbol{x}_j)}{\partial \theta_{X_i}^{(k)}}\right)^2-\left[\frac{1}{M}\sum_{j=1}^{M}\left(\frac{I_F(\boldsymbol{x}_j)}{f_{\boldsymbol{X}}(\boldsymbol{x}_j)}\cdot\frac{\partial f_{\boldsymbol{X}}(\boldsymbol{x}_j)}{\partial \theta_{X_i}^{(k)}}\right)\right]^2\right\}\\&=\frac{1}{M-1}\left\{\frac{[1-F_{\chi^2(n)}(\beta^2)]^2}{M}\sum_{j=1}^{M}\left[\frac{I_F(\boldsymbol{x}_j)}{f_{\boldsymbol{X}}(\boldsymbol{x}_j)}\cdot\frac{\partial f_{\boldsymbol{X}}(\boldsymbol{x}_j)}{\partial \theta_{X_i}^{(k)}}\right]^2-\left[\frac{\partial \hat{P}_f}{\partial \theta_{X_i}^{(k)}}\right]^2\right\}\end{aligned} \tag{4-62}$$

可靠性局部灵敏度估计值 $\partial\hat{P}_f/\partial\theta_{X_i}^{(k)}$ 的变异系数 $\mathrm{Cov}[\partial\hat{P}_f/\partial\theta_{X_i}^{(k)}]$ 为

$$\mathrm{Cov}[\partial\hat{P}_f/\partial\theta_{X_i}^{(k)}]=\sqrt{\mathrm{Var}[\partial\hat{P}_f/\partial\theta_{X_i}^{(k)}]}\,/\,|E[\partial\hat{P}_f/\partial\theta_{X_i}^{(k)}]| \tag{4-63}$$

4.2.4　基于截断重要抽样的可靠性分析方法

截断抽样法是通过对独立标准正态空间中的概率密度函数 $f_{\boldsymbol{X}}(\boldsymbol{x})$ 依据 β 球进行截断后形成的一种抽样方法，而截断重要抽样法则是对独立标准正态空间中的重要抽样密度函数 $h_{\boldsymbol{X}}(\boldsymbol{x})$ 依据 β 球进行截断后形成的一种抽样方法。

基于设计点的重要抽样概率密度函数的抽样中心在设计点处，那么按 $h_{\boldsymbol{X}}(\boldsymbol{x})$ 所产生的样本仍然有较大数量的样本点落在结构的安全域内。截断重要抽样法通过建立 β 球，并构造样本点落在 β 球外的截断重要抽样概率密度函数，在传统重要抽样法的基础上进一步减少在结构安全域的抽样，提高了抽样效率。

1. 基于截断重要抽样的失效概率求解

在 n 维独立标准正态空间中，可靠度指标为坐标原点到极限状态面的最短距离，这说明失

效域位于以坐标原点为球心且可靠度指标为半径的 β 超球之外。定义 β 超球外区域内的指示函数 $I_\beta(\boldsymbol{x})$ 为

$$I_\beta(\boldsymbol{x})=\begin{cases}1, & \|\boldsymbol{x}\|^2\geqslant\beta^2\\0, & \|\boldsymbol{x}\|^2<\beta^2\end{cases} \tag{4-64}$$

被 β 球截断后的重要抽样概率密度函数，即截断重要抽样概率密度函数 $h_{\boldsymbol{X}}^{\mathrm{tr}}(\boldsymbol{x})$ 为

$$h_{\boldsymbol{X}}^{\mathrm{tr}}(\boldsymbol{x})=\begin{cases}0, & \|\boldsymbol{x}\|^2<\beta^2\\ \dfrac{h_{\boldsymbol{X}}(\boldsymbol{x})}{\displaystyle\int_{R^n}I_\beta(\boldsymbol{x})h_{\boldsymbol{X}}(\boldsymbol{x})\mathrm{d}\boldsymbol{x}}, & \|\boldsymbol{x}\|^2\geqslant\beta^2\end{cases} \tag{4-65}$$

$h_{\boldsymbol{X}}(\boldsymbol{x})$ 和 $h_{\boldsymbol{X}}^{\mathrm{tr}}(\boldsymbol{x})$ 的等密度线对比如图 4-8 所示。

重要抽样法求解失效概率的公式为

$$P_f=\int_{R^n}I_F(\boldsymbol{x})\frac{f_{\boldsymbol{X}}(\boldsymbol{x})}{h_{\boldsymbol{X}}(\boldsymbol{x})}h_{\boldsymbol{X}}(\boldsymbol{x})\mathrm{d}\boldsymbol{x} \tag{4-66}$$

由于区域 $\|\boldsymbol{x}\|^2\geqslant\beta^2$ 内包含失效域 $F=\{\boldsymbol{x}:g(\boldsymbol{x})\leqslant 0\}$，所以在式(4-66)中引入区域 $\|\boldsymbol{x}\|^2\geqslant\beta^2$ 的指示函数 $I_\beta(\boldsymbol{x})$，可得截断重要抽样法求解失效概率的计算公式为

$$P_f=\int_{R^n}I_F(\boldsymbol{x})I_\beta(\boldsymbol{x})\frac{f_{\boldsymbol{X}}(\boldsymbol{x})}{h_{\boldsymbol{X}}(\boldsymbol{x})}h_{\boldsymbol{X}}(\boldsymbol{x})\mathrm{d}\boldsymbol{x}=E\left[I_F(\boldsymbol{x})I_\beta(\boldsymbol{x})\frac{f_{\boldsymbol{X}}(\boldsymbol{x})}{h_{\boldsymbol{X}}(\boldsymbol{x})}\right] \tag{4-67}$$

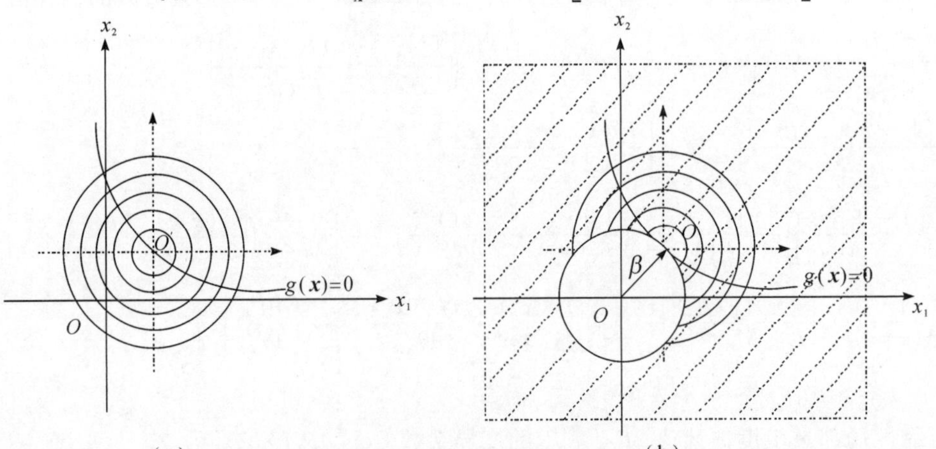

(a) $h_{\boldsymbol{X}}(\boldsymbol{x})$ 的等密度线；(b) $h_{\boldsymbol{X}}^{\mathrm{tr}}(\boldsymbol{x})$ 的等密度线

图 4-8　$h_{\boldsymbol{X}}(\boldsymbol{x})$ 和 $h_{\boldsymbol{X}}^{\mathrm{tr}}(\boldsymbol{x})$ 的等密度线对比图

根据重要抽样密度函数 $h_{\boldsymbol{X}}(\boldsymbol{x})$ 抽取输入变量 $\boldsymbol{X}$ 的 N 个样本 $\{\boldsymbol{x}_1,\boldsymbol{x}_2,\cdots,\boldsymbol{x}_N\}^{\mathrm{T}}$，则截断重要抽样法得到的失效概率的估计值 $\hat{P}_f$ 为

$$\hat{P}_f=\frac{1}{N}\sum_{j=1}^{N}\frac{I_F(\boldsymbol{x}_j)I_\beta(\boldsymbol{x}_j)f_{\boldsymbol{X}}(\boldsymbol{x}_j)}{h_{\boldsymbol{X}}(\boldsymbol{x}_j)} \tag{4-68}$$

式(4-68)表明，截断重要抽样法估计失效概率时，对于落入 β 球内的样本点 $\boldsymbol{x}_j$，由于其对应的指示函数 $I_\beta(\boldsymbol{x}_j)=0$，所以这些样本点无需再计算其功能函数值。也就是说，引入 β 球外区域的指示函数 $I_\beta(\boldsymbol{x})$，相当于对 $h_{\boldsymbol{X}}(\boldsymbol{x})$ 进行了截断，$I_\beta(\boldsymbol{x})=1$ 的样本相当于根据概率密度函数 $h_{\boldsymbol{X}}^{\mathrm{tr}}(\boldsymbol{x})$ 抽取的样本。

截断重要抽样法在估计失效概率时，只需计算落入 β 球外区域的重要抽样样本对应的功能函数值即可估计出失效概率。而传统重要抽样法必须计算出所有重要抽样样本的功能函数

值，才能估计出失效概率，因此截断重要抽样方法比传统重要抽样方法计算效率更高。

2. 截断重要抽样失效概率估计值的收敛性分析

对式(4-68)两边求数学期望，根据样本和母体独立同分布的性质，并利用样本均值近似母体均值，可得失效概率估计值 $\hat{P}_f$ 的均值 $E[\hat{P}_f]$ 及均值的估计值为

$$\begin{aligned}E[\hat{P}_f]&=E\left[\frac{1}{N}\sum_{j=1}^{N}\frac{I_F(\boldsymbol{x}_j)I_\beta(\boldsymbol{x}_j)f_{\boldsymbol{X}}(\boldsymbol{x}_j)}{h_{\boldsymbol{X}}(\boldsymbol{x}_j)}\right]\\&=E\left[I_F(\boldsymbol{x})I_\beta(\boldsymbol{x})\frac{f_{\boldsymbol{X}}(\boldsymbol{x})}{h_{\boldsymbol{X}}(\boldsymbol{x})}\right]=P_f\\&\approx\frac{1}{N}\sum_{j=1}^{N}\frac{I_F(\boldsymbol{x}_j)I_\beta(\boldsymbol{x}_j)f_{\boldsymbol{X}}(\boldsymbol{x}_j)}{h_{\boldsymbol{X}}(\boldsymbol{x}_j)}=\hat{P}_f\end{aligned}\tag{4-69}$$

即截断重要抽样得到的失效概率估计值为失效概率的无偏估计，且失效概率估计值的期望 $E[\hat{P}_f]$ 在模拟过程中可以由 $\hat{P}_f$ 近似得到。

对式(4-68)两边求方差，根据样本和母体独立同分布的性质，再利用样本方差近似母体方差，可得失效概率估计值 $\hat{P}_f$ 的方差 $\mathrm{Var}[\hat{P}_f]$ 及方差的估计值为

$$\begin{aligned}\mathrm{Var}[\hat{P}_f]&=\mathrm{Var}\left[\frac{1}{N}\sum_{j=1}^{N}\frac{I_F(\boldsymbol{x}_j)I_\beta(\boldsymbol{x}_j)f_{\boldsymbol{X}}(\boldsymbol{x}_j)}{h_{\boldsymbol{X}}(\boldsymbol{x}_j)}\right]=\frac{1}{N}\sum_{j=1}^{N}\left[I_F(\boldsymbol{x})I_\beta(\boldsymbol{x})\frac{f_{\boldsymbol{X}}(\boldsymbol{x})}{h_{\boldsymbol{X}}(\boldsymbol{x})}\right]\\&\approx\frac{1}{N-1}\left[\frac{1}{N}\sum_{j=1}^{N}\left(I_F(\boldsymbol{x}_j)I_\beta(\boldsymbol{x}_j)\frac{f_{\boldsymbol{X}}(\boldsymbol{x}_j)}{h_{\boldsymbol{X}}(\boldsymbol{x}_j)}\right)^2-\left(\frac{1}{N}\sum_{j=1}^{N}I_F(\boldsymbol{x}_j)I_\beta(\boldsymbol{x}_j)\frac{f_{\boldsymbol{X}}(\boldsymbol{x}_j)}{h_{\boldsymbol{X}}(\boldsymbol{x}_j)}\right)^2\right]\\&=\frac{1}{N-1}\left[\frac{1}{N}\sum_{j=1}^{N}\left(I_F(\boldsymbol{x}_j)I_\beta(\boldsymbol{x}_j)\frac{f_{\boldsymbol{X}}^2(\boldsymbol{x}_j)}{h_{\boldsymbol{X}}^2(\boldsymbol{x}_j)}\right)-\hat{P}_f^2\right]\end{aligned}\tag{4-70}$$

失效概率估计值 $\hat{P}_f$ 的变异系数 $\mathrm{Cov}[\hat{P}_f]$ 为

$$\mathrm{Cov}[\hat{P}_f]=\sqrt{\mathrm{Var}[\hat{P}_f]}/E[\hat{P}_f]\tag{4-71}$$

3. 截断重要抽样法求解失效概率的计算步骤

(1)将原始输入变量空间转换到独立标准正态空间中，用 AFOSM 法或者其他优化算法求得设计点 $\boldsymbol{x}^*$ 及可靠度指标 β 。

(2)以设计点为抽样中心构造重要抽样密度函数 $h_{\boldsymbol{X}}(\boldsymbol{x})$ ，并根据 $h_{\boldsymbol{X}}(\boldsymbol{x})$ 抽取输入变量 $\boldsymbol{X}$ 的 N 个样本 $\{\boldsymbol{x}_1,\boldsymbol{x}_2,\cdots,\boldsymbol{x}_N\}^{\mathrm{T}}$ 。

(3)计算每个样本 $\boldsymbol{x}_j=\{x_{j1},x_{j2},\cdots,x_{jn}\}$ 到原点的距离 $\sum_{i=1}^{n}x_{ji}^2$ 。若 $\sum_{i=1}^{n}x_{ji}^2\geqslant\beta^2$ ，则 $\boldsymbol{x}_j$ 为 $h_{\boldsymbol{X}}^{\mathrm{tr}}(\boldsymbol{x})$ 的样本点，即 $I_\beta(\boldsymbol{x}_j)=1$，否则 $I_\beta(\boldsymbol{x}_j)=0$。若 $I_\beta(\boldsymbol{x}_j)=1$，计算 $\boldsymbol{x}_j$ 对应的功能函数值 $g(\boldsymbol{x}_j)$ ，根据 $g(\boldsymbol{x}_j)$ 确定指示函数 $I_F(\boldsymbol{x}_j)$ 的值，对 $I_F(\boldsymbol{x}_j)I_\beta(\boldsymbol{x}_j)\dfrac{f_{\boldsymbol{X}}(\boldsymbol{x}_j)}{h_{\boldsymbol{X}}(\boldsymbol{x}_j)}$ 及 $I_F(\boldsymbol{x}_j)I_\beta(\boldsymbol{x}_j)\dfrac{f_{\boldsymbol{X}}^2(\boldsymbol{x}_j)}{h_{\boldsymbol{X}}^2(\boldsymbol{x}_j)}$ 进行累加。

(4)由式(4-68)求得失效概率的估计值 $\hat{P}_f$ ，由式(4-69)～式(4-71)求得失效概率估计值的均值、方差及变异系数。

截断重要抽样法求解失效概率的流程图如图 4-9 所示。

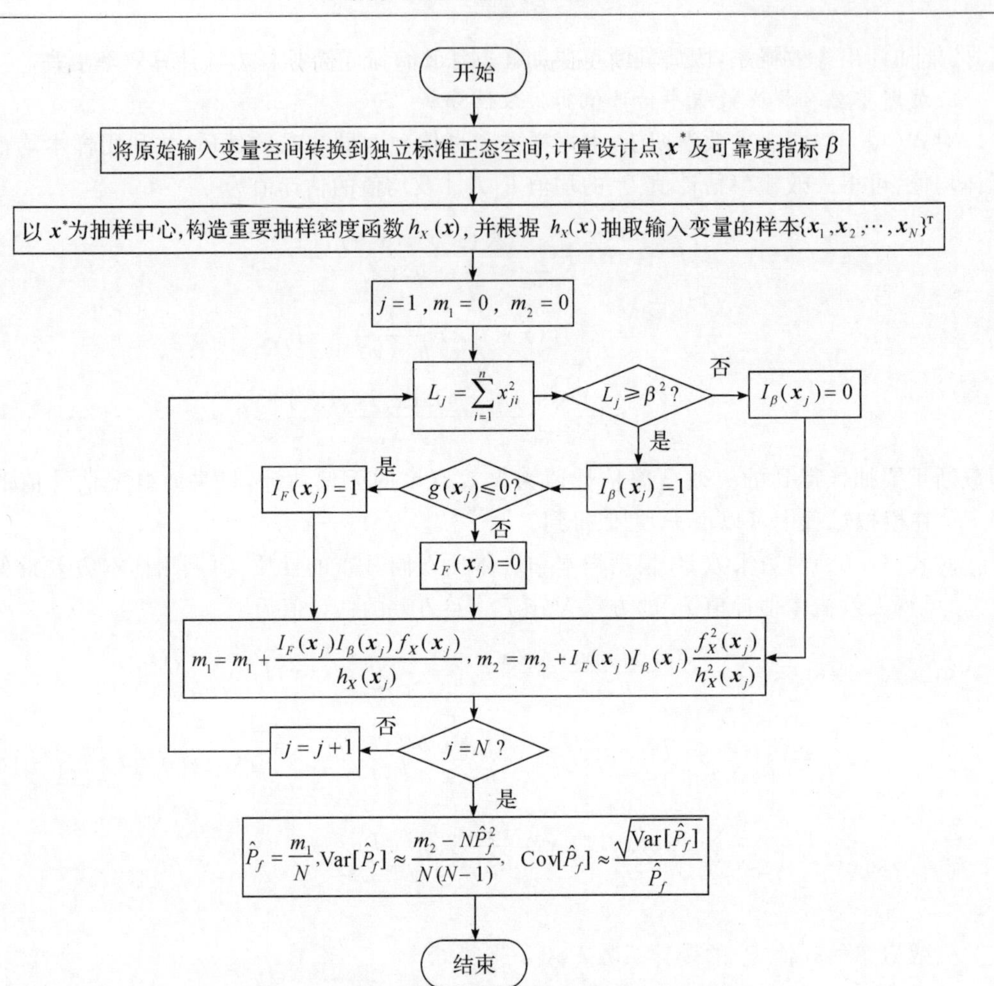

图 4-9　截断重要抽样法求解失效概率的流程图

4.2.5　基于截断重要抽样的可靠性局部灵敏度分析方法

重要抽样法计算可靠性局部灵敏度的公式为

$$\frac{\partial P_f}{\partial \theta_{X_i}^{(k)}}=\int_{R^n} I_F(\boldsymbol{x}) \frac{\partial f_{\boldsymbol{X}}(\boldsymbol{x})}{\partial \theta_{X_i}^{(k)}} \frac{1}{h_{\boldsymbol{X}}(\boldsymbol{x})} h_{\boldsymbol{X}}(\boldsymbol{x}) \mathrm{d} \boldsymbol{x} \tag{4-72}$$

在上式中引入 β 球外区域的指示函数 $I_\beta(\boldsymbol{x})$，可得截断重要抽样法可靠性局部灵敏度的计算公式为

$$\begin{aligned}\frac{\partial P_f}{\partial \theta_{X_i}^{(k)}} &=\int_{R^n} I_F(\boldsymbol{x}) \frac{\partial f_{\boldsymbol{X}}(\boldsymbol{x})}{\partial \theta_{X_i}^{(k)}} \frac{1}{h_{\boldsymbol{X}}(\boldsymbol{x})} h_{\boldsymbol{X}}(\boldsymbol{x}) \mathrm{d} \boldsymbol{x}=\int_{R^n} \frac{I_F(\boldsymbol{x}) I_\beta(\boldsymbol{x})}{h_{\boldsymbol{X}}(\boldsymbol{x})} \frac{\partial f_{\boldsymbol{X}}(\boldsymbol{x})}{\partial \theta_{X_i}^{(k)}} h_{\boldsymbol{X}}(\boldsymbol{x}) \mathrm{d} \boldsymbol{x} \\ &=E\left[\frac{I_F(\boldsymbol{x}) I_\beta(\boldsymbol{x})}{h_{\boldsymbol{X}}(\boldsymbol{x})} \cdot \frac{\partial f_{\boldsymbol{X}}(\boldsymbol{x})}{\partial \theta_{X_i}^{(k)}}\right]\end{aligned} \tag{4-73}$$

根据重要抽样密度函数 $h_{\boldsymbol{X}}(\boldsymbol{x})$ 抽取输入变量 $\boldsymbol{X}$ 的 N 个样本 $\{\boldsymbol{x}_1, \boldsymbol{x}_2, \cdots, \boldsymbol{x}_N\}^{\mathrm{T}}$，则截断重要抽样法得到的可靠性局部灵敏度的估计值为

$$\frac{\partial \hat{P}_f}{\partial \theta_{X_i}^{(k)}}=\frac{1}{N} \sum_{j=1}^{N}\left[\frac{I_F(\boldsymbol{x}_j) I_\beta(\boldsymbol{x}_j)}{h_{\boldsymbol{X}}(\boldsymbol{x}_j)} \cdot \frac{\partial f_{\boldsymbol{X}}(\boldsymbol{x}_j)}{\partial \theta_{X_i}^{(k)}}\right] \tag{4-74}$$

对式(4-74)两边求数学期望,根据样本和母体独立同分布的性质,并利用样本均值近似母体均值,可得可靠性局部灵敏度估计值 $\partial \hat{P}_f/\partial \theta_{X_i}^{(k)}$ 的均值 $E[\partial \hat{P}_f/\partial \theta_{X_i}^{(k)}]$ 及均值的估计值为

$$
\begin{aligned}
E\left[\frac{\partial \hat{P}_f}{\partial \theta_{X_i}^{(k)}}\right] &= E\left(\frac{1}{N}\sum_{j=1}^{N}\left[\frac{I_F(\boldsymbol{x}_j)I_\beta(\boldsymbol{x}_j)}{h_{\boldsymbol{X}}(\boldsymbol{x}_j)}\cdot\frac{\partial f_{\boldsymbol{X}}(\boldsymbol{x}_j)}{\partial \theta_{X_i}^{(k)}}\right]\right) \\
&= E\left[\frac{I_F(\boldsymbol{x})I_\beta(\boldsymbol{x})}{h_{\boldsymbol{X}}(\boldsymbol{x})}\cdot\frac{\partial f_{\boldsymbol{X}}(\boldsymbol{x})}{\partial \theta_{X_i}^{(k)}}\right] = \frac{\partial P_f}{\partial \theta_{X_i}^{(k)}} \\
&\approx \frac{1}{N}\sum_{j=1}^{N}\left[\frac{I_F(\boldsymbol{x}_j)I_\beta(\boldsymbol{x}_j)}{h_{\boldsymbol{X}}(\boldsymbol{x}_j)}\cdot\frac{\partial f_{\boldsymbol{X}}(\boldsymbol{x}_j)}{\partial \theta_{X_i}^{(k)}}\right] = \frac{\partial \hat{P}_f}{\partial \theta_{X_i}^{(k)}}
\end{aligned}
\tag{4-75}
$$

即截断重要抽样得到的可靠性局部灵敏度的估计值是可靠性局部灵敏度的无偏估计,且可靠性局部灵敏度估计值的期望 $E[\partial \hat{P}_f/\partial \theta_{X_i}^{(k)}]$ 在数字模拟过程中可以由 $\partial \hat{P}_f/\partial \theta_{X_i}^{(k)}$ 估计。

对式(4-74)两边求方差,根据样本和母体独立同分布的性质,并利用样本方差近似母体方差,可得可靠性局部灵敏度估计值 $\partial \hat{P}_f/\partial \theta_{X_i}^{(k)}$ 的方差 $\mathrm{Var}[\partial \hat{P}_f/\partial \theta_{X_i}^{(k)}]$ 及方差的估计为

$$
\begin{aligned}
&\mathrm{Var}\left[\frac{\partial \hat{P}_f}{\partial \theta_{X_i}^{(k)}}\right] = \mathrm{Var}\left[\frac{1}{N}\sum_{j=1}^{N}\left(\frac{I_F(\boldsymbol{x}_j)I_\beta(\boldsymbol{x}_j)}{h_{\boldsymbol{X}}(\boldsymbol{x}_j)}\cdot\frac{\partial f_{\boldsymbol{X}}(\boldsymbol{x}_j)}{\partial \theta_{X_i}^{(k)}}\right)\right] = \frac{1}{N}\mathrm{Var}\left[\frac{I_F(\boldsymbol{x})I_\beta(\boldsymbol{x})}{h_{\boldsymbol{X}}(\boldsymbol{x})}\cdot\frac{\partial f_{\boldsymbol{X}}(\boldsymbol{x})}{\partial \theta_{X_i}^{(k)}}\right] \\
&\approx \frac{1}{N-1}\left[\frac{1}{N}\sum_{j=1}^{N}\left(\frac{I_F(\boldsymbol{x}_j)I_\beta(\boldsymbol{x}_j)}{h_{\boldsymbol{X}}(\boldsymbol{x}_j)}\cdot\frac{\partial f_{\boldsymbol{X}}(\boldsymbol{x}_j)}{\partial \theta_{X_i}^{(k)}}\right)^2 - \left(\frac{1}{N}\sum_{j=1}^{N}\frac{I_F(\boldsymbol{x}_j)I_\beta(\boldsymbol{x}_j)}{h_{\boldsymbol{X}}(\boldsymbol{x}_j)}\cdot\frac{\partial f_{\boldsymbol{X}}(\boldsymbol{x}_j)}{\partial \theta_{X_i}^{(k)}}\right)^2\right] \\
&= \frac{1}{N-1}\left[\frac{1}{N}\sum_{j=1}^{N}\left(\frac{I_F(\boldsymbol{x}_j)I_\beta(\boldsymbol{x}_j)}{h_{\boldsymbol{X}}(\boldsymbol{x}_j)}\cdot\frac{\partial f_{\boldsymbol{X}}(\boldsymbol{x}_j)}{\partial \theta_{X_i}^{(k)}}\right)^2 - \left(\frac{\partial \hat{P}_f}{\partial \theta_{X_i}^{(k)}}\right)^2\right]
\end{aligned}
\tag{4-76}
$$

可靠性局部灵敏度估计值 $\partial \hat{P}_f/\partial \theta_{X_i}^{(k)}$ 的变异系数 $\mathrm{Cov}[\partial \hat{P}_f/\partial \theta_{X_i}^{(k)}]$ 为

$$
\mathrm{Cov}[\partial \hat{P}_f/\partial \theta_{X_i}^{(k)}] = \sqrt{\mathrm{Var}[\partial \hat{P}_f/\partial \theta_{X_i}^{(k)}]}\,/\,|E[\partial \hat{P}_f/\partial \theta_{X_i}^{(k)}]| \tag{4-77}
$$

4.2.6 算例分析及算法参考程序

算例 4.4 某内压圆筒形容器所用材料为 15MnV(低合金高强度结构钢),输入随机变量为内径 D、内压强 P、壁厚 t 以及屈服强度 σ_S。设输入随机变量相互独立且服从正态分布,其分布参数见表 4-7。对于常见的内压圆筒形薄壁容器受二向应力,即轴向应力 $S_L=PD/(4t)$ 和周向应力 $S_t=PD/(2t)$。建立内压圆筒的功能函数为 $g=\sigma_S-S_{\mathrm{eq}}$,其中 S_{eq} 为等价应力,选用第一强度理论确定的等价应力为 $S_{\mathrm{eq}}=\max\{S_L,S_t\}=PD/(2t)$。结构的失效概率及可靠性局部灵敏度计算结果列于表 4-8 中,重要抽样法的参考程序见表 4-2,截断抽样法和截断重要抽样法的参考程序见表 4-9 和表 4-10。

表 4-7　算例 4.4 输入变量分布参数

随机变量	均值	标准差
D/mm	460	7
P/MPa	20	2.4
t/mm	19	0.8
σ_s/MPa	392	31.4

表 4-8　算例 4.4 计算结果　　**单位：10^{-5}**

	MCS	截断抽样	重要抽样	截断重要抽样
N	10^7	259 196	2×10^4	135 44
$\hat{P}_f$	45.900 (0.014 8)	45.610 (0.014 7)	45.474 (0.013 7)	45.728 (0.013 8)
$\partial\hat{P}_f/\partial\mu_D$	2.701 9 (0.037 9)	2.460 7 (0.042 4)	2.522 8 (0.040 9)	2.410 0 (0.043 2)
$\partial\hat{P}_f/\partial\mu_P$	45.137 (0.015 5)	44.780 (0.015 4)	44.801 (0.013 9)	44.170 (0.014 0)
$\partial\hat{P}_f/\partial\mu_t$	−63.539 (0.019 5)	−61.527 (0.019 9)	−61.873 (0.019 2)	−61.252 (0.019 3)
$\partial\hat{P}_f/\partial\mu_{\sigma_s}$	−3.511 8 (0.015 5)	−3.530 7 (0.015 4)	−3.513 1 (0.014 0)	−3.475 3 (0.014 0)
$\partial\hat{P}_f/\partial\sigma_D$	0.789 15 (0.181 4)	0.759 88 (0.201 2)	0.848 47 (0.184 3)	0.737 75 (0.203 6)
$\partial\hat{P}_f/\partial\sigma_P$	98.273 (0.017 8)	96.931 (0.018 1)	97.647 (0.016 0)	96.247 (0.016 1)
$\partial\hat{P}_f/\partial\sigma_t$	65.705 (0.034 8)	67.019 (0.035 6)	63.546 (0.037 6)	62.360 (0.038 0)
$\partial\hat{P}_f/\partial\sigma_{\sigma_s}$	7.887 9 (0.018 1)	7.921 5 (0.018 0)	7.924 4 (0.016 3)	7.854 9 (0.016 4)

表 4-9　算例 4.4 截断抽样法参考程序

```
clear;
clc;
format long;
miux=[460 20 19 392];
sigmax=[7 2.4 0.8 31.4];
g=@(x) x(:,4)-x(:,2)*x(:,1)/(2*x(:,3));
x0=miux;
beta0=0;
while(1)
    dg=[mydiff1(g,x0,1) mydiff1(g,x0,2) mydiff1(g,x0,3) mydiff1(g,x0,4)];
    s=dg.^2*(sigmax.^2)';
    lamd=-dg.*sigmax/sqrt(s);
    G=@(beta1) g(miux+sigmax.*lamd*beta1);
    beta1=fzero(G,0);
    x0=miux+sigmax.*lamd*beta1;
    if(abs(beta1-beta0)<=1e-6)
        break;
    end
```

```
    beta0=beta1;
end
beta1;
N=10^7;
x1=normrnd(460,7,N,1); x2=normrnd(20,2.4,N,1); x3=normrnd(19,0.8,N,1); x4=normrnd
(392,31.4,N,1);
XX=((x1-460)/7).^2+((x2-20)/2.4).^2+((x3-19)/0.8).^2+((x4-392)/31.4).^2;
m=find(XX>=beta1^2*ones(N,1));
M=nnz(m);
x=[x1(m) x2(m) x3(m) x4(m)];
g=@(x) x(:,4)-x(:,2).*x(:,1)./(2*x(:,3));
I=g(x)<=zeros(M,1);
n=nnz(I);
%失效概率估计值
pf=n/N
varpf=pf/(M-1)*(M/N-pf);
covpf=sqrt(varpf)/abs(pf)
miu=ones(M,1)*miux;
sigma=ones(M,1)*sigmax;
%关于均值的可靠性局部灵敏度估计值
dpdu=I'*((x-miu)./sigma.^2)/N
vardpdu=(I'*((x-miu)./sigma.^2).^2*M/N^2-dpdu.^2)/(M-1);
covdpdu=sqrt(vardpdu)./abs(dpdu)
%关于标准差的可靠性局部灵敏度估计值
dpdsigma=I'*((((x-miu)./sigma).^2-1)./sigma)/N
vardpds=(I'*((((x-miu)./sigma).^2-1)./sigma).^2*M/N^2-dpdsigma.^2)/(M-1);
covdpds=sqrt(vardpds)./abs(dpdsigma)
```

表 4-10　算例 4.4 截断重要抽样法参考程序

```
clear;
clc;
format long;
miu=[460 20 19 392];
sigma=[7 2.4 0.8 31.4];
g=@(x) x(:,4)-x(:,2)*x(:,1)/(2*x(:,3));
x0=miu;%迭代初值
beta0=0;%假设 beta 的初始值
while(1)
    dg=[mydiff1(g,x0,1) mydiff1(g,x0,2) mydiff1(g,x0,3) mydiff1(g,x0,4)];
    s=dg.^2*(sigma.^2)';
    lamd=-dg.*sigma/sqrt(s);
```

```
    G=@(beta1) g(miu+sigma. * lamd * beta1);
    beta1=fzero(G,0);
    x0=miu+sigma. * lamd * beta1;
    if(abs(beta1-beta0)<=1e-6)
        break;
    end
    beta0=beta1;
end
beta1;
x0 %设计点
N=2 * 10^4;
%以设计点为中心抽取样本点
x1=normrnd(x0(1),sigma(1),N,1); x2=normrnd(x0(2),sigma(2),N,1);
x3=normrnd(x0(3),sigma(3),N,1); x4=normrnd(x0(4),sigma(4),N,1);
xi=((x1-miu(1))/sigma(1)).^2+((x2-miu(2))/sigma(2)).^2+((x3-miu(3))/sigma(3)).^2+
((x4-miu(4))/sigma(4)).^2;
m=find(xi>=beta1^2 * ones(N,1));    %寻找落在 beta 球外的样本点的下标
M=nnz(m);                           %落在 beta 球外的样本点的个数
x1=x1(m,:);x2=x2(m,:);x3=x3(m,:);x4=x4(m,:);%落在 beta 球外的样本点
x=[x1 x2 x3 x4];
g=@(x) x(:,4)-x(:,2). * x(:,1)./(2 * x(:,3));%功能函数
I=g(x)<=zeros(M,1);
%联合概率密度函数
f1=1/(sqrt(2 * pi) * sigma(1)) * exp(-1/2 * (x1-miu(1)).^2/sigma(1)^2);
f2=1/(sqrt(2 * pi) * sigma(2)) * exp(-1/2 * (x2-miu(2)).^2/sigma(2)^2);
f3=1/(sqrt(2 * pi) * sigma(3)) * exp(-1/2 * (x3-miu(3)).^2/sigma(3)^2);
f4=1/(sqrt(2 * pi) * sigma(4)) * exp(-1/2 * (x4-miu(4)).^2/sigma(4)^2);
f=f1. * f2. * f3. * f4;
%重要抽样密度函数
h1=1/(sqrt(2 * pi) * sigma(1)) * exp(-1/2 * (x1-x0(1)).^2/sigma(1)^2);
h2=1/(sqrt(2 * pi) * sigma(2)) * exp(-1/2 * (x2-x0(2)).^2/sigma(2)^2);
h3=1/(sqrt(2 * pi) * sigma(3)) * exp(-1/2 * (x3-x0(3)).^2/sigma(3)^2);
h4=1/(sqrt(2 * pi) * sigma(4)) * exp(-1/2 * (x4-x0(4)).^2/sigma(4)^2);
h=h1. * h2. * h3. * h4;
T=f./h;
%失效概率估计值
pf=I' * (f./h)/N
varpf=(I' * (f.^2./h.^2)/N-pf^2)/(N-1);
covpf=sqrt(varpf)/abs(pf)
miux=ones(M,1) * miu;
sgmax=ones(M,1) * sigma;
```

```
%关于均值的可靠性局部灵敏度估计值
dpdu=I′*(T*ones(1,4).*(x-miux)./sgmax.^2)/N
vardpdu=(I′*(T*ones(1,4).*(x-miux)./sgmax.^2).^2/N-dpdu.^2)/(N-1);
covdpdu=sqrt(vardpdu)./abs(dpdu)
%关于标准差的可靠性局部灵敏度估计值
dpdsigma=I′*((T*ones(1,4)).*((x-miux).^2./sgmax.^2-1)./sgmax)/N
vardpdsigma=(I′*((T*ones(1,4)).*((x-miux).^2./sgmax.^2-1)./sgmax).^2/N-dpdsigma.^
2)/(N-1);
covdpdsigma=sqrt(vardpdsigma)./abs(dpdsigma)
```

算例 4.5　九盒段机翼结构由 64 个杆元件和 42 个板元件构成，材料为铝合金。各输入变量均服从正态分布，外载荷 P 的均值和变异系数分别为 $\mu_P=150\text{kg}$，$V_P=0.25$，第 i 个单元强度 $R_i(i=68,77,78)$ 的均值和变异系数分别为 $\mu_{R_i}=83.5\text{kg}$，$V_{R_i}=0.12$。结构的功能函数为 $g(R_{68},R_{77},R_{78},P)=4.0R_{68}-3.9998R_{77}+4.0R_{78}-P$ 。表 4-11 给出了失效概率及可靠性局部灵敏度的计算结果，重要抽样法的参考程序见表 4-2，截断抽样法和截断重要抽样法的参考程序见表 4-9 和表 4-10。

表 4-11　算例 4.5 计算结果

	MCS	截断抽样	重要抽样	截断重要抽样
N	10^6	245 903	6×10^4	44 711
$\hat{P}_f$	0.009 79 (0.010 06)	0.009 88 (0.009 84)	0.009 769 (0.006 70)	0.009 769 (0.006 70)
$\partial\hat{P}_f/\partial\mu_{R_{68}}$	−0.001 33 (0.011 96)	−0.001 32 (0.011 81)	−0.001 32 (0.008 04)	−0.001 32 (0.008 04)
$\partial\hat{P}_f/\partial\mu_{R_{77}}$	0.001 33 (0.012 00)	0.001 33 (0.011 80)	0.001 33 (0.007 99)	0.001 33 (0.007 99)
$\partial\hat{P}_f/\partial\mu_{R_{78}}$	−0.001 33 (0.011 96)	−0.001 35 (0.011 81)	−0.001 32 (0.007 96)	−0.001 32 (0.007 96)
$\partial\hat{P}_f/\partial\mu_P$	0.000 33 (0.012 29)	0.000 34 (0.012 04)	0.000 33 (0.008 31)	0.000 33 (0.008 31)
$\partial\hat{P}_f/\partial\sigma_{R_{68}}$	0.001 56 (0.019 20)	0.001 53 (0.019 25)	0.001 59 (0.013 42)	0.001 59 (0.013 42)
$\partial\hat{P}_f/\partial\sigma_{R_{77}}$	0.001 58 (0.019 22)	0.001 58 (0.019 07)	0.001 61 (0.013 13)	0.001 61 (0.013 13)
$\partial\hat{P}_f/\partial\sigma_{R_{78}}$	0.001 56 (0.019 22)	0.001 64 (0.018 95)	0.001 55 (0.013 23)	0.001 55 (0.013 23)
$\partial\hat{P}_f/\partial\sigma_P$	0.000 37 (0.020 70)	0.000 37 (0.020 61)	0.000 37 (0.014 51)	0.000 37 (0.014 51)

由算例4.4和算例4.5的计算结果中可以看出,在变异系数相近的条件下,截断抽样法、重要抽样法和截断重要抽样法的计算效率均高于 Monte Carlo 法,且重要抽样法的计算效率高于截断抽样法,而截断重要抽样法的计算效率高于重要抽样法。

4.3 自适应截断抽样可靠性与可靠性局部灵敏度分析

理论上基于β超球的截断抽样法并不需要设计点的信息,只要保证引入的β超球处于安全域内,则该方法即可收敛于真实解。但是既要使失效域处于β超球以外的区域来保证可靠性和可靠性局部灵敏度分析的准确性,又要使引入的β超球尽可能大来保证计算的高效性,就要通过优化算法决定β超球的最优半径,此最优半径即为独立标准正态空间中极限状态面上离原点最近的点(设计点)到原点的距离,也就是说基于β超球的截断抽样法要实现计算效率最大程度的提高,还是需要设计点的信息的。改进的一次二阶矩方法可以高效地求此最小距离,但是这种方法对于复杂的功能函数,例如高度非线性、多设计点或者多失效模式系统,都是不稳健的。

基于β超球的截断抽样法是通过减少计算β超球内的样本点对应的功能函数值来达到提高计算效率的目的的,因此该方法需要首先确定β超球。本节将给出一种高效的自适应确定β超球半径的方法[7]。该方法在抽样的过程中收集极限状态和失效域的信息,并利用这些信息通过逐步迭代搜索的方式来确定最优超球半径,从而最大化地提高了基于β超球的截断抽样法的效率和对复杂问题的适应性。

4.3.1 确定超球半径的自适应策略

需要注意的是,截断抽样是在独立的标准正态空间中展开的,因此,在下述步骤中,如无特别说明,均是在独立标准正态空间中进行的。

(1)由独立标准正态变量的联合概率密度函数产生独立标准正态空间中的N个样本点$\{\boldsymbol{x}_1,\boldsymbol{x}_2,\cdots,\boldsymbol{x}_N\}^{\mathrm{T}}$。

(2)初始化搜索最优超球半径的迭代次数$i_\beta=1$。

(3)设置初始超球半径β_1。

在设置初始超球半径β_1时应满足超球与失效域相交,这可以通过使得样本点落在超球外的概率p_1取很小的值来实现。由于结构的失效概率一般比较小,所以一般选取$p_1=10^{-6}$。选定p_1后,可根据下式确定初始超球半径β_1:

$$\beta_1=\sqrt{F_{\chi^2(n)}^{-1}(1-p_1)} \tag{4-78}$$

其中$F_{\chi^2(n)}^{-1}(\cdot)$表示卡方分布函数的反函数。

(4)从N个样本点$\{\boldsymbol{x}_1,\boldsymbol{x}_2,\cdots,\boldsymbol{x}_N\}^{\mathrm{T}}$中判断出落入$\beta_{i_\beta}<\|\boldsymbol{x}\|<\beta_{i_\beta-1}$(若$i_\beta=1$则$\beta_{i_\beta-1}\to\infty$)内的$N_{i_\beta}$个样本$\boldsymbol{x}_s^{(i_\beta)}(s=1,2,\cdots,N_{i_\beta})$,计算相应的功能函数值$g(\boldsymbol{x}_s^{(i_\beta)})(s=1,2,\cdots,N_{i_\beta})$。

(5)根据功能函数值判断指示函数的值$I_F(\boldsymbol{x}_s^{(i_\beta)})(s=1,2,\cdots,N_{i_\beta})$,并对$\sum_{s=1}^{N_{i_\beta}}I_F(\boldsymbol{x}_s^{(i_\beta)})$、$\sum_{s=1}^{N_{i_\beta}}\left[\frac{I_F(\boldsymbol{x}_s^{(i_\beta)})}{f_{\boldsymbol{X}}(\boldsymbol{x}_s^{(i_\beta)})}\cdot\frac{\partial f_{\boldsymbol{X}}(\boldsymbol{x}_s^{(i_\beta)})}{\partial\theta_{X_i}^{(k)}}\right]$和$\sum_{s=1}^{N_{i_\beta}}\left[\frac{I_F(\boldsymbol{x}_s^{(i_\beta)})}{f_{\boldsymbol{X}}(\boldsymbol{x}_s^{(i_\beta)})}\cdot\frac{\partial f_{\boldsymbol{X}}(\boldsymbol{x}_s^{(i_\beta)})}{\partial\theta_{X_i}^{(k)}}\right]^2$进行累加。

(6)若 $|\beta_{i_\beta}-\beta_{i_\beta-1}|\leqslant\varepsilon$，令 $\beta_{\text{opt}}=\beta_{i_\beta}$，执行步骤(7)。否则，执行步骤(8)。

(7)结束自适应搜索，并最终估计失效概率和可靠性局部灵敏度。

失效概率的估计值以及估计值的方差分别为

$$\hat{P}_f=[1-F_{\chi^2(n)}(\beta_{\text{opt}}^2)]\cdot\frac{1}{\sum_{t=1}^{i_\beta}N_t}\left[\sum_{t=1}^{i_\beta}\sum_{s=1}^{N_t}I_F(\boldsymbol{x}_s^{(t)})\right] \tag{4-79}$$

$$\text{Var}[\hat{P}_f]\approx\frac{\hat{P}_f}{(\sum_{t=1}^{i_\beta}N_t)-1}\{[1-F_{\chi^2(n)}(\beta_{\text{opt}}^2)]-\hat{P}_f\} \tag{4-80}$$

可靠性局部灵敏度的估计值以及估计值的方差分别为

$$\frac{\partial\hat{P}_f}{\partial\theta_{X_i}^{(k)}}=[1-F_{\chi^2(n)}(\beta_{\text{opt}}^2)]\cdot\frac{1}{\sum_{t=1}^{i_\beta}N_t}\sum_{t=1}^{i_\beta}\sum_{s=1}^{N_t}\left[\frac{I_F(\boldsymbol{x}_s^{(t)})}{f_{\boldsymbol{X}}(\boldsymbol{x}_s^{(t)})}\cdot\frac{\partial f_{\boldsymbol{X}}(\boldsymbol{x}_s^{(t)})}{\partial\theta_{X_i}^{(k)}}\right] \tag{4-81}$$

$$\text{Var}\left[\frac{\partial\hat{P}_f}{\partial\theta_{X_i}^{(k)}}\right]\approx\frac{1}{(\sum_{t=1}^{i_\beta}N_t)-1}\left(\frac{[1-F_{\chi^2(n)}(\beta^2)]^2}{\sum_{t=1}^{i_\beta}N_t}\sum_{t=1}^{i_\beta}\sum_{s=1}^{N_t}\left[\frac{I_F(\boldsymbol{x}_s^{(t)})}{f_{\boldsymbol{X}}(\boldsymbol{x}_s^{(t)})}\cdot\frac{\partial f_{\boldsymbol{X}}(\boldsymbol{x}_s^{(t)})}{\partial\theta_{X_i}^{(k)}}\right]^2-\left[\frac{\partial\hat{P}_f}{\partial\theta_{X_i}^{(k)}}\right]^2\right) \tag{4-82}$$

功能函数的调用次数为 $N_{\text{call}}=\sum_{t=1}^{i_\beta}(N_t+2)$（“2”表示线性搜索新的超球半径时需要的计算量）。

(8)令 $i_\beta=i_\beta+1$，确定第 i_β 次迭代的超球半径 β_{i_β}。对所有 $\beta_{i_\beta-1}<\|\boldsymbol{x}\|<\beta_{i_\beta-2}$ 内的失效样本，分别求其联合概率密度函数值，选出其中概率密度函数值最大的一点，在其与坐标原点的连线方向上进行线性搜索，即可确定该连线与极限状态面的近似交点，交点到原点的距离即为新的超球半径 β_{i_β}。返回步骤(4)。

自适应截断抽样法的失效概率和可靠性局部灵敏度分析的流程图如图 4-10 所示。

4.3.2　算例分析及算法参考程序

算例 4.6　考虑算例 4.4 中的内压圆筒形容器结构。自适应截断抽样的失效概率及可靠性局部灵敏度计算结果列于表 4-12 中，相应的参考程序见表 4-13。

由表 4-12 中的失效概率和可靠性局部灵敏度的计算结果中可以看出，在相同的变异系数水平下，截断抽样法和自适应截断抽样法的计算效率高于 Monte Carlo 法，而且自适应截断抽样法的效率高于截断抽样法。产生这种结果的原因是：① 截断抽样和自适应截断抽样不需要计算 β 超球内的样本对应的功能函数值，因此相比于 Monte Carlo 法计算效率有所提高。② 截断抽样法需要利用优化算法确定 β 超球半径，这会产生额外的计算量，导致计算的效率降低。但是自适应截断抽样法是自适应地利用已有样本确定最优超球半径的，因此自适应截断抽样法的计算效率高于截断抽样法。

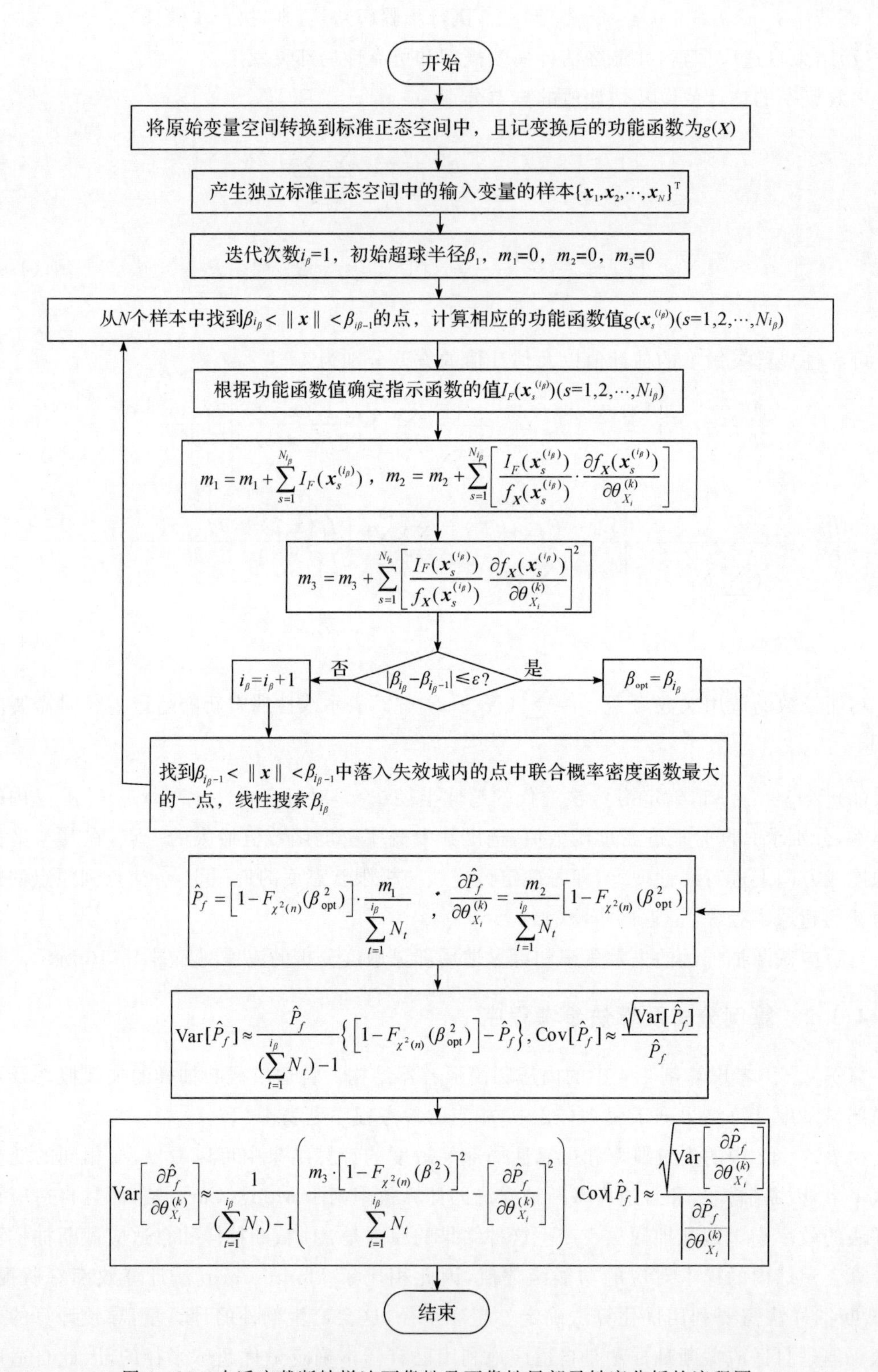

图 4-10　自适应截断抽样法可靠性及可靠性局部灵敏度分析的流程图

表 4-12　算例 4.6 计算结果　　**单位:10^{-4}**

	MCS	截断抽样	ARBIS
N	10^7	259 196	255 301
$\hat{P}_f$	4.590 0 (0.014 8)	4.561 0 (0.014 7)	4.593 0 (0.014 6)
$\partial\hat{P}_f/\partial\mu_D$	0.270 19 (0.037 9)	0.246 07 (0.042 4)	0.256 29 (0.041 0)
$\partial\hat{P}_f/\partial\mu_P$	4.513 7 (0.015 5)	4.478 0 (0.015 4)	4.555 9 (0.015 2)
$\partial\hat{P}_f/\partial\mu_t$	−6.353 9 (0.019 5)	−6.152 7 (0.019 9)	−6.382 3 (0.019 5)
$\partial\hat{P}_f/\partial\mu_{\sigma_s}$	−0.35 118 (0.015 5)	−0.353 07 (0.015 4)	−0.363 27 (0.015 1)
$\partial\hat{P}_f/\partial\sigma_D$	0.078 915 (0.181 4)	0.075 988 (0.201 2)	0.075 988 (0.172 1)
$\partial\hat{P}_f/\partial\sigma_P$	9.827 3 (0.017 8)	9.693 1 (0.018 1)	9.694 2 (0.018 0)
$\partial\hat{P}_f/\partial\sigma_t$	6.570 5 (0.034 8)	6.701 9 (0.035 6)	6.456 9 (0.035 6)
$\partial\hat{P}_f/\partial\sigma_{\sigma_s}$	0.788 79 (0.018 1)	0.792 15 (0.018 0)	0.794 94 (0.018 0)

注:ARBIS 表示自适应截断抽样法。

表 4-13　算例 4.6 自适应截断抽样法参考程序

```
clear;
clc;
format long;
miux=[460 20 19 392];  sigmax=[7 2.4 0.8 31.4];
%原功能函数
%gx=@(x) x(:,4)-x(:,2)*x(:,1)/(2*x(:,3));
%标准正态空间中的功能函数
g=@(x) (sigmax(4).*x(:,4)+miux(4))-(sigmax(2).*x(:,2)+miux(2)).*(sigmax(1).*x(:,
1)+miux(1))./(2*(sigmax(3).*x(:,3)+miux(3)));
n=length(miux);  %输入变量维度
N=10^7;
for i=1:n
    X(:,i)=normrnd(0,1,N,1);  %标准正态空间中的样本
```

```
end
f1=@(x) 1/sqrt(2*pi)*exp(-x(:,1).^2/2);f2=@(x) 1/sqrt(2*pi)*exp(-x(:,2).^2/2);
f3=@(x) 1/sqrt(2*pi)*exp(-x(:,3).^2/2);f4=@(x) 1/sqrt(2*pi)*exp(-x(:,4).^2/2);
fx=@(x) f1(x).*f2(x).*f3(x).*f4(x);    %标准正态输入变量的联合概率密度函数
beta1=4;  %初始超球半径,对应的失效概率为10^(-5),对具体问题可以调整
beta0=inf;
for j=1:N
    Lx(j,:)=X(j,1)^2+X(j,2)^2+X(j,3)^2+X(j,4)^2;   %样本点到原点的距离的平方
end
X_beta=[]; Y_beta=[];  X_F=[];    NN=N;   Xs=X;   ii=1;
while (1)
ss=1;  XX=[]; M=[];
for s=1:NN
    if Lx(s,:)>=(beta1^2) && Lx(s,:)<(beta0^2)
        XX(ss,:)=Xs(s,:);
        ss=ss+1;
        M=[M;s];
    end
end
Lx(M,:)=[]; Xs(M,:)=[];   %去掉落在超球外的样本后剩下的样本
NN=length(Xs(:,1));
if length(XX)==0
   break;
end
    beta0=beta1;
Y=g(XX);                               %计算超球外的样本点对应的功能函数值
    X_beta=[X_beta;XX];                   %最优超球外的点
    Y_beta=[Y_beta;Y];                    %最优超球外的点对应的功能函数值
    mm=find(Y<=0);                        %落在超球外且落在失效域内的点
    XX_F=XX(mm,:);
    if length(XX_F)==0
        break;
    end
    X_F=[X_F;XX_F];                       %失效域内的样本点
    [t1,t2]=max(fx(XX_F));
    X_d=XX_F(t2,:);                       %失效域中联合概率密度函数最大的一点
    %线性搜索最新超球半径
    alpha=X_d-0;
    ealpha=alpha/sqrt(sum(alpha.^2));      %单位重要方向
    C=[0.3,0.7,1];                            %插值系数
    yL=X_d-dot(ealpha,X_d)*ealpha;
c=dot(ealpha,X_d);
```

```
%根据已知的三个点求出插值多项式
p=polyfit([g(C(1)*c*ealpha+yL),g(C(2)*c*ealpha+yL),g(C(3)*c*ealpha+yL)],[C(1)*c,
C(2)*c,C(3)*c],2);
    cj=p(3);
    beta1=min(abs(cj));            %新的 beta 球半径
    if abs(beta1-beta0)<=1e-3
        break;            %超球收敛
    end
  ii=ii+1;  %统计循环次数
end
M=length(Y_beta);
Ncall=M+2*ii      %功能函数调用次数
% %失效概率
Pf=length(X_F(:,1))/N
varpf=Pf/(M-1)*(M/N-Pf);
covpf=sqrt(varpf)/abs(Pf)
miu=ones(M,1)*zeros(1,n);   sigma=ones(M,1)*ones(1,n);
I=Y_beta<=zeros(M,1);
%关于均值的可靠性局部灵敏度
dpdu=(I'*((X_beta-miu)./sigma.^2)/N)./sigmax
vardpdu=((I'*((X_beta-miu)./sigma).^2*M/N^2-dpdu.^2)/(M-1))./(sigmax.^2);
covdpdu=sqrt(vardpdu)./abs(dpdu)
% %关于标准差的可靠性局部灵敏度
dpdsigma=(I'*((((X_beta-miu)./sigma).^2-1)./sigma)/N)./sigmax
vardpds=((I'*((((X_beta-miu)./sigma).^2-1)./sigma).^2*M/N^2-dpdsigma.^2)/(M-1))./
(sigmax.^2);
covdpds=sqrt(vardpds)./abs(dpdsigma)
```

4.4 本章小结

本章详细介绍了重要抽样、截断抽样、截断重要抽样以及自适应截断抽样进行可靠性和可靠性局部灵敏度分析的方法。与 Monte Carlo 法相比，这些改进的数字模拟法的计算效率有了较大提高，但重要抽样法、截断抽样法以及截断重要抽样法对设计点的搜索方法有较强的依赖性，而自适应截断抽样法利用分析时所需的样本点来指导设计点的搜索，提高了算法的稳健性以及计算效率。

参考文献

[1]　吕震宙，冯元生. 重要抽样法误差的计算分析[J]. 机械强度，1995，17(1)：25-28.

[2]　吴斌，欧进萍，张纪刚. 结构动力可靠度的重要抽样法[J]. 计算力学学报，2001，18

(4)：478－482.
[3] 吕震宙，刘成立，傅霖. 多模式自适应重要抽样法及其应用[J]. 力学学报，2006，38(5)：705－711.
[4] PRIEBE C E，MARCHETTE D J. Adaptive mixture density estimation[J]. Pattern Recognition，1993，26(5)：771－785.
[5] 贾少澎，吕震宙，冯元生. 多失效模式重要抽样法的方差分析及应用[J]. 上海力学，1998，19(2)：170－178.
[6] AU S K，BECK J L. A new adaptive important sampling scheme[J]. Structural Safety，1999，21(2)：135－158.
[7] GROOTEMAN F. Adaptive radial-based importance sampling method for structural reliability[J]. Structural Safety，2008，30(6)：533－542.

第 5 章　子集模拟法

子集模拟法是一种针对高维小失效概率问题进行可靠性和可靠性局部灵敏度分析的方法，它的基本思想是：通过引入合理的中间失效事件，将小失效概率表达为一系列较大的条件失效概率的乘积，而较大的条件失效概率可利用马尔可夫链模拟的条件样本点来高效估计，因而该方法大大提高了可靠性分析的效率。本章将先介绍子集模拟可靠性和可靠性局部灵敏度分析方法，然后将子集模拟和重要抽样结合，介绍子集模拟重要抽样可靠性和可靠性局部灵敏度分析方法。

5.1　子集模拟可靠性及可靠性局部灵敏度分析

5.1.1　中间失效事件的引入和基于中间失效事件的失效概率表达

假设结构的功能函数为 $g(\boldsymbol{X})$，失效域为 $F=\{\boldsymbol{x}:g(\boldsymbol{x})\leqslant 0\}$。引入一系列中间失效事件 $F_k=\{\boldsymbol{x}:g(\boldsymbol{x})\leqslant b_k\}(k=1,2,\cdots,m)$，其中 $b_1>b_2>\cdots>b_m=0$ 为一系列临界值，如图 5-1所示。

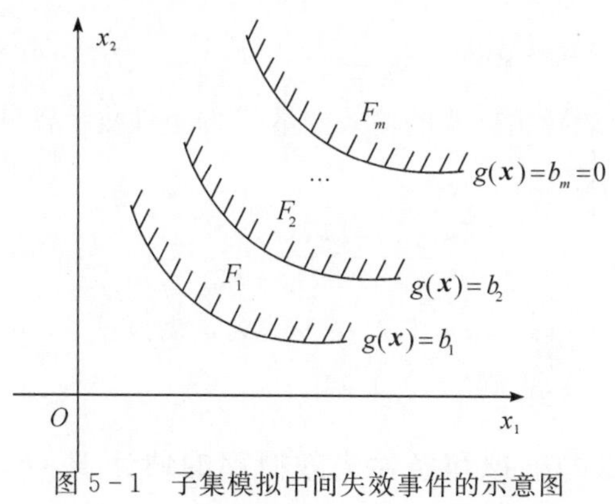

图 5-1　子集模拟中间失效事件的示意图

此时有 $F_1\supset F_2\supset\cdots\supset F_m=F$，且 $F_k=\bigcap_{i=1}^{k}F_i$。依据概率论中的乘法定理及事件的包含关系，可得[1-2]

$$
\begin{aligned}
P_f&=P\{F\}\\
&=P\{\bigcap_{k=1}^{m}F_k\}\\
&=P\{F_m\mid\bigcap_{k=1}^{m-1}F_k\}\cdot P\{\bigcap_{k=1}^{m-1}F_k\}
\end{aligned}
$$

$$=P\{F_m \mid F_{m-1}\}\cdot P\{F_{m-1} \mid \bigcap_{k=1}^{m-2} F_k\}\cdot P\{\bigcap_{k=1}^{m-2} F_k\}$$

……

$$=P\{F_1\}\cdot \prod_{k=2}^{m} P\{F_k \mid F_{k-1}\} \tag{5-1}$$

为简单起见，记 $P_1=P\{F_1\}$，$P_k=P\{F_k \mid F_{k-1}\}(k=2,3,\cdots,m)$，代入式(5-1)中可得基于中间失效事件的失效概率的计算公式为

$$P_f=\prod_{k=1}^{m} P_k \tag{5-2}$$

第 $k(k=2,3,\cdots,m)$ 个中间失效事件的失效概率为

$$P\{F_k\}=P\{\bigcap_{i=1}^{k} F_i\}=P\{F_k \mid F_{k-1}\}P\{F_{k-1} \mid F_{k-2}\}\cdots P\{F_2 \mid F_1\}=\prod_{i=1}^{k} P_i \tag{5-3}$$

由式(5-2)可知，当 $m=4$ 且 P_k 为0.1量级时，P_f 可以达到 10^{-4} 量级，采用Monte Carlo法求解 10^{-4} 量级的小失效概率问题的计算量是巨大的，而求解0.1量级的失效概率的计算效率非常高。也就是说，子集模拟法通过将小失效概率转化为一系列较大的条件概率的乘积，提高了失效概率估计的效率。

式(5-2)中的失效概率 P_1 可以通过下式进行估计：

$$\hat{P}_1=\hat{P}\{F_1\}=\frac{1}{N_1}\sum_{j=1}^{N_1} I_{F_1}(\boldsymbol{x}_j^{(1)}) \tag{5-4}$$

其中 $\boldsymbol{x}_j^{(1)}(j=1,2,\cdots,N_1)$ 表示由输入变量 $\boldsymbol{X}$ 的联合概率密度函数 $f_{\boldsymbol{X}}(\boldsymbol{x})$ 产生的 N_1 个样本。

式(5-2)中的条件失效概率 $P_k\ (k=2,3,\cdots,m)$ 可由下式进行估计：

$$\hat{P}_k=\hat{P}\{F_k \mid F_{k-1}\}=\frac{1}{N_k}\sum_{j=1}^{N_k} I_{F_k}(\boldsymbol{x}_j^{(k)}) \qquad (k=2,3,\cdots,m) \tag{5-5}$$

其中 $\boldsymbol{x}_j^{(k)}(j=1,2,\cdots,N_k)$ 表示由下式的输入变量 X 的条件概率密度函数 $q_{\boldsymbol{X}}(\boldsymbol{x} \mid F_{k-1})$ 产生的 N_k 个样本：

$$q_{\boldsymbol{X}}(\boldsymbol{x} \mid F_{k-1})=\frac{I_{F_{k-1}}(\boldsymbol{x})f_{\boldsymbol{X}}(\boldsymbol{x})}{P\{F_{k-1}\}} \qquad (k=2,3,\cdots,m) \tag{5-6}$$

式(5-4)～式(5-6)中的 $I_{F_k}(\boldsymbol{x})\ (k=1,2,\cdots,m)$ 表示失效域 $F_k=\{\boldsymbol{x}:g(\boldsymbol{x})\leqslant b_k\}$ 的指示函数，若 $\boldsymbol{x}\in F_k$，则 $I_{F_k}(\boldsymbol{x})=1$，否则 $I_{F_k}(\boldsymbol{x})=0$。

5.1.2 条件样本点的模拟和条件失效概率的估计 $\hat{P}_k(k=2,3,\cdots,m)$

尽管服从条件概率密度函数 $q_{\boldsymbol{X}}(\boldsymbol{x} \mid F_{k-1})$ 的条件样本点 $\boldsymbol{x}_j^{(k)}(k=2,3,\cdots,m)\ (j=1,2,\cdots,N_k)$ 可以由Monte Carlo法直接抽取，但是这种抽样方法的效率很低，需要至少 $1/\prod_{s=1}^{k-1} P_s$ 次抽样才能得到 F_{k-1} 区域内的一个条件样本点。因此文献[2,3]采用马尔可夫链Monte Carlo (Markov Chain Monte Carlo, MCMC) 模拟法来高效地抽取服从 $q_{\boldsymbol{X}}(\boldsymbol{x} \mid F_{k-1})$ 的条件样本点。MCMC模拟服从条件概率密度函数 $q_{\boldsymbol{X}}(\boldsymbol{x} \mid F_{k-1})$ 的条件样本点 $\boldsymbol{x}_j^{(k)}$ 的具体实施步骤如下所述。

(1) 定义马尔可夫链的极限(平稳)分布。

当需要模拟失效域 F_{k-1} 中的条件样本点 $\boldsymbol{x}_j^{(k)}$ $(k=2,3,\cdots,m,j=1,2,\cdots,N_k)$ 时，定义马尔可夫链的极限分布为 F_{k-1} 区域的条件概率密度分布 $q_{\boldsymbol{X}}(\boldsymbol{x} \mid F_{k-1})=I_{F_{k-1}}(\boldsymbol{x})f_{\boldsymbol{X}}(\boldsymbol{x})/P\{F_{k-1}\}$ 。

(2)选择合理的建议分布 $f_{\boldsymbol{X}}^*(\boldsymbol{\varepsilon} \mid \boldsymbol{x})$ 。

建议分布 $f_{\boldsymbol{X}}^*(\boldsymbol{\varepsilon} \mid \boldsymbol{x})$ 控制着马尔可夫链过程中一个状态向另一个状态的转移，具有对称性的正态分布和均匀分布均可以作为马尔可夫链的建议分布，为描述简单，这里选择具有对称性的 n 维均匀分布为建议分布，$f_{\boldsymbol{X}}^*(\boldsymbol{\varepsilon} \mid \boldsymbol{x})$ 为

$$f_{\boldsymbol{X}}^*(\boldsymbol{\varepsilon} \mid \boldsymbol{x})=\begin{cases}1/\prod_{i=1}^{n} l_i, & \mid \varepsilon_i - x_i \mid \leqslant l_i/2(i=1,2,\cdots,n) \\ 0, & \text{其他}\end{cases} \tag{5-7}$$

其中 ε_i 和 x_i 分别为 n 维向量 $\boldsymbol{\varepsilon}$ 和 $\boldsymbol{x}$ 的第 i 维分量，l_i 是以 $\boldsymbol{x}$ 为中心的 n 维超多面体 x_i 方向上的边长，它决定了下一个样本偏离当前样本的最大允许距离，在给定链长 N_k (抽样次数)的情况下，l_i 将影响着马尔可夫链样本覆盖区域的大小。l_i 越大，样本覆盖的区域也越大，但是过大的 l_i 会导致重复样本产生的概率增大，而太小的 l_i 会增加样本的相关性，这都会影响到马尔可夫链的收敛性。考虑到下一个样本到当前样本的最大允许距离为三倍的变量标准差，可取经验值 $l_i=6\sigma_{X_i}N_k^{-1/(n+4)}$ (σ_{X_i} 是输入变量 X_i 的标准差)。

(3) 选取马尔可夫链初始状态 $\boldsymbol{x}_0^{(k)}$ 。

一般要求马尔可夫链的初始状态 $\boldsymbol{x}_0^{(k)}$ 服从极限分布 $q_{\boldsymbol{X}}(\boldsymbol{x} \mid F_{k-1})$，可依据工程经验或数值方法确定失效域 F_{k-1} 中的一点作为 $\boldsymbol{x}_0^{(k)}$ 。

(4)确定马尔可夫链的第 j 个状态 $\boldsymbol{x}_j^{(k)}$ 。马尔可夫链的第 j 个状态 $\boldsymbol{x}_j^{(k)}$ 是在前一个状态 $\boldsymbol{x}_{j-1}^{(k)}$ 的基础上，由建议分布和 Metropolis - Hastings 准则确定的，具体步骤如下：

(4.1)由建议分布 $f_{\boldsymbol{X}}^*(\boldsymbol{\varepsilon} \mid \boldsymbol{x}_{j-1}^{(k)})$ 产生备选状态 $\boldsymbol{\varepsilon}$ 。

(4.2)计算备选状态 $\boldsymbol{\varepsilon}$ 的条件概率密度函数值 $q_{\boldsymbol{X}}(\boldsymbol{\varepsilon} \mid F_{k-1})$ 与马尔可夫链前一个状态的条件概率密度函数值 $q_{\boldsymbol{X}}(\boldsymbol{x}_{j-1}^{(k)} \mid F_{k-1})$ 的比值 $r=q_{\boldsymbol{X}}(\boldsymbol{\varepsilon} \mid F_{k-1})/q_{\boldsymbol{X}}(\boldsymbol{x}_{j-1}^{(k)} \mid F_{k-1})$ 。

(4.3)依据 Metropolis - Hastings 准则，以 $\min(1,r)$ 的概率接受备选状态 $\boldsymbol{\varepsilon}$ 作为马尔可夫链的第 j 个状态 $\boldsymbol{x}_j^{(k)}$，以 $1-\min(1,r)$ 的概率接受状态 $\boldsymbol{x}_{j-1}^{(k)}$ 作为马尔可夫链的第 j 个状态 $\boldsymbol{x}_j^{(k)}$，即

$$\boldsymbol{x}_j^{(k)}=\begin{cases}\boldsymbol{\varepsilon}, & \min(1,r)>\text{random}[0,1] \\ \boldsymbol{x}_{j-1}^{(k)}, & \min(1,r)\leqslant \text{random}[0,1]\end{cases} \tag{5-8}$$

其中，random[0,1] 为[0,1]区间均匀分布的随机数。

(5)产生 N_k 个服从 $q_{\boldsymbol{X}}(\boldsymbol{x} \mid F_{i-1})$ 的条件样本点。

重复步骤(4)，产生 N_k 个马尔可夫链的状态 $\{\boldsymbol{x}_1^{(k)},\boldsymbol{x}_2^{(k)},\cdots,\boldsymbol{x}_{N_k}^{(k)}\}^{\mathrm{T}}$ 作为失效域 F_{k-1} 内服从条件概率密度函数 $q_{\boldsymbol{X}}(\boldsymbol{x} \mid F_{k-1})$ 的条件样本点。

(6)条件失效概率 P_k 的估计值 $\hat{P}_k$ 的求解。

将马尔可夫链模拟得到的条件样本点 $\{\boldsymbol{x}_1^{(k)},\boldsymbol{x}_2^{(k)},\cdots,\boldsymbol{x}_{N_k}^{(k)}\}^{\mathrm{T}}$ 代入式(5-5)，即可得到条件失效概率 P_k 的估计值 $\hat{P}_k$ $(k=2,3,\cdots,m)$ 。

5.1.3 自适应分层策略确定子集模拟的中间失效事件及失效概率的求解

中间失效事件 $\{F_1,F_2,\cdots,F_m\}$ 的选择在子集模拟可靠性分析过程中起着重要作用。如果引入的中间失效事件较多(m 值很大),即 $b_i(i=1,2,\cdots,m)$ 值下降缓慢,则对应的条件失效概率比较大,可以用较少的条件样本进行估计,但总的抽样点数 $N=\sum_{k=1}^{m}N_k$ 将会增加。反之,若引入的中间失效事件较少,则对应的条件失效概率比较小,估计每个较小的条件失效概率将需要较多的条件样本点,这样也会增加总的样本点数。对于中间失效事件的选择,需要在模拟条件失效概率的样本点数 N_k 和中间失效事件的个数 m 上采取折中的方法,这种折中的思想可以通过设定一定的条件概率值 p_0 并进行自动分层的方法来实现。子集模拟自动分层的示意图如图 5-2 所示,具体实现过程如下所述[2]。

(1)根据输入变量的联合概率密度函数 $f_{\boldsymbol{X}}(\boldsymbol{x})$ 产生 N_1 个样本 $\{\boldsymbol{x}_1^{(1)},\boldsymbol{x}_2^{(1)},\cdots,\boldsymbol{x}_{N_1}^{(1)}\}^{\mathrm{T}}$ 。

(2)计算 N_1 个样本对应的功能函数值 $\{g(\boldsymbol{x}_1^{(1)}),g(\boldsymbol{x}_2^{(1)}),\cdots,g(\boldsymbol{x}_{N_1}^{(1)})\}^{\mathrm{T}}$ 。将这 N_1 个响应值按从大到小的次序排列,记排序后的结果为 $g(\boldsymbol{x}_{[1]}^{(1)})>g(\boldsymbol{x}_{[2]}^{(1)})>\cdots>g(\boldsymbol{x}_{[N_1]}^{(1)})$,取第 $(1-p_0)N_1$ 个响应值作为中间失效事件 $F_1=\{\boldsymbol{x}:g(\boldsymbol{x})\leqslant b_1\}$ 的临界值 b_1,即 $b_1=g(\boldsymbol{x}_{[(1-p_0)N_1]}^{(1)})$,则可得 F_1 对应的失效概率估计值为 $\hat{P}_1=\hat{P}\{F_1\}=(N_1-(1-p_0)N_1)/N_1=p_0$。

(3)将落在失效域 $F_{k-1}(k=2,3,\cdots,m)$ 内的 p_0N_{k-1} 个样本点作为马尔可夫链初始样本点,利用 MCMC 抽取 N_k 个服从条件概率密度 $q_{\boldsymbol{X}}(\boldsymbol{x}\mid F_{k-1})$ 的条件样本点 $\{\boldsymbol{x}_1^{(k)},\boldsymbol{x}_2^{(k)},\cdots,\boldsymbol{x}_{N_k}^{(k)}\}^{\mathrm{T}}$ 。

(4)计算 N_k 个样本对应的功能函数值 $\{g(\boldsymbol{x}_1^{(k)}),g(\boldsymbol{x}_2^{(k)}),\cdots,g(\boldsymbol{x}_{N_k}^{(k)})\}^{T}$ 。将这 N_k 个响应值按从大到小的次序排列,记排序后的结果为 $g(\boldsymbol{x}_{[1]}^{(k)})>g(\boldsymbol{x}_{[2]}^{(k)})>\cdots>g(\boldsymbol{x}_{[N_k]}^{(k)})$,取第 $(1-p_0)N_k$ 个响应值作为中间失效事件 $F_k=\{\boldsymbol{x}:g(\boldsymbol{x})\leqslant b_k\}$ 的临界值 b_k ,即 $b_k=g(\boldsymbol{x}_{[(1-p_0)N_k]}^{(k)})$,则可得 F_{k-1} 发生的条件下 F_k 发生的条件失效概率估计值为 $\hat{P}_k=\hat{P}\{F_k\mid F_{k-1}\}=(N_k-(1-p_0)N_k)/N_k=p_0$,且 F_k 区域的失效概率估计值为 $\hat{P}\{F_k\}=\prod_{j=1}^{k}\hat{P}_j=p_0^k$。

(5)重复步骤(3)和步骤(4),直到某一层(记为 m 层)的功能函数值从大到小排序后的第 $(1-p_0)N_m$ 个响应值满足 $g(\boldsymbol{x}_{[(1-p_0)N_m]}^{(m)})\leqslant 0$,则令 $b_m=0$,自动分层结束。统计 N_m 个服从条件概率密度函数 $q_{\boldsymbol{X}}(\boldsymbol{x}\mid F_{m-1})$ 的条件样本点中落入失效域 F_m 中的个数 $N_{\mathrm{F}}^{(m)}$,则可得 F_{m-1} 发生的条件下 F_m 发生的条件失效概率估计值为 $\hat{P}_m=\hat{P}\{F_m\mid F_{m-1}\}=N_{\mathrm{F}}^{(m)}/N_m$ 。

(6)分层结束后可得失效概率的估计值 $\hat{P}_f$ 为

$$\hat{P}_f=p_0^{m-1}\times\frac{N_{\mathrm{F}}^{(m)}}{N_m}\tag{5-9}$$

基于 MCMC 抽样的子集模拟法求解失效概率估计值的流程图如图 5-3 所示。由上述子集模拟法求解失效概率估计值的步骤可知,子集模拟通过引入合理的中间失效事件,将较小的失效概率表示成一系列较大的条件失效概率的乘积,并利用 MCMC 模拟条件样本点来估计条件失效概率,大大提高了失效概率计算的效率。子集模拟法对变量的维数、功能函数的非线性程度均没有限制,是一种适用于非线性程度较高的小失效概率可靠性问题的分析方法。

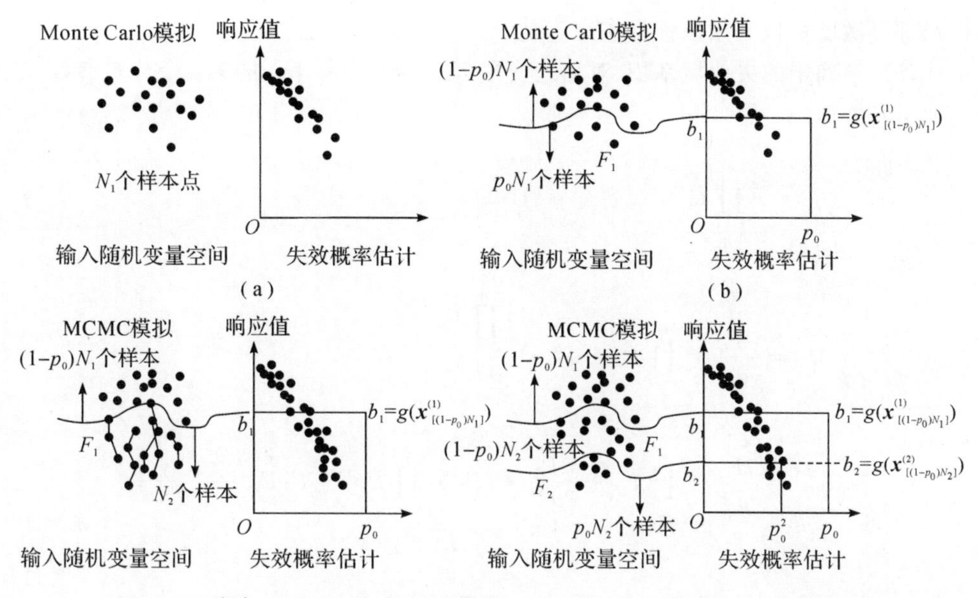

图 5-2　自动分层选取中间失效事件临界值 $b_k(k=1,2,\cdots,m)$ 的示意图

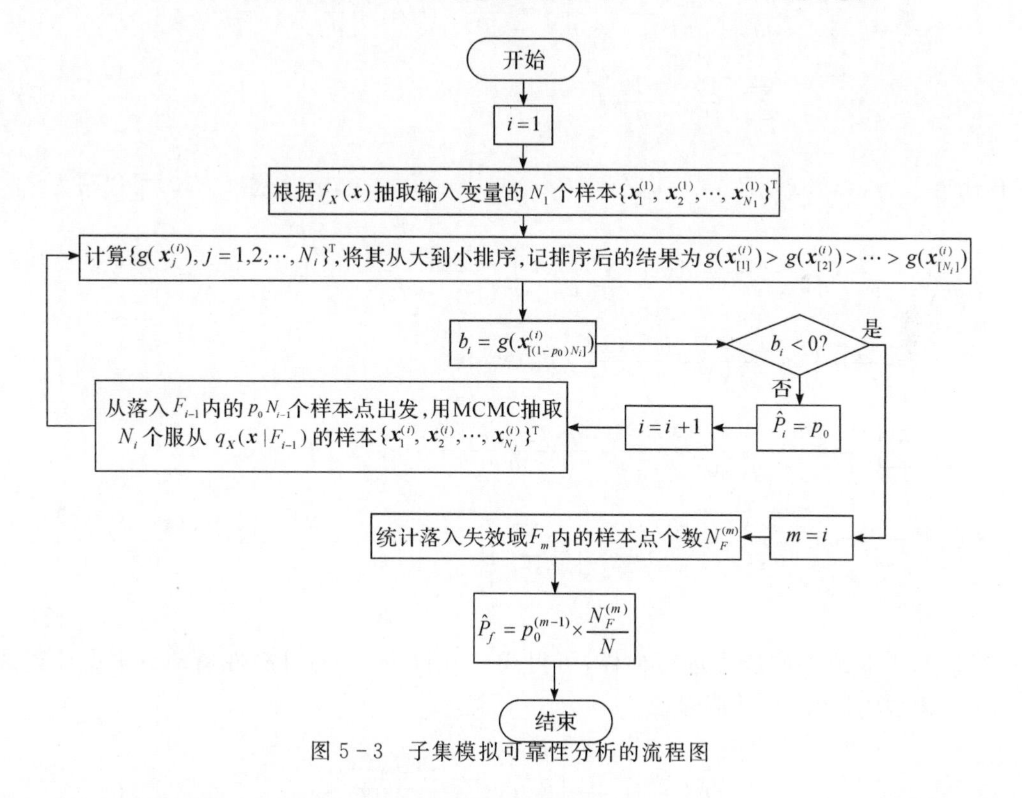

图 5-3　子集模拟可靠性分析的流程图

5.1.4　基于子集模拟的可靠性局部灵敏度分析

基于子集模拟的可靠性局部灵敏度分析的基本思路是:子集模拟可靠性分析将失效概率 P_f 表达为一系列条件失效概率的乘积,其相应的可靠性局部灵敏度分析亦可将失效概率对输入变量分布参数的可靠性局部灵敏度转化成一系列条件可靠性局部灵敏度的表达式,而条件

可靠性局部灵敏度可以利用条件样本点来估计。

由式(5-2)确定的失效概率 P_f 对输入变量 $X_i(i=1,2,\cdots,n)$ 的第 s 个分布参数 $\theta_{X_i}^{(s)}$ 的可靠性局部灵敏度为

$$\begin{aligned}
\frac{\partial P_f}{\partial \theta_{X_i}^{(s)}} &= \frac{\partial \prod_{k=1}^{m} P_k}{\partial \theta_{X_i}^{(s)}} \\
&= \frac{\partial P_1}{\partial \theta_{X_i}^{(s)}} \cdot \prod_{k=2}^{m} P_k + P_1 \cdot \frac{\partial \prod_{k=2}^{m} P_k}{\partial \theta_{X_i}^{(s)}} \\
&= \frac{\partial P_1}{\partial \theta_{X_i}^{(s)}} \cdot \prod_{k=2}^{m} P_k + \frac{\partial P_2}{\partial \theta_{X_i}^{(s)}} \cdot \left(P_1 \cdot \prod_{k=3}^{m} P_k\right) + P_1 P_2 \cdot \frac{\partial \prod_{k=3}^{m} P_k}{\partial \theta_{X_i}^{(s)}} \\
&\cdots\cdots \\
&= \frac{\partial P_1}{\partial \theta_{X_i}^{(s)}} \cdot \frac{\prod_{k=1}^{m} P_k}{P_1} + \frac{\partial P_2}{\partial \theta_{X_i}^{(s)}} \cdot \frac{\prod_{k=1}^{m} P_k}{P_2} + \cdots + \frac{\partial P_m}{\partial \theta_{X_i}^{(s)}} \cdot \frac{\prod_{k=1}^{m} P_k}{P_m} \\
&= \sum_{k=1}^{m} \left[\frac{P_f}{P_k} \cdot \frac{\partial P_k}{\partial \theta_{X_i}^{(s)}}\right]
\end{aligned} \tag{5-10}$$

由于 $P_1 = \int_{F_1} f_{\boldsymbol{X}}(\boldsymbol{x}) \mathrm{d}\boldsymbol{x}$，$P_k = \int_{F_k} q_{\boldsymbol{X}}(\boldsymbol{x} \mid F_{k-1}) \mathrm{d}\boldsymbol{x} (k=2,3,\cdots,m)$，式(5-10)可以写为

$$\begin{aligned}
\frac{\partial P_f}{\partial \theta_{X_i}^{(s)}} &= \frac{P_f}{P_1} \cdot \int_{F_1} \frac{\partial f_{\boldsymbol{X}}(\boldsymbol{x})}{\partial \theta_{X_i}^{(s)}} \mathrm{d}\boldsymbol{x} + \sum_{k=2}^{m} \frac{P_f}{P_k} \cdot \int_{F_k} \frac{\partial q_{\boldsymbol{X}}(\boldsymbol{x} \mid F_{k-1})}{\partial \theta_{X_i}^{(s)}} \mathrm{d}\boldsymbol{x} \\
&= \frac{P_f}{P_1} \cdot \int_{R^n} \frac{I_{F_1}(\boldsymbol{x})}{f_{\boldsymbol{X}}(\boldsymbol{x})} \cdot \frac{\partial f_{\boldsymbol{X}}(\boldsymbol{x})}{\partial \theta_{X_i}^{(s)}} \cdot f_{\boldsymbol{X}}(\boldsymbol{x}) \mathrm{d}\boldsymbol{x} + \\
&\quad \sum_{k=2}^{m} \frac{P_f}{P_k} \cdot \int_{R^n} \frac{I_{F_k}(\boldsymbol{x})}{q_{\boldsymbol{X}}(\boldsymbol{x} \mid F_{k-1})} \cdot \frac{\partial q_{\boldsymbol{X}}(\boldsymbol{x} \mid F_{k-1})}{\partial \theta_{X_i}^{(s)}} \cdot q_{\boldsymbol{X}}(\boldsymbol{x} \mid F_{k-1}) \mathrm{d}\boldsymbol{x} \\
&= \frac{P_f}{P_1} \cdot E\left[\frac{I_{F_1}(\boldsymbol{x})}{f_{\boldsymbol{X}}(\boldsymbol{x})} \cdot \frac{\partial f_{\boldsymbol{X}}(\boldsymbol{x})}{\partial \theta_{X_i}^{(s)}}\right] + \sum_{k=2}^{m} \frac{P_f}{P_k} \cdot E\left[\frac{I_{F_k}(\boldsymbol{x})}{q_{\boldsymbol{X}}(\boldsymbol{x} \mid F_{k-1})} \cdot \frac{\partial q_{\boldsymbol{X}}(\boldsymbol{x} \mid F_{k-1})}{\partial \theta_{X_i}^{(s)}}\right]
\end{aligned} \tag{5-11}$$

按照5.1.3节中的步骤进行抽样，可得式(5-11)所示的可靠性局部灵敏度计算式中 $\partial \hat{P}_1 / \partial \theta_{X_i}^{(s)}$ 和 $\partial \hat{P}_2 / \partial \theta_{X_i}^{(s)}$ 估计值为

$$\frac{\partial \hat{P}_1}{\partial \theta_{X_i}^{(s)}} = \frac{1}{N_1} \sum_{j=1}^{N_1} \left[\frac{I_{F_1}(\boldsymbol{x}_j^{(1)})}{f_{\boldsymbol{X}}(\boldsymbol{x}_j^{(1)})} \cdot \frac{\partial f_{\boldsymbol{X}}(\boldsymbol{x}_j^{(1)})}{\partial \theta_{X_i}^{(s)}}\right] \tag{5-12}$$

$$\frac{\partial \hat{P}_2}{\partial \theta_{X_i}^{(s)}} = \frac{1}{N_2} \sum_{j=1}^{N_2} \left[\frac{I_{F_2}(\boldsymbol{x}_j^{(2)})}{q_{\boldsymbol{X}}(\boldsymbol{x}_j^{(2)} \mid F_1)} \cdot \frac{\partial q_{\boldsymbol{X}}(\boldsymbol{x}_j^{(2)} \mid F_1)}{\partial \theta_{X_i}^{(s)}}\right] \tag{5-13}$$

将 $q_{\boldsymbol{X}}(\boldsymbol{x} \mid F_1) = I_{F_1}(\boldsymbol{x}) f_{\boldsymbol{X}}(\boldsymbol{x}) / P\{F_1\}$ 代入式(5-13)，由于 $\boldsymbol{x}_j^{(2)}$ 服从 $q_{\boldsymbol{X}}(\boldsymbol{x} \mid F_1)$ 分布(即 $\boldsymbol{x}_j^{(2)}$ 是 F_1 内的点)，因此 $I_{F_1}(\boldsymbol{x}_j^{(2)}) = 1$，则有

$$\frac{\partial \hat{P}_2}{\partial \theta_{X_i}^{(s)}} = \frac{1}{N_2}\sum_{j=1}^{N_2}\left\{\frac{I_{F_2}(\boldsymbol{x}_j^{(2)})}{f_{\boldsymbol{X}}(\boldsymbol{x}_j^{(2)})/P\{F_1\}} \cdot \left[\frac{1}{P\{F_1\}}\frac{\partial f_{\boldsymbol{X}}(\boldsymbol{x}_j^{(2)})}{\partial \theta_{X_i}^{(s)}} - \frac{1}{P^2\{F_1\}}\frac{\partial P\{F_1\}}{\partial \theta_{X_i}^{(s)}} f_{\boldsymbol{X}}(\boldsymbol{x}_j^{(2)})\right]\right\}$$
$$= \frac{1}{N_2}\sum_{j=1}^{N_2}\left\{I_{F_2}(\boldsymbol{x}_j^{(2)}) \cdot \left[\frac{1}{f_{\boldsymbol{X}}(\boldsymbol{x}_j^{(2)})} \cdot \frac{\partial f_{\boldsymbol{X}}(\boldsymbol{x}_j^{(2)})}{\partial \theta_{X_i}^{(s)}} - \frac{1}{P\{F_1\}} \cdot \frac{\partial P\{F_1\}}{\partial \theta_{X_i}^{(s)}}\right]\right\} \tag{5-14}$$

$\partial P_k/\theta_{X_i}^{(s)}(k=3,4,\cdots,m)$ 的估计与 $\partial P_2/\theta_{X_i}^{(s)}$ 的估计类似，可得

$$\frac{\partial \hat{P}_k}{\partial \theta_{X_i}^{(s)}} = \frac{1}{N_k}\sum_{j=1}^{N_k}\left[\frac{I_{F_k}(\boldsymbol{x}_j^{(k)})}{q_{\boldsymbol{X}}(\boldsymbol{x}_j^{(k)} \mid F_{k-1})} \cdot \frac{\partial q_{\boldsymbol{X}}(\boldsymbol{x}_j^{(k)} \mid F_{k-1})}{\partial \theta_{X_i}^{(s)}}\right]$$
$$= \frac{1}{N_k}\sum_{j=1}^{N_k}\left\{\frac{I_{F_k}(\boldsymbol{x}_j^{(k)})}{f_{\boldsymbol{X}}(\boldsymbol{x}_j^{(k)})/P\{F_{k-1}\}} \cdot \left[\frac{1}{P\{F_{k-1}\}}\frac{\partial f_{\boldsymbol{X}}(\boldsymbol{x}_j^{(k)})}{\partial \theta_{X_i}^{(s)}} - \frac{1}{P^2\{F_{k-1}\}}\frac{\partial P\{F_{k-1}\}}{\partial \theta_{X_i}^{(s)}} f_{\boldsymbol{X}}(\boldsymbol{x}_j^{(k)})\right]\right\}$$
$$= \frac{1}{N_k}\sum_{j=1}^{N_k}\left\{I_{F_k}(\boldsymbol{x}_j^{(k)}) \cdot \left[\frac{1}{f_{\boldsymbol{X}}(\boldsymbol{x}_j^{(k)})} \cdot \frac{\partial f_{\boldsymbol{X}}(\boldsymbol{x}_j^{(k)})}{\partial \theta_{X_i}^{(s)}} - \frac{1}{P\{F_{k-1}\}} \cdot \frac{\partial P\{F_{k-1}\}}{\partial \theta_{X_i}^{(s)}}\right]\right\} \tag{5-15}$$

将 $P\{F_{k-1}\} = P\{F_{k-1} \mid F_{k-2}\}\cdots P\{F_2 \mid F_1\}P\{F_1\} = \prod_{q=1}^{k-1} P_q$ 代入式(5-15)，有

$$\frac{\partial \hat{P}_k}{\partial \theta_{X_i}^{(s)}} = \frac{1}{N_k}\sum_{j=1}^{N_k}\left\{I_{F_k}(\boldsymbol{x}_j^{(k)}) \cdot \left[\frac{1}{f_{\boldsymbol{X}}(\boldsymbol{x}_j^{(k)})} \cdot \frac{\partial f_{\boldsymbol{X}}(\boldsymbol{x}_j^{(k)})}{\partial \theta_{X_i}^{(s)}} - \sum_{q=1}^{k-1}\frac{1}{P_q} \cdot \frac{\partial P_q}{\partial \theta_{X_i}^{(s)}}\right]\right\} \tag{5-16}$$

将式(5-12)和式(5-16)代入式(5-10)，可得所要求的可靠性局部灵敏度的估计值 $\partial \hat{P}_f/\partial \theta_{X_i}^{(s)}$。

由于 MCMC 模拟的条件样本点具有一定的相关性，且子集模拟自适应产生的中间失效事件与 MCMC 产生的条件样本点相关，从而使得基于 MCMC 抽样的子集模拟法的失效概率估计值和可靠性局部灵敏度估计值的方差分析不能给出具体的解析表达式，但可以通过重复分析方法重复估计失效概率和可靠性局部灵敏度后由样本方差给出。

5.2 子集模拟重要抽样可靠性及可靠性局部灵敏度分析

基于 MCMC 抽样的子集模拟法中，MCMC 抽样的建议分布的选取会对其可靠性分析结果产生一定的影响，而且采用 MCMC 抽取的条件样本点具有一定的相关性，这会在一定程度上降低子集模拟的计算精度。为了避免 MCMC 抽样导致的子集模拟法的计算精度降低，本节将重要抽样法引入到子集模拟中，介绍子集模拟重要抽样可靠性与可靠性局部灵敏度分析方法[4-5]。

5.2.1 子集模拟重要抽样可靠性分析

子集模拟重要抽样可靠性分析方法的基本思想是：将重要抽样与子集模拟相结合来求解小失效概率问题。其基本步骤是从输入变量的联合概率密度函数开始，逐级构造各子集上的重要抽样密度函数，求得各子集对应的条件失效概率，最终得到所要求的失效概率的估计值。由于子集模拟重要抽样法不需要利用 MCMC 抽样，且在一定程度上避免了条件样本的相关性，因而提高了失效概率求解的效率和稳健性。

子集模拟重要抽样可靠性分析方法也需要进行分层，通过失效域的分层，将小失效概率转化成一系列较大的条件失效概率的乘积，而较大的条件失效概率在子集模拟重要抽样可靠性分析方法中则是通过重要抽样模拟条件样本来估计的。与基于 MCMC 抽样的子集模拟可靠性分析方法类似，子集模拟重要抽样可靠性分析方法中失效域的分层也是通过自适应分层的方法来实现的。

在子集模拟重要抽样可靠性分析方法中，通过失效域的分层，较小的失效概率可以表达为一系列较大的条件失效概率的乘积，如式(5-2)所示。式(5-2)中的失效概率 $P_1=P\{F_1\}$ 是由式(5-4)估计的，而条件失效概率 $P_k=P\{F_k \mid F_{k-1}\}(k=2,3,\cdots,m)$ 的计算是采用重要抽样法来实现的，即

$$\begin{aligned} P_k &= \int_{R^n} I_{F_k}(\boldsymbol{x}) \cdot q_{\boldsymbol{X}}(\boldsymbol{x} \mid F_{k-1}) \mathrm{d}\boldsymbol{x} \\ &= \int_{R^n} \frac{I_{F_k}(\boldsymbol{x}) \cdot q_{\boldsymbol{X}}(\boldsymbol{x} \mid F_{k-1})}{h_{\boldsymbol{X}}^{(k)}(\boldsymbol{x})} h_{\boldsymbol{X}}^{(k)}(\boldsymbol{x}) \mathrm{d}\boldsymbol{x} = E\left[\frac{I_{F_k}(\boldsymbol{x}) \cdot q_{\boldsymbol{X}}(\boldsymbol{x} \mid F_{k-1})}{h_{\boldsymbol{X}}^{(k)}(\boldsymbol{x})}\right] \end{aligned} \tag{5-17}$$

其中 $h_{\boldsymbol{X}}^{(k)}(\boldsymbol{x})$ 是第 k 个中间失效事件的重要抽样密度函数。

根据重要抽样密度函数 $h_{\boldsymbol{X}}^{(k)}(\boldsymbol{x})$ 抽取输入变量的 N_k 个样本 $\{\boldsymbol{x}_1^{(k)},\boldsymbol{x}_2^{(k)},\cdots,\boldsymbol{x}_{N_k}^{(k)}\}^{\mathrm{T}}$，可得条件失效概率 P_k 的估计值 $\hat{P}_k$ 为

$$\hat{P}_k = \frac{1}{N_k} \sum_{j=1}^{N_k} \frac{I_{F_k}(\boldsymbol{x}_j^{(k)}) q_{\boldsymbol{X}}(\boldsymbol{x}_j^{(k)} \mid F_{k-1})}{h_{\boldsymbol{X}}^{(k)}(\boldsymbol{x}_j^{(k)})} \qquad (k=2,3,\cdots,m) \tag{5-18}$$

5.2.2 子集模拟重要抽样的自适应分层策略及失效概率的求解

子集模拟重要抽样可靠性分析的自动分层策略如下所述。

(1)根据输入变量的联合概率密度函数 $f_{\boldsymbol{X}}(\boldsymbol{x})$ 产生 N_1 个样本 $\{\boldsymbol{x}_1^{(1)},\boldsymbol{x}_2^{(1)},\cdots,\boldsymbol{x}_{N_1}^{(1)}\}^{\mathrm{T}}$。

(2)计算 N_1 个样本对应的功能函数值 $\{g(\boldsymbol{x}_1^{(1)}),g(\boldsymbol{x}_2^{(1)}),\cdots,g(\boldsymbol{x}_{N_1}^{(1)})\}^{\mathrm{T}}$。将这 N_1 个响应值按从大到小的次序排列，记排序后的结果为 $g(\boldsymbol{x}_{[1]}^{(1)})>g(\boldsymbol{x}_{[2]}^{(1)})>\cdots>g(\boldsymbol{x}_{[N_1]}^{(1)})$，取第 $(1-p_0)N_1$ 个响应值作为中间失效事件 $F_1=\{\boldsymbol{x}:g(\boldsymbol{x})\leqslant b_1\}$ 的临界值 b_1，即 $b_1=g(\boldsymbol{x}_{[(1-p_0)N_1]}^{(1)})$，则可得 F_1 对应的失效概率估计值为 $\hat{P}_1=\hat{P}\{F_1\}=p_0$。

(3)从落入失效域 $F_{k-1}(k=2,3,\cdots,m)$ 中的 p_0N_{k-1} 个样本点中选出联合概率密度函数值最大的一点作为重要抽样密度函数 $h_{\boldsymbol{X}}^{(k)}(\boldsymbol{x})$ 的抽样中心。

(4)根据 $h_{\boldsymbol{X}}^{(k)}(\boldsymbol{x})$ 抽取输入变量的 $N_k(k=2,3,\cdots,m)$ 个样本 $\{\boldsymbol{x}_1^{(k)},\boldsymbol{x}_2^{(k)},\cdots,\boldsymbol{x}_{N_k}^{(k)}\}^{\mathrm{T}}$，计算对应的功能函数值 $\{g(\boldsymbol{x}_1^{(k)}),g(\boldsymbol{x}_2^{(k)}),\cdots,g(\boldsymbol{x}_{N_k}^{(k)})\}^{\mathrm{T}}$，根据功能函数值判断出落入 $F_{k-1}(k=2,3,\cdots,m)$ 内的 M_k 个样本即为服从条件概率密度函数 $h_{\boldsymbol{X}}^{(k)}(\boldsymbol{x} \mid F_{k-1})$ $\left[h_{\boldsymbol{X}}^{(k)}(\boldsymbol{x} \mid F_{k-1})=\dfrac{I_{F_{k-1}}(\boldsymbol{x})h_{\boldsymbol{X}}^{(k)}(\boldsymbol{x})}{\int_{F_{k-1}} h_{\boldsymbol{X}}^{(k)}(\boldsymbol{x})\mathrm{d}\boldsymbol{x}}\right]$ 的样本点，记为 $\{\boldsymbol{x}_1^{(k)},\boldsymbol{x}_2^{(k)},\cdots,\boldsymbol{x}_{M_k}^{(k)}\}^{\mathrm{T}}$，对应的功能函数值记为 $\{g(\boldsymbol{x}_1^{(k)}),g(\boldsymbol{x}_2^{(k)}),\cdots,g(\boldsymbol{x}_{M_k}^{(k)})\}^{\mathrm{T}}$。

(5) 将上述 M_k 个响应值按从大到小的次序排列，记排序后的结果为 $g(\boldsymbol{x}_{[1]}^{(k)})>g(\boldsymbol{x}_{[2]}^{(k)})>\cdots>g(\boldsymbol{x}_{[M_k]}^{(k)})$，取第 $(1-p_0)M_k$ 个响应值作为中间失效事件 $F_k=\{\boldsymbol{x}:g(\boldsymbol{x})\leqslant b_k\}$ 的临界值 b_k，即 $b_k=g(\boldsymbol{x}_{[(1-p_0)M_k]}^{(k)})$，则可得 F_{k-1} 发生的条件下 F_k 发生的条件失效概率估计值为

$$\hat{P}_k=\hat{P}\{F_k \mid F_{k-1}\}=\frac{1}{N_k}\sum_{j=1}^{N_k}\frac{I_{F_k}(\boldsymbol{x}_j^{(k)})q_{\boldsymbol{X}}(\boldsymbol{x}_j^{(k)} \mid F_{k-1})}{h_{\boldsymbol{X}}^{(k)}(\boldsymbol{x}_j^{(k)})} \tag{5-19}$$

且 F_k 区域的失效概率估计值为 $\hat{P}\{F_k\}=\prod_{s=1}^{k}\hat{P}_s$ 。

(6) 重复步骤(3)～步骤(5)，直到某一层(记为 m 层)的功能函数值从大到小排序后的第 $(1-p_0)N_m$ 个响应值满足 $g(\boldsymbol{x}^{(m)}_{[(1-p_0)N_m]})<0$，则令 $b_m=0$，且 F_{m-1} 发生的条件下 F_m 发生的条件失效概率估计值为

$$\hat{P}_m=\hat{P}\{F_m \mid F_{m-1}\}=\frac{1}{N_m}\sum_{j=1}^{N_m}\frac{I_{F_m}(\boldsymbol{x}_j^{(m)})q_{\boldsymbol{X}}(\boldsymbol{x}_j^{(m)} \mid F_{m-1})}{h_{\boldsymbol{X}}^{(m)}(\boldsymbol{x}_j^{(m)})} \tag{5-20}$$

自动分层结束。

(7) 分层结束后，可得失效概率的估计值 $\hat{P}_f$ 为

$$\hat{P}_f=\prod_{k=1}^{m}\hat{P}_k \tag{5-21}$$

5.2.3　子集模拟重要抽样失效概率估计的收敛性分析

对式(5-21)两边求数学期望，可得失效概率估计值 $\hat{P}_f$ 的数学期望 $E[\hat{P}_f]$ 为

$$E[\hat{P}_f]=E\left[\prod_{k=1}^{m}\hat{P}_k\right]\approx\prod_{k=1}^{m}E[\hat{P}_k] \tag{5-22}$$

其中 $\hat{P}_1$ 是由 Monte Carlo 法得到的，所以其数学期望 $E[\hat{P}_1]$ 及期望的估计值为

$$\begin{aligned}E[\hat{P}_1]&=E\left[\frac{1}{N_1}\sum_{j=1}^{N_1}I_{F_1}(\boldsymbol{x}_j^{(1)})\right]\\&=E[I_{F_1}(\boldsymbol{x}_j^{(1)})]\\&=E[I_{F_1}(\boldsymbol{x}^{(1)})]\\&=P_1\\&\approx\frac{1}{N_1}\sum_{j=1}^{N_1}I_{F_1}(\boldsymbol{x}_j^{(1)})=\hat{P}_1\end{aligned} \tag{5-23}$$

条件失效概率 $\hat{P}_k(k=2,3,\cdots,m)$ 是由重要抽样法得到的，其数学期望 $E[\hat{P}_k]$ 及期望的估计值为

$$\begin{aligned}E[\hat{P}_k]&=E\left[\frac{1}{N_k}\sum_{j=1}^{N_k}\frac{I_{F_k}(\boldsymbol{x}_j^{(k)})q_{\boldsymbol{X}}(\boldsymbol{x}_j^{(k)} \mid F_{k-1})}{h_{\boldsymbol{X}}^{(k)}(\boldsymbol{x}_j^{(k)})}\right]\\&=E\left[\frac{I_{F_k}(\boldsymbol{x}^{(k)})q_{\boldsymbol{X}}(\boldsymbol{x}^{(k)} \mid F_{k-1})}{h_{\boldsymbol{X}}^{(k)}(\boldsymbol{x}^{(k)})}\right]\\&=P_k\\&\approx\frac{1}{N_k}\sum_{j=1}^{N_k}\frac{I_{F_k}(\boldsymbol{x}_j^{(k)})q_{\boldsymbol{X}}(\boldsymbol{x}_j^{(k)} \mid F_{k-1})}{h_{\boldsymbol{X}}^{(k)}(\boldsymbol{x}_j^{(k)})}=\hat{P}_k\end{aligned} \tag{5-24}$$

将式(5-23)和式(5-24)代入到式(5-22)中，可得失效概率估计值 $\hat{P}_f$ 的均值 $E[\hat{P}_f]$ 的估计值为

$$E[\hat{P}_f]\approx\prod_{k=1}^{m}\hat{P}_k=\hat{P}_f \tag{5-25}$$

对式(5-21)两边求方差，可得失效概率估计值 $\hat{P}_f$ 的方差 $\mathrm{Var}[\hat{P}_f]$ 为

$$\begin{aligned}\mathrm{Var}[\hat{P}_f] &= \mathrm{Var}\left[\prod_{k=1}^{m}\hat{P}_k\right] \\ &= E\left[\prod_{k=1}^{m}\hat{P}_k\right]^2 - E^2\left[\prod_{k=1}^{m}\hat{P}_k\right] \\ &\approx \prod_{k=1}^{m}E[\hat{P}_k^2] - \prod_{k=1}^{m}E^2[\hat{P}_k] \\ &= \prod_{k=1}^{m}\{E^2[\hat{P}_k] + \mathrm{Var}[\hat{P}_k]\} - \prod_{k=1}^{m}E^2[\hat{P}_k] \\ &\approx \prod_{k=1}^{m}\{\hat{P}_k^2 + \mathrm{Var}[\hat{P}_k]\} - \hat{P}_f^2 \end{aligned} \tag{5-26}$$

其中失效概率估计值 $\hat{P}_1$ 是由 Monte Carlo 法得到的，所以方差 $\mathrm{Var}[\hat{P}_1]$ 的估计值为

$$\mathrm{Var}[\hat{P}_1] \approx \frac{\hat{P}_1 - \hat{P}_1^2}{N_1 - 1} = \frac{p_0 - p_0^2}{N_1 - 1} \tag{5-27}$$

条件失效概率 $\hat{P}_k(k=2,3,\cdots,m)$ 是由重要抽样法得到的，其方差 $\mathrm{Var}[\hat{P}_k]$ 的估计值为

$$\begin{aligned}\mathrm{Var}[\hat{P}_k] &= \mathrm{Var}\left[\frac{1}{N_k}\sum_{j=1}^{N_k}\frac{I_{F_k}(\boldsymbol{x}_j^{(k)})q_{\boldsymbol{X}}(\boldsymbol{x}_j^{(k)} \mid F_{k-1})}{h_{\boldsymbol{X}}^{(k)}(\boldsymbol{x}_j^{(k)})}\right] \\ &\approx \frac{1}{N_k - 1}\left[\frac{1}{N_k}\sum_{j=1}^{N_k}\left(\frac{I_{F_k}(\boldsymbol{x}_j^{(k)})q_{\boldsymbol{X}}(\boldsymbol{x}_j^{(k)} \mid F_{k-1})}{h_{\boldsymbol{X}}^{(k)}(\boldsymbol{x}_j^{(k)})}\right)^2 - \hat{P}_k^2\right]\end{aligned} \tag{5-28}$$

将式(5-27)和式(5-28)代入式(5-26)中，即可得出失效概率估计值的方差的估计值。

失效概率估计值的变异系数为

$$\mathrm{Cov}[\hat{P}_f] = \sqrt{\mathrm{Var}[\hat{P}_f]}/E[\hat{P}_f] \tag{5-29}$$

子集模拟重要抽样失效概率计算的流程图如图 5-4 所示。

与基于 MCMC 抽样的子集模拟可靠性分析方法相比，基于重要抽样的子集模拟可靠性分析方法的主要优点是避免了 MCMC 模拟中建议分布选取不同而带来的可靠性分析结果的误差，并且避免了 MCMC 产生的条件样本点的相关性。

5.2.4 子集模拟重要抽样可靠性局部灵敏度分析

子集模拟重要抽样可靠性局部灵敏度分析的基本思想是：将失效概率 P_f 对输入变量分布参数的可靠性局部灵敏度转化成一系列条件失效概率 P_k 对输入变量分布参数的可靠性局部灵敏度，再通过重要抽样得到的条件样本点的信息来估计条件失效概率 P_k 对输入变量分布参数的可靠性局部灵敏度。

1. 子集模拟重要抽样可靠性局部灵敏度估计

式(5-2)所示的失效概率表达式对输入变量的分布参数 $\theta_{X_i}^{(s)}$ 的可靠性局部灵敏度为

$$\frac{\partial P_f}{\partial \theta_{X_i}^{(s)}} = \sum_{k=1}^{m}\left[\frac{P_f}{P_k} \cdot \frac{\partial P_k}{\partial \theta_{X_i}^{(s)}}\right] \tag{5-30}$$

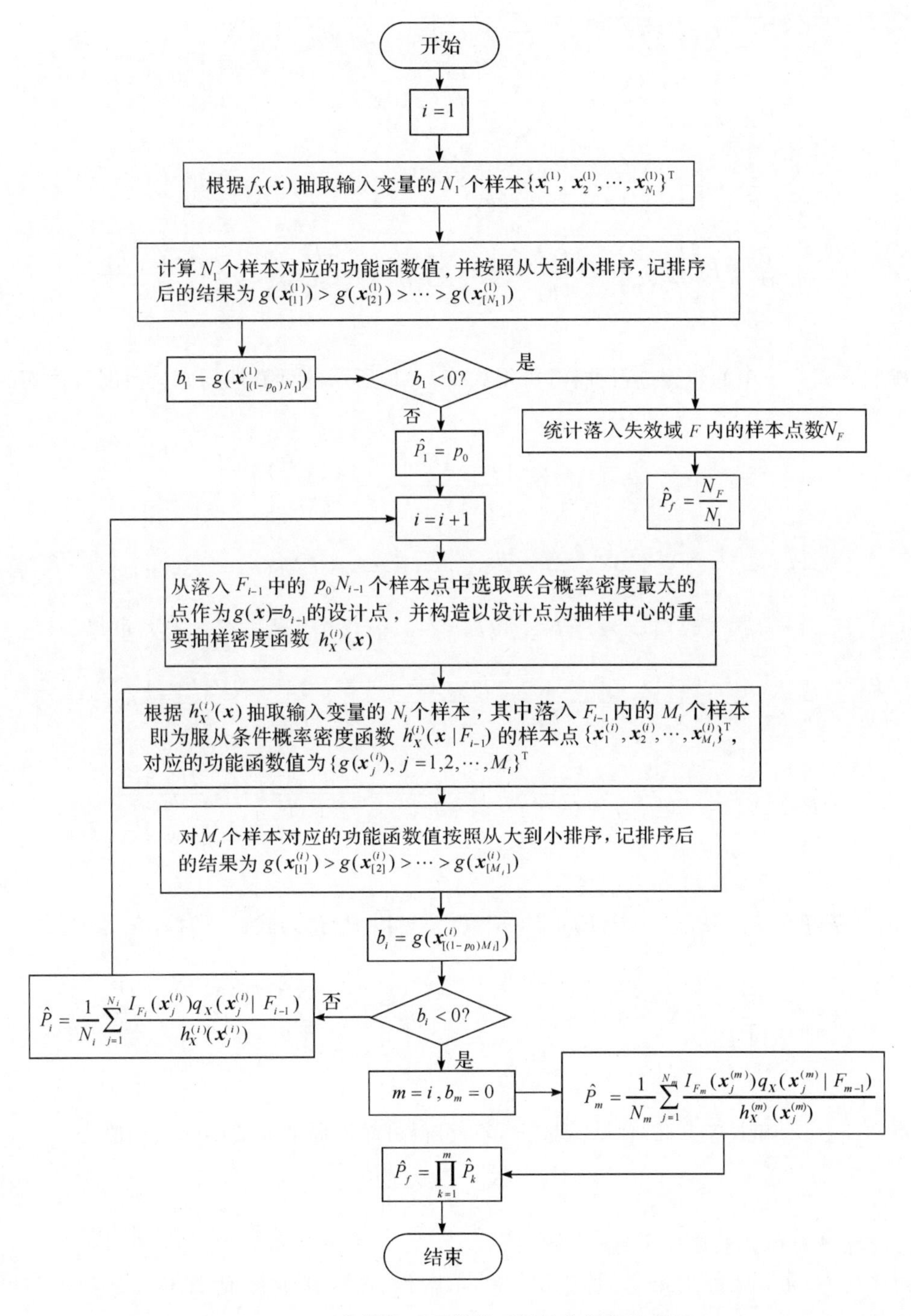

图 5-4　子集模拟重要抽样可靠性分析的流程图

由于 $P_1=\int_{F_1}f_{\boldsymbol{X}}(\boldsymbol{x})\mathrm{d}\boldsymbol{x}$，$P_k=\int_{F_k}q_{\boldsymbol{X}}(\boldsymbol{x}\mid F_{k-1})\mathrm{d}\boldsymbol{x}$ $(k=2,3,\cdots,m)$，通过引入每一层的重要抽样概率密度函数 $h_{\boldsymbol{X}}^{(k)}(\boldsymbol{x})$ $(k=2,3,\cdots,m)$，式(5-30)可以写为

$$\begin{aligned}\frac{\partial P_f}{\partial \theta_{X_i}^{(s)}} &= \frac{P_f}{P_1} \cdot \int_{F_1} \frac{\partial f_{\boldsymbol{X}}(\boldsymbol{x})}{\partial \theta_{X_i}^{(s)}} \mathrm{d}\boldsymbol{x} + \sum_{k=2}^{m} \frac{P_f}{P_i} \cdot \int_{F_k} \frac{\partial q_{\boldsymbol{X}}(\boldsymbol{x} \mid F_{k-1})}{\partial \theta_{X_i}^{(s)}} \mathrm{d}\boldsymbol{x} \\ &= \frac{P_f}{P_1} \cdot \int_{R^n} \frac{I_{F_1}(\boldsymbol{x})}{f_{\boldsymbol{X}}(\boldsymbol{x})} \cdot \frac{\partial f_{\boldsymbol{X}}(\boldsymbol{x})}{\partial \theta_{X_i}^{(s)}} \cdot f_{\boldsymbol{X}}(\boldsymbol{x}) \mathrm{d}\boldsymbol{x} + \\ &\quad \sum_{k=2}^{m} \frac{P_f}{P_k} \cdot \int_{R^n} \frac{I_{F_k}(\boldsymbol{x})}{h_{\boldsymbol{X}}^{(k)}(\boldsymbol{x})} \cdot \frac{\partial q_{\boldsymbol{X}}(\boldsymbol{x} \mid F_{k-1})}{\partial \theta_{X_i}^{(s)}} h_{\boldsymbol{X}}^{(k)}(\boldsymbol{x}) \mathrm{d}\boldsymbol{x} \\ &= \frac{P_f}{P_1} \cdot E\left[\frac{I_{F_1}(\boldsymbol{x})}{f_{\boldsymbol{X}}(\boldsymbol{x})} \cdot \frac{\partial f_{\boldsymbol{X}}(\boldsymbol{x})}{\partial \theta_{X_i}^{(s)}}\right] + \sum_{k=2}^{m} \frac{P_f}{P_i} \cdot E\left[\frac{I_{F_k}(\boldsymbol{x})}{h_{\boldsymbol{X}}^{(k)}(\boldsymbol{x})} \cdot \frac{\partial q_{\boldsymbol{X}}(\boldsymbol{x} \mid F_{k-1})}{\partial \theta_{X_i}^{(s)}}\right]\end{aligned} \tag{5-31}$$

按照 5.2.2 节中的步骤进行抽样，可得式(5-31)所示的可靠性局部灵敏度表达式的各项估计值为

$$\frac{\partial \hat{P}_1}{\partial \theta_{X_i}^{(s)}} = \frac{1}{N_1} \sum_{j=1}^{N_1} \left[\frac{I_{F_1}(\boldsymbol{x}_j^{(1)})}{f_{\boldsymbol{X}}(\boldsymbol{x}_j^{(1)})} \cdot \frac{\partial f_{\boldsymbol{X}}(\boldsymbol{x}_j^{(1)})}{\partial \theta_{X_i}^{(s)}}\right] \tag{5-32}$$

$$\frac{\partial \hat{P}_k}{\partial \theta_{X_i}^{(s)}} = \frac{1}{N_k} \sum_{j=1}^{N_k} \left[\frac{I_{F_k}(\boldsymbol{x}_j^{(k)})}{h_{\boldsymbol{X}}^{(k)}(\boldsymbol{x}_j^{(k)})} \cdot \frac{\partial q_{\boldsymbol{X}}(\boldsymbol{x}_j^{(k)} \mid F_{k-1})}{\partial \theta_{X_i}^{(s)}}\right] \quad (k=2,3,\cdots,m) \tag{5-33}$$

将 $q_{\boldsymbol{X}}(\boldsymbol{x} \mid F_{k-1}) = I_{F_{k-1}}(\boldsymbol{x}) f_{\boldsymbol{X}}(\boldsymbol{x}) / P\{F_{k-1}\}$ $(k=2,3,\cdots,m)$ 代入式(5-33)，可得

$$\begin{aligned}\frac{\partial \hat{P}_k}{\partial \theta_{X_i}^{(s)}} &= \frac{1}{N_k} \sum_{j=1}^{N_k} \left\{\frac{I_{F_k}(\boldsymbol{x}_j^{(k)})}{h_{\boldsymbol{X}}^{(k)}(\boldsymbol{x}_j^{(k)})} \cdot \left[\frac{1}{P\{F_{k-1}\}} \frac{\partial f_{\boldsymbol{X}}(\boldsymbol{x}_j^{(k)})}{\partial \theta_{X_i}^{(s)}} - \frac{1}{P^2\{F_{k-1}\}} \frac{\partial P\{F_{k-1}\}}{\partial \theta_{X_i}^{(s)}} f_{\boldsymbol{X}}(\boldsymbol{x}_j^{(k)})\right]\right\} \\ &= \frac{1}{P\{F_{k-1}\}} \cdot \frac{1}{N_k} \sum_{j=1}^{N_k} \left\{\frac{I_{F_k}(\boldsymbol{x}_j^{(k)})}{h_{\boldsymbol{X}}^{(k)}(\boldsymbol{x}_j^{(k)})} \cdot \left[\frac{\partial f_{\boldsymbol{X}}(\boldsymbol{x}_j^{(i)})}{\partial \theta_{X_i}^{(s)}} - \frac{\partial f_{\boldsymbol{X}}(\boldsymbol{x}_j^{(i)})}{P\{F_{k-1}\}} \cdot \frac{\partial P\{F_{k-1}\}}{\partial \theta_{X_i}^{(s)}}\right]\right\}\end{aligned} \tag{5-34}$$

将 $P\{F_{k-1}\} = P\{F_{k-1} \mid F_{k-2}\} \cdots P\{F_2 \mid F_1\} P\{F_1\} = \prod_{q=1}^{k-1} P_q$ 代入式(5-34)，有

$$\frac{\partial \hat{P}_k}{\partial \theta_{X_i}^{(s)}} = \frac{1}{\prod_{q=1}^{k-1} P_q} \cdot \frac{1}{N_k} \sum_{j=1}^{N_k} \left\{\frac{I_{F_k}(\boldsymbol{x}_j^{(k)})}{h_{\boldsymbol{X}}^{(k)}(\boldsymbol{x}_j^{(k)})} \cdot \left[\frac{\partial f_{\boldsymbol{X}}(\boldsymbol{x}_j^{(k)})}{\partial \theta_{X_i}^{(s)}} - \sum_{q=1}^{k-1} \frac{f_{\boldsymbol{X}}(\boldsymbol{x}_j^{(k)})}{P_q} \cdot \frac{\partial P_q}{\partial \theta_{X_i}^{(s)}}\right]\right\} \tag{5-35}$$

将式(5-32)和式(5-35)代入式(5-30)，可得可靠性局部灵敏度的估计值为

$$\frac{\partial \hat{P}_f}{\partial \theta_{X_i}^{(s)}} = \sum_{k=1}^{m} \left[\frac{\hat{P}_f}{\hat{P}_k} \cdot \frac{\partial \hat{P}_k}{\partial \theta_{X_i}^{(s)}}\right] \tag{5-36}$$

2. 可靠性局部灵敏度估计的收敛性分析

对式(5-36)两边求数学期望，可得可靠性局部灵敏度估计值 $\partial \hat{P}_f / \partial \theta_{X_i}^{(s)}$ 的均值 $E[\partial \hat{P}_f / \partial \theta_{X_i}^{(s)}]$ 为

$$E\left[\frac{\partial \hat{P}_f}{\partial \theta_{X_i}^{(s)}}\right] = E\left[\sum_{k=1}^{m} \frac{\hat{P}_f}{\hat{P}_k} \cdot \frac{\partial \hat{P}_k}{\partial \theta_{X_i}^{(s)}}\right] = \sum_{k=1}^{m} E\left[\frac{\hat{P}_f}{\hat{P}_k} \cdot \frac{\partial \hat{P}_k}{\partial \theta_{X_i}^{(s)}}\right] = \sum_{k=1}^{m} \frac{\hat{P}_f}{\hat{P}_k} E\left[\frac{\partial \hat{P}_k}{\partial \theta_{X_i}^{(s)}}\right] \tag{5-37}$$

其中，$\partial \hat{P}_1 / \partial \theta_{X_i}^{(s)}$ 是用 Monte Carlo 法得到的，其期望 $E[\partial \hat{P}_1 / \partial \theta_{X_i}^{(s)}]$ 及期望的估计值为

$$E\left[\frac{\partial \hat{P}_1}{\partial \theta_{X_i}^{(s)}}\right]=E\left\{\frac{1}{N_1}\sum_{j=1}^{N_1}\left[\frac{I_{F_1}(\boldsymbol{x}_j^{(1)})}{f_{\boldsymbol{X}}(\boldsymbol{x}_j^{(1)})}\cdot\frac{\partial f_{\boldsymbol{X}}(\boldsymbol{x}_j^{(1)})}{\partial \theta_{X_i}^{(s)}}\right]\right\}=E\left\{\frac{I_{F_1}(\boldsymbol{x}^{(1)})}{f_{\boldsymbol{X}}(\boldsymbol{x}^{(1)})}\cdot\frac{\partial f_{\boldsymbol{X}}(\boldsymbol{x}^{(1)})}{\partial \theta_{X_i}^{(s)}}\right\}$$

$$\approx\frac{1}{N_1}\sum_{j=1}^{N_1}\left[\frac{I_{F_1}(\boldsymbol{x}_j^{(1)})}{f_{\boldsymbol{X}}(\boldsymbol{x}_j^{(1)})}\cdot\frac{\partial f_{\boldsymbol{X}}(\boldsymbol{x}_j^{(1)})}{\partial \theta_{X_i}^{(s)}}\right]=\frac{\partial \hat{P}_1}{\partial \theta_{X_i}^{(s)}} \tag{5-38}$$

$\partial \hat{P}_k/\partial \theta_{X_i}^{(s)}(k=2,3,\cdots,m)$ 是由重要抽样法得到的，因此其期望 $E[\partial \hat{P}_k/\partial \theta_{X_i}^{(s)}]$ 及期望的估计值为

$$E\left[\frac{\partial \hat{P}_k}{\partial \theta_{X_i}^{(s)}}\right]=\frac{1}{\prod_{q=1}^{k-1}P_q}E\left\{\frac{1}{N_k}\sum_{j=1}^{N_k}\left\{\frac{I_{F_k}(\boldsymbol{x}_j^{(k)})}{h_{\boldsymbol{X}}^{(k)}(\boldsymbol{x}_j^{(k)})}\cdot\left[\frac{\partial f_{\boldsymbol{X}}(\boldsymbol{x}_j^{(k)})}{\partial \theta_{X_i}^{(s)}}-\sum_{q=1}^{k-1}\frac{f_{\boldsymbol{X}}(\boldsymbol{x}_j^{(k)})}{P_q}\cdot\frac{\partial P_q}{\partial \theta_{X_i}^{(s)}}\right]\right\}\right\}$$

$$=\frac{1}{\prod_{q=1}^{k-1}P_q}E\left\{\frac{I_{F_k}(\boldsymbol{x}^{(k)})}{h_{\boldsymbol{X}}^{(k)}(\boldsymbol{x}^{(k)})}\cdot\left[\frac{\partial f_{\boldsymbol{X}}(\boldsymbol{x}^{(k)})}{\partial \theta_{X_i}^{(s)}}-\sum_{q=1}^{k-1}\frac{f_{\boldsymbol{X}}(\boldsymbol{x}^{(k)})}{P_q}\cdot\frac{\partial P_q}{\partial \theta_{X_i}^{(s)}}\right]\right\}$$

$$\approx\frac{1}{\prod_{q=1}^{k-1}P_q}\cdot\frac{1}{N_k}\sum_{j=1}^{N_k}\left\{\frac{I_{F_k}(\boldsymbol{x}_j^{(k)})}{h_{\boldsymbol{X}}^{(k)}(\boldsymbol{x}_j^{(k)})}\cdot\left[\frac{\partial f_{\boldsymbol{X}}(\boldsymbol{x}_j^{(k)})}{\partial \theta_{X_i}^{(s)}}-\sum_{q=1}^{k-1}\frac{f_{\boldsymbol{X}}(\boldsymbol{x}_j^{(k)})}{P_q}\cdot\frac{\partial P_q}{\partial \theta_{X_i}^{(s)}}\right]\right\}=\frac{\partial \hat{P}_k}{\partial \theta_{X_i}^{(s)}} \tag{5-39}$$

将式(5-38)和式(5-39)代入到式(5-37)中，即可得到可靠性局部灵敏度估计值的均值的估计值为

$$E\left[\frac{\partial \hat{P}_f}{\partial \theta_{X_i}^{(s)}}\right]\approx\frac{\hat{P}_f}{\hat{P}_1}\cdot\frac{\partial \hat{P}_1}{\partial \theta_{X_i}^{(s)}}+\frac{\hat{P}_f}{\hat{P}_2}\cdot\frac{\partial \hat{P}_2}{\partial \theta_{X_i}^{(s)}}+\cdots+\frac{\hat{P}_f}{\hat{P}_m}\cdot\frac{\partial \hat{P}_m}{\partial \theta_{X_i}^{(s)}}$$

$$=\sum_{k=1}^{m}\left(\frac{\hat{P}_f}{\hat{P}_k}\cdot\frac{\partial \hat{P}_k}{\partial \theta_{X_i}^{(s)}}\right)=\frac{\partial \hat{P}_f}{\partial \theta_{X_i}^{(s)}} \tag{5-40}$$

对式(5-36)两边求方差可得可靠性局部灵敏度估计值的方差为

$$\mathrm{Var}\left[\frac{\partial \hat{P}_f}{\partial \theta_{X_i}^{(s)}}\right]\approx\sum_{k=1}^{m}\mathrm{Var}\left[\frac{\hat{P}_f}{\hat{P}_k}\cdot\frac{\partial \hat{P}_k}{\partial \theta_{X_i}^{(s)}}\right]=\sum_{k=1}^{m}\left[\mathrm{Var}\left(\frac{\partial \hat{P}_i}{\partial \theta_{X_i}^{(s)}}\right)\cdot\left(\frac{\hat{P}_f}{\hat{P}_k}\right)^2\right] \tag{5-41}$$

其中

$$\mathrm{Var}\left[\frac{\partial \hat{P}_1}{\partial \theta_{X_i}^{(s)}}\right]\approx\frac{1}{N_1-1}\left\{\frac{1}{N_1}\sum_{j=1}^{N_1}\left(\frac{I_{F_1}(\boldsymbol{x}_j^{(1)})}{f_{\boldsymbol{X}}(\boldsymbol{x}_j^{(1)})}\cdot\frac{\partial f_{\boldsymbol{X}}(\boldsymbol{x}_j^{(1)})}{\partial \theta_{X_i}^{(s)}}\right)^2-\left(\frac{\partial \hat{P}_1}{\partial \theta_{X_i}^{(s)}}\right)^2\right\} \tag{5-42}$$

$$\mathrm{Var}\left[\frac{\partial \hat{P}_k}{\partial \theta_{X_i}^{(s)}}\right]\approx\frac{\left\{\frac{1}{N_k}\sum_{j=1}^{N_k}\left[\frac{I_{F_k}(\boldsymbol{x}_j^{(k)})}{h_{\boldsymbol{X}}^{(k)}(\boldsymbol{x}_j^{(k)})}\cdot\left(\frac{\partial f_{\boldsymbol{X}}(\boldsymbol{x}_j^{(k)})}{\partial \theta_{X_i}^{(s)}}-\sum_{q=1}^{k-1}\frac{f_{\boldsymbol{X}}(\boldsymbol{x}_j^{(k)})}{\hat{P}_q}\cdot\frac{\partial \hat{P}_q}{\partial \theta_{X_i}^{(s)}}\right)\right]^2-\left(\frac{\partial \hat{P}_k}{\partial \theta_{X_i}^{(s)}}\right)^2\right\}}{\left(\prod_{q=1}^{k-1}\hat{P}_q\right)^2(N_k-1)} \tag{5-43}$$

将式(5-42)和(5-43)代入式(5-41)中，即可得出可靠性局部灵敏度估计值的方差的估计值。

可靠性局部灵敏度估计值的变异系数为

$$\mathrm{Cov}[\partial \hat{P}_f/\partial \theta_{X_i}^{(s)}]=\sqrt{\mathrm{Var}[\partial \hat{P}_f/\partial \theta_{X_i}^{(s)}]}/|E[\partial \hat{P}_f/\partial \theta_{X_i}^{(s)}]| \tag{5-44}$$

5.3 算例分析

算例 5.1 如图 5-5 所示的屋架结构,屋架的上弦杆和其他压杆采用钢筋混凝土杆,下弦杆和其他拉杆采用钢杆。设屋架承受均布载荷 q 作用,将均布载荷 q 化成节点载荷后有 $P=ql/4$。由结构力学分析可得 C 点沿垂直地面方向的位移为 $\Delta_C=\dfrac{ql^2}{2}\left(\dfrac{3.81}{A_CE_C}+\dfrac{1.13}{A_SE_S}\right)$,其中 A_C、E_C、A_S、E_S 和 l 分别为混凝土和钢杆的横截面积、弹性模量和长度。考虑屋架的安全性和适用性,以屋架顶端 C 点的向下挠度不大于 3cm 为约束条件。根据约束条件可给出结构的功能函数 $g=0.03-\Delta_C$。假设输入变量相互独立且均服从正态分布,其分布参数参见表 5-1。屋架结构的可靠性及可靠性局部灵敏度分析结果见表 5-2,相应的参考程序见表 5-3 和表5-4。

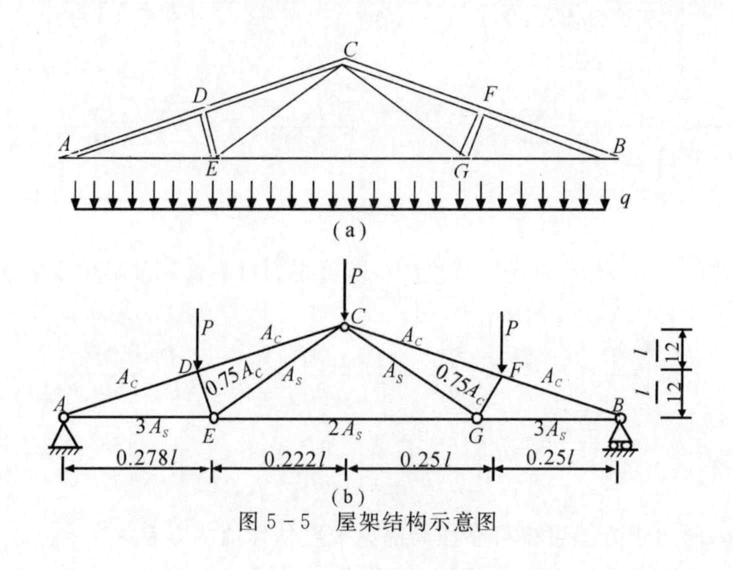

图 5-5 屋架结构示意图

表 5-1 屋架结构随机变量的分布情况

随机变量	分布类型	均值	标准差
均布载荷 q /N·m	正态	20 000	1 400
杆长 l /m	正态	12	0.12
截面积 A_S /m²	正态	0.04	0.004 8
截面积 A_C /m²	正态	9.82×10^{-4}	5.892×10^{-5}
抗拉强度 E_S /MPa	正态	2×10^{10}	1.2×10^{9}
抗压强度 E_C /MPa	正态	1×10^{11}	6×10^{9}

表 5-2　算例 5.1 可靠性及可靠性局部灵敏度分析结果

	$\frac{\partial P_f/\partial \mu_q}{10^{-5}}$	$\frac{\partial P_f/\partial \mu_l}{10^{-2}}$	$\partial P_f/\partial \mu_{A_S}$	$\partial P_f/\partial \mu_{A_c}$	$\frac{\partial P_f/\partial \mu_{E_S}}{10^{-12}}$	$\frac{\partial P_f/\partial \mu_{E_C}}{10^{-12}}$	$\frac{P_f}{10^{-3}}$
MCS	1.117 4 (0.011 4)	4.038 (0.022 2)	−190.015 (0.013 3)	−2.125 0 (0.014 3)	−1.847 6 (0.013 2)	−3.781 9 (0.025 4)	9.455 (0.010 4)
SS-MCMC	1.172 8 (0.010 4)	3.746 (0.025 0)	−201.736 (0.015 8)	−1.978 9 (0.020 0)	−1.895 6 (0.018 8)	−3.694 6 (0.019 6)	9.647 (0.013 9)
SS-IS	1.123 8 (0.015 7)	3.961 (0.018 0)	−185.560 (0.016 7)	−2.104 8 (0.017 7)	−1.828 7 (0.016 7)	−3.829 3 (0.021 0)	9.397 (0.009 6)
	$\frac{\partial P_f/\partial \sigma_q}{10^{-5}}$	$\frac{\partial P_f/\partial \sigma_l}{10^{-2}}$	$\partial P_f/\partial \sigma_{A_S}$	$\partial P_f/\partial \sigma_{A_c}$	$\frac{\partial P_f/\partial \sigma_{E_S}}{10^{-12}}$	$\frac{\partial P_f/\partial \sigma_{E_C}}{10^{-12}}$	N
MCS	1.6157 (0.016 0)	1.798 (0.078 2)	217.410 (0.022 7)	2.492 0 (0.024 0)	2.031 3 (0.022 7)	1.994 4 (0.071 2)	10^6
SS-MCMC	1.899 8 (0.014 7)	1.896 (0.078 6)	246.754 (0.022 5)	2.185 6 (0.032 3)	2.085 6 (0.028 9)	2.140 5 (0.062 5)	54 000
SS-IS	1.632 5 (0.032 5)	1.807 (0.056 1)	206.167 (0.034 1)	2.361 2 (0.029 9)	1.955 3 (0.030 1)	2.052 6 (0.041 9)	54 000

注：SS-MCMC 表示基于 MCMC 抽样的子集模拟法，SS-IS 表示基于重要抽样的子集模拟法，括号内的数值表示估计值的变异系数，N 表示功能函数的调用次数，后续算例中不再赘述。

表 5-3　算例 5.1 SS-MCMC 方法参考程序

```
clear;
clc;
format long;
miu=[20000,12,0.04,9.82e-4,2e10,1e11];
sigma=[1400,0.12,0.0048,5.892e-5,1.2e9,6e9];
dim=length(miu);
g=@(x) 0.030-(x(:,1).*x(:,2).^2.*(3.81./(x(:,3).*x(:,5))+1.13./(x(:,4).*x(:,6)))/
2);
f1=@(x) 1/sqrt(2*pi*sigma(1)^2)*exp(-(x(:,1)-miu(1)).^2/(2*sigma(1)^2));
f2=@(x) 1/sqrt(2*pi*sigma(2)^2)*exp(-(x(:,2)-miu(2)).^2/(2*sigma(2)^2));
f3=@(x) 1/sqrt(2*pi*sigma(3)^2)*exp(-(x(:,3)-miu(3)).^2/(2*sigma(3)^2));
f4=@(x) 1/sqrt(2*pi*sigma(4)^2)*exp(-(x(:,4)-miu(4)).^2/(2*sigma(4)^2));
f5=@(x) 1/sqrt(2*pi*sigma(5)^2)*exp(-(x(:,5)-miu(5)).^2/(2*sigma(5)^2));
f6=@(x) 1/sqrt(2*pi*sigma(6)^2)*exp(-(x(:,6)-miu(6)).^2/(2*sigma(6)^2));
fx=@(x) f1(x).*f2(x).*f3(x).*f4(x).*f5(x).*f6(x);  %输入变量的联合概率密度函数
pf=1; p0=0.1; Ncall=0;
%%%%%%%%%%%%%%%%%%%%%%第一层
N=4200;
for i=1:dim
```

```
    X1(:,i)=normrnd(miu(i),sigma(i),N,1);  %MC 抽样
end
Y1=g(X1);
[B,I]=sort(Y1,'descend');        %降序排列
b=B(floor((1-p0)*N));
I1=(Y1-b)<=zeros(N,1);
P1=nnz(I1)/N;                    %第一层的失效概率
pf=pf*P1;
Ncall=Ncall+N;
for i=1:dim
    dpdu1(:,i)=I1'*((X1(:,i)-miu(i))/(sigma(i)^2))/N;   %第一层关于均值的灵敏度
end
for i=1:dim
    dpds1(:,i)=I1'*((((X1(:,i)-miu(i))/sigma(i)).^2-1)/sigma(i))/N;
%第一层关于标准差的灵敏度
end
% %第二层
m1=find(Y1<=b); X_F1=X1(m1,:);
M=30;
for i=1:dim
    lk(:,i)=6*sigma(i)*(M^(-1/(dim+4)));
end
X2=[];
for j=1:length(m1)
    [z]=Makov_MH(dim,M,X_F1(j,:),lk,g,b,fx);  % MCMC 抽样
    X2=[X2;z];
end
N=length(X2(:,1));
Y2=g(X2);
[B,I]=sort(Y2,'descend');        %降序排列
b=B(floor((1-p0)*N));
I2=(Y2-b)<=zeros(N,1);
P2=nnz(I2)/N;                    %第二层的失效概率
pf=pf*P2;
Ncall=Ncall+N;
for i=1:dim
    dpdu2(:,i)=I2'*(((X2(:,i)-miu(i))/(sigma(i)^2))-dpdu1(:,i))/N;
%第二层关于均值的灵敏度
end
for i=1:dim
    dpds2(:,i)=I2'*(((((X2(:,i)-miu(i))/sigma(i)).^2-1)/sigma(i))-dpds1(:,i))/N;
%第二层关于标准差的灵敏度
end
```

```
%第三层
m2=find(Y2<=b); X_F2=X2(m2,:);
for i=1:dim
    lk(:,i)=6 * sigma(i) * (M^(-1/(dim+4)));
end
X3=[];
for j=1:length(m2)
    [z]=Makov_MH(dim,M,X_F2(j,:),lk,g,b,fx);   % MCMC 抽样
    X3=[X3;z];
end
N=length(X3(:,1));
Y3=g(X3);
[B,I]=sort(Y3,'descend');        %降序排列
b=B(floor((1-p0) * N));
if b<=0
    b=0;
end
I3=(Y3-b)<=zeros(N,1);
P3=nnz(I3)/N;                          %第三层的失效概率
pf=pf * P3;
for i=1:dim
    dpdu3(:,i)=I3' * (((X3(:,i)-miu(i))/(sigma(i)^2))-dpdu1(:,i)- dpdu2(:,i))/N;
%第二层关于均值的灵敏度
end
for i=1:dim
    dpds3(:,i)=I3' * (((((X3(:,i)-miu(i))/sigma(i)).^2-1)/sigma(i))-dpds1(:,i)-dpds2(:,
i))/N;   %第二层关于标准差的灵敏度
end
Ncall=Ncall+N    %功能函数调用次数
Pf=pf   %失效概率
for i=1:dim
dpdu(:,i)=(Pf/P1) * dpdu1(:,i)+(Pf/P2) * dpdu2(:,i)+(Pf/P3) * dpdu3(:,i);
%关于均值的灵敏度
dpds(:,i)=(Pf/P1) * dpds1(:,i)+(Pf/P2) * dpds2(:,i)+(Pf/P3) * dpds3(:,i);
%关于标准差的灵敏度
end
%%%%%%%%%%%%%%%   Makov_MH:自定义函数产生 MCMC 样本
function [z]=Makov_MH(n,N,z,lk,g,b,fx)
for k=1:(N-1)
for r=1:n
    e(:,r)=unifrnd(z(k,r)-lk(:,r)/2,z(k,r)+lk(:,r)/2,1,1);
end
Ie=g(e)<=b;  Ik_1=g(z(k,:))<=b;
```

```
r=Ie * fx(e)/(Ik_1 * fx(z(k,:)));
A=[1 r];
if min(A)>random('unif',0,1)
    z(k+1,:)=e;
else
    z(k+1,:)=z(k,:);
end
end
end
```

表 5-4　算例 5.1 SS-IS 方法参考程序

```
clear;
clc;
format long;
miu=[20000,12,0.04,9.82e-4,2e10,1e11];
sigma=[1400,0.12,0.0048,5.892e-5,1.2e9,6e9];
dim=length(miu);
g=@(x) 0.030-(x(:,1).*x(:,2).^2.*(3.81./(x(:,3).*x(:,5))+1.13./(x(:,4).*x(:,6)))/
2);
n=length(miu);
p0=0.1;    pf=1;
%%%%%%%%%%第一层
N=27000;
for i=1:dim
    X1(:,i)=normrnd(miu(i),sigma(i),N,1);
end
Y1=g(X1);     [B,I]=sort(Y1,'descend');   b=B(floor((1-p0)*N));
I1=(Y1-b)<=zeros(N,1);
P1=nnz(I1)/N;                          %第一层的失效概率
pf=pf*P1;
for i=1:dim
    dpdu1(:,i)=I1'*((X1(:,i)-miu(i))/(sigma(i)^2))/N;      %第一层关于均值的灵敏度
end
for i=1:dim
    dpds1(:,i)=I1'*((((X1(:,i)-miu(i))/sigma(i)).^2-1)/sigma(i))/N;
%第一层关于标准差的灵敏度
end
%%%%%%第二层
m=find(Y1<=b); X_F1=X1(m,:); Fx1=F_x(miu,sigma,X_F1);
[mm,nn]=max(Fx1);   X_d1=X_F1(nn,:);
for i=1:dim
    X2(:,i)=normrnd(X_d1(:,i),sigma(i),N,1);
```

```
end
Y2=g(X2);
mm2=find(Y2<=b);  %落入上一层失效域内的样本的行标
YY2=Y2(mm2,:);   M2=length(YY2);  XX2=X2(mm2,:);
[B,I]=sort(YY2,'descend');  b=B(floor((1-p0)*M2));
if b<=0
    b=0;
end
I2=YY2<=zeros(M2,1);
P2=sum(I2.*F_x(miu,sigma,XX2)./pf./F_x(X_d1,sigma,XX2))/N;
pf=pf*P2;
for i=1:dim
dpdu2(:,i)=sum((I2./F_x(X_d1,sigma,XX2)).*(F_x(miu,sigma,XX2).*(XX2(:,i)-miu(i))/
(sigma(i)^2)-(F_x(miu,sigma,XX2)/P1)*dpdu1(i)))/N/P1;
end
for i=1:dim
dpds2(:,i)=sum(I2./F_x(X_d1,sigma,XX2).*((((XX2(:,i)-miu(i))/sigma(i)).^2-1)/sigma(i).
*F_x(miu,sigma,XX2)-(F_x(miu,sigma,XX2)/P1)*dpds1(i)))/N/P1;
end
Pf=pf        %失效概率
for i=1:dim
dpdu(:,i)=(Pf/P1)*dpdu1(:,i)+(Pf/P2)*dpdu2(:,i);  %关于均值的灵敏度
dpds(:,i)=(Pf/P1)*dpds1(:,i)+(Pf/P2)*dpds2(:,i);  %关于标准差的灵敏度
end
%%%%%% F_x:自定义函数求联合概率密度函数
function [Fx]=F_x(miu,sigma,X)
f1=1/sqrt(2*pi*sigma(1)^2)*exp(-(X(:,1)-miu(1)).^2/(2*sigma(1)^2));
f2=1/sqrt(2*pi*sigma(2)^2)*exp(-(X(:,2)-miu(2)).^2/(2*sigma(2)^2));
f3=1/sqrt(2*pi*sigma(3)^2)*exp(-(X(:,3)-miu(3)).^2/(2*sigma(3)^2));
f4=1/sqrt(2*pi*sigma(4)^2)*exp(-(X(:,4)-miu(4)).^2/(2*sigma(4)^2));
f5=1/sqrt(2*pi*sigma(5)^2)*exp(-(X(:,5)-miu(5)).^2/(2*sigma(5)^2));
f6=1/sqrt(2*pi*sigma(6)^2)*exp(-(X(:,6)-miu(6)).^2/(2*sigma(6)^2));
Fx=f1.*f2.*f3.*f4.*f5.*f6;
end
```

算例 5.2　某框架如图 5-6 所示。

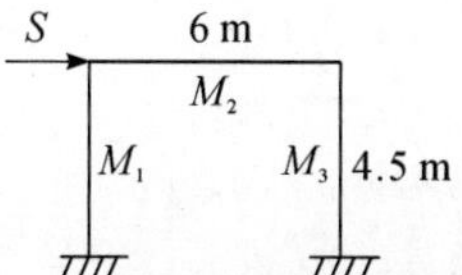

图 5-6　单层单隔弹塑性框架

四个失效模式的功能函数分别为

$$g_1 = 2M_1 + 2M_3 - 4.5S \tag{5-45}$$

$$g_2 = 2M_1 + M_2 + M_3 - 4.5S \tag{5-46}$$

$$g_3 = M_1 + M_2 + 2M_3 - 4.5S \tag{5-47}$$

$$g_4 = M_1 + 2M_2 + M_3 - 4.5S \tag{5-48}$$

由于此系统为串联系统，故系统的功能函数定义为上述四个失效模式对应的功能函数的最小值，即 $g=\min\{g_1,g_2,g_3,g_4\}$ 。其中，输入变量 $M_i(i=1,2,3)$ 和 S 服从正态分布且相互独立，其均值与标准差分别为 $\mu_{M_i}=5.287\ 2(i=1,2,3)$ ，$\sigma_{M_i}=0.149\ 2(i=1,2,3)$ ，$\mu_S=3.837\ 8$ 和 $\sigma_S=0.385\ 3$。结构的可靠性及可靠性局部灵敏度分析结果见表 5-5，相应的参考程序见表 5-6 和表 5-7。

表 5-5　算例 5.2 可靠性及可靠性局部灵敏度计算结果

	$\partial\hat{P}_f/\partial\mu_{M_1}$	$\partial\hat{P}_f/\partial\mu_{M_2}$	$\partial\hat{P}_f/\partial\mu_{M_3}$	$\partial\hat{P}_f/\partial\mu_S$	$\hat{P}_f$
MCS	−0.038 62 (0.028 30)	−0.021 84 (0.049 73)	−0.037 93 (0.028 47)	0.112 9 (0.008 33)	0.018 12 (0.010 41)
SS-MCMC	−0.039 30 (0.040 11)	−0.022 71 (0.050 10)	−0.038 14 (0.029 52)	0.115 9 (0.004 53)	0.018 67 (0.017 50)
SS-IS	−0.038 82 (0.022 46)	−0.022 03 (0.032 16)	−0.038 97 (0.022 31)	0.112 9 (0.008 87)	0.018 09 (0.011 87)
	$\partial\hat{P}_f/\partial\sigma_{M_1}$	$\partial\hat{P}_f/\partial\sigma_{M_2}$	$\partial\hat{P}_f/\partial\sigma_{M_3}$	$\partial\hat{P}_f/\partial\sigma_S$	N
MCS	0.0182 6 (0.039 33)	0.019 21 (0.042 58)	0.017 72 (0.045 64)	0.231 7 (0.008 88)	5×10^5
SS-MCMC	0.018 62 (0.037 18)	0.018 97 (0.045 69)	0.018 86 (0.049 84)	0.237 9 (0.009 29)	36 000
SS-IS	0.017 92 (0.035 13)	0.021 10 (0.030 64)	0.017 73 (0.033 85)	0.231 5 (0.009 21)	36 000

表 5-6　算例 5.2 SS-MCMC 方法参考程序

```
clear;
clc;
format long;
miu=[5.2872 5.2872 5.2872 3.8378];
sigma=[0.1492 0.1492 0.1492 0.3853];
dim=length(miu);
%功能函数
g1=@(x) 2*x(:,1)+2*x(:,3)-4.5*x(:,4);
g2=@(x) 2*x(:,1)+x(:,2)+x(:,3)-4.5*x(:,4);
g3=@(x) x(:,1)+x(:,2)+2*x(:,3)-4.5*x(:,4);
g4=@(x) x(:,1)+2*x(:,2)+x(:,3)-4.5*x(:,4);
f1=@(x) 1/sqrt(2*pi*sigma(1)^2)*exp(-(x(:,1)-miu(1)).^2/(2*sigma(1)^2));
f2=@(x) 1/sqrt(2*pi*sigma(2)^2)*exp(-(x(:,2)-miu(2)).^2/(2*sigma(2)^2));
f3=@(x) 1/sqrt(2*pi*sigma(3)^2)*exp(-(x(:,3)-miu(3)).^2/(2*sigma(3)^2));
```

```
f4=@(x) 1/sqrt(2*pi*sigma(4)^2)*exp(-(x(:,4)-miu(4)).^2/(2*sigma(4)^2));
fx=@(x) f1(x).*f2(x).*f3(x).*f4(x);  %输入变量的联合概率密度函数
pf=1; p0=0.1; Ncall=0;
%%%%%%%%%%%%%%%%%%%%%%第一层
N=3000;
for i=1:dim
    X1(:,i)=normrnd(miu(i),sigma(i),N,1);   %MC抽样
end
for j=1:N
Y1(j,:)=min([g1(X1(j,:)) g2(X1(j,:)) g3(X1(j,:)) g4(X1(j,:))]);
end
[B,I]=sort(Y1,'descend');      %降序排列
b=B(floor((1-p0)*N));
I1=(Y1-b)<=zeros(N,1);
P1=nnz(I1)/N;                  %第一层的失效概率
pf=pf*P1;
Ncall=Ncall+N;
for i=1:dim
    dpdu1(:,i)=I1'*((X1(:,i)-miu(i))/(sigma(i)^2))/N;   %第一层关于均值的灵敏度
end
for i=1:dim
    dpds1(:,i)=I1'*((((X1(:,i)-miu(i))/sigma(i)).^2-1)/sigma(i))/N;
%第一层关于标准差的灵敏度
end
% %第二层
m1=find(Y1<=b); X_F1=X1(m1,:);
M=30;
for i=1:dim
    lk(:,i)=6*sigma(i)*(M^(-1/(dim+4)));
end
X2=[];
for j=1:length(m1)
    [z]=Makov_MH(dim,M,X_F1(j,:),lk,g1,g2,g3,g4,b,fx);  % MCMC抽样
    X2=[X2;z];
end
N=length(X2(:,1));
for j=1:N
Y2(j,:)=min([g1(X2(j,:)) g2(X2(j,:)) g3(X2(j,:)) g4(X2(j,:))]);
end
[B,I]=sort(Y2,'descend');      %降序排列
b=B(floor((1-p0)*N));
if b<=0
    b=0;
```

```
end
I2=(Y2-b)<=zeros(N,1);
P2=nnz(I2)/N;                    %第二层的失效概率
pf=pf * P2;
Ncall=Ncall+N;
for i=1:dim
    dpdu2(:,i)=I2' * (((X2(:,i)-miu(i))/(sigma(i)^2))-dpdu1(:,i))/N;
%第二层关于均值的灵敏度
end
for i=1:dim
dpds2(:,i)=I2' * (((((X2(:,i)-miu(i))/sigma(i)).^2-1)/sigma(i))-dpds1(:,i))/N;
%第二层关于标准差的灵敏度
end
Ncall=Ncall+N    %功能函数调用次数
Pf=pf   %失效概率
for i=1:dim
dpdu(:,i)=(Pf/P1) * dpdu1(:,i)+(Pf/P2) * dpdu2(:,i);  %关于均值的灵敏度
dpds(:,i)=(Pf/P1) * dpds1(:,i)+(Pf/P2) * dpds2(:,i); %关于标准差的灵敏度
end
%%%%%%%%%%%%%% Makov_MH 自定义函数产生 MCMC 样本
function [z]=Makov_MH(n,N,z,lk,g1,g2,g3,g4,b,fx)
for k=1:(N-1)
for r=1:n
    e(:,r)=unifrnd(z(k,r)-lk(:,r)/2,z(k,r)+lk(:,r)/2,1,1);
end
Ge=min([g1(e) g2(e) g3(e) g4(e)]);
Ge1=min([g1(z(k,:)) g2(z(k,:)) g3(z(k,:)) g4(z(k,:))]);
Ie=Ge<=b;  Ik_1=Ge1<=b;
r=Ie * fx(e)/(Ik_1 * fx(z(k,:)));
A=[1 r];
if min(A)>random('unif',0,1)
    z(k+1,:)=e;
else
    z(k+1,:)=z(k,:);
end
end
end
```

表 5-7　算例 5.2 SS-IS 方法参考程序

```
clear;
clc;
format long;
miu=[5.2872 5.2872 5.2872 3.8378];
sigma=[0.1492 0.1492 0.1492 0.3853];
dim=length(miu);
%功能函数
g1=@(x) 2*x(:,1)+2*x(:,3)-4.5*x(:,4);
g2=@(x) 2*x(:,1)+x(:,2)+x(:,3)-4.5*x(:,4);
g3=@(x) x(:,1)+x(:,2)+2*x(:,3)-4.5*x(:,4);
g4=@(x) x(:,1)+2*x(:,2)+x(:,3)-4.5*x(:,4);
p0=0.1;    pf=1;
%%%%%%%%%%第一层
N=18000;
for i=1:dim
    X1(:,i)=normrnd(miu(i),sigma(i),N,1);
end
for j=1:N
Y1(j,:)=min([g1(X1(j,:)) g2(X1(j,:)) g3(X1(j,:)) g4(X1(j,:))]);
end
[B,I]=sort(Y1,'descend');   b=B(floor((1-p0)*N));
I1=(Y1-b)<=zeros(N,1);
P1=nnz(I1)/N;                    %第一层的失效概率
pf=pf*P1;
for i=1:dim
    dpdu1(:,i)=I1'*((X1(:,i)-miu(i))/(sigma(i)^2))/N;       %第一层关于均值的灵敏度
end
for i=1:dim
    dpds1(:,i)=I1'*((((X1(:,i)-miu(i))/sigma(i)).^2-1)/sigma(i))/N;
%第一层关于标准差的灵敏度
end
%%%%%%第二层
m=find(Y1<=b); X_F1=X1(m,:); Fx1=F_x(miu,sigma,X_F1);
[mm,nn]=max(Fx1);  X_d1=X_F1(nn,:);
for i=1:dim
    X2(:,i)=normrnd(X_d1(:,i),sigma(i),N,1);
end
for j=1:N
Y2(j,:)=min([g1(X2(j,:)) g2(X2(j,:)) g3(X2(j,:)) g4(X2(j,:))]);
end
mm2=find(Y2<=b);  %落入上一层失效域内的样本的行标
```

```
YY2=Y2(mm2,:);   M2=length(YY2);   XX2=X2(mm2,:);
[B,I]=sort(YY2,'descend');   b=B(floor((1-p0)*M2));
if b<=0
    b=0;
end
I2=YY2<=zeros(M2,1);
P2=sum(I2.*F_x(miu,sigma,XX2)./pf./F_x(X_d1,sigma,XX2))/N;
pf=pf*P2;
for i=1:dim
dpdu2(:,i)=sum((I2./F_x(X_d1,sigma,XX2)).*(F_x(miu,sigma,XX2).*(XX2(:,i)-miu(i))/
(sigma(i)^2)-(F_x(miu,sigma,XX2)/P1)*dpdu1(i)))/N/P1;
end
for i=1:dim
dpds2(:,i)=sum(I2./F_x(X_d1,sigma,XX2).*((((XX2(:,i)-miu(i))/sigma(i)).^2-1)/sigma(i).
*F_x(miu,sigma,XX2)-(F_x(miu,sigma,XX2)/P1)*dpds1(i)))/N/P1;
end
Pf=pf       %失效概率
for i=1:dim
dpdu(:,i)=(Pf/P1)*dpdu1(:,i)+(Pf/P2)*dpdu2(:,i);   %关于均值的灵敏度
dpds(:,i)=(Pf/P1)*dpds1(:,i)+(Pf/P2)*dpds2(:,i);   %关于标准差的灵敏度
end
%%%%%%%%%%%%%%%   F_x:自定义函数求联合概率密度函数值
function [Fx]=F_x(miu,sigma,X)
f1=1/sqrt(2*pi*sigma(1)^2)*exp(-(X(:,1)-miu(1)).^2/(2*sigma(1)^2));
f2=1/sqrt(2*pi*sigma(2)^2)*exp(-(X(:,2)-miu(2)).^2/(2*sigma(2)^2));
f3=1/sqrt(2*pi*sigma(3)^2)*exp(-(X(:,3)-miu(3)).^2/(2*sigma(3)^2));
f4=1/sqrt(2*pi*sigma(4)^2)*exp(-(X(:,4)-miu(4)).^2/(2*sigma(4)^2));
Fx=f1.*f2.*f3.*f4;
end
```

从上述两个算例的可靠性及可靠性局部灵敏度分析结果可以看出，与 Monte Carlo 法相比，基于 MCMC 抽样的子集模拟法和基于重要抽样的子集模拟法的计算效率大大提高。当基于 MCMC 抽样的子集模拟法和基于重要抽样的子集模拟法的抽样点数相同时，后者的计算精度要高于前者。

5.4 本章小结

本章探讨了基于 MCMC 抽样的子集模拟和基于重要抽样的子集模拟可靠性及可靠性局部灵敏度分析方法。子集模拟法是一种针对高维小失效概率问题进行可靠性及可靠性局部灵敏度分析的方法，它通过引入合理的中间失效事件，将失效概率表达为一系列较大的条件失效概率的乘积，而较大的条件失效概率可利用 MCMC 模拟或者重要抽样模拟的条件样本点来高效估计，因而该方法大大提高了可靠性及可靠性局部灵敏度分析的计算效率。

参考文献

[1] AU S K，BECK J L. Estimation of small failure probabilities in high dimensions by subset simulation[J]. Probabilistic Engineering Mechanics，2001，16：263-277.

[2] AU S K. On the solution of first excursion problems by simulation with applications to probabilistic seismic performance assessment[D]. California：California Institute of Technology，2001.

[3] AU S K. Reliability-based design sensitivity by efficient simulation[J]. Computers and Structures，2005，83：1048-1061.

[4] 宋述芳，吕震宙. 基于子集模拟和重要抽样的可靠性灵敏度分析[J]. 力学学报，2008，40(5)：660-668.

[5] SONG S F，LU Z Z，QIAO H W. Subset simulation for structural reliability sensitivity analysis[J]. Reliability Engineering and System Safety，2009，94(2)：658-665.

第 6 章　可靠性分析的线抽样方法

基于 Monte Carlo 模拟法的可靠性分析，其计算结果具有稳健性和无偏性，可作为检验其他新方法的参考解。然而，Monte Carlo 法的显著缺点是抽样效率低，对于实际工程中的小失效概率问题，其过高的计算成本很难被工程人员所接受。线抽样方法是目前讨论较多的一种解决高维小失效概率可靠性问题的有效方法，该方法的基本思想是在转化后的标准正态空间中利用功能函数的梯度，通过在功能函数最速下降方向（亦称为重要方向）上一维插值和 $(n-1)$ 维空间随机抽样得到失效概率的估计值。线抽样方法由于是沿着重要方向进行插值的，因而抽样效率得到极大提高。本章将介绍线抽样可靠性分析方法的基本原理和实现过程，讨论线抽样方法在系统具有多个失效模式及输入变量具有相关性等情况下的适用性。

6.1　单模式可靠性分析的线抽样方法

由于线抽样可靠性分析方法对单个失效模式和多个失效模式的处理是有差异的，本节先对单模式线抽样可靠性分析方法的基本原理及实现过程进行讨论，将在 6.2 节讨论多模式情况下线抽样可靠性分析方法。

6.1.1　重要抽样方向的定义及选取方法

对于 n 维输入变量情况下的可靠性分析，线抽样方法[1-2]是通过在功能函数最速下降方向（亦称为重要方向）上的一维插值和 $(n-1)$ 维空间内的随机抽样来高效地计算失效概率的。线抽样方法由于其高效性而被广泛应用于高维小失效概率情况下的可靠性分析中，当线抽样方法的抽样方向与功能函数最速下降方向一致时，其高效性将得以充分发挥。

线抽样方法的整个过程是在独立的标准正态空间中完成的，因此在利用线抽样法进行可靠性分析之前，必须先将输入变量独立标准正态化，并得到独立标准正态空间的功能函数 $Y=g(\boldsymbol{X})$ 。在独立标准正态空间内，由坐标原点到设计点构成的矢量方向为最优重要方向 $\boldsymbol{\alpha}$ [2]。将最优重要方向 $\boldsymbol{\alpha}$ 正则化，可得到单位最优重要方向 $\boldsymbol{e}_{\alpha}$ 为

$$\boldsymbol{e}_{\alpha}=\boldsymbol{\alpha}/\|\boldsymbol{\alpha}\| \tag{6-1}$$

式中 $\|\boldsymbol{\alpha}\|$ 是矢量 $\boldsymbol{\alpha}$ 的模。

由重要方向的定义可知求解重要方向的关键在于求解设计点，常用的求解设计点的方法有两种：利用改进一次二阶矩方法求解设计点和使用马尔可夫链近似求解设计点[2]。现在简要说明这两种求解设计点的方法的基本过程。

1. 改进一次二阶矩法求解设计点

由于设计点是标准正态空间中失效域内联合概率密度函数值最大的点，因此可以通过约束优化的方法求得设计点。改进一次二阶矩方法就是一种优化求解设计点的方法，采用该方

法可求得功能函数的设计点，标准正态空间中坐标原点指向设计点的方向即为重要方向。

2. 马尔可夫链样本模拟寻求设计点和重要方向

马尔可夫链可以快速模拟失效域中的条件样本点，有了失效域的条件样本点就可以获得重要方向。对于联合概率密度函数为 $f_{\boldsymbol{X}}(\boldsymbol{x})$ 的输入变量 $\boldsymbol{X}$，其落在失效域 F 内的样本的概率密度函数可以用 $q_{\boldsymbol{X}}(\boldsymbol{x}|F)$ 来表示，显然 $q_{\boldsymbol{X}}(\boldsymbol{x}|F)$ 与 $f_{\boldsymbol{X}}(\boldsymbol{x})$ 的关系为

$$q_{\boldsymbol{X}}(\boldsymbol{x}|F)=\frac{I_F(\boldsymbol{x})f_{\boldsymbol{X}}(\boldsymbol{x})}{P_f} \tag{6-2}$$

式中，$I_F(\boldsymbol{x})$ 为失效域的指示函数，P_f 为结构的失效概率。马尔可夫链可以通过引入建议分布和利用 Metropolis - Hastings 准则来快速获得失效域中服从概率密度函数为 $q_{\boldsymbol{X}}(\boldsymbol{x}|F)$ 的样本点，其步骤如下：

(1)定义马尔可夫链的极限（平稳）分布。当需要模拟失效域 F 中 M 个条件样本点 $\boldsymbol{x}_k^F(k=1,2,\cdots,M)$ 时，定义马尔可夫链的极限分布为 F 区域的条件概率密度分布 $q_{\boldsymbol{X}}(\boldsymbol{x}|F)$。

(2)选择合理的建议分布 $f_{\boldsymbol{X}}^*(\boldsymbol{\varepsilon}|\boldsymbol{x})$。建议分布 $f_{\boldsymbol{X}}^*(\boldsymbol{\varepsilon}|\boldsymbol{x})$ 控制着马尔可夫链过程中一个状态向另一个状态的转移，具有对称性的正态分布和均匀分布均可以作为马尔可夫链的建议分布，为描述简单，选择具有对称性的 n 维均匀分布为建议分布，即

$$f_{\boldsymbol{X}}^*(\boldsymbol{\varepsilon}|\boldsymbol{x})=\begin{cases}1/\prod\limits_{i=1}^{n}l_i, & |\varepsilon_i-x_i|\leqslant l_i/2\ (i=1,2,\cdots,n)\\ 0, & \text{其他}\end{cases} \tag{6-3}$$

式中，ε_i 和 x_i 分别为 n 维向量 $\boldsymbol{\varepsilon}$ 和 $\boldsymbol{x}$ 的第 i 个分量，l_i 是以 $\boldsymbol{x}$ 为中心的 n 维超多面体 x_i 方向上的边长，它决定了下一个样本偏离当前样本的最大允许距离，在给定链长 M 的情况下，l_i 将影响着马尔可夫链样本覆盖区域的大小。l_i 越大，样本覆盖的区域也越大，但是过大的 l_i 会导致产生重复样本的概率增大；而太小的 l_i 会增加样本的相关性，这都会影响马尔可夫链的收敛性。考虑到下一个样本到当前样本的最大允许距离为三倍的变量标准差，可取经验值 $l_i=6\sigma_{X_i}M^{-\frac{1}{n+4}}$（$\sigma_{X_i}$ 为输入变量 X_i 的标准差）。

(3)选取马尔可夫链初始状态 $\boldsymbol{x}_0^F$。一般要求马尔可夫链的初始状态服从极限分布 $q_{\boldsymbol{X}}(\boldsymbol{x}|F)$，可依据工程经验或数值方法确定失效域 F 中的一点作为 $\boldsymbol{x}_0^F$。

(4)确定马尔可夫链的第 k 个状态 $\boldsymbol{x}_k^F$。马尔可夫链的第 k 个状态 $\boldsymbol{x}_k^F$ 是在前一个状态 $\boldsymbol{x}_{k-1}^F$ 的基础上，由建议分布和 Metropolis-Hastings 准则确定的。由建议分布 $f_{\boldsymbol{X}}^*(\boldsymbol{\varepsilon}|\boldsymbol{x})$ 产生备选状态 $\boldsymbol{\varepsilon}$，计算备选状态 $\boldsymbol{\varepsilon}$ 的条件概率密度函数 $q_{\boldsymbol{X}}(\boldsymbol{\varepsilon}|F)$ 与马尔可夫链前一个状态的条件概率密度函数 $q_{\boldsymbol{X}}(\boldsymbol{x}_{k-1}^F|F)$ 的比值 $r=q_{\boldsymbol{X}}(\boldsymbol{\varepsilon}|F)/q_{\boldsymbol{X}}(\boldsymbol{x}_{k-1}^F|F)=[I_F(\boldsymbol{\varepsilon})f_{\boldsymbol{X}}(\boldsymbol{\varepsilon})]/[I_F(\boldsymbol{x}_{k-1}^F)f_{\boldsymbol{X}}(\boldsymbol{x}_{k-1}^F)]$，然后依据 Metropolis-Hastings 准则，以 $\min(1,r)$ 的概率接受备选状态 $\boldsymbol{\varepsilon}$ 作为马尔可夫链的第 k 个状态 $\boldsymbol{x}_k^F$；以 $1-\min(1,r)$ 的概率接受状态 $\boldsymbol{x}_{k-1}^F$ 作为马尔可夫链的第 k 个状态点 $\boldsymbol{x}_k^F$，即

$$\boldsymbol{x}_k^F=\begin{cases}\boldsymbol{\varepsilon}, & \min(1,r)>\text{random}[0,1]\\ \boldsymbol{x}_{k-1}^F, & \min(1,r)\leqslant\text{random}[0,1]\end{cases} \tag{6-4}$$

式中，random[0,1] 为[0, 1]区间均匀分布的随机数。

通过比较失效域中样本点 $\boldsymbol{x}_k^F(k=1,2,\cdots,M)$ 的联合概率密度函数值的大小，可得到失效域中联合概率密度函数值最大的样本点，以此样本点作为近似设计点，从而可以确定近似的重要方向，如图 6-1 所示。

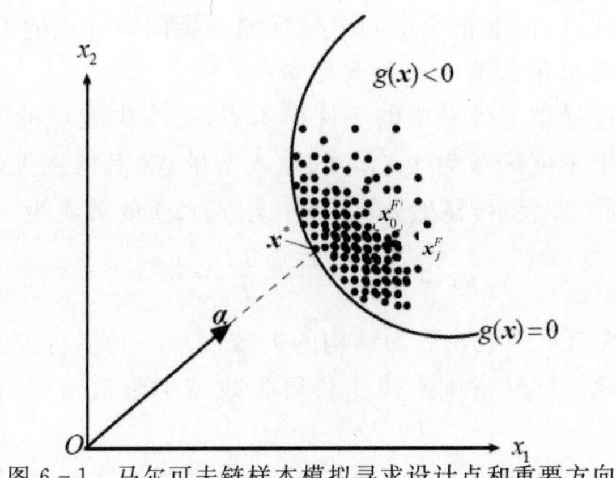

图 6-1 马尔可夫链样本模拟寻求设计点和重要方向

6.1.2 单模式情况下线抽样方法的失效概率估计

从概念上讲,线抽样方法是有条件的 Monte Carlo 模拟法,重要方向 $\boldsymbol{e}_\alpha$ 上的一维插值和 $(n-1)$ 维上的随机抽样过程如图 6-2 所示。由标准正态空间中输入变量的联合概率密度函数 $f_{\boldsymbol{X}}(\boldsymbol{x})$ 产生 N 个标准正态空间内的样本点 $\boldsymbol{x}_j\,(j=1,2,\cdots,N)$,则与 $\boldsymbol{x}_j$ 对应的垂直于单位重要方向 $\boldsymbol{e}_\alpha$ 的向量 $\boldsymbol{x}_j^\perp$ 为

$$\boldsymbol{x}_j^\perp=\boldsymbol{x}_j-\langle\boldsymbol{e}_\alpha,\boldsymbol{x}_j\rangle\boldsymbol{e}_\alpha \tag{6-5}$$

其中,$\langle\boldsymbol{e}_\alpha,\boldsymbol{x}_j\rangle$ 表示 $\boldsymbol{e}_\alpha$ 与 $\boldsymbol{x}_j$ 的点乘积。

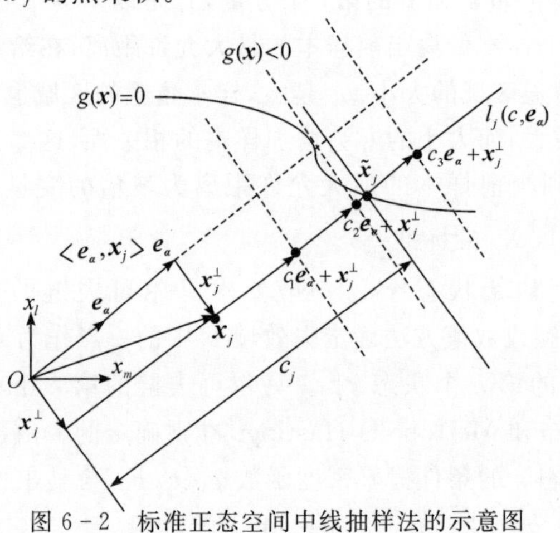

图 6-2 标准正态空间中线抽样法的示意图

求得每个样本点 $\boldsymbol{x}_j$ 所对应的垂直于 $\boldsymbol{e}_\alpha$ 的向量 $\boldsymbol{x}_j^\perp$ 后,即可由给定的三个系数 c_1,c_2 和 c_3,得到过 $\boldsymbol{x}_j$ 且与 $\boldsymbol{e}_\alpha$ 平行的直线 $l_j(c,\boldsymbol{e}_\alpha)$ 上的三个向量 $c_i\boldsymbol{e}_\alpha+\boldsymbol{x}_j^\perp\,(i=1,2,3)$ 。对这三个点 $(c_1,g(c_1\boldsymbol{e}_\alpha+\boldsymbol{x}_j^\perp))$,$(c_2,g(c_2\boldsymbol{e}_\alpha+\boldsymbol{x}_j^\perp))$ 和 $(c_3,g(c_3\boldsymbol{e}_\alpha+\boldsymbol{x}_j^\perp))$ 进行三点二次插值可近似得出点 $(\tilde{c}_j,g(\tilde{c}_j\boldsymbol{e}_\alpha+\boldsymbol{x}_j^\perp)=0)$,即直线 $l_j(c,\boldsymbol{e}_\alpha)$ 与极限状态方程 $g(\boldsymbol{x})=0$ 的交点 $\tilde{\boldsymbol{x}}_j$ 所对应的系数 $\tilde{c}_j$,从而 $\tilde{\boldsymbol{x}}_j$ 可以表示为

$$\tilde{\boldsymbol{x}}_j=\tilde{c}_j\boldsymbol{e}_\alpha+\boldsymbol{x}_j^\perp \tag{6-6}$$

其中,$\tilde{c}_j$ 可以理解为 $\tilde{\boldsymbol{x}}_j$ 对应的可靠度指标。由 $\tilde{\boldsymbol{x}}_j$ 对应的可靠度指标 $\tilde{c}_j$,即可得到每个样本点 $\boldsymbol{x}_j$ 对应的失效概率 $P_{fj}\,(j=1,2,\cdots,N)$ 为

$$P_{fj}=\Phi(-\tilde{c}_j) \tag{6-7}$$

求得每个样本点对应的 P_{fj} 后，可用 P_{fj} 的算术平均值来估算结构的失效概率 $\hat{P}_f$，即

$$\hat{P}_f=\frac{1}{N}\sum_{j=1}^{N}P_{fj}=\frac{1}{N}\sum_{j=1}^{N}\Phi(-\tilde{c}_j) \tag{6-8}$$

对式(6-8)两边分别同时求均值和方差，依据样本 $\boldsymbol{x}_j$ 与母体独立同分布的性质，可得失效概率估计值 $\hat{P}_f$ 的均值 $E(\hat{P}_f)$ 和方差 $\mathrm{Var}(\hat{P}_f)$ 为

$$\begin{aligned}
E(\hat{P}_f)&=E\left[\frac{1}{N}\sum_{j=1}^{N}\Phi(-\tilde{c}(\boldsymbol{x}_j))\right]=\frac{1}{N}\sum_{j=1}^{N}E[\Phi(-\tilde{c}(\boldsymbol{x}_j))]=E[\Phi(-\tilde{c}(\boldsymbol{x}))]=P_f\\
&\approx\frac{1}{N}\sum_{j=1}^{N}\Phi(-\tilde{c}(\boldsymbol{x}_j))=\frac{1}{N}\sum_{j=1}^{N}P_{fj}=\hat{P}_f\\
\mathrm{Var}(\hat{P}_f)&=\mathrm{Var}\left[\frac{1}{N}\sum_{j=1}^{N}\Phi(-\tilde{c}(\boldsymbol{x}_j))\right]=\frac{1}{N^2}\sum_{j=1}^{N}\mathrm{Var}[\Phi(-\tilde{c}(\boldsymbol{x}_j))]=\frac{1}{N}\mathrm{Var}[\Phi(-\tilde{c}(\boldsymbol{x}))]\\
&\approx\frac{1}{N(N-1)}\sum_{j=1}^{N}[\Phi(-\tilde{c}(\boldsymbol{x}_j))-E(\hat{P}_f)]^2\\
&=\frac{1}{N(N-1)}\sum_{j=1}^{N}(P_{fj}-\hat{P}_f)^2=\frac{1}{N(N-1)}\left(\sum_{j=1}^{N}P_{fj}^2-N\hat{P}_f^2\right)
\end{aligned} \tag{6-9}$$

失效概率估计值 $\hat{P}_f$ 的变异系数 $\mathrm{Cov}(\hat{P}_f)$ 为

$$\mathrm{Cov}(\hat{P}_f)=\frac{\sqrt{\mathrm{Var}(\hat{P}_f)}}{\hat{P}_f} \tag{6-10}$$

6.1.3　单模式可靠性分析线抽样方法的计算步骤和流程图

根据 6.1.2 小节对线抽样方法基本原理的阐述，利用线抽样方法求解单模式情况下失效概率的步骤可总结如下：

(1)将输入变量标准正态化，并得到标准正态空间的功能函数 $Y=g(\boldsymbol{X})$。

(2)选取 6.1.1 小节中的任一方法求得功能函数的设计点 $\boldsymbol{x}^*$ 和重要方向 $\boldsymbol{\alpha}$，并计算单位重要方向 $\boldsymbol{e}_{\alpha}$。

(3)根据独立标准正态输入变量的联合概率密度函数 $f_{\boldsymbol{X}}(\boldsymbol{x})$，随机抽取 N 个样本点 $\boldsymbol{x}_j$ $(j=1,2,\cdots,N)$，并求出相应的垂直于单位重要方向 $\boldsymbol{e}_{\alpha}$ 的矢量 $\boldsymbol{x}_j^{\perp}$。

(4)通过对直线 $l_j(c,\boldsymbol{e}_{\alpha})$ 上的三个点 $(c_i,g(c_i\boldsymbol{e}_{\alpha}+\boldsymbol{x}_j^{\perp}))$ $(i=1,2,3)$ 进行三点二次插值，求得极限状态方程 $g(\boldsymbol{x})=0$ 和直线 $l_j(c,\boldsymbol{e}_{\alpha})$ 相交时所对应的系数 $\tilde{c}_j$ 和交点坐标 $\tilde{\boldsymbol{x}}_j$。

(5)由式(6-7)得到各样本点对应的失效概率 $P_{fj}(j=1,2,\cdots,N)$。

(6)由式(6-8)～式(6-10)求得失效概率的估计值以及估计值的均值、方差和变异系数。

线抽样方法的计算流程图见图 6-3。

线抽样方法是一种高效的适用于高维小失效概率可靠性问题的分析方法。线抽样方法的计算精度和效率依赖于重要方向的选择，当线抽样法的重要方向与最优重要方向一致时，计算精度和计算效率达到最佳；当线抽样的重要方向与最优重要方向偏离过大时，有可能得到错误的可靠性分析结果。

6.1.4　改进的线抽样方法

由于线抽样方法需要预先求得标准正态空间内功能函数的重要方向 $\boldsymbol{e}_{\alpha}$，这会在数字模拟的基础上增加计算工作量。为解决这一问题，可以充分利用 6.1.1 小节的方法 2 中马尔可夫

链产生的落入失效域的样本点信息来进行可靠性分析，这些样本点既可用来确定单位重要方向 $\boldsymbol{e}_{\alpha}$ ，又可用作线抽样的随机样本来估算失效概率，这就是改进线抽样方法的基本思想[3-4]。

由马尔可夫链模拟产生 N 个落入失效域的样本点 $\boldsymbol{x}_j^F(j=1,2,\cdots,N)$ ，将其中概率密度函数值最大的样本点作为设计点 $\boldsymbol{x}^*$ ，从而可以得到单位重要方向 $\boldsymbol{e}_{\alpha}$ 。

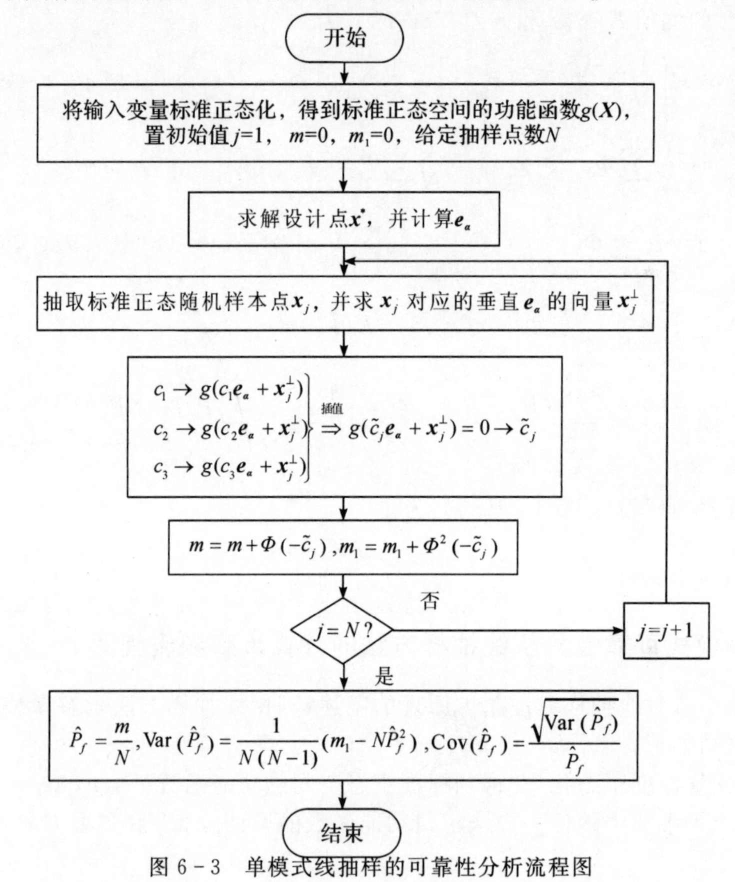

图 6-3　单模式线抽样的可靠性分析流程图

失效域的马尔可夫链样本点 $\boldsymbol{x}^F$ 均可以写成一定倍数(以 c 表示)的 $\boldsymbol{e}_{\alpha}$ 和垂直于单位重要方向 $\boldsymbol{e}_{\alpha}$ 的向量 $\boldsymbol{x}^{F\perp}$ 的和的形式，即

$$\boldsymbol{x}^F=c\boldsymbol{e}_{\alpha}+\boldsymbol{x}^{F\perp} \tag{6-11}$$

其中 $\boldsymbol{x}^{F\perp}=\boldsymbol{x}^F-\langle\boldsymbol{e}_{\alpha},\boldsymbol{x}^F\rangle\boldsymbol{e}_{\alpha}$ ，$\langle\boldsymbol{e}_{\alpha},\boldsymbol{x}^F\rangle$ 表示 $\boldsymbol{e}_{\alpha}$ 与 $\boldsymbol{x}^F$ 点乘积，且 $c=\langle\boldsymbol{e}_{\alpha},\boldsymbol{x}^F\rangle$ 。

对于落入失效域的 N 个马尔可夫链模拟样本中的第 j 个样本点 $\boldsymbol{x}_j^F(j=1,2,\cdots,N)$ ，可求得其对应的垂直于单位重要方向 $\boldsymbol{e}_{\alpha}$ 的向量 $\boldsymbol{x}_j^{F\perp}$ 及系数 c_j ，给定三个系数 c_{j1} ，c_{j2} 和 c_{j3} 可得三个向量 $c_{ji}\boldsymbol{e}_{\alpha}+\boldsymbol{x}_j^{F\perp}(i=1,2,3)$ ，它们所在的直线在图 6-4 中用 $l_j(c,\boldsymbol{e}_{\alpha})$ 表示。由 $(c_{ji},g(c_{ji}\boldsymbol{e}_{\alpha}+\boldsymbol{x}_j^{F\perp}))(i=1,2,3)$ 进行三点二次插值，可得到直线 $l_j(c,\boldsymbol{e}_{\alpha})$ 与极限状态方程 $Y=g(\boldsymbol{x})=0$ 的交点 $\tilde{\boldsymbol{x}}_j$ 对应的系数 $\tilde{c}_j$ ，即满足 $g(\tilde{c}_j\boldsymbol{e}_{\alpha}+\boldsymbol{x}_j^{F\perp})=0$。为了保证三点二次插值的精度，建议将三个系数 c_{j1} ，c_{j2} 和 c_{j3} 分别取为 $0.3c_j$ ，$0.7c_j$ 和 $1.0c_j$ 。则样本点 $\boldsymbol{x}_j^F(j=1,2,\cdots,N)$ 对应的失效概率 P_{fj} 及整个失效域中失效概率的估计 $\hat{P}_f$ 分别为

$$P_{fj}=\Phi(-\tilde{c}_j) \tag{6-12}$$

$$\hat{P}_f=\frac{1}{N}\sum_{j=1}^{N}P_{fj} \tag{6-13}$$

失效概率估计值 $\hat{P}_f$ 的均值、方差及变异系数分别如式(6－9)和式(6－10)所示。

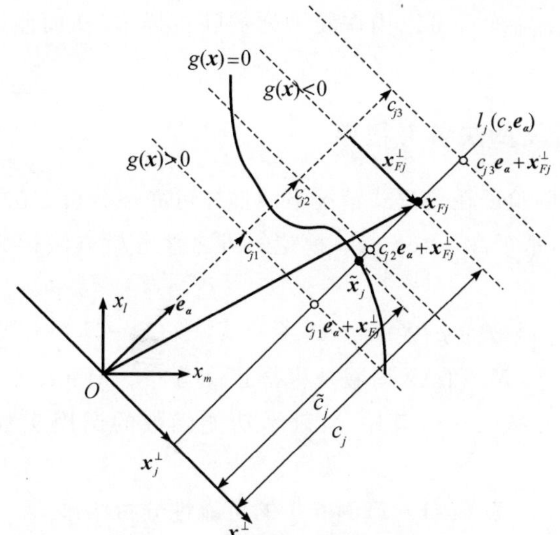

图 6－4　改进的线抽样法原理图

改进的线抽样方法的计算流程图如图 6－5 所示。

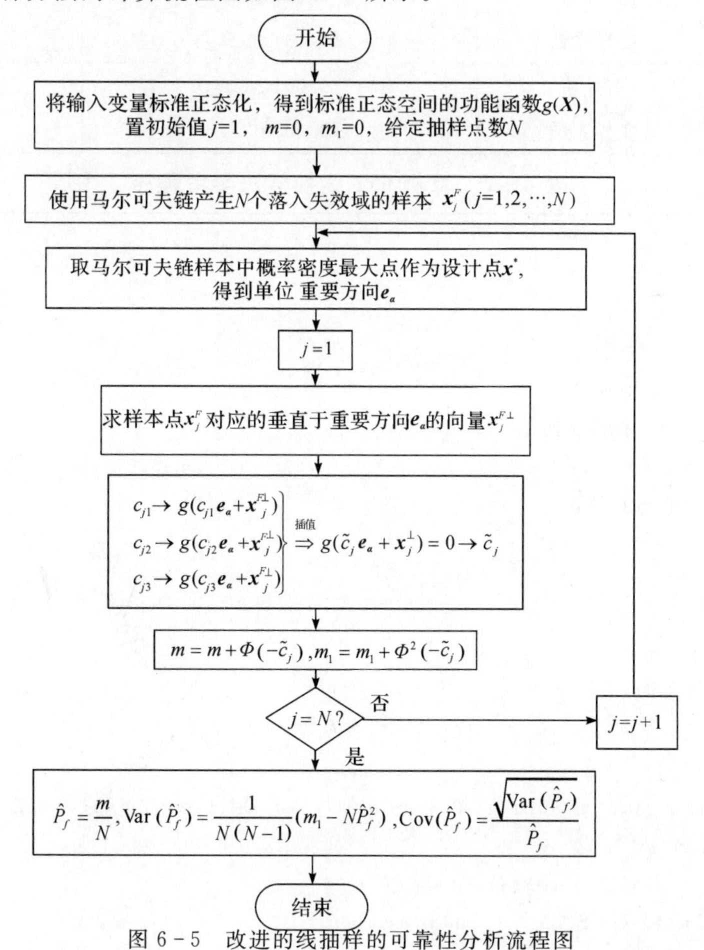

图 6－5　改进的线抽样的可靠性分析流程图

从上述改进的线抽样方法的实现过程可以看出，利用马尔可夫链模拟的失效样本点，不仅可以用来获得重要方向 $\boldsymbol{e}_\alpha$，而且可以用作线抽样的随机样本，从而使线抽样的计算效率得到提高。

6.1.5 算例分析及算法参考程序

本小节采用三个算例验证在单模式情况下线抽样可靠性分析方法的效率和精度。算例结果中，线抽样法记为 LS，基于 Monte Carlo 模拟的可靠性分析方法记为 MCS，MCS 的分析结果可看作精确解。

算例 6.1 考虑功能函数为 $g(\boldsymbol{X})=-15X_1+X_2^2-3X_2+X_3^2+5X_3+40$ 的可靠性分析问题，其中三个输入变量 X_1，X_2 和 X_3 均服从标准正态分布。Monte Carlo 方法和线抽样方法得到的可靠性分析结果见表 6-1（其中 N 表示功能函数的调用次数），相应的参考程序见表6-2。

表 6-1 算例 6.1 的可靠性分析结果

方法		P_f	N
MCS	估计值 （变异系数）	0.004 228 （0.004 852）	10^7
LS	估计值 （变异系数）	0.004 311 （0.005 028）	6 012

表 6-2 算例 6.1 线抽样法参考程序

```
clear all;
clc;
format long
n=3;
MU=zeros(1,n);%均值向量
SIGMA=ones(1,n);%标准差向量
g=@(x) -15*x(:,1)+x(:,2).^2-3*x(:,2)+x(:,3).^2+5*x(:,3)+40;
%标准正态空间内的功能函数
N=3000;%抽样次数
x0=MU;
beta0=0;
k=0;
%求设计点及重要方向
while(1)
    k=k+1;
    dg=[mydiff1(g,x0,1) mydiff1(g,x0,2) mydiff1(g,x0,3)];%mydiff 为求导函数
    s=dg.^2*((SIGMA.^2)');
    lamd=-dg.*SIGMA/sqrt(s);%lamd 的值
    G=@(beta1) g(MU+SIGMA.*lamd*beta1);
    beta1=fzero(G,0);
```

```
    x0=MU+SIGMA.*lamd*beta1;
    if(abs(beta1-beta0)<1e-6)
        break
    end
    beta0=beta1;
end
alpha=x0-0;
ealpha=alpha/sqrt(sum(alpha.^2)');   %单位重要方向
C=[1.3,2.5,5];%三个插值系数,可调整
for k=1:n
    X(:,k)=normrnd(0,1,N,1);
end
for i=1:N
    yL(i,:)=X(i,:)-dot(ealpha,X(i,:))*ealpha;
    c(i)=dot(ealpha,X(i,:));
    p=polyfit([g(C(1)*c(i)*ealpha+yL(i,:)),g(C(2)*c(i)*ealpha+yL(i,:)),g(C(3)*c(i)*
ealpha+yL(i,:))],[C(1)*c(i),C(2)*c(i),C(3)*c(i)],2);   %根据已知的三个点求出插值多项式
    cj(i)=p(3);
end
pf=ones(N,1);
for i=1:N
    pf(i)=normcdf(-cj(i));

end
Pf=sum(pf(:))/N %求失效概率
Var_Pf=(sum(pf.^2)-N.*Pf.^2)./N./(N-1)%求失效概率估计值的方差
Cov_Pf=Var_Pf^0.5/Pf%求失效概率估计值的变异系数
```

算例 6.2　考虑功能函数 $g(\boldsymbol{X})=(n+b\sigma_{X_i}\sqrt{n})-\sum_{i=1}^{n}X_i$，其中输入变量 X_i 服从均值 $\mu_{X_i}=1$，标准差 $\sigma_{X_i}=0.2$ 的对数正态分布。当 n 趋于无穷大时，$\sum_{i=1}^{n}X_i \xrightarrow{L} N(n,n\sigma_{X_i}^2)$（渐进分布收敛于均值为 n，标准差为 $\sqrt{n}\sigma_{X_i}$ 的正态分布)，故失效概率可以表示为 $\Phi(-b)$ 。取 $b=3.0$ 且 $n=3\ 000$，此时可靠性分析结果见表 6-3。

表 6-3　算例 6.2 的可靠性分析结果

方法		P_f	N
MCS	估计值 (变异系数)	0.001 362 (0.008 564)	10^7
LS	估计值 (变异系数)	0.001 350 (9.352×10^{-7})	2 004

算例 6.3　某内压圆筒形容器所用材料为 15MnV，输入变量取为内压强 P、内径 D、壁厚 t 以及屈服强度 σ_S，输入变量相互独立且服从正态分布，其分布参数见表 6-4。对于常见的内

压圆筒形薄壁容器受二向应力，即轴向应力 $S_L=PD/(4t)$，周向应力 $S_t=PD/(2t)$，径向应力 $S_r\approx 0$。内压圆筒的功能函数为 $g=\sigma_S-S_{eq}$，其中 S_{eq} 为等价应力，选用第一强度理论（最大主应力理论）得到等价应力 $S_{eq}=\max\{S_L, S_t\}=PD/(2t)$，使用两种方法得到的可靠性分析结果见表 6-5。

表 6-4　算例 6.3 的输入变量的分布参数

输入变量	P /MPa	D /mm	t /mm	σ_S /MPa
均值	20	460	19	392
标准差	2.7	7	0.8	31.4

表 6-5　算例 6.3 的可靠性分析结果

方法		P_f	N
MCS	估计值	4.496×10^{-4}	5×10^{7}
	（变异系数）	(0.006 625)	
LS	估计值	4.411×10^{-4}	4 016
	（变异系数）	(0.002 149)	

从表 6-1、表 6-3 和表 6-5 的结果可以明显看出，LS 的计算结果与 MCS 的近似精确解是一致的，而且 LS 的计算量比 MCS 小很多，这种效率上的优势在高维、小失效概率问题上表现得更为明显。

6.2　多模式可靠性分析的线抽样方法

对于结构系统含有多个失效模式的可靠性分析问题，可分两种情况来讨论其失效概率的计算[1-2]：一种是多个模式的失效域互不重叠的情况，另一种是多个失效模式的失效域互相重叠的情况。以下将就这两种情况分别来讨论线抽样方法在多模式情况下的求解策略。

6.2.1　多个失效模式的失效域互不重叠时的可靠性分析

设结构系统一共含有 l 个串联失效模式，每个失效模式对应的功能函数和单位重要方向分别为 $g_j(\boldsymbol{X})$ 和 $\boldsymbol{e}_{\boldsymbol{\alpha}}^{(j)}$ $(j=1,2,\cdots,l)$。当 l 个失效模式的失效域互不重叠时，整个结构系统的失效概率 $P_f^{(s)}$ 可以表示为每个失效模式对应的失效概率 $P_f^{(j)}$ $(j=1,2,\cdots,l)$ 之和，即

$$P_f^{(s)}=\sum_{j=1}^{l}P_f^{(j)} \tag{6-14}$$

由式(6-14)可以看出，当各失效模式的失效域互不重叠时，只要针对每个失效模式采用单模式情况下的线抽样可靠性分析方法，即可求得多模式系统的失效概率。

6.2.2　多个失效模式的失效域相互重叠时的可靠性分析

在实际工程问题中，结构系统的多个失效模式往往具有相关性，进而导致各失效模式的失效域之间存在相互重叠的现象。因此，本小节将针对多个失效模式的失效域相互重叠的情况，介绍使用线抽样方法进行可靠性分析的基本原理和求解公式。其基本思想是首先将相互重叠的失效域转化为互不重叠的失效域，然后求解转化后的每个失效域的失效概率，最后利用式

(6-14)所示的求和公式计算整个结构系统的失效概率[5]。

1. 互相重叠失效域向互不重叠失效域的转换

为叙述方便起见，以两个失效模式失效域互相重叠的情况为例进行说明。设两失效域 $F_j=\{\boldsymbol{x}:g_j(\boldsymbol{x})\leqslant 0\}$ 与 $F_k=\{\boldsymbol{x}:g_k(\boldsymbol{x})\leqslant 0\}$ 具有重叠的失效区域，如图 6-6 (a)所示，此时可用两失效模式的重要方向 $\boldsymbol{e}_{\boldsymbol{\alpha}}^{(j)}$ 和 $\boldsymbol{e}_{\boldsymbol{\alpha}}^{(k)}$ 的角平分线将 F_j 和 F_k 组成的失效域划分为两个互不重叠的失效域 $\bar{F}_j$ 和 $\bar{F}_k$，如图 6-6 (b)所示。

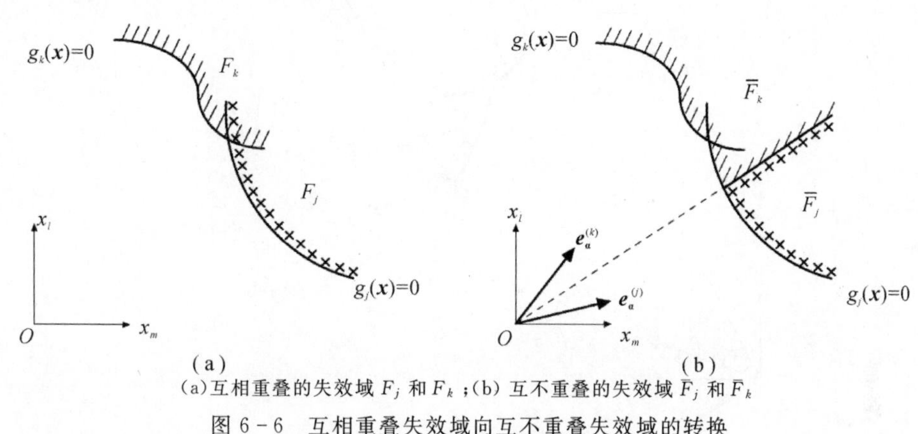

(a)互相重叠的失效域 F_j 和 F_k；(b) 互不重叠的失效域 $\bar{F}_j$ 和 $\bar{F}_k$

图 6-6 互相重叠失效域向互不重叠失效域的转换

2. 不重叠失效域 $\bar{F}_k$ 上的失效概率 $\hat{P}_f^{(k)}$ 的估计

采用线抽样方法求解失效域 $\bar{F}_k$ 上的失效概率 $\hat{P}_f^{(k)}$ 与 6.1 节中求解单模式失效概率的线抽样方法稍有区别。$\bar{F}_k$ 的边界是由分段连续的函数组成的，因此在求解 $\hat{P}_f^{(k)}$ 的线抽样方法中应考虑 $\bar{F}_k$ 区域边界极限状态方程的分段连续特性。

由标准正态输入变量的联合概率密度函数 $f_{\boldsymbol{X}}(\boldsymbol{x})$ 产生 N 个样本点 $\boldsymbol{x}_i(i=1,\cdots,N)$，可以按照与单模式线抽样类似的方法，沿 F_k 的重要方向 $\boldsymbol{e}_{\boldsymbol{\alpha}}^{(k)}$，求得与每个样本 $\boldsymbol{x}_i$ 对应的极限状态方程上的样本点 $\tilde{\boldsymbol{x}}_i^{(k)}$ 及相应的可靠度指标 $\tilde{c}_i^{(k)}$。若 $\tilde{\boldsymbol{x}}_i^{(k)}\in\bar{F}_k(i=1,\cdots,N)$，则 $\hat{P}_{fi}^{(k)}$ 为

$$\hat{P}_{fi}^{(k)}=\Phi(-\tilde{c}_i^{(k)}) \tag{6-15}$$

若 $\tilde{\boldsymbol{x}}_i^{(k)}\notin\bar{F}_k$，则应将该点(用字母 A 表示)修正到失效域 $\bar{F}_k$ 中的 $\bar{\boldsymbol{x}}_i^{(k)}$ 处(用字母 E 表示)，对应的可靠度指标也需在 $\tilde{c}_i^{(k)}$ 的基础上修正为 $\bar{c}_i^{(k)}$，如图 6-7 所示。由图 6-7 可以看出，$\bar{c}_i^{(k)}$ 为

$$\bar{c}_i^{(k)}=\tilde{c}_i^{(k)}+\mathrm{sign}(\tilde{c}_i^{(k)})l_{AE} \tag{6-16}$$

式中 l_{AE} 指 A 点到 E 点的距离，sign(•) 表示符号函数。设向量 $\boldsymbol{e}_{\boldsymbol{\alpha}}^{(j)}$ 和 $\boldsymbol{e}_{\boldsymbol{\alpha}}^{(k)}$ 之间的夹角为 β，根据图 6-7 中的几何关系，可以得出 $\angle ADC=\beta$。由角平分线的性质可知 $l_{EC}=l_{EF}=r^{(k)}(\tilde{\boldsymbol{x}}_i^{(k)})$。则有

$$l_{AE}=l_{DE}-l_{AD}=\frac{l_{EC}}{\sin\angle ADC}-\frac{l_{AB}}{\sin\angle ADC}=\frac{r^{(k)}(\tilde{\boldsymbol{x}}_i^{(k)})}{\sin\beta}-\frac{r^{(j)}(\tilde{\boldsymbol{x}}_i^{(k)})}{\sin\beta}=\frac{r^{(k)}(\tilde{\boldsymbol{x}}_i^{(k)})-r^{(j)}(\tilde{\boldsymbol{x}}_i^{(k)})}{\sqrt{1-(\langle\boldsymbol{e}_{\boldsymbol{\alpha}}^{(k)},\boldsymbol{e}_{\boldsymbol{\alpha}}^{(j)}\rangle)^2}} \tag{6-17}$$

其中 $r^{(k)}(\tilde{\boldsymbol{x}}_i^{(k)})$ 和 $r^{(j)}(\tilde{\boldsymbol{x}}_i^{(k)})$ 分别表示极限状态方程上的样本点 $\tilde{\boldsymbol{x}}_i^{(k)}$ 到重要方向 $\boldsymbol{e}_{\boldsymbol{\alpha}}^{(k)}$ 和 $\boldsymbol{e}_{\boldsymbol{\alpha}}^{(j)}$ 的垂直距离。当以 $\boldsymbol{x}$ 表示极限状态方程上的样本点时，$r^{(k)}(\boldsymbol{x})$ 为

$$r^{(k)}(\boldsymbol{x})=\|\boldsymbol{x}-\langle\boldsymbol{e}_{\boldsymbol{\alpha}}^{(k)},\boldsymbol{x}\rangle\boldsymbol{e}_{\boldsymbol{\alpha}}^{(k)}\| \tag{6-18}$$

将式(6-17)代入式(6-16)中,可得 $\bar{c}_i^{(k)}$ 为

$$\bar{c}_i^{(k)} = \tilde{c}_i^{(k)} + \operatorname{sign}(\tilde{c}_i^{(k)}) \frac{r^{(k)}(\tilde{\boldsymbol{x}}_i^{(k)}) - r^{(j)}(\tilde{\boldsymbol{x}}_i^{(k)})}{\sqrt{1-(\langle \boldsymbol{e}_{\boldsymbol{\alpha}}^{(k)}, \boldsymbol{e}_{\boldsymbol{\alpha}}^{(j)} \rangle)^2}} \tag{6-19}$$

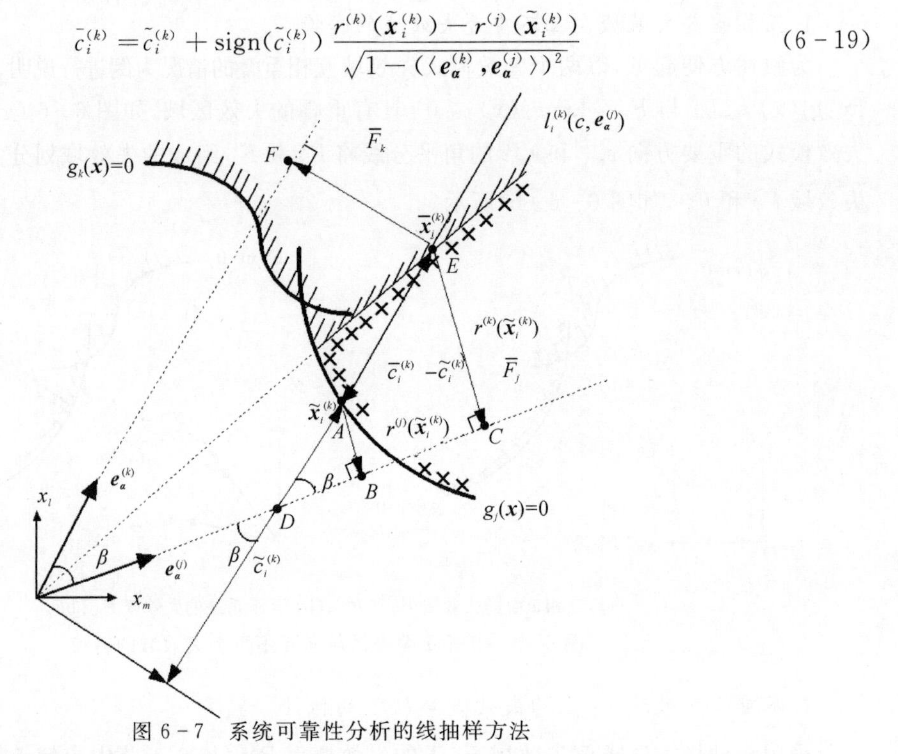

图 6-7 系统可靠性分析的线抽样方法

由于是以 $\boldsymbol{e}_{\boldsymbol{\alpha}}^{(k)}$ 和 $\boldsymbol{e}_{\boldsymbol{\alpha}}^{(j)}$ 的角平分线来划分不重叠区域 $\bar{F}_k$ 和 $\bar{F}_j$ 的,因此,$\boldsymbol{x} \in \bar{F}_k$ 与 $\boldsymbol{x}$ 到 $\boldsymbol{e}_{\boldsymbol{\alpha}}^{(k)}$ 的垂直距离 $r^{(k)}(\boldsymbol{x})$ 最短是相互等价的,即

$$\boldsymbol{x} \in \bar{F}_k \Leftrightarrow r^{(k)}(\boldsymbol{x}) \leqslant r^{(j)}(\boldsymbol{x}) \ \forall\, j=1,\cdots,l \ (l\ \text{为失效模式的数目}) \tag{6-20}$$

利用修正后的可靠度指标 $\bar{c}_i^{(k)}$,可以求得 $\bar{F}_k$ 区域的修正样本点 $\bar{\boldsymbol{x}}_i^{(k)}$ 。为表达统一起见,将 $\tilde{\boldsymbol{x}}_i^{(k)} \in \bar{F}_k$ 的可靠度指标和极限状态方程上的样本点也记为 $\bar{c}_i^{(k)}$ 和 $\bar{\boldsymbol{x}}_i^{(k)}$,则样本 $\boldsymbol{x}_i$ 对应的失效概率 $\hat{P}_{fi}^{(k)}$ 和 $\bar{F}_k$ 区域的失效概率 $\hat{P}_f^{(k)}$ 分别为

$$\hat{P}_{fi}^{(k)} = \Phi(-\bar{c}_i^{(k)}) \tag{6-21}$$

$$\hat{P}_f^{(k)} = \frac{1}{N}\sum_{i=1}^{N} \hat{P}_{fi}^{(k)} = \frac{1}{N}\sum_{i=1}^{N} \Phi(-\bar{c}_i^{(k)}) \tag{6-22}$$

而系统的失效概率 $P_f^{(s)}$ 的估计值为

$$\hat{P}_f^{(s)} = \sum_{k=1}^{l}\left(\frac{1}{N}\sum_{i=1}^{N}\hat{P}_{fi}^{(k)}\right) = \sum_{k=1}^{l}\left(\frac{1}{N}\sum_{i=1}^{N}\Phi(-\bar{c}_i^{(k)})\right) \tag{6-23}$$

由于在估计 l 个不重叠失效域对应的失效概率 $P_f^{(k)}\ (k=1,2,\cdots,l)$ 时采用的是同一组样本,因此 $P_f^{(k)}$ 的估计值 $\hat{P}_f^{(k)}\ (k=1,2,\cdots,l)$ 之间具有相关性,故系统失效概率的估计值 $\hat{P}_f^{(s)}$ 的均值、方差和变异系数难以解析推导。本书采取多次重复分析的方法估计 $\hat{P}_f^{(s)}$ 的收敛性特征。利用多模式情况下的线抽样方法求得系统失效概率的 m 个估计值 $\hat{P}_f^{(sp)}\ (p=1,2,\cdots,m)$,利用样本均值代替母体均值,样本方差代替母体方差,可得失效概率估计值 $\hat{P}_f^{(s)}$ 的均值、方差和变异系数分别为

$$E[\hat{P}_f^{(s)}] \approx \frac{1}{m}\sum_{p=1}^{m}\hat{P}_f^{(sp)} \tag{6-24}$$

$$\mathrm{Var}(\hat{P}_f^{(s)}) \approx \frac{1}{m-1}\left[\sum_{p=1}^{m}(\hat{P}_f^{(sp)})^2 - m\left(\frac{1}{m}\sum_{p=1}^{m}\hat{P}_f^{(sp)}\right)^2\right] \tag{6-25}$$

$$\mathrm{Cov}(\hat{P}_f^{(s)}) = \frac{\sqrt{\mathrm{Var}(\hat{P}_f^{(s)})}}{E[\hat{P}_f^{(s)}]} \tag{6-26}$$

显然，m 值越大，估计值的收敛性特征就估计得越准确，一般情况下，$m \geqslant 10$。

3. 多模式可靠性分析的线抽样方法的实现步骤和流程图

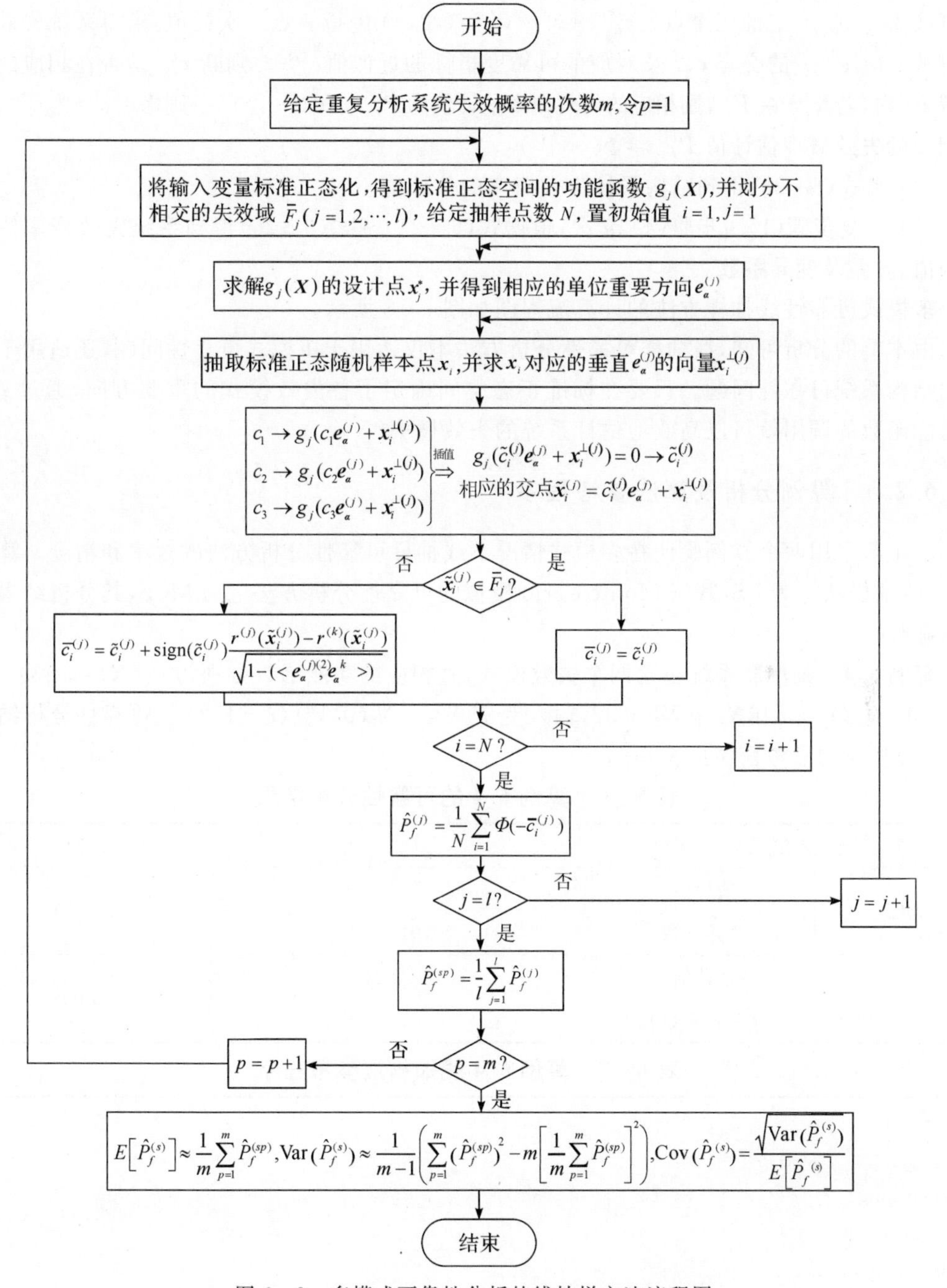

图 6－8　多模式可靠性分析的线抽样方法流程图

利用线抽样方法求解多模式结构系统失效概率的步骤总结如下：

(1) 将输入变量标准正态化，并得到标准正态空间的功能函数 $g_j(\boldsymbol{X})(j=1,2,\cdots,l)$ 。

(2) 通过改进一次二阶矩方法或其他优化算法得到各功能函数 $g_j(\boldsymbol{X})$ 的设计点 $\boldsymbol{x}_j^*$ 和单位重要方向 $\boldsymbol{e}_{\boldsymbol{\alpha}}^{(j)}$ $(j=1,2,\cdots,l)$，即标准正态空间中坐标原点至 $\boldsymbol{x}_j^*$ 的单位方向矢量。

(3) 依据独立标准正态空间中输入变量的联合概率密度函数 $f_{\boldsymbol{X}}(\boldsymbol{x})$，随机抽取 N 个服从标准正态分布的样本点 $\boldsymbol{x}_i(i=1,2,\cdots,N)$，求出垂直于重要方向 $\boldsymbol{e}_{\boldsymbol{\alpha}}^{(j)}$ 上的随机点 $\boldsymbol{x}_i^{\perp(j)}$；通过对直线 $l_i(c,\boldsymbol{e}_{\boldsymbol{\alpha}}^{(j)})$ 上的三个点 $c_k\boldsymbol{e}_{\boldsymbol{\alpha}}^{(j)}+\boldsymbol{x}_i^{\perp(j)}(k=1,2,3)$ 进行三点二次插值，求得系统失效边界与直线 $l_i(c,\boldsymbol{e}_{\boldsymbol{\alpha}}^{(j)})$ 的交点 $\tilde{\boldsymbol{x}}_i^{(j)}$ 及对应的可靠度指标的近似值 $\tilde{c}_i^{(j)}$ 。判断 $\tilde{\boldsymbol{x}}_i^{(j)}$ 是否在相应的不相交域 $\bar{F}_j$ 内，若 $\tilde{\boldsymbol{x}}_i^{(j)}\in\bar{F}_j$，则相应的失效概率估计值为 $\hat{P}_{fi}^{(j)}=\Phi(-\tilde{c}_i^{(j)})$；否则修正 $\tilde{c}_i^{(j)}$ 为 $\bar{c}_i^{(j)}$，再得到相应的失效概率估计值 $\hat{P}_{fi}^{(j)}=\Phi(-\bar{c}_i^{(j)})$ 。

(4) 由式(6-23)得到结构系统失效概率的估计值。

(5) 重复步骤(1)～步骤(4) m 次，根据式(6-24)～式(6-26)得到系统失效概率估计值的均值、方差及变异系数。

多模式可靠性线抽样方法的计算流程图如图6-8所示。

由本节的分析可知，线抽样可靠性分析方法不仅适用于单模式可靠性问题，还适用于多模式的结构系统可靠性问题。只要在标准正态空间确定了各失效模式的重要方向，通过 $l\times N$ 次功能函数的调用就可以高效地估计系统的失效概率。

6.2.3 算例分析及算法参考程序

本小节采用两个算例验证在多模式情况下线抽样可靠性分析方法的效率和精度。算例结果中，线抽样法记为LS，基于Monte Carlo模拟的可靠性分析方法记为MCS，其分析结果可看作精确解。

算例6.4 某串联系统包含两个失效模式，其相应的功能函数分别为 $g_1(\boldsymbol{X})=10X_1^2-8X_2+36$ 和 $g_2(\boldsymbol{X})=-10X_1+X_2^2+32$，输入变量 $X_i\sim N(0,1^2)(i=1,2)$ 。可靠性分析结果见表6-6，相应的参考程序见表6-7。

表6-6 算例6.4的可靠性分析结果

方法		$P_f^{(s)}$	N
MCS	估计值 (变异系数)	5.204×10^{-4} (0.013 75)	2×10^7
LS	估计值 (变异系数)	5.159×10^{-4} (0.016 17)	6 008

表6-7 算例6.4线抽样法参考程序

```
clear all;
clc;
format long
n=2;
MU=zeros(1,n);
SIGMA=ones(1,n);
```

```
% c=3;
% g1=@(x) c-1-x(:,2)+exp(x(:,1).^2./10)+(x(:,1)./5).^4;%功能函数 1
% g2=@(x) c^2./2-x(:,1).*x(:,2);%功能函数 2
g1=@(x) 10.*x(:,1).^2-8.*x(:,2)+36;%功能函数 1
g2=@(x) -10.*x(:,1)+x(:,2).^2+32;%功能函数 2
N=3000;%抽样次数
x0=[0 0];
beta0=0;
k1=0;
%求设计点及重要方向
while(1)
    k1=k1+1;
    dg=[mydiff1(g1,x0,1) mydiff1(g1,x0,2)];%mydiff 为求导函数
    s=dg.^2*((SIGMA.^2)');
    lamd=-dg.*SIGMA/sqrt(s);%lamd 的值
    G=@(beta1) g1(MU+SIGMA.*lamd*beta1);
    beta1=fzero(G,0);
    x0=MU+SIGMA.*lamd*beta1;
    if(abs(beta1-beta0)<1e-6)
        break
    end
    beta0=beta1;
end
alpha1=x0-0;
ealpha1=alpha1/sqrt(sum(alpha1.^2)');  %1 模式单位重要方向
x0=[0 0];
beta0=0;
k2=0;
while(1)
    k2=k2+1;
    dg=[mydiff1(g2,x0,1) mydiff1(g2,x0,2)];%mydiff 为求导函数
    s=dg.^2*((SIGMA.^2)');
    lamd=-dg.*SIGMA/sqrt(s);%lamd 的值
    G=@(beta2) g2(MU+SIGMA.*lamd*beta2);
    beta2=fzero(G,0);
    x0=MU+SIGMA.*lamd*beta1;
    if(abs(beta2-beta0)<1e-6)
        break
    end
    beta0=beta2;
end
alpha2=x0-0;
```

```
ealpha2=alpha2/sqrt(sum(alpha2.^2)'); %2模式单位重要方向
C=[1.3,2.5,5];
for k=1:n
    X(:,k)=normrnd(0,1,N,1);
end
for i=1:N
    yL(i,:)=X(i,:)-dot(ealpha1,X(i,:))*ealpha1;
    c(i)=dot(ealpha1,X(i,:));
p=polyfit([g1(C(1)*c(i)*ealpha1+yL(i,:)),g1(C(2)*c(i)*ealpha1+yL(i,:)),g1(C(3)*c(i)*
ealpha1+yL(i,:))],[C(1)*c(i),C(2)*c(i),C(3)*c(i)],2);
%根据已知的三个点求出插值多项式
    cj1(i)=p(3);
    xF1(i,:)=cj1(i).*ealpha1+yL(i,:);
    r1(i)=norm(xF1(i,:)-dot(ealpha1,xF1(i,:)).*ealpha1);
    r2(i)=norm(xF1(i,:)-dot(ealpha2,xF1(i,:)).*ealpha2);
    if r1(i)<=r2(i)
        cj1(i)=cj1(i);
    else
        cj1(i)=cj1(i)+sign(cj1(i)).*(r1(i)-r2(i))./sqrt(1-dot(ealpha1,ealpha2).^2);
    end
end
pf1=ones(N,1);
for i=1:N
    pf1(i)=normcdf(-cj1(i));
end
Pf1=sum(pf1(:))/N; %求模式1失效概率
Var_Pf1=(sum(pf1.^2)-N.*Pf1.^2)./N./(N-1);%求模式1失效概率估计值的方差
for i=1:N
    yL(i,:)=X(i,:)-dot(ealpha2,X(i,:))*ealpha2;
    c(i)=dot(ealpha2,X(i,:)); p=polyfit([g2(C(1)*c(i)*ealpha1+yL(i,:)),g2(C(2)*c(i)*eal-
pha1+yL(i,:)),g2(C(3)*c(i)*ealpha1+yL(i,:))],[C(1)*c(i),C(2)*c(i),C(3)*c(i)],2);
%根据已知的三个点求出插值多项式
    cj2(i)=p(3);
    xF2(i,:)=cj2(i).*ealpha2+yL(i,:);
    r1(i)=norm(xF2(i,:)-dot(ealpha1,xF2(i,:)).*ealpha1);
    r2(i)=norm(xF2(i,:)-dot(ealpha2,xF2(i,:)).*ealpha2);
    if r2(i)<=r1(i)
        cj2(i)=cj2(i);
    else
        cj2(i)=cj2(i)+sign(cj2(i)).*(r2(i)-r1(i))./sqrt(1-dot(ealpha1,ealpha2).^2);
    end
    if cj2(i)<0
```

```
        cj2(i)=abs(cj2(i))+1;
    end
end
pf2=ones(N,1);
for i=1:N
    pf2(i)=normcdf(-cj2(i));
end
Pf2=sum(pf2(:))/N; %求模式 2 失效概率
Pfs=Pf1+Pf2%求系统失效概率
```

算例 6.5　九盒段结构由 64 个杆元件和 42 个板元件构成，材料为铝合金。已知外载荷与各个单元的强度均为正态随机变量，且外载荷 P 的均值和变异系数分别为 $\mu_P = 150\text{kg}$ 和 $V_P = 0.25$，第 i 个单元强度 R_i 的均值和变异系数分别为 $\mu_{R_i} = 83.5\text{kg}$ 和 $V_{R_i} = 0.12(i = 68,77,78)$ 。该结构的功能函数及两个主要失效模式的功能函数为

$$g = \min\{g_1, g_2\}$$

$$g_1 = 4.0R_{78} + 4.0R_{68} - 3.999\,8R_{77} - P$$

$$g_2 = 0.229\,9R_{78} + 3.242\,5R_{77} - P$$

使用 MCS 和 LS 所得的可靠性分析结果见表 6-8。

表 6-8　算例 6.5 的可靠性分析结果

方法		$P_f^{(s)}$	N
MCS	估计值 (变异系数)	0.011 56 (0.029 20)	10^6
LS	估计值 (变异系数)	0.011 41 (0.020 19)	4 008

上述两个算例验证了线抽样方法对多模式系统的可靠性分析的适用性。由表 6-6 和表 6-8 可以看出，LS 的计算结果与 MCS 的计算结果是一致的，但相比于 MCS，LS 具有更高的计算效率。

6.3　相关正态变量情况下可靠性分析的线抽样方法

在实际工程结构中，很多输入变量之间彼此是相关的，这种相关性对失效概率的影响是不能忽略的，所以在结构的实际可靠性分析中，考虑输入变量之间的相关性，更加符合实际情况[6]。目前，解决变量相关时的可靠性分析问题的方法主要是将相关变量等价转化为独立正态变量，然后利用独立空间的可靠性分析方法得到结构的失效概率。

6.3.1　相关正态变量向独立标准正态变量的转换

设 n 维相关正态输入变量为 $\boldsymbol{X} = \{X_1, X_2, \cdots, X_n\}^{\mathrm{T}}$，则 $\boldsymbol{X}$ 的联合概率密度函数 $f_{\boldsymbol{X}}(\boldsymbol{x})$ 为

$$f_{\boldsymbol{X}}(\boldsymbol{x}) = (2\pi)^{-\frac{n}{2}} \mid \boldsymbol{C}_{\boldsymbol{X}} \mid^{-\frac{1}{2}} \exp\left[-\frac{1}{2}(\boldsymbol{x} - \boldsymbol{\mu}_{\boldsymbol{X}})^{\mathrm{T}} \boldsymbol{C}_{\boldsymbol{X}}^{-1} (\boldsymbol{x} - \boldsymbol{\mu}_{\boldsymbol{X}})\right] \tag{6-27}$$

其中，$\boldsymbol{C}_{\boldsymbol{X}}$ 为 $\boldsymbol{X}$ 的协方差矩阵，$\boldsymbol{C}_{\boldsymbol{X}}^{-1}$ 为其逆矩阵，$|\boldsymbol{C}_{\boldsymbol{X}}|$ 为该矩阵的行列式值，$\boldsymbol{\mu}_{\boldsymbol{X}} =$

$\{\mu_{X_1},\mu_{X_2},\cdots,\mu_{X_n}\}^{\mathrm{T}}$ 为 $\boldsymbol{X}$ 的均值向量。

当以 $F_{\boldsymbol{X}}$ 表示失效域时,失效概率 P_f 为

$$P_f=\int_{F_{\boldsymbol{X}}} f_{\boldsymbol{X}}(\boldsymbol{x})\mathrm{d}\boldsymbol{x}=\int_{F_{\boldsymbol{X}}}(2\pi)^{-\frac{n}{2}}\ |\boldsymbol{C}_{\boldsymbol{X}}|^{-\frac{1}{2}}\exp\left[-\frac{1}{2}(\boldsymbol{x}-\boldsymbol{\mu}_{\boldsymbol{X}})^{\mathrm{T}}\boldsymbol{C}_{\boldsymbol{X}}^{-1}(\boldsymbol{x}-\boldsymbol{\mu}_{\boldsymbol{X}})\right]\mathrm{d}\boldsymbol{x} \tag{6-28}$$

设 n 维相关正态输入变量 $\boldsymbol{X}$ 的协方差矩阵 $\boldsymbol{C}_{\boldsymbol{X}}$ 的特征值为 $\lambda_1,\lambda_2,\cdots,\lambda_n$,根据线性代数原理,对于由式(6-27)定义的 n 维相关正态密度函数 $f_{\boldsymbol{X}}(\boldsymbol{x})$,必然存在一个正交矩阵 $\boldsymbol{A}$,使对于 n 维输入变量 $\boldsymbol{Y}=\{Y_1,Y_2,\cdots,Y_n\}^{\mathrm{T}}$ 有下式成立:

$$f_{\boldsymbol{Y}}(\boldsymbol{y})=(2\pi)^{-\frac{n}{2}}(\lambda_1\lambda_2\cdots\lambda_n)^{-\frac{1}{2}}\exp\left(-\frac{1}{2}\sum_{i=1}^{n}\frac{y_i^2}{\lambda_i}\right) \tag{6-29}$$

式中的 $\boldsymbol{Y}$ 是相互独立的服从正态分布的 n 维变量,且 $\boldsymbol{Y}=\boldsymbol{A}^{\mathrm{T}}(\boldsymbol{X}-\boldsymbol{\mu}_{\boldsymbol{X}})$,$Y_i\sim N(0,\lambda_i)(i=1,2,\cdots,n)$,即 Y_i 的均值 μ_{Y_i} 和方差 $\sigma_{Y_i}^2$ 分别为 0 和 λ_i。$n\times n$ 维正交矩阵 $\boldsymbol{A}$ 的每一列对应于 $\boldsymbol{C}_{\boldsymbol{X}}$ 每个特征值的特征向量。

基于线性变换 $\boldsymbol{Y}=\boldsymbol{A}^{\mathrm{T}}(\boldsymbol{X}-\boldsymbol{\mu}_{\boldsymbol{X}})$,相关正态输入变量 $\boldsymbol{X}=\{X_1,X_2,\cdots,X_n\}^{\mathrm{T}}$ 便可等价转换为独立正态输入变量 $\boldsymbol{Y}=\{Y_1,Y_2,\cdots,Y_n\}^{\mathrm{T}}$。独立正态输入变量 $\boldsymbol{Y}=\{Y_1,Y_2,\cdots,Y_n\}^{\mathrm{T}}$ 转换成独立标准正态输入变量 $\boldsymbol{U}=\{U_1,U_2,\cdots,U_n\}^{\mathrm{T}}$ 则可依据关系 $U_i=\dfrac{Y_i-\mu_{Y_i}}{\sigma_{Y_i}}=\dfrac{Y_i}{\sqrt{\lambda_i}}(i=1,2,\cdots,n)$。

6.3.2 相关正态变量情况下单个失效模式的线抽样可靠性分析方法

基于线性变换 $\boldsymbol{Y}=\boldsymbol{A}^{\mathrm{T}}(\boldsymbol{X}-\boldsymbol{\mu}_{\boldsymbol{X}})$,相关正态输入变量 $\boldsymbol{X}$ 等价转换为独立正态输入变量 $\boldsymbol{Y}$,进而转换为独立标准正态变量 $\boldsymbol{U}$,从而功能函数由原相关空间的 $g(\boldsymbol{X})$ 转化为独立标准正态变量空间的功能函数 $\bar{g}(\boldsymbol{U})$。则失效概率的积分表达式可改写为

$$P_f=\int\cdots\int_{g(\boldsymbol{x})\leqslant 0} f_{\boldsymbol{X}}(\boldsymbol{x})\mathrm{d}\boldsymbol{x}=\int\cdots\int_{\bar{g}(\boldsymbol{u})\leqslant 0} f_{\boldsymbol{U}}(\boldsymbol{u})\mathrm{d}\boldsymbol{u} \tag{6-30}$$

其中 $f_{\boldsymbol{U}}(\boldsymbol{u})$ 为输入变量 $\boldsymbol{U}$ 的联合概率密度函数,其表达式为

$$f_{\boldsymbol{U}}(\boldsymbol{u})=\frac{1}{(2\pi)^{\frac{n}{2}}}\exp\left[-\frac{\sum_{i=1}^{n}u_i^2}{2}\right] \tag{6-31}$$

独立标准正态变量空间 $\boldsymbol{U}$ 中,$\bar{g}(\boldsymbol{u})\leqslant 0$ 定义了失效域 $F_{\boldsymbol{U}}$,在 $F_{\boldsymbol{U}}$ 中变量联合概率密度函数最大的点对失效概率的贡献较大,可称之为设计点 $\boldsymbol{u}^*$。由坐标原点指向 $\boldsymbol{u}^*$ 的矢量方向称为重要方向 $\boldsymbol{\alpha}$,对 $\boldsymbol{\alpha}$ 进行正则化,则可得单位向量 $\boldsymbol{e}_{\alpha}=\dfrac{\boldsymbol{\alpha}}{\|\boldsymbol{\alpha}\|}$。采用优化方法或者马尔可夫链可以求得 $\boldsymbol{\alpha}$。

对于独立标准正态变量空间的向量 $\boldsymbol{u}$,可以分解为平行于重要方向的向量 $c\boldsymbol{e}_{\alpha}$ 和垂直于 $\boldsymbol{e}_{\alpha}$ 的向量 $\boldsymbol{u}^{\perp}$,即 $\boldsymbol{u}=c\boldsymbol{e}_{\alpha}+\boldsymbol{u}^{\perp}$,其中 $c=\langle\boldsymbol{e}_{\alpha},\boldsymbol{u}\rangle$,$\langle\boldsymbol{e}_{\alpha},\boldsymbol{u}\rangle$ 表示向量 $\boldsymbol{e}_{\alpha}$ 与 $\boldsymbol{u}$ 的点乘积。按式(6-31)所示的独立标准正态变量 $\boldsymbol{U}$ 的概率密度函数 $f_{\boldsymbol{U}}(\boldsymbol{u})$ 产生 N 个随机样本 $\boldsymbol{u}_j(j=1,2,\cdots,N)$,采用上述方法可求得垂直于 $\boldsymbol{e}_{\alpha}$ 的向量 $\boldsymbol{u}_j^{\perp}=\boldsymbol{u}_j-\langle\boldsymbol{e}_{\alpha},\boldsymbol{u}_j\rangle\boldsymbol{e}_{\alpha}$。给定三个系数 c_1,c_2 和 c_3,可得三个向量 $c_i\boldsymbol{e}_{\alpha}+\boldsymbol{u}_j^{\perp}(i=1,2,3)$[这三个向量所在的直线记为 $l^{(j)}(c,\boldsymbol{e}_{\alpha})$],由

$(c_i, \bar{g}(c_i \boldsymbol{e}_\alpha + \boldsymbol{u}_j^{\perp}))(i=1,2,3)$ 进行三点二次插值，可得到直线 $l^{(j)}(c, \boldsymbol{e}_\alpha)$ 与极限状态方程 $\bar{g}(\boldsymbol{u})=0$ 的交点 $\tilde{\boldsymbol{u}}_j$ 及其对应的系数 $\tilde{c}_j$，则随机样本点 $\boldsymbol{u}_j(j=1,2,\cdots,N)$ 对应的失效概率 P_{fj} 为

$$P_{fj}=\Phi(-\tilde{c}_j) \tag{6-32}$$

依据线抽样方法的基本原理，且 $P\{\bar{g}(\boldsymbol{u})\leqslant 0\}$ 等价于 $P\{g(\boldsymbol{x})\leqslant 0\}$，则失效概率估计值为

$$\hat{P}_f=\frac{1}{N}\sum_{j=1}^{N}P_{fj} \tag{6-33}$$

参考式(6-9)可得失效概率估计值的均值和方差为

$$\left.\begin{aligned}&E(\hat{P}_f)\approx\hat{P}_f\\&\mathrm{Var}(\hat{P}_f)\approx\frac{1}{N(N-1)}\sum_{j=1}^{N}(P_{fj}-\hat{P}_f)^2=\frac{1}{N(N-1)}\left(\sum_{j=1}^{N}P_{fj}^2-N\hat{P}_f^2\right)\end{aligned}\right\} \tag{6-34}$$

失效概率估计值 $\hat{P}_f$ 的变异系数 $\mathrm{Cov}(\hat{P}_f)$ 为

$$\mathrm{Cov}(\hat{P}_f)=\frac{\sqrt{\mathrm{Var}(\hat{P}_f)}}{\hat{P}_f} \tag{6-35}$$

6.3.3　相关正态变量情况下多个失效模式的线抽样可靠性分析方法

基于6.3.1小节的线性变换，相关正态输入变量 $\boldsymbol{X}$ 等价转换为独立标准正态变量 $\boldsymbol{U}$，从而含有 l 个功能函数的结构系统，其原相关空间的功能函数 $g_j(\boldsymbol{X})(j=1,2,\cdots,l)$ 转化为独立标准正态变量空间的功能函数 $\bar{g}_j(\boldsymbol{U})(j=1,2,\cdots,l)$。

定义独立标准正态空间中功能函数 $\bar{g}_j(\boldsymbol{U})(j=1,2,\cdots,l)$ 对应的失效域分别为 $F_{U,j}=\{\boldsymbol{u}:\bar{g}_j(\boldsymbol{u})\leqslant 0\}$，其单位重要方向为 $\boldsymbol{e}_\alpha^{(j)}$。结构系统含有 l 个失效模式的可靠性分析问题，可分两种情况来讨论其失效概率的计算，一种是多个模式的失效域互不重叠的情况，另一种是多个失效模式的失效域互相重叠的情况。

1. 多个失效模式的失效域互不重叠时的可靠性分析

当 l 个失效模式的失效域互不重叠时，系统的失效概率 $P_f^{(s)}$ 为每个失效模式对应的失效概率 $P_f^{(j)}(j=1,2,\cdots,l)$ 之和，即

$$P_f^{(s)}=\sum_{j=1}^{l}P_f^{(j)} \tag{6-36}$$

当失效模式的失效域互不重叠时，只要分别采用6.3.2小节所述的相关正态变量情况下的单个失效模式的线抽样可靠性分析方法，即可求得多模式系统的失效概率。

2. 多个失效模式的失效域相互重叠时的可靠性分析

当结构系统的多个失效模式相互重叠时，求解系统失效概率的基本思想是首先将相互重叠的失效域转化为互不重叠的失效域，然后求解转化后的每个失效域的失效概率，最后利用求和公式计算整个结构系统的失效概率，其具体实现过程如下所述。

(1)互相重叠失效域向互不重叠失效域的转换。

以两个失效模式失效域互相重叠的情况为例，设两失效域 $F_{U,j}=\{\boldsymbol{u}:\bar{g}_j(\boldsymbol{u})\leqslant 0\}$ 与 $F_{U,k}=\{\boldsymbol{u}:\bar{g}_k(\boldsymbol{u})\leqslant 0\}$ 具有重叠的区域，此时可用两失效模式的重要方向 $\boldsymbol{e}_\alpha^{(j)}$ 和 $\boldsymbol{e}_\alpha^{(k)}$ 的角平分线将 $F_{U,j}$ 和 $F_{U,k}$ 组成的失效域划分为互不重叠的 $\bar{F}_{U,j}$ 和 $\bar{F}_{U,k}$。

(2)不重叠失效域 $\bar{F}_{U,k}$ 上的失效概率 $\hat{P}_f^{(k)}$ 的估计。

产生 N 个独立标准正态变量的样本 $\boldsymbol{u}_i(i=1,\cdots,N)$，可以按照与单模式线抽样类似的方法，沿 $F_{U,k}$ 的重要方向 $\boldsymbol{e}_{\alpha}^{(k)}$，求得与每个样本 $\boldsymbol{u}_i$ 对应的极限状态方程上的样本点 $\tilde{\boldsymbol{u}}_i^{(k)}$ 及相应的可靠度指标 $\tilde{c}_i^{(k)}$。若 $\tilde{\boldsymbol{u}}_i^{(k)} \in \bar{F}_{U,k}(i=1,\cdots,N)$，则 $\hat{P}_{fi}^{(k)}$ 为

$$\hat{P}_{fi}^{(k)} = \Phi(-\tilde{c}_i^{(k)}) \tag{6-37}$$

若 $\tilde{\boldsymbol{u}}_i^{(k)} \notin \bar{F}_{U,k}(i=1,\cdots,N)$，则该点对应的可靠度指标需在 $\tilde{c}_i^{(k)}$ 的基础上加以修正，以 $\bar{c}_i^{(k)}$ 表示修正的可靠度指标，$\bar{c}_i^{(k)}$ 为

$$\bar{c}_i^{(k)} = \tilde{c}_i^{(k)} + \text{sign}(\tilde{c}_i^{(k)}) \frac{r^{(k)}(\tilde{\boldsymbol{u}}_i^{(k)}) - r^{(j)}(\tilde{\boldsymbol{u}}_i^{(k)})}{\sqrt{1-(\langle \boldsymbol{e}_{\alpha}^{(k)}, \boldsymbol{e}_{\alpha}^{(j)} \rangle)^2}} \tag{6-38}$$

其中 $r^{(k)}(\tilde{\boldsymbol{u}}_i^{(k)})$ 和 $r^{(j)}(\tilde{\boldsymbol{u}}_i^{(k)})$ 分别表示极限状态方程上的样本点 $\tilde{\boldsymbol{u}}_i^{(k)}$ 到重要方向 $\boldsymbol{e}_{\alpha}^{(k)}$ 和 $\boldsymbol{e}_{\alpha}^{(j)}$ 的垂直距离。当以 $\boldsymbol{u}$ 表示极限状态方程上的样本点时，$r^{(k)}(\boldsymbol{u})$ 为

$$r^{(k)}(\boldsymbol{u}) = \| \boldsymbol{u} - \langle \boldsymbol{e}_{\alpha}^{(k)}, \boldsymbol{u} \rangle e_{\alpha}^{(k)} \| \tag{6-39}$$

由于是以 $\boldsymbol{e}_{\alpha}^{(k)}$ 和 $\boldsymbol{e}_{\alpha}^{(j)}$ 的角平分线来划分不重叠区域的 $\bar{F}_k$ 和 $\bar{F}_j$ 的，因此，$\boldsymbol{x} \in \bar{F}_k$ 与 $\boldsymbol{x}$ 到 $\boldsymbol{e}_{\alpha}^{(k)}$ 的垂直距离 $r^{(k)}(\boldsymbol{x})$ 最短是相互等价的，即

$$\boldsymbol{u} \in \bar{F}_{U,k} \Leftrightarrow r^{(k)}(\boldsymbol{u}) \leqslant r^{(j)}(\boldsymbol{u}) \ \forall j=1,\cdots,l \tag{6-40}$$

利用修正后的可靠度指标 $\bar{c}_i^{(k)}$，可以求得 $\bar{F}_{U,k}$ 区域的修正样本点 $\bar{\boldsymbol{u}}_i^{(k)}$。为表达统一起见，将 $\tilde{\boldsymbol{u}}_i^{(k)} \in \bar{F}_{U,k}$ 的可靠度指标和极限状态方程上的样本点也记为 $\bar{c}_i^{(k)}$ 和 $\bar{\boldsymbol{u}}_i^{(k)}$，则样本 $\boldsymbol{u}_i$ 对应的失效概率 $\hat{P}_{fi}^{(k)}$ 和 $\bar{F}_{U,k}$ 区域的失效概率 $\hat{P}_f^{(k)}$ 分别为

$$\hat{P}_{fi}^{(k)} = \Phi(-\bar{c}_i^{(k)}) \tag{6-41}$$

$$\hat{P}_f^{(k)} = \frac{1}{N}\sum_{i=1}^{N} \hat{P}_{fi}^{(k)} = \frac{1}{N}\sum_{i=1}^{N} \Phi(-\bar{c}_i^{(k)}) \tag{6-42}$$

而系统的失效概率 $P_f^{(s)}$ 的估计值为

$$\hat{P}_f^{(s)} = \sum_{k=1}^{l}\left(\frac{1}{N}\sum_{i=1}^{N} \hat{P}_{fi}^{(k)}\right) = \sum_{k=1}^{l}\left(\frac{1}{N}\sum_{i=1}^{N} \Phi(-\bar{c}_i^{(k)})\right) \tag{6-43}$$

系统失效概率估计值 $\hat{P}_f^{(s)}$ 的均值、方差和变异系数可使用 6.2.2 小节介绍的多次重复分析法估算。

6.3.4 算例分析及算法参考程序

本小节采用三个算例验证相关正态变量空间的线抽样可靠性分析方法的效率和精度。下述算例中，线抽样法记为 LS，Monte Carlo 模拟法记为 MCS。

算例 6.6 线性功能函数 $g(\boldsymbol{X}) = X_1 + 2X_2 - X_3 + 5$，其中 X_1，X_2 和 X_3 是三个相关的正态输入变量，且 $X_1 \sim N(2,1^2)$，$X_2 \sim N(3,1.5^2)$，$X_3 \sim N(10,2^2)$，各变量之间的相关系数分别为 $\rho_{X_1X_2}=0.5$，$\rho_{X_1X_3}=0.6$，$\rho_{X_2X_3}=0.2$，三种方法得到的可靠性分析结果见表 6-9，相应的参考程序见表 6-10。

本算例中功能函数是线性的，因此可以由解析的方法得到可靠性的精确解。从表 6-9 可以看出，MCS 在样本数为 10^6 时得到的近似解与解析解一致。运用线抽样方法计算线性功能函数的可靠性时，抽样一次即可得到可靠性的解析解，其估计值的变异系数非常小，接近于零，在表格中未给出。该线性算例的结果表明，本节方法对于线性功能函数可以通过一次线抽样得到可靠性的精确解。

表 6－9　算例 6.6 的可靠性分析结果

方法		P_f	N
解析法	估计值 (变异系数)	0.195 198 (—)	—
MCS	估计值 (变异系数)	0.196 156 (0.003 656)	10^6
LS	估计值 (变异系数)	0.195 198 (—)	5

表 6－10　算例 6.6 线抽样法参考程序

```
clear all;
clc;
format long
mux=[2;3;10]; %变量均值
n=length(mux);
Cx=[1*1,1*1.5*0.5,1*2*0.6;1.5*1*0.5,1.5*1.5,1.5*2*0.2;
    2*1*0.6,2*1.5*0.2,2*2]; %变量协方差矩阵
sigmax=[1 1.5 2];
roux=[0,0.5,0.6;0.5,0,0.2;0.6,0.2,0];
gx=@(x) x(:,1)+2.*x(:,2)-x(:,3)+5;%功能函数
[A,lamda]=eig(Cx);%求协方差矩阵的特征值及特征向量
muy=zeros(1,n); %独立正态变量的均值
for i=1:n
    sigmay(i)=sqrt(lamda(i,i));%独立正态变量的标准差
end
gu=@(u) gx((A*(u.*sigmay)'+mux)');%独立标准正态空间的功能函数
MU=zeros(1,n);
SIGMA=ones(1,n);
N=1;%抽样次数
u0=MU;
beta0=0;
k=0;
%求设计点及重要方向
while(1)
    k=k+1;
    dg=[mydiff1(gu,u0,1) mydiff1(gu,u0,2) mydiff1(gu,u0,3)];%mydiff 为求导函数
    s=dg.^2*((SIGMA.^2)');
    lamd=-dg.*SIGMA/sqrt(s);%lamd 的值
    G=@(beta1) gu(MU+SIGMA.*lamd*beta1);
    beta1=fzero(G,0);
    u0=MU+SIGMA.*lamd*beta1;
    if(abs(beta1-beta0)<1e-6)
```

```
        break
    end
    beta0=beta1;
end
alpha=u0-0;
ealpha=alpha/sqrt(sum(alpha.^2)');  %单位重要方向
C=[1.3,2.5,5];
for k=1:n
    X(:,k)=normrnd(0,1,N,1);
end
for i=1:N
    yL(i,:)=X(i,:)-dot(ealpha,X(i,:))*ealpha;
    c(i)=dot(ealpha,X(i,:));p=polyfit([gu(C(1)*c(i)*ealpha+yL(i,:)),gu(C(2)*c(i)*ealpha
+yL(i,:)),gu(C(3)*c(i)*ealpha+yL(i,:))],[C(1)*c(i),C(2)*c(i),C(3)*c(i)],2);
%根据已知的三个点求出插值多项式
    cj(i)=p(3);
    uF(i,:)=cj(i).*ealpha+yL(i,:);
end
pf=ones(N,1);
for i=1:N
    pf(i)=normcdf(-cj(i));
end
Pf=sum(pf(:))/N;%求失效概率
```

算例 6.7 一矩形截面悬臂梁受到均布载荷，以其自由端挠度不超过 $\frac{L}{325}$ 为约束建立功能函数为 $g(\omega,L,b)=\frac{L}{325}-\frac{\omega bL^4}{8EI}$，式中 ω、b、L、E、I 分别为单位载荷、截面尺寸、梁的长度、弹性模量、截面惯性矩。其中 $E=26\text{GPa}$，$I=\frac{b^4}{12}$，且 ω、L 和 b 为正态分布的输入变量，相关系数 $\rho_{Lb}=1/3$，$\rho_{\omega L}=\rho_{\omega b}=0$。输入变量的分布参数见表 6-11，两种方法估计失效概率的结果见表 6-12。

表 6-11 算例 6.7 的输入变量的分布参数

输入变量	$\omega/(\text{kN}\cdot\text{m}^{-2})$	L/m	b/mm
均值	1 000	6	250
标准差	100	0.9	37.5

表 6-12 算例 6.7 的相关可靠性分析结果

方法		P_f	N
MCS	估计值 (变异系数)	0.007 942 (0.011 17)	10^6
LS	估计值 (变异系数)	0.007848 (0.01057)	316

本算例中的功能函数为非线性的，此时可将收敛的 MCS 法的结果看作精确解。由表 6-12可以看出，LS 法的结果与 MCS 法的结果是一致的，且计算效率大大高于 MCS 法。

算例 6.8　九盒段结构由 64 个杆元和 42 个板元构成，材料为铝合金，已知外载荷与各个单元的强度均为输入变量，且外载荷 P 的均值和变异系数分别为 $\mu_P=150\text{kg}$ 和 $V_P=0.25$，第 i 个单元强度 R_i 的均值和变异系数分别为 $\mu_{R_i}=83.5\text{kg}$ 和 $V_{R_i}=0.12(i=68,77,78)$，输入变量的相关系数为 $\rho_{R_{68}R_{77}}=\rho_{R_{77}R_{78}}=0.2$，$\rho_{R_{68}R_{78}}=0.3$，由失效模式的枚举方法可得结构体系的主要失效模式有两个，其功能函数分别为

$$g_1=4.0R_{78}+4.0R_{68}-3.999\,8R_{77}-P$$

$$g_2=0.229\,9R_{78}+3.242\,5R_{77}-P$$

结构系统的功能函数为 $g=\min\{g_1,g_2\}$。两种方法的可靠性分析结果见表 6-13。

表 6-13　算例 6.8 的相关可靠性分析结果

方法		$P_f^{(s)}$	N
MCS	估计值	0.010 766	10^7
	（变异系数）	(0.009 585)	
LS	估计值	0.010 633	3 010
	（变异系数）	(0.003 257)	

从本算例涉及的多模式系统可靠性问题的分析结果可以看出，线抽样可靠性分析结果与 MCS 法所得的近似精确解吻合得很好，且计算效率有很大程度的提高。

6.4 本章小结

线抽样方法通过 $n-1$ 维（n 为输入变量的维数）空间的随机抽样和重要方向上的一维插值，将非线性功能函数的失效概率转化为一系列线性功能函数失效概率的平均值，实现了高维和小失效概率情况下失效概率的高效估计。本章具体给出了独立正态变量及相关正态变量情况下单、多失效模式可靠性分析的基本原理和实现过程。此外，对于含有非正态输入变量的结构系统，可以先利用 Rosenblatt 方法或 Nataf 方法将非正态输入变量转化为正态变量后，再利用本章所介绍的方法高效地求解结构系统的可靠性。

参考文献

[1] SCHUËLLER G I, PRADLWARTER H J, KOUTSOURELAKIS P S. A comparative study of reliability estimation procedures for high dimension[C]. 16th ASCE Engineering Mechanics Conference, University of Washington, Seattle, July 16-18, 2003:1-7.

[2] SCHUËLLER G I, PRADLWARTER H J, KOUTSOURELAKIS P S. A critical appraisal of reliability estimation procedures for high dimensions[J]. Probabilistic Engineering Mechanics, 2004, 19(4): 463-473.

[3] SONG S F, LU Z Z. Improved line sampling reliability analysis method and its appli-

cation[J]. Key Engineering Materials，2007，354：1001－1004.

[4] 宋述芳，吕震宙. 高维小失效概率下的改进线抽样方法[J]. 航空学报，2007，28(3)：596－599.

[5] 宋述芳，吕震宙，傅霖. 基于线抽样的可靠性灵敏度分析方法[J]. 力学学报，2007，39(4)：564－570.

[6] 傅旭东. 相关变量下失效概率的计算机模拟[J]. 西南交通大学学报，1997，32：319－323.

第 7 章　可靠性分析的方向抽样法

在独立的标准正态空间内，n 维输入变量的平方和服从自由度为 n 的 χ^2(chi-square)分布，利用该性质，可靠性分析可通过矢径方向的随机抽样和矢径方向上的插值或非线性方程求解完成，这种可靠性分析方法被称为方向抽样法，Ditlevsen、Olesen 和 Mohr 等均给出了方向抽样的基本原理和实现方法[1-3]。方向抽样将变量空间降低一维，提高了可靠性分析的效率。本章将介绍方向抽样法的基本原理和实现过程，讨论方向抽样法在系统具有多个失效模式及输入变量具有相关性等情况下的适用性。

7.1　单模式方向抽样可靠性分析方法

对于高度非线性的极限状态面且输入变量维数较高的情况，使用直角坐标系下的数字模拟法进行可靠性分析的效率较低。方向抽样法是在独立的标准正态空间极坐标系下进行抽样的，其利用插值或求解非线性方程来代替一维的随机抽样，从而达到使原输入变量空间的维数降低一维的目的。本节先对单模式方向抽样可靠性分析方法的基本原理及实现过程进行讨论，然后在 7.2 节讨论多模式方向抽样可靠性分析方法。

7.1.1　单模式方向抽样法求解失效概率的基本原理

方向抽样法利用了独立标准正态空间良好的分布特性，因此在使用方向抽样进行可靠性分析之前需将变量空间独立标准正态化。在独立标准正态空间中，直角坐标系下任意随机向量 $\boldsymbol{X}=\{X_1,X_2,\cdots,X_n\}^{\mathrm{T}}$ 可以用极坐标表示为 $\boldsymbol{X}=R\boldsymbol{A}$，其中 R 为极半径，$\boldsymbol{A}$ 为向量 $\boldsymbol{X}$ 对应的单位方向向量。

在极坐标系下，失效概率 P_f 的计算公式可以改写为

$$\begin{aligned}P_f&=\int_{g(\boldsymbol{x})\leqslant 0} f_{\boldsymbol{X}}(\boldsymbol{x})\mathrm{d}\boldsymbol{x}=\int_A\int_{g(r\boldsymbol{a})\leqslant 0}\varphi_{R\boldsymbol{A}}(r,\boldsymbol{a})\mathrm{d}r\mathrm{d}\boldsymbol{a}\\&=\int_A\int_{R>r(\boldsymbol{a})}\varphi_{R|\boldsymbol{A}}(r)\cdot f_{\boldsymbol{A}}(\boldsymbol{a})\mathrm{d}r\mathrm{d}\boldsymbol{a}\\&=\int_A\left\{\int_{R>r(\boldsymbol{a})}\varphi_{R|\boldsymbol{A}}(r)\mathrm{d}r\right\}\cdot f_{\boldsymbol{A}}(\boldsymbol{a})\mathrm{d}\boldsymbol{a}\end{aligned}\tag{7-1}$$

式中，$\varphi_{R\boldsymbol{A}}(r,\boldsymbol{a})$ 为 R 和 $\boldsymbol{A}$ 的联合概率密度函数；$f_{\boldsymbol{A}}(\cdot)$ 是单位方向向量 $\boldsymbol{A}$ 的概率密度函数，由于 $\boldsymbol{X}$ 服从 n 维独立标准正态分布，所以 $\boldsymbol{A}$ 服从单位球面上的均匀分布；$\varphi_{R|\boldsymbol{A}}(r)$ 是在抽样方向 $\boldsymbol{A}=\boldsymbol{a}$ 上随机矢径 R 的条件概率密度函数；$R>r(\boldsymbol{a})$ 定义了方向向量 $\boldsymbol{A}=\boldsymbol{a}$ 时的失效域，该失

效域是超球 $R=r(\boldsymbol{a})$ 外的区域，如图 7-1 所示。

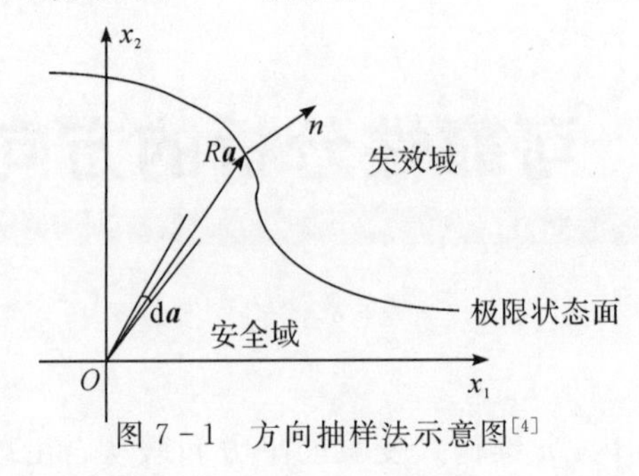

图 7-1 方向抽样法示意图[4]

假设在抽样方向 $\mathbf{A}=\boldsymbol{a}$ 上从原点到失效面的距离为 $r(\boldsymbol{a})$，由于是在独立标准正态空间中，所以在抽样方向 $\mathbf{A}=\boldsymbol{a}$ 上确定的 $R>r(\boldsymbol{a})$ 的概率 $\int_{R>r(\boldsymbol{a})}\varphi_{R|\mathbf{A}}(r)\mathrm{d}r$ 可以由自由度为 n 的 χ^2 分布的分布函数 $F_{\chi^2(n)}(\cdot)$ 求得，即

$$\int_{R>r(\boldsymbol{a})}\varphi_{R|\mathbf{A}}(r)\mathrm{d}r=P\{R>r(\boldsymbol{a})\}=1-F_{\chi^2(n)}[r^2(\boldsymbol{a})] \tag{7-2}$$

将式(7-2)代入式(7-1)可得到在极坐标系下以数学期望形式表达的失效概率计算公式，即

$$P_f=E_{\mathbf{A}}[1-F_{\chi^2(n)}[r^2(\boldsymbol{a})]] \tag{7-3}$$

式中，$E_{\mathbf{A}}[\cdot]$ 表示联合概率密度函数为 $f_{\mathbf{A}}(\boldsymbol{a})$ 的数学期望。

根据 $f_{\mathbf{A}}(\boldsymbol{a})$ 抽取 $\mathbf{A}$ 的样本 $\boldsymbol{a}_j\,(j=1,2,\cdots,N)$，如图 7-2 所示，并用样本均值代替母体的期望，则结构失效概率估计值 $\hat{P}_f$ 的计算公式为

$$\hat{P}_f=\frac{1}{N}\sum_{j=1}^{N}[1-F_{\chi^2(n)}(r^2(\boldsymbol{a}_j))] \tag{7-4}$$

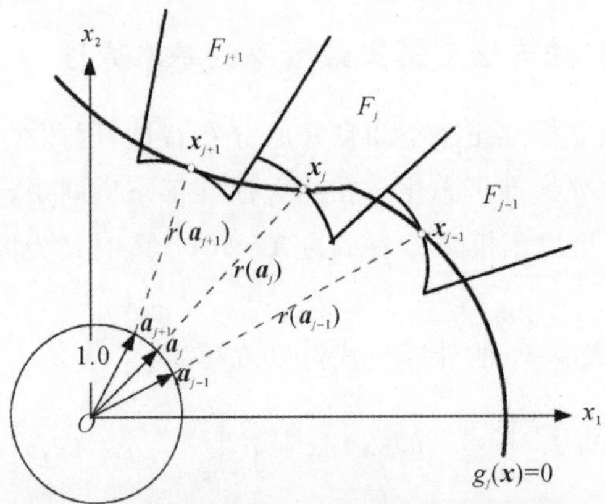

图 7-2 单模式情况下的方向抽样法示意图

7.1.2 单模式方向抽样法失效概率估计值的方差分析

对式(7-4)两边同时求数学期望，可得失效概率估计值 $\hat{P}_f$ 的期望 $E(\hat{P}_f)$ 为

$$E(\hat{P}_f)=E\left[\frac{1}{N}\sum_{j=1}^{N}(1-F_{\chi^2(n)}(r^2(\boldsymbol{a}_j)))\right] \tag{7-5}$$

由于样本 $\boldsymbol{a}_j$ 与母体 $\boldsymbol{A}$ 独立同分布，则有

$$E(\hat{P}_f) = E[1 - F_{\chi^2(n)}(r^2(\boldsymbol{a}))] = P_f \tag{7-6}$$

故方向抽样法求得的失效概率估计值为无偏估计。在数字模拟过程中，以样本均值代替期望 $E[1 - F_{\chi^2(n)}(r^2(\boldsymbol{a}))]$，失效概率估计值 $\hat{P}_f$ 的期望 $E(\hat{P}_f)$ 可近似表达为

$$E(\hat{P}_f) \approx \frac{1}{N}\sum_{j=1}^{N}[1 - F_{\chi^2(n)}(r^2(\boldsymbol{a}_j))] = \hat{P}_f \tag{7-7}$$

失效概率估计值 $\hat{P}_f$ 的方差 $\mathrm{Var}(\hat{P}_f)$ 可通过对式(7-4)两边求方差后求得，即

$$\mathrm{Var}(\hat{P}_f) = \mathrm{Var}\left[\frac{1}{N}\sum_{j=1}^{N}(1 - F_{\chi^2(n)}(r^2(\boldsymbol{a}_j)))\right] \overset{\boldsymbol{a}_j \text{独立}}{=} \frac{1}{N^2}\sum_{j=1}^{N}\mathrm{Var}[1 - F_{\chi^2(n)}(r^2(\boldsymbol{a}_j))] \tag{7-8}$$

由于样本与母体独立同分布，所以有

$$\mathrm{Var}(\hat{P}_f) = \frac{1}{N}\mathrm{Var}[1 - F_{\chi^2(n)}(r^2(\boldsymbol{a}))] \tag{7-9}$$

由于样本方差依概率收敛于母体的方差，所以可得失效概率估计值 $\hat{P}_f$ 的方差 $\mathrm{Var}(\hat{P}_f)$ 为

$$\begin{aligned}\mathrm{Var}(\hat{P}_f) &\approx \frac{1}{N(N-1)}\sum_{j=1}^{N}\left\{[1 - F_{\chi^2(n)}(r^2(\boldsymbol{a}_j))] - \frac{1}{N}\sum_{k=1}^{N}[1 - F_{\chi^2(n)}(r^2(\boldsymbol{a}_k))]\right\}^2 \\ &= \frac{1}{N(N-1)}\sum_{j=1}^{N}[1 - F_{\chi^2(n)}(r^2(\boldsymbol{a}_j)) - \hat{P}_f]^2\end{aligned} \tag{7-10}$$

失效概率估计值 $\hat{P}_f$ 的变异系数 $\mathrm{Cov}(\hat{P}_f)$ 的计算公式为

$$\mathrm{Cov}(\hat{P}_f) = \frac{\sqrt{\mathrm{Var}(\hat{P}_f)}}{\hat{P}_f} \tag{7-11}$$

7.1.3　单模式方向抽样法的计算步骤及流程图

根据 7.1.1 小节对方向抽样方法基本原理的阐述，使用方向抽样法求解单模式情况下失效概率的步骤可总结如下：

(1)产生 N 个服从单位球面上均匀分布的随机单位方向向量 $\boldsymbol{a}_j (j=1,2,\cdots,N)$ 。

(2)通过求非线性方程 $g(r(\boldsymbol{a}_j)\cdot\boldsymbol{a}_j)=0$ 的根 $r(\boldsymbol{a}_j)$ 或通过插值方法来求解在抽样方向 $\boldsymbol{a}_j (j=1,2,\cdots,N)$ 上从原点到极限状态面的距离 $r(\boldsymbol{a}_j)$ 。

(3)重复步骤(2) N 次，然后用式(7-4)计算失效概率的估计值 $\hat{P}_f$，并用式(7-10)和式(7-11)估计 $\hat{P}_f$ 的方差和变异系数。

方向抽样法的计算流程图如图 7-3 所示。

方向抽样法可以用求解非线性方程或插值来代替一维的随机抽样，从而达到使原输入变量空间的维数降低一维的目的。对于极限状态面接近球面的情况，方向抽样法的效率和精度与在直角坐标空间的数字模拟法相比有较大优势，而对于线性极限状态面，方向抽样法的优势则不太明显。

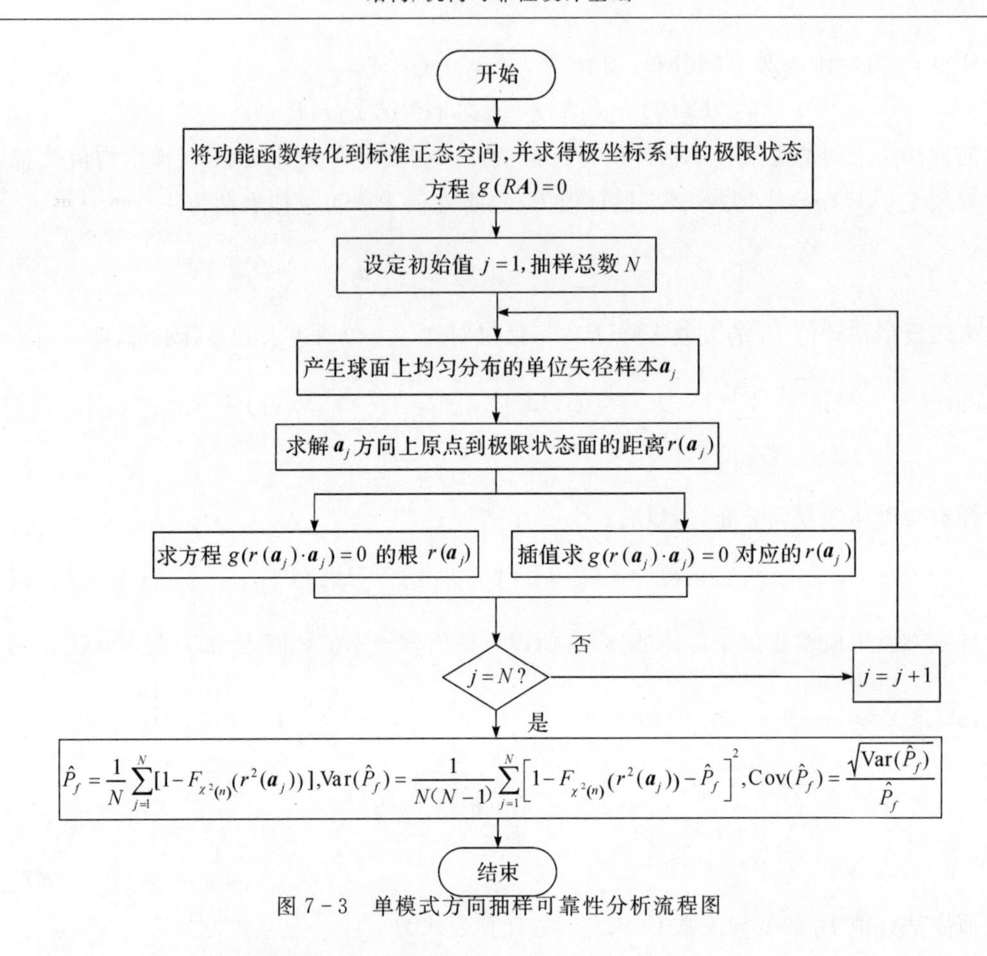

图 7-3 单模式方向抽样可靠性分析流程图

7.1.4 均匀分布单位方向向量样本的产生方法

对于二维问题,极坐标系下均匀分布的单位方向向量可以由均匀分布于 $[0,2\pi]$ 上的 θ_j 的三角函数 $\boldsymbol{a}_j=\{\cos\theta_j,\sin\theta_j\}$ $(0\leqslant\theta_j\leqslant 2\pi)$ 来产生,其中 θ_j 可以由 $\theta_j=2\pi j/N$ $(j=1,2,\cdots,N)$ 来产生。相应的参考程序见表 7-1。

表 7-1 二维情况下产生均匀分布单位方向向量样本参考程序

```
N=1000;%样本量
theta=0:2*pi/N:2*pi;%theta 为 1 行 N+1 列的向量
theta=theta(2:N+1);%theta 取第 2 到第 N+1 列的所有元素 1*N
theta=theta';%将 theta 转换成列向量 N*1
a=[cos(theta) sin(theta)];%均匀分布的单位方向向量 N*2
```

对于三维问题[3],直角坐标系中单位球面 $x^2+y^2+z^2=1$ 的极坐标表达式为

$$\left.\begin{aligned}x&=\cos\varphi\cos\theta\\y&=\sin\varphi\cos\theta\ (0\leqslant\varphi\leqslant 2\pi;\ -\pi/2\leqslant\theta\leqslant\pi/2)\\z&=\sin\theta\end{aligned}\right\}\tag{7-12}$$

为了确定球面上的均匀分布点,首先将区间 $[-\pi/2,\pi/2]$ 等分为 $(m_\theta-1)$ 个区间,其中 m_θ 为指定参数,则每个小区间的大小为 $\pi/(m_\theta-1)$,这样就定义了一系列的等纬度圆。

$$x^2+y^2=1-z^2=\cos^2\theta_i \tag{7-13}$$

式中

$$\theta_i=-\pi/2+\pi(i-1)/(m_\theta-1)\qquad(i=1,2,\cdots,m_\theta) \tag{7-14}$$

然后,将第 $i(i=1,2,\cdots,m_\theta)$ 个等纬度圆均分为 m_{φ_i} 个圆弧,其中 m_{φ_i} 通过下面的整型公式 INT(•) 给定,即

$$m_{\varphi_i}=\mathrm{INT}(2(m_\theta-1)\cos\theta_i) \tag{7-15}$$

则第 i 个等纬度圆上均匀分布点对应的角度 φ_{ij} 为

$$\varphi_{ij}=2\pi/m_{\varphi_i}\times j\qquad(i=1,2,\cdots,m_\theta;j=1,2,\cdots,m_{\varphi_i}) \tag{7-16}$$

总的样本点数为 $N=\sum_{i=1}^{m_\theta}m_{\varphi_i}$。

最后,将角度 φ_{ij} 和 θ_i 代入式(7-12),即可得到单位球面上均匀分布的点坐标(单位方向向量的各个分量)。由于要多次计算余弦和正弦值,所以产生均匀分布样本点的速度比较慢。相应的参考程序见表 7-2。

表 7-2　三维情况下产生均匀分布单位方向向量样本参考程序

```
m_thetha=20;%等维度圆的数量
theta=-pi./2:pi/(m_thetha+1):pi./2;%theta 为 1 行 m_thetha+2 列的向量
theta=theta(2:m_thetha+1);%theta 取第 2 到第 m_thetha+1 列的所有元素 1*m_thetha
m_fai=floor(2*(m_thetha-1)*cos(theta));%每个等维度圆上的圆弧数
N=sum(m_fai);%N=496 为总的样本点数
a=[];%a 为储存样本的矩阵
fori=1:m_thetha
    for j=1:m_fai(i)
fai=2*pi/i*j;%第 i 个等纬度圆上均匀分布点对应的角度
        x=cos(fai).*cos(theta(i));%x 坐标值
        y=sin(fai).*cos(theta(i));%y 坐标值
        z=sin(theta(i));%z 坐标值
        a=[a;[x y z]];
    end
end
```

此外,还可以利用独立的标准正态随机变量的性质间接产生单位球面上均匀分布的方向向量样本。具体原理及实现过程如下所述。

n 维独立标准正态随机变量 $\boldsymbol{X}=\{X_1,X_2,\cdots,X_n\}^{\mathrm{T}}$ 的联合概率密度函数为

$$f_{\boldsymbol{X}}(\boldsymbol{x})=\frac{1}{(2\pi)^{n/2}}\exp\left(-\frac{1}{2}\sum_{i=1}^{n}x_i^2\right) \tag{7-17}$$

可以看出,随机抽取样本满足 $\sum_{i=1}^{n}x_i^2=r^2$ 的概率密度函数值是相同的,也就是说,按照联合概率密度函数 $f_{\boldsymbol{X}}(\boldsymbol{x})$ 抽取的随机样本在 $\sum_{i=1}^{n}x_i^2=r^2$ 的球面上是等概率出现的。因此,利用标准正态联合概率密度函数等分 n 维单位球面的具体实现过程是:随机产生 N 个独立标准正

态向量 $\boldsymbol{x}_j\ (j=1,2,\cdots,N)$ ，并将其单位正则化 $\boldsymbol{a}_j=\boldsymbol{x}_j/\|\boldsymbol{x}_j\|$ ，即可得到单位球面上近似均匀的方向向量。利用该方法产生单位球面上均匀分布的方向向量需要样本点数较大，否则就不可能得到真正意义上的均匀分布的方向向量。

虽然产生均匀分布的方向向量较为费时，但按照以上算法生成的单位球面上的 N 个均匀分布的方向向量可以用于同维数问题的方向抽样可靠性分析。相应的参考程序见表 7-3。

表 7-3　利用独立标准正态随机变量间接产生均匀分布单位方向向量样本参考程序

```
N=1000;%样本量
n=3;%变量维数
for j=1:N
    x(j,:)=normrnd(0,1,1,n); %随机产生独立标准正态向量 x
    a(j,:)=x(j,:)./norm(x(j,:));%将 x 单位正则化得到样本 a
end
```

7.1.5　算例分析及算法参考程序

本节采用三个算例来验证单模式情况下基于方向抽样的可靠性分析方法的效率和精度，在算例的可靠性分析结果对照表中，Monte Carlo 模拟方法(记为 MCS)的结果可看作精确解，方向抽样法记为 DS。

算例 7.1　考虑功能函数 $g(\boldsymbol{X})=\exp(0.2X_1+6.2)-\exp(0.47X_2+5.0)$ ，其中 X_1 和 X_2 均服从相互独立的标准正态分布。可靠性分析结果见表 7-4(其中 N 表示抽样点数)，相应的参考程序见表 7-5。

表 7-4　算例 7.1 的可靠性分析结果

方法		P_f	N
MCS	估计值	0.009 51	10^5
	(变异系数)	(0.032 27)	
DS	估计值	0.009 40	3 000
	(变异系数)	(0.022 53)	

表 7-5　算例 7.1 方向抽样法参考程序

```
clear all;
clc;
format long;
n=2;
MU=zeros(1,n);
SIGMA=ones(1,n);
g=@(x)exp(0.2.*x(:,1)+6.2)-exp(0.47.*x(:,2)+5);%功能函数
N=3000;%样本量
theta=0:2*pi/N:2*pi;%theta 为 1 行 N+1 列的向量
theta=theta(2:N+1);%theta 取第 2 到第 N+1 列的所有元素 1*N
theta=theta';%将 theta 转换成列向量 N*1
```

```
a=[cos(theta) sin(theta)];%均匀分布的单位方向向量 N*2
fori=1:N
    G=@(r0) g(r0*a(i,:));%通过求解非线性方程的零点来求距离 r0
    [r0,fval,exitflag,output]=fsolve(G,0);
N_call(i)=output.funcCount;
    r(i)=r0;
    if abs(fval)>0.1
        r(i)=10;
    end
end
pf=(1-chi2cdf(r.^2,n))./2;
Pf=sum(pf)/N %求解失效概率
Var_Pf=sum((pf-Pf).^2)/N/(N-1) %求解失效概率估计值的方差
Cov_Pf=sqrt(Var_Pf)./Pf %求解失效概率估计值的变异系数
```

算例 7.2　考虑功能函数 $g(\boldsymbol{X})=-15X_1+X_2^2-3X_2+X_3^2+5X_3+40$，其中 $X_i\,(i=1,2,3)$ 均服从相互独立的标准正态分布。使用 MCS 和 DS 所得的可靠性分析结果见表 7-6，相应的参考程序见表 7-7。

表 7-6　算例 7.2 的可靠性分析结果

方法		P_f	N
MCS	估计值 （变异系数）	0.004 140 (0.049 045)	10^5
DS	估计值 （变异系数）	0.004 218 (0.043 031)	3 000

表 7-7　算例 7.2 方向抽样法参考程序

```
clear all;
clc;
format long;
n=3;
miu=[0 0 0];
sgma=[1 1 1];
gx=@(x) -15.*x(:,1)+x(:,2).^2-3.*x(:,2)+x(:,3).^2+5.*x(:,3)+40;%原空间功能函数
g=@(y)gx(y.*sgma+miu);  %转换成标准正态空间的功能函数
N=3000;%样本量
fori=1:N
    x(i,:)=normrnd(0,1,1,n);
a(i,:)=x(i,:)./norm(x(i,:));
end
fori=1:N
    G=@(r0) g(r0*a(i,:));%通过求解非线性方程的零点来求距离 r0
```

```
    [r0,fval,exitflag,output]=fsolve(G,0);
N_call(i)=output.funcCount;
    r(i)=r0;
    if abs(fval)>0.1
        r(i)=10;
    end
end
pf=(1-chi2cdf(r.^2,n))./2;
Pf=sum(pf)/N %求解失效概率
Var_Pf=sum((pf-Pf).^2)/N/(N-1) %求解失效概率估计值的方差
Cov_Pf=sqrt(Var_Pf)./Pf %求解失效概率估计值的变异系数
```

算例 7.3 矩形截面悬臂梁受到水平和竖直方向的载荷 X 和 Y 作用，以其自由端位移不超过 $D_0=2.2\text{m}$ 为约束建立功能函数为 $g=D_0-D(E,X,Y,w,t,L)$，其中 $D(E,X,Y,w,t,L)=\dfrac{4L^3}{Ewt}\sqrt{\left(\dfrac{X}{w^2}\right)^2+\left(\dfrac{Y}{t^2}\right)^2}$，式中 E、w、t 和 L 分别为弹性模量、梁的宽度、梁的厚度和梁的长度。已知 $w=2.448\ 4\ \text{m}$、$t=3.888\ 4\ \text{m}$、$L=100\ \text{m}$，将 E、X、Y 看作是服从独立正态分布的输入变量，其分布参数见表 7-8。可靠性分析结果见表 7-9。

表 7-8 算例 7.3 的输入变量的分布参数

输入变量	X/N	Y/N	E/Pa
均值	500	1 000	2.9×10^7
标准差	100	100	1.45×10^6
分布形式	正态	正态	正态

表 7-9 算例 7.3 的可靠性分析结果

方法		P_f	N
MCS	估计值	0.002 671	2×10^5
	(变异系数)	(0.042 698)	
DS	估计值	0.002 645	3 000
	(变异系数)	(0.038 134)	

由表 7-4、表 7-6 和表 7-9 的可靠性分析结果可以看出，与 MCS 相比，DS 的计算结果与 MCS 的近似精确解是一致的，且在变异系数相近的情况下，DS 的计算量比 MCS 小很多。

7.2 多模式方向抽样可靠性分析方法

7.2.1 多模式情况下失效概率求解的方向抽样法及其收敛性分析

设结构系统一共含有 l 个失效模式，每个失效模式对应的功能函数为 $g_i(\boldsymbol{X})\ (i=1,2,\cdots,l)$。采用方向抽样法对串联和并联系统的失效概率进行估算，其估计值的计算公式分别为

$$\hat{P}_{f串}^{(s)}=\frac{1}{N}\sum_{j=1}^{N}\left[1-F_{\chi^2(n)}\left(\min_{i=1}^{l}\left(r_i(\boldsymbol{a}_j)\right)^2\right)\right] \tag{7-18}$$

$$\hat{P}_{f并}^{(s)}=\frac{1}{N}\sum_{j=1}^{N}\left[1-F_{\chi^2(n)}\left(\max_{i=1}^{l}\left(r_i(\boldsymbol{a}_j)\right)^2\right)\right] \tag{7-19}$$

其中 $r_i(\boldsymbol{a}_j)$ 为在单位向量 $\boldsymbol{a}_j\,(j=1,2,\cdots,N)$ 上对应的坐标原点到第 $i\,(i=1,2,\cdots,l)$ 个失效模式失效面的距离，如图 7 - 4 所示。

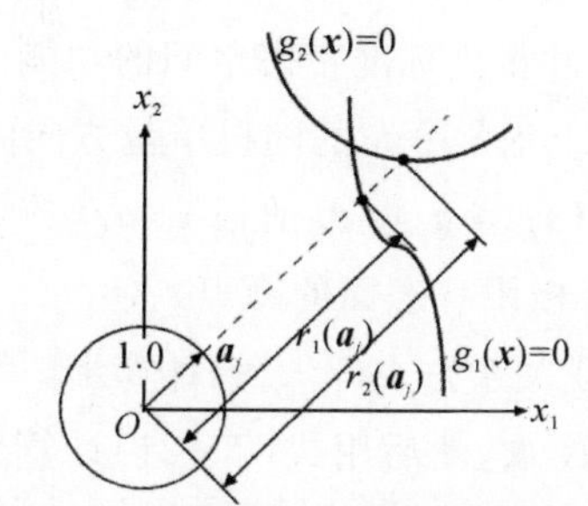

图 7 - 4　多模式的方向抽样法示意图

定义系统失效模式在单位向量 $\boldsymbol{a}_j\,(j=1,2,\cdots,N)$ 上对应的坐标原点到失效面的距离 $r^{(s)}(\boldsymbol{a}_j)$ 为

$$r^{(s)}(\boldsymbol{a}_j)=\begin{cases}\min\limits_{i=1}^{l}(r_i(\boldsymbol{a}_j)), & 串联\\ \max\limits_{i=1}^{l}(r_i(\boldsymbol{a}_j)), & 并联\end{cases} \tag{7-20}$$

则系统的失效概率计算公式可统一写为

$$\hat{P}_f^{(s)}=\frac{1}{N}\sum_{j=1}^{N}\left[1-F_{\chi^2(n)}\left(\left(r^{(s)}(\boldsymbol{a}_j)\right)^2\right)\right] \tag{7-21}$$

对式(7 - 21)两边分别求数学期望，根据样本 $\boldsymbol{a}_j$ 与母体 $\boldsymbol{A}$ 独立同分布的性质，并利用样本均值代替母体均值，可得系统失效概率估计值 $\hat{P}_f^{(s)}$ 的期望 $E(\hat{P}_f^{(s)})$ 及期望的估计值为

$$\begin{aligned}E(\hat{P}_f^{(s)})&=E\left[\frac{1}{N}\sum_{j=1}^{N}\left(1-F_{\chi^2(n)}\left(\left(r^{(s)}(\boldsymbol{a}_j)\right)^2\right)\right)\right]=P_f^{(s)}\\&\approx\frac{1}{N}\sum_{j=1}^{N}\left[1-F_{\chi^2(n)}\left(\left(r^{(s)}(\boldsymbol{a}_j)\right)^2\right)\right]=\hat{P}_f^{(s)}\end{aligned} \tag{7-22}$$

因此方向抽样法所得的系统失效概率估计值 $\hat{P}_f^{(s)}$ 是系统失效概率 $P_f^{(s)}$ 的无偏估计，且系统失效概率估计值的期望在模拟过程中可以用系统失效概率的估计值来近似。

对式(7 - 21)两边分别求方差，根据样本 $\boldsymbol{a}_j$ 与母体 $\boldsymbol{A}$ 独立同分布的性质，再利用样本方差代替母体方差，可得系统失效概率估计值 $\hat{P}_f^{(s)}$ 的方差 $\mathrm{Var}(\hat{P}_f^{(s)})$ 及方差的估计值为

$$\begin{aligned}\mathrm{Var}(\hat{P}_f^{(s)})&=\mathrm{Var}\left[\frac{1}{N}\sum_{j=1}^{N}\left(1-F_{\chi^2(n)}\left(\left(r^{(s)}(\boldsymbol{a}_j)\right)^2\right)\right)\right]\overset{\boldsymbol{a}_j独立}{=}\frac{1}{N^2}\sum_{j=1}^{N}\mathrm{Var}\left[1-F_{\chi^2(n)}\left(\left(r^{(s)}(\boldsymbol{a}_j)\right)^2\right)\right]\\&\approx\frac{1}{N(N-1)}\sum_{j=1}^{N}\left\{\left[1-F_{\chi^2(n)}\left(\left(r^{(s)}(\boldsymbol{a}_j)\right)^2\right)\right]-\frac{1}{N}\sum_{k=1}^{N}\left[1-F_{\chi^2(n)}\left(\left(r^{(s)}(\boldsymbol{a}_j)\right)^2\right)\right]\right\}^2\\&=\frac{1}{N(N-1)}\sum_{j=1}^{N}\left[1-F_{\chi^2(n)}\left(\left(r^{(s)}(\boldsymbol{a}_j)\right)^2\right)-\hat{P}_f^{(s)}\right]^2\end{aligned} \tag{7-23}$$

系统失效概率估计值 $\hat{P}_f^{(s)}$ 的变异系数 $\mathrm{Cov}(\hat{P}_f^{(s)})$ 为

$$\mathrm{Cov}(\hat{P}_f^{(s)})=\frac{\sqrt{\mathrm{Var}(\hat{P}_f^{(s)})}}{\hat{P}_f^{(s)}} \tag{7-24}$$

7.2.2 多模式方向抽样法的计算步骤及流程图

利用方向抽样法求解多模式结构系统失效概率的步骤总结如下：

(1)将输入变量标准正态化，并得到标准正态空间的功能函数 $g_i(\boldsymbol{X})$ $(i=1,2,\cdots,l)$ 。

(2)产生 N 个服从单位球面上均匀分布的随机单位方向向量 $\boldsymbol{a}_j$ $(j=1,2,\cdots,N)$ 。

(3)通过求非线性方程 $g_i(r_i(\boldsymbol{a}_j)\cdot\boldsymbol{a}_j)=0$ 的根 $r_i(\boldsymbol{a}_j)$ 或通过插值方法来求解在抽样方向 $\boldsymbol{a}_j$ $(j=1,2,\cdots,N)$ 上从原点到各极限状态面的距离 $r_i(\boldsymbol{a}_j)$ $(i=1,2,\cdots,l;j=1,2,\cdots,N)$ 。

(4)根据各失效模式的串并联关系由式(7-20)计算出 $r^{(s)}(\boldsymbol{a}_j)$ $(j=1,2,\cdots,N)$ 。

(5)重复步骤(2)～步骤(4) N 次，然后用式(7-21)计算失效概率的估计值 $\hat{P}_f^{(s)}$ ，并用式(7-23)和式(7-24)估计 $\hat{P}_f^{(s)}$ 的方差和变异系数。

多模式方向抽样法的计算流程图见图7-5。

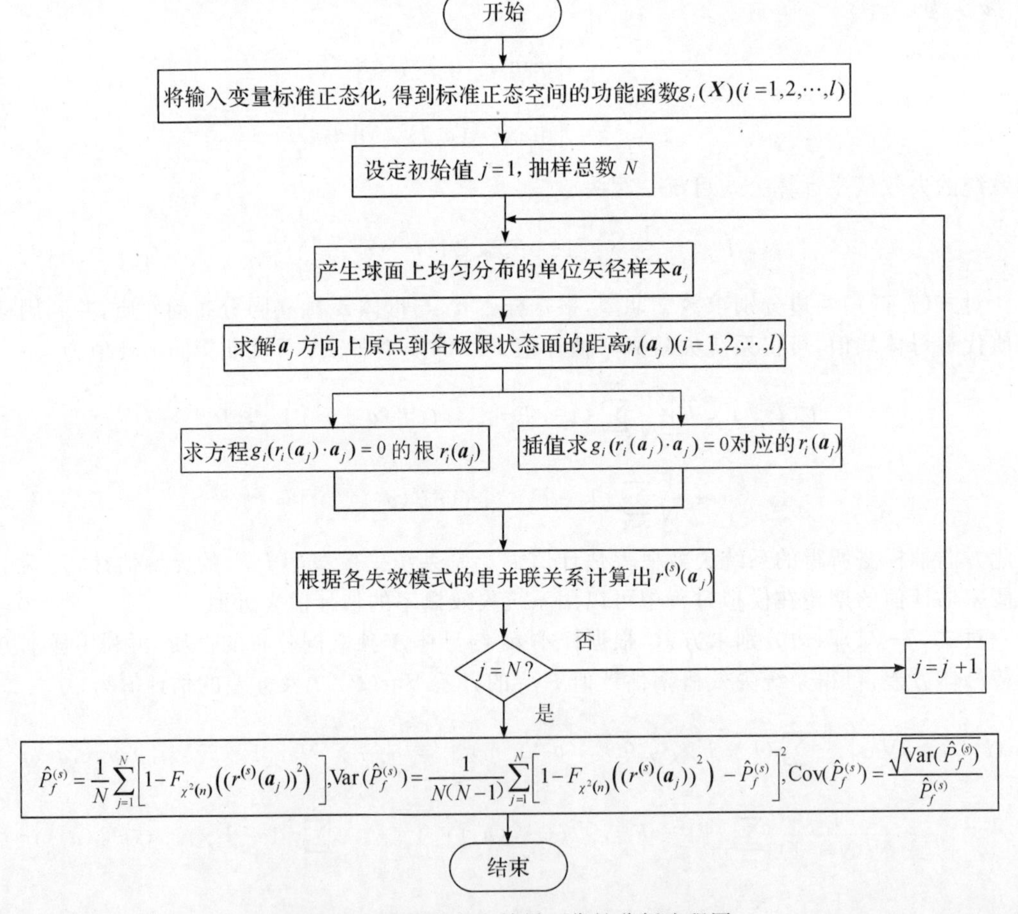

图7-5 多模式方向抽样可靠性分析流程图

7.2.3　算例分析及算法参考程序

本小节采用两个算例来验证基于方向抽样的多模式可靠性分析方法的效率和精度，在算例的可靠性分析结果对照表中，Monte Carlo 模拟方法（记为 MCS）的结果可看作精确解，方向抽样法记为 DS。

算例 7.4　系统由两个失效模式 $g_1(\boldsymbol{X})=\exp(0.2X_1+6.2)-\exp(0.47X_2+5)+70$ 和 $g_2(\boldsymbol{X})=\exp(0.4X_1+7)-\exp(0.3X_2+5.5)-20$ 构成，其中输入变量 X_1 和 X_2 均服从相互独立的标准正态分布。分别考虑系统为串联和并联时的可靠性分析结果见表 7-10，相应的参考程序见表 7-11。

表 7-10　算例 7.4 的可靠性分析结果

方法		$P_{f串}^{(s)}$	$P_{f并}^{(s)}$	N
MCS	估计值	0.004 864	0.000 864 0	5×10^5
	（变异系数）	（0.020 228）	（0.048 091 7）	
DS	估计值	0.004 832	0.000 865 6	3 000
	（变异系数）	（0.018 698）	（0.035 698 2）	

表 7-11　算例 7.4 方向抽样法参考程序

```
clear;
clc;
N=3000;
n=2;%输入变量维数
theta=0:2*pi/N:2*pi;%theta 为 1 行 N+1 列的向量
theta=theta(2:N+1);%theta 取第 2 到第 N+1 列的所有元素 1*N
theta=theta';%将 theta 转换成列向量 N*1
a=[cos(theta) sin(theta)];%均匀分布的单位方向向量 N*2
g1=@(x)exp(0.2*x(:,1)+6.2)-exp(0.47*x(:,2)+5)+70;
g2=@(x)exp(0.4*x(:,1)+7)-exp(0.3*x(:,2)+5.5)-20;
r1=zeros(N,1);%原点到第一个极限状态面的距离
fori=1:N
    G1=@(r0) g1(r0*a(i,:));%通过求解非线性方程的零点来求距离 r1
    [r0,fval,exitflag,output]=fsolve(G1,0);
    r1(i)=r0;
    if abs(fval)>0.1
        r1(i)=10;
    end
end
r2=zeros(N,1);%原点到第二个极限状态面的距离
fori=1:N
    G2=@(r00) g2(r00*a(i,:));%通过求解非线性方程的零点来求距离 r1
    [r0,fval,exitflag,output]=fsolve(G2,0);
```

```
    r2(i)=r0;
    if abs(fval)>0.1
        r2(i)=10;
    end
end
r=min(abs(r1),abs(r2));%串联情况
% r=max(abs(r1),abs(r2));%并联情况
pf=(1-chi2cdf(r.^2,n))./2;
Pf=sum(pf)/N %求解失效概率
Var_Pf=sum((pf-Pf).^2)/N/(N-1) %求解失效概率估计值的方差
Cov_Pf=sqrt(Var_Pf)./Pf %求解失效概率估计值的变异系数
```

算例 7.5 如图 7-6 所示的屋架结构，*AD* 杆受压最危险，*EC* 杆受拉最危险，它们的内力分别为 $N_{AD}=-1.185ql$ 和 $N_{EC}=0.75ql$，建立结构的功能函数为

$$g=\min\{g_1,g_2\}$$

$$g_1=f_C A_C-1.185ql$$

$$g_2=f_S A_S-0.75ql$$

其中输入变量 q、l、A_S、A_C、f_S 和 f_C 的分布形式和分布参数见表 7-12，可靠性分析结果列于表 7-13 中。

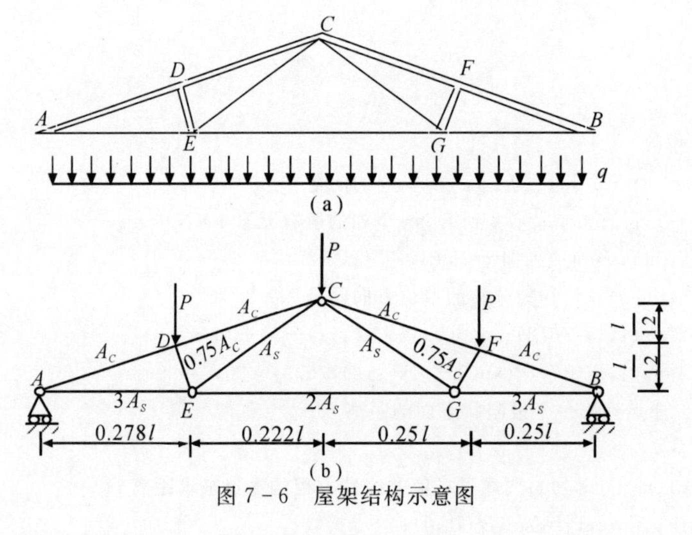

图 7-6 屋架结构示意图

表 7-12 屋架结构输入变量的数字特征

输入变量	均值	标准差	分布形式
均布载荷 q/(N·m^{-1})	20 000	1 400	正态
杆长 l/m	12	0.12	正态
截面积 A_S/m^2	9.82×10^{-4}	5.982×10^{-5}	正态
截面积 A_C/m^2	0.04	0.004 8	正态
抗拉强度 f_S/(N·m^{-2})	3.35×10^{8}	4.02×10^{7}	正态
抗压强度 f_C/(N·m^{-2})	1.34×10^{7}	1.608×10^{6}	正态

表 7 - 13　算例 7.5 的可靠性分析结果

方法		$P_f^{(s)}$	N
MCS	估计值	0.001 614	2×10^5
	（变异系数）	（0.050 783）	
DS	估计值	0.001 613	3 000
	（变异系数）	（0.048 981）	

上述两个算例验证了方向抽样法对多模式系统的可靠性分析的适用性。由表 7 - 10 和表 7 - 13 可以看出，DS 的计算结果和 MCS 的计算结果是一致的，但相比于 MCS，DS 具有更高的效率。

7.3　相关正态变量情况下可靠性分析的方向抽样法

对于含有相关正态输入变量的结构系统，使用方向抽样进行可靠性分析的基本过程为：先将相关正态变量等价转化为独立标准正态变量，然后再利用 7.1 节或 7.2 节中介绍的独立标准正态空间的可靠性分析方向抽样法得到结构或系统的失效概率。

7.3.1　相关正态变量 $\boldsymbol{X}$ 向独立标准正态变量 $\boldsymbol{U}$ 的转换

设 n 维相关正态输入变量为 $\boldsymbol{X}=\{X_1,X_2,\cdots,X_n\}^{\mathrm{T}}$，则 $\boldsymbol{X}$ 的联合概率密度函数 $f_{\boldsymbol{X}}(\boldsymbol{x})$ 为

$$f_{\boldsymbol{X}}(\boldsymbol{x})=(2\pi)^{-\frac{n}{2}}\ |\boldsymbol{C}_{\boldsymbol{X}}|^{-\frac{1}{2}}\exp\left[-\frac{1}{2}(\boldsymbol{x}-\boldsymbol{\mu}_{\boldsymbol{X}})^{\mathrm{T}}\boldsymbol{C}_{\boldsymbol{X}}^{-1}(\boldsymbol{x}-\boldsymbol{\mu}_{\boldsymbol{X}})\right] \tag{7-25}$$

其中，$\boldsymbol{C}_{\boldsymbol{X}}$ 为 $\boldsymbol{X}$ 的协方差矩阵，$\boldsymbol{C}_{\boldsymbol{X}}^{-1}$ 为其逆矩阵，$|\boldsymbol{C}_{\boldsymbol{X}}|$ 为该矩阵的行列式值，$\boldsymbol{\mu}_{\boldsymbol{X}}=\{\mu_{X_1},\mu_{X_2},\cdots,\mu_{X_n}\}^{\mathrm{T}}$ 为输入变量 $\boldsymbol{X}$ 的均值向量。

设 n 维相关正态输入变量 $\boldsymbol{X}$ 的协方差矩阵 $\boldsymbol{C}_{\boldsymbol{X}}$ 的特征值为 $\lambda_1,\lambda_2,\cdots,\lambda_n$，根据线性代数原理，对于由式(7 - 25)定义的 n 维相关正态密度函数 $f_{\boldsymbol{X}}(\boldsymbol{x})$，必然存在一个正交矩阵 $\boldsymbol{A}$，使对于 n 维随机变量 $\boldsymbol{Y}=\{Y_1,Y_2,\cdots,Y_n\}^{\mathrm{T}}$ 有下式成立：

$$f_{\boldsymbol{Y}}(\boldsymbol{y})=(2\pi)^{-\frac{n}{2}}(\lambda_1\lambda_2\cdots\lambda_n)^{-\frac{1}{2}}\exp\left(-\frac{1}{2}\sum_{i=1}^{n}\frac{y_i^2}{\lambda_i}\right) \tag{7-26}$$

式中，$\boldsymbol{Y}$ 为相互独立的服从正态分布的 n 维随机变量，且 $\boldsymbol{Y}=\boldsymbol{A}^{\mathrm{T}}(\boldsymbol{X}-\boldsymbol{\mu}_{\boldsymbol{X}})$，$Y_i\sim N(0,\lambda_i)(i=1,2,\cdots,n)$，即 Y_i 的均值 μ_{Y_i} 和方差 $\sigma_{Y_i}^2$ 分别为 0 和 λ_i。$n\times n$ 维正交矩阵 $\boldsymbol{A}$ 的每一列对应于 $\boldsymbol{C}_{\boldsymbol{X}}$ 每个特征值的特征向量。

基于线性变换 $\boldsymbol{Y}=\boldsymbol{A}^{\mathrm{T}}(\boldsymbol{X}-\boldsymbol{\mu}_{\boldsymbol{X}})$，相关正态输入变量 $\boldsymbol{X}=\{X_1,X_2,\cdots,X_n\}^{\mathrm{T}}$ 便可等价转换为独立正态随机变量 $\boldsymbol{Y}=\{Y_1,Y_2,\cdots,Y_n\}^{\mathrm{T}}$。依据关系 $U_i=\dfrac{Y_i-\mu_{Y_i}}{\sigma_{Y_i}}=\dfrac{Y_i}{\sqrt{\lambda_i}}(i=1,2,\cdots,n)$ 可将独立正态随机变量 $\boldsymbol{Y}=\{Y_1,Y_2,\cdots,Y_n\}^{\mathrm{T}}$ 转换为独立标准正态随机变量 $\boldsymbol{U}=\{U_1,U_2,\cdots,U_n\}^{\mathrm{T}}$。

7.3.2 相关正态变量情况下的方向抽样法

基于线性变换 $\boldsymbol{Y}=\boldsymbol{A}^{\mathrm{T}}(\boldsymbol{X}-\boldsymbol{\mu}_X)$，相关正态输入变量 $\boldsymbol{X}$ 等价转换为独立正态输入变量 $\boldsymbol{Y}$，进而转换为独立标准正态变量 $\boldsymbol{U}$，从而功能函数由原相关空间的 $g(\boldsymbol{X})$ 转化为独立标准正态变量空间的功能函数 $\bar{g}(\boldsymbol{U})$。记独立标准正态变量 $\boldsymbol{U}$ 的联合概率密度函数为 $f_U(\boldsymbol{u})$，则结构的失效概率可以改写为

$$\begin{aligned}P_f&=\int\cdots\int_{g(\boldsymbol{x})\leqslant 0} f_X(\boldsymbol{x})\mathrm{d}\boldsymbol{x}\\&=\int\cdots\int_{\bar{g}(\boldsymbol{u})\leqslant 0} f_U(\boldsymbol{u})\mathrm{d}\boldsymbol{u}\\&=\int_A\int_{\bar{g}(r\boldsymbol{a})\leqslant 0}\varphi_{RA}(r,\boldsymbol{a})\mathrm{d}r\mathrm{d}\boldsymbol{a}\end{aligned}\tag{7-27}$$

式中 $\boldsymbol{u}=r\boldsymbol{a}$，$r$ 为极半径，$\boldsymbol{a}$ 为向量 $\boldsymbol{u}$ 对应的单位方向向量，$\varphi_{RA}(\cdot)$ 为 R 和 $\boldsymbol{A}$ 的联合概率密度函数。对式(7-27)中定义的失效概率可直接按照7.1.3小节的步骤进行求解。同理，对于含有多个失效模式的结构系统，也需要将相关正态输入变量 $\boldsymbol{X}$ 等价转换为独立标准正态变量 $\boldsymbol{U}$，并将原空间的 l 个功能函数 $g_i(\boldsymbol{X})\ (i=1,2,\cdots,l)$ 转化为独立标准正态变量空间的功能函数 $\bar{g}_i(\boldsymbol{U})\ (i=1,2,\cdots,l)$，然后再根据7.2.2小节中计算流程估算结构系统的失效概率。

7.3.3 算例分析及算法参考程序

本小节采用四个算例验证相关变量情况下的方向抽样可靠性分析方法(记为DS)的精度和效率。算例结果中，基于Monte Carlo模拟的可靠性分析方法可近似看作“精确解”，记为MCS。

算例7.6 线性功能函数 $g(\boldsymbol{X})=X_1+2X_2-X_3+5$ 中 X_1，X_2 和 X_3 是三个相关的正态输入变量，且 $X_1\sim N(2,1^2)$，$X_2\sim N(3,1.5^2)$，$X_3\sim N(10,2^2)$，各输入变量之间的相关系数分别为 $\rho_{X_1X_2}=0.5$，$\rho_{X_1X_3}=0.6$，$\rho_{X_2X_3}=0.2$，三种方法得到的可靠性分析结果见表7-14。相应的参考程序见表7-15。

表7-14 算例7.6的可靠性分析结果

方法		P_f	N
解析法	估计值	0.195 20	—
MCS	估计值	0.195 30	10^4
	(变异系数)	(0.020 54)	
DS	估计值	0.196 08	3 000
	(变异系数)	(0.019 01)	

由表7-14可以看出：对于线性功能函数，DS方法计算结果和解析解一致，可见DS方法是合理、可行的；并且在失效概率估计值的变异系数大致相等时，DS方法所需的抽样次数较MCS方法大大减少。

表 7-15　算例 7.6 方向抽样法参考程序

```
clear all;
clc;
format long
mux=[2;3;10]; %变量均值
n=length(mux);
Cx=[1*1,1*1.5*0.5,1*2*0.6;1.5*1*0.5,1.5*1.5,1.5*2*0.2;
    2*1*0.6,2*1.5*0.2,2*2]; %变量协方差矩阵
sigmax=[1 1.5 2];
roux=[0,0.5,0.6;0.5,0,0.2;0.6,0.2,0];
gx=@(x) x(:,1)+2.*x(:,2)-x(:,3)+5;%功能函数
[A,lamda]=eig(Cx);%求协方差矩阵的特征值及特征向量
muy=zeros(1,n); %独立正态变量的均值
fori=1:n
sigmay(i)=sqrt(lamda(i,i));%独立正态变量的标准差
end
gu=@(u) gx((A*(u.*sigmay)'+mux)');%独立标准正态空间的功能函数
MU=zeros(1,n);
SIGMA=ones(1,n);
N=2000;
fori=1:N
    x(i,:)=normrnd(0,1,1,n);
a(i,:)=x(i,:)./norm(x(i,:));
end
fori=1:N
i
    G=@(r0)gu(r0*a(i,:));%通过求解非线性方程的零点来求距离 r0
    [r0,fval,exitflag,output]=fsolve(G,0);
N_call(i)=output.funcCount;
    r(i)=r0;
    if abs(fval)>0.1
        r(i)=10;
    end
end
pf=(1-chi2cdf(r.^2,n))./2;
Pf=sum(pf)/N %求解失效概率
Var_Pf=sum((pf-Pf).^2)/N/(N-1) %求解失效概率估计值的方差
Cov_Pf=sqrt(Var_Pf)./Pf %求解失效概率估计值的变异系数
```

算例 7.7　非线性功能函数 $g(\boldsymbol{X})=X_1^3+X_1^2X_2+X_2^3-18$，其中 X_1 和 X_2 都是服从正态分布的变量，$X_1\sim N(10,5^2)$，$X_2\sim N(9.9,5^2)$ 且 X_1 与 X_2 的相关系数为 $\rho_{X_1X_2}=0.1$，可靠性分析结果见表 7-16。

表 7-16 算例 7.7 的可靠性分析结果

方法		P_f	N
MCS	估计值 (变异系数)	0.008 11 (0.049 46)	2×10^5
DS	估计值 (变异系数)	0.008 26 (0.050 07)	2 000

该算例的功能函数具有较强的非线性,从表 7-16 可以看出,DS 的计算结果与 MCS 所得的近似精确解是一致的,且在变异系数相近的情况下,DS 的计算量比 MCS 小很多。算例 7.6 和算例 7.7 验证了 DS 在变量相关情况下求解单模式失效概率的可行性和精度,下面将通过两个算例来验证 DS 在变量相关情况下求解多模式系统失效概率的适用性。

算例 7.8 两功能函数 $g_1(\boldsymbol{X})=2-X_2+\exp(-0.1X_1^2)+(0.2X_1)^4$ 和 $g_2(\boldsymbol{X})=4.5-X_1X_2$ 为串联关系,即系统的功能函数为 $g(\boldsymbol{X})=\min\{g_1,g_2\}$,其中 X_1 和 X_2 是两个相关的正态输入变量,$X_1\sim N(0.85,(1/3)^2)$,$X_2\sim N(0,1^2)$,且 X_1 与 X_2 的相关系数为 $\rho_{X_1X_2}=0.4$,可靠性的计算结果见表 7-17。相应的参考程序见表 7-18。

表 7-17 算例 7.8 的可靠性分析结果

方法		$P_f^{(s)}$	N
MCS	估计值 (变异系数)	0.002 349 (0.025 17)	2×10^5
DS	估计值 (变异系数)	0.002 232 (0.026 72)	2 000

表 7-18 算例 7.8 方向抽样法参考程序

```
clear all;
clc;
format long
mux=[0.85;0]; %变量均值
n=length(mux);
Cx=[1/9,1/3*0.4;1/3*0.4,1]; %变量协方差矩阵
sigmax=[1/3 1];
roux=[0,0.4;0.4,0];
[A,lamda]=eig(Cx);%求协方差矩阵的特征值及特征向量
muy=zeros(1,n); %独立正态变量的均值
fori=1:n
sigmay(i)=sqrt(lamda(i,i));%独立正态变量的标准差
end
gx1=@(x) 2-x(:,2)+exp(-0.1.*x(:,1).^2)+(0.2.*x(:,1)).^4;%原空间功能函数 1
gx2=@(x) 4.5-x(:,1).*x(:,2);%原空间功能函数 1
g1=@(u) gx1((A*(u.*sigmay)'+mux)'); %转换成标准正态空间的功能函数 1
```

```
g2=@(u) gx2((A*(u.*sigmay)'+mux)');  %转换成标准正态空间的功能函数 2
N=2000;
fori=1:N
    x(i,:)=normrnd(0,1,1,n);
a(i,:)=x(i,:)./norm(x(i,:));
end
r1=zeros(N,1);%原点到第一个极限状态面的距离
fori=1:N
    G1=@(r0) g1(r0*a(i,:));%通过求解非线性方程的零点来求距离 r1
    [r0,fval,exitflag,output]=fsolve(G1,0);
    r1(i)=r0;
    if abs(fval)>0.1
        r1(i)=10;
    end
end
r2=zeros(N,1);%原点到第二个极限状态面的距离
fori=1:N
    G2=@(r00) g2(r00*a(i,:));%通过求解非线性方程的零点来求距离 r1
    [r0,fval,exitflag,output]=fsolve(G2,0);
    r2(i)=r0;
    if abs(fval)>0.1
        r2(i)=10;
    end
end
r=min(abs(r1),abs(r2));%串联情况
pf=(1-chi2cdf(r.^2,n))./2;
Pf=sum(pf)/N %求解失效概率
Var_Pf=sum((pf-Pf).^2)/N/(N-1) %求解失效概率估计值的方差
Cov_Pf=sqrt(Var_Pf)./Pf %求解失效概率估计值的变异系数
```

算例 7.9　结构系统由四个串联关系的功能函数组成，功能函数分别为 $g_1(\boldsymbol{X})=0.1\times(X_1-X_2)^2-(X_1+X_2)/\sqrt{2}+3$，$g_2(\boldsymbol{X})=0.1(X_1-X_2)^2+(X_1+X_2)/\sqrt{2}+3$，$g_3(\boldsymbol{X})=X_1-X_2+3.5\sqrt{2}$ 和 $g_4(\boldsymbol{X})=-X_1+X_2+3.5\sqrt{2}$，即系统的功能函数为 $g(\boldsymbol{X})=\min\{g_1,g_2,g_3,g_4\}$，其中 X_1 和 X_2 是两个相关的正态输入变量，$X_1\sim N(0.85,1^2)$，$X_2\sim N(0,1^2)$，且 X_1 与 X_2 的相关系数为 $\rho_{X_1X_2}=0.2$，可靠性分析结果见表 7-19。

表 7-19　算例 7.9 的可靠性分析结果

方法		$P_f^{(s)}$	N
MCS	估计值 （变异系数）	0.010 71 (0.009 613)	10^6
DS	估计值 （变异系数）	0.010 55 (0.009 559)	2 000

从算例7.8和算例7.9的多模式结构系统可靠性分析结果可以看出，在输入变量相关的情况下，DS不仅适用于单模式可靠性分析问题，也适用于多模式可靠性分析问题。由表7-17和表7-19可以看出，DS的计算结果和MCS的计算结果是一致的，但相比于MCS，DS具有更高的效率。

7.4 本章小结

在独立的n维标准正态坐标系下，利用矢径的χ^2分布特性，方向抽样通过矢径方向的随机抽样和矢径方向上的插值来进行可靠性分析，使得输入变量空间降低一维，实现了可靠性分析效率的提高。根据该基本原理，本章介绍了方向抽样在单模式和多模式两种不同情况下求解可靠性的求解公式和计算步骤。最后，本章简要讨论了正态变量相关情况下使用方向抽样法进行可靠性分析的实施过程和步骤。此外，对于含有非正态输入变量的结构系统，可以先利用Rosenblatt方法或Nataf方法将非正态输入变量转化为正态变量后，再利用本章所介绍的方法高效地求解结构系统的可靠性。

参考文献

[1] DITLEVSEN O, OLESEN R, MOHR G. Solution of a class of load combination problems by directional simulation[J]. Structural Safety, 1987, 4: 95-109.

[2] DITLEVSEN O, MELCHERS R E, GLUVER H. General multi-dimensional probability integration by directional simulation[J]. Computers and Structures, 1990, 36(2): 355-368.

[3] JINSUO N, ELLINGWOOD B R. Directional methods for structural reliability analysis[J]. Structural Safety, 2000, 22: 233-249.

[4] 秦权，林道锦，梅刚. 结构可靠度随机有限元：理论及工程应用[M]. 北京：清华大学出版社，2006：169-173.

第8章　响应面法与支持向量机

无论是采用前面的矩方法还是各类数字模拟方法，对于大型复杂结构隐式功能函数问题进行可靠性分析时都会遇到计算量过大而难以被工程接受的问题，研究人员希望发展一种可以通过少量运算，便可得到在概率上能够替代真实隐式功能函数的显式函数，这种想法导致了可靠性分析代理模型方法的产生。其基本思想就是：通过一系列确定性实验产生若干样本，在此基础上用拟合的显式函数来代替原来的隐式功能函数，通过合理选取实验点及迭代策略，来保证显式函数所得到的失效概率收敛于真实的隐式功能函数的失效概率。本章介绍两种可靠性分析中常用的代理模型方法：响应面法和支持向量机。

8.1 响应面法

响应面法[1-4]是最早应用于可靠性分析中的代理模型，其基本思想是先选定近似隐式功能函数的多项式形式，然后再通过选定实验点来确定多项式函数中的待定参数，最后通过迭代来实现响应面函数的失效概率对隐式功能函数失效概率的高精度近似。从响应面法的基本原理中可以看到，响应面法的实现过程中应该解决以下几方面的问题：①响应面函数形式的选取；②实验样本点的抽取；③响应面函数的拟合。

响应面函数形式的选取是响应面法研究的一个核心，但要从数学上给出一种对各种形式和阶数都未知的隐式功能函数的完美且具有广泛适应性的响应面函数形式是不现实的。目前运用得较多的响应面形式是线性多项式和完全/不完全二次多项式[2]。

用来拟合响应面的实验样本点的选取是响应面法研究的另一核心。目前应用最为广泛的是 Bucher 设计。该方法围绕抽样中心，并沿坐标轴正负方向分别偏离一定距离来选取样本点，偏离距离一般取为 f 倍输入变量 X_i 的标准差 σ_{X_i}，f 称为插值系数，一般取为 1～3 之间的常数。

目前确定响应面最常用的拟合方法是最小二乘法及加权最小二乘法。

8.1.1 加权线性响应面法

1.加权回归分析的基本原理

设所研究的隐式极限状态方程为 $g(\boldsymbol{x})=0$，其中 $\boldsymbol{X}=\{X_1,X_2,\cdots,X_n\}^{\mathrm{T}}$ 为 n 维输入变量，为了求得该隐式极限状态方程的失效概率，可以采用线性响应面 $\bar{g}(\boldsymbol{x})=0$ 来近似 $g(\boldsymbol{x})=0$，即

$$\bar{g}(\boldsymbol{X})=b_0+\sum_{i=1}^{n}b_iX_i=0 \tag{8-1}$$

对于线性响应面函数式(8-1)中的 $n+1$ 个待定系数 $\boldsymbol{b}=\{b_0,b_1,\cdots,b_n\}^{\mathrm{T}}$，可以通过抽取

$m\ (m \geqslant n+1)$ 个样本点 $\boldsymbol{x}_i=(x_{i1},x_{i2},\cdots,x_{in})(i=1,2,\cdots,m)$，运用最小二乘法求解待定系数 $\boldsymbol{b}$,则有

$$\boldsymbol{b}=(\boldsymbol{a}^{\mathrm{T}}\boldsymbol{a})^{-1}\boldsymbol{a}^{\mathrm{T}}\boldsymbol{Y} \tag{8-2}$$

其中 $\boldsymbol{Y}=\{g(\boldsymbol{x}_1),g(\boldsymbol{x}_2),\cdots,g(\boldsymbol{x}_m)\}^{\mathrm{T}}$ 为实验点对应的响应量列阵，$\boldsymbol{a}=\begin{bmatrix}1 & x_{11} & \cdots & x_{1n}\\ 1 & x_{21} & \cdots & x_{2n}\\ \vdots & \vdots & & \vdots\\ 1 & x_{m1} & \cdots & x_{mn}\end{bmatrix}$ 为由 m 个实验点构成的 $m\times(n+1)$ 阶回归系数矩阵。

由于响应面可靠性分析方法中最关键的目标是用 $\bar{g}(\boldsymbol{x})=0$ 来近似 $g(\boldsymbol{x})=0$,因此可以采用加权回归的统计思想来求解待定系数向量 $\boldsymbol{b}$。通过赋给 $|g(\boldsymbol{x}_i)|$ 较小($|g(\boldsymbol{x}_i)|$ 越小则越接近 $g(\boldsymbol{x})=0$)的实验样本点 $\boldsymbol{x}_i$ 在回归分析中较大的权数 w_i，可使 $|g(\boldsymbol{x}_i)|$ 较小的点在确定 $\bar{g}(\boldsymbol{X})$ 时起更重要的作用,从而使得 $\bar{g}(\boldsymbol{x})=0$ 能更好地近似 $g(\boldsymbol{x})=0$。

若以 $w_i\ (i=1,\cdots,m)$表示每个实验抽样点的权数,则 $\boldsymbol{W}=\begin{bmatrix}w_1 & \cdots & 0\\ \vdots & \ddots & \vdots\\ 0 & \cdots & w_m\end{bmatrix}$ 表示由 m 个实验点的权数构成的 $m\times m$ 阶对角权重矩阵。考虑每个实验点在回归分析中的权数后,就可以采用加权最小二乘法求得待定系数向量 $\boldsymbol{b}$,则有

$$\boldsymbol{b}=(\boldsymbol{a}^{\mathrm{T}}\boldsymbol{W}\boldsymbol{a})^{-1}\boldsymbol{a}^{\mathrm{T}}\boldsymbol{W}\boldsymbol{Y} \tag{8-3}$$

2.权重矩阵的构造

为了更好地近似 $g(\boldsymbol{x})=0$,在拟合响应面时,希望 $|g(\boldsymbol{x}_i)|$ 越小的实验点 $\boldsymbol{x}_i$ 起越重要的作用,于是可以按照下式构造每个实验点的权数以及相应的权重矩阵：

$$\left.\begin{aligned} g_{\text{best}}&=\min_{i=1}^{m}(|g(\boldsymbol{x}_i)|+\delta)\\ w_i&=\frac{g_{\text{best}}}{|g(\boldsymbol{x}_i)|+\delta}\qquad (i=1,2,\cdots,m)\\ \boldsymbol{W}&=\operatorname{diag}(w_i)\end{aligned}\right\} \tag{8-4}$$

其中 $\operatorname{diag}(\cdot)$ 表示对角矩阵，δ 为一个很小的常数(默认值为 10^{-3}),其目的在于避免实验点权重系数出现 0 值。

3.加权线性响应面法的基本步骤

在以上分析的基础上,对于正态分布的输入变量可给出基于加权线性响应面的可靠性分析的具体步骤如下:当输入变量不服从正态分布时,则需先将其转化为正态的,然后再用下述方法进行分析。

(1)选用线性的响应面函数 $\bar{g}(\boldsymbol{X})=b_0+\sum_{i=1}^{n}b_iX_i$ 来近似真实的功能函数 $g(\boldsymbol{X})$。

(2)用 Bucher 设计选取实验点,即围绕抽样中心 $\boldsymbol{x}_1^{*(k)}=(x_{11}^{*(k)},x_{12}^{*(k)},\cdots,x_{1n}^{*(k)})$，选取实验点如下：

第一次迭代,将抽样中心点选为均值点,即 $\boldsymbol{x}_1^{*(1)}=\boldsymbol{\mu}_{\boldsymbol{X}}=(\mu_{X_1},\mu_{X_2},\cdots,\mu_{X_n})$，其他的 $2n$ 个点为

$$\boldsymbol{x}_i^{*(k)}=(x_{11}^{*(k)},\cdots,x_{1(i-1)}^{*(k)}+f\sigma_{X_{i-1}},\cdots,x_{1n}^{*(k)})\qquad (i=2,3,\cdots,n+1)$$

$$\boldsymbol{x}_j^{*(k)}=(x_{11}^{*(k)},\cdots,x_{1(j-n-1)}^{*(k)}-f\sigma_{X_{j-n-1}},\cdots,x_{1n}^{*(k)})\qquad(j=n+2,n+3,\cdots,2n+1)$$

其中 μ_{X_i} 和 σ_{X_i} 分别为第 i 个输入变量 X_i 的均值和标准差，$\boldsymbol{\mu_X}=(\mu_{X_1},\mu_{X_2},\cdots,\mu_{X_n})$ 为均值向量，f 为插值系数，上标 (k) 表示响应面法的第 k 次迭代。

(3)根据式(8-4)构造实验点的权重矩阵 $\boldsymbol{W}$。

(4)由选定的实验点 $\boldsymbol{x}_i^{*(k)}(i=1,\cdots,2n+1)$，运用式(8-3)所示的加权最小二乘回归方法，求得第 k 次迭代的待定系数向量和响应面函数 $\bar{g}^{(k)}(\boldsymbol{X})$。

(5)由改进的一次二阶矩法求得 $\bar{g}^{(k)}(\boldsymbol{X})$ 的设计点 $\boldsymbol{x}_D^{(k)}=(x_{D1}^{(k)},x_{D2}^{(k)},\cdots,x_{Dn}^{(k)})$ 和可靠度指标 $\beta^{(k)}$。

(6)用样本点 $(\boldsymbol{\mu}_X,g(\boldsymbol{\mu}_X))$ 及 $(\boldsymbol{x}_D^{(k)},g(\boldsymbol{x}_D^{(k)}))$ 进行线性插值，求得使 $g(\boldsymbol{x}_1^{*(k+1)})\approx 0$ 的下一次迭代的抽样中心 $\boldsymbol{x}_1^{*(k+1)}$，$\boldsymbol{x}_1^{*(k+1)}$ 点的第 i 个坐标 $x_{1i}^{*(k+1)}(i=1,\cdots,n)$ 为

$$x_{1i}^{*(k+1)}=\mu_{X_i}+(x_{Di}^{(k)}-\mu_{X_i})\frac{g(\boldsymbol{\mu_X})}{g(\boldsymbol{\mu_X})-g(\boldsymbol{x}_D^{(k)})}\tag{8-5}$$

(7) $k=k+1$，反复执行(2)～(6)步，直到前后两次算得的可靠度指标相对误差小于预先给定的精度指标。

如果完全执行上述(1)～(7)步，则这种响应面法为线性加权响应面法，简称为 WRSM。若在线性加权响应面法中，使权矩阵的对角元素恒为 1 而非对角元素恒为 0，则称该方法为传统线性响应面方法，简称为 TLRSM。

8.1.2　算例分析及算法参考程序

算例 8.1　指数型功能函数 $g(\boldsymbol{X})=\exp(0.2X_1+1.4)-X_2$，其中输入变量 X_1 和 X_2 均服从标准正态分布，即 $X_i\sim N(0,1)\ (i=1,2)$。表 8-1 给出了几种不同方法的可靠性分析结果比较。

表 8-1　算例 8.1 的可靠性分析结果

方法	插值系数 f	实验点数	β	$P_f/10^{-4}$
AFOSM	—	—	3.349 7	4.045 0
TLRSM	1	23	3.369 7	3.762 0
	2	23	3.430 3	3.014 6
	3	23	3.532 2	2.060 8
	4	23	3.676 7	1.181 5
	5	23	3.865 4	0.554 5
	6	29	4.099 5	0.207 0
	7	29	4.381 4	0.059 0
	8	29	4.712 0	0.012 3
	9	17	5.076 2	0.001 9
	10	35	5.523 7	0.000 2

续表

方法	插值系数 f	实验点数	β	$P_f/10^{-4}$
WRSM	1	23	3.349 6	4.046 3
	2	23	3.349 5	4.047 3
	3	23	3.349 6	4.046 1
	4	23	3.350 0	4.040 2
	5	17	3.352 2	4.008 1
	6	23	3.352 9	3.999 1
	7	29	3.355 1	3.967 3
	8	29	3.358 1	3.923 7
	9	29	3.362 1	3.867 8
	10	29	3.367 0	3.799 8

算例 8.2 含有倒数项的简单功能函数 $g(\boldsymbol{X})=X_1-X_2/X_3$，其中输入变量 $X_i(i=1,2,3)$ 均服从正态分布，均值向量和标准差向量分别为 $\boldsymbol{\mu}_X=\{600.0,1000.0,2.0\}^{\mathrm{T}}$ 和 $\boldsymbol{\sigma}_X=\{30,33,0.1\}^{\mathrm{T}}$。表 8-2 给出了所提方法的结果比较。

表 8-2 算例 8.2 的可靠性分析结果

方法	插值系数 f	实验点数	β	$P_f/10^{-2}$
AFOSM	—	—	2.269 7	1.161 3
TWRSM	1	24	2.259 6	1.192 4
	2	24	2.229 2	1.290 1
	3	24	2.177 8	1.471 3
	4	24	2.104 2	1.767 9
	5	32	2.007 5	2.234 9
	6	32	1.885 1	2.971 1
	7	32	1.734 6	4.414 0
	8	32	1.553 1	6.019 4
	9	40	1.337 2	9.058 3
	10	40	1.083 1	13.938
WRSM	1～4	24	2.269 7	1.161 3
	5～10	32	2.269 7	1.161 3

从上述两个算例可以看出，传统线性响应面法的结果相对较差，它受插值系数的影响较大。经过加权后的线性响应面法的精度相比较于不加权时有了质的改变，当 f 在 1～10 变化时，加权线性响应面法总是能比较准确地拟合出真实失效面的设计点。算例 8.2 结果表明了本小节所探讨的实验点权数的合理性，并且也表明了加权回归对提高线性响应面法的精度和减少线性响应面法对插值系数的敏感程度也是有效的。加权线性响应面法的 MATLAB 程序见表 8-3。

表 8-3　线性加权响应面法的 MATLAB 程序

```
clc; clear;
g =@(x)exp(0.2. * x(:,1)+1.4)-x(:,2);   %算例 8.1 功能函数
Mean=[0 0];Std=[1 1];%算例 8.1 输入变量均值与标准差
%g =@(x)x(:,1)-x(:,2)./x(:,3);%算例 8.2 功能函数
%Mean=[600 1000 2];Std=[30 33 0.1]; %算例 8.2 输入变量均值与标准差
%蒙特卡罗法失效概率估计
n=10^(7);   x=lhsnorm(Mean,diag(Std.^2),n);
Y=g(x); F=find(Y<0);
IF=zeros(n,1); IF(F)=1;
Pf=mean(IF)
%线性加权响应面法可靠性分析
f=1;   %插值系数(可调)
d=size(Mean,2);   X1=Mean;kk=0;   y1=g(Mean);
while  1
x=X1;Y=g(x);
for i=1:d
u=[X1;X1];    u(1,i)=X1(1,i)+f * Std(i);
u(2,i)=X1(1,i)-f * Std(i);    y=g(u);
Y=[Y; y]; x=[x; u];
end
%gbest=min(abs(Y)); w=gbest./abs(Y); W=diag(w); % WRSM
w=ones(size(Y,1),1); W=diag(w);                              %TWRSM
a=[ones(size(x,1),1) x];
b=pinv(a' * W * a) * a' * W * Y;
syms  Beta
k=1; beta(k)=0; X(1,:)=Mean;
while  1           %改进一次二阶矩法计算可靠度指标
Pd=b'; Pd(1)=[];
Lmd=-Pd. * Std./(sum(Pd.^2. * Std.^2)).^0.5;
xi=Mean+Std. * Lmd. * Beta;
G=Pd * xi'+b(1);
k=k+1;
beta(k)=min(double(solve(G==0,Beta)));
Xi=Mean+Std. * Lmd. * beta(k);
X(k,:)=Xi;
if abs((beta(k)-beta(k-1))./beta(k))<0.001
      break;
end
end
kk=kk+1;
```

```
RI(kk)=beta(k);
ifkk>1
if abs((RI(kk)-RI(kk-1))./RI(kk-1))<0.001
     break;
end
end
Y1=g(Xi);
X1=Mean+(Xi-Mean)*y1./(y1-Y1);
end
Pf=normcdf(-RI)
```

8.1.3 加权非线性响应面法

8.1.1小节讨论的加权线性响应面法有很多优点,但它不能反映非线性对可靠性的影响,本小节则将加权最小二乘回归与非线性响应面函数相结合,探讨加权非线性响应面方法。加权非线性响应面法与加权线性响应面法的基本思想是一致的,只是在响应面函数的选取上有所不同,本小节主要介绍加权非线性响应面法的函数形式、实验点的选择策略、试验点权值的构造、加权非线性响应面的实现步骤及算例验证。

1.非线性响应面函数的选取

不含交叉项的二次多项式较好地折中了计算工作量与计算精度,因此本小节亦选取不含交叉项的二次多项式作为非线性响应面函数的形式,即

$$\bar{g}(\boldsymbol{X})=b_0+\sum_{i=1}^{n}b_iX_i+\sum_{i=n+1}^{2n}b_iX_{i-n}^2 \tag{8-6}$$

其中 $\boldsymbol{b}=\{b_0,\cdots,b_{2n}\}^{\mathrm{T}}$ 为需要由实验点确定的 $(2n+1)$ 个待定系数向量。

2.实验点的选取策略

传统的响应面法在每次迭代中都选取新的实验点,而前面迭代中产生的点在后续计算中都被抛弃。虽然这样做是希望在后续拟合响应面时不引入劣值实验点,但实际上却浪费了大量的关于功能函数的有用信息,特别是在响应面即将收敛的后几次迭代中,产生的实验点已经非常接近真实失效面。在本小节将考虑重复利用实验点,并通过加权最小二乘法来确定响应面中的待定系数,这样既不会浪费已有实验点中的有用信息,又不至于引入劣值实验点使响应面的拟合精度变差。此外通过重复利用前面迭代中的实验点,可以考虑在响应面法即将收敛的后几次迭代中通过减少新增实验点个数来降低计算量,这将会提高可靠性分析响应面法的计算效率。

3.实验点权数的构造

实验点的权数决定了其在回归分析中所起的作用,越重要的点应赋以越大的权。由于可靠性分析精度的提高依赖于响应面对真实极限状态方程在设计点区域的拟合精度,而真实极限状态方程的设计点可通过迭代来逐渐逼近,因此可以采用加权线性响应面法权数的构造方式,用实验点距极限状态方程 $g(\boldsymbol{x})=0$ 的远近程度来构造权重矩阵。最简单的方法是通过各实验点 $\boldsymbol{x}_i=(x_{i1},x_{i2},\cdots,x_{in})(i=1,2,\cdots,m)$ 处的真实功能函数值的绝对值 $|g(\boldsymbol{x}_i)|$ 大小来赋权,$|g(\boldsymbol{x}_i)|$ 越小即 $\boldsymbol{x}_i$ 越接近 $g(\boldsymbol{x})=0$,给 $\boldsymbol{x}_i$ 赋的权就越大,反之则越小。下面根据可靠性

分析的特点给出了两种可以采用的权数形式。

(1)功能函数分式型权数(算例中称为 Weight1):

$$\left.\begin{aligned} g_{\text{best}} &= \min_{i=1}^{m}(|g(\boldsymbol{x}_i)|+\delta) \\ w_i &= \frac{g_{\text{best}}}{|g(\boldsymbol{x}_i)|+\delta} \end{aligned}\right\} \quad (i=1,\cdots,m) \tag{8-7}$$

(2)功能函数与密度函数比值型权数(算例中称为 Weight2):

$$\left.\begin{aligned} h_i &= |(g(\boldsymbol{x}_i)+\delta)/f_{\boldsymbol{X}}(\boldsymbol{x}_i)| \\ h_{\text{best}} &= \min_{i=1}^{m} h_i \\ w_i &= h_{\text{best}}/h_i \end{aligned}\right\} \quad (i=1,\cdots,m) \tag{8-8}$$

其中 δ 的作用与式(8-4)中的相同(默认值为 10^{-3}),其目的在于避免实验点权重系数出现 0 值。从上述两种权数的构造可知,第(1)种情况只考虑了实验点与 $g(\boldsymbol{x})=0$ 的贴近程度,第(2)种情况则同时考虑了实验点对 $g(\boldsymbol{x})=0$ 的接近程度与该实验点本身的概率密度函数值。显然实验点越接近 $g(\boldsymbol{x})=0$ 并且具有越大的概率密度值,该点就越重要,因而也应赋以越大的权。Weight2 充分体现了提高响应面法可靠性分析精度的要求。

4. 加权非线性响应面法的基本步骤

(1)第一步迭代时采用传统的 Bucher 实验设计和传统的响应面法确定 $\bar{g}^{(1)}(\boldsymbol{X})$ 和设计点 $\boldsymbol{x}_D^{(1)}=(x_{D1}^{(1)},x_{D2}^{(1)},\cdots,x_{Dn}^{(1)})$,采用传统的最小二乘法而不是加权最小二乘法确定第一步迭代的响应面是因为第一步迭代时实验点的数目与待定系数的数目相等,此时加权最小二乘法将退化为传统的最小二乘法。

(2)第 $k(k\geqslant 2)$ 次迭代时,以第 $k-1$ 次的设计点 $(\boldsymbol{x}_D^{(k-1)},g(\boldsymbol{x}_D^{(k-1)}))$ 与均值点 $(\boldsymbol{\mu}_{\boldsymbol{X}},g(\boldsymbol{\mu}_{\boldsymbol{X}}))$ 线性插值得到的 $g(\boldsymbol{x}_1^{*(k)})\approx 0$ 的点 $\boldsymbol{x}_1^{*(k)}$ 为抽样中心点,并围绕 $\boldsymbol{x}_1^{*(k)}$ 选取新增实验点 $(x_{11}^{*(k)},x_{12}^{*(k)},\cdots,x_{1i}^{*(k)}\pm f^{(k)}\sigma_{X_i},\cdots,x_{1n}^{*(k)})$($f^{(k)}$ 为第 k 次迭代的插值系数,随着迭代过程的收敛,$f^{(k)}$ 可取越来越小的数值)($i=1,\cdots,n$)共 $2n$ 个,加上 $\boldsymbol{x}_1^{*(k)}$ 共 $2n+1$ 个新增实验点,再加上前面 $(k-1)$ 次迭代中的 $(k-1)\times(2n+1)$ 个实验点,共同构成第 k 次加权最小二乘回归分析的实验点。

(3)采用上述构造实验点权数的方法,计算第 k 次迭代的 $k\times(2n+1)$ 个实验点的权数。

(4)以 $\boldsymbol{x}_i=(x_{i1},x_{i2},\cdots,x_{in})(i=1,2,\cdots,l)$ 记 $l=k\times(2n+1)$ 个实验点,由 l 个实验点构成回归矩阵记为 $\boldsymbol{a}$,由实验点处的真实功能函数值构成列向量 $\boldsymbol{Y}$,并由每个实验点的权数为对角线元素构成权重矩阵 $\boldsymbol{W}$ 后,就可采用加权最小二乘法确定二次不含交叉项的多项式第 k 次迭代的待定系数向量 $\boldsymbol{b}$,即 $\boldsymbol{b}=(\boldsymbol{a}^{\mathrm{T}}\boldsymbol{W}\boldsymbol{a})^{-1}\boldsymbol{a}^{\mathrm{T}}\boldsymbol{W}\boldsymbol{Y}$;其中 $\boldsymbol{b}=(b_0,\cdots,b_{2n})^{\mathrm{T}}$,$\boldsymbol{a}=\begin{bmatrix}1 & x_{11} & \cdots & x_{1n} & x_{11}^2 & \cdots & x_{1n}^2 \\ 1 & x_{21} & \cdots & x_{2n} & x_{21}^2 & \cdots & x_{2n}^2 \\ \vdots & \vdots & & \vdots & \vdots & & \vdots \\ 1 & x_{l1} & \cdots & x_{ln} & x_{l1}^2 & \cdots & x_{ln}^2\end{bmatrix}$,$\boldsymbol{W}=\begin{bmatrix}w_1 & & & \\ & w_2 & & \\ & & \ddots & \\ & & & w_l\end{bmatrix}$,$\boldsymbol{Y}=\{g(\boldsymbol{x}_1),g(\boldsymbol{x}_2),\cdots,g(\boldsymbol{x}_l)\}^{\mathrm{T}}$。

(5)运用显式功能函数的可靠性分析方法求得第 k 次迭代的响应面方程 $\bar{g}^{(k)}(\boldsymbol{x})=0$ 的设计点 $\boldsymbol{x}_D^{(k)}$ 和可靠度指标 $\beta^{(k)}$。

(6)判断前后两次迭代计算的可靠度指标的相对误差是否满足要求。即如果

$\left|\frac{\beta^{(k)}-\beta^{(k-1)}}{\beta^{(k-1)}}\right|<\xi$（$\xi$ 为预先给定的误差要求）成立，则转入第(7)步；否则，令 $k=k+1$，$f^{(k)}=(f^{(k)})^{0.5}$，返回第(2)步；

(7)输出响应面法算得的失效概率。由于响应面法已使隐式极限状态方程显式化了，因此可以采用任何一种可靠性分析方法来计算失效概率，如 Monte Carlo 法。鉴于 Monte Carlo 法的稳健性，本小节的算例均在响应面法收敛后采用 Monte Carlo 法来计算失效概率。

8.1.4 算例分析及算法参考程序

算例 8.3 这里仍然考虑算例 8.1，表 8－4 给出了加权非线性响应面法的计算结果。

表 8－4 算例 8.3 的可靠性分析结果

方法	插值系数 f	实验点数	$P_f/10^{-4}$
MCS	—	10^7	3.581
加权非线性响应面 (Weight 1)	1,2	15	3.550
	3	15	3.556
	4	15	3.577
	5	15	3.531
	6	15	3.443
	7	20	3.378
	8	20	3.214
	9	70	3.582
	10	80	3.604
加权非线性响应面 (Weight 2)	1	15	3.438
	2	15	3.412
	3	15	3.398
	4	15	3.435
	5,6	20	3.523
	7	20	3.540
	8	20	3.542
	9	20	3.517
	10	25	3.531

算例 8.4 考虑四次功能函数 $g(\boldsymbol{X})=\frac{1}{40}X_1^4+2X_2^2+X_3+3$，其中 $X_i\sim N(0,1)(i=1,2,3)$。表 8－5 给出了不同权数情况下算例 8.4 的计算结果比较。

表 8－5 算例 8.4 的可靠性分析结果

方法	插值系数 f	抽样次数	$P_f/10^{-4}$
MCS	—	10^7	3.041
加权非线性响应面 (Weight 1)	1	14	3.210
	2	14	2.683
	3	14	2.225
	4	14	1.784

续表

方法	插值系数 f	抽样次数	$P_f/10^{-4}$
加权非线性响应面(Weight 1)	5	14	1.513
	6	14	1.282
	7	14	1.136
	8	14	1.003
	9	14	0.852
	10	14	0.803
加权非线性响应面(Weight 2)	1	14	3.168
	2	14	2.763
	3	14	2.173
	4	14	1.828
	5	14	1.498
	6	14	1.278
	7	14	1.194
	8,9,10	14	13.50

算例 8.5　考虑高维极限状态函数 $g(\boldsymbol{X})=2.0X_1X_2X_3X_4-X_5X_6X_7X_8+X_9X_{10}X_{11}X_{12}$，其中 $X_i\sim N(8,1)(i=1,2,\cdots,12)$，表 8-6 给出了不同计算方法结果的比较。

表 8-6　算例 8.5 的可靠性分析结果

方法	插值系数 f	抽样次数	$P_f/10^{-4}$
MCS	—	10^7	1.469
加权非线性响应面(Weight 1)	1	125	0.994
	2	150	1.210
	3	150	1.201
	4	175	1.152
	5	225	1.261
	6	250	1.351
	7	300	1.518
	8	475	1.959
	9	75	0.900
	10	475	1.327

续表

方法	插值系数 f	抽样次数	$P_f/10^{-4}$
加权非线性响应面(Weight 2)	1	125	0.064
	2	225	0.163
	3	150	0.567
	4	150	1.712
	5	125	1.468
	6	125	2.067
	7	125	1.965
	8	150	1.012
	9	100	1.538
	10	100	1.533

从上述算例的计算结果可以看出,对于功能函数非线性程度不大的情况(算例 8.3),Weight 1 型及 Weight 2 型加权非线性响应面法均可以得到相对精确的失效概率估计结果,且计算结果随着插值系数的改变影响不大。但是,对于非线性程度较高(算例 8.4)或输入变量之间交叉影响(算例 8.5)较大的功能函数,加权非线性响应面法的可靠性分析结果不够稳定,受插值系数影响较大。加权非线性响应面法的 MATLAB 程序见表 8-7。

表 8-7　加权非线性响应面法 MATLAB 程序

```
clc; clear;
% g =@(x)exp(0.2.*x(:,1)+1.4)-x(:,2);
% Mean=[0 0];Std=[1 1];
% g =@(x)x(:,1).^4./40+2.*x(:,2).^2+x(:,3)+3;
% Mean=[0 0 0];Std=[1 1 1];
%g=@(x)2.*x(:,1).*x(:,2).*x(:,3).*x(:,4)-x(:,5).*x(:,6).*x(:,7).*x(:,8)+x(:,
9).*x(:,10).*x(:,11).*x(:,12);
%Mean=8.*ones(1,12);Std=ones(1,12);
%蒙特卡罗法失效概率估计
n=10^(7);  z=lhsnorm(Mean,diag(Std.^2),n);
Z=g(z); F=find(Z<0);
IF=zeros(n,1); IF(F)=1;
Pf=mean(IF)
%加权非线性响应面法可靠性分析
f=1; %插值系数(可调)
d=size(Mean,2); X1=Mean;Y1=g(X1);kk=0; x=[]; Y=[];
while 1
x=[x; X1];Y=[Y; g(X1)];
for i=1:d
u=[X1; X1];
u(1,i)=X1(1,i)+f*Std(i);
```

```
u(2,i)=X1(1,i)-f * Std(i);
y=g(u);
Y=[Y; y];    x=[x; u];
end
w=ones(size(Y,1),1);
kk=kk+1;
ifkk>1
WY=abs(Y)+10^(-5);
gbest=min(WY);   w=gbest./abs(WY); % Weight 1
%Px=x;
%for i=1:d
%Px(:,i)=normpdf(x(:,i),Mean(i),Std(i));
%end
%h=abs(WY./prod(Px')'); hbest=min(h); w=hbest./h;    % Weight 2
end
W=diag(w);
a=[ones(size(x,1),1) x x.^2];
b=pinv(a' * W * a) * a' * W * Y;
syms  Beta ;
Xi=Mean;   k=1; beta(k)=0; X(1,:)=Xi;
while  1
Pd=b(2:d+1)'+2 * Xi. * b(d+2:2 * d+1)';
Lmd=-Pd. * Std./(sum(Pd.^2. * Std.^2)).^0.5;
xi=Mean+Std. * Lmd. * Beta;
G=b(1)+b(2:d+1)' * xi'+b(d+2:2 * d+1)' * (xi').^2;
k=k+1;
gen=double(solve(G==0,Beta));
bh=find(gen>0);
beta(k)= min(gen(bh));
Xi=Mean+Std. * Lmd. * beta(k);
X(k,:)=Xi;
if abs((beta(k)-beta(k-1))./beta(k))<0.001
      break;
end
end
RI(kk)=beta(k);
ifkk>1
if abs((RI(kk)-RI(kk-1))./RI(kk-1))<0.001
break;
else
      f=f^(0.5);
end
end
```

```
Y1=g(Xi);  y1=g(Mean);
  X1=Mean+(Xi-Mean)*y1./(y1-Y1);
end
Z1=b(1)+b(2:d+1)'*z'+b(d+2:2*d+1)'*(z').^2;
Pf1=size(find(Z1<0),2)./n
```

8.2 支持向量机

8.1 节介绍的一次及二次响应面法采用低阶多项式来近似隐式功能函数，该方法仅仅适用于功能函数非线性程度不高的问题。对于高度非线性问题，高次响应面法计算量将急剧增大。此外，响应面法基于最小二乘原理求解多项式系数，该方法虽然简单易行，但当使用高次多项式时，易出现过学习现象。为此，本节介绍基于统计学习理论发展而来的支持向量机算法[5-6]。支持向量机本质上也是一种代理模型，包括支持向量分类和支持向量回归两种算法。该方法不但引入了结构风险的概念，还采用了核映射的思想，其优势体现在克服了传统方法的大样本要求，还有效地解决了维数灾难及局部最小化问题，并在处理非线性问题上显示了其卓越的性能。

8.2.1 统计学习理论

统计学习理论最早发展自 20 世纪 60—70 年代[5-6]，其核心思想是通过控制学习机器的容量实现对其推广能力的控制。下面给出其中一些重要概念。

1. VC 维

VC 维是统计学习理论的一个重要概念，它用以描述学习机器的复杂性和学习能力。其直观定义是：对于一个两类分类问题，如果存在 m 个样本能够被函数集里的函数按照所有可能的 2^m 种形式分开，则称函数集能够把 m 个样本打散。函数集的 VC 维就是能够打散的最大样本数目 m 。若对于任意样本数，总有函数能将它们打散，则函数集的 VC 维是无穷大。由该定义可知，VC 维代表函数集的复杂度，函数集越复杂，其 VC 维越大，此时学习能力也越强；与之相反，函数集越简单，其 VC 维越小，此时学习能力也越弱。

例如对于 2 维问题 3 个样本点的情况，图 8 - 1 所示的 2^3 种标记方式可以使用线性分类器进行打散，因此线性分类器的 VC 维至少是 3。

2. 经验风险

设输入变量 $\boldsymbol{X}$ 与输出变量 Y 之间存在某种未知的依赖关系（以未知的联合概率分布函数 $P(\boldsymbol{x},y)$ 表示），现需依据训练样本 $(\boldsymbol{x}_1,y_1),(\boldsymbol{x}_2,y_2),\cdots,(\boldsymbol{x}_l,y_l)$，从给定函数集 $f(\boldsymbol{x},\boldsymbol{w})$ 中选择具有最佳权值向量 $\boldsymbol{w}$ 的函数对依赖关系进行估计，得到实际相应的“最佳”逼近 $f(\boldsymbol{x},\boldsymbol{w}_0)$，使得期望风险最小。期望风险 $R(\boldsymbol{w})$ 为

$$R(\boldsymbol{w})=\int \mathcal{L}(y,f(\boldsymbol{x},\boldsymbol{w}))\mathrm{d}P(\boldsymbol{x},y) \tag{8-9}$$

其中 $\mathcal{L}(y,f(\boldsymbol{x},\boldsymbol{w}))$ 为损失函数。最常用的损失函数为平方型损失函数，即 $\mathcal{L}(y,f(\boldsymbol{x},\boldsymbol{w}))=(y-f(\boldsymbol{x},\boldsymbol{w}))^2$。

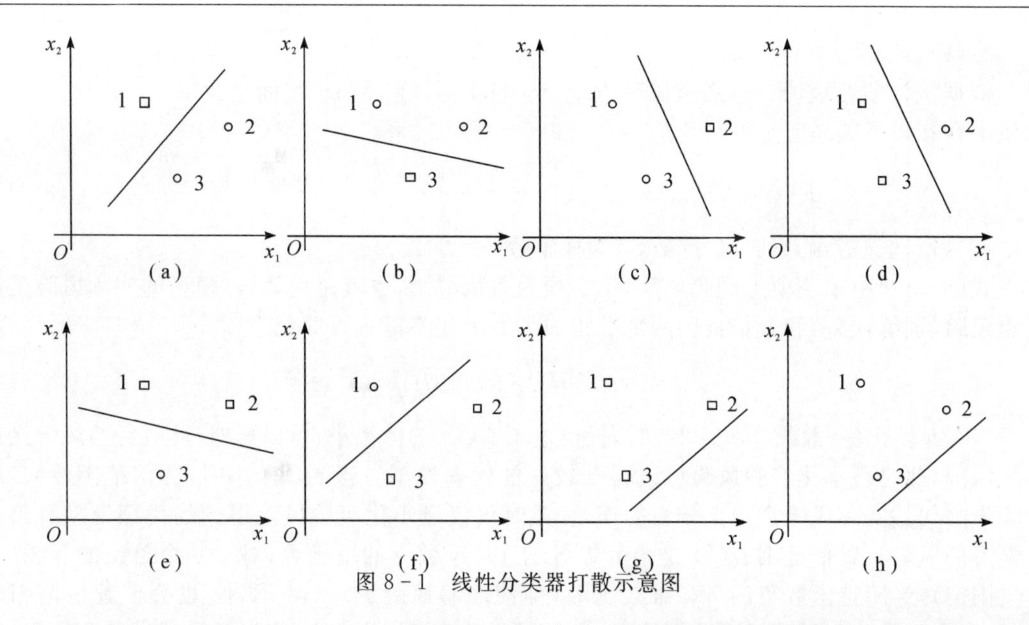

图 8-1　线性分类器打散示意图

由于 $P(\boldsymbol{x},y)$ 未知，因此 $R(\boldsymbol{w})$ 无法直接计算。由大数定律(样本均值依概率收敛于总体均值)，在样本量趋于无穷时，可采用经验风险 $R_{\mathrm{emp}}(\boldsymbol{w})$ 来近似期望风险。对于给定的一个容量为 l 个的训练样本 $(\boldsymbol{x}_1,y_1),(\boldsymbol{x}_2,y_2),\cdots,(\boldsymbol{x}_l,y_l)$，经验风险可根据样本给出为

$$R_{\mathrm{emp}}(\boldsymbol{w})=\frac{1}{l}\sum_{i=1}^{l}\mathcal{L}(y_i,f(\boldsymbol{x}_i,\boldsymbol{w})) \tag{8-10}$$

现有的很多学习算法，如神经网络和最小二乘(前面介绍的响应面法)等，都是在经验风险最小化原则的基础上提出的。一方面，在样本数有限的情况下，最小化 $R_{\mathrm{emp}}(\boldsymbol{w})$ 在很多情况下并不能够保证较好的推广能力。另一方面，如果给定函数集 $f(\boldsymbol{x},\boldsymbol{w})$ 过于复杂(VC 维较大)，仅仅保证 $R_{\mathrm{emp}}(\boldsymbol{w})$ 的最小化有可能会导致过学习现象的发生。

图 8-2 所示为典型的过学习与欠学习现象，其中黑点表示训练样本点。显然，用一个二次函数就可以对所有训练点进行相对准确地拟合(见图 8-2 中的实线)。但是，如果函数集过于复杂，则所建立的代理模型易出现过学习现象，如图 8-2(a) 中的虚线所示，该回归模型在所有训练样本点处的预测值都与真实值吻合(即经验风险 $R_{\mathrm{emp}}(\boldsymbol{w})=0$)，但当对其他新数据进行预测时，会产生很大的误差。同时，如果函数集过于简单，则所建立的代理模型易出现欠学习现象，如图 8-2(b) 中的虚线所示，该回归模型为一个简单的线性模型，在训练样本处拟合不够，没有充分利用样本信息，对训练样本及其他新数据预测精度都很低。

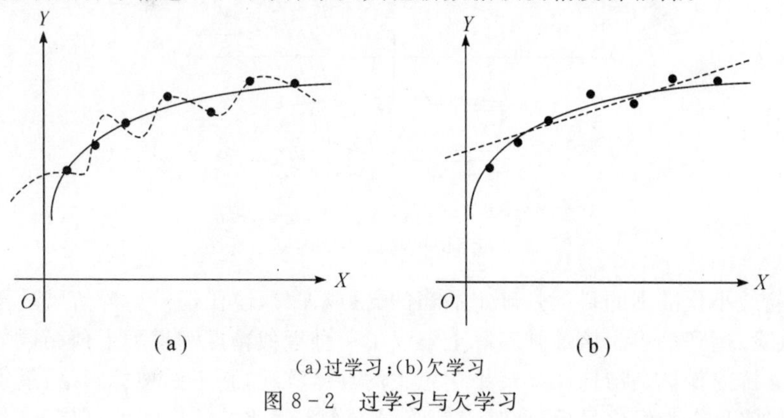

(a)过学习；(b)欠学习

图 8-2　过学习与欠学习

3. 结构风险

依据统计学习理论[5-6]，经验风险 $R_{emp}(\boldsymbol{w})$ 与实际风险 $R(\boldsymbol{w})$ 之间至少以 $1-\eta(0\leqslant\eta\leqslant1)$ 的概率存在以下关系：

$$R(\boldsymbol{w})\leqslant R_{emp}(\boldsymbol{w})+\sqrt{\left|\frac{h(\ln(2l/h)+1)-\ln(\eta/4)}{l}\right|} \tag{8-11}$$

其中 h 为所选逼近函数的 VC 维数，l 为样本数。

式(8-11)中第一项为经验风险，第二项为置信范围，也就是说，学习模型的实际风险是由经验风险(训练误差)和置信范围两部分组成的。上述不等式可简化为

$$R(\boldsymbol{w})\leqslant R_{emp}(\boldsymbol{w})+\Omega\left(\frac{l}{h}\right) \tag{8-12}$$

当 l/h 较大(一般指 $l/h>20$)时，置信范围 $\Omega(\cdot)$ 的值很小，可以忽略，此时经验风险接近实际风险，此时最小化经验风险可以得到较好的代理模型。当 l/h 较小时，置信范围较大，用经验风险代替实际风险会产生较大的误差，此时仅仅最小化经验风险得到的代理模型有出现过学习的风险。置信范围 $\Omega(\cdot)$ 是函数集 S 的 VC 维数 h 的增函数，对于一个给定的问题(样本量固定)，当所选函数集的 VC 维较大时，即使经验风险 $R_{emp}(\boldsymbol{w})$ 很小，也会使置信范围较大，导致实际风险与经验风险差别较大，导致过学习现象的发生。若降低函数集的 VC 维，置信范围虽然变小了，但有可能出现欠学习现象，使经验风险 $R_{emp}(\boldsymbol{w})$ 增大，两者之间相互影响。

在有限的训练样本下，为了使实际风险 $R(\boldsymbol{w})$ 最小，必须使经验风险和置信范围之和最小，也即在保证经验风险 $R_{emp}(\boldsymbol{w})$ 的同时控制函数集的 VC 维，进而获得具有较好推广能力的学习模型。统计学习理论提供了一般性的原则——结构风险最小化原则，它更适合小样本的情况($l/h<20$)。该原则指出，将函数集构造成一个函数子集序列 $S_1,S_2,\cdots,S_k$，使各个子集按照 VC 维数 $h_i(i=1,\cdots,k)$ 的大小进行排序 $S_1\subset S_2\subset\cdots\subset S_k$；在每个子集中寻找最小的经验风险，并在子集间折中考虑经验风险与 VC 维，以实现实际风险的最小化，这种思想称为结构风险最小化准则，如图 8-3 所示。

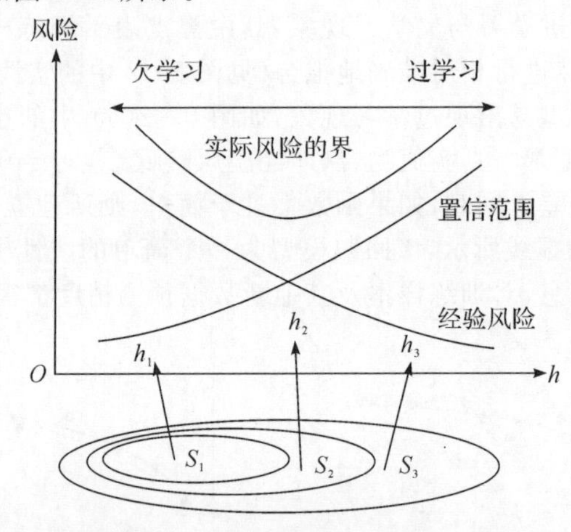

函数子集：$S_1\subset S_2\subset S_3$　VC维：$h_1\leqslant h_2\leqslant h_3$

图 8-3　结构风险最小化准则示意图

结构风险最小化准则的目标是确定适当的 k(或 h_k)，使代理模型置信风险与经验风险之和(即实际风险)达到最小。该准则实际上建议了一种近似精度和模型近似函数复杂度之间的折中方法。支持向量机是结构风险最小化思想的具体实现，它不像神经网络、最小二乘等算法那样以训练误差最小为优化目标，而是以训练误差作为优化的约束条件，以置信范围值最小作

为优化的目标来实现实际风险的最小化。

8.2.2 对偶优化

在后续支持向量机算法的推导过程中,涉及有约束条件下的最优化问题,其处理思路是将原优化问题转化为其相应的对偶优化问题来处理。为了便于后续理解,这里首先给出对偶优化的一些基础理论[7]。

考虑带有不等式约束的优化问题:

$$\left.\begin{aligned}&\min_{\boldsymbol{x}} f(\boldsymbol{x})\\&\text{s.t. } g_i(\boldsymbol{x})\leqslant 0, i=1,\cdots,m\\&h_j(\boldsymbol{x})=0, j=1,\cdots,k\end{aligned}\right\}\tag{8-13}$$

其中 $f(\boldsymbol{x})$ 为优化目标函数, $\boldsymbol{x}$ 为优化的设计变量, $g_i(\boldsymbol{x})(i=1,\cdots,m)$ 为不等式约束条件, $h_j(\boldsymbol{x})(j=1,\cdots,k)$ 为等式约束条件。

式(8-13)对应的拉格朗日函数为

$$L(\boldsymbol{x},\boldsymbol{\alpha},\boldsymbol{\beta})=f(\boldsymbol{x})+\sum_{i=1}^{m}\alpha_i g_i(\boldsymbol{x})+\sum_{j=1}^{k}\beta_j h_j(\boldsymbol{x})\tag{8-14}$$

其中 $\alpha_i\geqslant 0(i=1,\cdots,m)$, $\beta_j(j=1,\cdots,k)$ 均为拉格朗日乘子。定义函数:

$$z_{\text{Primal}}(\boldsymbol{x})=\max_{\boldsymbol{\alpha}\geqslant 0,\boldsymbol{\beta}} L(\boldsymbol{x},\boldsymbol{\alpha},\boldsymbol{\beta})\tag{8-15}$$

容易发现,如果式(8-13)中的约束条件均满足, $L(\boldsymbol{x},\boldsymbol{\alpha},\boldsymbol{\beta})$ 中最后一项恒为零($h_j(\boldsymbol{x})=0(j=1,\cdots,k)$)。此外,由于 $\alpha_i g_i(\boldsymbol{x})\leqslant 0$,所以 $L(\boldsymbol{x},\boldsymbol{\alpha},\boldsymbol{\beta})$ 中第二项的最大值也为零。也就是说,当式(8-13)中的所有约束条件均满足时,有

$$z_{\text{Primal}}(\boldsymbol{x})=f(\boldsymbol{x})\tag{8-16}$$

所以式(8-13)中的有约束优化问题可转化为下述无约束优化问题(原问题):

$$\min_{\boldsymbol{x}} z_{\text{Primal}}(\boldsymbol{x})=\min_{\boldsymbol{x}}\max_{\boldsymbol{\alpha}\geqslant 0,\boldsymbol{\beta}} L(\boldsymbol{x},\boldsymbol{\alpha},\boldsymbol{\beta})\tag{8-17}$$

这个问题通常不容易求解,所以考虑如下的对偶问题:

$$\max_{\boldsymbol{\alpha}\geqslant 0,\boldsymbol{\beta}} z_{\text{Dual}}(\boldsymbol{\alpha},\boldsymbol{\beta})=\max_{\boldsymbol{\alpha}\geqslant 0,\boldsymbol{\beta}}\min_{\boldsymbol{x}} L(\boldsymbol{x},\boldsymbol{\alpha},\boldsymbol{\beta})\tag{8-18}$$

其中 $z_{\text{Dual}}(\boldsymbol{\alpha},\boldsymbol{\beta})=\min_{\boldsymbol{x}} L(\boldsymbol{x},\boldsymbol{\alpha},\boldsymbol{\beta})$ 。

对比式(8-17)与式(8-18)可知,原问题与对偶问题的差别在于仅仅交换了最大化与最小化的顺序。设 $\boldsymbol{x}$ 为式(8-13)中优化问题的一个可行解,那么可以证明:

$$\begin{aligned}z_{\text{Dual}}(\boldsymbol{\alpha},\boldsymbol{\beta})&=\min_{\boldsymbol{u}} L(\boldsymbol{u},\boldsymbol{\alpha},\boldsymbol{\beta})\\&\leqslant L(\boldsymbol{x},\boldsymbol{\alpha},\boldsymbol{\beta})\\&=f(\boldsymbol{x})+\sum_{i=1}^{m}\alpha_i g_i(\boldsymbol{x})+\sum_{j=1}^{k}\beta_j h_j(\boldsymbol{x})\\&\leqslant f(\boldsymbol{x})\\&=z_{\text{Primal}}(\boldsymbol{x})\end{aligned}\tag{8-19}$$

设原问题的目标函数最优解为 P^* ,相应的优化设计变量值为 $\boldsymbol{x}^*$,则 $P^*=z_{\text{Primal}}(\boldsymbol{x}^*)$;记对偶问题的目标函数最优解为 D^* ,此时的拉格朗日乘子值为 $\boldsymbol{\alpha}^*,\boldsymbol{\beta}^*$,则 $D^*=z_{\text{Dual}}(\boldsymbol{\alpha}^*,\boldsymbol{\beta}^*)$ 。则由式(8-19)的证明可知 $D^*=z_{\text{Dual}}(\boldsymbol{\alpha}^*,\boldsymbol{\beta}^*)\leqslant P^*=z_{\text{Primal}}(\boldsymbol{x}^*)$,也就是说,对偶问题的解的上界由原问题的解给出。为了使得对偶问题与原问题的解一致,须使 $z_{\text{Dual}}(\boldsymbol{\alpha}^*,\boldsymbol{\beta}^*)=z_{\text{Primal}}(\boldsymbol{x}^*)$ 。因此,当 $\boldsymbol{x}=\boldsymbol{x}^*,\boldsymbol{\alpha}=\boldsymbol{\alpha}^*,\boldsymbol{\beta}=\boldsymbol{\beta}^*$ 时,要求式(8-19)中所有的“$\leqslant$”需取到“$=$”。

所以有以下条件成立：

$$\min_{x} L(\boldsymbol{x},\boldsymbol{\alpha}^*,\boldsymbol{\beta}^*)=L(\boldsymbol{x}^*,\boldsymbol{\alpha}^*,\boldsymbol{\beta}^*) \tag{8-20}$$

$$\sum_{i=1}^{m}\alpha_i^* g_i(\boldsymbol{x}^*)=0 \tag{8-21}$$

$$\sum_{j=1}^{k}\beta_j^* h_j(\boldsymbol{x}^*)=0 \tag{8-22}$$

式(8-20)成立说明 $\boldsymbol{x}^*$ 为函数 $L(\boldsymbol{x},\boldsymbol{\alpha}^*,\boldsymbol{\beta}^*)$ 的一个极值点，易知：

$$\left.\frac{\partial L(\boldsymbol{x},\boldsymbol{\alpha}^*,\boldsymbol{\beta}^*)}{\partial \boldsymbol{x}}\right|_{x^*}=0 \tag{8-23}$$

由于 $\alpha_i g_i(\boldsymbol{x})\leqslant 0(i=1,\cdots,m)$，所以式(8-21)可推出 $\alpha_i^* g_i(\boldsymbol{x}^*)=0(i=1,\cdots,m)$。考虑约束 $h_j(\boldsymbol{x})=0(j=1,\cdots,k)$，所以式(8-22)显然成立。

综上所述，为保证对偶优化问题的最优解与原问题最优解一致，需满足下述的KKT条件：

$$\left.\begin{array}{ll}\left.\dfrac{\partial L(\boldsymbol{x},\boldsymbol{\alpha}^*,\boldsymbol{\beta}^*)}{\partial \boldsymbol{x}}\right|_{x^*}=0 & \\ \alpha_i^* g_i(\boldsymbol{x}^*)=0 & (i=1,\cdots,m) \\ h_j(\boldsymbol{x}^*)=0 & (j=1,\cdots,k) \\ g_i(\boldsymbol{x}^*)\leqslant 0 & (i=1,\cdots,m) \\ \alpha_i^*\geqslant 0 & (i=1,\cdots,m)\end{array}\right\} \tag{8-24}$$

其中第一个约束条件为式(8-14)中拉格朗日函数取极值时的必要条件；第二个约束条件称为互补松弛条件；第三、四个约束条件为原约束条件；第五个约束条件为拉格朗日系数约束条件。

8.2.3 支持向量机分类算法

首先考虑线性可分情况，设存在线性可分的训练样本为

$$D=\{(\boldsymbol{x}_1,y_1),\cdots,(\boldsymbol{x}_l,y_l)\},y_i\in\{+1,-1\}$$

在可靠性分析领域，$y_i=-1$ 和 $y_i=+1$ 分别表示系统失效和安全。支持向量机分类算法目的在于找到一个超平面使得这两类样本完全分开，且使分类超平面具有最好的推广能力。

从图8-4中可以看到，能将两类样本正确分开的超平面有无数多个，但最优的只有一个，那就是分类间隔最大的超平面图(见图8-4(b)中的黑色实线)。从数学角度出发，假设线性分类超平面为

$$\boldsymbol{w}\cdot\boldsymbol{X}+b=0 \tag{8-25}$$

其中 $\boldsymbol{w}=(w_1,\cdots,w_n)$ 为法向量，决定超平面的方向；b 为位移项，决定超平面与坐标原点之间的距离，$\boldsymbol{w}\cdot\boldsymbol{X}$ 表示向量 w 和 $\boldsymbol{X}$ 的内积。样本空间中任意点 $\boldsymbol{x}$ 到超平面 $\boldsymbol{w}\cdot\boldsymbol{X}+b=0$ 的距离可写为

$$r=\frac{|\boldsymbol{w}\cdot\boldsymbol{x}+b|}{\|\boldsymbol{w}\|} \tag{8-26}$$

当两类样本线性可分时，令

$$\left.\begin{array}{ll}\boldsymbol{w}\cdot\boldsymbol{x}_i+b\geqslant +1, & y_i=+1 \\ \boldsymbol{w}\cdot\boldsymbol{x}_i+b\leqslant -1, & y_i=-1\end{array}\right\} \tag{8-27}$$

使得等号成立的训练样本称为“支持向量”，如图8-4(b)所示，两个异类支持向量到超平面距离之和为

$$\gamma=\frac{2}{\|\boldsymbol{w}\|} \tag{8-28}$$

γ 被称为“间隔”。因此,要获得最优的超平面,需要在保证两类样本正确区分(即 $y_i(\boldsymbol{w}\cdot\boldsymbol{x}_i+b)\geqslant 1(i=1,\cdots,l)$)的前提下,最大化分类间隔 $\frac{2}{\|\boldsymbol{w}\|}$(等价于最小化 $\frac{1}{2}\|\boldsymbol{w}\|^2$)。那么最优分类超平面可以通过以下二次规划来求解:

$$\left.\begin{aligned}&\min\frac{1}{2}\|\boldsymbol{w}\|^2\\&\text{s.t. } y_i(\boldsymbol{w}\cdot\boldsymbol{x}_i+b)\geqslant 1,\quad i=1,\cdots,l\end{aligned}\right\} \tag{8-29}$$

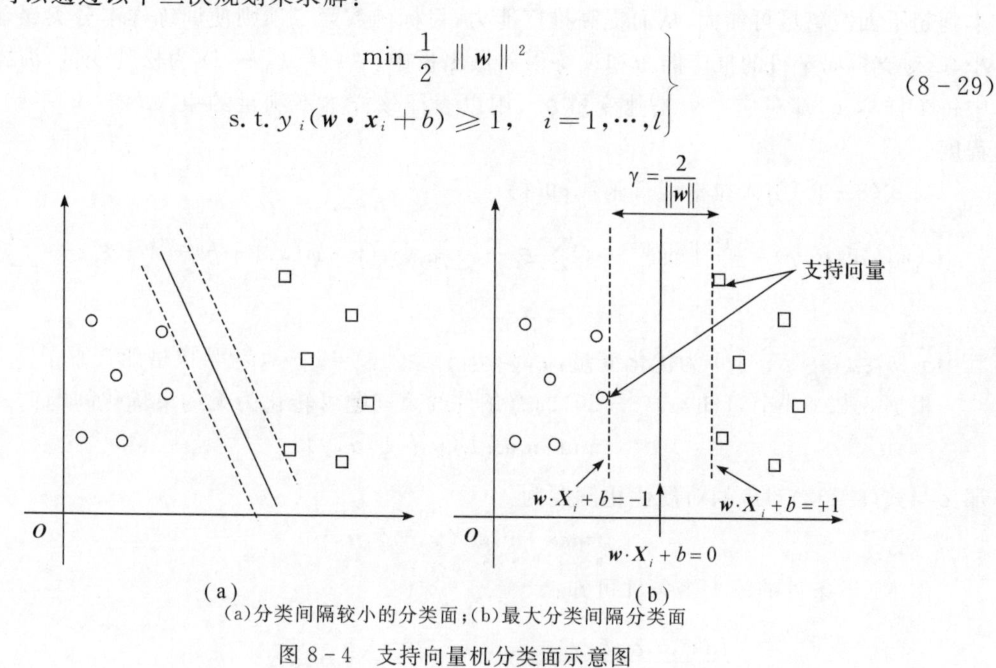

(a)分类间隔较小的分类面;(b)最大分类间隔分类面

图 8-4　支持向量机分类面示意图

上述仅仅考虑了线性可分时的情况。对于非线性问题,首先采用一个非线性映射 $\boldsymbol{X}\rightarrow\boldsymbol{\varphi}(\boldsymbol{X})$ 将原始数据映射到一个高维特征空间,然后在高维特征空间中进行线性分类,如图 8-5 所示。

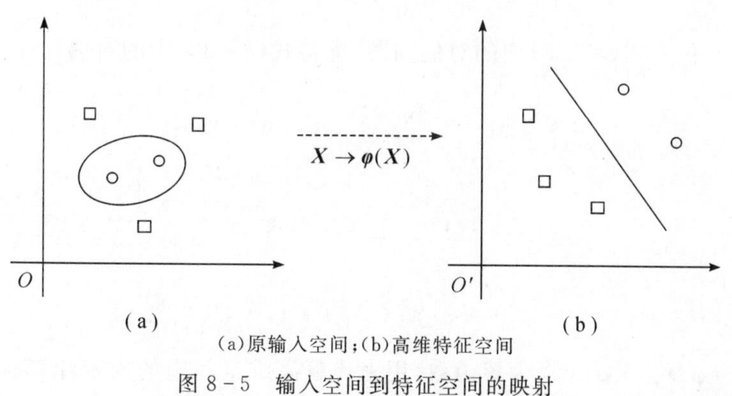

(a)原输入空间;(b)高维特征空间

图 8-5　输入空间到特征空间的映射

此外,考虑到可能存在一些样本不能被分离超平面正确分类,引入松弛变量来解决这个问题,于是式(8-29)中的优化问题转化为

$$\left.\begin{aligned}&\min \frac{1}{2}\ \|\boldsymbol{w}\|^2+C\sum_{i=1}^{l}\xi_i\\&\text{s.t.}\ y_i(\boldsymbol{w}\cdot\boldsymbol{\varphi}(\boldsymbol{x}_i)+b)\geqslant 1-\xi_i,\quad \xi_i\geqslant 0, i=1,\cdots,l\end{aligned}\right\}\tag{8-30}$$

其中C为正则化常数,当C为无穷大时,式(8-30)迫使所有样本都满足约束$y_i(\boldsymbol{w}\cdot\boldsymbol{\varphi}(\boldsymbol{x}_i)+b)\geqslant 1$;当$C$取有限值时,式(8-30)允许一些样本不满足约束。式(8-30)中目标函数第一项使样本到超平面距离尽可能大,从而提高推广能力,目标函数第二项则使训练样本分类误差尽可能小,C对支持向量机的推广能力和训练误差做出折中。$\xi_i(i=1,\cdots,l)$为松弛变量,训练样本集中每个样本$\boldsymbol{x}_i$都对应一个松弛变量ξ_i,用以表征该样本不满足约束$y_i(\boldsymbol{w}\cdot\boldsymbol{x}_i+b)\geqslant 1$的程度。

对式(8-30)引入拉格朗日函数,可得

$$L(\boldsymbol{w},b,\boldsymbol{\xi},\boldsymbol{\alpha},\boldsymbol{\gamma})=\frac{1}{2}\ \|\boldsymbol{w}\|^2+C\sum_{i=1}^{l}\xi_i-\sum_{i=1}^{l}\alpha_i(y_i(\boldsymbol{w}\cdot\boldsymbol{\varphi}(\boldsymbol{x}_i)+b)-1+\xi_i)-\sum_{i=1}^{l}\gamma_i\xi_i\tag{8-31}$$

其中$\boldsymbol{w},b,\xi_i(i=1,\cdots,l)$为优化变量,$\alpha_i\geqslant 0,\gamma_i\geqslant 0(i=1,\cdots,l)$为拉格朗日乘子。

根据8.2.2小节可知,式(8-30)的有条件约束问题可转化为无约束优化问题:

$$\min_{\boldsymbol{w},b,\boldsymbol{\xi}}\ \max_{\boldsymbol{\alpha}\geqslant 0,\boldsymbol{\gamma}\geqslant 0} L(\boldsymbol{w},b,\boldsymbol{\xi},\boldsymbol{\alpha},\boldsymbol{\gamma})\tag{8-32}$$

那么与式(8-32)对应的对偶优化问题为

$$\max_{\boldsymbol{\alpha}\geqslant 0,\boldsymbol{\gamma}\geqslant 0}\ \min_{\boldsymbol{w},b,\boldsymbol{\xi}} L(\boldsymbol{w},b,\boldsymbol{\xi},\boldsymbol{\alpha},\boldsymbol{\gamma})\tag{8-33}$$

由KKT条件的第一个条件可知:

$$\left.\begin{aligned}&\frac{\partial L(\boldsymbol{w},b,\boldsymbol{\alpha},\boldsymbol{\xi},\boldsymbol{\gamma})}{\partial \boldsymbol{w}}=0\rightarrow \boldsymbol{w}=\sum_{i=1}^{l}\alpha_i y_i\boldsymbol{\varphi}(\boldsymbol{x}_i)\\&\frac{\partial L(\boldsymbol{w},b,\boldsymbol{\alpha},\boldsymbol{\xi},\boldsymbol{\gamma})}{\partial b}=0\rightarrow \sum_{i=1}^{l}\alpha_i y_i=0\\&\frac{\partial L(\boldsymbol{w},b,\boldsymbol{\alpha},\boldsymbol{\xi},\boldsymbol{\gamma})}{\partial \xi_i}=0\rightarrow \gamma_i=C-\alpha_i,\quad i=1,\cdots,l\end{aligned}\right\}\tag{8-34}$$

将式(8-34)代入式(8-33)中的对偶问题,可将式(8-33)中的对偶优化问题简化为

$$\left.\begin{aligned}&\max_{\alpha\geqslant 0}\sum_{i=1}^{l}\alpha_i-\frac{1}{2}\sum_{i=1}^{l}\sum_{j=1}^{l}\alpha_i\alpha_j y_i y_j k(\boldsymbol{x}_i,\boldsymbol{x}_j)\\&\text{s.t.}\quad \sum_{i=1}^{l}\alpha_i y_i=0\\&0\leqslant\alpha_i\leqslant C,\quad i=1,\cdots,l\end{aligned}\right\}\tag{8-35}$$

其中$k(\boldsymbol{x}_i,\boldsymbol{x}_j)=\boldsymbol{\varphi}(\boldsymbol{x}_i)\cdot\boldsymbol{\varphi}(\boldsymbol{x}_j)$为核函数,用来代替高维空间中的内积计算。根据Mercer理论[8],核函数需满足下述条件:

$$\iint k(\boldsymbol{x}_i,\boldsymbol{x}_j)\phi(\boldsymbol{x}_i)\phi(\boldsymbol{x}_j)\mathrm{d}\boldsymbol{x}_i\mathrm{d}\boldsymbol{x}_j\geqslant 0\tag{8-36}$$

其中$\phi(\boldsymbol{x})$是任意不等于0且满足$\int\phi^2(\boldsymbol{x})\mathrm{d}\boldsymbol{x}<\infty$的函数。常用的满足上述条件的核函数见

表 8-8。

表 8-8　支持向量机常用的核函数

名称	核函数表达式	参数
线性核	$k(\boldsymbol{x}_i,\boldsymbol{x}_j)=\boldsymbol{x}_i\cdot\boldsymbol{x}_j$	—
多项式核	$k(\boldsymbol{x}_i,\boldsymbol{x}_j)=(\boldsymbol{x}_i\cdot\boldsymbol{x}_j+1)^d$	$d\geqslant 1$ 为多项式阶次
高斯核	$k(\boldsymbol{x}_i,\boldsymbol{x}_j)=\exp\left(-\frac{\Vert\boldsymbol{x}_i-\boldsymbol{x}_j\Vert^2}{2\sigma^2}\right)$	$\sigma>0$ 为高斯核带宽
指数核	$k(\boldsymbol{x}_i,\boldsymbol{x}_j)=\exp\left(-\frac{\Vert\boldsymbol{x}_i-\boldsymbol{x}_j\Vert}{\sigma}\right)$	$\sigma>0$
Sigmoid 核	$k(\boldsymbol{x}_i,\boldsymbol{x}_j)=\tanh(\beta\boldsymbol{x}_i\cdot\boldsymbol{x}_j+\theta)$	$\beta>0,\theta<0$

求解式(8-35)中的优化问题,即可得到所有的拉格朗日乘子 $\alpha_i(i=1,\cdots,l)$。一般情况下,大部分 α_i 将为零,其中不为零的 α_i 所对应的样本为支持向量。

根据 KKT 条件中的互补松弛条件及式(8-34)的第三个等式可知:

$$\left.\begin{aligned}\alpha_i(y_i(\boldsymbol{w}\cdot\boldsymbol{\varphi}(\boldsymbol{x}_i)+b)-1+\xi_i)=0,\quad i=1,\cdots,l\\ \gamma_i\xi_i=(C-\alpha_i)\xi_i=0,\quad i=1,\cdots,l\end{aligned}\right\}\tag{8-37}$$

于是当 $\alpha_i\in(0,C)$ 时,根据式(8-37)第一个条件可知 $y_i(\boldsymbol{w}\cdot\boldsymbol{\varphi}(\boldsymbol{x}_i)+b)-1+\xi_i=0$;根据式(8-37)第二个条件可知 $\xi_i=0$。所以有下式成立:

$$y_i(\boldsymbol{w}\cdot\boldsymbol{\varphi}(\boldsymbol{x}_i)+b)-1=0,\quad 当\ \alpha_i\in(0,C)\ 时\tag{8-38}$$

因此,可以根据式(8-38)通过任意一个支持向量求出 b 的值,为了计算稳定起见,通常利用所有的支持向量求出所有 b 的值,然后取平均。

上述过程最终得到的支持向量分类预测函数为

$$g_{\mathrm{SVM}}(\boldsymbol{X})=\mathrm{sgn}\left(\sum_{i=1}^{l}\alpha_i y_i k(\boldsymbol{X},\boldsymbol{x}_i)+b\right)\tag{8-39}$$

8.2.4　支持向量机回归算法

首先考虑线性情况,设存在训练样本集:

$$D=\{(\boldsymbol{x}_1,y_1),\cdots,(\boldsymbol{x}_l,y_l)\}$$

假设样本集 D 是 ε-线性近似的(ε 是人为指定的常数),即存在一个超平面 $g_{\mathrm{SVR}}(\boldsymbol{X})=\boldsymbol{w}\cdot\boldsymbol{X}+b$,使得下式成立:

$$|g_{\mathrm{SVR}}(\boldsymbol{x}_i)-y_i|\leqslant\varepsilon,\quad i=1,\cdots,l\tag{8-40}$$

如图 8-6 所示,式(8-40)实质上定义了一个以超平面 $g_{\mathrm{SVR}}(\boldsymbol{X})=\boldsymbol{w}\cdot\boldsymbol{X}+b$ 为中心的间隔带(图中深色区域)。训练样本集中的样本点 $(\boldsymbol{x}_i,y_i)(i=1,\cdots,l)$ 到间隔带中心 $g_{\mathrm{SVR}}(\boldsymbol{X})=\boldsymbol{w}\cdot\boldsymbol{X}+b$ 的距离为

$$d_i=\frac{|\boldsymbol{w}\cdot\boldsymbol{x}_i+b-y_i|}{\sqrt{1+\Vert\boldsymbol{w}\Vert^2}}\tag{8-41}$$

因为所有训练样本点均落在间隔带内,所以有

$$d_i=\frac{|\boldsymbol{w}\cdot\boldsymbol{x}_i+b-y_i|}{\sqrt{1+\Vert\boldsymbol{w}\Vert^2}}\leqslant\frac{\varepsilon}{\sqrt{1+\Vert\boldsymbol{w}\Vert^2}},\quad i=1,\cdots,l\tag{8-42}$$

由式(8-42)可知,$\frac{\varepsilon}{\sqrt{1+\Vert\boldsymbol{w}\Vert^2}}$ 是训练样本集中的点到超平面 $g_{\mathrm{SVR}}(\boldsymbol{X})=\boldsymbol{w}\cdot\boldsymbol{X}+b$ 的最远距

离。因此,图 8-6 中间隔带的宽度 $\gamma=\dfrac{2\varepsilon}{\sqrt{1+\|\boldsymbol{w}\|^2}}$。类似于支持向量分类算法,支持向量回归算法的基本思想是在保证训练样本点处误差满足精度要求(即 $|g_{\mathrm{SVR}}(\boldsymbol{x}_i)-y_i|\leqslant\varepsilon,\quad i=1,\cdots,l$)的前提下,最大化间隔带的宽度 $\gamma=\dfrac{2\varepsilon}{\sqrt{1+\|\boldsymbol{w}\|^2}}$(等价于最小化 $\dfrac{1}{2}\|\boldsymbol{w}\|^2$)。于是支持向量回归问题就转化为下述优化问题:

$$\left.\begin{aligned}&\min\frac{1}{2}\|\boldsymbol{w}\|^2\\&\text{s.t. }|g_{\mathrm{SVR}}(\boldsymbol{x}_i)-y_i|\leqslant\varepsilon,\quad i=1,\cdots,l\end{aligned}\right\}\tag{8-43}$$

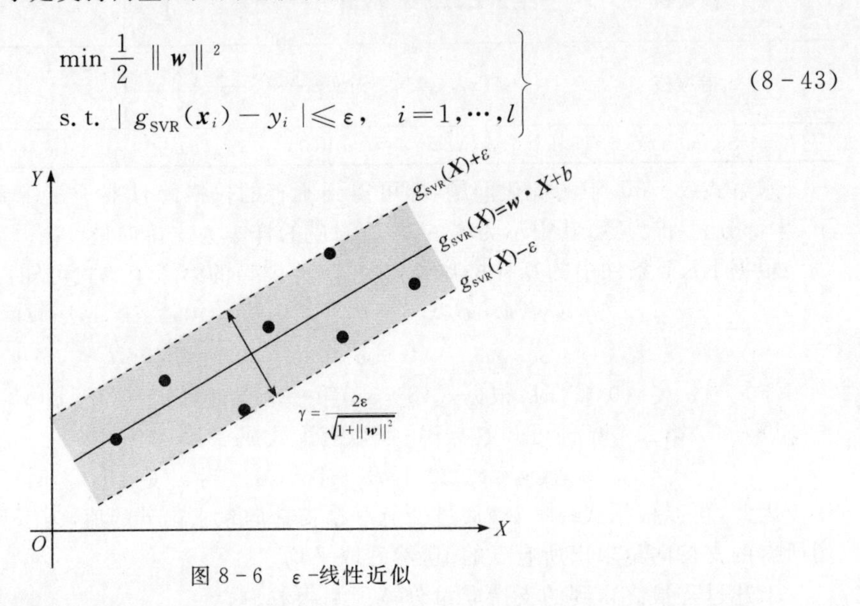

图 8-6　ε-线性近似

当式(8-43)中的约束条件不能严格满足时,引入两个松弛变量 $\xi_i\geqslant0,\xi_i^*\geqslant0(i=1,\cdots,l)$,并考虑下式中的 ε-不敏感损失函数:

$$|y-g_{\mathrm{SVR}}(\boldsymbol{x})|=\begin{cases}0, & \text{当 }|y-g_{\mathrm{SVR}}(\boldsymbol{x})|\leqslant\varepsilon\text{ 时}\\|y-g_{\mathrm{SVR}}(\boldsymbol{x})|-\varepsilon, & \text{其他}\end{cases}\tag{8-44}$$

此时式(8-43)的优化问题转化为

$$\min\frac{1}{2}\|\boldsymbol{w}\|^2+C\sum_{i=1}^{l}(\xi_i+\xi_i^*)\tag{8-45}$$

$$\left.\begin{aligned}\text{s.t. }g_{\mathrm{SVR}}(\boldsymbol{x}_i)-y_i&\leqslant\varepsilon+\xi_i^*\\y_i-g_{\mathrm{SVR}}(\boldsymbol{x}_i)&\leqslant\varepsilon+\xi_i\\\xi_i,\xi_i^*&\geqslant0\end{aligned}\right\}\tag{8-46}$$

其中 C 为正则化常数。式(8-45)中第一项使回归函数更加平坦,从而提高推广能力,第二项代表训练误差,正则化常数 C 对支持向量机的推广能力和训练误差做出折中。

类似于支持向量分类算法,引入拉格朗日函数:

$$\begin{aligned}L(\boldsymbol{w},b,\boldsymbol{\xi},\boldsymbol{\xi}^*\boldsymbol{\alpha},\boldsymbol{\alpha}^*,\boldsymbol{\mu},\boldsymbol{\mu}^*)=&\frac{1}{2}\|\boldsymbol{w}\|^2+C\sum_{i=1}^{l}(\xi_i+\xi_i^*)-\sum_{i=1}^{l}\mu_i\xi_i-\sum_{i=1}^{l}\mu_i^*\xi_i^*+\\&\sum_{i=1}^{l}\alpha_i(g_{\mathrm{SVR}}(\boldsymbol{x}_i)-y_i-\varepsilon-\xi_i)+\sum_{i=1}^{l}\alpha_i^*(y_i-g_{\mathrm{SVR}}(\boldsymbol{x}_i)-\varepsilon-\xi_i^*)\end{aligned}\tag{8-47}$$

其中 $\boldsymbol{w},b,\xi_i \geqslant 0,\xi_i^* \geqslant 0(i=1,\cdots,l)$ 为优化变量，$\alpha_i \geqslant 0,\alpha_i^* \geqslant 0,\mu_i \geqslant 0,\mu_i^* \geqslant 0(i=1,\cdots,l)$ 为拉格朗日乘子。

根据 8.2.2 小节可知，式(8 - 47)的优化问题可转化为

$$\min_{\substack{\boldsymbol{w},b,\\ \boldsymbol{\xi},\boldsymbol{\xi}^*}} \max_{\substack{\boldsymbol{\alpha}\geqslant 0,\boldsymbol{\alpha}^*\geqslant 0,\\ \boldsymbol{\mu}\geqslant 0,\boldsymbol{\mu}^*\geqslant 0,}} L(\boldsymbol{w},b,\boldsymbol{\xi},\boldsymbol{\xi}^*\boldsymbol{\alpha},\boldsymbol{\alpha}^*,\boldsymbol{\mu},\boldsymbol{\mu}^*) \tag{8-48}$$

与式(8 - 48)对应的对偶优化问题为

$$\max_{\substack{\boldsymbol{\alpha}\geqslant 0,\boldsymbol{\alpha}^*\geqslant 0,\\ \boldsymbol{\mu}\geqslant 0,\boldsymbol{\mu}^*\geqslant 0,}} \min_{\substack{\boldsymbol{w},b,\\ \boldsymbol{\xi},\boldsymbol{\xi}^*}} L(\boldsymbol{w},b,\boldsymbol{\xi},\boldsymbol{\xi}^*\boldsymbol{\alpha},\boldsymbol{\alpha}^*,\boldsymbol{\mu},\boldsymbol{\mu}^*) \tag{8-49}$$

由 KKT 条件的第一个条件可知：

$$\left.\begin{aligned}
&\frac{\partial L(\boldsymbol{w},b,\boldsymbol{\xi},\boldsymbol{\xi}^*\boldsymbol{\alpha},\boldsymbol{\alpha}^*,\boldsymbol{\mu},\boldsymbol{\mu}^*)}{\partial \boldsymbol{w}} = 0 \rightarrow \boldsymbol{w} = \sum_{i=1}^{l}(\alpha_i - \alpha_i^*)\boldsymbol{x}_i\\
&\frac{\partial L(\boldsymbol{w},b,\boldsymbol{\xi},\boldsymbol{\xi}^*\boldsymbol{\alpha},\boldsymbol{\alpha}^*,\boldsymbol{\mu},\boldsymbol{\mu}^*)}{\partial b} = 0 \rightarrow \sum_{i=1}^{l}(\alpha_i - \alpha_i^*) = 0\\
&\frac{\partial L(\boldsymbol{w},b,\boldsymbol{\xi},\boldsymbol{\xi}^*\boldsymbol{\alpha},\boldsymbol{\alpha}^*,\boldsymbol{\mu},\boldsymbol{\mu}^*)}{\partial \xi_i} = 0 \rightarrow C - \alpha_i - \mu_i = 0\\
&\frac{\partial L(\boldsymbol{w},b,\boldsymbol{\xi},\boldsymbol{\xi}^*\boldsymbol{\alpha},\boldsymbol{\alpha}^*,\boldsymbol{\mu},\boldsymbol{\mu}^*)}{\partial \xi_i^*} = 0 \rightarrow C - \alpha_i^* - \mu_i^* = 0
\end{aligned}\right\} \tag{8-50}$$

将式(8 - 50)代入式(8 - 49)，可将式(8 - 49)中的对偶优化问题简化为

$$\max_{\boldsymbol{\alpha}\geqslant 0,\boldsymbol{\alpha}^*\geqslant 0} \sum_{i=1}^{l} y_i(\alpha_i^* - \alpha_i) - \varepsilon(\alpha_i + \alpha_i^*) - \frac{1}{2}\sum_{i=1}^{l}\sum_{j=1}^{l}(\alpha_i^* - \alpha_i)(\alpha_j^* - \alpha_j)\,\boldsymbol{x}_i \cdot \boldsymbol{x}_j \tag{8-51}$$

$$\left.\begin{aligned}
\text{s.t.}\quad &\sum_{i=1}^{l}(\alpha_i^* - \alpha_i) = 0\\
&0 \leqslant \alpha_i^*,\alpha_i \leqslant C
\end{aligned}\right\} \tag{8-52}$$

对于非线性问题，类似于分类算法，首先使用一个非线性映射 $\boldsymbol{X} \rightarrow \boldsymbol{\varphi}(\boldsymbol{X})$ 将原始数据映射到一个高维特征空间，然后在高维特征空间中进行线性回归。则与式(8 - 51)和式(8 - 52)所对应的非线性回归的优化问题为

$$\max_{\boldsymbol{\alpha}\geqslant 0,\boldsymbol{\alpha}^*\geqslant 0} \sum_{i=1}^{l} y_i(\alpha_i^* - \alpha_i) - \varepsilon(\alpha_i + \alpha_i^*) - \frac{1}{2}\sum_{i=1}^{l}\sum_{j=1}^{l}(\alpha_i^* - \alpha_i)(\alpha_j^* - \alpha_j)k(\boldsymbol{x}_i,\boldsymbol{x}_j) \tag{8-53}$$

$$\left.\begin{aligned}
\text{s.t.}\quad &\sum_{i=1}^{l}(\alpha_i^* - \alpha_i) = 0\\
&0 \leqslant \alpha_i^*,\alpha_i \leqslant C
\end{aligned}\right\} \tag{8-54}$$

求解上述优化问题，即可得到所有的拉格朗日乘子 $\alpha_i,\alpha_i^*(i=1,\cdots,l)$。一般情况下，大部分 α_i 和 α_i^* 将为零，其中不为零的 α_i 或 α_i^* 所对应的样本为支持向量。最终支持向量回归表达式为

$$g_{\text{SVR}}(\boldsymbol{X}) = \boldsymbol{w}\cdot\boldsymbol{\varphi}(\boldsymbol{X}) + b = \sum_{i=1}^{l}(\alpha_i - \alpha_i^*)k(\boldsymbol{x}_i,\boldsymbol{X}) + b \tag{8-55}$$

根据 KKT 条件中的互补松弛条件及式(8-50)的第三、四个等式可知：

$$\left.\begin{aligned}\alpha_i(g_{\mathrm{SVR}}(\boldsymbol{x}_i)-y_i+\varepsilon+\xi_i)=0, \quad i=1,\cdots,l\\ \alpha_i^*(y_i-g_{\mathrm{SVR}}(\boldsymbol{x}_i)+\varepsilon+\xi_i^*)=0, \quad i=1,\cdots,l\\ \mu_i\xi_i=(C-\alpha_i)\xi_i=0, \quad i=1,\cdots,l\\ \mu_i^*\xi_i^*=(C-\alpha_i^*)\xi_i^*=0, \quad i=1,\cdots,l\end{aligned}\right\} \tag{8-56}$$

于是根据式(8-56)可知：

$$\left.\begin{aligned}b=y_j-\varepsilon-\sum_{i=1}^{l}(\alpha_i-\alpha_i^*)k(\boldsymbol{x}_i,\boldsymbol{x}_j), \quad 当\ \alpha_j\in(0,C)\ 时\\ b=y_j+\varepsilon-\sum_{i=1}^{l}(\alpha_i-\alpha_i^*)k(\boldsymbol{x}_i,\boldsymbol{x}_j), \quad 当\ \alpha_j^*\in(0,C)\ 时\end{aligned}\right\} \tag{8-57}$$

因此，可以通过任意一个支持向量求出 b 的值。为了计算稳定起见，通常利用所有的支持向量求出所有 b 的值，然后取平均。

8.2.5 支持向量机推广能力估计与参数选择

就分类问题而言，推广能力指支持向量分类算法对未知数据进行分类的准确率；就回归问题而言，推广能力指支持向量回归算法对未知数据进行近似拟合的精度。为了评估支持向量机模型的推广能力，通常需要一个测试集来检验所建模型对新样本的分类能力或拟合精度，然后以测试集上的测试误差的大小来评价支持向量机的推广能力。但是通常情况下，只有包含 l 个样本的数据集 $D=\{(\boldsymbol{x}_1,y_1),\cdots,(\boldsymbol{x}_l,y_l)\}$，并没有额外的测试集来对代理模型推广能力进行评估。因此，希望数据集 D 既要参与代理模型的训练，又要参与模型推广能力的测试。该思想的具体实现是 m-折交叉验证法，该方法将训练样本等分为 m 组，利用其中 $m-1$ 组样本构建代理模型，用剩余一组样本来验证所构建代理模型的精度，这样循环 m 次，使得每一组样本都作为一次测试集，然后对得到的 m 个验证误差取平均来估计支持向量机模型的真实误差。特别地，当 $m=l$ 时，该方法称为留一法交叉验证[9-10]。

对于分类问题，留一法(Leave-One-Out)交叉验证(Cross-Validation)误差 e_{LOO} 为

$$e_{\mathrm{LOO}}=\frac{1}{l}\sum_{i=1}^{l}I(-y_i g_{\mathrm{SVM}}^{\sim i}(\boldsymbol{x}_i)) \tag{8-58}$$

其中 $g_{\mathrm{SVM}}^{\sim i}(\boldsymbol{x})$ 表示去除第 i 个样本点 $(\boldsymbol{x}_i,y_i)$，用剩余 $l-1$ 个样本所构建的支持向量分类模型。$I(X)$ 为指示函数，其定义为

$$I(X)=\begin{cases}0 & X>0\\ 1 & X\leqslant 0\end{cases} \tag{8-59}$$

对于回归问题，留一法交叉验证误差为

$$e_{\mathrm{LOO}}=\frac{1}{l}\sum_{i=1}^{l}(y_i-g_{\mathrm{SVR}}^{\sim i}(\boldsymbol{x}_i))^2 \tag{8-60}$$

其中 $g_{\mathrm{SVR}}^{\sim i}(\boldsymbol{x})$ 表示去除第 i 个样本点 $(\boldsymbol{x}_i,y_i)$，用剩余 $l-1$ 个样本所构建的支持向量回归模型。

此外，支持向量机的核函数类型及模型参数(包括正则化常数 C，ε 及核参数)对代理模型

精度有很大的影响[11]，选取适当的核函数类型及模型参数是获得高精度支持向量机模型的前提。为了选择合适的支持向量机核函数及模型参数，常用的方法是以交叉验证误差最小化为目标，通过优化算法或者网格搜索技巧来实现核函数类型及模型参数的选择。

在得到支持向量分类模型 $g_{\mathrm{SVM}}(\boldsymbol{X})$ 或回归模型 $g_{\mathrm{SVR}}(\boldsymbol{X})$ 后，就可在该代理模型基础上结合蒙特卡罗等方法进行可靠性分析。支持向量分类与回归算法已经有很多现成的基于 MATLAB 开发的软件包，其中较为成熟和完整的有瑞士苏黎世联邦理工学院 Sudret Bruno 教授团队开发的 UQlab 软件（可通过网址 https://www.uqlab.com/下载安装）及中国台湾大学林智仁教授开发的 LIBSVM 软件（可通过网址 https://www.csie.ntu.edu.tw/～cjlin/libsvm/下载安装）。

8.2.6　算例分析及算法参考程序

算例 8.6　考虑如图 8－7 所示的非线性单自由度无阻尼振动系统，其功能函数为

$$g(c_1, c_2, m, r, t_1, F_1) = 3r - \left|\frac{2F_1}{m\omega_0^2}\sin\left(\frac{\omega_0^2 t_1}{2}\right)\right|, \quad \omega_0 = \sqrt{\frac{c_1 + c_2}{m}}$$

该功能函数的所有随机变量分布类型及其分布参数见表 8－9。

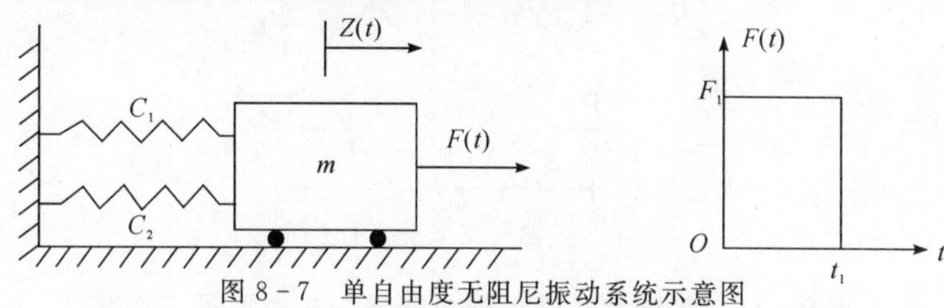

图 8－7　单自由度无阻尼振动系统示意图

表 8－9　算例 8.6 输入随机变量分布类型及其参数

变量	分布类型	均值	标准差
m	正态	1	0.05
c_1	正态	1	0.1
c_2	正态	0.1	0.01
r	正态	0.5	0.05
F_1	正态	1	0.2
t_1	正态	1	0.2

表 8－10 给出了支持向量分类及回归算法可靠性分析结果（该算例是在代理模型基础上采用蒙特卡罗模拟进行可靠性分析）。

表 8－10　算例 8.6 可靠性分析结果

方法	核函数类型	抽样次数	P_f
蒙特卡罗模拟	—	10^6	0.028 66
支持向量回归	高斯核	50	0.026 28
	多项式	50	0.028 10
	指数核	200	0.024 92
	Sigmoid 核	300	0.026 09

续表

方法	核函数类型	抽样次数	P_f
支持向量分类	高斯核	300	0.027 61
	多项式	400	0.026 30
	指数核	1000	0.021 12
	Sigmoid 核	500	0.025 00

算例 8.7 考虑如图 8-8 所示的两杆支撑系统，其功能函数为

$$Y = S - 2W\frac{\sqrt{h^2 + (s/2)^2}}{\pi(d_{\text{outer}}^2 - d_{\text{inner}}^2)}\left(\frac{\sin\theta}{h} + 2\frac{\cos\theta}{s}\right)$$

该功能函数的所有随机变量分布类型及其分布参数见表 8-11。

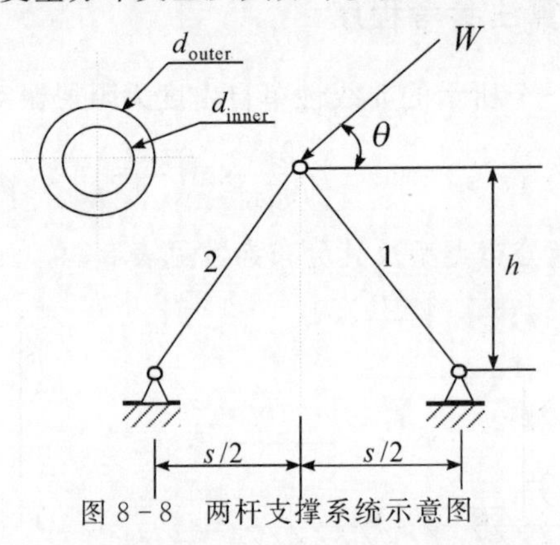

图 8-8 两杆支撑系统示意图

表 8-11 算例 8.7 输入随机变量分布类型及其参数

变量	分布类型	均值	标准差
S/MPa	正态	200	20
W/kN	正态	47.75	3.90
h/mm	正态	100	5
s/mm	正态	100	5
d_{outer}/mm	正态	30	1.5
d_{inner}/mm	正态	18	0.9
θ/°	正态	60	1.15

表 8-12 给出了支持向量分类及回归算法可靠性分析结果（该算例是在代理模型基础上采用蒙特卡罗模拟进行可靠性分析）。

表 8-12 算例 8.7 可靠性分析结果

方法	核函数类型	抽样次数	P_f /10^{-3}
蒙特卡罗模拟	—	10^6	6.509 0
支持向量回归	高斯核	500	5.163 0
	多项式	300	6.816 0
	指数核	1 000	4.819 0
	Sigmoid 核	1 000	6.949 0

续表

方法	核函数类型	抽样次数	$P_f/10^{-3}$
支持向量分类	高斯核	600	7.630 0
	多项式	1 000	7.200 0
	指数核	1 000	1.764 0
	Sigmoid 核	1 500	6.346 0

从上述算例可靠性分析结果可以看出，支持向量机分类及回归算法的可靠性分析效率及精度受核函数类型影响很大，不合适的核函数甚至会导致出现错误的可靠性分析结果。此外，针对同一问题，采用支持向量回归算法进行可靠性分析的效率要高于支持向量分类算法，这是因为采用回归算法对训练样本的信息利用率更高，而分类算法只利用了训练样本的正负号(正负号分别代表安全与失效)。表 8－13 给出了上述算例基于支持向量机进行可靠性分析的 MATLAB 程序。

表 8－13　算例 8.6 及算例 8.7 基于支持向量机可靠性分析的 MATLAB 程序

```
clc; clear;
uqlab;  %调用 UQlab 工具箱
g=@(x)x(:,1)-2.*x(:,2).*(x(:,3).^2+0.25.*x(:,4).^2).^0.5./(pi.*(x(:,5).^2-x(:,6).^
2)).*(sin(x(:,7))./x(:,3)+2.*cos(x(:,7))./x(:,4));
Mean=[200*10^6  47.75*1000   0.1    0.1    0.03  0.018   pi/3];  %算例 8.4 输入变量均值
Std=[20*10^6   3.9*1000 0.005   0.005   0.03*0.05   0.018*0.05   1.15./180*pi];
%算例 8.4 输入变量标准差
%g=@(x)3.*x(:,4)-abs(2.*x(:,5)./(x(:,1).*(x(:,2)+x(:,3))).*sin( 0.5.*sqrt( (x(:,
2)+x(:,3))./x(:,1)).*x(:,6))) ;%算例 8.5
% Mean=[1 1 0.1 0.5 1 1];Std=[0.05 0.1 0.01 0.05 0.2 0.2]; %算例 8.4 输入变量均值、标准差
%蒙特卡罗模拟可靠性分析
n=10.^6;X1=lhsnorm(Mean,diag(Std.^2),n);Y1=g(X1);
Pf=size(find(Y1<0),1)./n
%支持向量回归
n1=50;X=lhsnorm(Mean,diag(Std.^2),n1); Y=g(X);  %产生训练样本
MetaOpts.Type = 'Metamodel';
MetaOpts.MetaType = 'SVR';                          %代理模型类型-支持向量回归
MetaOpts.ExpDesign.X = X;
MetaOpts.ExpDesign.Y = Y;
MetaOpts.Kernel.Family = 'Gaussian';                %核函数类型(可调)-高斯核函数
%MetaOpts.Kernel.Family = 'Polynomial';             %核函数类型(可调)-多项式核函数
%MetaOpts.Kernel.Family = 'Sigmoid';                %核函数类型(可调)- Sigmoid 核函数
%MetaOpts.Kernel.Family = 'Exponential';            %核函数类型(可调)-指数核函数
MetaOpts.QPSolver='SMO';                            %序列最小优化算法
MetaOpts.Loss = 'l1-eps';                           %损失函数类型
MetaOpts.EstimMethod = 'CV';                        %交叉验证模型精度
MetaOpts.Optim.Method = 'GA';                       %遗传算法优化模型参数
```

```
mySVR = uq_createModel(MetaOpts);                          %构建支持向量回归模型
Y_svr = uq_evalModel(mySVR,X1);                            %对新样本进行预测
Pf1=size(find(Y_svr<0),1)./n                               %计算失效概率
%支持向量分类
n1=300;X=lhsnorm(Mean,diag(Std.^2),n1); Y=g(X); Y=sign(Y); %产生训练样本
MetaOpts.Type = 'Metamodel';
MetaOpts.MetaType = 'SVC';                                 %代理模型类型-支持向量分类
MetaOpts.ExpDesign.X = X;
MetaOpts.ExpDesign.Y = Y;
MetaOpts.Kernel.Family = 'Gaussian';                       %核函数类型(可调)-高斯核函数
%MetaOpts.Kernel.Family = 'Polynomial';                    %核函数类型(可调)-多项式核函数
%MetaOpts.Kernel.Family = 'Sigmoid';                       %核函数类型(可调)- Sigmoid 核函数
%MetaOpts.Kernel.Family = 'Exponential';                   %核函数类型(可调)-指数核函数
MetaOpts.QPSolver='SMO';                                   %序列最小优化算法
MetaOpts.Optim.Method = 'CE';                              %交叉验证模型精度
MetaOpts.EstimMethod = 'CV';                               %交叉验证模型精度
mySVC = uq_createModel(MetaOpts);                          %构建支持向量分类模型
Y_svr = uq_evalModel(mySVC,X1);                            %对新样本进行预测
Pf1=size(find(Y_svr<0),1)./n                               %计算失效概率
```

注:上述程序的运行需下载并安装 UQlab 工具箱。

8.3 本章小结

本章主要介绍了可靠性分析领域常用的两种代理模型:响应面法和支持向量机。作为一种函数逼近方法,响应面法最先被应用于隐式功能函数的可靠性分析当中,该方法经历了从低阶到高阶,从非加权到加权拟合的逐步完善过程。响应面法虽然简单实用,但其仅仅适用于结构功能函数非线性程度不高的问题,针对高度非线性问题,高阶响应面法的计算精度及稳定性无法得到保证。基于结构风险最小化原则发展的支持向量机算法则有效避免了响应面法的缺陷,该方法针对高度非线性问题表现出了更加优越的性能。应当注意的是,支持向量机的性能很大程度上取决于其核函数类型及模型参数的选取。针对具体问题,需要采用优化算法以交叉验证误差最小化为目标来选取最合适的核函数类型及模型参数。

参考文献

[1] BAYER V, SCHUËLLER G I. Discussion on: A new look at the response surface approach for reliability analysis[J]. Structural Safety, 1994, 16(3): 227 - 228.

[2] BUCHER C G, BOURGUND U. A fast and efficient response surface approach for structural reliability problems[J]. Structural Safety, 1990, 7(1): 57 - 66.

[3] RAJASHEKHAR M R, ELLINGWOOD B R. A new look at the response surface approach for reliability analysis[J]. Structural Safety, 1993, 12(3): 205 - 220.

[4] KAYMAZ I, MCMAHON C A. A response surface method based on weighted regression for structural reliability analysis[J]. Probabilistic Engineering Mechanics, 2005, 20(1): 11 - 17.

[5] VAPNIK V N. The nature of statistical learning theory[J]. Transactions, 1997, 38(4): 409.

[6] VAPNIK V N. Statistical Learning Theory[J]. Encyclopedia of the Sciences of Learning, 2008, 41: 3185.

[7] 克里斯特安尼. 支持向量机导论[M]. 李国正,王猛,曾华军,译. 北京:电子工业出版社, 2004.

[8] CHENG K, LU Z Z, ZHOU Y C, et al. Global sensitivity analysis using support vector regression[J]. Applied Mathematical Modelling, 2017, 49: 587 - 598.

[9] BOURINET J M, DEHEEGER F, LEMAIRE M. Assessing small failure probabilities by combined subset simulation and Support Vector Machines[J]. Structural Safety, 2011, 33(6): 343 - 353.

[10] BOURINET J M. Rare-event probability estimation with adaptive support vector regression surrogates[J]. Reliability Engineering and System Safety, 2016, 150: 210 - 221.

[11] TSIRIKOGLOU P, ABRAHAM S, CONTINO F, et al. A hyperparameters selection technique for support vector regression models[J]. Applied Soft Computing, 2017, 61: 139 - 148.

第9章 基于Kriging代理模型的可靠性和可靠性局部灵敏度分析方法

面对已有方法对大型复杂结构隐式极限状态方程问题进行可靠性分析时遇到的难以克服的计算效率问题,研究人员希望发展一种可以通过少量运算,便能得到在概率上代替真实隐式功能函数的显式函数,以便利用该显式函数区分样本池中输入变量所对应的输出状态是失效还是安全的,这种想法促使了自适应 Kriging 代理模型法的产生。自适应 Kriging 代理模型法的思路是:通过将 Monte Carlo 法计算失效概率的样本池中的少量样本代入到真实的功能函数中得到相应的功能函数样本值,利用这少量的输入-输出信息建立初始的 Kriging 代理模型,然后再通过 U 等学习函数在备选样本池中挑选出下一步所需的更新样本点对当前的 Kriging 代理模型进行更新,直到满足自适应学习过程的收敛条件。通过自适应学习过程得到的收敛 Kriging 代理模型可以在满足给定精度要求的情况下准确判断样本池中输入样本的失效或安全状态。通过自适应学习过程建立的 Kriging 代理模型可以代替原始的功能函数来计算可靠性及可靠性局部灵敏度,大量减少了基于数字模拟的样本法在可靠性及可靠性局部灵敏度分析中的计算量。

基于自适应学习过程的 Kriging 代理模型法具有很强的可操作性,它可以直接与有限元模型结合起来对复杂的结构进行可靠性及可靠性局部灵敏度分析,因此本章将对基于 U 学习函数发展起来的自适应学习 Kriging 代理模型法的基本原理和实现过程进行介绍。

9.1 Kriging 代理模型及可靠性分析的自适应学习函数

9.1.1 Kriging 代理模型的基本原理

工程领域常用的代理模型有多项式响应面模型、人工神经网络模型和 Kriging 模型等。多项式响应面模型对高维问题和强非线性问题的拟合精度较差,人工神经网络模型所需要进行的试验次数过多。Kriging 代理模型作为一种估计方差最小的无偏估计模型,具有全局近似与局部随机误差相结合的特点,它的有效性不依赖于随机误差的存在,对非线性程度较高和局部响应突变问题具有良好的拟合效果,因此可以采用 Kriging 代理模型进行函数全局和局部的近似[1]。

Kriging 模型可以近似表达为一个随机分布函数和一个多项式之和,即

$$g_K(\boldsymbol{X}) = \sum_{i=1}^{p} f_i(\boldsymbol{X})\beta_i + z(\boldsymbol{X}) \tag{9-1}$$

式中,$g_K(\boldsymbol{X})$ 为未知的 Kriging 模型;$\boldsymbol{f}(\boldsymbol{X}) = \{f_1(\boldsymbol{X}), f_2(\boldsymbol{X}), \cdots, f_p(\boldsymbol{X})\}^{\mathrm{T}}$ 是随机向量 $\boldsymbol{X}$ 的基函数,提供了设计空间内的全局近似模型;$\boldsymbol{\beta} = \{\beta_1, \beta_2, \cdots, \beta_p\}^{\mathrm{T}}$ 为回归函数待定系数,其值可通过已知的响应值估计得到;p 表示基函数的个数;$z(\boldsymbol{X})$ 为一随机过程,是在全局模拟的基

础上创建的期望为 0 且方差为 σ^2 的局部偏差，其协方差矩阵的分量可表示为

$$\mathrm{Cov}[z(\boldsymbol{x}^{(i)}), z(\boldsymbol{x}^{(j)})] = \sigma^2 [R(\boldsymbol{x}^{(i)}, \boldsymbol{x}^{(j)})] \tag{9-2}$$

式中，$R(\boldsymbol{x}^{(i)}, \boldsymbol{x}^{(j)})$ 表示任意两个样本点的相关函数，其为相关矩阵 $\boldsymbol{R}$ 的分量，$i,j=1,2,\cdots,m$，m 为训练样本集中数据个数。$R(\boldsymbol{x}^{(i)}, \boldsymbol{x}^{(j)})$ 有多种函数形式可选择，高斯型相关函数的表达式为

$$R(\boldsymbol{x}^{(i)}, \boldsymbol{x}^{(j)}) = \exp\left(-\sum_{k=1}^{m} \theta_k \left| x_k^{(i)} - x_k^{(j)} \right|^2\right) \tag{9-3}$$

式中，$\theta_k(k=1,2,\cdots,m)$ 为未知的相关参数。

根据 Kriging 理论，未知点 $\boldsymbol{x}$ 处的响应估计值为

$$g_K(\boldsymbol{x}) = \boldsymbol{f}^{\mathrm{T}}(\boldsymbol{x})\hat{\boldsymbol{\beta}} + \boldsymbol{r}^{\mathrm{T}}(\boldsymbol{x})\boldsymbol{R}^{-1}(\boldsymbol{g} - \boldsymbol{F}\hat{\boldsymbol{\beta}}) \tag{9-4}$$

式中，$\hat{\boldsymbol{\beta}}$ 为 $\boldsymbol{\beta}$ 的估计值，$\boldsymbol{g}$ 为训练样本数据的响应值构成的列向量，$\boldsymbol{F}$ 为由 m 个样本点处的回归模型组成的 $m \times p$ 阶矩阵，$\boldsymbol{r}(\boldsymbol{x})$ 为训练样本点和预测点之间的相关函数向量，可以表示为

$$\boldsymbol{r}^{\mathrm{T}}(\boldsymbol{x}) = \{R(\boldsymbol{x}, \boldsymbol{x}^{(1)}), R(\boldsymbol{x}, \boldsymbol{x}^{(2)}), \cdots, R(\boldsymbol{x}, \boldsymbol{x}^{(m)})\} \tag{9-5}$$

$\hat{\boldsymbol{\beta}}$ 和方差估计值 $\hat{\sigma}^2$ 分别为

$$\hat{\boldsymbol{\beta}} = (\boldsymbol{F}^{\mathrm{T}}\boldsymbol{R}^{-1}\boldsymbol{F})^{-1}\boldsymbol{F}^{\mathrm{T}}\boldsymbol{R}^{-1}\boldsymbol{g} \tag{9-6}$$

$$\hat{\sigma}^2 = (\boldsymbol{g} - \boldsymbol{F}\hat{\boldsymbol{\beta}})^{\mathrm{T}}\boldsymbol{R}^{-1}(\boldsymbol{g} - \boldsymbol{F}\hat{\boldsymbol{\beta}})/m \tag{9-7}$$

相关参数 $\boldsymbol{\theta} = \{\theta_1, \theta_2, \cdots, \theta_m\}^{\mathrm{T}}$ 可以通过求极大似然估计的最大值得到，即

$$\max \quad F(\boldsymbol{\theta}) = -\frac{m\ln(\hat{\sigma}^2) + \ln|\boldsymbol{R}|}{2}, \quad \theta_k \geqslant 0 \ (k=1,2,\cdots,m) \tag{9-8}$$

通过求解式(9-8)得到的 $\boldsymbol{\theta}$ 值构成的 Kriging 模型为拟合精度最优的代理模型。

因此，对于任意一个未知的 $\boldsymbol{x}$，$g_K(\boldsymbol{x})$ 服从一个高斯分布，即 $g_K(\boldsymbol{x}) \sim N(\mu_{g_K}(\boldsymbol{x}), \sigma_{g_K}^2(\boldsymbol{x}))$，其中，均值及方差的计算公式为

$$\mu_{g_K}(\boldsymbol{x}) = \boldsymbol{f}^{\mathrm{T}}(\boldsymbol{x})\hat{\boldsymbol{\beta}} + \boldsymbol{r}^{\mathrm{T}}(\boldsymbol{x})\boldsymbol{R}^{-1}(\boldsymbol{g} - \boldsymbol{F}\hat{\boldsymbol{\beta}}) \tag{9-9}$$

$$\sigma_{g_K}^2(\boldsymbol{x}) = \sigma^2\{1 - \boldsymbol{r}^{\mathrm{T}}(\boldsymbol{x})\boldsymbol{R}^{-1}\boldsymbol{r}(\boldsymbol{x}) + [\boldsymbol{F}^{\mathrm{T}}\boldsymbol{R}^{-1}\boldsymbol{r}(\boldsymbol{x}) - \boldsymbol{f}(\boldsymbol{x})]^{\mathrm{T}}(\boldsymbol{F}^{\mathrm{T}}\boldsymbol{R}^{-1}\boldsymbol{F})^{-1}[\boldsymbol{F}^{\mathrm{T}}\boldsymbol{R}^{-1}\boldsymbol{r}(\boldsymbol{x}) - \boldsymbol{f}(\boldsymbol{x})]\} \tag{9-10}$$

$\mu_{g_K}(\boldsymbol{x})$ 和 $\sigma_{g_K}^2(\boldsymbol{x})$ 的计算可以通过 MATLAB 中的工具箱 DACE[2-3] 来实现。Kriging 代理模型为准确的插值方法(见图 9-1)。在训练点 $\boldsymbol{x}_i(i=1,2,\cdots,m)$ 处，$\mu_{g_K}(\boldsymbol{x}_i) = g(\boldsymbol{x}_i)$ 且 $\sigma_{g_K}(\boldsymbol{x}_i) = 0$。$\sigma_{g_K}^2(\boldsymbol{x})$ 表示 $g_K(\boldsymbol{X})$ 与 $g(\boldsymbol{X})$ 之间均方误差的最小值，初始样本点中功能函数值的误差为 0，其他输入变量样本对应的功能函数预测值的方差一般不是 0，如图 9-1 所示。当 $\sigma_{g_K}^2(\boldsymbol{x})$ 比较大时，意味着在 $\boldsymbol{x}$ 处的估计是不正确的。因此 $\sigma_{g_K}^2(\boldsymbol{x})$ 的预测值可以用来衡量代理模型在 $\boldsymbol{x}$ 位置处估计的准确程度，进而为更新 Kriging 代理模型提供了一个很好的指标。

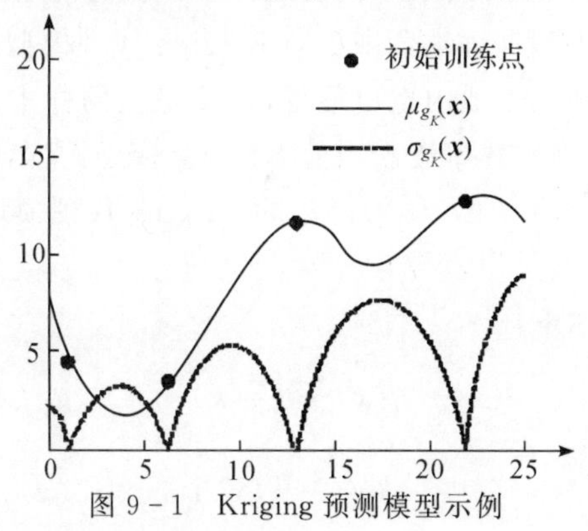

图 9-1　Kriging 预测模型示例

9.1.2 可靠性分析中 Kriging 代理模型的自适应学习函数

根据 Monte Carlo 数字模拟法求解失效概率的过程可知，功能函数的正负在失效概率计算过程中至关重要。规定功能函数大于零结构处于安全状态，反之结构处于失效状态。因此，利用代理模型准确代理功能函数为零的面 $g(\boldsymbol{x})=0$ 对于准确计算失效概率至关重要。自适应建立 Kriging 代理模型的思路为：首先根据少量训练样本点建立粗糙的 Kriging 代理模型，其次通过自适应学习函数从备选样本集中挑选符合要求的样本点加入当前训练样本集内，以更新 Kriging 模型直到满足收敛条件，最后利用更新结束的 Kriging 代理模型来进行可靠性及可靠性局部灵敏度分析。加入 Kriging 训练集更新 Kriging 模型的样本点需要满足：①在随机输入变量分布密度较大的区域；②距离功能函数为零的面近且符号误判的风险较大。所谓符号误判风险较大的样本点具备以下特征：靠近极限状态面也即 $|\mu_{g_K}|$ 较小，或当前 Kriging 代理模型对其预测的方差（即 $\sigma_{g_K}^2$）较大，或者以上两点同时具备。目前应用较为广泛的自适应学习函数有：*EFF*（Expected Feasibility Function）学习函数[4]、基于信息熵的 H 学习函数[5]以及 U 学习函数[6]。

***EFF* 学习函数的定义如下：**

$$EFF(\boldsymbol{x})=\int_{\bar{g}(\boldsymbol{x})-\varepsilon}^{\bar{g}(\boldsymbol{x})+\varepsilon}\left(\varepsilon-\left|\bar{g}(\boldsymbol{x})-g_K(\boldsymbol{x})\right|\right)f_{g_K}(g_K(\boldsymbol{x}))\,\mathrm{d}g_K(\boldsymbol{x}) \tag{9-11}$$

式中，$\boldsymbol{x}$ 为确定的实现值，$f_{g_K}(g_K(\boldsymbol{x}))$ 表示 Kriging 模型 $g_K(\boldsymbol{x})$ 的概率密度函数，其服从均值为 $\mu_{g_K}(\boldsymbol{x})$，标准差为 $\sigma_{g_K}(\boldsymbol{x})$ 的正态分布；$\bar{g}(\boldsymbol{x})=0$ 为失效边界；ε 与 $\sigma_{g_K}(\boldsymbol{x})$ 成比例，一般取为 $2\sigma_{g_K}(\boldsymbol{x})$。令 $g^-(\boldsymbol{x})=\bar{g}(\boldsymbol{x})-\varepsilon$，$g^+(\boldsymbol{x})=\bar{g}(\boldsymbol{x})+\varepsilon$，则式(9-11)可等价表示为

$$\begin{aligned}EFF(\boldsymbol{x})=&\left(\mu_{g_K}(\boldsymbol{x})-\bar{g}(\boldsymbol{x})\right)\left[2\Phi\left(\frac{\bar{g}(\boldsymbol{x})-\mu_{g_K}(\boldsymbol{x})}{\sigma_{g_K}(\boldsymbol{x})}\right)-\Phi\left(\frac{g^-(\boldsymbol{x})-\mu_{g_K}(\boldsymbol{x})}{\sigma_{g_K}(\boldsymbol{x})}\right)-\Phi\left(\frac{g^+(\boldsymbol{x})-\mu_{g_K}(\boldsymbol{x})}{\sigma_{g_K}(\boldsymbol{x})}\right)\right]-\\&\sigma_{g_K}(\boldsymbol{x})\left[2\varphi\left(\frac{\bar{g}(\boldsymbol{x})-\mu_{g_K}(\boldsymbol{x})}{\sigma_{g_K}(\boldsymbol{x})}\right)-\varphi\left(\frac{g^-(\boldsymbol{x})-\mu_{g_K}(\boldsymbol{x})}{\sigma_{g_K}(\boldsymbol{x})}\right)-\varphi\left(\frac{g^+(\boldsymbol{x})-\mu_{g_K}(\boldsymbol{x})}{\sigma_{g_K}(\boldsymbol{x})}\right)\right]+\\&2\sigma_{g_K}(\boldsymbol{x})\left[\Phi\left(\frac{g^+(\boldsymbol{x})-\mu_{g_K}(\boldsymbol{x})}{\sigma_{g_K}(\boldsymbol{x})}\right)-\Phi\left(\frac{g^-(\boldsymbol{x})-\mu_{g_K}(\boldsymbol{x})}{\sigma_{g_K}(\boldsymbol{x})}\right)\right]\end{aligned} \tag{9-12}$$

式中，Φ 为标准正态分布变量的累积分布函数，φ 为标准正态分布变量的概率密度函数。*EFF* 学习函数从估计值变异性的角度考虑了不同备选样本对提高失效面拟合精度的贡献，*EFF* 越大，表明将该备选样本点加入到训练集合来更新 Kriging 代理模型对提高 Kriging 模型拟合精度的贡献越大。因此，在备选样本池内选出使得 *EFF* 最大的样本点，并将该样本点及其相应的真实功能函数值加入训练样本集中更新当前 Kriging 模型，文献[4]表明通常情况下可选择 $\max EFF(\boldsymbol{x})\leqslant 0.001$ 作为基于 *EFF* 学习函数的 Kriging 代理模型自适应更新过程的收敛终止条件。

式(9-12)的证明过程如下：

$$\begin{aligned}EFF(\boldsymbol{x})&=\int_{g^-(\boldsymbol{x})}^{g^+(\boldsymbol{x})}\left(\varepsilon-\left|\bar{g}(\boldsymbol{x})-g_K(\boldsymbol{x})\right|\right)f_{g_K}(g_K(\boldsymbol{x}))\,\mathrm{d}g_K(\boldsymbol{x})\\&=\int_{g^-(\boldsymbol{x})}^{\bar{g}(\boldsymbol{x})}\left(\varepsilon+g_K(\boldsymbol{x})-\bar{g}(\boldsymbol{x})\right)f_{g_K}(g_K(\boldsymbol{x}))\,\mathrm{d}g_K(\boldsymbol{x})+\end{aligned}$$

$$\begin{aligned}
&\int_{\bar{g}(\boldsymbol{x})}^{g^{+}(\boldsymbol{x})}(\varepsilon+\bar{g}(\boldsymbol{x})-g_{K}(\boldsymbol{x}))f_{g_K}(g_{K}(\boldsymbol{x}))\,\mathrm{d}g_{K}(\boldsymbol{x})\\
&=(\varepsilon-\bar{g}(\boldsymbol{x}))\int_{g^{-}(\boldsymbol{x})}^{\bar{g}(\boldsymbol{x})}f_{g_K}(g_{K}(\boldsymbol{x}))\,\mathrm{d}g_{K}(\boldsymbol{x})+\\
&\quad\int_{g^{-}(\boldsymbol{x})}^{\bar{g}(\boldsymbol{x})}g_{K}(\boldsymbol{x})f_{g_K}(g_{K}(\boldsymbol{x}))\,\mathrm{d}g_{K}(\boldsymbol{x})+\\
&\quad(\varepsilon+\bar{g}(\boldsymbol{x}))\int_{\bar{g}(\boldsymbol{x})}^{g^{+}(\boldsymbol{x})}f_{g_K}(g_{K}(\boldsymbol{x}))\,\mathrm{d}g_{K}(\boldsymbol{x})-\\
&\quad\int_{\bar{g}(\boldsymbol{x})}^{g^{+}(\boldsymbol{x})}g_{K}(\boldsymbol{x})f_{g_K}(g_{K}(\boldsymbol{x}))\,\mathrm{d}g_{K}(\boldsymbol{x})
\end{aligned}\tag{9-13}$$

式(9-13)的计算可分为两部分，第一部分的计算为

$$\begin{aligned}
Q_1&=(\varepsilon-\bar{g}(\boldsymbol{x}))\int_{g^{-}(\boldsymbol{x})}^{\bar{g}(\boldsymbol{x})}f_{g_K}(g_{K}(\boldsymbol{x}))\mathrm{d}g_{K}(\boldsymbol{x})+(\varepsilon+\bar{g}(\boldsymbol{x}))\int_{\bar{g}(\boldsymbol{x})}^{g^{+}(\boldsymbol{x})}f_{g_K}(g_{K}(\boldsymbol{x}))\mathrm{d}g_{K}(\boldsymbol{x})\\
&=(\varepsilon-\bar{g}(\boldsymbol{x}))\left[\Phi\left(\frac{\bar{g}(\boldsymbol{x})-\mu_{g_K}(\boldsymbol{x})}{\sigma_{g_K}(\boldsymbol{x})}\right)-\Phi\left(\frac{g^{-}(\boldsymbol{x})-\mu_{g_K}(\boldsymbol{x})}{\sigma_{g_K}(\boldsymbol{x})}\right)\right]+\\
&\quad(\varepsilon+\bar{g}(\boldsymbol{x}))\left[\Phi\left(\frac{g^{+}(\boldsymbol{x})-\mu_{g_K}(\boldsymbol{x})}{\sigma_{g_K}(\boldsymbol{x})}\right)-\Phi\left(\frac{\bar{g}(\boldsymbol{x})-\mu_{g_K}(\boldsymbol{x})}{\sigma_{g_K}(\boldsymbol{x})}\right)\right]\\
&=\varepsilon\left[\Phi\left(\frac{g^{+}(\boldsymbol{x})-\mu_{g_K}(\boldsymbol{x})}{\sigma_{g_K}(\boldsymbol{x})}\right)-\Phi\left(\frac{g^{-}(\boldsymbol{x})-\mu_{g_K}(\boldsymbol{x})}{\sigma_{g_K}(\boldsymbol{x})}\right)\right]-2\bar{g}(\boldsymbol{x})\Phi\left(\frac{\bar{g}(\boldsymbol{x})-\mu_{g_K}(\boldsymbol{x})}{\sigma_{g_K}(\boldsymbol{x})}\right)+\\
&\quad\bar{g}(\boldsymbol{x})\Phi\left(\frac{g^{-}(\boldsymbol{x})-\mu_{g_K}(\boldsymbol{x})}{\sigma_{g_K}(\boldsymbol{x})}\right)+\bar{g}(\boldsymbol{x})\Phi\left(\frac{g^{+}(\boldsymbol{x})-\mu_{g_K}(\boldsymbol{x})}{\sigma_{g_K}(\boldsymbol{x})}\right)
\end{aligned}\tag{9-14}$$

第二部分的计算为

$$Q_2=\int_{g^{-}(\boldsymbol{x})}^{\bar{g}(\boldsymbol{x})}g_{K}(\boldsymbol{x})f_{g_K}(g_{K}(\boldsymbol{x}))\mathrm{d}g_{K}(\boldsymbol{x})-\int_{\bar{g}(\boldsymbol{x})}^{g^{+}(\boldsymbol{x})}g_{K}(\boldsymbol{x})f_{g_K}(g_{K}(\boldsymbol{x}))\mathrm{d}g_{K}(\boldsymbol{x})\tag{9-15}$$

令 $w(\boldsymbol{x})=\dfrac{g_{K}(\boldsymbol{x})-\mu_{g_K}(\boldsymbol{x})}{\sigma_{g_K}(\boldsymbol{x})}$，其中 $w(\boldsymbol{x})$ 为标准正态变量，则 $g_{K}(\boldsymbol{x})=w(\boldsymbol{x})\sigma_{g_K}(\boldsymbol{x})+\mu_{g_K}(\boldsymbol{x})$，通过积分变量替换，式(9-15)可等价表示为

$$\begin{aligned}
Q_2&=\int_{\frac{g^{-}(\boldsymbol{x})-\mu_{g_K}(\boldsymbol{x})}{\sigma_{g_K}(\boldsymbol{x})}}^{\frac{\bar{g}(\boldsymbol{x})-\mu_{g_K}(\boldsymbol{x})}{\sigma_{g_K}(\boldsymbol{x})}}(w(\boldsymbol{x})\sigma_{g_K}(\boldsymbol{x})+\mu_{g_K}(\boldsymbol{x}))\,\varphi(w(\boldsymbol{x}))\,\mathrm{d}w(\boldsymbol{x})-\\
&\quad\int_{\frac{\bar{g}(\boldsymbol{x})-\mu_{g_K}(\boldsymbol{x})}{\sigma_{g_K}(\boldsymbol{x})}}^{\frac{g^{+}(\boldsymbol{x})-\mu_{g_K}(\boldsymbol{x})}{\sigma_{g_K}(\boldsymbol{x})}}(w(\boldsymbol{x})\sigma_{g_K}(\boldsymbol{x})+\mu_{g_K}(\boldsymbol{x}))\,\varphi(w(\boldsymbol{x}))\,\mathrm{d}w(\boldsymbol{x})\\
&=\mu_{g_K}(\boldsymbol{x})\int_{\frac{g^{-}(\boldsymbol{x})-\mu_{g_K}(\boldsymbol{x})}{\sigma_{g_K}(\boldsymbol{x})}}^{\frac{\bar{g}(\boldsymbol{x})-\mu_{g_K}(\boldsymbol{x})}{\sigma_{g_K}(\boldsymbol{x})}}\varphi(w(\boldsymbol{x}))\,\mathrm{d}w(\boldsymbol{x})-\mu_{g_K}(\boldsymbol{x})\int_{\frac{\bar{g}(\boldsymbol{x})-\mu_{g_K}(\boldsymbol{x})}{\sigma_{g_K}(\boldsymbol{x})}}^{\frac{g^{+}(\boldsymbol{x})-\mu_{g_K}(\boldsymbol{x})}{\sigma_{g_K}(\boldsymbol{x})}}\varphi(w(\boldsymbol{x}))\,\mathrm{d}w(\boldsymbol{x})+\\
&\quad\sigma_{g_K}(\boldsymbol{x})\int_{\frac{g^{-}(\boldsymbol{x})-\mu_{g_K}(\boldsymbol{x})}{\sigma_{g_K}(\boldsymbol{x})}}^{\frac{\bar{g}(\boldsymbol{x})-\mu_{g_K}(\boldsymbol{x})}{\sigma_{g_K}(\boldsymbol{x})}}w(\boldsymbol{x})\varphi(w(\boldsymbol{x}))\,\mathrm{d}w(\boldsymbol{x})-\sigma_{g_K}(\boldsymbol{x})\int_{\frac{\bar{g}(\boldsymbol{x})-\mu_{g_K}(\boldsymbol{x})}{\sigma_{g_K}(\boldsymbol{x})}}^{\frac{g^{+}(\boldsymbol{x})-\mu_{g_K}(\boldsymbol{x})}{\sigma_{g_K}(\boldsymbol{x})}}w(\boldsymbol{x})\varphi(w(\boldsymbol{x}))\,\mathrm{d}w(\boldsymbol{x})\\
&=\mu_{g_K}(\boldsymbol{x})\left[\Phi\left(\frac{\bar{g}(\boldsymbol{x})-\mu_{g_K}(\boldsymbol{x})}{\sigma_{g_K}(\boldsymbol{x})}\right)-\Phi\left(\frac{g^{-}(\boldsymbol{x})-\mu_{g_K}(\boldsymbol{x})}{\sigma_{g_K}(\boldsymbol{x})}\right)-\Phi\left(\frac{g^{+}(\boldsymbol{x})-\mu_{g_K}(\boldsymbol{x})}{\sigma_{g_K}(\boldsymbol{x})}\right)+\right.
\end{aligned}$$

$$\Phi\left(\frac{\bar{g}(\boldsymbol{x})-\mu_{g_K}(\boldsymbol{x})}{\sigma_{g_K}(\boldsymbol{x})}\right)\Bigg]+\sigma_{g_K}(\boldsymbol{x})\times\Bigg[-\varphi\left(\frac{\bar{g}(\boldsymbol{x})-\mu_{g_K}(\boldsymbol{x})}{\sigma_{g_K}(\boldsymbol{x})}\right)+\varphi\left(\frac{g^{-}(\boldsymbol{x})-\mu_{g_K}(\boldsymbol{x})}{\sigma_{g_K}(\boldsymbol{x})}\right)+$$
$$\varphi\left(\frac{g^{+}(\boldsymbol{x})-\mu_{g_K}(\boldsymbol{x})}{\sigma_{g_K}(\boldsymbol{x})}\right)-\varphi\left(\frac{\bar{g}(\boldsymbol{x})-\mu_{g_K}(\boldsymbol{x})}{\sigma_{g_K}(\boldsymbol{x})}\right)\Bigg] \tag{9-16}$$

将 $\varepsilon=2\sigma_{g_K}(\boldsymbol{x})$ 代入式(9-14)，并将式(9-14)与式(9-16)相加，可得

$$\begin{aligned}EFF(\boldsymbol{x})=&\ Q_1+Q_2\\=&\ 2\sigma_{g_K}(\boldsymbol{x})\left[\Phi\left(\frac{g^{+}(\boldsymbol{x})-\mu_{g_K}(\boldsymbol{x})}{\sigma_{g_K}(\boldsymbol{x})}\right)-\Phi\left(\frac{g^{-}(\boldsymbol{x})-\mu_{g_K}(\boldsymbol{x})}{\sigma_{g_K}(\boldsymbol{x})}\right)\right]-2\bar{g}(\boldsymbol{x})\Phi\left(\frac{\bar{g}(\boldsymbol{x})-\mu_{g_K}(\boldsymbol{x})}{\sigma_{g_K}(\boldsymbol{x})}\right)+\\&\bar{g}(\boldsymbol{x})\Phi\left(\frac{g^{+}(\boldsymbol{x})-\mu_{g_K}(\boldsymbol{x})}{\sigma_{g_K}(\boldsymbol{x})}\right)+\bar{g}(\boldsymbol{x})\Phi\left(\frac{g^{-}(\boldsymbol{x})-\mu_{g_K}(\boldsymbol{x})}{\sigma_{g_K}(\boldsymbol{x})}\right)+\\&\mu_{g_K}(\boldsymbol{x})\left[\Phi\left(\frac{\bar{g}(\boldsymbol{x})-\mu_{g_K}(\boldsymbol{x})}{\sigma_{g_K}(\boldsymbol{x})}\right)-\Phi\left(\frac{g^{-}(\boldsymbol{x})-\mu_{g_K}(\boldsymbol{x})}{\sigma_{g_K}(\boldsymbol{x})}\right)-\Phi\left(\frac{g^{+}(\boldsymbol{x})-\mu_{g_K}(\boldsymbol{x})}{\sigma_{g_K}(\boldsymbol{x})}\right)+\right.\\&\left.\Phi\left(\frac{\bar{g}(\boldsymbol{x})-\mu_{g_K}(\boldsymbol{x})}{\sigma_{g_K}(\boldsymbol{x})}\right)\right]+\sigma_{g_K}(\boldsymbol{x})\left[-\varphi\left(\frac{\bar{g}(\boldsymbol{x})-\mu_{g_K}(\boldsymbol{x})}{\sigma_{g_K}(\boldsymbol{x})}\right)+\varphi\left(\frac{g^{-}(\boldsymbol{x})-\mu_{g_K}(\boldsymbol{x})}{\sigma_{g_K}(\boldsymbol{x})}\right)+\right.\\&\left.\varphi\left(\frac{g^{+}(\boldsymbol{x})-\mu_{g_K}(\boldsymbol{x})}{\sigma_{g_K}(\boldsymbol{x})}\right)-\varphi\left(\frac{\bar{g}(\boldsymbol{x})-\mu_{g_K}(\boldsymbol{x})}{\sigma_{g_K}(\boldsymbol{x})}\right)\right]\\=&\\(\mu_{g_K}(\boldsymbol{x})-\bar{g}(\boldsymbol{x}))&\left[2\Phi\left(\frac{\bar{g}(\boldsymbol{x})-\mu_{g_K}(\boldsymbol{x})}{\sigma_{g_K}(\boldsymbol{x})}\right)-\Phi\left(\frac{g^{-}(\boldsymbol{x})-\mu_{g_K}(\boldsymbol{x})}{\sigma_{g_K}(\boldsymbol{x})}\right)-\Phi\left(\frac{g^{+}(\boldsymbol{x})-\mu_{g_K}(\boldsymbol{x})}{\sigma_{g_K}(\boldsymbol{x})}\right)\right]-\\&\sigma_{g_K}(\boldsymbol{x})\left[2\varphi\left(\frac{\bar{g}(\boldsymbol{x})-\mu_{g_K}(\boldsymbol{x})}{\sigma_{g_K}(\boldsymbol{x})}\right)-\varphi\left(\frac{g^{-}(\boldsymbol{x})-\mu_{g_K}(\boldsymbol{x})}{\sigma_{g_K}(\boldsymbol{x})}\right)-\varphi\left(\frac{g^{+}(\boldsymbol{x})-\mu_{g_K}(\boldsymbol{x})}{\sigma_{g_K}(\boldsymbol{x})}\right)\right]+\\&2\sigma_{g_K}(\boldsymbol{x})\left[\Phi\left(\frac{g^{+}(\boldsymbol{x})-\mu_{g_K}(\boldsymbol{x})}{\sigma_{g_K}(\boldsymbol{x})}\right)-\Phi\left(\frac{g^{-}(\boldsymbol{x})-\mu_{g_K}(\boldsymbol{x})}{\sigma_{g_K}(\boldsymbol{x})}\right)\right]\end{aligned} \tag{9-17}$$

H 学习函数的定义如下：

根据 Shannon[7] 提出的用来表示不确定性的信息熵理论，$g_K(\boldsymbol{x})$ 的信息熵可以表示为

$$h(\boldsymbol{x})=-\int\ln[f_{g_K}(g_K(\boldsymbol{x}))]f_{g_K}(g_K(\boldsymbol{x}))\,\mathrm{d}g_K(\boldsymbol{x}) \tag{9-18}$$

式中，$\boldsymbol{x}$ 为确定的实现值，$f_{g_K}(g_K(\boldsymbol{x}))$ 为 $g_K(\boldsymbol{x})$ 的概率密度函数；$h(\boldsymbol{x})$ 表示 $g_K(\boldsymbol{x})$ 取值的混乱等级，并且定量地表示出了 $g_K(\boldsymbol{x})$ 的不确定性。信息熵 $h(\boldsymbol{x})$ 的绝对值越小，预测值 $g_K(\boldsymbol{x})$ 的不确定性就越小。

因此，H 学习函数的定义式为

$$H(\boldsymbol{x})=\left|-\int_{g^{-}(\boldsymbol{x})}^{g^{+}(\boldsymbol{x})}f_{g_K}(g_K(\boldsymbol{x}))\ln f_{g_K}(g_K(\boldsymbol{x}))\,\mathrm{d}g_K(\boldsymbol{x})\right| \tag{9-19}$$

其中，$g^{+}(\boldsymbol{x})=2\sigma_{g_K}(\boldsymbol{x})$，$g^{-}(\boldsymbol{x})=-2\sigma_{g_K}(\boldsymbol{x})$。

式(9-19)可进一步转化为

$$\begin{aligned}H(\boldsymbol{x})=&\left|\left(\ln(\sqrt{2\pi}\sigma_{g_K}(\boldsymbol{x}))+\frac{1}{2}\right)\left[\Phi\left(\frac{2\sigma_{g_K}(\boldsymbol{x})-\mu_{g_K}(\boldsymbol{x})}{\sigma_{g_K}(\boldsymbol{x})}\right)-\Phi\left(\frac{-2\sigma_{g_K}(\boldsymbol{x})-\mu_{g_K}(\boldsymbol{x})}{\sigma_{g_K}(\boldsymbol{x})}\right)\right]-\right.\\&\left.\left[\frac{2\sigma_{g_K}(\boldsymbol{x})-\mu_{g_K}(\boldsymbol{x})}{\sigma_{g_K}(\boldsymbol{x})}\varphi\left(\frac{2\sigma_{g_K}(\boldsymbol{x})-\mu_{g_K}(\boldsymbol{x})}{\sigma_{g_K}(\boldsymbol{x})}\right)+\frac{2\sigma_{g_K}(\boldsymbol{x})+\mu_{g_K}(\boldsymbol{x})}{\sigma_{g_K}(\boldsymbol{x})}\varphi\left(\frac{-2\sigma_{g_K}(\boldsymbol{x})-\mu_{g_K}(\boldsymbol{x})}{\sigma_{g_K}(\boldsymbol{x})}\right)\right]\right|\end{aligned} \tag{9-20}$$

H 学习函数可用于表征预测功能函数值 $g_K(\boldsymbol{x})$ 的不确定性。在备选样本池内选出使得 H 最大的样本点，并将该样本点及其相应的真实功能函数值加入训练样本集中更新当前 Kriging模型，文献[5]表明通常情况下可选择 $\max H(\boldsymbol{x}) \leqslant 1$ 作为 Kriging 代理模型自适应更新过程的收敛终止条件。

式(9－20)的证明过程如下：

$$
\begin{aligned}
H(\boldsymbol{x}) &= \left| -\int_{g^-(\boldsymbol{x})}^{g^+(\boldsymbol{x})} f_{g_K}(g_K(\boldsymbol{x})) \ln f_{g_K}(g_K(\boldsymbol{x}))\, \mathrm{d}g_K(\boldsymbol{x}) \right| \\
&= \left| -\int_{g^-(\boldsymbol{x})}^{g^+(\boldsymbol{x})} \frac{1}{\sqrt{2\pi}\sigma_{g_K}(\boldsymbol{x})} \mathrm{e}^{-\frac{(g_K(\boldsymbol{x})-\mu_{g_K}(\boldsymbol{x}))^2}{2\sigma_{g_K}^2(\boldsymbol{x})}} \ln\left(\frac{1}{\sqrt{2\pi}\sigma_{g_K}(\boldsymbol{x})} \mathrm{e}^{-\frac{(g_K(\boldsymbol{x})-\mu_{g_K}(\boldsymbol{x}))^2}{2\sigma_{g_K}^2(\boldsymbol{x})}} \right) \mathrm{d}g_K(\boldsymbol{x}) \right| \\
&= \left| -\int_{g^-(\boldsymbol{x})}^{g^+(\boldsymbol{x})} \frac{1}{\sqrt{2\pi}\sigma_{g_K}(\boldsymbol{x})} \mathrm{e}^{-\frac{(g_K(\boldsymbol{x})-\mu_{g_K}(\boldsymbol{x}))^2}{2\sigma_{g_K}^2(\boldsymbol{x})}} \left[\ln\frac{1}{\sqrt{2\pi}\sigma_{g_K}(\boldsymbol{x})} + \ln \mathrm{e}^{-\frac{(g_K(\boldsymbol{x})-\mu_{g_K}(\boldsymbol{x}))^2}{2\sigma_{g_K}^2(\boldsymbol{x})}} \right] \mathrm{d}g_K(\boldsymbol{x}) \right| \\
&= \left| \int_{g^-(\boldsymbol{x})}^{g^+(\boldsymbol{x})} \frac{1}{\sqrt{2\pi}\sigma_{g_K}(\boldsymbol{x})} \mathrm{e}^{-\frac{(g_K(\boldsymbol{x})-\mu_{g_K}(\boldsymbol{x}))^2}{2\sigma_{g_K}^2(\boldsymbol{x})}} \left[\ln(\sqrt{2\pi}\sigma_{g_K}(\boldsymbol{x})) + \frac{(g_K(\boldsymbol{x})-\mu_{g_K}(\boldsymbol{x}))^2}{2\sigma_{g_K}^2(\boldsymbol{x})} \right] \mathrm{d}g_K(\boldsymbol{x}) \right| \\
&= \left| \frac{\ln(\sqrt{2\pi}\sigma_{g_K}(\boldsymbol{x}))}{\sqrt{2\pi}\sigma_{g_K}(\boldsymbol{x})} \int_{g^-(\boldsymbol{x})}^{g^+(\boldsymbol{x})} \mathrm{e}^{-\frac{(g_K(\boldsymbol{x})-\mu_{g_K}(\boldsymbol{x}))^2}{2\sigma_{g_K}^2(\boldsymbol{x})}} \mathrm{d}g_K(\boldsymbol{x}) + \frac{1}{2\sqrt{2\pi}\sigma_{g_K}^3(\boldsymbol{x})} \times \right. \\
&\qquad \left. \int_{g^-(\boldsymbol{x})}^{g^+(\boldsymbol{x})} \mathrm{e}^{-\frac{(g_K(\boldsymbol{x})-\mu_{g_K}(\boldsymbol{x}))^2}{2\sigma_{g_K}^2(\boldsymbol{x})}} (g_K(\boldsymbol{x})-\mu_{g_K}(\boldsymbol{x}))^2 \mathrm{d}g_K(\boldsymbol{x}) \right| \\
&= \left| \ln(\sqrt{2\pi}\sigma_{g_K}(\boldsymbol{x})) \int_{g^-(\boldsymbol{x})}^{g^+(\boldsymbol{x})} \frac{1}{\sqrt{2\pi}\sigma_{g_K}(\boldsymbol{x})} \mathrm{e}^{-\frac{(g_K(\boldsymbol{x})-\mu_{g_K}(\boldsymbol{x}))^2}{2\sigma_{g_K}^2(\boldsymbol{x})}} \mathrm{d}g_K(\boldsymbol{x}) + \frac{-1}{2\sqrt{2\pi}\sigma_{g_K}(\boldsymbol{x})} \times \right. \\
&\qquad \left. \int_{g^-(\boldsymbol{x})}^{g^+(\boldsymbol{x})} (g_K(\boldsymbol{x})-\mu_{g_K}(\boldsymbol{x})) \mathrm{d}\mathrm{e}^{-\frac{(g_K(\boldsymbol{x})-\mu_{g_K}(\boldsymbol{x}))^2}{2\sigma_{g_K}^2(\boldsymbol{x})}} \right| \\
&= \left| \ln(\sqrt{2\pi}\sigma_{g_K}(\boldsymbol{x})) \left[\Phi\left(\frac{g^+(\boldsymbol{x})-\mu_{g_K}(\boldsymbol{x})}{\sigma_{g_K}(\boldsymbol{x})} \right) - \Phi\left(\frac{g^-(\boldsymbol{x})-\mu_{g_K}(\boldsymbol{x})}{\sigma_{g_K}(\boldsymbol{x})} \right) \right] + \frac{1}{2} \int_{g^-(\boldsymbol{x})}^{g^+(\boldsymbol{x})} \frac{1}{\sqrt{2\pi}\sigma_{g_K}(\boldsymbol{x})} \times \right. \\
&\qquad \left. \mathrm{e}^{-\frac{(g_K(\boldsymbol{x})-\mu_{g_K}(\boldsymbol{x}))^2}{2\sigma_{g_K}^2(\boldsymbol{x})}} \mathrm{d}g_K(\boldsymbol{x}) - \frac{1}{2\sqrt{2\pi}\sigma_{g_K}(\boldsymbol{x})} \left[(g_K(\boldsymbol{x})-\mu_{g_K}(\boldsymbol{x}))\, \mathrm{e}^{-\frac{(g_K(\boldsymbol{x})-\mu_{g_K}(\boldsymbol{x}))^2}{2\sigma_{g_K}^2(\boldsymbol{x})}} \Bigg|_{g^-(\boldsymbol{x})}^{g^+(\boldsymbol{x})} \right] \right| \\
&= \left| \left(\ln(\sqrt{2\pi}\sigma_{g_K}(\boldsymbol{x})) + \frac{1}{2} \right) \left[\Phi\left(\frac{g^+(\boldsymbol{x})-\mu_{g_K}(\boldsymbol{x})}{\sigma_{g_K}(\boldsymbol{x})} \right) - \Phi\left(\frac{g^-(\boldsymbol{x})-\mu_{g_K}(\boldsymbol{x})}{\sigma_{g_K}(\boldsymbol{x})} \right) \right] - \right. \\
&\qquad \left. \frac{1}{2} \left[(g^+(\boldsymbol{x})-\mu_{g_K}(\boldsymbol{x}))\, \varphi\left(\frac{g^+(\boldsymbol{x})-\mu_{g_K}(\boldsymbol{x})}{\sigma_{g_K}(\boldsymbol{x})} \right) - (g^-(\boldsymbol{x})-\mu_{g_K}(\boldsymbol{x}))\, \varphi\left(\frac{g^-(\boldsymbol{x})-\mu_{g_K}(\boldsymbol{x})}{\sigma_{g_K}(\boldsymbol{x})} \right) \right] \right|
\end{aligned}
\tag{9-21}
$$

将 $g^+(\boldsymbol{x}) = 2\sigma_{g_K}(\boldsymbol{x})$ 及 $g^-(\boldsymbol{x}) = -2\sigma_{g_K}(\boldsymbol{x})$ 代入式(9－21)，可得

$$
\begin{aligned}
H(\boldsymbol{x}) = &\left| \left(\ln(2\pi\sigma_{g_K}(\boldsymbol{x})) + \frac{1}{2} \right) \left[\Phi\left(\frac{2\sigma_{g_K}(\boldsymbol{x})-\mu_{g_K}(\boldsymbol{x})}{\sigma_{g_K}(\boldsymbol{x})} \right) - \Phi\left(\frac{-2\sigma_{g_K}(\boldsymbol{x})-\mu_{g_K}(\boldsymbol{x})}{\sigma_{g_K}(\boldsymbol{x})} \right) \right] - \right. \\
&\left. \left[\frac{2\sigma_{g_K}(\boldsymbol{x})-\mu_{g_K}(\boldsymbol{x})}{2} \varphi\left(\frac{2\sigma_{g_K}(\boldsymbol{x})-\mu_{g_K}(\boldsymbol{x})}{\sigma_{g_K}(\boldsymbol{x})} \right) + \frac{2\sigma_{g_K}(\boldsymbol{x})+\mu_{g_K}(\boldsymbol{x})}{2} \varphi\left(\frac{-2\sigma_{g_K}(\boldsymbol{x})-\mu_{g_K}(\boldsymbol{x})}{\sigma_{g_K}(\boldsymbol{x})} \right) \right] \right|
\end{aligned}
\tag{9-22}
$$

U 学习函数的定义如下：

$$U(\boldsymbol{x})=\left|\frac{\mu_{g_K}(\boldsymbol{x})}{\sigma_{g_K}(\boldsymbol{x})}\right| \tag{9-23}$$

U 学习函数考虑了 Kriging 代理模型预测值距失效面的距离以及估计值的标准差，当估计值相同时，估计值的标准差越大，U 学习函数值越小；当估计值的标准差相同时，估计值越接近 0，U 学习函数越小。靠近失效面且估计值的标准差越大的点应加入到训练样本集中来更新 Kriging 模型，因此，在备选样本池内选出使得 U 值最小的样本点，并将该样本点及相应的真实功能函数值加入训练样本集中更新当前 Kriging 模型。文献[6]表明通常情况下可以选择 $\min U(\boldsymbol{x})\geqslant 2$ 作为基于 U 学习函数的 Kriging 代理模型自适应更新过程的收敛终止条件。

9.2 可靠性及可靠性局部灵敏度分析的 AK－MCS 法

9.2.1 可靠性分析的 AK－MCS 法

AK－MCS 是自适应 Kriging 代理模型（Adaptive Kriging，AK）结合 Monte Carlo 数字模拟法（Monte Carlo Simulation，MCS）[6]的缩写。AK－MCS 求解失效概率的具体思路为：首先根据输入变量的联合概率密度函数产生 MCS 样本池，其次利用 U 学习函数在输入变量样本池中不断挑选对提高失效面拟合精度贡献较大的点来更新 Kriging 模型，最终确保 Kriging 模型在一定的置信水平下识别输入变量 MCS 样本池内样本的功能函数值的正负号。其执行的流程图如图 9－2 所示，具体执行步骤如下：

(1)在输入变量样本空间产生 Monte Carlo 样本池。命名该样本池为 $\boldsymbol{S}_{\mathrm{MC}}$，该样本池由 N_{MC} 个样本组成。在该阶段样本池 $\boldsymbol{S}_{\mathrm{MC}}$ 中样本的功能函数值无需通过调用真实功能函数计算得到。该样本池供自适应学习过程挑选下一步更新样本点使用，且每一步需要更新的样本都从该样本池中选取，直到满足收敛终止条件。

(2)选择初始训练样本点。为建立 Kriging 代理模型，初始训练样本点需提前产生。从样本池 $\boldsymbol{S}_{\mathrm{MC}}$ 中随机选择 N_1 个输入变量的样本，并代入真实功能函数中计算这些样本对应的功能函数值，形成初始训练集 $\boldsymbol{T}_{\mathrm{MC}}$。

(3)根据当前 $\boldsymbol{T}_{\mathrm{MC}}$ 建立 Kriging 代理模型 $g_K(\boldsymbol{X})$。利用工具箱 DACE 建立 Kriging 代理模型，相关模型采用 Gaussian 过程模型，回归模型采用常数，该模型为普通 Kriging 代理模型。

(4)在 $\boldsymbol{S}_{\mathrm{MC}}$ 中识别下一个需要更新的样本点。这一阶段需要计算样本池 $\boldsymbol{S}_{\mathrm{MC}}$ 中每一个样本对应的 U 学习函数值，并选择下一个需要更新的样本点，即

$$\boldsymbol{x}^u=\arg\min_{x\in \boldsymbol{S}_{\mathrm{MC}}} U(\boldsymbol{x}) \tag{9-24}$$

(5)判别 Kriging 模型自学习过程的收敛性。当 $\min\limits_{x\in \boldsymbol{S}_{\mathrm{MC}}} U(\boldsymbol{x})\geqslant 2$ 时停止自适应学习过程，执行第(6)步。若 $\min\limits_{x\in \boldsymbol{S}_{\mathrm{MC}}} U(\boldsymbol{x})<2$，则需计算 $g(\boldsymbol{x}^u)$，并将 $\{\boldsymbol{x}^u,g(\boldsymbol{x}^u)\}$ 加入到当前 $\boldsymbol{T}_{\mathrm{MC}}$ 中，返回到第(3)步更新 Kriging 模型。

(6)利用当前 Kriging 代理模型 $g_K(\boldsymbol{X})$ 估计失效概率，即

$$\hat{P}_f=\frac{N_{g_K\leqslant 0}}{N_{\mathrm{MC}}} \tag{9-25}$$

其中 $N_{g_K \leqslant 0}$ 表示 $g_K(\boldsymbol{x}^{(j)})(j=1,2,\cdots,N_{\mathrm{MC}})$ 小于等于 0 的样本个数。

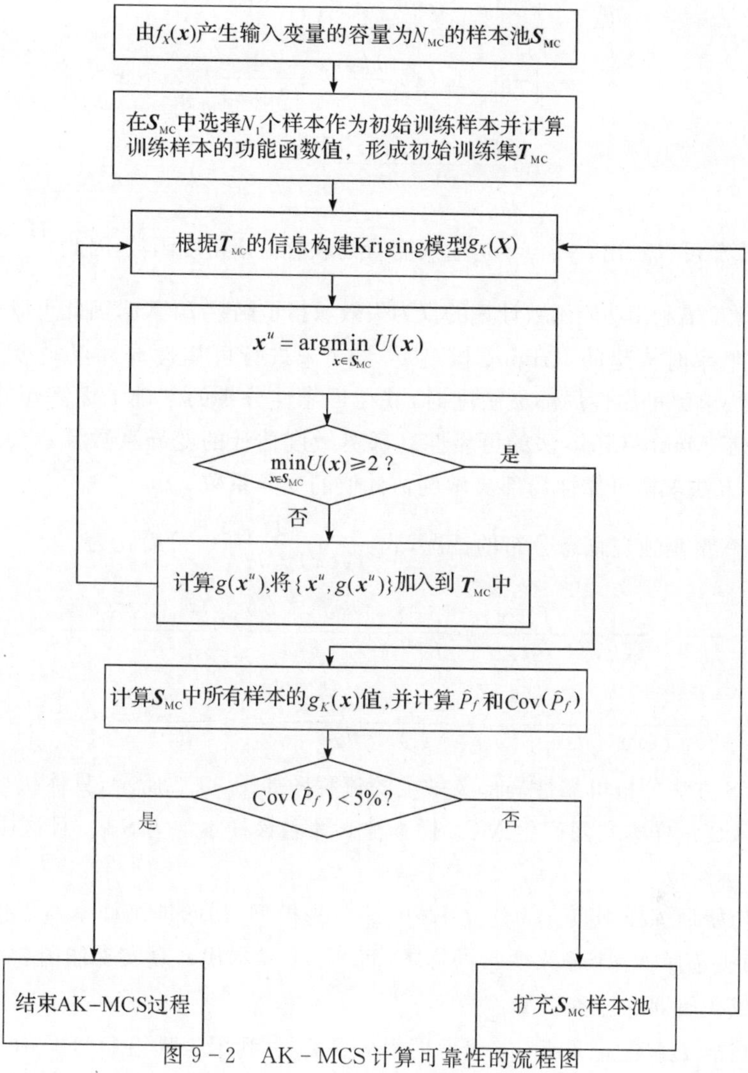

由 $f_X(\boldsymbol{x})$ 产生输入变量的容量为 N_{MC} 的样本池 $\boldsymbol{S}_{\mathrm{MC}}$

在 $\boldsymbol{S}_{\mathrm{MC}}$ 中选择 N_1 个样本作为初始训练样本并计算训练样本的功能函数值，形成初始训练集 $\boldsymbol{T}_{\mathrm{MC}}$

根据 $\boldsymbol{T}_{\mathrm{MC}}$ 的信息构建Kriging模型 $g_K(\boldsymbol{X})$

$\boldsymbol{x}^u = \underset{x\in S_{\mathrm{MC}}}{\operatorname{argmin}}\, U(\boldsymbol{x})$

$\min\limits_{x\in S_{\mathrm{MC}}} U(\boldsymbol{x}) \geqslant 2$?

是

否

计算 $g(\boldsymbol{x}^u)$,将 $\{\boldsymbol{x}^u, g(\boldsymbol{x}^u)\}$ 加入到 $\boldsymbol{T}_{\mathrm{MC}}$ 中

计算 $\boldsymbol{S}_{\mathrm{MC}}$ 中所有样本的 $g_K(\boldsymbol{x})$ 值,并计算 $\hat{P}_f$ 和 $\mathrm{Cov}(\hat{P}_f)$

$\mathrm{Cov}(\hat{P}_f) < 5\%$?

是

否

结束AK-MCS过程

扩充 $\boldsymbol{S}_{\mathrm{MC}}$ 样本池

图 9-2　AK-MCS 计算可靠性的流程图

(7)计算失效概率估计值的变异系数。根据 Monte Carlo 法计算失效概率估计值的变异系数,其估计式为

$$\mathrm{Cov}(\hat{P}_f)=\sqrt{\frac{1-\hat{P}_f}{(N_{\mathrm{MC}}-1)\,\hat{P}_f}} \tag{9-26}$$

当 $\mathrm{Cov}(\hat{P}_f)<5\%$ 时即认为 $\hat{P}_f$ 对 P_f 的估计可以被接受,此时结束 AK-MCS 过程并得到最终的失效概率的估计值 $\hat{P}_f$,否则执行第(8)步。

(8)更新 Monte Carlo 样本池。当 $\mathrm{Cov}(\hat{P}_f)\geqslant 5\%$ 时,需扩充样本池 $\boldsymbol{S}_{\mathrm{MC}}$,AK-MCS 将返回第(4)步,并在新样本池内选择更新样本点直到迭代终止条件满足。值得注意的是,未扩充 $\boldsymbol{S}_{\mathrm{MC}}$ 前建立 Kriging 代理模型过程中训练样本集的信息在扩充 $\boldsymbol{S}_{\mathrm{MC}}$ 后并未损失。

9.2.2　可靠性局部灵敏度分析的 AK-MCS 法

根据第 3 章中所介绍的内容可知 Monte Carlo 法求解可靠性局部灵敏度的定义式为

$$\begin{aligned}\frac{\partial P_f}{\partial \theta_{X_i}^{(k)}} &= \int \cdots \int_F \frac{\partial f_{\boldsymbol{X}}(\boldsymbol{x})}{\partial \theta_{X_i}^{(k)}} \frac{1}{f_{\boldsymbol{X}}(\boldsymbol{x})} f_{\boldsymbol{X}}(\boldsymbol{x}) \mathrm{d}\boldsymbol{x} \\ &= \int \cdots \int_{R^n} I_F(\boldsymbol{x}) \frac{\partial f_{\boldsymbol{X}}(\boldsymbol{x})}{\partial \theta_{X_i}^{(k)}} \frac{1}{f_{\boldsymbol{X}}(\boldsymbol{x})} f_{\boldsymbol{X}}(\boldsymbol{x}) \mathrm{d}\boldsymbol{x} \\ &= E\left[\frac{I_F(\boldsymbol{x})}{f_{\boldsymbol{X}}(\boldsymbol{x})} \frac{\partial f_{\boldsymbol{X}}(\boldsymbol{x})}{\partial \theta_{X_i}^{(k)}}\right]\end{aligned} \tag{9-27}$$

从式(9-27)可以看出，$f_{\boldsymbol{X}}(\boldsymbol{x})$ 是输入变量的联合概率密度函数,因此 $\frac{\partial f_{\boldsymbol{X}}(\boldsymbol{x})}{\partial \theta_{X_i}^{(k)}}$ 为显式函数,求解可靠性灵敏度需利用功能函数计算的仅为失效域指示函数 $I_F(\boldsymbol{X})$,因此可以采用 AK-MCS 方法计算失效概率时构建的 Kriging 模型 $g_K(\boldsymbol{X})$ 来进行可靠性局部灵敏度分析,也即利用 AK-MCS 方法求解可靠性局部灵敏度时,其在可靠性分析的基础上无需额外的计算量。根据第 3 章中基于 Monte Carlo 法的可靠性局部灵敏度估计的变异系数计算公式,亦可同时利用 AK-MCS 方法求得可靠性局部灵敏度估计值的变异系数。

对于输入变量是独立正态分布的情况,式 $\frac{1}{f_{\boldsymbol{X}}(\boldsymbol{x})} \frac{\partial f_{\boldsymbol{X}}(\boldsymbol{x})}{\partial \theta_{X_i}^{(k)}}$ 可简化为

$$\frac{1}{f_{\boldsymbol{X}}(\boldsymbol{x})} \frac{\partial f_{\boldsymbol{X}}(\boldsymbol{x})}{\partial \mu_{X_i}} = \frac{1}{f_{X_i}(x_i)} \frac{\partial f_{X_i}(x_i)}{\partial \mu_{X_i}} = \frac{(x_i - \mu_{X_i})}{\sigma_{X_i}^2} \tag{9-28}$$

$$\frac{1}{f_{\boldsymbol{X}}(\boldsymbol{x})} \frac{\partial f_{\boldsymbol{X}}(\boldsymbol{x})}{\partial \sigma_{X_i}} = \frac{1}{f_{X_i}(x_i)} \frac{\partial f_{X_i}(x_i)}{\partial \sigma_{X_i}} = \frac{(x_i - \mu_{X_i})^2}{\sigma_{X_i}^3} - \frac{1}{\sigma_{X_i}} \tag{9-29}$$

AK-MCS 方法分析可靠性局部灵敏度的流程图如图 9-3 所示,具体执行步骤如下:

(1)在输入变量样本空间产生 MCS 样本池。命名该样本池为 $\boldsymbol{S}_{\mathrm{MC}}$,且该样本池由 N_{MC} 个输入变量的样本组成。

(2)选择初始训练样本点。为建立 Kriging 代理模型,初始训练样本点需提前产生。从样本池 $\boldsymbol{S}_{\mathrm{MC}}$ 中随机选择 N_1 个输入变量的样本,将 N_1 个样本代入真实功能函数中计算对应的功能函数值,形成初始训练样本集 $\boldsymbol{T}_{\mathrm{MC}}$。

(3)根据当前 $\boldsymbol{T}_{\mathrm{MC}}$ 建立 Kriging 代理模型 $g_K(\boldsymbol{X})$。利用工具箱 DACE 由 $\boldsymbol{T}_{\mathrm{MC}}$ 中的信息建立 Kriging 代理模型。

(4)判别 Kriging 模型的自学习过程的收敛条件是否满足。当 $\min\limits_{x \in \boldsymbol{S}_{\mathrm{MC}}} U(\boldsymbol{x}) \geqslant 2$ 时,停止自适应学习过程并执行第(5)步,否则在 $\boldsymbol{S}_{\mathrm{MC}}$ 中按 U 学习函数选择更新样本点 $\boldsymbol{x}^u$ 为

$$\boldsymbol{x}^u = \arg \min_{x \in \boldsymbol{S}_{\mathrm{MC}}} U(\boldsymbol{x}) \tag{9-30}$$

计算 $g(\boldsymbol{x}^u)$,并将 $\{\boldsymbol{x}^u, g(\boldsymbol{x}^u)\}$ 加入到训练集 $\boldsymbol{T}_{\mathrm{MC}}$ 中,返回第(3)步。

(5)计算 $\boldsymbol{S}_{\mathrm{MC}}$ 中样本点对应的失效域指示函数值。利用当前 Kriging 代理模型 $g_K(\boldsymbol{X})$ 计算并判别样本池中样本 $\boldsymbol{x}^{(j)}(j=1,2,\cdots,N_{\mathrm{MC}})$ 的功能函数值的符号,并求得失效域指示函数 $I_F(\boldsymbol{x}^{(j)}) = \begin{cases} 0, g_K(\boldsymbol{x}^{(j)}) > 0 \\ 1, g_K(\boldsymbol{x}^{(j)}) \leqslant 0 \end{cases} (\boldsymbol{x}^{(j)} \in \boldsymbol{S}_{\mathrm{MC}})$。

(6)计算可靠性局部灵敏度及其变异系数。可靠性局部灵敏度及其变异系数的估计值分别为

$$\frac{\partial \hat{P}_f}{\partial \theta_{X_i}^{(k)}}=\frac{1}{N_{\mathrm{MC}}}\sum_{j=1}^{N_{\mathrm{MC}}}\frac{I_F(\boldsymbol{x}^{(j)})}{f_{\boldsymbol{X}}(\boldsymbol{x}^{(j)})}\frac{\partial f_{\boldsymbol{X}}(\boldsymbol{x}^{(j)})}{\partial \theta_{X_i}^{(k)}} \tag{9-31}$$

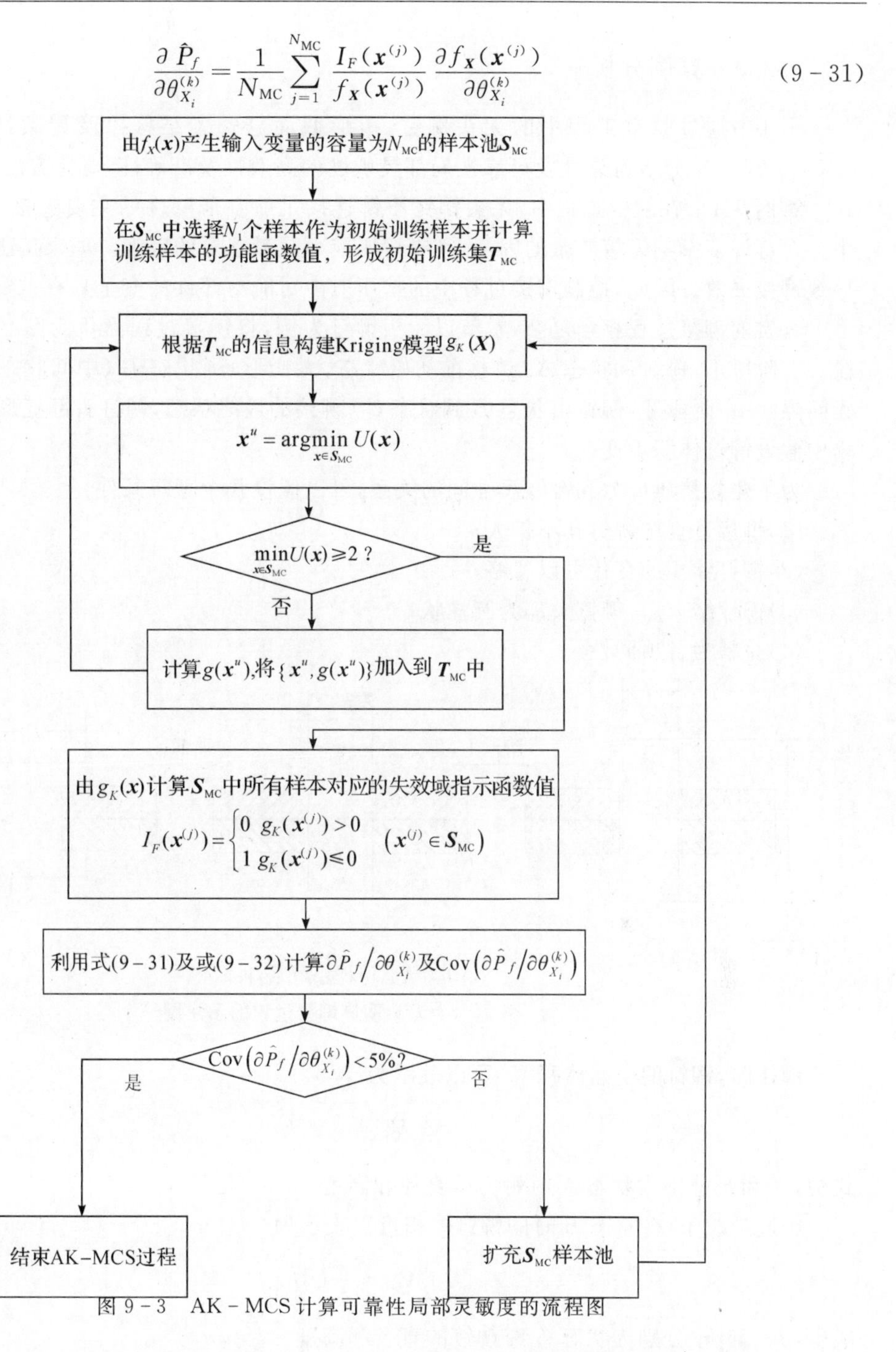

图9-3　AK-MCS计算可靠性局部灵敏度的流程图

$$\mathrm{Cov}\left(\frac{\partial \hat{P}_f}{\partial \theta_{X_i}^{(k)}}\right)\approx\sqrt{\frac{1}{N_{\mathrm{MC}}-1}\left\{\frac{1}{N_{\mathrm{MC}}}\sum_{j=1}^{N_{\mathrm{MC}}}\left[\frac{I_F(\boldsymbol{x}^{(j)})}{f_{\boldsymbol{X}}(\boldsymbol{x}^{(j)})}\frac{\partial f_{\boldsymbol{X}}(\boldsymbol{x}^{(j)})}{\partial \theta_{X_i}^{(k)}}\right]^2-\left(\frac{\partial \hat{P}_f}{\partial \theta_{X_i}^{(k)}}\right)^2\right\}}\Bigg/\left|\frac{\partial \hat{P}_f}{\partial \theta_{X_i}^{(k)}}\right| \tag{9-32}$$

(7)判断AK-MCS方法的收敛性。当$\mathrm{Cov}\left(\frac{\partial \hat{P}_f}{\partial \theta_{X_i}^{(k)}}\right)<5\%$时，即认为可靠性局部灵敏度的估计可以被接受，结束求解可靠性局部灵敏度的AK-MCS过程，否则增加样本池$\boldsymbol{S}_{\mathrm{MC}}$的规模并返回第(4)步。

9.2.3 算例分析

本小节通过航空工程中的无头铆钉、矩形截面悬臂梁结构以及屋架结构算例来验证AK-MCS方法分析可靠性及可靠性局部灵敏度的高效性及准确性，对比方法为MCS。

算例9.1 在航空工程中，无头铆钉压铆连接是航空薄壁件的主要连接方式。铆接过程中存在着许多影响铆接质量的因素，其中挤压应力是最主要的因素。如果挤压应力太高，可能导致铆接失效。因此，控制铆接过程中的挤压应力对航空部件的安全具有重要意义。

真实的铆接过程相当复杂，本节以无头铆钉为例，将铆接过程简化为图9-4中的两个阶段。在阶段Ⅰ，铆钉从状态A（铆接前初始状态，无变形）到状态B（中间状态，铆钉和孔之间无间隙）。在阶段Ⅱ，铆钉由状态B到状态C（铆接的最终状态，铆钉头部变形）。整个铆接过程中假设铆钉体积不变。

为了建立挤压应力和铆钉尺寸间的关系，可以假设几个理想条件：

（1）铆接过程中铆钉孔不扩大；

（2）铆钉体积的变化可以忽略；

（3）铆接结束后，铆钉头部为圆柱状；

（4）材料为各项同性。

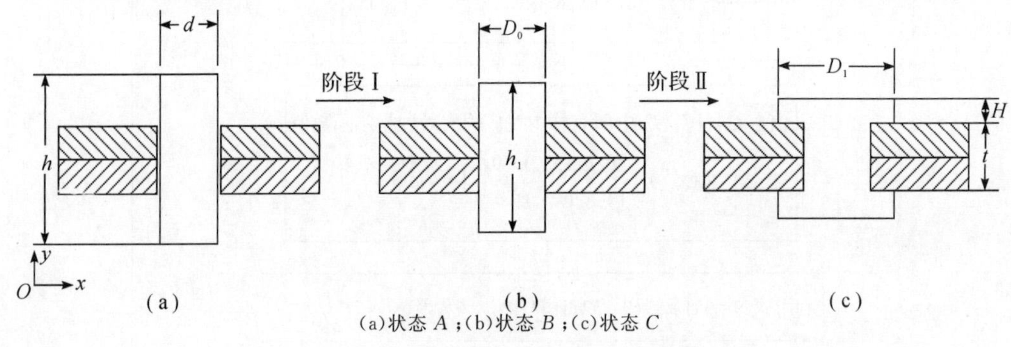

(a)状态A；(b)状态B；(c)状态C

图9-4 无头铆钉铆接过程的示意图

铆接前，铆钉的初始体积V_0可以表示为

$$V_0 = \frac{\pi}{4} d^2 h \tag{9-33}$$

式中，d和h分别为状态A时铆钉的直径和高度。

经过阶段Ⅰ，在状态B时的铆钉体积可以表示为

$$V_1 = \frac{\pi}{4} D_0^2 h_1 \tag{9-34}$$

式中，D_0和h_1分别为状态A时铆钉的直径和高度。

经过阶段Ⅱ，假设铆钉在状态C的上、下部分尺寸相同，则铆钉在状态C的体积可表示为

$$V_2 = \frac{\pi}{4} D_0^2 t + 2 \times \frac{\pi}{4} D_1^2 H \tag{9-35}$$

式中，t是薄壁件的整体厚度，D_1和H分别是状态C时铆钉头的直径和高度。

根据硬化强度理论，y方向的最大挤压应力可以表示为

$$\sigma_{\max} = K\,(\varepsilon_y)^{n_{\mathrm{SHE}}} \tag{9-36}$$

式中，K 为强度因子，n_{SHE} 为铆钉材料的硬化因子，ε_y 为铆钉头在铆接过程中的真实应变。ε_y 由两部分组成：钉杆的镦粗阶段（阶段Ⅰ）的应变 ε_{y_1} 和镦头成形阶段（阶段Ⅱ）的应变 ε_{y_2}，所以真实应变 ε_y 可以表示为

$$\varepsilon_y = \varepsilon_{y_1} + \varepsilon_{y_2} \tag{9-37}$$

式中，$\varepsilon_{y_1} = \ln \dfrac{h}{h_1}$，$\varepsilon_{y_2} = \ln \dfrac{h_1 - t}{2H}$。

假设铆接过程中铆钉的体积不变，整理上式可得到铆钉的最大挤压应力为

$$\sigma_{max} = K \left(\ln \frac{d^2 h - D_0^2 t}{2Hd^2} \right)^{n_{SHE}} \tag{9-38}$$

本书中选取铆钉材料为 2017-T4，其硬化指数 $n_{SHE} = 0.15$。在状态 C，上下镦头必须留有一定余量以免破坏连接件，如图 9-4(c)所示，镦头高度 $H = 2.2$mm。根据材料手册，铆钉的挤压强度为 $\sigma_{sq} = 580$MPa，如果最大挤压应力大于挤压强度，铆钉就会出现失效，因此建立功能函数如下：

$$g = \sigma_{sq} - \sigma_{max} \tag{9-39}$$

在整个铆接过程中，铆钉的尺寸和材料的特性可以认为是随机变量，假设各随机变量之间相互独立并且服从参数见表 9-1 的正态分布。

通过 U 学习函数，自适应地建立了功能函数的 Kriging 模型，利用该 Kriging 代理模型计算的可靠性及可靠性局部灵敏度指标值见表 9-2。由表 9-2 的计算结果可以看出 AK-MCS 法与 MCS 法的计算结果一致，AK-MCS 法的样本池为 MCS 法中的样本，AK-MCS 法的模型调用次数仅为 467，MCS 法的模型调用次数为 3×10^6。表 9-2 中的计算结果说明AK-MCS 法是稳健、高效和准确的。

表 9-1　铆钉结构输入变量的分布参数

输入变量	d/mm	h/mm	K/MPa	D_0/mm	t/mm
均值	5	20	547.2	5.1	5
变异系数	0.1	0.02	0.01	0.2	0.2

表 9-2　铆钉结构的可靠性及可靠性局部灵敏度分析结果

	AK-MCS		MCS	
	估计值	变异系数	估计值	变异系数
P_f	0.046 3	0.002 6	0.047 3	0.002 6
$\partial P_f/\partial\mu_d$	0.045 1	0.005 9	0.041 1	0.006 7
$\partial P_f/\partial\mu_h$	0.042 4	0.007 6	0.042 1	0.007 8
$\partial P_f/\partial\mu_K$	0.012 1	0.002 9	0.012 1	0.002 9
$\partial P_f/\partial\mu_{D_0}$	−0.056 5	0.003 2	−0.054 2	0.003 4
$\partial P_f/\partial\mu_t$	−0.026 7	0.005 4	−0.025 4	0.005 8
$\partial P_f/\partial\sigma_d$	0.013 4	0.029 5	0.021 0	0.020 9
$\partial P_f/\partial\sigma_h$	0.011 4	0.042 1	0.011 5	0.042 3
$\partial P_f/\partial\sigma_K$	0.012 7	0.004 7	0.012 7	0.004 7
$\partial P_f/\partial\sigma_{D_0}$	0.054 8	0.005 6	0.059 5	0.005 4
$\partial P_f/\partial\sigma_t$	0.017 3	0.013 7	0.018 8	0.005 4
模型调用次数	467		3×10^6	

算例 9.2 矩形截面悬臂梁如图 9-5 所示，其受到水平和竖直方向的载荷 X 和 Y 的作用，以其自由端位移不超过 D_0 为约束建立功能函数为

$$g = D_0 - D(E,X,Y,w,t,L) \tag{9-40}$$

式中，$D_0=2.2\text{mm}$，$D(E,X,Y,w,t,L)=\dfrac{4L^3}{Ewt}\sqrt{\left(\dfrac{X}{w^2}\right)^2+\left(\dfrac{Y}{t^2}\right)^2}$，$E$、$w$ 和 t 分别为材料的弹性模量、梁的宽度和厚度，且 w、t、L 为常数，$w=2.488\ 4\text{m}$，$t=3.888\ 4\text{m}$，$L=100\text{m}$，E、X、Y 为服从正态分布的随机变量，其分布参数见表 9-3。

通过 U 学习函数，自适应地建立了悬臂梁结构的功能函数的 Kriging 模型，利用该 Kriging 代理模型计算的可靠性及可靠性局部灵敏度指标值见表 9-4。由表 9-4 的计算结果可以看出 AK-MCS 法与 MCS 法的计算结果一致，AK-MCS 法的样本池为 MCS 法中的样本。结果表明利用自适应 Kriging 模型在 Monte Carlo 样本池中建立的功能函数能够准确识别 MCS 样本池中每个样本功能函数的正负号，因而 AK-MCS 法与 MCS 法的计算结果完全相同，但 AK-MCS 法的模型调用次数仅为 33，MCS 的模型调用次数为 4×10^6。表 9-4 中的计算结果说明 AK-MCS 法是稳健、高效和准确的。

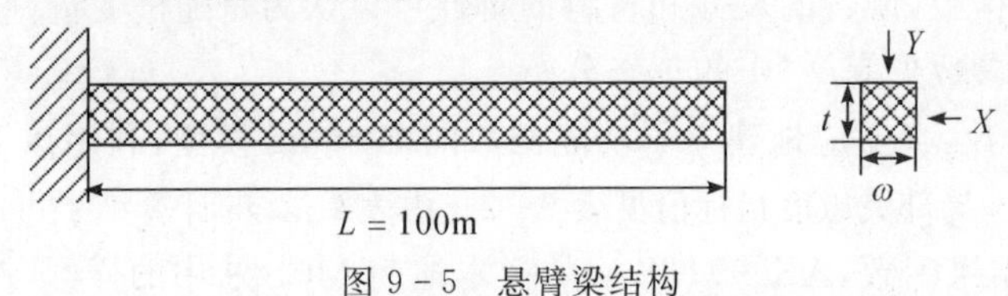

图 9-5 悬臂梁结构

表 9-3 矩形截面悬臂梁结构输入变量的分布参数

输入变量	均值	标准差
X/N	500	100
Y/N	1 000	100
E/Pa	2.9×10^7	1.45×10^6

表 9-4 矩形截面悬臂梁结构的可靠性及可靠性局部灵敏度分析结果

	AK-MCS		MCS	
	估计值	变异系数	估计值	变异系数
P_f	0.002 7	0.009 6	0.002 7	0.009 6
$\partial P_f/\partial\mu_X$	$7.258\ 0\times10^{-3}$	0.009 8	$7.258\ 0\times10^{-3}$	0.009 8
$\partial P_f/\partial\mu_Y$	$1.637\ 1\times10^{-3}$	0.018 8	$1.637\ 1\times10^{-3}$	0.018 8
$\partial P_f/\partial\mu_E$	$-2.623\ 9\times10^{-9}$	0.011 4	$-2.623\ 9\times10^{-9}$	0.011 4
$\partial P_f/\partial\sigma_X$	$1.755\ 8\times10^{-4}$	0.010 6	$1.755\ 8\times10^{-4}$	0.010 6
$\partial P_f/\partial\sigma_Y$	$1.081\ 2\times10^{-5}$	0.047 0	$1.081\ 2\times10^{-5}$	0.047 0
$\partial P_f/\partial\sigma_E$	$3.337\ 5\times10^{-9}$	0.017 8	$3.337\ 5\times10^{-9}$	0.017 8
模型调用次数	33		4×10^6	

算例 9.3 如图 9-6 所示的屋架，屋架的上弦杆和其他压杆采用钢筋混凝土杆，下弦杆和其他拉杆采用钢杆。设屋架承受均布载荷 q 作用，将均布载荷 q 化成节点载荷后有 $P=ql/4$

。由结构力学分析可得 C 点沿垂直地面方向的位移为 $\Delta_C=\frac{ql^2}{2}\left(\frac{3.81}{A_C E_C}+\frac{1.13}{A_S E_S}\right)$，其中 A_C、A_S、E_C、E_S、l 分别为混凝土和钢杆的横截面积、弹性模量、长度。考虑屋架的安全性和适用性，以屋架顶端 C 点的向下挠度不大于 2.5cm 为约束条件。根据约束条件可给出结构的功能函数 $g(\boldsymbol{X})=0.025-\Delta_C$。所有输入变量均服从独立的正态分布，它们的分布参数见表9-5。

通过 U 学习函数，自适应地建立了功能函数的 Kriging 模型，利用该 Kriging 代理模型计算的可靠性及可靠性局部灵敏度指标值见表 9-6。由表 9-6 的计算结果可以看出 AK-MCS法与 MCS 法的计算结果一致，同样说明 MCS 样本池中的样本功能函数的正负号能够被自适应 Kriging 模型正确识别，因而 AK-MCS 与 MCS 得到了完全相同的结果。AK-MCS法的样本池为 MCS 法中的样本，AK-MCS 法的模型调用次数仅为 338，MCS 的模型调用次数为 2×10^6。表 9-6 中的计算结果说明 AK-MCS 法分析屋架结构可靠性及可靠性局部灵敏度指标的稳健性、高效性以及准确性。

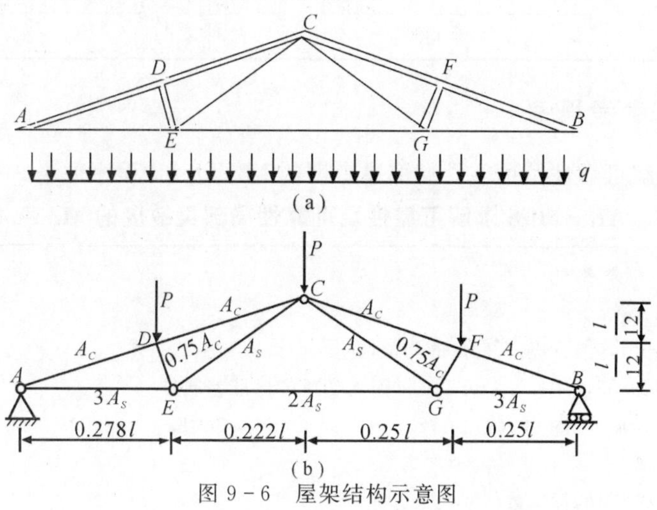

图 9-6　屋架结构示意图

表 9-5　屋架结构输入变量的分布参数

输入变量	$q/(\mathrm{N\cdot m^{-1}})$	l/m	$A_S/\mathrm{m^2}$	$A_C/\mathrm{m^2}$	$E_S/(\mathrm{N\cdot m^{-2}})$	$E_C/(\mathrm{N\cdot m^{-2}})$
均值	20 000	12	9.82×10^{-4}	0.04	1.2×10^{11}	3×10^{10}
标准差	1 600	0.24	5.89×10^{-5}	0.008	8.4×10^{9}	2.4×10^{9}

表 9-6　屋架结构的可靠性及可靠性局部灵敏度分析结果

	AK-MCS		MCS	
	估计值	变异系数	估计值	变异系数
P_f	0.012 5	0.006 3	0.012 5	0.006 3
$\partial P_f/\partial\mu_q$	$1.022\ 1\times10^{-5}$	0.007 7	$1.022\ 1\times10^{-5}$	0.007 7
$\partial P_f/\partial\mu_l$	0.036 6	0.010 8	0.036 6	0.010 8
$\partial P_f/\partial\mu_{A_S}$	−167.683 2	0.010 4	−167.683 2	0.010 4
$\partial P_f/\partial\mu_{A_C}$	−2.511 7	0.007 5	−2.511 7	0.007 5

续表

	AK - MCS		MCS	
	估计值	变异系数	估计值	变异系数
$\partial P_f/\partial\mu_{E_S}$	-1.3999×10^{-12}	0.009 4	-1.3999×10^{-12}	0.009 4
$\partial P_f/\partial\mu_{E_C}$	-2.3088×10^{-12}	0.015 8	-2.3088×10^{-12}	0.015 8
$\partial P_f/\partial\sigma_q$	1.2011×10^{-12}	0.012 4	1.2011×10^{-5}	0.012 4
$\partial P_f/\partial\sigma_l$	0.023 0	0.028 0	0.023 0	0.028 0
$\partial P_f/\partial\sigma_{A_S}$	145.632 8	0.021 1	145.632 8	0.021 1
$\partial P_f/\partial\sigma_{A_C}$	4.202 0	0.010 0	4.202 0	0.010 0
$\partial P_f/\partial\sigma_{E_S}$	1.4268×10^{-12}	0.017 0	1.4268×10^{-12}	0.017 0
$\partial P_f/\partial\sigma_{E_C}$	1.1811×10^{-12}	0.048 2	1.1811×10^{-12}	0.048 2
模型调用次数	338		2×10^6	

9.2.4 算法参考程序

AK－MCS求解可靠性及可靠性局部灵敏度的MATLAB程序见表9－7。

表9－7 AK－MCS求解可靠性及可靠性局部灵敏度的MATLAB程序

```
clearall
%% 航空无头铆钉结构
mu=[5,20,547.2,5.1,5]; %输入变量的均值向量
sigma=mu.*[0.1,0.02,0.01,0.2,0.2]; %输入变量的标准差向量
G=@(x)580-x(:,3).*(log((x(:,1).^2.*x(:,2)-x(:,4).^2.*x(:,5))./(2.*2.2.*x(:,1).^
2))).^0.15;%功能函数
N=3000000;%样本池中的样本数
%%矩形截面悬臂梁结构
mu=[2.9e7,500,1000];%输入变量的均值向量
sigma=[1.45e6,100,100];%输入变量的标准差向量
G=@(x)2.2-4.*100.^3./(x(:,1).*2.4484.*3.8884).*sqrt((x(:,2)./(2.4484).^2).^2+(x(:,
3)./(3.8884).^2).^2);%功能函数
%%屋架结构
mu=[20000 12 9.82*10^-4 0.04 1.2*10^11 3*10^10];%输入变量的均值向量
sigma=mu.*[0.08 0.02 0.06 0.2 0.07 0.08];%输入变量的标准差向量
G=@(x)0.025-x(:,1).*x(:,2).^2/2.*(3.81./(x(:,4).*x(:,6))+1.13./(x(:,3).*x(:,
5)));%功能函数
n=length(mu);
N1=16; %构建初始 Kriging 模型的样本点数
N=4000000;
p=sobolset(n,'Skip',10000);
PP=p(1:N,:);
for i=1:n
```

```
    PP(:,i)=norminv(PP(:,i),mu(i),sigma(i));
end
P(1:N1,:)=PP(1:N1,:);
yp=G(P);
yP=yp';
theta=0.01.*ones(1,n);
lob=1e-5.*ones(1,n);
upb=20.*ones(1,n);
for i=1:1000 %自适应 Kriging 学习过程
if i==1
        x=P;
        y=yP;
        dmodel=dacefit(x,y,@regpoly0,@corrgauss,theta,lob,upb); %Kriging 工具箱 DACE
        [ug,sigmag]=predictor(PP,dmodel);
        prxi=(abs(ug))./sqrt(sigmag);
        [PD(i),I]=min(prxi);
else
        x(N1-1+i,:)=PP(I,:);
        y(N1-1+i)=G(PP(I,:));
        dmodel=dacefit(x,y,@regpoly0, @corrgauss,theta,lob,upb);
        [ug,sigmag]=predictor(PP,dmodel);
        prxi=(abs(ug))./sqrt(sigmag);
        [PD(i),I]=min(prxi);
end
    Cr(i)=min(prxi);
if Cr(i)>=2 %自适应学习停止准则
break
end
    clearug sigmag
end
ye=predictor(PP,dmodel);
pfk=length(find(ye<=0))./length(ye); %失效概率估计值
cov_pf=sqrt((1-pfk)./((N-1).*pfk)); %失效概率变异系数估计值
m=length(y);
Ifk=ones(N,1);
Ifk(ye>0)=0;
for i=1:n
pf_mu(i)=mean((PP(:,i)-mu(i))./(sigma(i).^2).*Ifk);
%正态分布失效概率关于输入均值的局部灵敏度估计
var_pf_mu(i)=1./(N-1).*(1./N.*sum(((PP(:,i)-mu(i))./(sigma(i).^2).*Ifk).^2)-pf_mu(i).^2);
cov_pf_mu(i)=sqrt(var_pf_mu(i))./abs(pf_mu(i)); %相应局部灵敏度估计的变异系数
```

```
pf_sigma(i)=mean(((PP(:,i)-mu(i)).^2./(sigma(i).^3)-1./sigma(i)).*Ifk);
%标准差的局部灵敏度估计
var_pf_sigma(i)=1./(N-1).*(1./N.*sum((((PP(:,i)-mu(i)).^2./(sigma(i).^3)-1./sigma
(i)).*Ifk).^2)-pf_sigma(i).^2);
cov_pf_sigma(i)=sqrt(var_pf_sigma(i))./abs(pf_sigma(i)); %相应局部灵敏度估计的变异系数
end
```

9.3 可靠性及可靠性局部灵敏度分析的 AK - IS 法

用 AK - MCS 法进行可靠性和可靠性局部灵敏度分析的适用范围很广,且对于复杂的隐式功能函数问题效率较高。然而,对于工程上常见的小失效概率问题,必须抽取大量的样本作为样本池对 Kriging 模型进行自适应学习,大规模的样本池会增加每一次选择更新样本点的循环过程的计算时间,使得代理过程十分耗时。针对在小失效概率求解中样本池容量大而导致的计算耗时的问题,研究人员提出了改进的数字模拟技术,其中重要抽样法是基于 Monte Carlo 法的一种常见的改进数字模拟方法,其以抽样效率高且计算方差小而得到广泛应用研究。因此将重要抽样法与自适应 Kriging 过程相结合可以大大降低备选样本池的规模从而提高自适应学习的效率,减少自适应学习过程所消耗的时间,提高可靠性及可靠性局部灵敏度分析的效率。重要抽样密度函数的构造有经典的一次二阶矩法以及元模型法。本节介绍基于一次二阶矩法来求解重要抽样密度函数的方法,然后将重要抽样与自适应 Kriging 代理模型法相结合以高效进行可靠性及可靠性局部灵敏度分析。

AK - IS 法[8]是自适应 Kriging 代理模型(Adaptive Kriging, AK)结合重要抽样(Importance Sampling, IS)法的缩写,其中重要抽样密度函数由经典的一次二阶矩方法构造。AK - IS 法求解可靠性及可靠性局部灵敏度指标的基本思路为:先由一次二阶矩法构造重要抽样密度函数,并由其抽取重要抽样样本池,在重要抽样样本池内通过学习函数自适应地构建 Kriging 代理模型。然后利用所构建的 Kriging 代理模型代替原功能函数来识别样本池中样本功能函数的正负号,进而结合重要抽样法来估计失效概率和可靠性局部灵敏度。

9.3.1 可靠性分析的 AK - IS 法

根据第 4 章中介绍的重要抽样法,可得其求解失效概率的计算式为

$$P_f=\int\cdots\int_{R^n} I_F(\boldsymbol{x})f_{\boldsymbol{X}}(\boldsymbol{x})\mathrm{d}\boldsymbol{x}=\int\cdots\int_{R^n}\frac{I_F(\boldsymbol{x})f_{\boldsymbol{X}}(\boldsymbol{x})}{h_{\boldsymbol{X}}(\boldsymbol{x})}h_{\boldsymbol{X}}(\boldsymbol{x})\mathrm{d}\boldsymbol{x}=E\left[\frac{I_F(\boldsymbol{x})f_{\boldsymbol{X}}(\boldsymbol{x})}{h_{\boldsymbol{X}}(\boldsymbol{x})}\right] \tag{9-41}$$

式中,$h_{\boldsymbol{X}}(\boldsymbol{x})$ 是重要抽样概率密度函数。

AK - IS 法进行可靠性分析的主要思想为:首先,根据第 2 章介绍的一次二阶矩法求得相应的设计点,并将原始密度函数的抽样中心平移到利用一次二阶矩求得的设计点处,构造重要抽样概率密度函数 $h_{\boldsymbol{X}}(\boldsymbol{x})$,并利用一次二阶矩求解设计点过程中的输入-输出模型数据来建立初始的 Kriging 模型;其次,利用重要抽样密度函数 $h_{\boldsymbol{X}}(\boldsymbol{x})$ 来产生重要抽样样本池,并在该样本池中采用 U 学习函数挑选满足要求的更新样本点,计算其真实功能函数并加入训练样本

集中对 Kriging 模型进行迭代更新；最后，利用更新收敛后的 Kriging 模型进行可靠性分析。AK－IS 法求解可靠性的流程图如图 9－7 所示，具体计算步骤如下：

(1)构造重要抽样密度函数。采用一次二阶矩求解设计点 $\boldsymbol{P}^*$ ，将原始抽样密度函数的抽样中心平移到 $\boldsymbol{P}^*$ 处构造重要抽样密度函数 $h_{\boldsymbol{X}}(\boldsymbol{x})$ 。

(2)构建重要抽样样本池及初始训练集 $\boldsymbol{T}_{\mathrm{IS}}$ 。利用 $h_{\boldsymbol{X}}(\boldsymbol{x})$ 抽取规模为 N_{IS} 的样本池 $\boldsymbol{S}_{\mathrm{IS}}=\{\boldsymbol{x}^{(1)},\boldsymbol{x}^{(2)},\cdots,\boldsymbol{x}^{(N_{\mathrm{IS}})}\}$ ，且 $N_{\mathrm{IS}}\ll N_{\mathrm{MC}}$ ，将求解设计点过程中的输入-输出样本形成初始训练样本集 $\boldsymbol{T}_{\mathrm{IS}}$ 。

(3)根据 $\boldsymbol{T}_{\mathrm{IS}}$ 中信息构建 Kriging 模型 $g_K(\boldsymbol{X})$ ，以下步骤将与 AK－MCS 进行自适应学习过程类似。

(4)在 $\boldsymbol{S}_{\mathrm{IS}}$ 中选择更新样本点 $\boldsymbol{x}^u$ 。利用当前的 $g_K(\boldsymbol{X})$ ，计算 $\boldsymbol{S}_{\mathrm{IS}}$ 中每个样本点的 U 学习函数值，然后由下式选择更新样本点 $\boldsymbol{x}^u$，则有

$$\boldsymbol{x}^u=\arg\min_{x\in \boldsymbol{S}_{\mathrm{IS}}}U(\boldsymbol{x}) \tag{9-42}$$

(5)判别自学习过程是否收敛。当 $\min\limits_{x\in \boldsymbol{S}_{\mathrm{IS}}}U(\boldsymbol{x})\geqslant 2$ 时，停止自适应学习过程，执行第(6)步。否则，计算 $g(\boldsymbol{x}^u)$ ，并将 $\{\boldsymbol{x}^u,g(\boldsymbol{x}^u)\}$ 加入到训练样本集中 $\boldsymbol{T}_{\mathrm{IS}}$ ，返回到第(3)步继续更新 Kriging 模型 $g_K(\boldsymbol{X})$ 。

(6)利用当前 Kriging 代理模型估计失效概率。首先利用 Kriging 代理模型计算 $\boldsymbol{S}_{\mathrm{IS}}$ 中每个样本点对应的失效域指示函数值 $I_F(\boldsymbol{x}^{(j)})$ ，并求得失效概率的估计值 $\hat{P}_f$ 如下：

$$I_F(\boldsymbol{x}^{(j)})=\begin{cases}0, & g_K(\boldsymbol{x}^{(j)})>0\\ 1, & g_K(\boldsymbol{x}^{(j)})\leqslant 0\end{cases}\quad (\boldsymbol{x}^{(j)}\in \boldsymbol{S}_{\mathrm{IS}}) \tag{9-43}$$

$$\hat{P}_f=\sum_{j=1}^{N_{\mathrm{IS}}}\frac{I_F(\boldsymbol{x}^{(j)})f_{\boldsymbol{X}}(\boldsymbol{x}^{(j)})}{h_{\boldsymbol{X}}(\boldsymbol{x}^{(j)})} \tag{9-44}$$

(7)计算失效概率估计值的变异系数以判断 AK－IS 求解可靠性的收敛性。根据第 4 章内容可知，基于重要抽样法求解失效概率估计值的变异系数的计算式为

$$\mathrm{Cov}(\hat{P}_f)=\sqrt{\frac{1}{N_{\mathrm{IS}}-1}\left[\frac{1}{N_{\mathrm{IS}}}\sum_{j=1}^{N_{\mathrm{IS}}}I_F(\boldsymbol{x}^{(j)})\frac{f_{\boldsymbol{X}}^2(\boldsymbol{x}^{(j)})}{h_{\boldsymbol{X}}^2(\boldsymbol{x}^{(j)})}-\hat{P}_f^2\right]}\Bigg/\hat{P}_f \tag{9-45}$$

当 $\mathrm{Cov}(\hat{P}_f)<5\%$ 时，即认为 $\hat{P}_f$ 对 P_f 的估计可以被接受，AK－IS 求解可靠性的过程收敛，结束 AK－IS 求解的过程，得到 $\hat{P}_f$ 和 $\mathrm{Cov}(\hat{P}_f)$ ；否则扩充重要抽样的样本池 $\boldsymbol{S}_{\mathrm{IS}}$ ，并转入第(4)步。

9.3.2　可靠性局部灵敏度分析的 AK－IS 法

根据第 4 章中重要抽样法求解可靠性局部灵敏度的计算表达式可知：

$$\frac{\partial \hat{P}_f}{\partial\theta_{X_i}^{(k)}}=\frac{1}{N_{\mathrm{IS}}}\sum_{j=1}^{N_{\mathrm{IS}}}\frac{I_F(\boldsymbol{x}^{(j)})}{h_{\boldsymbol{X}}(\boldsymbol{x}^{(j)})}\frac{\partial f_{\boldsymbol{X}}(\boldsymbol{x}^{(j)})}{\partial\theta_{X_i}^{(k)}} \tag{9-46}$$

可靠性局部灵敏度估计值 $\dfrac{\partial \hat{P}_f}{\partial\theta_{X_i}^{(k)}}$ 的方差计算式为

$$\mathrm{Var}\left(\frac{\partial \hat{P}_f}{\partial\theta_{X_i}^{(k)}}\right)\approx\frac{1}{N_{\mathrm{IS}}-1}\left\{\frac{1}{N_{\mathrm{IS}}}\sum_{j=1}^{N_{\mathrm{IS}}}\left[\frac{I_F(\boldsymbol{x}^{(j)})}{h_{\boldsymbol{X}}(\boldsymbol{x}^{(j)})}\frac{\partial f_{\boldsymbol{X}}(\boldsymbol{x}^{(j)})}{\partial\theta_{X_i}^{(k)}}\right]^2-\left(\frac{\partial \hat{P}_f}{\partial\theta_{X_i}^{(k)}}\right)^2\right\} \tag{9-47}$$

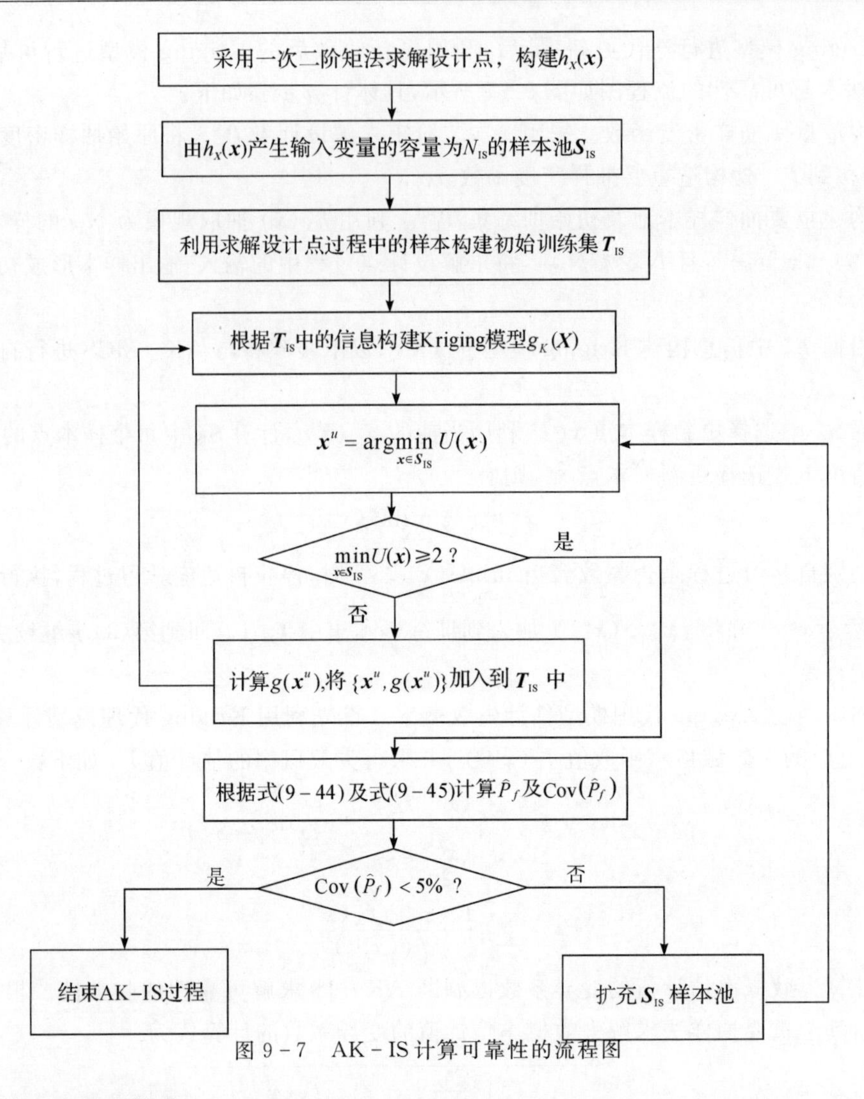

图 9-7　AK-IS 计算可靠性的流程图

相应估计值的变异系数为

$$\mathrm{Cov}\left(\frac{\partial \hat{P}_f}{\partial \theta_{X_i}^{(k)}}\right)=\sqrt{\mathrm{Var}\left(\frac{\partial \hat{P}_f}{\partial \theta_{X_i}^{(k)}}\right)}\Bigg/\left|\frac{\partial \hat{P}_f}{\partial \theta_{X_i}^{(k)}}\right| \tag{9-48}$$

从以上公式可以看出，在利用 AK-IS 求解可靠性的同时亦可求解得到可靠性局部灵敏度指标，且在可靠性求解的基础上求解可靠性局部灵敏度的过程无需额外计算量。具体的计算流程图如图 9-8 所示，具体执行步骤如下：

(1)构造重要抽样密度函数 $h_X(x)$。采用一次二阶矩求解设计点 P^*，将原始抽样密度函数的抽样中心平移到 P^* 处构造重要抽样密度函数 $h_X(x)$。

(2)抽取重要抽样样本池 S_{IS} 并构建初始训练集 T_{IS}。利用 $h_X(x)$ 抽取规模为 N_{IS} 样本池 S_{IS}，且 $N_{IS}\ll N_{MC}$，由求解设计点过程中的输入-输出样本构建初始训练样本集 T_{IS}。

(3)根据 T_{IS} 中的信息构建 Kriging 模型 $g_K(X)$。

(4)选择更新样本点 x^u。利用当前 $g_K(X)$ 计算样本池 S_{IS} 中每一个样本对应的U学习函数值,并用下式选择更新样本点 $\boldsymbol{x}^u$ 。

$$\boldsymbol{x}^u = \arg \min_{x \in \boldsymbol{S}_{\mathrm{IS}}} U(\boldsymbol{x}) \tag{9-49}$$

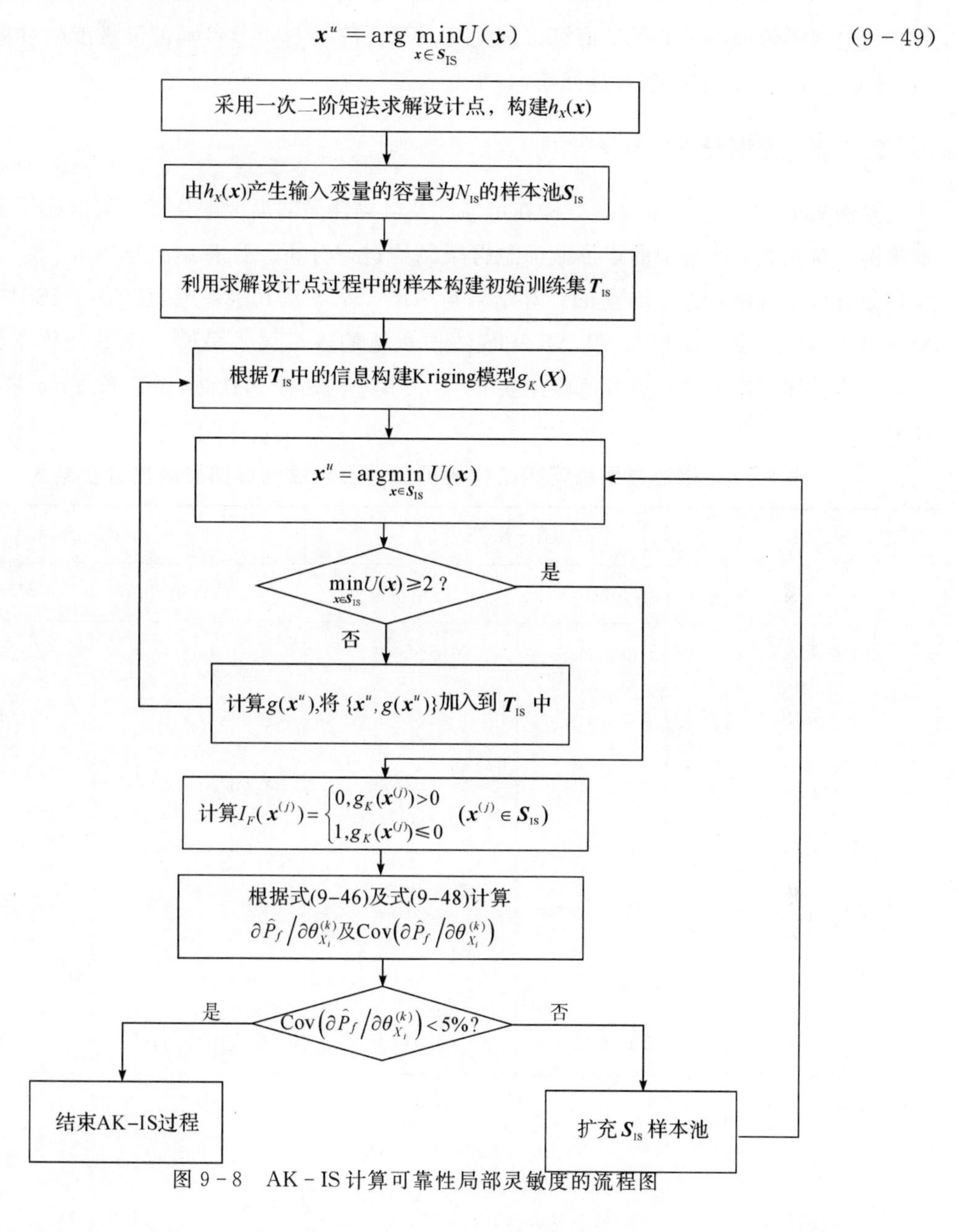

图 9-8　AK-IS 计算可靠性局部灵敏度的流程图

(5)判别自学习过程是否收敛。当 $\min_{x \in \boldsymbol{S}_{\mathrm{IS}}} U(\boldsymbol{x}) \geqslant 2$ 时停止自适应学习过程并执行第(6)步,否则计算 $g(\boldsymbol{x}^u)$,并将 $\{\boldsymbol{x}^u, g(\boldsymbol{x}^u)\}$ 加入到 $\boldsymbol{T}_{\mathrm{IS}}$ 中,返回到第(3)步。

(6)利用收敛的 $g_K(\boldsymbol{X})$ 计算可靠性局部灵敏度估计值 $\partial \hat{P}_f / \partial \theta_{X_i}^{(k)}$ 及其变异系数 $\mathrm{Cov}(\partial \hat{P}_f / \partial \theta_{X_i}^{(k)})$ 。计算公式见式(9-46)和式(9-48),其中 $I_F(\boldsymbol{x}^{(j)}) = \begin{cases} 0, & g_K(\boldsymbol{x}^{(j)}) > 0 \\ 1, & g_K(\boldsymbol{x}^{(j)}) \leqslant 0 \end{cases}$ $(\boldsymbol{x}^{(j)} \in \boldsymbol{S}_{\mathrm{IS}})$ 。

(7)判别 AK－IS 求解可靠性局部灵敏度的收敛性。当 $\mathrm{Cov}(\partial\hat{P}_f/\partial\theta_{X_i}^{(k)})<5\%$ 时，则认为可靠性局部灵敏度指标的估计值可以被接受，AK－IS 求解可靠性局部灵敏度的过程收敛；否则，增加样本池 $\boldsymbol{S}_{\mathrm{IS}}$ 的规模，并返回第(4)步。

9.3.3 算例分析

算例 9.4 为验证 AK－IS 方法在可靠性及可靠性局部灵敏度分析中的准确性及高效性，本算例将对 9.2.3 小节中的矩形截面悬臂梁结构进行分析。计算结果见表 9－8。通过计算结果分析可以看出：AK－IS 法的计算结果与 AK－MCS 法几乎一致，且 AK－IS 法的真实模型调用与 AK－MCS 法相当，但 AK－IS 法样本池的规模仅占 AK－MCS 法样本池规模的 0.875%，这样可以大量减少自适应建立 Kriging 模型过程中的耗时，提高 Kriging 模型建立的效率。

表 9－8 矩形截面悬臂梁结构的可靠性及可靠性局部灵敏度分析结果

	AK－MCS		AK－IS	
	估计值	变异系数	估计值	变异系数
P_f	0.002 7	0.009 6	0.002 7	0.009 5
$\partial P_f/\partial\mu_X$	$7.258\,0\times10^{-3}$	0.009 8	$7.208\,5\times10^{-5}$	0.009 2
$\partial P_f/\partial\mu_Y$	$1.637\,1\times10^{-3}$	0.018 8	$1.637\,0\times10^{-5}$	0.021 2
$\partial P_f/\partial\mu_E$	$-2.623\,9\times10^{-9}$	0.011 4	$-2.623\,0\times10^{-9}$	0.011 5
$\partial P_f/\partial\sigma_X$	$1.755\,8\times10^{-4}$	0.010 6	$1.743\,5\times10^{-4}$	0.009 5
$\partial P_f/\partial\sigma_Y$	$1.081\,2\times10^{-5}$	0.047 0	$1.095\,6\times10^{-5}$	0.049 2
$\partial P_f/\partial\sigma_E$	$3.337\,5\times10^{-9}$	0.017 8	$3.371\,0\times10^{-9}$	0.019 0
模型调用次数	33		37	
样本池规模	4×10^6		3.5×10^4	
计算耗时	406.452 7s		4.096 4s	

算例 9.5 采用 AK－IS 法对 9.2.3 小节中的屋架结构进行可靠性及可靠性局部灵敏度分析，计算结果见表 9－9。由表 9－9 中可以看出：采用 AK－MCS 法及 AK－IS 法分析屋架结构的可靠性及可靠性局部灵敏度指标的结果一致。AK－MCS 法中样本池的规模为 2×10^6，AK－IS 法中样本池的规模为 80 000，远小于 AK－MCS 样本池规模的大小，这也使得 AK－IS 法的计算耗时小于 AK－MCS 法。

表 9－9　矩形截面悬臂梁结构的可靠性及可靠性局部灵敏度分析结果

	AK－MCS		AK－IS	
	估计值	变异系数	估计值	变异系数
P_f	0.012 5	0.006 3	0.012 5	0.009 8
$\partial P_f/\partial \mu_q$	$1.022\ 1\times 10^{-5}$	0.007 7	$1.021\ 2\times 10^{-5}$	0.008 9
$\partial P_f/\partial \mu_l$	0.036 6	0.010 8	0.036 4	0.014 4
$\partial P_f/\partial \mu_{A_S}$	−167.683 2	0.010 4	−168.385 0	0.015 6
$\partial P_f/\partial \mu_{A_C}$	−2.511 7	0.007 5	−2.522 6	0.018 6
$\partial P_f/\partial \mu_{E_S}$	$-1.399\ 9\times 10^{-12}$	0.009 4	$-1.398\ 2\times 10^{-12}$	0.012 0
$\partial P_f/\partial \mu_{E_C}$	$-2.308\ 8\times 10^{-12}$	0.015 8	$-2.379\ 1\times 10^{-12}$	0.021 2
$\partial P_f/\partial \sigma_q$	$1.201\ 1\times 10^{-5}$	0.012 4	$1.191\ 3\times 10^{-5}$	0.012 0
$\partial P_f/\partial \sigma_l$	0.023 0	0.028 0	0.023 1	0.030 7
$\partial P_f/\partial \sigma_{A_S}$	145.632 8	0.021 1	145.200 6	0.025 2
$\partial P_f/\partial \sigma_{A_C}$	4.202 0	0.010 0	4.241 5	0.033 5
$\partial P_f/\partial \sigma_{E_S}$	$1.426\ 8\times 10^{-12}$	0.017 0	$1.442\ 3\times 10^{-12}$	0.018 8
$\partial P_f/\partial \sigma_{E_C}$	$1.188\ 1\times 10^{-12}$	0.048 2	$1.172\ 0\times 10^{-12}$	0.066 0
模型调用次数	338		231	
样本池规模	2×10^6		80 000	
计算耗时	30 312.508 8s		570.818 0s	

9.3.4　算法参考程序

AK－IS 求解可靠性局部灵敏度的 MATLAB 程序见表 9－10。

表 9－10　AK－IS 求解可靠性及可靠性局部灵敏度的 MATLAB 程序

```
clear all
tic
%不同的算例需要修改对输入均值、标准差向量、功能函数及密度函数的维数进行修改即可
Mu=[2.9e7,500,1000]; %输入变量均值向量
Sigma=[1.45e6,100,100]; %输入变量的标准差向量
G=@(x)2.2-4.*100.^3./(x(:,1).*2.4484.*3.8884).*sqrt((x(:,2)./(2.4484).^2).^2+(x(:,
3)./(3.8884).^2).^2); %功能函数
[beta MPP P yP]=AFOSM(G,Mu,Sigma); %一次二阶矩求解设计点
pdfg=@(x)normpdf(x(:,1),MPP(1),Sigma(1)).*normpdf(x(:,2),MPP(2),Sigma(2)).*normpdf
(x(:,3),MPP(3),Sigma(3));
pdfh=@(x)(normpdf(x(:,1),Mu(1),Sigma(1))./normpdf(x(:,1),MPP(1),Sigma(1))).*(normp-
df(x(:,2),Mu(2),Sigma(2))./normpdf(x(:,2),MPP(2),Sigma(2))).*…
    (normpdf(x(:,3),Mu(3),Sigma(3))./normpdf(x(:,3),MPP(3),Sigma(3)));
n=length(Mu);
p=sobolset(n,'Skip',10000);
N1=length(yP);
```

```
N2=35000;
P2=p(1:N2,1:n);
for i=1:n
    PP(:,i)=norminv(P2(:,i),MPP(i),Sigma(i));
end
theta=0.01.*ones(1,n);
lob=1e-5.*ones(1,n);
upb=20.*ones(1,n);
for i=1:1000 %自适应 Kriging 模型构建过程
if i==1
        x=P;
        y=yP;
        dmodel=dacefit(x,y,@regpoly0,@corrgauss,theta,lob,upb);
        [ug,sigmag]=predictor(PP,dmodel);
        prxi=(abs(ug))./sqrt(sigmag);
        [PD(i),I]=min(prxi);
else
        x(N1-1+i,:)=PP(I,:);
        y(N1-1+i)=G(PP(I,:));
        dmodel=dacefit(x,y,@regpoly0, @corrgauss,theta,lob,upb);
        [ug,sigmag]=predictor(PP,dmodel);
prxi=(abs(ug))./sqrt(sigmag);
        [PD(i),I]=min(prxi);
end
    Cr(i)=min(prxi);
if Cr(i)>=2 %自适应学习终止准则
break
end
    cleardmodel ug sigmag
end
ye=predictor(PP,dmodel);
Ie=ones(length(ye),1);
Ie(ye>0)=0;
pf=mean(Ie.*pdfh(PP));%AK-IS 求解失效概率
Cov=sqrt((1./(N2-1)).*(1./N2.*sum(Ie.*pdfh(PP).^2)-pf.^2))./pf;
%失效概率估计值的变异系数
for i=1:n
pf_mu(i)=1./N2.*sum(Ie.*pdfh(PP).*(PP(:,i)-Mu(i))./(Sigma(i).^2));
%正态分布变量失效概率对均值的局部灵敏度
var_pf_mu(i)=1./(N2-1).*(1./N2.*sum((Ie.*pdfh(PP).*(PP(:,i)-Mu(i))./(Sigma(i)).^
2).^2)-pf_mu(i).^2); %局部灵敏度估计值的方差
cov_pf_mu(i)=sqrt(var_pf_mu(i))./abs(pf_mu(i)); %局部灵敏度估计值的变异系数
```

```
pf_sigma(i)=1./N2.*sum(Ie.*pdfh(PP)./Sigma(i).*((PP(:,i)-Mu(i)).^2./Sigma(i).^2-1));
%正态分布变量失效概率对标准差的局部灵敏度
var_pf_sigma(i)=1./(N2-1).*(1./N2.*sum((Ie.*pdfh(PP)./Sigma(i).*((PP(:,i)-Mu(i)).^
2./Sigma(i).^2-1)).^2)-pf_sigma(i).^2);
%局部灵敏度估计值的方差
cov_pf_sigma(i)=sqrt(var_pf_sigma(i))./abs(pf_sigma(i)); %局部灵敏度估计值的变异系数
end
toc%计算耗时统计
function [beta P XXX YYY]=AFOSM(G,Mu,Sigma)
%%%%%Advanced first-order Second-moment method
P=Mu;
n=length(Mu);
beta1=0;beta4=3;
fori=1:1000
    beta1=beta4;
for j=1:n
        T=P;
if T(j)==0
            T(j)=0.0001;
else
            T(j)=T(j)+0.00001*T(j);
end
          dgx(j)=(G(T)-G(P))/(0.0001*T(j));
          XT((i-1).*n+j,:)=T;
          YT((i-1).*n+j)=G(T);
  end
    la=-dgx.*Sigma/sqrt(sum(dgx.^2.*Sigma.^2));
f=@(beta2)G(Mu+la.*Sigma*beta2);
tu=0;
tl=5;
abtol=(1./2.*10.^-1);
a=tu;b=tl;
max1=-1+ceil((log(tl-tu)-log(abtol))/log(2));
ifi==1
    xxx(i,:)=Mu+la.*Sigma*tu;
    yyy(i)=f(tu);
    xxx(length(xxx(:,1))+1,:)=Mu+la.*Sigma*tl;
    yyy(length(yyy)+1)=f(tl);
else
    xxx(length(xxx(:,1))+1,:)=Mu+la.*Sigma*tu;
    xxx(length(xxx(:,1))+1,:)=Mu+la.*Sigma*tl;
    yyy(length(yyy)+1)=f(tu);
     yyy(length(yyy)+1)=f(tl);
```

```
end
for k=1:max1+1
        x=(a+b)./2;
        MX(k)=x;
        yx(k)=f(x);
        My(k)=yx(k);
if yx(k)==0
            x
            break
elseif yb.*yx(k)>0
            b=x;yb=yx(k);
else
            a=x;ya=yx(k);
end
if b-a<abtol
            break
end
end
    beta3=x;
    beta4=min(beta3);
    P=Mu+la.*Sigma*beta4;
if i==1
        for j=1:k
        XX(j,:)=Mu+la.*Sigma*MX(j);
        YY(j)=G(XX(j,:));
  end
else
        for j=1:k
        XX(length(XX(:,1))+1,:)=Mu+la.*Sigma*MX(j);
        YY(length(YY)+1)=G(XX(length(XX(:,1)),:));
end
end
    clear MX yx  My
if abs(beta1-beta4)<1.*10^-1
        break
end
end
XX(length(XX(:,1))+1:length(XX(:,1))+2.*i,:)=xxx;
YY(length(YY)+1:length(YY)+2.*i)=yyy;
XXX=[XX;XT];
YYY=[YY';YT']';
beta=beta4;
Pf=normcdf(-beta);
end
```

9.4 可靠性及可靠性局部灵敏度分析的 Meta－IS－AK 法

9.3 节介绍了基于一次二阶矩法构造重要抽样密度函数的 AK－IS 方法，对于多设计点及多失效域问题，一次二阶矩法将失效。因此，对于多设计点及多失效域问题，必须另寻解决途径。采用元重要抽样方法的基本思想来构造重要抽样密度函数，是解决多设计点及多失效域的一种较好的方法，在该方法中通过推导将原问题的失效概率等价表示为扩展失效概率与修正因子乘积的形式，之后分两步进行求解。第一步，利用元重要抽样方法的逐步迭代策略抽取多失效域的重要抽样样本，直到达到规定的收敛准则，利用此时得到的 Kriging 模型计算出扩展失效概率。第二步，在第一步最终得到的功能函数的 Kriging 模型的基础上，利用重要抽样自适应 Kriging 方法，准确预测重要抽样样本处失效域的指示函数值，进而高效准确地计算修正因子。从算法构造的原理上看，该方法同时具有元重要抽样适用于多失效域的优点以及重要抽样结合自适应 Kriging 模型法预测备选样本点处失效域指示函数值的高效性。

9.4.1 可靠性分析的 Meta－IS－AK 法

Meta－IS－AK 法是元模型(Metamodel)构造重要抽样(Importance Sampling，IS)密度函数[9]并结合自适应 Kriging 代理模型(Adaptive Kriging，AK)的方法。具体方法的介绍如下所述。

为了使失效概率估计值 $\hat{P}_f$ 的方差最小，可以推得理论上的最优重要抽样密度函数 $h_{\text{opt}}(\boldsymbol{x})$ 为

$$h_{\text{opt}}(\boldsymbol{x})=\frac{I_F(\boldsymbol{x})f_{\boldsymbol{X}}(\boldsymbol{x})}{P_f} \tag{9-50}$$

由于失效概率真实值 P_f 是待估计的未知量，精确求解 $h_{\text{opt}}(\boldsymbol{x})$ 显然是不切实际的。于是，研究人员提出了 Meta－IS 的方法，利用功能函数 $g(\boldsymbol{X})$ 的 Kriging 代理模型 $g_K(\boldsymbol{X})$ 来构造当前重要抽样密度函数 $h_{\boldsymbol{X}}(\boldsymbol{x})$，即

$$h_{\boldsymbol{X}}(\boldsymbol{x})=\frac{\pi(\boldsymbol{x})f_{\boldsymbol{X}}(\boldsymbol{x})}{P_{f\varepsilon}} \tag{9-51}$$

式中，概率分类函数 $\pi(\boldsymbol{x})$ 表示根据当前 Kriging 模型 $g_K(\boldsymbol{X})$ 得到的样本点 $\boldsymbol{x}$ 处预测值 $g_K(\boldsymbol{x})\leqslant 0$ 的概率，定义如下：

$$\pi(\boldsymbol{x})=P\{g_K(\boldsymbol{x})\leqslant 0\}=\Phi\left(-\frac{\mu_{g_K}(\boldsymbol{x})}{\sigma_{g_K}(\boldsymbol{x})}\right) \tag{9-52}$$

式中，$g_K(\boldsymbol{x})$ 服从正态分布，$\mu_{g_K}(\boldsymbol{x})$ 和 $\sigma_{g_K}(\boldsymbol{x})$ 分别为 Kriging 模型 $g_K(\boldsymbol{x})$ 的预测均值与预测标准差，即

$$g_K(\boldsymbol{x})\sim N(\mu_{g_K}(\boldsymbol{x}),\sigma_{g_K}^2(\boldsymbol{x})) \tag{9-53}$$

当 $g_K(\boldsymbol{x})$ 能够非常准确替代 $g(\boldsymbol{x})$ 时，$\pi(\boldsymbol{x})$ 则与 $I_F(\boldsymbol{x})$ 接近。

$P_{f\varepsilon}$ 为归一化系数，定义如下：

$$P_{f\varepsilon}=\int\cdots\int_{R^n}\pi(\boldsymbol{x})f_{\boldsymbol{X}}(\boldsymbol{x})\mathrm{d}\boldsymbol{x} \tag{9-54}$$

由于 $P_{f\varepsilon}$ 同时包含了模型的不确定性 $\pi(\boldsymbol{x})$ 和输入变量的不确定性 $f_{\boldsymbol{X}}(\boldsymbol{x})$，$P_{f\varepsilon}$ 也被称为扩展失效概率。

采用元模型构造的重要抽样密度函数 $h_{\boldsymbol{X}}(\boldsymbol{x})=\pi(\boldsymbol{x})f_{\boldsymbol{X}}(\boldsymbol{x})/P_{f\varepsilon}$，可对失效概率的估计式进行以下推导：

$$P_f=\int\cdots\int_{R^n}I_F(\boldsymbol{x})f_{\boldsymbol{X}}(\boldsymbol{x})\mathrm{d}\boldsymbol{x}$$

$$=\int\cdots\int_{R^n}I_F(\boldsymbol{x})\frac{f_{\boldsymbol{X}}(\boldsymbol{x})}{h_{\boldsymbol{X}}(\boldsymbol{x})}h_{\boldsymbol{X}}(\boldsymbol{x})\mathrm{d}\boldsymbol{x} \tag{9-55}$$

将 $h_{\boldsymbol{X}}(\boldsymbol{x})=\dfrac{\pi(\boldsymbol{x})f_{\boldsymbol{X}}(\boldsymbol{x})}{P_{f\varepsilon}}$ 代入式(9-55)中的分母项有

$$P_f=\int\cdots\int_{R^n}I_F(\boldsymbol{x})\frac{f_{\boldsymbol{X}}(\boldsymbol{x})}{\dfrac{\pi(\boldsymbol{x})f_{\boldsymbol{X}}(\boldsymbol{x})}{P_{f\varepsilon}}}h_{\boldsymbol{X}}(\boldsymbol{x})\mathrm{d}\boldsymbol{x}$$

$$=P_{f\varepsilon}\int\cdots\int_{R^n}\frac{I_F(\boldsymbol{x})}{\pi(\boldsymbol{x})}h_{\boldsymbol{X}}(\boldsymbol{x})\mathrm{d}\boldsymbol{x}$$

$$=P_{f\varepsilon}\alpha_{\mathrm{corr}} \tag{9-56}$$

其中

$$\alpha_{\mathrm{corr}}=\int\cdots\int_{R^n}\frac{I_F(\boldsymbol{x})}{\pi(\boldsymbol{x})}h_{\boldsymbol{X}}(\boldsymbol{x})\mathrm{d}\boldsymbol{x} \tag{9-57}$$

被称为修正因子。

Meta-IS-AK 方法通过两步 Kriging 代理模型的构建，来高效估计扩展失效概率 $P_{f\varepsilon}$ 和修正因子 α_{corr}。第一步，由 Meta-IS 方法的迭代更新策略得到逐步逼近重要抽样函数的样本点，在迭代收敛后就可以得到第一步的 Kriging 模型 $g_{K_1}(\boldsymbol{X})$ 和相应的重要抽样样本点 $\{\boldsymbol{x}_h^{(j)},j=1,2,\cdots,N_{\mathrm{corr}}\}$，由 $g_{K_1}(\boldsymbol{X})$ 和 Monte Carlo 样本 $\{\boldsymbol{x}_f^{(i)},i=1,2,\cdots,N_{\varepsilon}\}$ 就可以计算扩展失效概率的估计值。第二步，利用 AK-IS 方法，继续更新 Kriging 模型，构建能够对重要抽样样本 $\boldsymbol{x}_h^{(j)}(j=1,2,\cdots,N_{\mathrm{corr}})$ 处的指示函数值 $I_F(\boldsymbol{x}_h^{(j)})$ 做出准确预测的 Kriging 模型 $g_{K_2}(\boldsymbol{X})$，以便高效准确地求解修正因子的估计值 $\hat{\alpha}_{\mathrm{corr}}$。Meta-IS-AK 方法的计算流程图如图 9-9 及图 9-10 所示。具体执行步骤如下：

(1)构建初始模型。根据输入变量的原分布密度函数 $f_{\boldsymbol{X}}(\boldsymbol{x})$ 抽取少量的初始样本点，并计算相应功能函数值，构成训练集 $\boldsymbol{T}$。

(2)由 $\boldsymbol{T}$ 构建 $g(\boldsymbol{X})$ 的初始 Kriging 模型 $g_{K_1}(\boldsymbol{X})$。

(3)抽取重要抽样样本。由式(9-51)可得当前代理模型 $g_{K_1}(\boldsymbol{X})$ 下的重要抽样密度函数，通过马尔可夫链抽取当前重要抽样样本。值得注意的是，在使用重要抽样密度函数抽取样本时不需要求得归一化系数 $P_{f\varepsilon}$，只需求得 $\pi(\boldsymbol{x})f_{\boldsymbol{X}}(\boldsymbol{x})$ 即可。

(4)更新训练样本集。对重要抽样样本实行 K-means 聚类分析，得到 K 个形心，并将这 K 个形心及其相应的真实功能函数值加入训练样本集 $\boldsymbol{T}$ 中，并由 $\boldsymbol{T}$ 更新 Kriging 模型 $g_{K_1}(\boldsymbol{X})$。一般为了使 K 个形心能包含所有失效域的信息而选择较大的 K 值。

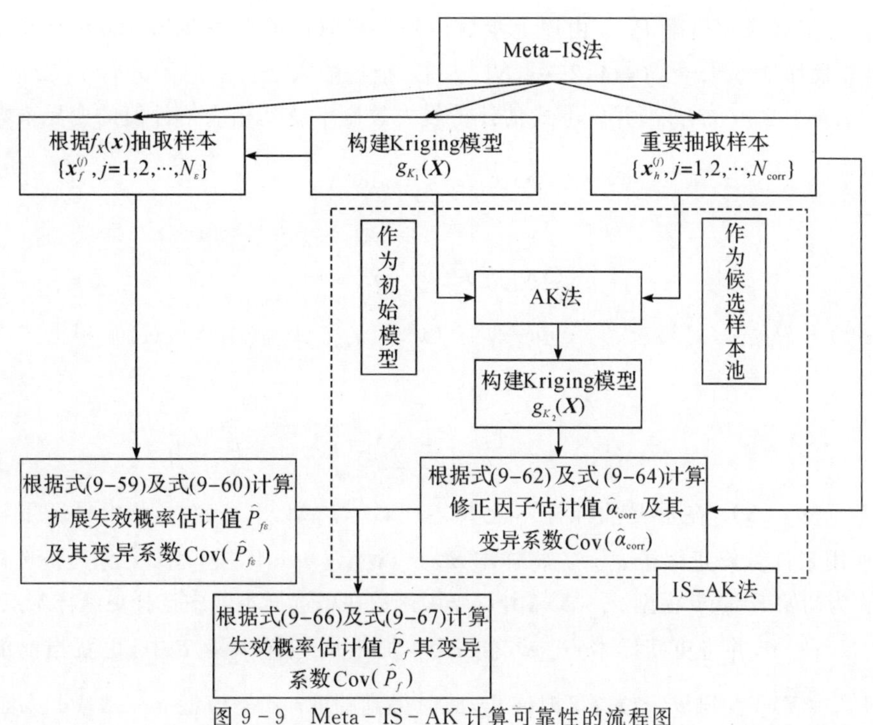

图 9-9　Meta-IS-AK 计算可靠性的流程图

(5)判别收敛性。由交叉验证法(cross-validation)计算修正因子 α_{corr} 的留一法估计值 $\hat{\alpha}_{corrLOO}$，$\hat{\alpha}_{corrLOO}$ 的计算式为

$$\hat{\alpha}_{corrLOO}=\frac{1}{m}\sum_{i=1}^{m}\frac{I_F(\boldsymbol{x}_T^{(i)})}{\pi_{T/\boldsymbol{x}_T^{(i)}}(\boldsymbol{x}_T^{(i)})}=\frac{1}{m}\sum_{i=1}^{m}\frac{I_F(\boldsymbol{x}_T^{(i)})}{P\{g_{K(T/\boldsymbol{x}_T^{(i)})}(\boldsymbol{x}_T^{(i)})\leqslant 0\}} \tag{9-58}$$

其中 m 为迭代过程中构建 Kriging 模型 $g_{K_1}(\boldsymbol{x})$ 的训练集 $\boldsymbol{T}$ 的尺寸，也即训练集中含 m 个训练点及相应的功能函数值为 $\boldsymbol{T}=\{(\boldsymbol{x}_T^{(1)},g(\boldsymbol{x}_T^{(1)})),(\boldsymbol{x}_T^{(2)},g(\boldsymbol{x}_T^{(2)})),\cdots,(\boldsymbol{x}_T^{(m)},g(\boldsymbol{x}_T^{(m)}))\}$，$I_F(\boldsymbol{x}_T^{(i)})$ 可以由训练点的真实功能函数值来求得，其计算式为 $I_F(\boldsymbol{x}_T^{(i)})=\begin{cases}0,\ g(\boldsymbol{x}_T^{(i)})>0\\1,\ g(\boldsymbol{x}_T^{(i)})\leqslant 0\end{cases}$，$\pi_{T/\boldsymbol{x}_T^{(i)}}(\cdot)$ 表示的是除去训练集中第 i 个训练样本 $(\boldsymbol{x}_T^{(i)},g(\boldsymbol{x}_T^{(i)}))$ 后构建的 Kriging 模型 $g_{K_1(T/\boldsymbol{x}_T^{(i)})}(\boldsymbol{x})$ 所建立的概率分类函数。在此处引入 $\hat{\alpha}_{corrLOO}$ 的原因主要是：在 Meta-IS-AK 方法构建最优重要抽样密度函数的样本的第一步中，刚开始更新第一步的 Kriging 模型 $g_{K_1}(\boldsymbol{X})$ 时是比较粗糙的，这时用式(9-56)来估计失效概率是不准确的，因为重要抽样样本池还没有被准确地抽取，此时去估计修正因子会浪费更多的计算量。而 $\hat{\alpha}_{corrLOO}$ 只需要用第一步已有的训练信息就可以容易地估算，且我们知道当 $\hat{\alpha}_{corrLOO}$ 趋近于 1 时说明概率分类函数 $\pi(\boldsymbol{x})$ 趋近于失效域指示函数 $I_F(\boldsymbol{x})$，同时也说明式(9-51)的 $h_{\boldsymbol{X}}(\boldsymbol{x})$ 趋近于式(9-50)的 $h_{opt}(\boldsymbol{x})$，所以我们用 $\hat{\alpha}_{corrLOO}$ 作为第一步结束迭代的一个指标。由于 $\hat{\alpha}_{corrLOO}=1$ 是最优的停止准则，因此我们取 $\hat{\alpha}_{corrLOO}\in[0.1,10]$ 时作为停止第一步迭代的准则。

若 $0.1<\hat{\alpha}_{corrLOO}<10$，且训练样本的样本数量 m 大于规定的最小值 m_0（m_0 一般取 30），则认为构建重要抽样密度函数的元模型收敛，进入第(6)步；否则，返回第(3)步重新抽取重要抽样样本。

(6)计算扩展失效概率 $P_{f\varepsilon}$ 。由以上步骤得到最终收敛的第一步 Kriging 模型 $g_{K_1}(\boldsymbol{X})$ 及相应的重要抽样样本 $\{\boldsymbol{x}_h^{(j)},j=1,2,\cdots,N_{\text{corr}}\}$ 后,根据输入变量的原始分布 $f_{\boldsymbol{X}}(\boldsymbol{x})$ 产生 N_ε 个样本 $\{\boldsymbol{x}_f^{(i)},i=1,2,\cdots,N_\varepsilon\}$,并由下式估计扩展失效概率及其相应估计值的变异系数:

$$\hat{P}_{f\varepsilon}=\frac{1}{N_\varepsilon}\sum_{i=1}^{N_\varepsilon}\pi(\boldsymbol{x}_f^{(i)}) \tag{9-59}$$

$$\text{Cov}(\hat{P}_{f\varepsilon})=\frac{\sqrt{\text{Var}(\hat{P}_{f\varepsilon})}}{\hat{P}_{f\varepsilon}} \tag{9-60}$$

其中 $\pi(\boldsymbol{x}_f^{(i)})=P\{g_{K_1}(\boldsymbol{x}_f^{(i)})<0\}=\Phi(-\mu_{g_{K_1}}(\boldsymbol{x}_f^{(i)})/\sigma_{g_{K_1}}(\boldsymbol{x}_f^{(i)}))$, $\text{Var}(\hat{P}_{f\varepsilon})$ 根据式(9-61)求得,即

$$\text{Var}(\hat{P}_{f\varepsilon})=\frac{1}{N_\varepsilon-1}\left(\frac{1}{N_\varepsilon}\sum_{i=1}^{N_\varepsilon}\pi^2(\boldsymbol{x}_f^{(i)})-\hat{P}_{f\varepsilon}^2\right) \tag{9-61}$$

(7)基于 $g_{K_1}(\boldsymbol{X})$,在重要抽样样本池 $\boldsymbol{S}_{\text{IS}}=\{\boldsymbol{x}_h^{(j)},j=1,2,\cdots,N_{\text{corr}}\}$ 中更新重建 Kriging 模型,以便用来计算修正因子 $\hat{\alpha}_{\text{corr}}$ 。将样本 $\boldsymbol{S}_{\text{IS}}=\{\boldsymbol{x}_h^{(j)},j=1,2,\cdots,N_{\text{corr}}\}$ 作为备选样本池,将 $g_{K_1}(\boldsymbol{X})$ 作为初始 Kriging 模型 $g_{K_2}(\boldsymbol{X})$,由 U 学习函数在备选样本池中选择更新样本点 $\boldsymbol{x}^u=\arg\min\limits_{j=1,2,\cdots,N_{\text{corr}}}U(\boldsymbol{x}_h^{(j)})$,并将更新样本点 $\{\boldsymbol{x}^u,g(\boldsymbol{x}^u)\}$ 加入训练样本集 $\boldsymbol{T}$ 中,更新当前的 Kriging 模型得到 $g_{K_2}(\boldsymbol{X})$,直到 $U(\boldsymbol{x}^u)\geqslant 2$ 时终止,此时得到的 Kriging 模型 $g_{K_2}(\boldsymbol{X})$ 可以准确识别由 $g_{K_1}(\boldsymbol{X})$ 构建的重要抽样密度产生的重要抽样样本池 $\boldsymbol{S}_{\text{IS}}=\{\boldsymbol{x}_h^{(j)},j=1,2,\cdots,N_{\text{corr}}\}$ 内各样本点对应的失效域指示函数值。

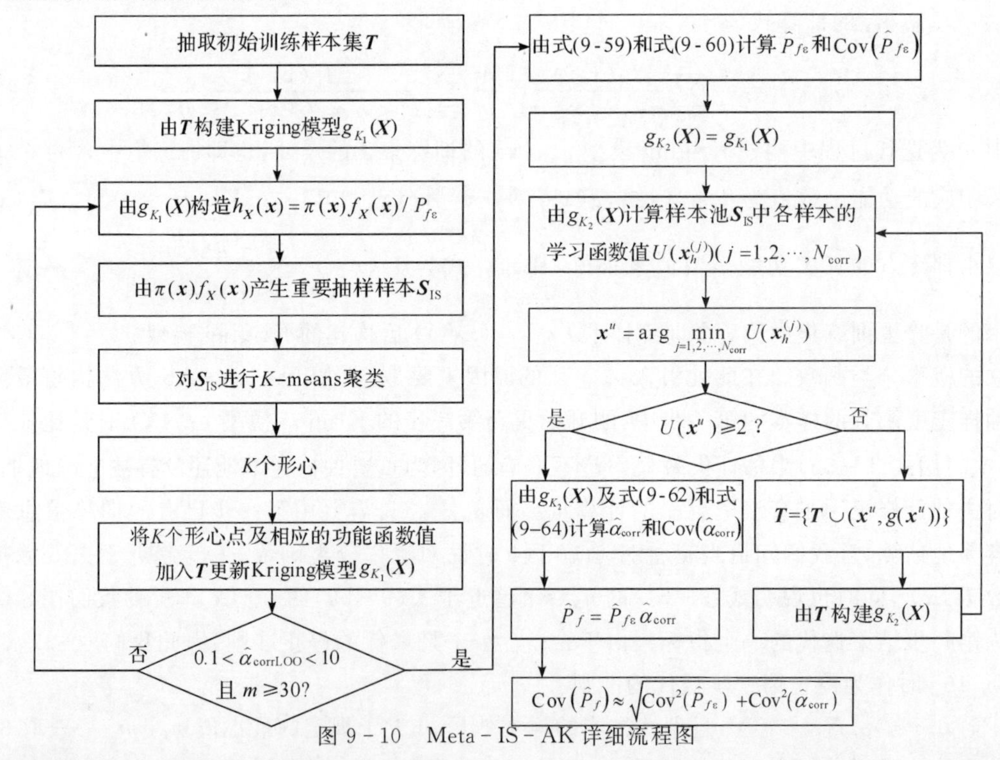

图 9-10 Meta-IS-AK 详细流程图

(8)基于 $g_{K_2}(\boldsymbol{X})$ 计算修正因子及其相应的变异系数。修正因子的估计值 $\hat{\alpha}_{\text{corr}}$ 及变异系数

$\mathrm{Cov}(\hat{\alpha}_{\mathrm{corr}})$ 可通过下式计算求得，即

$$\hat{\alpha}_{\mathrm{corr}}=\frac{1}{N_{\mathrm{corr}}}\sum_{j=1}^{N_{\mathrm{corr}}}\frac{\hat{I}_F(\boldsymbol{x}_h^{(j)})}{\pi(\boldsymbol{x}_h^{(j)})} \tag{9-62}$$

$$\hat{I}_F(\boldsymbol{x}_h^{(j)})=\begin{cases}1,\ g_{K_2}(\boldsymbol{x}_h^{(j)})\leqslant 0\\ 0,\ g_{K_2}(\boldsymbol{x}_h^{(j)})>0\end{cases}\quad (j=1,2,\cdots,N_{\mathrm{corr}}) \tag{9-63}$$

$$\mathrm{Cov}(\hat{\alpha}_{\mathrm{corr}})=\frac{\sqrt{\mathrm{Var}(\hat{\alpha}_{\mathrm{corr}})}}{\hat{\alpha}_{\mathrm{corr}}} \tag{9-64}$$

$$\mathrm{Var}(\hat{\alpha}_{\mathrm{corr}})\approx\frac{1}{N_{\mathrm{corr}}-1}\left(\frac{1}{N_{\mathrm{corr}}}\sum_{j=1}^{N_{\mathrm{corr}}}\frac{\hat{I}_F(\boldsymbol{x}_h^{(j)})}{\pi^2(\boldsymbol{x}_h^{(j)})}-\hat{\alpha}_{\mathrm{corr}}^2\right) \tag{9-65}$$

(9)计算失效概率估计值 $\hat{P}_f$ 及其变异系数 $\mathrm{Cov}(\hat{P}_f)$。

$$\hat{P}_f=\hat{P}_{f\varepsilon}\hat{\alpha}_{\mathrm{corr}} \tag{9-66}$$

$$\mathrm{Cov}(\hat{P}_f)\approx\sqrt{\mathrm{Cov}^2(\hat{P}_{f\varepsilon})+\mathrm{Cov}^2(\hat{\alpha}_{\mathrm{corr}})} \tag{9-67}$$

9.4.2　可靠性局部灵敏度分析的 Meta-IS-AK 法

在用 Meta-IS-AK 方法进行可靠性分析的同时，亦可以进行可靠性局部灵敏度分析，为实现这个目标，先作如下推导。根据求导法则对式(9-56)进行求导，可得可靠性局部灵敏度的计算式为

$$\frac{\partial P_f}{\partial\theta_{X_i}^{(k)}}=\frac{\partial\alpha_{\mathrm{corr}}}{\partial\theta_{X_i}^{(k)}}P_{f\varepsilon}+\alpha_{\mathrm{corr}}\frac{\partial P_{f\varepsilon}}{\partial\theta_{X_i}^{(k)}} \tag{9-68}$$

从式(9-68)可以看出 Meta-IS-AK 法求解可靠性局部灵敏度指标的关键是在 Meta-IS-AK法求解可靠性的基础上求解 $\frac{\partial P_{f\varepsilon}}{\partial\theta_{X_i}^{(k)}}$ 及 $\frac{\partial\alpha_{\mathrm{corr}}}{\partial\theta_{X_i}^{(k)}}$。$\frac{\partial P_{f\varepsilon}}{\partial\theta_{X_i}^{(k)}}$ 及 $\frac{\partial\alpha_{\mathrm{corr}}}{\partial\theta_{X_i}^{(k)}}$ 具体计算表达式的推导过程如下，值得注意的是概率分类函数 $\pi(\boldsymbol{x})$ 与 $\theta_{X_i}^{(k)}$ 是无关的，它只与 Kriging 代理模型有关。

$$\begin{aligned}\frac{\partial P_{f\varepsilon}}{\partial\theta_{X_i}^{(k)}}&=\int\cdots\int_{R^n}\pi(\boldsymbol{x})\frac{\partial f_{\boldsymbol{X}}(\boldsymbol{x})}{\partial\theta_{X_i}^{(k)}}\mathrm{d}\boldsymbol{x}\\&=\int\cdots\int_{R^n}\frac{\pi(\boldsymbol{x})}{f_{\boldsymbol{X}}(\boldsymbol{x})}\frac{\partial f_{\boldsymbol{X}}(\boldsymbol{x})}{\partial\theta_{X_i}^{(k)}}f_{\boldsymbol{X}}(\boldsymbol{x})\mathrm{d}\boldsymbol{x}\\&=E\left[\frac{\pi(\boldsymbol{x})}{f_{\boldsymbol{X}}(\boldsymbol{x})}\frac{\partial f_{\boldsymbol{X}}(\boldsymbol{x})}{\partial\theta_{X_i}^{(k)}}\right]\end{aligned} \tag{9-69}$$

式中 $\pi(\boldsymbol{x})$ 可由 Meta-IS-AK 所构造的 $g_{K_1}(\boldsymbol{X})$ 来估计：

$$\begin{aligned}\frac{\partial\alpha_{\mathrm{corr}}}{\partial\theta_{X_i}^{(k)}}&=\int\cdots\int_{R^n}\frac{I_F(\boldsymbol{x})}{\pi(\boldsymbol{x})}\frac{\partial h_{\boldsymbol{X}}(\boldsymbol{x})}{\partial\theta_{X_i}^{(k)}}\mathrm{d}\boldsymbol{x}\\&=\int\cdots\int_{R^n}\frac{I_F(\boldsymbol{x})}{\pi(\boldsymbol{x})}\frac{\partial}{\partial\theta_{X_i}^{(k)}}\left(\frac{\pi(\boldsymbol{x})f_{\boldsymbol{X}}(\boldsymbol{x})}{P_{f\varepsilon}}\right)\mathrm{d}\boldsymbol{x}\\&=\int\cdots\int_{R^n}I_F(\boldsymbol{x})\frac{\partial}{\partial\theta_{X_i}^{(k)}}\left(\frac{f_{\boldsymbol{X}}(\boldsymbol{x})}{P_{f\varepsilon}}\right)\mathrm{d}\boldsymbol{x}\\&=\int\cdots\int_{R^n}I_F(\boldsymbol{x})\frac{\frac{\partial f_{\boldsymbol{X}}(\boldsymbol{x})}{\partial\theta_{X_i}^{(k)}}P_{f\varepsilon}-f_{\boldsymbol{X}}(\boldsymbol{x})\frac{\partial P_{f\varepsilon}}{\partial\theta_{X_i}^{(k)}}}{P_{f\varepsilon}^2}\mathrm{d}\boldsymbol{x}\end{aligned}$$

$$
\begin{aligned}
&=\int\cdots\int_{R^n} I_F(\boldsymbol{x})\,\frac{\dfrac{\partial f_{\boldsymbol{X}}(\boldsymbol{x})}{\partial \theta_{X_i}^{(k)}}P_{f\varepsilon}-f_{\boldsymbol{X}}(\boldsymbol{x})\,\dfrac{\partial P_{f\varepsilon}}{\partial \theta_{X_i}^{(k)}}}{P_{f\varepsilon}^2}\,\frac{h_{\boldsymbol{X}}(\boldsymbol{x})}{h_{\boldsymbol{X}}(\boldsymbol{x})}\mathrm{d}\boldsymbol{x} \\
&=\int\cdots\int_{R^n} I_F(\boldsymbol{x})\,\frac{\dfrac{\partial f_{\boldsymbol{X}}(\boldsymbol{x})}{\partial \theta_{X_i}^{(k)}}P_{f\varepsilon}-f_{\boldsymbol{X}}(\boldsymbol{x})\,\dfrac{\partial P_{f\varepsilon}}{\partial \theta_{X_i}^{(k)}}}{P_{f\varepsilon}^2}\,\frac{P_{f\varepsilon}}{\pi(\boldsymbol{x})f_{\boldsymbol{X}}(\boldsymbol{x})}h_{\boldsymbol{X}}(\boldsymbol{x})\mathrm{d}\boldsymbol{x} \\
&=\int\cdots\int_{R^n}\left(\frac{I_F(\boldsymbol{x})}{\pi(\boldsymbol{x})f_{\boldsymbol{X}}(\boldsymbol{x})}\,\frac{\partial f_{\boldsymbol{X}}(\boldsymbol{x})}{\partial \theta_{X_i}^{(k)}}-\frac{I_F(\boldsymbol{x})}{\pi(\boldsymbol{x})P_{f\varepsilon}}\,\frac{\partial P_{f\varepsilon}}{\partial \theta_{X_i}^{(k)}}\right)h_{\boldsymbol{X}}(\boldsymbol{x})\mathrm{d}\boldsymbol{x} \\
&=E\left(\frac{I_F(\boldsymbol{x})}{\pi(\boldsymbol{x})f_{\boldsymbol{X}}(\boldsymbol{x})}\,\frac{\partial f_{\boldsymbol{X}}(\boldsymbol{x})}{\partial \theta_{X_i}^{(k)}}-\frac{I_F(\boldsymbol{x})}{\pi(\boldsymbol{x})P_{f\varepsilon}}\,\frac{\partial P_{f\varepsilon}}{\partial \theta_{X_i}^{(k)}}\right)
\end{aligned}
\tag{9-70}
$$

式中 $\pi(\boldsymbol{x})$ 可由 Meta-IS-AK 中的 $g_{K_1}(\boldsymbol{X})$ 来估计，而 $I_F(\boldsymbol{x})$ 的估计值 $\hat{I}_F(\boldsymbol{x})$ 可由 $g_{K_2}(\boldsymbol{X})$ 来估计。

从式(9-69)及(9-70)可以看出：求解 $\dfrac{\partial P_{f\varepsilon}}{\partial \theta_{X_i}^{(k)}}$ 及 $\dfrac{\partial \alpha_{\mathrm{corr}}}{\partial \theta_{X_i}^{(k)}}$ 时仅需重复组合利用 Meta-IS-AK 求解可靠性过程中的信息，无需额外的模型调用次数。因此，通过式(9-68)至式(9-70)亦可在可靠性分析的同时得到可靠性局部灵敏度信息。流程图如图 9-11 所示，其中 $g_{K_1}(\boldsymbol{X})$ 及 $g_{K_2}(\boldsymbol{X})$ 的建立过程与图 9-10 一致。具体执行步骤如下。

(1)构建初始模型。根据输入变量的原分布密度函数 $f_{\boldsymbol{X}}(\boldsymbol{x})$ 抽取少量的初始样本点，并计算相应的功能函数值，构成训练集 $\boldsymbol{T}$，由 $\boldsymbol{T}$ 构建 $g(\boldsymbol{X})$ 的初始 Kriging 模型 $g_{K_1}(\boldsymbol{X})$。

(2)抽取重要抽样样本。由式(9-51)和 $g_{K_1}(\boldsymbol{X})$ 得到当前重要抽样密度函数，通过马尔可夫链抽取当前重要抽样样本。值得注意的是，在使用重要抽样密度函数抽取样本时不需要求得归一化系数 $P_{f\varepsilon}$，只需求得 $\pi(\boldsymbol{x})f_X(\boldsymbol{x})$ 即可。

(3)更新训练样本集。对重要抽样样本实行 K-means 聚类分析，得到 K 个形心，并将这 K 个形心及其相应的真实功能函数值加入到训练样本集 $\boldsymbol{T}$ 中，由 $\boldsymbol{T}$ 更新 Kriging 模型 $g_{K_1}(\boldsymbol{X})$。一般为了使 K 个形心能包含所有失效的信息而选择较大的 K 值。

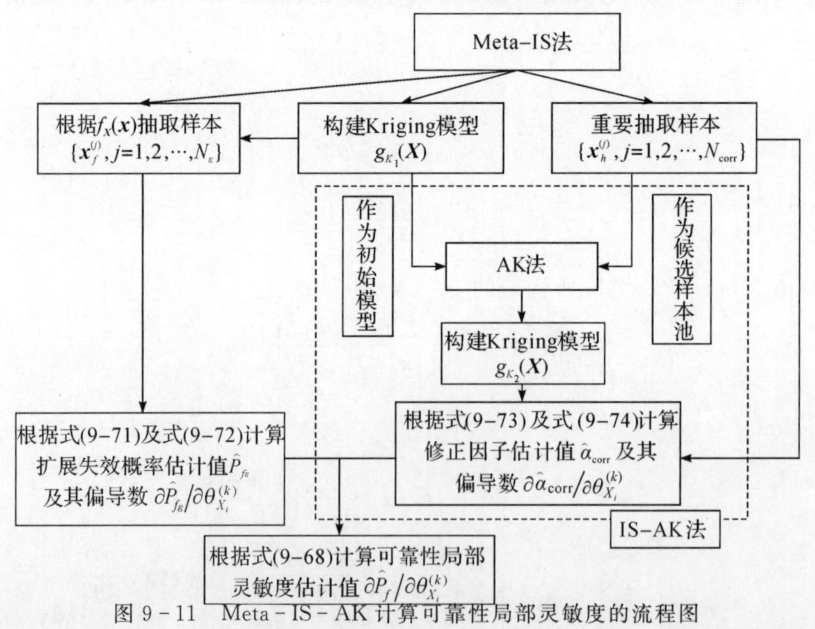

图 9-11　Meta-IS-AK 计算可靠性局部灵敏度的流程图

(4)判别收敛性。计算修正因子 α_{corr} 的留一法估计值 $\hat{\alpha}_{\text{corrLOO}}$ 。若 $0.1<\hat{\alpha}_{\text{corrLOO}}<10$,且训练样本的样本数量 m 大于规定的最小值 m_0(m_0 一般取 30),则认为构建重要抽样密度函数的元模型收敛,进入第 5 步;否则返回第(2)步重新抽样。

(5)计算扩展失效概率 $P_{f\varepsilon}$ 及 $\partial\hat{P}_{f\varepsilon}/\partial\theta_{X_i}^{(k)}$ 。由以上步骤得到最终收敛的第一个 Kriging 模型 $g_{K_1}(\boldsymbol{X})$ 及相应的重要抽样样本 $\{\boldsymbol{x}_h^{(j)},j=1,2,\cdots,N_{\text{corr}}\}$ 后,根据输入变量的原始分布 $f_{\boldsymbol{X}}(\boldsymbol{x})$ 产生 N_ε 个样本 $\{\boldsymbol{x}_f^{(j)},j=1,2,\cdots,N_\varepsilon\}$,并由下式估计扩展失效概率 $P_{f\varepsilon}$ 及 $\dfrac{\partial P_{f\varepsilon}}{\partial\theta_{X_i}^{(k)}}$,即

$$\hat{P}_{f\varepsilon}=\frac{1}{N_\varepsilon}\sum_{j=1}^{N_\varepsilon}\pi(\boldsymbol{x}_f^{(j)})\tag{9-71}$$

$$\frac{\partial\hat{P}_{f\varepsilon}}{\partial\theta_{x_i}^{(k)}}=\frac{1}{N_\varepsilon}\sum_{j=1}^{N_\varepsilon}\frac{\pi(\boldsymbol{x}_f^{(j)})}{f_{\boldsymbol{X}}(\boldsymbol{x}_f^{(j)})}\frac{\partial f_{\boldsymbol{X}}(\boldsymbol{x}_f^{(j)})}{\partial\theta_{X_i}^{(k)}}\tag{9-72}$$

其中 $\pi(\boldsymbol{x}_f^{(j)})=\Phi\left(-\dfrac{\mu_{g_{K_1}}(\boldsymbol{x}_f^{(j)})}{\sigma_{g_{K_1}}(\boldsymbol{x}_f^{(j)})}\right)(j=1,2,\cdots,N_\varepsilon)$ 。

(6)基于 $g_{K_1}(\boldsymbol{X})$,在 $\boldsymbol{S}_{\text{IS}}=\{\boldsymbol{x}_h^{(j)},j=1,2,\cdots,N_{\text{corr}}\}$ 中更新重建 Kriging 模型,以便用来计算修正因子 $\hat{\alpha}_{\text{corr}}$ 及 $\partial\hat{\alpha}_{\text{corr}}/\partial\theta_{X_i}^{(k)}$ 。将样本 $\boldsymbol{S}_{\text{IS}}=\{\boldsymbol{x}_h^{(j)},j=1,2,\cdots,N_{\text{corr}}\}$ 作为备选样本池,将 $g_{K_1}(\boldsymbol{X})$ 作为 $g_{K_2}(\boldsymbol{X})$ 的初始 Kriging 模型,由 U 学习函数在备选样本池中选择更新样本点 $\boldsymbol{x}^u=\arg\min\limits_{j=1,\cdots,N_{\text{corr}}}U(\boldsymbol{x}_h^{(j)})$,并将更新样本点 $\{\boldsymbol{x}^u,g(\boldsymbol{x}^u)\}$ 加入训练样本集 $\boldsymbol{T}$ 中,更新当前的 Kriging 模型 $g_{K_2}(\boldsymbol{X})$,直到 $U(\boldsymbol{x}^u)\geqslant 2$ 时终止,此时得到的 Kriging 模型 $g_{K_2}(\boldsymbol{X})$ 就可以准确识别由 $g_{K_1}(\boldsymbol{X})$ 构建的重要抽样密度产生的重要抽样样本池 $\boldsymbol{S}_{\text{IS}}=\{\boldsymbol{x}_h^{(j)},j=1,2,\cdots,N_{\text{corr}}\}$ 内各样本点对应的失效域指示函数值。

(7)基于 $g_{K_1}(\boldsymbol{X})$ 及 $g_{K_2}(\boldsymbol{X})$ 计算修正因子 α_{corr} 及 $\dfrac{\partial\alpha_{\text{corr}}}{\partial\theta_{X_i}^{(k)}}$,分别为

$$\hat{\alpha}_{\text{corr}}=\frac{1}{N_{\text{corr}}}\sum_{j=1}^{N_{\text{corr}}}\frac{\hat{I}_F(\boldsymbol{x}_h^{(j)})}{\pi(\boldsymbol{x}_h^{(j)})}\tag{9-73}$$

$$\frac{\partial\hat{\alpha}_{\text{corr}}}{\partial\theta_{X_i}^{(k)}}=\frac{1}{N_{\text{corr}}}\sum_{j=1}^{N_{\text{corr}}}\left(\frac{\hat{I}_F(\boldsymbol{x}_h^{(j)})}{\pi(\boldsymbol{x}_h^{(j)})f_{\boldsymbol{X}}(\boldsymbol{x}_h^{(j)})}\frac{\partial f_{\boldsymbol{X}}(\boldsymbol{x}_h^{(j)})}{\partial\theta_{X_i}^{(k)}}-\frac{\hat{I}_F(\boldsymbol{x}_h^{(j)})}{\pi(\boldsymbol{x}_h^{(j)})P_{f\varepsilon}}\frac{\partial P_{f\varepsilon}}{\partial\theta_{X_i}^{(k)}}\right)\tag{9-74}$$

其中 $\hat{I}_F(\boldsymbol{x}_h^{(j)})=\begin{cases}1, & g_{K_2}(\boldsymbol{x}_h^{(j)})\leqslant 0\\0, & g_{K_2}(\boldsymbol{x}_h^{(j)})>0\end{cases}(j=1,2,\cdots,N_{\text{corr}})$, $\pi(\boldsymbol{x}_h^{(j)})=\Phi\left(-\dfrac{\mu_{g_{K_1}}(\boldsymbol{x}_h^{(j)})}{\sigma_{g_{K_1}}(\boldsymbol{x}_h^{(j)})}\right)$ 。

(8)将第(6)步及第(7)步中计算得到的 $\hat{P}_{f\varepsilon}$ 、$\dfrac{\partial\hat{P}_{f\varepsilon}}{\partial\theta_{X_i}^{(k)}}$ 、$\hat{\alpha}_{\text{corr}}$ 及 $\dfrac{\partial\hat{\alpha}_{\text{corr}}}{\partial\theta_{X_i}^{(k)}}$ 代入式(9-68)来估计可靠性局部灵敏度指标。由于 Meta-IS-AK 法估计可靠性局部灵敏度指标的计算表达式含有嵌套的过程,因此很难像 9.2 节及 9.3 节中推导出可靠性局部灵敏度指标估计值的变异系数的解析表达式。因此,可以采用多次重复计算所得结果的标准差与均值的比值作为可靠性局部灵敏度指标估计值的变异系数。

9.4.3 算例分析

算例 9.6 该算例是一个具有两个失效模式的串联模型,其功能函数为

$$g(\boldsymbol{X})=\min\begin{Bmatrix}c-1-X_2+\exp(-X_1^2/10)+(X_1/5)^4\\c^2/2-X_1X_2\end{Bmatrix}\tag{9-75}$$

其中,输入变量 X_1 与 X_2 服从独立标准正态分布,常数 $c=2$。可靠性及可靠性局部灵敏度指标的计算结果见表 9-11。对于该算例,AK-IS 方法由于只能用于单个设计点的情况,因此 AK-IS 方法并不适用于该算例。由表 9-11 中 Meta-IS-AK 法与 MCS 法结果对比可以看出:Meta-IS-AK 方法分析该串联系统可靠性及可靠性局部灵敏度指标是准确高效的。

表 9-11 Meta-IS-AK 法对两模式串联系统的可靠性及可靠性局部灵敏度分析结果

	Meta-IS-AK		MCS	
	估计值	变异系数	估计值	变异系数
P_f	0.051 9	0.026 9	0.052 5	0.006 0
$\partial P_f/\partial \mu_{X_1}$	−0.011 2	0.045 3	−0.010 1	0.049 5
$\partial P_f/\partial \mu_{X_2}$	0.048 1	0.030 3	0.049 4	0.013 3
$\partial P_f/\partial \sigma_{X_1}$	0.073 1	0.045 8	0.072 0	0.011 7
$\partial P_f/\partial \sigma_{X_2}$	0.164 7	0.023 2	0.166 6	0.007 4
模型调用次数	272		5×10^5	

算例 9.7 考虑一非线性的串联系统,其功能函数为

$$g(\boldsymbol{X})=\min\begin{Bmatrix}2X_1^2-X_2+6\\X_1+X_2^2-4\end{Bmatrix} \tag{9-76}$$

其中,输入变量 $X_1\sim N(5,1^2)$,$X_2\sim N(1,0.1^2)$,可靠性及可靠性局部灵敏度指标的分析结果见表 9-12。通过与 MCS 法计算结果的对比,可以看出 Meta-IS-AK 法计算该非线性串联系统的可靠性及可靠性局部灵敏度指标的准确性及高效性。该串联系统也不能用基于设计点的 AK-IS 方法来进行分析。

表 9-12 Meta-IS-AK 法对非线性串联系统的可靠性及可靠性局部灵敏度分析结果

	Meta-IS-AK		MCS	
	估计值	变异系数	估计值	变异系数
P_f	0.024 3	0.007 1	0.024 3	0.003 7
$\partial P_f/\partial \mu_{X_1}$	−0.056 0	0.003 0	−0.056 1	0.003 7
$\partial P_f/\partial \mu_{X_2}$	−0.109 0	0.026 3	−0.107 9	0.008 8
$\partial P_f/\partial \sigma_{X_1}$	0.107 3	0.009 0	0.108 5	0.004 4
$\partial P_f/\partial \sigma_{X_2}$	0.032 5	0.043 2	0.030 1	0.047 0
模型调用次数	48		3×10^6	

算例 9.8 钢架结构,有四个失效模式:

$$\left.\begin{aligned}g_1&=2M_1+2M_3-4.5S\\g_2&=2M_1+M_2+M_3-4.5S\\g_3&=M_1+M_2+2M_3-4.5S\\g_4&=M_1+2M_2+M_3-4.5S\end{aligned}\right\} \tag{9-77}$$

因为是串联系统,所以系统的功能函数 g 与 g_1、g_2、g_3 和 g_4 的关系为 $g=\min\{g_1,g_2,g_3,g_4\}$。在各个失效模式的功能函数中,$M_i(i=1,2,3)$ 和 S 是独立的,均值和标准差分别为 $\mu_{M_i}=2(i=1,2,3)$,$\mu_S=1$,$\sigma_{M_i}=0.2(i=1,2,3)$,$\sigma_S=0.25$。钢架结构的可靠

性及可靠性局部灵敏度指标的分析结果见表 9-13。通过与 MCS 法计算结果的对比,可以看出 Meta-IS-AK 法计算该钢架结构的可靠性及可靠性局部灵敏度指标的准确性及高效性。

表 9-13　Meta-IS-AK 法对钢架结构的可靠性及可靠性局部灵敏度分析结果

	Meta-IS-AK		MCS	
	估计值	变异系数	估计值	变异系数
P_f	0.003 8	0.023 7	0.003 8	0.011 4
$\partial P_f/\partial\mu_{M_1}$	−0.014 0	0.035 5	−0.014 5	0.019 3
$\partial P_f/\partial\mu_{M_2}$	−0.007 9	0.050 0	−0.007 9	0.033 8
$\partial P_f/\partial\mu_{M_3}$	−0.014 3	0.023 5	−0.014 7	0.019 2
$\partial P_f/\partial\mu_S$	0.041 4	0.015 4	0.041 4	0.011 6
$\partial P_f/\partial\sigma_{M_1}$	0.012 0	0.049 3	0.012 6	0.038 8
$\partial P_f/\partial\sigma_{M_2}$	0.009 4	0.048 6	0.009 5	0.048 8
$\partial P_f/\partial\mu_{M_3}$	0.012 3	0.021 7	0.013 0	0.038 1
$\partial P_f/\partial\sigma_S$	0.101 1	0.028 7	0.101 1	0.012 4
模型调用次数	744		2×10^6	

9.4.4　算法参考程序

Meta-IS-AK 求解可靠性及可靠性局部灵敏的 MATLAB 程序见表 9-14。

表 9-14　Meta-IS-AK 求解可靠性及可靠性局部灵敏度的 MATLAB 程序

```
clearall
G1=@(x)2-1-x(:,2)+exp(-x(:,1).^2./10)+(x(:,1)./5).^4;
G2=@(x)2.^2./2-x(:,1).*x(:,2);
G=@(x)min([G1(x),G2(x)],[],2); %功能函数
mux=[0,0];sigmax=[1,1]; %输入变量的均值向量机标准差向量
%本程序适用于第一个算例,当计算其他算例时需要修改功能函数、均值向量、标准差向量以及输入的
%联合概率密度函数 fx
n=length(mux);
px=sobolset(n,'skip',10000);
Nini=16;
A=px(1:Nini,:);
for i=1:n
xtrain(:,i)=norminv(A(:,i),mux(i),sigmax(i));
end
ytrain=G(xtrain);
rate=nnz(ytrain<=0)/Nini;
Ncall=Nini;
%元模型构建抽样抽样密度函数
while (Ncall<=30 || aloo<0.1 || aloo>10)
    theta0=ones(1,n);
```

```
    lb=1e-5. * ones(1,n);
    ub=100. * ones(1,n);
  [dmodel, perf]=dacefit(xtrain, ytrain, @regpoly0, @corrgauss, theta0,lb,ub);
fx=@(x) normpdf(x(:,1)). * normpdf(x(:,2));
    qx=@(x) qxfun(x,dmodel);
    hx=@(x) qx(x). * fx(x);

    x00=[-4,4];
    Nmcmc=1000;
    [xmcmc,~] = slicesample(x00,Nmcmc,'pdf',hx,'burnin',2000,'thin',5);
    aloo=aloofun(xtrain,ytrain);
    dmodel1=dmodel;
    k=8;
    [~,xkmean]=kmeans(xmcmc,k);
    xtrain=[xtrain;xkmean];
    ytrain=[ytrain;G(xkmean)];
     Ncall=Ncall+k;
end
%构建 Kriging 自适应学习函数识别重要抽样样本失效与否的状态
xmcmc2=xmcmc;
while(1)
     U=Ufun(xmcmc2,dmodel);
     [Umin,I]=min(U);
if(Umin>2),break,end
     xnew=xmcmc2(I,:);
     xmcmc2(I,:)=[];
     xtrain=[xtrain;xnew];
     ytrain=[ytrain;G(xnew)];
    theta0=ones(1,n);
    lb=1e-5. * ones(1,n);
ub=100. * ones(1,n);
  [dmodel, perf]=dacefit(xtrain, ytrain, @regpoly0, @corrgauss, theta0,lb,ub);
  dmodel2=dmodel;
end
N=10000;
B=px(Nini+1:Nini+N,:);
for i=1:2
     xmc(:,i)=norminv(B(:,i),mux(i),sigmax(i));
end
  pfi=qxfun(xmc,dmodel1);
  epf=mean(pfi); %扩展失效概率
 [acoor,vara,IFQ]=acoorfun(xmcmc,dmodel1,dmodel2); %acoor 为修正系数
```

```
    PF=epf * acoor; %Meta-IS-AK求解失效概率
%Meta-IS-AK求解可靠性局部灵敏度
for i=1:n
    epf_mu(i)=mean(pfi. * (xmc(:,i)-mux(i))./(sigmax(i).^2));
    epf_sigma(i)=mean(pfi. * ((xmc(:,i)-mux(i)).^2./(sigmax(i).^3)-1./(sigmax(i).^2)));
end
for i=1:n
acoor_mu(i)=mean(IFQ. * (xmcmc(:,i)-mux(i))./(sigmax(i).^2)-IFQ./epf. * epf_mu(i));
acoor_sigma(i)=mean(IFQ. * ((xmcmc(:,i)-mux(i)).^2./(sigmax(i).^3)-1./sigmax(i))-IFQ./
epf. * epf_sigma(i));
end
for i=1:n
        PF_mu(i)=epf_mu(i). * acoor+acoor_mu(i). * epf;
        PF_sigma(i)=epf_sigma(i). * acoor+acoor_sigma(i). * epf;
end
ymc=G(xmc);
IFmc=(ymc<=0)+0;
PFmc=mean(IFmc);

varepf=var(pfi)/N;
covepf=sqrt(varepf)/epf;
cova=sqrt(vara)/acoor;
covPF=sqrt(covepf^2+cova^2); %失效概率变异系数的估计值

function[ acoor,vara,IFQ ] = acoorfun( x,dmodel1,dmodel2 )
%计算修正系数
    [Ncoor,~]=size(x);
    qx=qxfun(x,dmodel1);
    ypre=predictor(x,dmodel2);
    IF=(ypre<=0)+0;
    k=find(qx==0);
    qx(k,:)=1e-16;
    IFQ=IF./qx;
    acoor=mean(IF./qx);
    vara=(mean(IF./qx.^2)-acoor.^2)/Ncoor;
end

function [ qx ] = qxfun( x,dmodel )
%π(x)的计算
[m,~]=size(x);
if(m==1)
[ypre,~,ysd]=predictor(x,dmodel);
    qx= normcdf(-ypre./sqrt(ysd));
```

```
else
    [ypre,ysd]=predictor(x,dmodel);
    qx=normcdf(-ypre./sqrt(ysd));
end
end
```

9.5 本章小结

本章主要介绍了基于 Kriging 代理模型来求解可靠性和可靠性局部灵敏度指标的三种方法,即 AK - MCS 法、AK - IS 法以及 Meta - IS - AK 法。这三种方法均可在可靠性求解的同时得到可靠性局部灵敏度指标值。AK - MCS 法是基于 Monte Carlo 随机抽样的思想,AK - IS 及 Meta - IS - AK 法是基于重要抽样的思想。利用 U 学习函数自适应地建立 Kriging 代理模型,并分别用其来识别 Monte Carlo 样本池以及重要抽样样本池内样本点所对应的指示函数值,以便来计算失效概率及相应的局部灵敏度信息。通过嵌入式的自适应 Kriging 代理模型可以大量减少了第 3 章及第 4 章中基于 Monte Carlo 简单随机抽样及基于重要抽样密度函数抽样的样本法的真实功能函数的调用次数,提高了可靠性及可靠性局部灵敏度分析的效率。AK - IS 法及 Meta - IS - AK 法相比于 AK - MCS 法可以减少备选样本池的规模,从而缩短代理模型建立过程的自适应学习时间,提高 Kriging 代理模型建立的效率。Meta - IS - AK 法相比 AK - IS 法的适用性更广,AK - IS 法主要适用于单设计点问题,Meta - IS - AK 法可适用于单设计点问题、多设计点问题以及多失效域问题。

参考文献

[1] SACKS J, SCHILLER S B, WELCH W J. Design for computer experiment[J]. Technometrics, 1989, 31(1): 41 - 47.

[2] LOPHAVEN S N, NIELSEN H B, SONDERGAARD J. DACE: a MATLAB Kriging toolbox, version 2.0[R]. Copenhagen: Technical University of Denmark, 2002.

[3] LOPHAVEN S N, NIELSEN H B, SONDERGAARD J. Aspects of the MATLAB toolbox DACE[D]. Copenhagen: Technical University of Denmark, 2002.

[4] BICHON B J, ELDRED M S, SWILER L P, et al. Efficient global reliability analysis for nonlinear implicit performance functions[J]. AIAA Journal, 2008, 46: 2459 - 2468.

[5] LV Z Y, LU Z Z, WANG P. A new learning function for Kriging and its applications to solve reliability problems in engineering[J]. Computers and Mathematics with Applications, 2015, 70: 1182 - 1197.

[6] ECHARD B, GAYTON N, LEMAIRE M. AK - MCS: An active learning reliability method combining Kriging and Monte Carlo Simulation[J]. Structural Safety, 2011, 33: 145 - 154.

[7] SHANNON C E. A mathematical theory of communication[J]. Bell System Technical Journal, 1948, 27: 379 - 423.

[8] ECHARD B，GAYTON N，LEMAIRE M，et al. A combined importance sampling and Kriging reliabilitymethod for small failure probabilities with time-demanding numerical models[J]. Reliability Engineering and System Safety，2013，111：232－240.
[9] DUBOURG V，SUDRET B，DEHEEGER F. Metamodel-based importance sampling for structural reliability analysis[J]. Probabilistic Engineering Mechanics，2013，33：47－57.

第 10 章　时变可靠性分析的基本方法

航空航天和机械土木等领域广泛存在着各种不确定性因素,例如材料参数、几何尺寸以及仪器测量误差等,而这些因素的不确定性往往会影响工程结构的安全性和稳定性,因此工程结构可靠性理论作为一门学科得以进行系统的研究,并迅速应用于各个工程领域。随着科学技术的不断进步以及各种研究成果的出现,传统的可靠性理论与方法得以不断地更新与完善,目前已相对成熟。在传统的可靠性理论中通常不考虑模型时变载荷、强度退化等时变不确定性,然而,在许多实际工程结构问题中,因受使用环境、载荷效应以及自身的材料性能等各种因素产生的时变性的影响,这些结构或产品的性能往往呈现时变特性。因此,为了保证结构系统在不确定性因素的作用下随时间变化的性能满足安全要求,学者们在已有的可靠性理论基础上,提出了考虑时间因素的时变可靠性理论,该理论更符合结构的实际情况,具有重要的工程意义。

本章主要介绍时变可靠性分析的基本理论以及 5 类求解算法。

10.1　时变可靠性分析的定义

时变可靠性是指结构在载荷或材料特性等随时间变化的条件下,在规定的时间内和规定条件下完成预定功能的可能性。记 $\boldsymbol{X}=\{X_1,X_2,\cdots,X_n\}^{\mathrm{T}}$ 为 n 维随机输入向量,表示结构中不随时间变化的变量,$\boldsymbol{Y}(t)=\{Y_1(t),Y_2(t),\cdots,Y_m(t)\}^{\mathrm{T}}$ 为 m 维随机过程向量,表示时变的载荷、温度等具有时间特性的变量,t 为时间变量,且时间观察域为 $t\in[t_0,t_s]$。时变结构的功能函数有以下三种情形:

(1)时变功能函数中不包含随机过程,为随机变量与时间的函数,即

$$Z(t)=g(\boldsymbol{X},t) \tag{10-1}$$

(2)时变功能函数中不显含时间,为随机变量与随机过程的函数,即

$$Z(t)=g(\boldsymbol{X},\boldsymbol{Y}(t)) \tag{10-2}$$

(3)时变功能函数为随机变量、随机过程以及时间的函数,即

$$Z(t)=g(\boldsymbol{X},\boldsymbol{Y}(t),t) \tag{10-3}$$

对于时间观察区间 $[t_0,t_s]$ 内的任意给定的时刻 t^*,$Z(t^*)$ 为时不变问题,此时任意时刻 t^* 的瞬时失效概率为

$$P_f(t^*,t^*)=P\{Z(t^*)\leqslant 0\} \tag{10-4}$$

在时变问题中,更多考虑的是在时间观察区间 $[t_0,t_s]$ 内结构的状态,即若存在某一时刻,满足 $Z(t)\leqslant 0$,则时间观察区间 $[t_0,t_s]$ 内结构是失效的,因此,对于时变功能函数 $Z(t)$,在时间区间 $[t_0,t_s]$ 上的失效域 F 与安全域 S 分别为

$$F=\{Z(t)\leqslant 0,\exists t\in[t_0,t_s]\} \tag{10-5}$$

$$S=\{Z(t)>0,\forall t\in[t_0,t_s]\} \tag{10-6}$$

其中,符号“ $\exists$ ”表示存在,符号“ $\forall$ ”表示任取。

则在观察域 $t\in[t_0,t_s]$ 内的时变失效概率 $P_f(t_0,t_s)$ 和时变可靠度 $R(t_0,t_s)$ 分别为

$$P_f(t_0,t_s)=P\{F\}=P\{Z(t)\leqslant 0,\exists t\in[t_0,t_s]\} \tag{10-7}$$

$$R(t_0,t_s)=P\{S\}=P\{Z(t)>0,\forall t\in[t_0,t_s]\} \tag{10-8}$$

通过 EOLE(Expansion Optimal Linear Estimation)模型[1-2]展开技术可以将随机过程近似转化为随机变量与时间变量的组合,则第(2)类及第(3)类的问题都可以转化为第(1)类问题。因此,本章采用第(1)类模型进行相关算法的说明。对于平稳高斯随机过程 $Y_j(t)(j=1,2,\cdots,m)$,EOLE 模型展开过程如下所述。

首先将时间观察区间 $[t_0,t_s]$ 等分离散,取步长为 $\dfrac{t_s-t_0}{N}$,得到 $N+1$ 个离散时间点 $t_i=t_0+i\dfrac{t_s-t_0}{N}(i=0,\cdots,N)$,根据 EOLE 模型展开,有

$$Y_j(t)\approx\mu_{Y_j}+\sigma_{Y_j}^2\sum_{k=1}^{r}\frac{\xi_{jk}}{\sqrt{\lambda_{jk}}}\boldsymbol{\varphi}_{jk}^{\mathrm{T}}\boldsymbol{\rho}_{Y_j}(t) \tag{10-9}$$

式中,λ_{jk} 和 $\boldsymbol{\varphi}_{jk}(k=1,2,\cdots,r)$ 分别是随机过程 $Y_j(t)$ 的协方差矩阵的前 r 个(为简化表达,设所有随机过程的展开中截断的个数 r 是相同的)较大特征值与其对应的特征向量,$\boldsymbol{\rho}_{Y_j}(t)=\{\rho_{Y_j}(t,t_0),\rho_{Y_j}(t,t_1),\cdots,\rho_{Y_j}(t,t_N)\}^{\mathrm{T}}$ 为相关系数向量,$\xi_{jk}(k=1,2,\cdots,r)$ 为相互独立标准正态随机变量,为表达方便起见,基于 $Y_j(t)$ 展开所对应的独立的标准正态向量记为 $\boldsymbol{\xi}_j=\{\xi_{j1},\xi_{j2},\cdots,\xi_{jr}\}^{\mathrm{T}}$,则与所有 m 个随机过程对应的标准正态向量为 $\boldsymbol{\xi}=\{\boldsymbol{\xi}_1^{\mathrm{T}},\boldsymbol{\xi}_2^{\mathrm{T}},\cdots,\boldsymbol{\xi}_m^{\mathrm{T}}\}^{\mathrm{T}}$ 。

10.2 时变可靠性分析的 Monte Carlo 法

10.2.1 Monte Carlo 法求解时变可靠性的基本原理

以第(1)类模型为例,本节对时变可靠性求解的 Monte Carlo 法进行详细介绍。根据时变失效概率的定义式可知,对于输入变量 $\boldsymbol{X}$ 的实现值 $\boldsymbol{x}^*$,判断其在时间观察区间 $[t_0,t_s]$ 内的安全与否,仅需判断在该时间观察区间内是否存在一个时间点使得功能函数值小于等于 0,若存在一个时刻使得功能函数值小于等于 0,则认为该实现值 $\boldsymbol{x}^*$ 所对应的结构系统在该时间区间 $[t_0,t_s]$ 内处于失效状态,即 $\boldsymbol{x}^*\in F=\{Z(t)\leqslant 0,\exists t\in[t_0,t_s]\}$ 。若不存在一个时刻使得功能函数小于等于 0,则认为该实现值 $\boldsymbol{x}^*$ 所对应的结构系统在该时间区间内处于安全状态,即 $\boldsymbol{x}^*\in S=\{Z(t)>0,\forall t\in[t_0,t_s]\}$ 。基于 $\boldsymbol{x}^*$ 样本点处功能函数失效、安全状态的判别,Monte Carlo 法求解时变可靠性的具体执行步骤如下:

(1)由 $\boldsymbol{X}$ 的概率密度函数 $f_{\boldsymbol{X}}(\boldsymbol{x})$ 产生 $N\times n$ 的随机输入变量的样本矩阵 $\boldsymbol{S}$,即

$$\boldsymbol{S}=\begin{bmatrix}x_{11} & x_{12} & \cdots & x_{1n}\\ x_{21} & x_{22} & \cdots & x_{2n}\\ \vdots & \vdots & & \vdots\\ x_{N1} & x_{N2} & \cdots & x_{Nn}\end{bmatrix}=\begin{bmatrix}\boldsymbol{x}_1\\ \boldsymbol{x}_2\\ \vdots\\ \boldsymbol{x}_N\end{bmatrix} \tag{10-10}$$

(2)将时间 t 在时间观察区间 $[t_0, t_s]$ 内均匀离散为 N^t 个时刻,并得到离散时刻向量 $\boldsymbol{T}$,即

$$\boldsymbol{T}=\begin{bmatrix} t^{(1)} \\ t^{(2)} \\ \vdots \\ t^{(N^t)} \end{bmatrix} \tag{10-11}$$

(3)定义 $\boldsymbol{B}^{(i)}\ (i=1,2,\cdots,N)$ 矩阵,其由 $\boldsymbol{S}$ 矩阵的第 i 行以及离散时刻向量 $\boldsymbol{T}$ 组成,即

$$\boldsymbol{B}^{(i)}=\begin{bmatrix} \boldsymbol{B}_1^{(i)} \\ \boldsymbol{B}_2^{(i)} \\ \vdots \\ \boldsymbol{B}_{N^t}^{(i)} \end{bmatrix}=\begin{bmatrix} \boldsymbol{x}_i & t^{(1)} \\ \boldsymbol{x}_i & t^{(2)} \\ \vdots & \vdots \\ \boldsymbol{x}_i & t^{(N^t)} \end{bmatrix} \tag{10-12}$$

(4)将矩阵 $\boldsymbol{B}^{(i)}$ 中的每一行代入到功能函数中,若 $\exists t\in \boldsymbol{T}$, $g(\boldsymbol{B}^{(i)})\leqslant 0$,则 $I_F(\boldsymbol{x}_i)=1$,否则 $I_F(\boldsymbol{x}_i)=0$。

(5)通过下式计算时变失效概率及其变异系数:

$$\hat{P}_f(t_0,t_s)=\frac{\sum_{i=1}^{N} I_F(\boldsymbol{x}_i)}{N} \tag{10-13}$$

$$\mathrm{Cov}(\hat{P}_f(t_0,t_s))=\sqrt{\frac{1-\hat{P}_f(t_0,t_s)}{(N-1)\,\hat{P}_f(t_0,t_s)}} \tag{10-14}$$

Monte Carlo 法计算时变失效概率是一个双层循环过程,其模型调用次数为 $N\times N^t$ 。

10.2.2 算例分析

算例 10.1 考虑一时变功能函数:

$$g(\boldsymbol{X},t)=X_1^2X_2-5X_1t+(X_2+1)t^2-20 \tag{10-15}$$

其中,t 为时间变量,时间观察域为 $[0,5]$,随机输入变量 X_1 及 X_2 服从相互独立的正态分布:$X_1\sim N(3.5,0.3^2)$ 及 $X_2\sim N(3.5,0.3^2)$ 。采用 MCS 法,根据 Sobol 序列[3-4]抽取随机输入变量 $2^{13}=8\ 192$ 个样本并将时间观察区间离散为 501 个等距时刻点,MCS 法的计算量为 $2^{13}\times 501=4\ 104\ 192$ 。计算结果见表 10-1。

表 10-1 数值算例时变可靠性分析结果

计算方法	时变失效概率	变异系数	模型调用次数
MCS	0.184 7	0.023 2	$2^{13}\times 501=4\ 104\ 192$

算例 10.2 如图 10-1 所示的四连杆机构,其几何尺寸变量为 $\boldsymbol{X}=\{R_1,R_2,R_3,R_4\}$,$X_i(i=1,2,3,4)$ 分别服从正态分布,其分布的均值及标准差分别为 $\mu_{X_1}=53\text{mm}$、$\mu_{X_2}=122\text{mm}$、$\mu_{X_3}=66.5\text{mm}$、$\mu_{X_4}=100\text{mm}$、$\sigma_{X_1}=\sigma_{X_2}=\sigma_{X_3}=\sigma_{X_4}=0.1\text{mm}$。四连杆机构运动过程中的角度关系为

$$\left.\begin{aligned} R_1\cos\theta+R_2\cos\delta-R_3\cos\varphi-R_4=0 \\ R_1\sin\theta+R_2\sin\delta-R_3\sin\varphi=0 \end{aligned}\right\} \tag{10-16}$$

其中，θ 视为运动过程的输入，φ 及 δ 视为运动过程的输出。

通过求解式(10-16)，两个运动输出的计算表达式为

$$\left.\begin{aligned}\varphi&=2\arctan\frac{D\pm\sqrt{D^2+E^2-F^2}}{E+F}\\ \delta&=\arctan\frac{R_3\sin\varphi-R_1\sin\theta}{R_4+R_3\cos\varphi-R_1\cos\theta}\end{aligned}\right\}\tag{10-17}$$

其中，$D=-2R_1R_3\sin\theta$，$E=2R_3(R_4-R_1\cos\theta)$，$F=R_2^2-R_1^2-R_3^2-R_4^2+2R_1R_4\cos\theta$。本算例中主要考虑输出 φ，期望得到的时变输出函数为

$$\varphi_d=76°+60°\sin(3(\theta-95.5°)/4)\tag{10-18}$$

将 θ 视为时间变量 t，四连杆机构时变可靠性分析的功能函数为

$$g(R_1,R_2,R_3,R_4,t)=c-\mathrm{abs}\left(2\arctan\frac{D\pm\sqrt{D^2+E^2-F^2}}{E+F}-(76°+60°\sin(3(t-95.5°)/4))\right)\tag{10-19}$$

其中，c 是门限值，该算例中设置门限值 c 为 0.8。t 的观察域为[95.5°,155.5°]。采用 MCS 法，根据 Sobol 序列抽取 $2^{18}=262\ 144$ 个输入随机变量的样本，并将 t 的观察区间离散为 100 个子区间，即 101 个时刻，MCS 法计算该四连杆机构时变可靠性的计算量为 $2^{18}\times101=26\ 476\ 544$。计算结果见表 10-2。

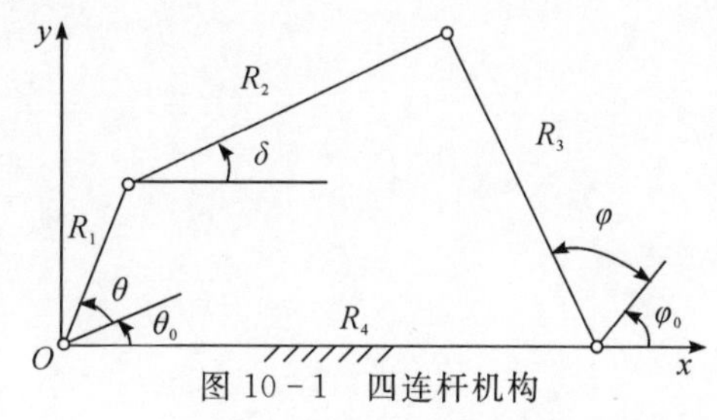

图 10-1　四连杆机构

表 10-2　四连杆机构时变可靠性分析结果

计算方法	时变失效概率	变异系数	模型调用次数
MCS	0.002 3	0.041 0	$2^{18}\times101=26\ 476\ 544$

10.2.3　算法参考程序

MCS 法求解时变可靠性的 MATLAB 程序见表 10-3。

表 10-3　MCS 法求解时变可靠性的 MATLAB 程序

```
%算例 1 的程序
clearall
G=@(x)x(:,1).^2.*x(:,2)-5.*x(:,1).*x(:,3)+(x(:,2)+1).*(x(:,3).^2)-20; %时变功能
函数
%随机输入变量的分布参数
mu=[3.5,3.5];
sigma=[0.3,0.3];
%时间区间
```

```
t=[0,5];
n=length(mu);
p=sobolset(n,'Skip',10000);
Nx=8192;%随机变量样本数
P1=p(1:Nx,:);
for i=1:n
    PP(:,i)=norminv(P1(:,i),mu(i),sigma(i));
end
Pt=0:0.01:5;%时间区间离散时间点数
for i=1:Nx
    PPP=ones(length(Pt),1) * PP(i,:);
    PPP(:,n+1)=Pt';
    yp(i)=min(G(PPP));
end
pf=length(find(yp<=0))./length(yp)%时变失效概率
cov_pf=sqrt((1-pf)./(Nx-1)./pf)%时变可靠性分析结果的变异系数

%算例 2 的程序
clearall
tic
N=8192.*32;
formatlong
mu=[53,122,66.5,100];
sigma=[0.1,0.1,0.1,0.1];
n=length(mu);
p=sobolset(2.*n,'Skip',1e4);
x=p(1:N,n+1:2.*n);
for i=1:n
    x(:,i)=norminv(x(:,i),mu(i),sigma(i));
end
for j=1:N
    Gg(j)=Fun(x(j,:));
end
Gg=Gg';
F=length(find(Gg<=0));
Pf=F/N; %时变失效概率
Var_Pf=(Pf-Pf^2)/(N-1);
Cov_Pf=sqrt((1-Pf)/((N-1)./Pf)) %时变可靠性分析结果的变异系数
toc

function y=Fun(xx)
t0=95.5.*(pi./180); tf=155.5.*(pi./180);
```

```
s=100; delt=(tf-t0)./s;
alpha=0.8;
A=@(t)-2.*xx(1).*xx(3).*sin(t);
B=@(t)2.*xx(3).*(xx(4)-xx(1).*cos(t));
C=@(t)(xx(2)).^2-(xx(1)).^2-(xx(3)).^2-(xx(4)).^2+2.*xx(1).*xx(4).*cos(t);
G=@(t)alpha.*pi./180-abs(76.*pi./180+60.*pi./180.*sin((3./4).*(t-95.5.*pi./180))-2.*
atan((A(t)+sqrt(A(t).^2+B(t).^2-C(t).^2))./(B(t)+C(t))));
for i=1:s+1
if i==1
                    tt(i)=t0;
                    yt(i)=G(tt(i));
else
                    tt(i)=tt(i-1)+delt;
                    yt(i)=G(tt(i));
end
end
          y=min(yt);
end
```

10.3　时变可靠性分析的跨越率法

10.3.1　跨越率法求解时变可靠性的基本原理

对式(10-7)进行等价变形可得

$$P_f(t_0,t_s)=P\{\{g(\boldsymbol{x},t_0)\leqslant 0\}\cup\{N^+(t_0,t_s)>0\}\}\tag{10-20}$$

其中 $F_{t_0}=\{g(\boldsymbol{x},t_0)\leqslant 0\}$ 表示初始时刻 t_0 的功能函数小于等于 0 的事件，也即初始时刻失效域，$N^+(t_0,t_s)$ 表示功能函数在时间观察区间 $[t_0,t_s]$ 内从安全状态向失效状态跨越的次数。

根据概率论的基本理论有如下不等式成立

$$\max_{t_0\leqslant\tau\leqslant t_s}P_f(\tau,\tau)\leqslant P_f(t_0,t_s)\leqslant P_f(t_0,t_0)+P\{N^+(t_0,t_s)>0\}\tag{10-21}$$

证明：先证不等式的左侧，即 $\max\limits_{t_0\leqslant\tau\leqslant t_s}P_f(\tau,\tau)\leqslant P_f(t_0,t_s)$

根据时变失效概率的定义，时变失效概率可以表示为

$$P_f(t_0,t_s)=P\{\bigcup_{t_0\leqslant\tau\leqslant t_s}g(\boldsymbol{x},\tau)\leqslant 0\}\tag{10-22}$$

对于 $\max\limits_{t_0\leqslant\tau\leqslant t_s}P_f(\tau,\tau)$，其计算式为

$$\max_{t_0\leqslant\tau\leqslant t_s}P_f(\tau,\tau)=P\{g(\boldsymbol{x},t_{\max})\leqslant 0\}\tag{10-23}$$

其中 $t_{\max}=\arg\max\limits_{t_0\leqslant\tau\leqslant t_s}P_f(\tau,\tau)$ 。

定义事件 $F_{\max}$ 及 F 为

$$F_{\max}=\{g(\boldsymbol{x},t_{\max})\leqslant 0\}\tag{10-24}$$

$$F=\{\bigcup_{t_0\leqslant\tau\leqslant t_s}g(\boldsymbol{x},\tau)\leqslant 0\}\tag{10-25}$$

根据式(10-24)、式(10-25)以及事件之间的包含关系,可得

$$F_{\max} \subseteq F \tag{10-26}$$

则

$$P\{F_{\max}\} \leqslant P\{F\} \tag{10-27}$$

因此以下不等式成立

$$\max_{t_0 \leqslant \tau \leqslant t_s} P_f(\tau,\tau) \leqslant P_f(t_0,t_s) \tag{10-28}$$

再证不等式的右侧,即 $P_f(t_0,t_s) \leqslant P_f(t_0,t_0) + P\{N^+(t_0,t_s) > 0\}$

$$\begin{aligned} P_f(t_0,t_s) &= P\{\{g(\boldsymbol{x},t_0) \leqslant 0\} \cup \{N^+(t_0,t_s) > 0\}\} \\ &= P\{g(\boldsymbol{x},t_0) \leqslant 0\} + P\{N^+(t_0,t_s) > 0\} - P\{g(\boldsymbol{x},t_0) \leqslant 0 \cap N^+(t_0,t_s) > 0\} \\ &\leqslant P\{g(\boldsymbol{x},t_0) \leqslant 0\} + P\{N^+(t_0,t_s) > 0\} \end{aligned} \tag{10-29}$$

不等式(10-21)证毕。

定义跨越率 $v^+(\tau)$ 为

$$v^+(\tau) = \lim_{\Delta\tau \to 0, \Delta\tau > 0} \frac{P\{N^+(\tau,\tau+\Delta\tau) = 1\}}{\Delta\tau} \tag{10-30}$$

式中,$N^+(\tau,\tau+\Delta\tau)$ 表示在区间 $[\tau,\tau+\Delta\tau]$ 内结构系统从安全状态向失效状态跨越的次数。

由于 $P\{N^+(\tau,\tau+\Delta\tau)=1\}$ 表示在区间 $[\tau,\tau+\Delta\tau]$ 内功能函数从安全状态向失效状态跨越的概率,因此式(10-30)的跨越率可通过下式计算,即

$$v^+(\tau) = \lim_{\Delta\tau \to 0, \Delta\tau > 0} \frac{P\{g(\boldsymbol{x},\tau) > 0 \cap g(\boldsymbol{x},\tau+\Delta\tau) \leqslant 0\}}{\Delta\tau} \tag{10-31}$$

基于跨越次数服从 Poisson 分布的假设[5],在时间观察区域 $[t_0,t_s]$ 内从安全区域向失效区域跨越次数 $N^+(t_0,t_s)$ 为 i 次的概率可由下式计算得到:

$$P\{N^+(t_0,t_s)=i\} = \frac{1}{i!}\left[\int_{t_0}^{t_s} v^+(\tau)\mathrm{d}t\right]^i \exp\left[-\int_{t_0}^{t_s} v^+(\tau)\mathrm{d}t\right] \tag{10-32}$$

因此,时变结构在时间观察域 $[t_0,t_s]$ 内安全则表明初始时刻安全且在整个观察时间域内不存在从安全区域向失效区域的跨越,所以在初始时刻安全与整个观测时间域内从安全域向失效域跨越次数 $N^+(t_0,t_s)=0$ 独立时,时间观察域 $[t_0,t_s]$ 内时变结构安全的概率 $R(t_0,t_s)$ 可以表达为

$$\begin{aligned} R(t_0,t_s) &= (1-P_f(t_0,t_0)) \cdot P\{N^+(t_0,t_s)=0\} \\ &= (1-P_f(t_0,t_0))\exp\left[-\int_{t_0}^{t_s} v^+(\tau)\mathrm{d}t\right] \end{aligned} \tag{10-33}$$

基于 Poisson 分布的假设下,时变失效概率的计算表达式为

$$P_f(t_0,t_s) = 1 - R(t_0,t_s) = 1-(1-P_f(t_0,t_0))\exp\left[-\int_{t_0}^{t_s} v^+(\tau)\mathrm{d}t\right] \tag{10-34}$$

$v^+(\tau)$ 的求解是基于跨越率法求解时变失效概率的关键步骤。$v^+(\tau)$ 的求解可以采用 MCS 法,亦可采用一次可靠性分析法。一次可靠性分析法虽然可以提高 $v^+(\tau)$ 求解的效率,但精度不如 MCS。

一次可靠性分析法求解 $v^+(\tau)$ 的具体思路为:①首先根据时不变一次可靠性分析方法求解时刻 τ 和时刻 $\tau+\Delta\tau$ 对应的时不变事件 $\{g(\boldsymbol{x},\tau) \leqslant 0\}$ 及 $\{g(\boldsymbol{x},\tau+\Delta\tau) \leqslant 0\}$ 的可靠度指

标，记 $\beta(\tau)$ 是事件 $\{g(\boldsymbol{x},\tau)\leqslant 0\}$ 的可靠度指标，则 $-\beta(\tau)$ 是事件 $A=\{g(\boldsymbol{x},\tau)>0\}$ 的可靠度指标，$\beta(\tau+\Delta\tau)$ 是事件 $B=\{g(\boldsymbol{x},\tau+\Delta\tau)\leqslant 0\}$ 的可靠性指标。②计算 $g(\boldsymbol{X},\tau)$ 与 $g(\boldsymbol{X},\tau+\Delta\tau)$ 的相关系数 $\rho(\tau,\tau+\Delta\tau)$，$\rho(\tau,\tau+\Delta\tau)$ 可由下式计算得到：

$$\rho(\tau,\tau+\Delta\tau)=-\boldsymbol{\alpha}(\tau)\cdot\boldsymbol{\alpha}(\tau+\Delta\tau) \tag{10-35}$$

其中"·"表示向量之间的点乘积，$\boldsymbol{\alpha}(\tau)=\dfrac{\boldsymbol{U}^*(\tau)}{\beta(\tau)}$ 及 $\boldsymbol{\alpha}(\tau+\Delta\tau)=\dfrac{\boldsymbol{U}^*(\tau+\Delta\tau)}{\beta(\tau+\Delta\tau)}$ 为标准正态空间中坐标原点指向设计点的单位方向向量，$\boldsymbol{U}^*$ 表示标准正态空间内的设计点。

最终，根据二元正态分布的累积分布函数 Φ_2 求 $v^+(\tau)$，其几何说明如图 10-2 所示，具体求解表达式为[6-7]

$$v^+(\tau)=\frac{\Phi_2[\beta(\tau),-\beta(\tau+\Delta\tau);\rho(\tau,\tau+\Delta\tau)]}{\Delta\tau} \tag{10-36}$$

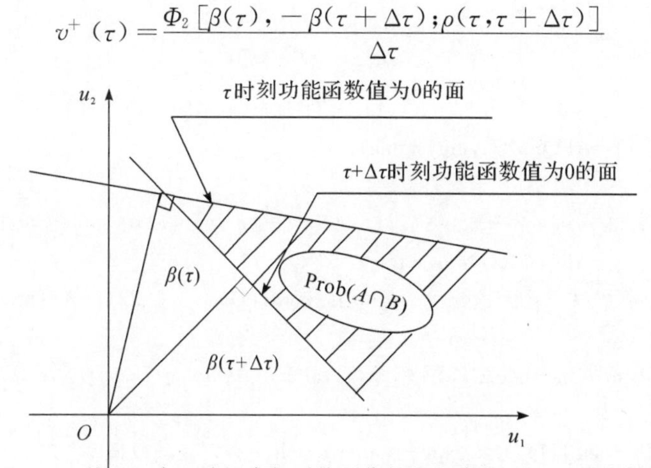

图 10-2　基于一次二阶矩求解系统可靠性思想求解 $v^+(t)$ 的几何说明

10.3.2　算例分析

算例 10.3　利用跨越率法来计算 10.2.2 小节的数值算例，计算结果见表 10-4。跨越率法的计算效率高于 MCS 法，但相对于 MCS 法的计算结果来说存在一定误差，其主要源于跨越次数服从 Poisson 分布的假设以及一次二阶矩法计算跨越率所带来的误差。

表 10-4　跨越率法计算数值算例时变可靠性的结果

计算方法	时变失效概率	变异系数	模型调用次数
跨越率法	0.164 9	—	459
MCS	0.184 7	0.023 2	$2^{13}\times 501=4\ 104\ 192$

算例 10.4　利用跨越率法来分析 10.2.2 小节中的四连杆机构的时变可靠性，计算结果见表 10-5。由表 10-5 的计算结果可以看出：跨越率法在计算四连杆机构的时变失效概率具有较高的精度，且计算效率远高于 MCS。

表 10-5　跨越率法计算四连杆机构时变可靠性的结果

计算方法	时变失效概率	变异系数	模型调用次数
跨越率法	0.002 3	—	330
MCS	0.002 3	0.041 0	$2^{18}\times 101=26\ 476\ 544$

10.3.3 算法参考程序

跨越率求解时变可靠性的 MATLAB 程序见表 10－6。

表 10－6 跨越率法求解时变可靠性的 MATLAB 程序

```
%算例 1
clear all
t=[0,5]; %时间观察区间
mu=[3.5,3.5];%输入变量的均值
sigma=[0.3,0.3];%输入变量的标准差
h=0.1;%步长
Tt=0:h:5;
for i=1:length(Tt)-1
    G=@(x)x(:,1).^2.*x(:,2)-5.*x(:,1).*Tt(i)+(x(:,2)+1).*(Tt(i).^2)-20;
    [beta1(i) P1(i,:)]=AFOSM(G,mu,sigma);
    clearG
    G=@(x)x(:,1).^2.*x(:,2)-5.*x(:,1).*Tt(i+1)+(x(:,2)+1).*(Tt(i+1).^2)-20;
    [beta2(i) P2(i,:)]=AFOSM(G,mu,sigma);
    alphat(i)=-sum((((P1(i,:)-mu)./sigma)./beta1(i)).*(((P2(i,:)-mu)./sigma))./beta2
(i));
    v(i)=mvncdf([beta1(i),-beta2(i)],[0,0],[1,alphat(i);alphat(i),1])./h; %跨越率
end
pf=1-(1-normcdf(-beta1(1))).*exp(-sum(v).*h); %时变失效概率

%算例 2
clearall
t0=95.5.*(pi./180); tf=155.5.*(pi./180);
t=[t0,tf]; %时间观察区间
mu=[53 122 66.5 100]; %输入变量的均值
sigma=[0.1 0.1 0.1 0.1]; %输入变量的标准差
h=0.1; %步长
Tt=t0:h:tf;
alpha=0.8;
for i=1:length(Tt)-1
A=@(x)-2.*x(:,1).*x(:,3).*sin(Tt(i));
B=@(x)2.*x(:,3).*(x(:,4)-x(:,1).*cos(Tt(i)));
C=@(x)(x(:,2)).^2-(x(:,1)).^2-(x(:,3)).^2-(x(:,4)).^2+2.*x(:,1).*x(:,4).*cos(Tt
(i));             G=@(x)alpha.*pi./180-abs(76.*pi./180+60.*pi./180.*sin((3./4).*(Tt
(i)-95.5.*pi./180))-2.*atan((A(x)+sqrt(A(x).^2+B(x).^2-C(x).^2))./(B(x)+C(x))));
    [beta1(i) P1(i,:)]=AFOSM(G,mu,sigma);
    clearG A B C
        A=@(x)-2.*x(:,1).*x(:,3).*sin(Tt(i+1));
        B=@(x)2.*x(:,3).*(x(:,4)-x(:,1).*cos(Tt(i+1)));
```

```
    C=@(x)(x(:,2)).^2-(x(:,1)).^2-(x(:,3)).^2-(x(:,4)).^2+2.*x(:,1).*x(:,4).*
cos(Tt(i+1));     G=@(x)alpha.*pi./180-abs(76.*pi./180+60.*pi./180.*sin((3./4).*(Tt
(i+1)-95.5.*pi./180))-2.*atan((A(x)+sqrt(A(x).^2+B(x).^2-C(x).^2))./(B(x)+C
(x))));
    [beta2(i) P2(i,:)]=AFOSM(G,mu,sigma);
    alphat(i)=-sum((((P1(i,:)-mu)./sigma)./beta1(i)).*(((P2(i,:)-mu)./sigma))./beta2
(i));
    v(i)=mvncdf([beta1(i),-beta2(i)],[0,0],[1,alphat(i);alphat(i),1])./h; %跨越率
end
pf=1-(1-normcdf(-beta1(1))).*exp(-sum(v).*h)  %时变失效概率
```

10.4　时变可靠性分析的极值法

10.4.1　极值法求解时变可靠性的基本原理

时变问题中功能函数 $Z(t)=g(\boldsymbol{X},t)$ 可以看成概率空间 R^n 中的随机变量 $\boldsymbol{X}$ 和时间观察域 $t=[t_0,t_s]$ 中的参数 t 的多元函数。当输入变量 $\boldsymbol{X}\in R^n$ 固定在其某个实现值 $\boldsymbol{x}^*$ 时，$Z(t)=g(\boldsymbol{x}^*,t)$ 是关于时间参数 t 的一元函数，参考随机过程知识，将此函数称为功能 $Z(t)=g(\boldsymbol{X},t)$ 的样本函数。结合式(10-7)中时变失效概率的计算公式，易知当 $\min\limits_{t\in[t_0,t_s]} g(\boldsymbol{x}^*,t)\leqslant 0$ 时，结构失效；当 $\min\limits_{t\in[t_0,t_s]} g(\boldsymbol{x}^*,t)>0$ 时，结构安全。

由此可知：在时间观察区间 $[t_0,t_s]$ 内的时变失效域 F 可等价表示为

$$F=\{\min_{t\in[t_0,t_s]} g(\boldsymbol{x},t)\leqslant 0\} \tag{10-37}$$

则在时间区间 $[t_0,t_s]$ 内的时变失效概率 $P_f(t_0,t_s)$ 可表示为

$$P_f(t_0,t_s)=P\{F\}=P\{\min_{t\in[t_0,t_s]} g(\boldsymbol{x},t)\leqslant 0\} \tag{10-38}$$

由式(10-38)可知，通过分析求解时变功能函数 $g(\boldsymbol{X},t)$ 关于时间 t 的极小值，可以将时变可靠性分析问题转化为时不变可靠性分析问题，通过式(10-38)求解时变可靠性的方法称为时变可靠性分析的极值法。

通过式(10-38)计算时变失效概率时，首先需要求解时变功能函数在时间观察域上的最小值。在极小值的求解方法中，常用的有传统的共轭梯度法、最速下降法等基于梯度的优化方法，以及遗传算法、模拟退火算法和蚁群算法等全局智能优化方法，这些方法都能较好地求解得到时变功能函数在时间观察域上的最小值。

对于时变功能的样本函数 $g(\boldsymbol{x}^*,t)$，其是关于参数 t 的一元函数。如图 10-3 所示，$g(\boldsymbol{x}^*,t)$ 在时间观察区间 $[t_0,t_s]$ 上的最小值可能来自两方面：一方面是 $g(\boldsymbol{x}^*,t)$ 在时间观察区间 $[t_0,t_s]$ 内极小值点(图 10-3 中“o”表示的点)，另一方面是 $g(\boldsymbol{x}^*,t)$ 在时间观察区间 $[t_0,t_s]$ 端点处的值(图 10—3 中“+”表示的点)。故只要比较 $g(\boldsymbol{x}^*,t)$ 在时间观察区间内的

所有极小值点与区间端点上的函数值，就能从中找到 $g(\boldsymbol{x}^*,t)$ 在该时间观察区间上的最小值。当函数 $g(\boldsymbol{x}^*,t)$ 二阶可导时，由极值判别的定理可知，$g(\boldsymbol{x}^*,t)$ 的极小值点满足如下两个方程：

$$g'(\boldsymbol{x}^*,t)=0 \tag{10-39}$$

$$g''(\boldsymbol{x}^*,t)>0 \tag{10-40}$$

对于显式功能函数的样本函数 $g(\boldsymbol{x}^*,t)$，其一阶导数以及二阶导数可显式表达为

$$g'(\boldsymbol{x}^*,t)=\frac{\mathrm{d}g(\boldsymbol{x}^*,t)}{\mathrm{d}t} \tag{10-41}$$

$$g''(\boldsymbol{x}^*,t)=\frac{\mathrm{d}^2g(\boldsymbol{x}^*,t)}{\mathrm{d}t^2} \tag{10-42}$$

对于隐式功能函数，可采用有限差分法，利用差分格式代替求导，即

$$g'(\boldsymbol{x}^*,t)\approx\frac{g(\boldsymbol{x}^*,t+h)-g(\boldsymbol{x}^*,t)}{h} \tag{10-43}$$

$$g''(\boldsymbol{x}^*,t)\approx\frac{g(\boldsymbol{x}^*,t+h)-2g(\boldsymbol{x}^*,t)+g(\boldsymbol{x}^*,t-h)}{h^2} \tag{10-44}$$

式中，h 为步长，当 $h\to 0$ 时，上式中右边的差分收敛于左边的导数。

将式(10-41)或式(10-43)代入式(10-39)，此时需要求解一个关于时间 t 的线性或非线性方程。对于简单方程，该方程的解可解析得到，对于复杂方程，可通过最小二乘法(MATLAB 中的 Fsolve 函数)、牛顿法等数值法求解。记该方程在时间观察域 $[t_0,t_s]$ 上的解为 $t_j^+(j=1,2,\cdots,p)$，为了筛选掉极大值点，将 $t_j^+(j=1,2,\cdots,p)$ 代入式(10-42)或式(10-44)，保留满足式(10-40)的解，记为 $t_j^*(j=1,2,\cdots,q)$。则 $g(\boldsymbol{x}^*,t)$ 在时间观察域 $[t_0,t_s]$ 上的最小值为

$$\min_{t\in[t_0,t_s]} g(\boldsymbol{x}^*,t)=\min\{g(\boldsymbol{x}^*,t_0),g(\boldsymbol{x}^*,t_1^*),\cdots,g(\boldsymbol{x}^*,t_q^*),g(\boldsymbol{x}^*,t_s)\} \tag{10-45}$$

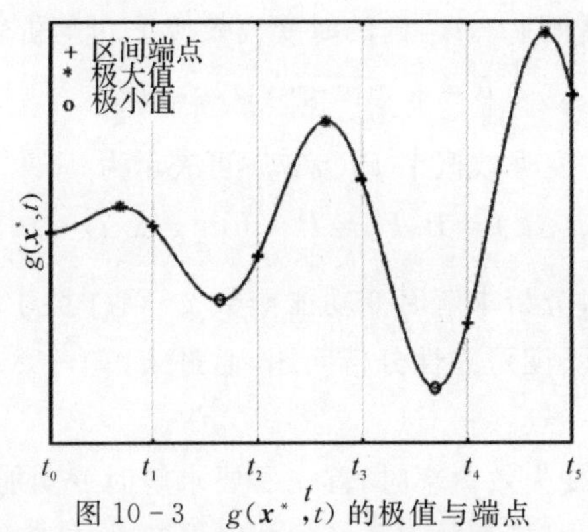

图 10-3　$g(\boldsymbol{x}^*,t)$ 的极值与端点

基于 Monte Carlo 随机抽样的时变可靠性分析的极值法的具体执行步骤如下：

(1)由概率密度函数 $f_{\boldsymbol{X}}(\boldsymbol{x})$ 产生 $N\times n$ 维的输入变量 $\boldsymbol{X}$ 的样本矩阵 $\boldsymbol{S}$，即

$$\boldsymbol{S}=\begin{bmatrix} x_{11} & x_{12} & \cdots & x_{1n} \\ x_{21} & x_{22} & \cdots & x_{2n} \\ \vdots & \vdots & & \vdots \\ x_{N1} & x_{N2} & \cdots & x_{Nn} \end{bmatrix}=\begin{bmatrix} \boldsymbol{x}_1 \\ \boldsymbol{x}_2 \\ \vdots \\ \boldsymbol{x}_N \end{bmatrix} \tag{10-46}$$

(2)利用式(10-39)～式(10-45)判断 $\boldsymbol{S}$ 矩阵中每一组输入样本 $\boldsymbol{x}_i(i=1,2,\cdots,n)$ 在时间观察区间 $[t_0,t_s]$ 上的极值,记为 $\min\limits_{t\in[t_0,t_s]} g(\boldsymbol{x}_i,t)$ 。

(3)通过判断每一组输入变量 $\boldsymbol{x}_i(i=1,2,\cdots,N)$ 在时间观察区间 $[t_0,t_s]$ 上的极值与 0 的关系,可得到时变失效概率的估计值 $\hat{P}_f(t_0,t_s)$ 为

$$\hat{P}_f(t_0,t_s)=\frac{\sum\limits_{i=1}^{N} I_F(\min\limits_{t\in[t_0,t_s]} g(\boldsymbol{x}_i,t))}{N}=\frac{N_f}{N} \tag{10-47}$$

其中 $I_F(\cdot)$ 为样本点 $\boldsymbol{x}_i$ 对应的失效域指示函数,如 $\min\limits_{t\in[t_0,t_s]} g(\boldsymbol{x}_i,t)\leqslant 0$,则 $I_F(\min\limits_{t\in[t_0,t_s]} g(\boldsymbol{x}_i,t))=1$,否则 $I_F(\min\limits_{t\in[t_0,t_s]} g(\boldsymbol{x}_i,t))=0$;$N_f$ 为 N 个样本点的极小值 $\min\limits_{t\in[t_0,t_s]} g(\boldsymbol{x}_i,t)(i=1,2,\cdots,N)$ 小于等于 0 的个数。

失效概率估计值的变异系数估计为

$$\mathrm{Cov}(\hat{P}_f(t_0,t_s))=\sqrt{\frac{1-\hat{P}_f(t_0,t_s)}{(N-1)\hat{P}_f(t_0,t_s)}} \tag{10-48}$$

基于 Monte Carlo 随机抽样的时变可靠性分析的极值法亦是一个双层循环过程,其模型调用次数 $\sum\limits_{i=1}^{N} N_t^{(i)}$,其中 $N_t^{(i)}$ 表示在时间区间 $[t_0,t_s]$ 内寻找输入变量样本 $\boldsymbol{x}_i(i=1,2,\cdots,N)$ 对应功能函数极小值所需的模型调用次数。

10.4.2　算例分析

算例 10.5　利用极值法来计算 10.2.2 小节中的数值算例,计算结果见表 10-7。由表 10-7的计算结果可以看出:与 MCS 方法相比,极值法的精度较高,而且效率亦高于 MCS 方法,这主要源自于极值法是采用最优化的方法来求解每个样本点 $\boldsymbol{x}_i$ 处的极值的,而 MCS 方法则是通过离散时间域来求极值的。

表 10-7　极值法计算数值算例时变可靠性的结果

计算方法	时变失效概率	变异系数	模型调用次数
极值法	0.184 7	0.023 2	40 956
MCS	0.184 7	0.023 2	$2^{13}\times 501$

算例 10.6　利用极值法来计算 10.2.2 小节中的四连杆机构算例,计算结果见表 10-8。由表 10-8 的计算结果亦可以得出与表 10-7 类似的结论。

表 10-8　极值法计算四连杆机构时变可靠性的结果

计算方法	时变失效概率	变异系数	模型调用次数
极值法	0.002 3	0.041 0	3 145 726
MCS	0.002 3	0.041 0	$2^{18}\times 101$

10.4.3 算法参考程序

极值法求解时变可靠性的 MATLAB 程序见表 10-9。

表 10-9 极值法求解时变可靠性的 MATLAB 程序

```
%算例 1
clear all
N=8192;
mu=[3.5,3.5];
sigma=[0.3,0.3];
n=length(mu);
p=sobolset(n,'Skip',1e4);
x=p(1:N,:);
for i=1:n
    x(:,i)=norminv(x(:,i),mu(i),sigma(i));
end
for j=1:N
    g=@(t)x(j,1).^2.*x(j,2)-5.*x(j,1).*t+(x(j,2)+1).*t.^2-20;
    [tt0,fval,exitflag1,nit]=fminbnd(g,0,5);
    Ncall(j)=nit.iterations;
    Gg(j)=min([g(0),g(tt0),g(5)]);
end
Gg=Gg';
F=length(find(Gg<=0));
Pf=F/N;
Pf
ncall=sum(Ncall)
cov_pf=sqrt((1-Pf)./(N-1)./Pf)

%算例 2
clear all
formatlong;
miu=[53,122,66.5,100];
sigma=[0.1,0.1,0.1,0.1];
t0=[95.5.*pi./180 155.5.*pi./180];
n=length(miu);
Nx=2.^18;
p=sobolset(4,'Skip',10000);
PP=p(1:Nx,:);
for i=1:n
      x(:,i)=norminv(PP(:,i),miu(i),sigma(i));
end
symsx1 x2 x3 x4 t;
```

```
A=-2. * x1. * x3. * sin(t);
B=2. * x3. * (x4-x1. * cos(t));
C=x2.^2-x1.^2-x3.^2-x4.^2+2. * x1. * x4. * cos(t);
alpha=0.8;
g=alpha. * pi./180-abs(76. * pi./180+60. * pi./180. * sin((3./4). * (t-95.5. * pi./180))-2. *
atan((A+sqrt(A.^2+B.^2-C.^2))./(B+C)));
G=eval(['@(x1,x2,x3,x4,t)',vectorize(g)]);
DG=diff(g,t);
Dg=eval(['@(x1,x2,x3,x4,t)',vectorize(DG)]);
[Fcount,Y]=extre_four(G,Dg,x,Nx,t0);
I=Y<=zeros(Nx,1);
Pf=mean(I)
cov_pf=sqrt((1-Pf)./(Nx-1)./Pf)
Ncall=sum(Fcount)+2 * Nx

function [Fcount,Y]=extre_four(G,Dg,x,Nx,t0)
tt0=100. * pi./180;
for m1=1:Nx
    ff=@(t) Dg(x(m1,1),x(m1,2),x(m1,3),x(m1,4),t);
    [t1,fval,exitflag,output]=fsolve(ff,tt0);
    Fcount(m1,:)=output.funcCount;
if t1>=95.5. * pi./180 && t1<=155.5. * pi./180
    Y1=G(x(m1,1),x(m1,2),x(m1,3),x(m1,4),t1);
    Y0=G(x(m1,1),x(m1,2),x(m1,3),x(m1,4),t0(1));
    Y2=G(x(m1,1),x(m1,2),x(m1,3),x(m1,4),t0(2));
    Y(m1,:)=min([Y0 Y1 Y2]);
else
    Y0=G(x(m1,1),x(m1,2),x(m1,3),x(m1,4),t0(1));
    Y2=G(x(m1,1),x(m1,2),x(m1,3),x(m1,4),t0(2));
    Y(m1,:)=min([Y0 Y2]);
end
end
end
```

10.5　时变可靠性分析的包络函数法

10.5.1　一般时变功能函数情况下的包络函数

时变失效概率计算的包络函数法是将时变功能函数在随机输入变量的均值点处线性展开，然后用一组极值时间展开点上的分段线性超平面形成时不变的近似包络面，进而将时变可靠性问题转换成时不变可靠性问题。该方法极大地提高了时变失效概率计算的效率。但仅适用于输入随机变量变异系数较小的情况。

考虑不包含随机过程的时变问题,其时变功能函数为

$$Z(t)=g(\boldsymbol{X},t),\quad t\in[t_0,t_s] \tag{10-49}$$

对于时变失效边界 $g(\boldsymbol{x},t)=0$,其包络面函数 $G(\boldsymbol{x})=0$ 可以由如下方程组得到:

$$\left.\begin{aligned}&g(\boldsymbol{x},t)=0\\&g'(\boldsymbol{x},t)=\frac{\partial g(\boldsymbol{x},t)}{\partial t}=0\end{aligned}\right\} \tag{10-50}$$

此时时变失效概率可等价地表示为时不变包络函数 $G(\boldsymbol{x})\leqslant 0$ 的概率,即

$$P_f(t_0,t_s)=P\{g(\boldsymbol{x},t)\leqslant 0,\exists t\in[t_0,t_s]\}=P\{G(\boldsymbol{x})\leqslant 0\} \tag{10-51}$$

10.5.2 线性时变功能函数情况下的包络函数及其求解

1.包络函数[8]

将时间观察域内的功能函数 $g(\boldsymbol{X},t)$ 在 $\boldsymbol{X}$ 的均值点 $\boldsymbol{\mu}_{\boldsymbol{X}}=\{\mu_{X_1},\mu_{X_2},\cdots,\mu_{X_n}\}$ 处进行一阶泰勒展开,可得

$$g(\boldsymbol{X},t)\approx a_0(t)+\boldsymbol{a}^{\mathrm{T}}(t)\cdot(\boldsymbol{X}-\boldsymbol{\mu}_{\boldsymbol{X}}) \tag{10-52}$$

式中, $a_0(t)=g(\boldsymbol{\mu}_{\boldsymbol{X}},t)$, $\boldsymbol{a}(t)=\left\{\left.\frac{\partial g(\boldsymbol{X},t)}{\partial X_1}\right|_{\boldsymbol{\mu}_{\boldsymbol{X}}},\cdots,\left.\frac{\partial g(\boldsymbol{X},t)}{\partial X_n}\right|_{\boldsymbol{\mu}_{\boldsymbol{X}}}\right\}^{\mathrm{T}}$, $\boldsymbol{X}-\boldsymbol{\mu}_{\boldsymbol{X}}=\{x_1-\mu_{X_1},\cdots,x_n-\mu_{X_n}\}^{\mathrm{T}}$。

令 $U_i=\dfrac{X_i-\mu_{X_i}}{\sigma_{X_i}}(i=1,2,\cdots,n)$(其中 σ_{X_i} 为输入变量 X_i 的标准差),并将 $X_i=\mu_{X_i}+\sigma_{X_i}U_i$ 代入式(10-52),可得标准正态 $\boldsymbol{U}$ 空间中的线性时变功能函数 $L(\boldsymbol{U},t)$ 为

$$g(\boldsymbol{X},t)\approx L(\boldsymbol{U},t)=b_0(t)+\boldsymbol{b}^{\mathrm{T}}(t)\boldsymbol{U} \tag{10-53}$$

式中,$b_0(t)=g(\boldsymbol{\mu}_{\boldsymbol{X}},t)$,$\boldsymbol{b}(t)=\{b_1(t),b_2(t),\cdots,b_n(t)\}^{\mathrm{T}}$,$b_i(t)=\sigma_{X_i}\left.\dfrac{\partial g(\boldsymbol{X},t)}{\partial X_i}\right|_{\boldsymbol{\mu}_{\boldsymbol{X}}}(i=1,2,\cdots,n)$,$\boldsymbol{U}=\{U_1,U_2,\cdots,U_n\}^{\mathrm{T}}$ 。

对于式(10-53)所示的原问题对应的线性时变功能函数 $L(\boldsymbol{u},t)$,类似于式(10-50),$L(\boldsymbol{u},t)$ 的包络函数可通过下式得到:

$$\left.\begin{aligned}&L(\boldsymbol{u},t)=b_0(t)+\boldsymbol{b}^{\mathrm{T}}(t)\boldsymbol{u}=0\\&L'(\boldsymbol{u},t)=b'_0(t)+\boldsymbol{b}'^{\mathrm{T}}(t)\boldsymbol{u}=0\end{aligned}\right\} \tag{10-54}$$

其中 $b'_0(t)=\dfrac{\partial g(\boldsymbol{\mu}_{\boldsymbol{X}},t)}{\partial t}$,$\boldsymbol{b}'(t)=\{b'_1(t),b'_2(t),\cdots,b'_n(t)\}^{\mathrm{T}}$,$b'_i(t)=\sigma_{X_i}\left.\dfrac{\partial^2 g(\boldsymbol{X},t)}{\partial X_i\partial t}\right|_{\boldsymbol{\mu}_{\boldsymbol{X}}}(i=1,2,\cdots,n)$ 。

2.包络函数展开点

包络函数展开点 $\boldsymbol{u}^*(t)$ 需在标准正态 $\boldsymbol{U}$ 空间中线性函数 $L(\boldsymbol{u},t)=0$ 上且距离坐标原点最近,因此 $\boldsymbol{u}^*(t)$ 是原点到 $L(\boldsymbol{u},t)=0$ 的最小距离点,则 $\boldsymbol{u}^*(t)$ 与 $L(\boldsymbol{u},t)=0$ 垂直,即

$$\boldsymbol{u}^*(t)=c(t)\frac{\nabla_{\boldsymbol{X}}g(\boldsymbol{X},t)}{\|\nabla_{\boldsymbol{X}}g(\boldsymbol{X},t)\|}=c(t)\frac{\boldsymbol{b}(t)}{\sqrt{\boldsymbol{b}^{\mathrm{T}}(t)\cdot\boldsymbol{b}(t)}} \tag{10-55}$$

式中,$c(t)$ 是与 $\boldsymbol{u}$ 无关的 t 的函数。

由于 $\boldsymbol{u}^*(t)$ 在 $L(\boldsymbol{u},t)=0$ 上,所以 $\boldsymbol{u}^*(t)$ 必须满足式(10-54)的第一个方程,将式(10-55)代入式(10-54)中的第一个方程,可得

$$b_0(t)+c(t)\frac{\boldsymbol{b}^{\mathrm{T}}(t)\cdot\boldsymbol{b}(t)}{\sqrt{\boldsymbol{b}^{\mathrm{T}}(t)\cdot\boldsymbol{b}(t)}}=0 \tag{10-56}$$

解得 $c(t)$ 为

$$c(t)=\frac{-b_0(t)}{\sqrt{\boldsymbol{b}^{\mathrm{T}}(t)\cdot\boldsymbol{b}(t)}} \tag{10-57}$$

将式(10-57)代入式(10-55)，可得 $\boldsymbol{u}^*(t)$ 为

$$\boldsymbol{u}^*(t)=\frac{-b_0(t)\boldsymbol{b}(t)}{\boldsymbol{b}^{\mathrm{T}}(t)\cdot\boldsymbol{b}(t)}=\frac{-b_0(t)\boldsymbol{b}(t)}{\|\boldsymbol{b}(t)\|^2} \tag{10-58}$$

包络面 $G(\boldsymbol{x})=0$ 的展开极值时间点还应满足式(10-54)的第二个方程，将式(10-58)代入式(10-54)中的第二个方程，可得

$$b'_0(t)-b_0(t)\frac{\boldsymbol{b}'^{\mathrm{T}}(t)\boldsymbol{b}(t)}{\|\boldsymbol{b}(t)\|^2}=0 \tag{10-59}$$

求解式(10-59)中关于时间 t 的一元方程，记其解为 $t_i^+(i=1,2,\cdots,p^+)$，再考虑时间观察区间两个端点 t_0 和 t_s，记 $p=p^++2$，$t_i\in(t_0,t_s,t_1^+,\cdots,t_{p^+}^+)(i=1,2,\cdots,p)$，则失效包络面可以由 $\bigcup\limits_{i=1}^{p}L(\boldsymbol{u},t_i)=0$ 近似得到，此时时变失效域 $F=\{g(\boldsymbol{x},t)\leqslant 0,\ \exists t\in[t_0,t_s]\}$ 可以由失效包络面构成的失效域 $\{\bigcup\limits_{i=1}^{p}L(\boldsymbol{u},t_i)\leqslant 0\}$ 代替。

3. 包络函数失效概率的估计

令 $\boldsymbol{L}=\{L_1,L_2,\cdots,L_p\}^{\mathrm{T}}=\{L(\boldsymbol{u},t_1),L(\boldsymbol{u},t_2),\cdots,L(\boldsymbol{u},t_p)\}^{\mathrm{T}}$，由于 $\boldsymbol{u}$ 服从独立的标准正态分布，$L_i(i=1,..,p)$ 为 $\boldsymbol{u}$ 的线性函数，所以 $\boldsymbol{L}$ 服从 p 维正态分布，其均值 $\boldsymbol{\mu}_{\boldsymbol{L}}$ 与协方差矩阵 $\boldsymbol{\Sigma}_{\boldsymbol{L}}$ 分别为

$$\boldsymbol{\mu}_{\boldsymbol{L}}=(\mu_{L_i})_{i=1,2,\cdots,p}=(b_0(t_i))_{i=1,2,\cdots,p} \tag{10-60}$$

$$\boldsymbol{\Sigma}_{\boldsymbol{L}}=(\sigma_{L_i}\sigma_{L_j})_{i,j=1,2,\cdots,p}=(\boldsymbol{b}^{\mathrm{T}}(t_i)\boldsymbol{b}(t_j))_{i,j=1,2,\cdots,p} \tag{10-61}$$

式中，μ_{L_i} 和 $\sigma_{L_i}(i=1,2,\cdots,p)$ 分别为 L_i 的均值与标准差。

因多元正态分布的协方差矩阵应为正定矩阵，即 $\mathrm{rank}(\boldsymbol{\Sigma}_{\boldsymbol{L}})=q$，若 $\mathrm{rank}(\boldsymbol{\Sigma}_{\boldsymbol{L}})=q<p$，则这 p 个线性近似函数线性相关，可保留瞬时失效概率较大的 q 个时间点，筛选掉冗余时间点。各时间点的瞬时失效概率可近似计算如下：

$$\begin{aligned}P_f(t_i,t_i)&=P\{g(\boldsymbol{x},t_i)\leqslant 0\}\\&\approx P\{L(\boldsymbol{u},t_i)\leqslant 0\}\\&=P\{b_0(t_i)+\boldsymbol{b}^{\mathrm{T}}(t_i)\boldsymbol{u}\leqslant 0\}\\&=\Phi\left\{\frac{-b_0(t_i)}{\|\boldsymbol{b}(t_i)\|}\right\}=1-\Phi\left\{\frac{b_0(t_i)}{\|\boldsymbol{b}(t_i)\|}\right\}\end{aligned} \tag{10-62}$$

式中，$\Phi\{\cdot\}$为标准正态变量的累积分布函数。

记保留下来的时间点为 $(t_i^*)_{i=1,2,\cdots,q}$，令 $\boldsymbol{L}^*=(L_i^*)_{i=1,2,\cdots,q}=(L(\boldsymbol{u},t_i^*))_{i=1,2,\cdots,q}$，其服从 q 维正态分布，均值 $\boldsymbol{\mu}_{\boldsymbol{L}^*}$ 与协方差矩阵 $\boldsymbol{\Sigma}_{\boldsymbol{L}^*}$ 分别为

$$\boldsymbol{\mu}_{\boldsymbol{L}^*}=(\mu_{L_i^*})_{i=1,2,\cdots,q}=(b_0(t_i^*))_{i=1,2,\cdots,q} \tag{10-63}$$

$$\boldsymbol{\Sigma}_{\boldsymbol{L}^*}=(\sigma_{L_i^*}\sigma_{L_j^*})_{i,j=1,2,\cdots,q}=(\boldsymbol{b}(t_i^*)\boldsymbol{b}^{\mathrm{T}}(t_j^*))_{i,j=1,2,\cdots,q} \tag{10-64}$$

式中，$\mu_{L_i^*}$ 和 $\sigma_{L_i^*}(i=1,2,\cdots,q)$ 分别为 L_i^* 的均值及标准差。

此时时变功能函数 $g(\boldsymbol{x},t)=0$ 的失效包络面即由一组与时间无关的分段超平面 $\bigcup\limits_{i=1}^{q}L(\boldsymbol{u},$

t_i^*)=0 近似得到。

通过上述过程,最终将时变失效概率的求解转化成时不变的一组服从正态分布的线性功能函数 $L_i^*(i=1,2,\cdots q)$ 的失效域的并集 $\{L_1^* \leqslant 0 \cup L_2^* \leqslant 0 \cdots \cup L_q^* \leqslant 0\}$ 上的失效概率的求解,计算公式为

$$P_f(t_0,t_s)=P\{g(\boldsymbol{x},t)\leqslant 0,\exists t\in[t_0,t_s]\}=P\{\bigcup_{i=1}^{q}L(\boldsymbol{u},t_i^*)\leqslant 0\} \tag{10-65}$$

根据时变可靠度与时变失效概率之和为1的关系,可得时变可靠度 $R(t_0,t_s)$ 为

$$R(t_0,t_s)=P\{g(\boldsymbol{x},t)>0,\forall t\in[t_0,t_s]\}=P\{\bigcap_{i=1}^{q}L(\boldsymbol{u},t_i^*)>0\} \tag{10-66}$$

对于 $P\{\bigcap_{i=1}^{q}L(\boldsymbol{u},t_i^*)>0\}$ 的计算,可以通过 $\boldsymbol{L}^*$ 的联合分布函数 $\Phi(\boldsymbol{\mu}_{\boldsymbol{L}^*},\boldsymbol{\Sigma}_{\boldsymbol{L}^*})$ 进行数值积分求得,即

$$\begin{aligned}&P\{\bigcap_{i=1}^{q}L(\boldsymbol{u},t_i^*)>0\}\\&=\int_0^{+\infty}\cdots\int_0^{+\infty}\frac{1}{(2\pi)^{q/2}\left|\boldsymbol{\Sigma}_{\boldsymbol{L}^*}\right|^{1/2}}\exp\left\{-\frac{1}{2}(\boldsymbol{L}^*-\boldsymbol{\mu}_{\boldsymbol{L}^*})^{\mathrm{T}}(\boldsymbol{\Sigma}_{\boldsymbol{L}^*})^{-1}(\boldsymbol{L}^*-\boldsymbol{\mu}_{\boldsymbol{L}^*})\right\}\mathrm{d}\boldsymbol{L}^*\end{aligned} \tag{10-67}$$

基于包络函数的时变失效概率的计算公式为

$$\begin{aligned}&P_f(t_0,t_s)=1-P\{\bigcap_{i=1}^{q}L(\boldsymbol{u},t_i^*)>0\}\\&=1-\int_0^{+\infty}\cdots\int_0^{+\infty}\frac{1}{(2\pi)^{q/2}\left|\boldsymbol{\Sigma}_{\boldsymbol{L}^*}\right|^{1/2}}\exp\left\{-\frac{1}{2}(\boldsymbol{L}^*-\boldsymbol{\mu}_{\boldsymbol{L}^*})^{\mathrm{T}}(\boldsymbol{\Sigma}_{\boldsymbol{L}^*})^{-1}(\boldsymbol{L}^*-\boldsymbol{\mu}_{\boldsymbol{L}^*})\right\}\mathrm{d}\boldsymbol{L}^*\end{aligned} \tag{10-68}$$

式(10-68)无解析解,在维度较低时可以通过数值积分估算,在维度较高时,可通过数字模拟方法估算,此时数字模拟的计算不再调用时变功能函数,故计算量相对较小。下面给出Monte Carlo 数字模拟法估算式(10-68)的过程。

记 $I_{F_{\boldsymbol{L}^*}}(\boldsymbol{L}^*)=\begin{cases}1, & \boldsymbol{L}^*\in F_{\boldsymbol{L}^*}\\0, & \boldsymbol{L}^*\notin F_{\boldsymbol{L}^*}\end{cases}$ 为失效域 $F_{\boldsymbol{L}^*}$ 的指示函数,$I_{F_{L_i^*}}(L_i^*)=\begin{cases}1, & L_i^*\leqslant 0\\0, & L_i^*>0\end{cases}$,其中 $F_{\boldsymbol{L}^*}=\{\bigcup_{i=1}^{q}L_i^*\leqslant 0\}$,则 $I_{F_{\boldsymbol{L}^*}}(\boldsymbol{L}^*)=\max\limits_{1\leqslant i\leqslant q}I_{F_{L_i^*}}(L_i^*)$,因此时变失效概率可由下式计算:

$$\begin{aligned}P_f(t_0,t_s)&=P\{g(\boldsymbol{x},t)\leqslant 0,\exists t\in[t_0,t_s]\}=P\{\bigcup_{i=1}^{q}L(\boldsymbol{u},t_i^*)\leqslant 0\}\\&=\int\cdots\int_{F_{\boldsymbol{L}^*}}\varphi(\boldsymbol{L}^*;\boldsymbol{\mu}_{\boldsymbol{L}^*};\boldsymbol{\Sigma}_{\boldsymbol{L}^*})\mathrm{d}\boldsymbol{L}^*=\int_{R^q}I_{F_{\boldsymbol{L}^*}}(\boldsymbol{L}^*)\varphi(\boldsymbol{L}^*;\boldsymbol{\mu}_{\boldsymbol{L}^*};\boldsymbol{\Sigma}_{\boldsymbol{L}^*})\mathrm{d}\boldsymbol{L}^*\\&=\int\cdots\int_{R^q}\max_{1\leqslant i\leqslant q}I_{F_{L_i^*}}(L_i^*)\varphi(\boldsymbol{L}^*;\boldsymbol{\mu}_{\boldsymbol{L}^*};\boldsymbol{\Sigma}_{\boldsymbol{L}^*})\mathrm{d}\boldsymbol{L}^*=E_{\boldsymbol{L}^*}(\max_{1\leqslant i\leqslant q}I_{F_{L_i^*}}(L_i^*))\end{aligned} \tag{10-69}$$

以 $\boldsymbol{L}^*$ 的联合概率密度函数 $\varphi(\boldsymbol{L}^*;\boldsymbol{\mu}_{\boldsymbol{L}^*};\boldsymbol{\Sigma}_{\boldsymbol{L}^*})$ 抽取 N 个样本 $\boldsymbol{L}^{*(j)}=(L_1^{*(j)},L_2^{*(j)},\cdots,L_q^{*(j)})^{\mathrm{T}}(j=1,2,\cdots,N)$,时变失效概率的估计值为

$$\hat{P}_f(t_0,t_s)=\frac{1}{N}\sum_{j=1}^{N}(\max_{1\leqslant i\leqslant q}I_{F_{L_i^*}}(L_i^{*(j)})) \tag{10-70}$$

包络函数求解时变失效概率的功能函数调用次数仅产生于式(10-52)求导运算中。

10.5.3　算例分析

算例10.7　利用包络函数法来计算10.2.2小节中的数值算例，计算结果见表10-10。从表10-10的计算结果可以看出：包络函数法的计算精度对于该算例来说是可以接受的，其效率则远高于MCS方法，并且也高于跨越率法。

表10-10　包络函数法计算数值算例时变可靠性的结果

计算方法	时变失效概率	变异系数	模型调用次数
包络函数法	0.185 4	—	69
MCS	0.184 7	0.023 2	$2^{13}\times 501$

算例10.8　利用包络函数法来计算10.2.2小节中的四连杆机构的时变可靠性，计算结果见表10-11。由表10-11的结果可以得到与表10-10同样的结论。

表10-11　包络函数法计算四连杆机构时变可靠性的结果

计算方法	时变失效概率	变异系数	模型调用次数
包络函数法	0.002 3	—	209
MCS	0.002 3	0.041 0	$2^{18}\times 101$

10.5.4　算法参考程序

包络函数法求解时变可靠性的MATLAB程序见表10-12。

表10-12　包络函数法求解时变可靠性的MATLAB程序

```
%算例1
function [ Pff1 le ] = envelope(  )
N=1e6;
le=1; %计算量统计
ee=0;%功能门限值
%随机输入变量的分布参数
Mu=[3.5 3.5];
Sigma=[0.3 0.3];
t0=[0 5];
g=@(x,t)  x(:,1).^2.*x(:,2)-5*x(:,1).*t+(x(:,2)+1).*t.^2-20; %功能函数
ggt=@(x,t) -5*x(:,1)+2*(x(:,2)+1).*t; %功能函数关于时间t的偏导数

b0=@(t) g(Mu,t);
Db02=@(t) ggt(Mu,t);
a{1}=@(x,t) 2*x(:,1).*x(:,2)-5*t;
a{2}=@(x,t) x(:,1).^2+t.^2;
```

```
Da2{1}=@(x,t) -5;
Da2{2}=@(x,t) 2*t;

b{1}=@(t)a{1}(Mu,t).*Sigma(1);
b{2}=@(t)a{2}(Mu,t).*Sigma(2);
Db2{1}=@(t)Da2{1}(Mu,t).*Sigma(1);
Db2{2}=@(t)Da2{2}(Mu,t).*Sigma(2);
Dbb=@(t1,t2) 0;
bb=@(t1,t2) 0;
for i=1:length(b)
    Dbb=@(t1,t2) Dbb(t1,t2)+Db2{i}(t1).*b{i}(t2);
    bb=@(t1,t2) bb(t1,t2)+b{i}(t1).*b{i}(t2);
end
f=@(t) Db02(t)-(ee+b0(t)).*Dbb(t,t)./bb(t,t);
m1=1;y2=[];

%求解方程得到时间点
for i=t0(1):0.5:t0(end)
x0=i;
[y1,fval,exitflag1,nit]=fzero(f,x0);
le=le+nit.iterations;
if exitflag1==1
     y2(m1)=y1;
     m1=m1+1;
end
end
%筛选时间点(第一步:时间点再给定时间区间里)
y3=y2(find(y2>=t0(1)&y2<=t0(end)));
%筛选时间点(第二步:去掉相同时间点)
if length(y3)>0
     y4=roundn(y3,-5);
     y5=unique(y4);
     w1=b0(y5);
     le=le+length(y5);
     s1=length(w1);
end
w2=b0(t0(1));
w3=b0(t0(end));
le=le+2;
s2=-1.*ones(1,s1);
if s1~=0
    w=[w2 w3 w1];
    s=[-1 -1 s2];
```

```
    t=[t0(1) t0(end) y5];
else
    w=[w2 w3];
    s=[-1 -1];
    t=[t0(1) t0(end)];
end
for i=1:(2+s1)
for j=1:(2+s1)
      sigma(i,j)=s(i).*s(j).*bb(t(i),t(j));
end
end
n1=rank(sigma);
if n1<(2+s1)
for y=1:(2+s1)
if s(y)>0
        pf(y)=1-normcdf((ee-b0(t(y)))./(sqrt(bb(t(y),t(y)))));
else
        pf(y)=1-normcdf((ee+b0(t(y)))./(sqrt(bb(t(y),t(y)))));
end
      le=le+1;
end
[pff pfa]=sort(pf,'descend');
s=s(pfa(1:n1));
w=w(pfa(1:n1));
t2=t(pfa(1:n1));
for i=1:length(s)
for j=1:length(s)
        sigma1(i,j)=sigma(pfa(i),pfa(j));
end
end
sigma=sigma1;
end
w=w.*s;
M=mvnrnd(w,sigma,N);
wA=ones(N,1);
MMa=max(M,[],2);
wA=MMa>=ee;
Pff1=mean(wA);
end

%算例 2
function [ Pff,le] = envelope_sl_abs( )
```

```
N=1e6;
le=1;
ee=0;
Mx=0.8*pi/180;
Mu=[53 122 66.5 100];
Sigma=[0.1 0.1 0.1 0.1];
t0=[95.5 155.5]*pi/180;
lx=length(Mu);
R1=@(x,t) -2*x(:,1).*x(:,3).*sin(t);
R2=@(x,t) 2*x(:,3).*(x(:,4)-x(:,1).*cos(t));
R3=@(x,t) x(:,2).^2-x(:,1).^2-x(:,3).^2-x(:,4).^2+2*x(:,1).*x(:,4).*cos(t);
g=@(x,t) 2*atan((R1(x,t)+sqrt(R1(x,t).^2+R2(x,t).^2-R3(x,t).^2))./(R2(x,t)+R3(x,t)));
gdelta=@(x,t) atan((x(:,3).*sin(g(x,t))-x(:,1).*sin(t))./(x(:,4)+x(:,3).*cos(g(x,t))-
x(:,1).*cos(t)));
gd=@(t) 76*pi/180+60*pi/180*sin(0.75*(t-t0(1)));
b0{1}=@(t) g(Mu,t)-gd(t)+Mx;
b0{2}=@(t) -g(Mu,t)+gd(t)+Mx;
symst
for i=1:2
    gt0=b0{i}(t);
    g1t0=diff(gt0,t);
    Db02{i}=str2func(['@(t)',vectorize(g1t0)]);
end
cleart
a{1,1}=@(x,t) (cos(gdelta(x,t)-t))./(x(:,3).*sin(gdelta(x,t)-g(x,t)));
a{1,2}=@(x,t) 1./(x(:,3).*sin(gdelta(x,t)-g(x,t)));
a{1,3}=@(x,t) -(cos(g(x,t)-gdelta(x,t)))./(x(:,3).*sin(gdelta(x,t)-g(x,t)));
a{1,4}=@(x,t) cos(gdelta(x,t))./(x(:,3).*sin(g(x,t)-gdelta(x,t)));
a{2,1}=@(x,t) -a{1,1}(x,t);
a{2,2}=@(x,t) -a{1,2}(x,t);
a{2,3}=@(x,t) -a{1,3}(x,t);
a{2,4}=@(x,t) -a{1,4}(x,t);
symst
for j=1:2
for i=1:length(Mu)
   da=a{j,i}(Mu,t);
   da1=Sigma(i)*diff(da,t);
   Db2{j,i}=str2func(['@(t)',vectorize(da1)]);
end
end
cleart
for i=1:lx
    b{1,i}=@(t) a{1,i}(Mu,t).*Sigma(i);
```

```
    b{2,i}=@(t) a{2,i}(Mu,t). * Sigma(i);
end
Dbb{1,1}=@(t1,t2) 0;
Dbb{2,2}=@(t1,t2) 0;
bb{1,1}=@(t1,t2) 0;
bb{1,2}=@(t1,t2) 0;
bb{2,2}=@(t1,t2) 0;
for i=1:lx
    Dbb{1,1}=@(t1,t2) Dbb{1,1}(t1,t2)+Db2{1,i}(t1). * b{1,i}(t2);
    Dbb{2,2}=@(t1,t2) Dbb{2,2}(t1,t2)+Db2{2,i}(t1). * b{2,i}(t2);
    bb{1,1}=@(t1,t2) bb{1,1}(t1,t2)+b{1,i}(t1). * b{1,i}(t2);
    bb{1,2}=@(t1,t2) bb{1,2}(t1,t2)+b{1,i}(t1). * b{2,i}(t2);
    bb{2,2}=@(t1,t2) bb{2,2}(t1,t2)+b{2,i}(t1). * b{2,i}(t2);
end
for ki=1:2
    f=@(t)Db02{ki}(t)-(ee+b0{ki}(t)). * Dbb{ki,ki}(t,t)./bb{ki,ki}(t,t);
    m1=1;y2=[];
for i=t0(1):0.1:t0(end)
        x0=i;
        [y1,fval,exitflag1,nit]=fzero(f,x0);
        le=le+nit.iterations;
if exitflag1==1
            y2(m1,1)=y1;
            m1=m1+1;
end
end
    s4=1;y3=[];s2=[];y5=[];y6=[];w1=[];
for i=1:(m1-1)
if y2(i,1)<=t0(end)&&y2(i,1)>=t0(1)
            y3(s4,1)=y2(i,1);
            s4=s4+1;
end
end
if length(y3)>0
        y5=unique(y3);
for i=1:size(y5,1)
            w1(i)=b0{ki}(y5(i,1));
            le=le+1;
end


        w11=[];
        m=1;
```

```
for i=1:length(w1)
            w11(m)=w1(i);
            y6(m,1)=y5(i,1);
            m=m+1;
end
        s1(ki)=length(w11);
        s2=-1.*ones(1,s1(ki));
end
    w2=b0{ki}(t0(1));
    w3=b0{ki}(t0(end));
    le=le+2;
if s1(ki)~=0
        w{ki}=[w2 w3 w11];
        s{ki}=[-1 -1 s2 ];
else
        w{ki}=[w2 w3];
        s{ki}=[-1 -1];
end
    t{ki,1}=t0(1);
    t{ki,2}=t0(end);
if s1(ki)~=0
for i=1:s1(ki)
            t{ki,i+2}=y6(i,1);
end
end
end
ww=cell2mat(w);
ss=cell2mat(s);
for i=1:(4+s1(1)+s1(2))
for j=i:(4+s1(1)+s1(2))
if i<=2+s1(1)
if j<=2+s1(1)
            sigma1(i,j)=s{1}(i).*s{1}(j).*bb{1,1}(t{1,i},t{1,j});
else
            sigma1(i,j)=s{1}(i).*s{2}(j-(2+s1(1))).*bb{1,2}(t{1,i},t{2,j-(2+s1
(1))});
end
else
          sigma1(i,j)=s{2}(i-(2+s1(1))).*s{2}(j-(2+s1(1))).*bb{2,2}(t{2,i-(2+s1
(1))},t{2,j-(2+s1(1))});
end
end
```

```
end
sigma=triu(sigma1,1)'+triu(sigma1,0);
n1=rank(sigma);
if n1<(4+s1(1)+s1(2))
for y=1:(4+s1(1)+s1(2))
if y<=2+s1(1)
if s{1}(y)>0
            pf(y)=1-normcdf((ee-b0{1}(t{1,y}))./(sqrt(bb{1,1}(t{1,y},t{1,y}))));
else
            pf(y)=1-normcdf((ee+b0{1}(t{1,y}))./(sqrt(bb{1,1}(t{1,y},t{1,y}))));
end
        le=le+1;
else
if s{2}(y-(2+s1(1)))>0
            pf(y)=1-normcdf((ee-b0{2}(t{2,y-(2+s1(1))}))./(sqrt(bb{2,2}(t{2,y-(2+s1
(1))},t{2,y-(2+s1(1))}))));
else        pf(y)=1-normcdf((ee+b0{2}(t{2,y-(2+s1(1))}))./(sqrt(bb{2,2}(t{2,y-(2+s1
(1))},t{2,y-(2+s1(1))}))));
end
        le=le+1;
end
end
[pff pfa]=sort(pf,'descend');
ss=ss(pfa(1:n1));
ww=ww(pfa(1:n1));
for i=1:n1
if pfa(i)<=2+s1(1)
        t2{i}=t{1,pfa(i)};
else
        t2{i}=t{2,pfa(i)-(2+s1(1))};
end
end
sss=sigma(pfa(1:n1),pfa(1:n1));
sigma=sss;
t=t2;
end
ww=ww.*ss;
M=mvnrnd(ww,sigma,N);
wA=ones(N,1);
for i=1:N
if length(find(M(i,:)<=ee))==n1
    wA(i)=0;
```

```
end
end
Pff=mean(wA)
le
end
```

10.6 时变可靠性分析的代理模型法

对于大型复杂结构尤其是隐式功能函数的时变可靠性分析问题，数字模拟法的计算代价较大，因此若能合理地建立时变可靠性分析的代理模型，则可减少时变可靠性分析所需的计算代价。基于第9章所介绍的静态可靠性分析的自适应 Kriging 代理模型法，时变可靠性分析亦可以建立相应的基于自适应 Kriging 的代理模型法。时变可靠性分析的代理模型法主要分为两类：双层代理模型法和单层代理模型法。

10.6.1 双层代理模型法

根据时变可靠性分析的极值法的求解思路，可将时变可靠性的求解转化为时不变可靠性分析问题，即

$$P_f(t_0,t_s)=P\{g(\boldsymbol{x},T(\boldsymbol{x}))\leqslant 0\}=P\{G_e(\boldsymbol{x})\leqslant 0\} \tag{10-71}$$

其中，$T(\boldsymbol{x})$ 表示 $\boldsymbol{x}$ 样本下时变功能函数的极小值所对应的时刻，功能函数极小值所对应的时刻是关于输入变量 $\boldsymbol{X}$ 的函数，定义为

$$T(\boldsymbol{X})=\{t\mid \min_t g(\boldsymbol{X},t),t\in[t_0,t_s]\} \tag{10-72}$$

$G_e(\boldsymbol{X})$ 为时变功能函数关于时间观测区间的极小值函数，定义为

$$G_e(\boldsymbol{X})=\min\{g(\boldsymbol{X},t),t\in[t_0,t_s]\} \tag{10-73}$$

双层代理模型的基本思路是内层建立给定样本点 $\boldsymbol{x}^*$ 条件下 $g(\boldsymbol{x}^*,t)$ 与 t 的 Kriging 代理模型 $g_K(\boldsymbol{x}^*,t)$，外层则是利用 $g_K(\boldsymbol{x}^*,t)$ 得到 $\boldsymbol{x}$ 的所有训练样本 $\boldsymbol{x}^{\mathrm{T}}$ 处的时变功能函数关于时间 t 的极值 $G_e(\boldsymbol{x}^{\mathrm{T}})=\min\limits_{t\in[t_0,t_s]} g_K(\boldsymbol{x}^{\mathrm{T}},t)$，从而得到时变功能函数的极值 $G_e(\boldsymbol{X})$ 与 $\boldsymbol{X}$ 的 Kriging 代理模型 $G_{eK}(\boldsymbol{X})$，最终由 $G_{eK}(\boldsymbol{X})$ 计算得到时变失效概率 $P_f(t_0,t_s)$ 的估计值。双层代理模型方法求解时变可靠性的流程图如图 10-4 所示。具体执行步骤如下：

(1)首先根据输入随机变量 $\boldsymbol{X}$ 的联合概率密度函数 $f_{\boldsymbol{X}}(\boldsymbol{x})$ 产生容量为 N^x 的样本池 $\boldsymbol{S}^x=\{\boldsymbol{x}_1,\boldsymbol{x}_2,\cdots,\boldsymbol{x}_{N^x}\}$，用于选取后续更新代理模型的样本点以及进行时变可靠性分析。

(2)在 $\boldsymbol{S}^x$ 矩阵中随机抽取 N_1^x($N_1^x\ll N^x$)个训练样本 $\boldsymbol{x}_k^{\mathrm{T}}(k=1,2,\cdots,N_1^x)$。

(3)内层自适应建立给定 $\boldsymbol{x}^*$ 下 $g(\boldsymbol{x}^*,t)$ 与 t 的 Kriging 代理模型 $g_K(\boldsymbol{x}^*,t)$，目的是用较少的计算量求得给定 $\boldsymbol{x}^*$ 下时变功能函数在 $t\in[t_0,t_s]$ 观察域内关于时间 t 的极小值 $G_e(\boldsymbol{x}^*)\approx\min\limits_{t\in[t_0,t_s]} g_K(\boldsymbol{x}^*,t)$，其步骤如下：

1)将时间观察域 $[t_0,t_s]$ 离散成时间样本池 $\boldsymbol{S}^t=\{t_1,t_2,\cdots,t_{N^t}\}$，其中 $t_1=t_0$，$t_{N^t}=t_s$，N^t 是样本池的规模。

2)在 $\boldsymbol{S}^t$ 中随机选 N_1^t($N_1^t\ll N^t$)个训练时刻 $t_k^{\mathrm{T}}(k=1,2,\cdots,N_1^t)$，调用时变功能函数求得 $g(\boldsymbol{x}^*,t_k^{\mathrm{T}})(k=1,2,\cdots,N_1^t)$ 形成初始训练集 $\mathbf{T}^t=\{(t_k^{\mathrm{T}},g(\boldsymbol{x}^*,t_k^{\mathrm{T}})),(k=1,2,\cdots,N_1^t)\}$。

3)利用训练集 $\boldsymbol{T}^t$ 建立 $g(\boldsymbol{x}^*,t)$ 的 Kriging 代理模型 $g_K(\boldsymbol{x}^*,t)$ 。

4)采用如下的学习函数 $E(I(t))$ [9-10]选取下一个更新的时刻：

$$E(I(t))=E[\max(g_K^{\min}(\boldsymbol{x}^*)-g_K(\boldsymbol{x}^*,t),0)]$$
$$=\int_{-\infty}^{g_K^{\min}(\boldsymbol{x}^*)}(g_K^{\min}(\boldsymbol{x}^*)-g_K(\boldsymbol{x}^*,t))\frac{1}{\sqrt{2\pi}\sigma_{g_K}(\boldsymbol{x}^*,t)}\exp\left(-\frac{(g_K(\boldsymbol{x}^*,t)-\mu_{g_K}(\boldsymbol{x}^*,t))^2}{2\sigma_{g_K}^2(\boldsymbol{x}^*,t)}\right)\mathrm{d}g_K(\boldsymbol{x}^*,t) \tag{10-74}$$

令 $w=\dfrac{g_K(\boldsymbol{x}^*,t)-\mu_{g_K}(\boldsymbol{x}^*,t)}{\sigma_{g_K}(\boldsymbol{x}^*,t)}$,则 $g_K(\boldsymbol{x}^*,t)=w\sigma_{g_K}(\boldsymbol{x}^*,t)+\mu_{g_K}(\boldsymbol{x}^*,t)$,对式(10-74)的积分可通过变换 $g_K(\boldsymbol{x}^*,t)=w\sigma_{g_K}(\boldsymbol{x}^*,t)+\mu_{g_K}(\boldsymbol{x}^*,t)$ 化为

$$E(I(t))$$
$$=E[\max(g_K^{\min}(\boldsymbol{x}^*)-g_K(\boldsymbol{x}^*,t),0)]$$
$$=\int_{-\infty}^{g_K^{\min}(\boldsymbol{x}^*)}(g_K^{\min}(\boldsymbol{x}^*)-w\sigma_{g_K}(\boldsymbol{x}^*,t)-\mu_{g_K}(\boldsymbol{x}^*,t))\frac{1}{\sqrt{2\pi}\sigma_{g_K}(\boldsymbol{x}^*,t)}\exp\left(-\frac{w^2}{2}\right)\sigma_{g_K}(\boldsymbol{x}^*,t)\mathrm{d}w$$
$$=\int_{-\infty}^{\frac{g_K^{\min}(\boldsymbol{x}^*)-\mu_{g_K}(\boldsymbol{x}^*,t)}{\sigma_{g_K}(\boldsymbol{x}^*,t)}}(g_K^{\min}(\boldsymbol{x}^*)-\mu_{g_K}(\boldsymbol{x}^*,t))\frac{1}{\sqrt{2\pi}}\exp\left(-\frac{w^2}{2}\right)\mathrm{d}w$$
$$-\sigma_{g_K}(\boldsymbol{x}^*,t)\int_{-\infty}^{\frac{g_K^{\min}(\boldsymbol{x}^*)-\mu_{g_K}(\boldsymbol{x}^*,t)}{\sigma_{g_K}(\boldsymbol{x}^*,t)}}w\frac{1}{\sqrt{2\pi}}\exp\left(-\frac{w^2}{2}\right)\mathrm{d}w$$
$$=(g_K^{\min}(\boldsymbol{x}^*)-\mu_{g_K}(\boldsymbol{x}^*,t))\Phi\left(\frac{g_K^{\min}(\boldsymbol{x}^*)-\mu_{g_K}(\boldsymbol{x}^*,t)}{\sigma_{g_K}(\boldsymbol{x}^*,t)}\right)+\sigma_{g_K}(\boldsymbol{x}^*,t)\varphi\left(\frac{g_K^{\min}(\boldsymbol{x}^*)-\mu_{g_K}(\boldsymbol{x}^*,t)}{\sigma_{g_K}(\boldsymbol{x}^*,t)}\right) \tag{10-75}$$

式中，$g_K^{\min}(\boldsymbol{x}^*)=\min\limits_{t\in[t_0,t_s]}g_K(\boldsymbol{x}^*,t)$ ，$\mu_{g_K}(\boldsymbol{x}^*,t)$ 和 $\sigma_{g_K}(\boldsymbol{x}^*,t)$ 是 Kriging 代理模型 $g_K(\boldsymbol{x}^*,t)$ 的均值和标准差。$E(I(t))$ 越大的时刻表示该时刻 $g_K(\boldsymbol{x}^*,t)$ 函数值小于 $g_K^{\min}(\boldsymbol{x}^*)$ 情况下，$g_K(\boldsymbol{x}^*,t)$ 与 $g_K^{\min}(\boldsymbol{x}^*)$ 差异值的期望越大，$E(I(t))$ 越大则表明加入该时间点对提高 $g_K(\boldsymbol{x}^*,t)$ 模型识别时间观察域内最小值精度的贡献最大,因此在样本池 $\boldsymbol{S}^t$ 中选择使 $E(I(t))$ 最大的时刻来更新 Kriging 模型 $g_K(\boldsymbol{x}^*,t)$ 。

从时刻样本池 $\boldsymbol{S}^t$ 中选择 $E(I(t))$ 最大的时刻作为下一个更新时刻 t^u ,即

$$t^u=\arg\max_{t\in\boldsymbol{S}^t}E(I(t)) \tag{10-76}$$

5)检查更新过程是否收敛,当 $\max\limits_{t\in\boldsymbol{S}^t}E(I(t))\geqslant C_B$ 时,将 $\{t^u,g(\boldsymbol{x}^*,t^u)\}$ 加入训练样本集，即 $\boldsymbol{T}^t=\{\boldsymbol{T}^t\cup(t^u,g(\boldsymbol{x}^*,t^u))\}$,返回第 3)步;当 $\max\limits_{t\in\boldsymbol{S}^t}E(I(t))<C_B$ 时,停止 Kriging 模型的更新,输出给定 $\boldsymbol{x}^*$ 下 $g(\boldsymbol{x}^*,t)$ 的 Kriging 代理模型 $g_K(\boldsymbol{x}^*,t)$ (C_B 是提前预置的收敛常数，本书中 C_B 选为 $1\%\times|g_K^{\min}(\boldsymbol{x}^*)|$ [10]。

(4)调用第(3)步的 $g(\boldsymbol{x}^*,t)$ 的 Kriging 代理模型 $g_K(\boldsymbol{x}^*,t)$,求得 $G_e(\boldsymbol{x}_k^{\mathrm{T}})=\min\limits_{t\in[t_0,t_s]}g_K(\boldsymbol{x}_k^{\mathrm{T}},t)$ $(k=1,2,\cdots,N_1^x)$,形成初始训练集 $\boldsymbol{T}^x=\{(\boldsymbol{x}_k^{\mathrm{T}},G_e(\boldsymbol{x}_k^{\mathrm{T}})),k=1,2,\cdots,N_1^x\}$ 。

(5)利用 $\boldsymbol{T}^x$ 训练得到 $G_e(\boldsymbol{X})$ 的 Kriging 代理模型 $G_{eK}(\boldsymbol{X})$ 。

(6)检查外层 Kriging 代理模型 $G_{eK}(\boldsymbol{X})$ 是否收敛。由于时变可靠性分析过程中需判断极

值函数与门限值 0 的大小关系,极值函数 $G_e(\boldsymbol{X})$ 小于等于 0 则认为结构在时间观察域内失效,反之安全。因此可以采用第 9 章介绍的 U 学习函数。本章介绍 U 学习函数的改进版 C_A 学习函数,利用 C_A 学习函数最大来选取下一步所需更新的样本点,C_A 学习函数的定义如下:

$$C_A(\boldsymbol{x})=(1-\mathrm{Pr}_c(\boldsymbol{x}))\times f_{\boldsymbol{X}}(\boldsymbol{x})\times\sqrt{\sigma_{G_{eK}}(\boldsymbol{x})} \tag{10-77}$$

式中,$\mathrm{Pr}_c(\boldsymbol{x})=\Phi\left(\dfrac{|G_{eK}(\boldsymbol{x})|}{\sigma_{G_{eK}}(\boldsymbol{x})}\right)$ 表示 Kriging 代理模型 $G_{eK}(\boldsymbol{X})$ 判断 $G_e(\boldsymbol{X})$ 正负号正确的概率,$f_{\boldsymbol{X}}(\boldsymbol{x})$ 为输入变量的联合概率密度函数,$\sigma_{G_{eK}}(\boldsymbol{x})$ 表示 Kriging 模型的标准差。下一个更新样本点通过以下准则选取,即

$$\boldsymbol{x}^u=\arg\max_{\boldsymbol{x}\in\boldsymbol{S}^x} C_A(\boldsymbol{x}) \tag{10-78}$$

计算判别收敛性的参数 $C_{(K,\mathrm{MCS})}$ 为

$$C_{(K,\mathrm{MCS})}=E[\mathrm{Pr}_c]=\frac{1}{N^x}\sum_{i=1}^{N^x}\mathrm{Pr}_c(\boldsymbol{x}_i) \tag{10-79}$$

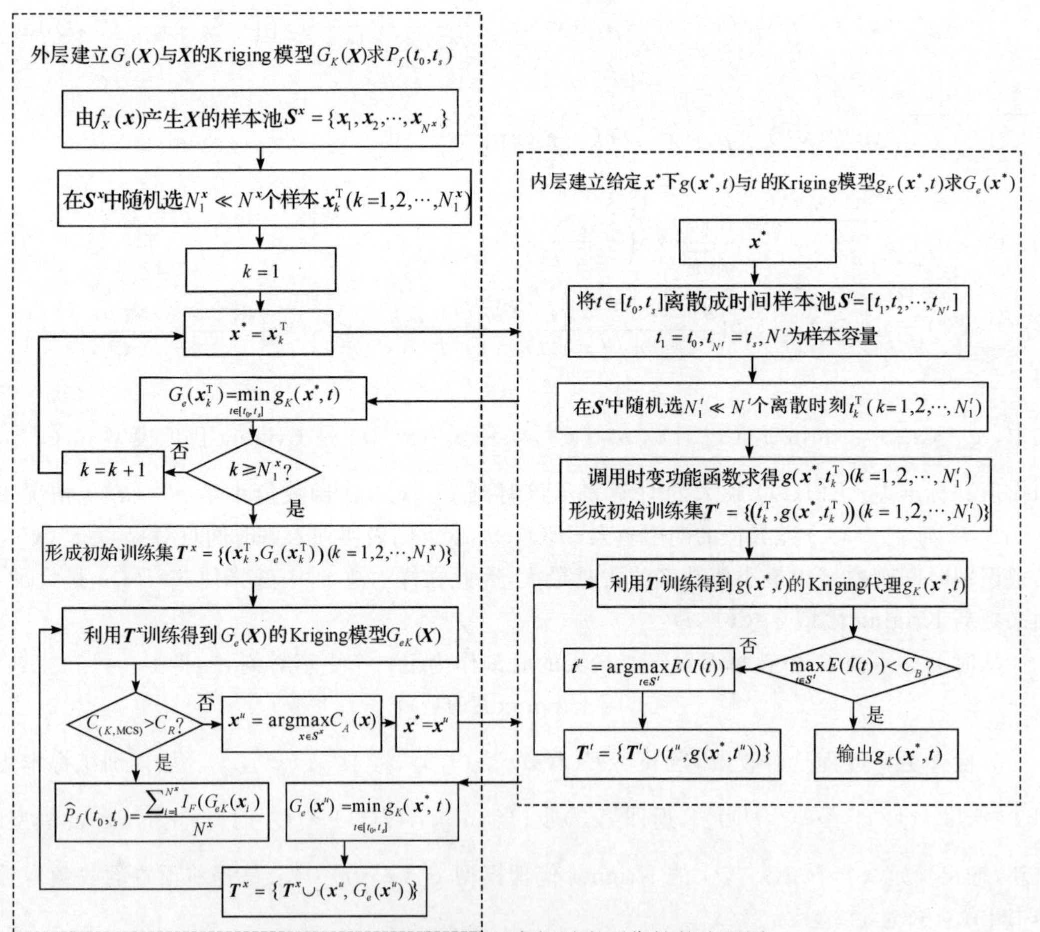

图 10-4 双层代理模型求解时变可靠性的流程图

$C_{(K,\mathrm{MCS})}$ 可以解释为平均的 $G_e(\boldsymbol{X})$ 的正负号被 $G_{eK}(\boldsymbol{X})$ 正确判断的概率。当 $C_{(K,\mathrm{MCS})}<C_R$ (C_R 是预先设定的收敛性门限值,可取 0.99～0.999 9)时,调用第(3)步的 $g(\boldsymbol{x}^*,t)$ 的 Kriging 代理模型 $g_K(\boldsymbol{x}^*,t)$,求得 $G_e(\boldsymbol{x}^u)=\min_{t\in[t_0,t_s]} g_K(\boldsymbol{x}^u,t)$,构造训练集 $\boldsymbol{T}^x=$

$\{\boldsymbol{T}^x \cup (\boldsymbol{x}^u, G_e(\boldsymbol{x}^u))\}$ ，返回第(5)步；当 $C_{(K,\mathrm{MCS})} \geqslant C_R$ ，停止更新，得到收敛的极值功能函数 $G_e(\boldsymbol{x})$ 的 Kriging 代理模型 $G_{eK}(\boldsymbol{x})$ 。

(7)计算时变可靠性。利用建立的 $G_{eK}(\boldsymbol{X})$ 模型进行可靠性分析，并执行下一步：

$$\hat{P}_f(t_0,t_s)=\frac{1}{N^x}\sum_{i=1}^{N} I_F(G_{eK}(\boldsymbol{x}_i))=\frac{N_f}{N^x} \tag{10-80}$$

式中，$I_F(G_{eK}(\boldsymbol{x}_i))$ 为失效域 $F=\{\boldsymbol{x}:G_{eK}(\boldsymbol{x})\leqslant 0\}$ 的指示函数，如果 $G_{eK}(\boldsymbol{x})\leqslant 0$，则 $I_F(\cdot)=1$，否则 $I_F(\cdot)=0$；N_f 表示 $G_{eK}(\boldsymbol{x}_i)(i=1,2,\cdots,N^x)$ 小于等于0的个数。

双层嵌套代理模型的计算量为 $\sum\limits_{i=1}^{N_{\text{outer}}} N_{\text{inner}}^{(i)}$ ，其中 N_{outer} 表示建立外层 Kriging 模型所需的随机输入变量的训练样本点个数，$N_{\text{inner}}^{(i)}$ 表示内层第 i 个训练样本点下建立的关于时间的一维代理模型所需的模型调用次数。

10.6.2　单层代理模型法

1.时变失效域指示函数的分析

相对于双层 Kriging 代理模型求解时变可靠性时分别建立极值函数 $G_e(\boldsymbol{X})$ 的代理模型和建立给定 $\boldsymbol{x}^*$ 处 $g(\boldsymbol{x}^*,t)$ 的代理模型，单层 Kriging 代理模型求解时变可靠性是通过直接建立 $g(\boldsymbol{X},t)$ 的 Kriging 代理模型 $g_K(\boldsymbol{X},t)$ 来完成的。根据时变可靠性的定义，在时间观察域 $[t_0,t_s]$ 上时变失效概率 $P_f(t_0,t_s)$ 的估计为

$$P_f(t_0,t_s)=P\{g(\boldsymbol{x},t)\leqslant 0,\exists t\in[t_0,t_s]\}\approx\frac{\sum\limits_{i=1}^{N^x} I_F(\boldsymbol{x}_i)}{N^x} \tag{10-81}$$

式中，$\boldsymbol{x}_i(i=1,2,\cdots,N^x)$ 为 $\boldsymbol{X}$ 的第 i 个样本点，$I_F(\boldsymbol{x}_i)$ 为时变失效域 $F=\{\boldsymbol{x}:g(\boldsymbol{x},t)\leqslant 0,\exists t\in[t_0,t_s]\}$ 的指示函数，其定义为

$$I_F(\boldsymbol{x}_i)=\begin{cases}1,\ \boldsymbol{x}_i\in F=\{\boldsymbol{x}:g(\boldsymbol{x},t)\leqslant 0,\exists t\in[t_0,t_s]\}\\0,\ \boldsymbol{x}_i\in S=\{\boldsymbol{x}:g(\boldsymbol{x},t)>0,\forall t\in[t_0,t_s]\}\end{cases},\ i=1,2,\cdots,N^x \tag{10-82}$$

将时间观察域 $[t_0,t_s]$ 离散为 N^t 个时刻点 $[t_1,t_2,\cdots,t_{N^t}]$（其中 $t_1=t_0$，$t_{N^t}=t_s$），则时变失效域指示函数 $I_F(\boldsymbol{x}_i)$ 可重新近似表示为 $\hat{I}_F(\boldsymbol{x}_i)$ 为

$$\hat{I}_F(\boldsymbol{x}_i)=\begin{cases}1,\ I_{F_t}(g(\boldsymbol{x}_i,t_j))=1,\ \exists j=1,2,\cdots,N^t\\0,\ I_{F_t}(g(\boldsymbol{x}_i,t_j))=0,\ \forall j=1,2,\cdots,N^t\end{cases} \tag{10-83}$$

式中，$I_{F_t}(g(\boldsymbol{x}_i,t_j))$ 为给定 $\boldsymbol{x}_i$ 和 t_j 条件下 $g(\boldsymbol{x}_i,t_j)\leqslant 0$ 的指示函数，其定义为

$$I_{F_t}(g(\boldsymbol{x}_i,t_j))=\begin{cases}1,\ g(\boldsymbol{x}_i,t_j)\leqslant 0\\0,\ g(\boldsymbol{x}_i,t_j)>0\end{cases} \tag{10-84}$$

$\hat{I}_F(\boldsymbol{x}_i)$ 对 $I_F(\boldsymbol{x}_i)$ 的近似精度与 N^t 有关，N^t 越大则近似精度越高。从式(10-83)可以看出，当结构失效时仅需准确识别该时间观察区域 $[t_0,t_s]$ 内的一个失效时刻即可，而结构安全时需准确识别时间观察区域 $[t_0,t_s]$ 内每一个离散时刻的时变功能函数的正负号。当采用 $g(\boldsymbol{X},t)$ 的 Kriging 代理模型 $g_K(\boldsymbol{X},t)$ 来估计给定样本点 $\boldsymbol{x}_i$ 处的失效域指示函数 $I_F(\boldsymbol{x}_i)$，其估计值 $\hat{I}_F(\boldsymbol{x}_i)$ 的表达式为

$$\hat{I}_F(\boldsymbol{x}_i)=\begin{cases}1,\ \exists t_j(j=1,2,\cdots,N^t)g_K(\boldsymbol{x}_i,t_j)\leqslant 0\ \text{且}\ g_K(\boldsymbol{x}_i,t_j)\ \text{的符号判断正确}\\0,\ \forall t_j(j=1,2,\cdots,N^t)g_K(\boldsymbol{x}_i,t_j)>0\ \text{且}\ g_K(\boldsymbol{x}_i,t_j)\ \text{的符号判断正确}\end{cases}\tag{10-85}$$

2.单层代理模型法求解时变失效概率

单层代理模型法求解时变失效概率的流程图如图 10-5 所示。

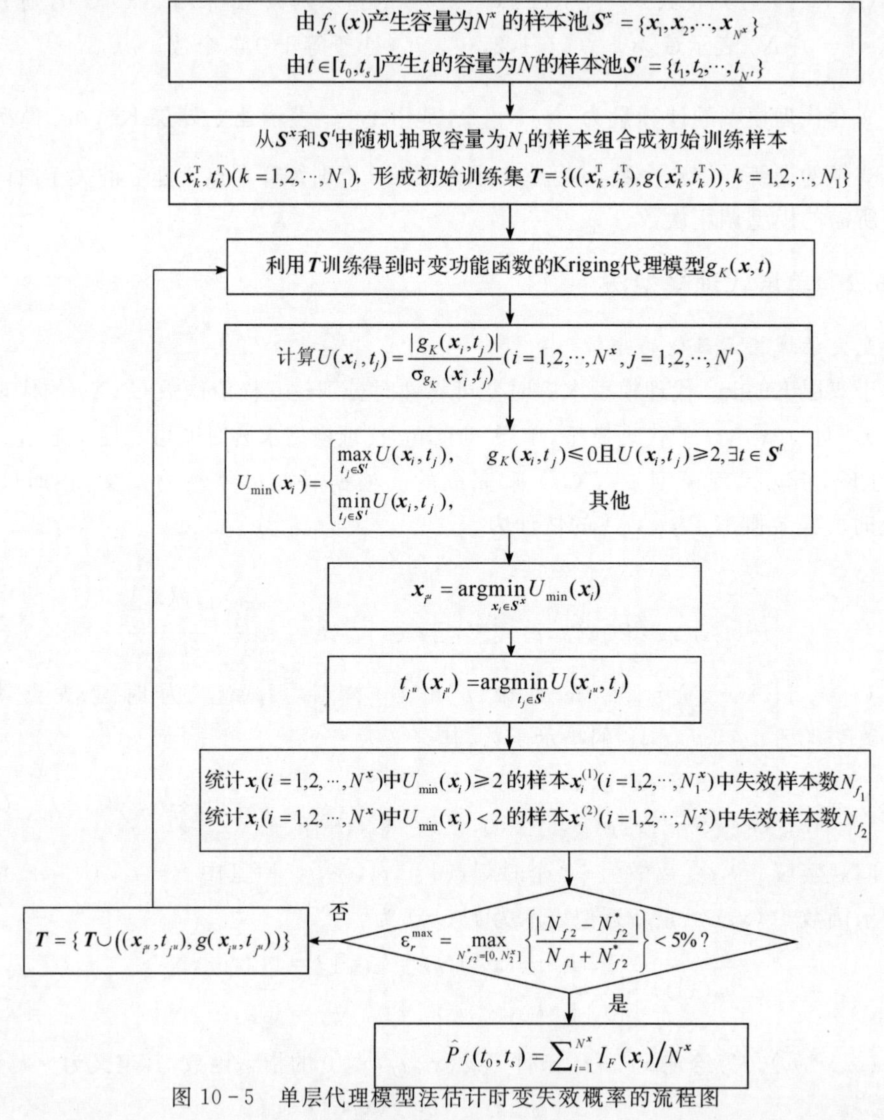

图 10-5　单层代理模型法估计时变失效概率的流程图

具体执行步骤如下：

(1)产生样本池及初始训练集。依据联合概率密度函数 $f_{\boldsymbol{X}}(\boldsymbol{x})$ 产生 $\boldsymbol{X}$ 的容量为 N^x 的样本池 $\boldsymbol{S}^x=\{\boldsymbol{x}_1,\boldsymbol{x}_2,\cdots,\boldsymbol{x}_{N^x}\}$，依据 $t\in[t_0,t_s]$，在 $[t_0,t_s]$ 中均匀地产生时间 t 的容量为 N^t 的样本池 $\boldsymbol{S}^t=\{t_1,t_2,\cdots,t_{N^t}\}$。在 $\boldsymbol{S}^x$ 和 $\boldsymbol{S}^t$ 中随机抽取容量为 N_1 的样本组合成初始训练样本 $(\boldsymbol{x}_k^{\mathrm{T}},t_k^{\mathrm{T}})(k=1,2,\cdots,N_1)$，调用时变功能函数求得这些初始样本的输出值从而形成初始训练集 $\boldsymbol{T}=\{((\boldsymbol{x}_k^{\mathrm{T}},t_k^{\mathrm{T}}),g(\boldsymbol{x}_k^{\mathrm{T}},t_k^{\mathrm{T}})),k=1,2,\cdots,N_1\}$。

(2)利用 $\boldsymbol{T}$ 训练得到时变功能函数的 Kriging 代理模型 $g_K(\boldsymbol{X},t)$ 。

(3)选择更新样本点。一般来说,初始建立的 Kriging 代理模型不能满足精度要求,因此需要选择更新样本点来逐渐提高预测精度。采用 U 学习函数选择更新样本点,U 学习函数的核心思想是从样本池中挑选出对失效概率有重要影响但是又没有被当前 Kriging 模型准确判别的样本点,将这些样本点加入到训练集中对当前 Kriging 模型进行自适应更新,从而提高 Kriging 模型的预测能力。样本池中任一样本 $(\boldsymbol{x}_i,t_j)$ 处的时变功能函数值对能够被 Kriging 模型准确判断的概率可以表达为[11]

$$\Pr_c(\boldsymbol{x}_i,t_j)=\Phi(U(\boldsymbol{x}_i,t_j)) \tag{10-86}$$

其中 $U(\boldsymbol{x}_i,t_j)$ 为

$$U(\boldsymbol{x}_i,t_j)=\frac{|g_K(\boldsymbol{x}_i,t_j)|}{\sigma_{g_K}(\boldsymbol{x}_i,t_j)} \tag{10-87}$$

显然 $U(\boldsymbol{x}_i,t_j)$ 越大则 $\Pr_c(\boldsymbol{x}_i,t_j)$ 越大,一般情况下 $U(\boldsymbol{x}_i,t_j)\geqslant 2$ 即表示点 $\{\boldsymbol{x}_i,t_j\}$ 的功能函数值符号判断正确的概率大于等于 $\Phi(2)=97.7\%$ 。基于此,根据 Kriging 代理模型及 U 学习函数,式(10-85)表达的时变失效域指示函数 $\hat{I}_F(\boldsymbol{x}_i)$ 可等价表示为

$$\hat{I}_F(\boldsymbol{x}_i)=\begin{cases}1,\ g_K(\boldsymbol{x}_i,t_j)\leqslant 0 \text{ 且 } U(\boldsymbol{x}_i,t_j)\geqslant 2,\exists j=1,2,\cdots,N^t\\ 0,\ g_K(\boldsymbol{x}_i,t_j)>0 \text{ 且 } U(\boldsymbol{x}_i,t_j)\geqslant 2,\forall j=1,2,\cdots,N^t\end{cases} \tag{10-88}$$

也可以定义 $U^*(\boldsymbol{x}_i,t_j)=g_K(\boldsymbol{x}_i,t_j)/\sigma_{g_K}(\boldsymbol{x}_i,t_j)$,从而将式(10-88)等价表示为

$$\hat{I}_F(\boldsymbol{x}_i)=\begin{cases}1,\ g_K(\boldsymbol{x}_i,t_j)\leqslant 0 \text{ 且 } U^*(\boldsymbol{x}_i,t_j)\leqslant -2,\exists j=1,2,\cdots,N^t\\ 0,\ g_K(\boldsymbol{x}_i,t_j)>0 \text{ 且 } U^*(\boldsymbol{x}_i,t_j)\geqslant 2,\forall j=1,2,\cdots,N^t\end{cases} \tag{10-89}$$

本书中采用式(10-88)。对于给定的 $\boldsymbol{x}_i$,通过下式指标可以判断样本点是否需要加入到训练样本集中来更新 Kriging 代理模型:

$$U_{\min}(\boldsymbol{x}_i)=\begin{cases}\max\limits_{j=1,2,\cdots,N^t} U(\boldsymbol{x}_i,t_j),\ g(\boldsymbol{x}_i,t_j)\leqslant 0 \text{ 且 } U(\boldsymbol{x}_i,t_j)\geqslant 2,\exists j=1,2,\cdots,N^t\\ \min\limits_{j=1,2,\cdots,N^t} U(\boldsymbol{x}_i,t_j),\ \text{其他}\end{cases} \tag{10-90}$$

如果 $U_{\min}(\boldsymbol{x}_i)\geqslant 2$,就意味着 $\boldsymbol{x}_i$ 这个样本处的时变功能函数 $g(\boldsymbol{x}_i,t)(t\in[t_0,t_s])$ 的 Kriging 模型无需再进行更新,否则新的训练样本点需要加入来更新该点处的 Kriging 模型。

更新点的选择过程为首先依据 $U_{\min}(\boldsymbol{x}_i)$ 来选择需要更新的 $\boldsymbol{x}_i$ 的标号 i^u ,然后依据 $U(\boldsymbol{x}_{i^u},t_j)$ 来选择需要更新的 t_j 的标号 j^u ,显然 t_{j^u} 是 $\boldsymbol{x}_{i^u}$ 的函数,即 $t_{j^u}(\boldsymbol{x}_{i^u})$ 。$\boldsymbol{x}_{i^u}$ 可通过下式求得:

$$\boldsymbol{x}_{i^u}=\arg\min_{\boldsymbol{x}_i\in \boldsymbol{S}^x} U_{\min}(\boldsymbol{x}_i) \tag{10-91}$$

对应 $\boldsymbol{x}$ 的更新点 $\boldsymbol{x}_{i^u}$ 的更新时间点 $t_{j^u}(\boldsymbol{x}_{i^u})$ 的选取可采用如下选取过程:

$$t_{j^u}(\boldsymbol{x}_{i^u})=\arg\min_{t_j\in \boldsymbol{S}^t}\{U(\boldsymbol{x}_{i^u},t_j)\} \tag{10-92}$$

式中,$t_{j^u}(\boldsymbol{x}_{i^u})$ 表示 $\boldsymbol{x}_{i^u}$ 样本下时变功能函数符号判断最不准确的时刻。

选出新的更新点 $(\boldsymbol{x}_{i^u},t_{j^u}(\boldsymbol{x}_{i^u}))$ 之后将进入第(4)步更新过程的收敛性判别。

(4)检查更新过程的收敛性。根据 $U_{\min}(\boldsymbol{x}_i)(i=1,2,\cdots,N^x)$ 的值可以将随机变量样本池中的样本点 $\boldsymbol{x}_i(i=1,2,\cdots,N^x)$ 分为两组:第一组为满足 $U_{\min}(\boldsymbol{x}_i)\geqslant 2$ 的样本,记为 $\boldsymbol{x}_i^{(1)}(i=1,2,\cdots,N_1^x)$ (N_1^x 为第一组样本的个数),第二组为不满足 $U_{\min}(\boldsymbol{x}_i)\geqslant 2$ 的样本,记为 $\boldsymbol{x}_j^{(2)}(j=1,2,\cdots,N_2^x)$,(其中 N_2^x 为第二组样本的个数),显然 $N^x=N_1^x+N_2^x$。设 N_1^x 个第一组样本依据当前 Kriging 代理模型判断共有 N_{f1} 个失效样本,N_2^x 个第二组样本依据当前的 Kriging 代理模

型判断共有 N_{f2} 个失效样本，则依据当前 Kriging 模型估计的时变失效概率为

$$\hat{P}_f(t_0,t_s)=\frac{N_{f1}+N_{f2}}{N^x} \tag{10-93}$$

第一组样本的 $U_{\min}\geqslant 2$，因此这组样本的时变功能函数值的符号能够被当前 Kriging 模型正确识别，而第二组样本的 $U_{\min}<2$，因此这组样本中失效样本数 N_{f2} 有可能不精确。令 N_{f2}^* 为第二组样本中失效样本的准确值，则 N^x 个随机样本情况下时变失效概率的真值为

$$P_f^*(t_0,t_s)=\frac{N_{f1}+N_{f2}^*}{N^x} \tag{10-94}$$

因此，当前 Kriging 模型估计时变失效概率的相对误差为

$$\varepsilon_r=\frac{|\hat{P}_f(t_0,t_s)-P_f^*(t_0,t_s)|}{P_f^*(t_0,t_s)}\times 100\%=\frac{|N_{f2}-N_{f2}^*|}{N_{f1}+N_{f2}^*}\times 100\% \tag{10-95}$$

由于 N_{f2}^* 为第二组 N_2^x 个样本中失效样本的真实个数，因此其取值范围为 $[0,N_2^x]$。因此，相对误差的最大值可由下式计算得到，即

$$\varepsilon_r^{\max}=\max_{N_{f2}^*\in[0,N_2^x]}\left\{\frac{|N_{f2}-N_{f2}^*|}{N_{f1}+N_{f2}^*}\times 100\%\right\} \tag{10-96}$$

Kriging 代理模型更新停止的准则为时变失效概率的估计值与真实值的最大相对误差小于 5%，即

$$\varepsilon_r^{\max}<5\% \tag{10-97}$$

该相对误差的界限可以根据实际问题进行调整。如果 $\varepsilon_r^{\max}<5\%$，则转入第(5)步输出时变失效概率估计值，否则计算第(3)步选择出更新点的时变功能函数值 $g(\boldsymbol{x}_{i^u},t_{j^u}(\boldsymbol{x}_{i^u}))$，然后将训练集更新为 $\boldsymbol{T}=\{\boldsymbol{T}\cup((\boldsymbol{x}_{i^u},t_{j^u}(\boldsymbol{x}_{i^u})),g(\boldsymbol{x}_{i^u},t_{j^u}(\boldsymbol{x}_{i^u})))\}$，转入第(2)步。当最大误差限设置为 0 时，停止条件可等价为 $\min\limits_{i=1,2,\cdots,N^x} U_{\min}(\boldsymbol{x}_i)\geqslant 2$。

(5)计算时变失效概率。将更新结束后的 Kriging 模型 $g_K(\boldsymbol{X},t)$ 代入到式(10-88)中计算 $\hat{I}_F(\boldsymbol{x}_i)(i=1,2,\cdots,N^x)$ 的值，并得时变失效概率的估计值为

$$\hat{P}_f(t_0,t_s)=\sum_{i=1}^{N^x}\hat{I}_F(\boldsymbol{x}^{(i)})/N^x \tag{10-98}$$

10.6.3 算例分析

算例 10.9 利用代理模型法分析 10.2.2 小节中的数值算例。双层代理模型法及单层代理模型法的分析结果见表 10-13。表 10-14 给出了双层代理模型法在建立代理模型过程中所需的样本。表 10—15 给出了 $\varepsilon_r^{\max}<5\%$ 时单层代理模型法在建立代理模型过程中所需的样本。表 10—16 给出了 $\varepsilon_r^{\max}<2\%$ 时单层代理模型法在建立代理模型过程中所需的样本。表 10—17 给出了 $\varepsilon_r^{\max}=0$ 时单层代理模型法在建立代理模型过程中所需的样本。双层代理模型法初始选取 5 个随机输入变量的样本，并构建这 5 个样本下的关于时间 t 的一维 Kriging 模型求解这 5 个随机输入样本对应的功能函数的极值，自适应学习过程中相继加入 5 个随机输入的样本点并同时构建了 5 个关于时间的一维函数求得功能函数的极值，具体过程见表 10-14。双层代理模型在求解该数值算例时变可靠性问题中的模型调用次数为 51。调整 $\varepsilon_r^{\max}$ 的上限利用单层代理模型进行可靠性分析的结果见表 10-13，由表 10-13 的计算结果可以看出：在该数值算例的可靠性中，单层代理模型法的计算量最小。

表 10－13　代理模型法计算数值算例时变可靠性的结果

计算方法	时变失效概率	变异系数	模型调用次数
双层代理模型法	0.184 4	0.023 2	51($C_{(K,\mathrm{MCS})} > 0.999\ 9$)
单层代理模型法	0.185 7	0.023 1	14($\varepsilon_r^{\max} < 5\%$)
	0.184 2	0.023 3	16($\varepsilon_r^{\max} < 2\%$)
	0.184 7	0.023 2	21($\varepsilon_{\max} = 0$)
MCS	0.184 7	0.023 2	$2^{13} \times 501$

表 10－14　双层代理模型建立 Kriging 模型所需的样本

	X_1	X_2	响应极小值的估计值	模型调用次数
初始样本	2.955 4	3.608 6	−0.325 4	5
	3.526 1	3.177 6	0.908 5	5
	3.329 3	3.417 2	2.195 3	5
	3.736 5	3.870 0	16.113 9	5
	3.201 3	2.858 9	−7.299 4	5
序列更新样本	3.322 7	3.983 8	10.139 1	5
	4.077 9	3.389 6	12.725 9	5
	3.855 0	2.824 3	−2.316 2	6
	3.741 8	4.264 1	23.078 2	5
	4.194 4	3.842 0	24.883 6	5

表 10－15　单层代理模型建立 Kriging 模型所需的样本($\varepsilon_r^{\max} < 5\%$)

	X_1	X_2	t	响应值
初始样本点	2.955 3	3.608 5	0	11.518 1
	3.526 1	3.177 6	0.5	11.739 0
	3.329 3	3.417 2	1	5.648 7
	3.736 4	3.870 0	1.5	16.964 6
	3.201 3	2.858 8	2	−7.278 5
	3.623 5	3.512 2	2.5	9.023 1
	3.431 5	3.718 0	3	14.770 1
	3.901 7	3.312 7	3.5	14.983 4
	3.110 7	3.367 0	4	20.239 3
	3.573 8	3.784 8	4.5	44.822 4
	3.382 1	3.559 6	5	50.155 9
序列更新样本	2.846 4	3.702 0	1.05	0.234 3
	3.217 3	3.406 0	1.91	0.604 2
	3.464 8	3.106 4	1.80	−0.585 8

表 10-16　单层代理模型建立 Kriging 模型所需的样本($\varepsilon_r^{max} < 2\%$)

	X_1	X_2	t	响应值
初始样本点	2.955 3	3.608 5	0	11.518 1
	3.526 1	3.177 6	0.5	11.739 0
	3.329 3	3.417 2	1	5.648 7
	3.736 4	3.870 0	1.5	16.964 6
	3.201 3	2.858 8	2	−7.278 5
	3.623 5	3.512 2	2.5	9.023 1
	3.431 5	3.718 0	3	14.770 1
	3.901 7	3.312 7	3.5	14.983 4
	3.110 7	3.367 0	4	20.239 3
	3.573 8	3.784 8	4.5	44.822 4
	3.382 1	3.559 6	5	50.155 9
序列更新样本	2.846 4	3.702 0	1.05	0.234 3
	3.217 3	3.406 0	1.91	0.604 2
	3.464 8	3.106 4	1.80	−0.585 8
	4.033 6	2.797 3	2.14	−0.257 9
	3.770 7	2.988 2	2.32	0.213 2

表 10-17　单层代理模型建立 Kriging 模型所需的样本($\varepsilon_r^{max} = 0$)

	X_1	X_2	t	响应值
初始样本点	2.955 3	3.608 5	0	11.518 1
	3.526 1	3.177 6	0.5	11.739 0
	3.329 3	3.417 2	1	5.648 7
	3.736 4	3.870 0	1.5	16.964 6
	3.201 3	2.858 8	2	−7.278 5
	3.623 5	3.512 2	2.5	9.023 1
	3.431 5	3.718 0	3	14.770 1
	3.901 7	3.312 7	3.5	14.983 4
	3.110 7	3.367 0	4	20.239 3
	3.573 8	3.784 8	4.5	44.822 4
	3.382 1	3.559 6	5	50.155 9

续表

	X_1	X_2	t	响应值
序列更新样本	2.846 4	3.702 0	1.05	0.234 3
	3.217 3	3.406 0	1.91	0.604 2
	3.464 8	3.106 4	1.80	−0.585 8
	4.033 6	2.797 3	2.14	−0.257 9
	3.770 7	2.988 2	2.32	0.213 2
	2.975 6	3.616 0	1.56	0.039 7
	2.793 0	3.836 4	1.55	−0.099 3
	3.654 2	3.043 7	2.26	0.003 1
	2.686 8	4.014 6	1.36	−0.014 8
	3.407 1	3.208 0	2.00	$8.689\,1\times10^{-4}$

算例10.10　调整10.2.2小节中的门限值 c 为0.6，角度观察区域为[95.5°,115.5°]，利用双层代理模型法及单层代理模型法计算四连杆机构的时变可靠性的计算结果见表10-18。表10-19给出了单层代理模型建立Kriging模型所需的样本。由表10-18可以看出：单层代理模型法的效率高于双层代理模型法。

表10-18　代理模型法计算数值算例时变可靠性的结果

计算方法	时变失效概率	变异系数	模型调用次数
双层代理模型法	0.063 2	0.042 5	1 940($C_{(K,\mathrm{MCS})} > 0.995$)
单层代理模型法	0.063 2	0.042 5	31($\varepsilon_r^{\max} < 0.05$)
MCS	0.063 5	0.042 4	8 192

表10-19　单层代理模型建立Kriging模型所需的样本($\varepsilon_r^{\max} < 5\%$)

	R_1	R_2	R_3	R_4	t	响应值
初始样本点	52.818 4	122.036 1	66.354 3	100.070 7	2.005 4	0.004 0
	53.008 7	121.892 5	66.518 2	99.935 8	1.830 9	0.006 3
	52.943 1	121.972 4	66.453 9	99.768 9	1.918 2	0.008 2
	53.078 8	122.123 3	66.592 5	100.002 6	1.743 6	0.009 0
	52.900 4	121.786 2	66.662 1	99.889 8	1.787 3	0.006 5
	53.041 1	122.004 0	66.486 8	100.034 6	1.961 8	0.003 4
	52.977 1	122.072 6	66.551 7	100.120 2	1.700 0	0.009 2
	53.133 9	121.937 5	66.414 9	99.970 8	1.874 5	0.005 2
	52.870 2	121.955 6	66.534 5	100.051 8	1.721 8	0.010 0
	53.024 6	122.094 9	66.389 7	99.915 0	1.896 3	0.008 3
	52.960 7	122.019 8	66.620 0	99.986 9	1.809 1	0.007 9
	53.102 4	121.858 6	66.470 7	100.162 5	1.983 6	−0.001 1
	52.923 5	122.168 2	66.435 6	99.954 0	1.852 7	0.010 1
	53.058 9	121.988 3	66.570 6	100.092 6	1.678 2	0.009 0
	52.993 0	121.917 1	66.267 6	100.018 3	1.940 0	0.003 4
	53.191 4	122.053 5	66.502 5	99.854 5	1.765 4	0.008 5

续表

	R_1	R_2	R_3	R_4	t	响应值
序列更细样本点	52.858 4	121.688 3	66.706 4	100.050 3	1.932 7	−0.001 0
	52.863 6	121.889 9	66.740 3	100.092 8	1.993 7	0.000 6
	52.942 1	121.988 4	66.522 7	100.231 4	1.999 7	$9.049\,7\times10^{-5}$
	53.052 7	121.953 1	66.668 7	100.168 4	1.981 7	$-3.444\,7\times10^{-5}$
	52.998 0	121.925 3	66.580 8	100.134 8	2.003 7	0.000 2
	53.171 5	121.728 9	66.617 2	99.965 2	1.981 7	−0.000 8
	52.805 7	121.764 8	66.427 8	100.062 4	1.965 7	0.000 4
	53.066 0	121.853 1	66.549 5	100.045 2	2.012 7	0.000 1
	52.925 8	121.864 3	66.654 1	100.100 8	1.988 7	$8.839\,8\times10^{-5}$
	53.132 4	121.765 1	66.377 3	99.982 2	1.986 7	0.000 1
	52.955 8	121.733 4	66.344 2	100.023 3	1.974 7	$-3.775\,0\times10^{-5}$
	53.077 8	121.906 6	66.342 4	100.123 8	2.010 7	$9.365\,5\times10^{-5}$
	53.046 5	121.984 2	66.588 9	100.189 5	2.007 7	$7.940\,7\times10^{-6}$
	53.047 8	122.005 5	66.327 9	100.238 7	2.008 7	$5.071\,1\times10^{-5}$
	52.878 2	121.817 6	66.495 6	100.089 9	2.008 7	−0.000 1

10.6.4 算法参考程序

双层嵌套代理模型求解时变可靠性的 MATLAB 程序见表 10-20。

表 10-20 双层嵌套代理模型法求解时变可靠性的 MATLAB 程序

```
%算例 1
clear all
O=0;%计数器
G=@(x)x(:,1).^2.*x(:,2)-5.*x(:,1).*x(:,3)+(x(:,2)+1).*(x(:,3).^2)-20;%时变功能
函数
%随机输入变量的分布参数
mu=[3.5,3.5];
sigma=[0.3,0.3];
fx=@(x)normpdf(x(:,1),mu(1),sigma(1)).*normpdf(x(:,2),mu(2),sigma(2));
%时间区间
t=[0,5];
n=length(mu);
p=sobolset(n,'Skip',10000);
Nx=8192;%随机变量样本数
N0=5;%外层初始训练样本点个数
P1=p(1:Nx,:);
for i=1:n
```

```
    PP(:,i)=norminv(P1(:,i),mu(i),sigma(i));
end
P0=PP(1:N0,:);
Pt=0:0.01:5;
theta=0.01.*ones(1,n+1);
lob=1e-5.*ones(1,n+1);
upb=20.*ones(1,n+1);

for i=1:N0
    O=O+1;
    PPP=ones(length(Pt),1)*P0(i,:);
    PPP(:,n+1)=Pt';
    Pt0=PPP([1,200,400,500],:);
    ypt0=G(Pt0);

%内层 Kriging 代理模型训练过程
for j=1:1000
if j==1
        x=Pt0;
        y=ypt0;
        dmodelt=dacefit(x,y,@regpoly0,@corrgauss,theta,lob,upb);
        [ugt,sigmagt]=predictor(PPP,dmodelt);            prxit=(ones(length(ugt),1).*min(ugt)-
ugt).*normcdf((ones(length(ugt),1).*min(ugt)-ugt)./sqrt(sigmagt))+sqrt(sigmagt).*normpdf
((ones(length(ugt),1).*min(ugt)-ugt)./sqrt(sigmagt));
        [PDt(j),It]=max(prxit);
else
        x(length(x(:,1))+1,:)=PPP(It,:);
        y(length(y)+1,1)=G(PPP(It,:));
        dmodelt=dacefit(x,y,@regpoly0, @corrgauss,theta,lob,upb);
        [ugt,sigmagt]=predictor(PPP,dmodelt);            prxit=(ones(length(ugt),1).*min(ugt)-
ugt).*normcdf((ones(length(ugt),1).*min(ugt)-ugt)./sqrt(sigmagt))+sqrt(sigmagt).*normpdf
((ones(length(ugt),1).*min(ugt)-ugt)./sqrt(sigmagt));
        [PDt(j),It]=max(prxit);
end
        Crt(j)=max(prxit);
    Crt(j)
if Crt(j)<=0.01.*abs(min(ugt))%内层训练停止准则
break
end
    clearugt sigmagt prxit
end
    NCALL(O)=length(y);
    Gmin(i)=min(ugt);
```

```
    clearPDt It Crt x y ugt sigmagt
end
x=P0;
y=Gmin';
thetax=0.01.*ones(1,n);
lobx=1e-5.*ones(1,n);
upbx=20.*ones(1,n);

%外层 Kriging 代理模型训练过程
for i=1:1000
if i==1
        dmodel=dacefit(x,y,@regpoly0,@corrgauss,thetax,lobx,upbx);
        [ug,sigmag]=predictor(PP,dmodel);
        prxi=normcdf((abs(ug))./sqrt(sigmag)).*fx(PP).*sigmag;
        [PD(i),I]=max(prxi);
else
        x(length(x(:,1))+1,:)=PP(I,:);
        O=O+1;
        PPP=ones(length(Pt),1)*PP(I,:);
        PPP(:,n+1)=Pt';
        Pt0=PPP([1,200,400,500],:);
        ypt0=G(Pt0);

%嵌套内层 Kriging 代理模型训练过程
for j=1:1000
if j==1
        xx=Pt0;
        yy=ypt0;
        dmodelt=dacefit(xx,yy,@regpoly0,@corrgauss,theta,lob,upb);
        [ugt,sigmagt]=predictor(PPP,dmodelt);            prxit=(ones(length(ugt),1).*min(ugt)
-ugt).*normcdf((ones(length(ugt),1).*min(ugt)-ugt)./sqrt(sigmagt))+sqrt(sigmagt).*norm-
pdf((ones(length(ugt),1).*min(ugt)-ugt)./sqrt(sigmagt));
        [PDt(j),It]=max(prxit);
else
        xx(length(xx(:,1))+1,:)=PPP(It,:);
        yy(length(yy)+1,1)=G(PPP(It,:));
        dmodelt=dacefit(xx,yy,@regpoly0, @corrgauss,theta,lob,upb);
        [ugt,sigmagt]=predictor(PPP,dmodelt);
prxit=(ones(length(ugt),1).*min(ugt)-ugt).*normcdf((ones(length(ugt),1).*min(ugt)-
ugt)./sqrt(sigmagt))+sqrt(sigmagt).*normpdf((ones(length(ugt),1).*min(ugt)-ugt)./sqrt(sig-
magt));
        [PDt(j),It]=max(prxit);
end
```

```
        Crt(j)=max(prxit);
    Crt(j)
if Crt(j)<=0.01.*abs(min(ugt))%内层训练停止准则
break
end
    clearugt sigmagt prxit
end
    NCALL(O)=length(yy);%真实模型调用统计
    y(length(y)+1,1)=min(ugt);
    clearPDt It Crt xx yy ugt sigmagt
        dmodel=dacefit(x,y,@regpoly0, @corrgauss,thetax,lobx,upbx);
        [ug,sigmag]=predictor(PP,dmodel);
        prxi=normcdf((abs(ug))./sqrt(sigmag)).*fx(PP).*sigmag;
        [PD(i),I]=max(prxi);
end
    Cr(i)=mean(normcdf((abs(ug))./sqrt(sigmag)));
    Cr(i)
if Cr(i)>=0.9999%外层训练停止准则
break
end
    clearug sigmag
end
pf=length(find(ug<=0))./length(ug)%时变失效概率
cov_pf=sqrt((1-pf)./(Nx-1)./pf)%变异系数

%算例 2
clearall
O=0;
mu=[53,122,66.5,100];
sigma=[0.1,0.1,0.1,0.1];
fx=@(x)normpdf(x(:,1),mu(1),sigma(1)).*normpdf(x(:,2),mu(2),sigma(2)).*normpdf(x(:,
3),mu(3),sigma(3)).*normpdf(x(:,4),mu(4),sigma(4));
t=[95.5.*pi./180,115.5.*pi./180];
n=length(mu);
p=sobolset(n,'Skip',10000);
Nx=8192;
N0=32;
P1=p(1:Nx,:);
for i=1:n
    PP(:,i)=norminv(P1(:,i),mu(i),sigma(i));
end
P0=PP(1:N0,:);
```

```
Pt=95.5.*pi./180:0.001:115.5.*pi./180;
theta=0.01.*ones(1,n+1);
lob=1e-5.*ones(1,n+1);
upb=20.*ones(1,n+1);
for i=1:N0
    O=O+1;
    PPP=ones(length(Pt),1)*P0(i,:);
    PPP(:,n+1)=Pt';
    Pt0=PPP([1,200,300,350],:);
    ypt0=G(Pt0);
for j=1:1000
if j==1
        x=Pt0;
        y=ypt0;
        dmodelt=dacefit(x,y,@regpoly0,@corrgauss,theta,lob,upb);
        [ugt,sigmagt]=predictor(PPP,dmodelt);
        prxit=(ones(length(ugt),1).*min(ugt)-ugt).*normcdf((ones(length(ugt),1).*min
(ugt)-ugt)./sqrt(sigmagt))+sqrt(sigmagt).*normpdf((ones(length(ugt),1).*min(ugt)-ugt)./
sqrt(sigmagt));
        [PDt(j),It]=max(prxit);
else
        x(length(x(:,1))+1,:)=PPP(It,:);
        y(length(y)+1,1)=G(PPP(It,:));
        dmodelt=dacefit(x,y,@regpoly0, @corrgauss,theta,lob,upb);
        [ugt,sigmagt]=predictor(PPP,dmodelt);    prxit=(ones(length(ugt),1).*min(ugt)-ugt).
*normcdf((ones(length(ugt),1).*min(ugt)-ugt)./sqrt(sigmagt))+sqrt(sigmagt).*normpdf
((ones(length(ugt),1).*min(ugt)-ugt)./sqrt(sigmagt));
        [PDt(j),It]=max(prxit);
end
        Crt(j)=max(prxit);
    Crt(j)
if Crt(j)<=0.01.*abs(min(ugt))
break
end
    clearugt sigmagt prxit
end
    NCALL(O)=length(y);
    Gmin(i)=min(ugt);
    clearPDt It Crt x y ugt sigmagt
end
x=P0;
y=Gmin';
thetax=0.01.*ones(1,n);
```

```
lobx=1e-5.*ones(1,n);
upbx=20.*ones(1,n);
for i=1:1000
if i==1
        dmodel=dacefit(x,y,@regpoly0,@corrgauss,thetax,lobx,upbx);
        [ug,sigmag]=predictor(PP,dmodel);
        prxi=normcdf((abs(ug))./sqrt(sigmag)).*fx(PP).*sigmag;
        [PD(i),I]=max(prxi);
else
        x(length(x(:,1))+1,:)=PP(I,:);
        O=O+1;
        PPP=ones(length(Pt),1)*PP(I,:);
        PPP(:,n+1)=Pt';
        Pt0=PPP([1,200,300,350],:);
        ypt0=G(Pt0);
for j=1:1000
if j==1
        xx=Pt0;
        yy=ypt0;
        dmodelt=dacefit(xx,yy,@regpoly0,@corrgauss,theta,lob,upb);
        [ugt,sigmagt]=predictor(PPP,dmodelt);   prxit=(ones(length(ugt),1).*min(ugt)-ugt).
*normcdf((ones(length(ugt),1).*min(ugt)-ugt)./sqrt(sigmagt))+sqrt(sigmagt).*normpdf
((ones(length(ugt),1).*min(ugt)-ugt)./sqrt(sigmagt));
        [PDt(j),It]=max(prxit);
else
        xx(length(xx(:,1))+1,:)=PPP(It,:);
        yy(length(yy)+1,1)=G(PPP(It,:));
        dmodelt=dacefit(xx,yy,@regpoly0, @corrgauss,theta,lob,upb);
        [ugt,sigmagt]=predictor(PPP,dmodelt);
prxit=(ones(length(ugt),1).*min(ugt)-ugt).*normcdf((ones(length(ugt),1).*min(ugt)-
ugt)./sqrt(sigmagt))+sqrt(sigmagt).*normpdf((ones(length(ugt),1).*min(ugt)-ugt)./sqrt(sig-
magt));
        [PDt(j),It]=max(prxit);
end
        Crt(j)=max(prxit);
    Crt(j)
if Crt(j)<=0.01.*abs(min(ugt))
break
end
    clearugt sigmagt prxit
end
    NCALL(O)=length(yy);
```

```
    y(length(y)+1,1)=min(ugt);
    clearPDt It Crt xx yy ugt sigmagt
        dmodel=dacefit(x,y,@regpoly0, @corrgauss,thetax,lobx,upbx);
        [ug,sigmag]=predictor(PP,dmodel);
        prxi=normcdf((abs(ug))./sqrt(sigmag)).*fx(PP).*sigmag;
        [PD(i),I]=max(prxi);
end
    Cr(i)=mean(normcdf((abs(ug))./sqrt(sigmag)));
    Cr(i)
if Cr(i)>=0.995
break
end
    clearug sigmag
end
pf=length(find(ug<=0))./length(ug)
cov_pf=sqrt((1-pf)./(Nx-1)./pf)
```

单层代理模型法求解时变可靠性的 MATLAB 程序见表 10-21。

表 10-21　单层代理模型法求解时变可靠性的 MATLAB 程序

```
%算例 1
clear all
G=@(x)x(:,1).^2.*x(:,2)-5.*x(:,1).*x(:,3)+(x(:,2)+1).*(x(:,3).^2)-20;%时变功能函数
%随机输入变量的分布参数
mu=[3.5,3.5];
sigma=[0.3,0.3];
%时间区间
t=[0,5];
n=length(mu)+1;
p=sobolset(n,'Skip',10000);
N0=11;
Nx=8192;
P0=p(1:N0,:);
PP=p(1:Nx,1:2);
P0(:,n)=0:0.5:5;
for i=1:n
if i==n
        P0(:,n)=0:0.5:5;
else
        P0(:,i)=norminv(P0(:,i),mu(i),sigma(i));
end
end
```

```
for i=1:n-1
    PP(:,i)=norminv(PP(:,i),mu(i),sigma(i));
end
Pt=0:0.01:5;
theta=0.01.*ones(1,n);
lob=1e-5.*ones(1,n);
upb=20.*ones(1,n);
x=P0;
y=G(P0);

%自适应学习过程
for i=1:1000
    i
if i==1
        dmodel=dacefit(x,y,@regpoly0,@corrgauss,theta,lob,upb);
for j=1:Nx
            PPP=ones(length(Pt),1)*PP(j,:);
            PPP(:,n)=Pt';
            [ug,sigmag]=predictor(PPP,dmodel);
if min(ug)<=0
                [u,v]=find(ug<=0);
                ugu=ug(u);
                sigmagu=sigmag(u);
                [uu,vv]=find(abs(ugu)./sqrt(sigmagu)>=2);
if length(uu)==0
                    Umin(j)=min(abs(ug)./sqrt(sigmag));
else
                    Umin(j)=5;
end
else
                Umin(j)=min(abs(ug)./sqrt(sigmag));
end
end
        [PD(i),I]=min(Umin);
        PPP=ones(length(Pt),1)*PP(I,:);
        PPP(:,n)=Pt';
        [ug,sigmag]=predictor(PPP,dmodel);
        [tmin,Itmin]=min(abs(ug)./sqrt(sigmag));
else
        x(length(x(:,1))+1,:)=[PP(I,:),Pt(Itmin)];
        y(length(y)+1,:)=G(x(length(x(:,1)),:));
        dmodel=dacefit(x,y,@regpoly0,@corrgauss,theta,lob,upb);
```

```
for j=1:Nx
        PPP=ones(length(Pt),1) * PP(j,:);
        PPP(:,n)=Pt';
        [ug,sigmag]=predictor(PPP,dmodel);
if min(ug)<=0
            [u,v]=find(ug<=0);
            ugu=ug(u);
            sigmagu=sigmag(u);
            [uu,vv]=find(abs(ugu)./sqrt(sigmagu)>=2);
if length(uu)==0
                Umin(j)=min(abs(ug)./sqrt(sigmag));
else
                Umin(j)=5;
end
else
            Umin(j)=min(abs(ug)./sqrt(sigmag));
end
end
      [PD(i),I]=min(Umin);
      PPP=ones(length(Pt),1) * PP(I,:);
      PPP(:,n)=Pt';
      [ug,sigmag]=predictor(PPP,dmodel);
      [tmin,Itmin]=min(abs(ug)./sqrt(sigmag));
end
for j=1:Nx
      PPP=ones(length(Pt),1) * PP(j,:);
      PPP(:,n)=Pt';
      [ug,sigmag]=predictor(PPP,dmodel);
if min(ug)<=0
        II(j)=1;
else
        II(j)=0;
end
end
   [u_Umin,v_Umin]=find(Umin>=2);
   N_1=length(v_Umin);
   N_2=Nx-N_1;
   N_f1=sum(II(v_Umin));
   N_f2=sum(II)-N_f1;
for k=1:N_2
      epsi(k)=abs(N_f2-k)./(N_f1+k);
end
```

```
if max(epsi)<0.05 %估计值与真实值之间的最大相对误差,可根据时间问题调节。
break
end
    clearepsi u_Umin v_Umin
end
for j=1:Nx
        PPP=ones(length(Pt),1) * PP(j,:);
        PPP(:,n)=Pt';
        [ug,sigmag]=predictor(PPP,dmodel);
if min(ug)<=0
            II(j)=1;
else
            II(j)=0;
end
end

pf=mean(II)
cov_pf=sqrt((1-pf)./(Nx-1)./pf)

%算例 2
clear all
mu=[53,122,66.5,100];
sigma=[0.1,0.1,0.1,0.1];
t=[95.5.*pi./180,115.5.*pi./180];
n=length(mu)+1;
p=sobolset(n,'Skip',10000);
N0=1024;
Nx=8192;
P0=p(1:16,:);
PP=p(1:Nx,1:4);
for i=1:n
if i==n
        P0(:,i)=unifinv(P0(:,i),t(1),t(2));
else
        P0(:,i)=norminv(P0(:,i),mu(i),sigma(i));
end
end
for i=1:n-1
    PP(:,i)=norminv(PP(:,i),mu(i),sigma(i));
end
Pt=95.5.*pi./180:0.001:115.5.*pi./180;
theta=0.01.*ones(1,n);
```

```
lob=1e-5. * ones(1,n);
upb=20. * ones(1,n);
x=P0;
y=G(P0);
for i=1:1000
    i
if i==1
        dmodel=dacefit(x,y,@regpoly0,@corrgauss,theta,lob,upb);
for j=1:Nx
            PPP=ones(length(Pt),1) * PP(j,:);
            PPP(:,n)=Pt';
            [ug,sigmag]=predictor(PPP,dmodel);

if min(ug)<=0
                [u,v]=find(ug<=0);
                ugu=ug(u);
                sigmagu=sigmag(u);
                [uu,vv]=find(abs(ugu)./sqrt(sigmagu)>=2);
if length(uu)==0
                    Umin(j)=min(abs(ug)./sqrt(sigmag));
else
                    Umin(j)=5;
end
else
                Umin(j)=min(abs(ug)./sqrt(sigmag));
end
end
        [PD(i),I]=min(Umin);
        PPP=ones(length(Pt),1) * PP(I,:);
        PPP(:,n)=Pt';
        [ug,sigmag]=predictor(PPP,dmodel);
        [tmin,Itmin]=min(abs(ug)./sqrt(sigmag));
else
        x(length(x(:,1))+1,:)=[PP(I,:),Pt(Itmin)];
        y(length(y)+1,:)=G(x(length(x(:,1)),:));
        dmodel=dacefit(x,y,@regpoly0,@corrgauss,theta,lob,upb);
for j=1:Nx
            PPP=ones(length(Pt),1) * PP(j,:);
            PPP(:,n)=Pt';
            [ug,sigmag]=predictor(PPP,dmodel);
if min(ug)<=0
                [u,v]=find(ug<=0);
```

```
                ugu=ug(u);
                sigmagu=sigmag(u);
                [uu,vv]=find(abs(ugu)./sqrt(sigmagu)>=2);
if length(uu)==0
                    Umin(j)=min(abs(ug)./sqrt(sigmag));
else
                    Umin(j)=5;
end
else
                Umin(j)=min(abs(ug)./sqrt(sigmag));
end
end
        [PD(i),I]=min(Umin);
        PPP=ones(length(Pt),1) * PP(I,:);
        PPP(:,n)=Pt';
        [ug,sigmag]=predictor(PPP,dmodel);
        [tmin,Itmin]=min(abs(ug)./sqrt(sigmag));
end
for j=1:Nx
        PPP=ones(length(Pt),1) * PP(j,:);
        PPP(:,n)=Pt';
        [ug,sigmag]=predictor(PPP,dmodel);
if min(ug)<=0
            II(j)=1;
else
            II(j)=0;
end
end
    [u_Umin,v_Umin]=find(Umin>=2);
    N_1=length(v_Umin);
    N_2=Nx-N_1;
    N_f1=sum(II(v_Umin));
    N_f2=sum(II)-N_f1;
for k=1:N_2
        epsi(k)=abs(N_f2-k)./(N_f1+k);
end
    max(epsi)
if max(epsi)<0.05
break
end
    clearepsi u_Umin v_Umin
end
for j=1:Nx
```

```
        PPP=ones(length(Pt),1) * PP(j,:);
        PPP(:,n)=Pt';
        [ug,sigmag]=predictor(PPP,dmodel);
if min(ug)<=0
        II(j)=1;
else
        II(j)=0;
end
end
pf=mean(II)
cov_pf=sqrt((1-pf)./(Nx-1)./pf)
```

10.7 本章小结

本章主要介绍了考虑时间因素的时变可靠性理论的基本概念以及分析算法。在时变可靠性分析算法中,介绍了基本的 Monte Carlo 法、跨越率法、极值分析法、包络函数法以及代理模型法。Monte Carlo 法是最为直接的计算方法,但在时变可靠性分析中其是一个嵌套循环的过程,计算量较大,其计算结果随样本量增加收敛于真实值,因此可以认为 Monte Carlo 解是其他算法的参照解。基于 Possion 分布假设的跨越率法,借助一次二阶矩法计算系统可靠性的思路来估计跨越率,高效的同时带来了一定的限制,即功能函数的非线性程度不能过高,否则,会导致跨越率的计算出现误差从而直接影响最后的分析结果。包络函数法是将时变功能函数在随机变量均值点处线性展开,然后用一组极值时间展开点上分段线性超平面形成时不变的近似包络面,进而将时变可靠性问题转换成时不变可靠性问题。该方法提高了时变失效概率计算的效率。由于时变功能函数是在随机变量均值点处线性展开,因此该方法仅适用于非线性程度低或小变异系数的问题。代理模型法主要包括两类:第一类是双层代理模型法,其借助于极值分析法的思路,内层通过代理模型代理给定输入变量条件下关于时间的一维函数来估计极值,外层代理极值函数与随机输入变量的函数关系,该方法极大程度上降低了时变可靠性分析的计算成本;第二类是单层代理模型法,其避免了内层代理关于时间的一维函数,避免寻找极值,是双层嵌套代理模型法的改进。

参考文献

[1] LI C, KIUREGHIAN A D. Optimal discretization of random fields[J]. Journal of Engineering Mechanics, 1993, 119(6): 1136 - 1154.

[2] GOLLER B, PRADLWARTER H J, SCHUELLER G I. Reliability assessment in structural dynamics[J]. Journal of Sound and Vibration, 2013, 332: 2488 - 2499.

[3] SOBOL I M. Uniformly distributed sequences with additional uniformity properties [J]. USSR Computational Mathematics and Mathematical Physics, 1976, 16: 236 -242.

[4] SOBOL I M. On quasi-Monte Carlo integrations[J]. Mathematics and Computers in

Simulation, 1998, 47: 102 - 112.
[5] JIANG C, WEI X P, HUANG Z L, et al. An outcrossing rate model and its efficient calculation for time-dependent system reliability analysis[J]. Journal of Mechanical Design,2017, 139: 1 - 10.
[6] ANDRIEU-RENAUD C, SUDRET B, LEMAIRE M. The PH12 method: a way to compute time-variant reliability[J]. Reliability Engineering and System Safety, 2004, 84: 75 - 86.
[7] SUDRET B. Analytical derivation of the outcrossing rate in time-variant reliability problems[J]. Structure and Infrastructure Engineering, 2008, 4(5): 353 - 362.
[8] DU X P. Time-dependent mechanism reliability analysis with envelope functions and first-order approximation[J]. Journal of Mechanical Design, 2014, 136: 1 - 7.
[9] YANG X F, LIU Y S, GAO Y, et al. An active learning Kriging model for hybrid reliability analysis with both random and interval variables[J]. Structural and Multidisciplinary Optimization, 2015, 51: 1003 - 1016.
[10] WANG Z Q, WANG P F. A double-loop adaptive sampling approach for sensitivity-free dynamic reliability analysis[J]. Reliability Engineering and System Safety, 2015, 142: 346 - 356.
[11] ECHARD B, GAYTON N, LEMAIRE M. AK-MCS: An active learning reliability method combining Kriging and Monte Carlo Simulation[J]. Structural Safety, 2011, 33: 145 - 154.

第11章　失效概率函数

在工程设计问题中，一般输入随机变量 $\boldsymbol{X}$ 的分布形式是已知的，但是其分布参数 $\boldsymbol{\theta}$ 通常是需要设计的。此时，失效概率是分布参数 $\boldsymbol{\theta}$ 的函数，称为失效概率函数，记为 $P_f(\boldsymbol{\theta})$。失效概率函数在简化可靠性优化设计模型和求解全局灵敏度指标等方面具有广阔的应用前景。求解失效概率函数最基本的方法是双层 Monte Carlo 方法，该方法首先将分布参数的分布域离散化，然后针对分布参数的每个离散点求解对应的失效概率。双层 Monte Carlo 方法计算量很大，不适用于复杂的工程问题，其计算结果常作为检验其他新方法的标准解。因此，为提高失效概率函数的求解效率，本章介绍了两种高效的算法：自主学习 Kriging 方法和 Bayes 公式方法。Kriging 方法的基本思路是利用自主学习的迭代 Kriging 方法来构造失效概率函数，即首先采用较少的训练样本来构造粗糙的失效概率函数，在此基础上利用序列增加的样本来更新失效概率函数，直到达到精度要求。对于每一个分布参数的训练样本点，采用基于分数矩约束的极大熵方法来求解相应的失效概率样本。Bayes 公式方法的基本思想是利用 Bayes 公式将失效概率函数的求解转化为扩展失效概率和分布参数的条件联合概率密度函数的求解。在该方法中，仅需要进行一次可靠性分析就可以同时求出扩展失效概率和分布参数的条件联合概率密度函数，进而求解出整个失效概率函数。为进一步提高计算效率，本章又将 AK－MCS 方法应用于求解扩展失效概率和寻找失效样本中，极大地降低了求解失效概率函数的计算量。

11.1　失效概率函数的定义及基本求解方法

11.1.1　失效概率函数的定义

不确定性普遍存在于工程实际问题中，一般情况下，输入变量 $\boldsymbol{X}=\{X_1,X_2,\cdots,X_n\}^{\mathrm{T}}$ 的分布形式是已知的，但其分布参数 $\boldsymbol{\theta}=\{\theta_1,\theta_2,\cdots,\theta_{n_{\boldsymbol{\theta}}}\}^{\mathrm{T}}$ 是需要确定或者设计的。可靠性优化设计是费用与安全的折中设计，其数学模型为[1-2]

$$\left.\begin{array}{l}\min\limits_{\boldsymbol{\theta}}:C(\boldsymbol{\theta})\\ \text{s. t.}\begin{cases}P[g_j(\boldsymbol{X}\mid\boldsymbol{\theta})\leqslant 0]\leqslant P_{f_j}^{T},\ j=1,\cdots,m\\ h_k(\boldsymbol{\theta})\leqslant 0,\ k=1,\cdots,M\\ \boldsymbol{\theta}^{L}\leqslant\boldsymbol{\theta}\leqslant\boldsymbol{\theta}^{U},\ \boldsymbol{\theta}\in R^{n_{\boldsymbol{\theta}}}\end{cases}\end{array}\right\}\tag{11-1}$$

式中，$P[\cdot]$ 为概率算子，$C(\boldsymbol{\theta})$ 是目标函数(费用或重量等)，$g_j(\boldsymbol{X}\mid\boldsymbol{\theta})$ 是结构系统的第 j 个功能函数，$P_{f_j}^{T}$ 是第 j 个失效模式对应的失效概率目标约束，$h_k(\cdot)$ 是第 k 个确定性约束函数，m 是概率约束的个数，M 是确定性约束的个数，$\boldsymbol{\theta}^{U}$ 和 $\boldsymbol{\theta}^{L}$ 分别是设计参数 $\boldsymbol{\theta}$ 的上下界，$n_{\boldsymbol{\theta}}$ 是设计

变量的个数。

对于结构的功能函数 $g(\boldsymbol{X})$，其输入随机变量 $\boldsymbol{X}$ 在其分布参数为 $\boldsymbol{\theta}$ 条件下的联合概率密度函数为 $f_{\boldsymbol{X}}(\boldsymbol{x} \mid \boldsymbol{\theta})$，结构的失效域为 $F=\{\boldsymbol{x}: g(\boldsymbol{x}) \leqslant 0\}$，那么系统的失效概率可以表示为

$$P_f(\boldsymbol{\theta})=P(F \mid \boldsymbol{\theta})=\int_{R^n} I_F(\boldsymbol{x}) f_{\boldsymbol{X}}(\boldsymbol{x} \mid \boldsymbol{\theta}) \mathrm{d}\boldsymbol{x} \tag{11-2}$$

其中 $I_F(\boldsymbol{x})$ 为失效域指示函数，当 $\boldsymbol{x} \in F$ 时，$I_F(\boldsymbol{x})=1$，否则 $I_F(\boldsymbol{x})=0$。

由式(11-2)可以看出，结构的失效概率随设计变量 $\boldsymbol{\theta}$ 的变化而变化，即失效概率 $P_f(\boldsymbol{\theta})$ 可以视为设计变量 $\boldsymbol{\theta}$ 的函数，因此称 $P_f(\boldsymbol{\theta})$ 为失效概率函数。若在优化过程之前得到 $P_f(\boldsymbol{\theta})$ 的估计式 $\hat{P}_f(\boldsymbol{\theta})$，式(11-1)的不确定性优化过程的求解就可以等价为确定性优化过程的求解，即

$$\left.\begin{array}{l}
\min\limits_{\boldsymbol{\theta}}: C(\boldsymbol{\theta}) \\
\text{s.t.}\left\{\begin{array}{l}
\hat{P}_{f_j}(\boldsymbol{\theta}) \leqslant P_{f_j}^T,\ j=1, \cdots, m \\
h_k(\boldsymbol{\theta}) \leqslant 0,\ k=1, \cdots, M \\
\boldsymbol{\theta}^L \leqslant \boldsymbol{\theta} \leqslant \boldsymbol{\theta}^U,\ \boldsymbol{\theta} \in R^{n_{\boldsymbol{\theta}}}
\end{array}\right.
\end{array}\right\} \tag{11-3}$$

通过上述分析可知，若结构的整个失效概率函数 $P_f(\boldsymbol{\theta})$ 可以预先求出，则基于可靠性的结构优化设计就转换成了一般的优化设计问题[3-4]。失效概率函数的另一个重要应用是可靠性灵敏度分析，即求解 $P_f(\boldsymbol{\theta})$ 对 $\boldsymbol{\theta}$ 的灵敏度[5-6]，其对于模型确认和模型简化等具有重要的意义。

11.1.2　求解失效概率函数的双层 Monte Carlo 方法

求解失效概率函数最直接的方法是双层 Monte Carlo (Double-Loop Monte Carlo Simulation, DLMCS)方法，其基本思想是：首先将输入变量分布参数 $\boldsymbol{\theta}$ 的分布域离散化，然后针对分布参数的每个离散点求解对应的失效概率，最后利用插值方法得到结构的整个失效概率函数。双层 Monte Carlo 方法的求解步骤如下：

(1) 离散分布参数空间产生 $N_{\boldsymbol{\theta}}$ 个分布参数的样本点 $\{\boldsymbol{\theta}_1, \boldsymbol{\theta}_2, \cdots, \boldsymbol{\theta}_{N_{\boldsymbol{\theta}}}\}^{\mathrm{T}}$。

(2) 对每个样本点 $\boldsymbol{\theta}_j\ (j=1,2,\cdots,N_{\boldsymbol{\theta}})$，根据 $f_{\boldsymbol{X}}(\boldsymbol{x} \mid \boldsymbol{\theta}_j)$ 产生相应的 N 个输入变量的样本 $\{\boldsymbol{x}_1^{(j)}, \boldsymbol{x}_2^{(j)}, \cdots, \boldsymbol{x}_N^{(j)}\}^{\mathrm{T}}$。

(3) 计算功能函数值 $g(\boldsymbol{x}_k^{(j)})\ (k=1,2,\cdots,N)$。

(4) 当输入变量分布参数 $\boldsymbol{\theta}$ 固定于 $\boldsymbol{\theta}_j\ (j=1,2,\cdots,N_{\boldsymbol{\theta}})$ 时的失效概率估计值 $\hat{P}_f(\boldsymbol{\theta}_j)$ 为

$$\hat{P}_f(\boldsymbol{\theta}_j)=\frac{1}{N} \sum_{k=1}^{N} I_F(\boldsymbol{x}_k^{(j)}) \tag{11-4}$$

重复步骤(2)～步骤(4) $N_{\boldsymbol{\theta}}$ 次，则可得到失效概率函数在 $N_{\boldsymbol{\theta}}$ 个分布参数点处的估计值。因此，利用 DLMCS 方法计算失效概率函数的计算量为 $N_{\mathrm{DLMCS}}=N_{\boldsymbol{\theta}} N$。在实际应用过程中，DLMCS 方法计算量很大，不适用于复杂的工程问题，其计算结果常作为检验其他新方法的标准解。因此，本章将重点研究失效概率函数的高效求解方法。

11.2　失效概率函数求解的自主学习 Kriging 方法

本节求解失效概率函数 $P_f(\boldsymbol{\theta})$ 的基本思想是利用自主学习 Kriging 方法来代替双层 Monte Carlo 方法的分布参数的离散过程，并利用基于分数矩约束的极大熵方法[7-8]来高效地

求解每个分布参数离散点处的失效概率[9]。其具体过程包括利用降维方法求解分数矩，采用基于分数矩约束的极大熵方法拟合复杂功能函数的概率密度函数进而求解失效概率的样本，最后使用 Kriging 方法求解结构的失效概率函数。不同于传统 Kriging 方法，本节先利用少量样本来建立失效概率函数的 Kriging 模型，再通过学习函数筛选出不确定性大的样本来更新 Kriging 模型，从而达到减少计算量提高计算效率的目的。

11.2.1 求解失效概率的基于分数矩约束的极大熵方法

1.基于分数矩约束的极大熵方法

对于给定的分布参数 $\boldsymbol{\theta}_j\ (j=1,2,\cdots,N_{\boldsymbol{\theta}})$，如果能够得到结构的功能函数的概率密度函数 $f_{Y|\boldsymbol{\theta}_j}(y)$，那么结构的失效概率就可以表示为

$$P_f = P\{Y \in F\} = \int_F f_{Y|\boldsymbol{\theta}_j}(y)\mathrm{d}y \tag{11-5}$$

通常情况下，要求功能函数的概率密度函数的解析解是非常困难的，因此本小节采用基于分数矩约束的极大熵方法来逼近功能函数的概率密度函数。

极大熵方法是根据随机变量的熵估计随机变量的概率密度函数的一种方法，其理论依据是 Jaynes 原理，即“最符合实际的概率分布是满足给定信息约束的熵最大的分布”。对于概率密度函数 $f_{Y|\boldsymbol{\theta}_j}(y)$，其理论信息熵 $H[f_{Y|\boldsymbol{\theta}_j}(y)]$ 定义为

$$H[f_{Y|\boldsymbol{\theta}_j}(y)] = -\int f_{Y|\boldsymbol{\theta}_j}(y)\ln[f_{Y|\boldsymbol{\theta}_j}(y)]\mathrm{d}y \tag{11-6}$$

假设已知 Y 的 α_k 阶分数矩 $M_Y^{\alpha_k}$，则 $f_{Y|\boldsymbol{\theta}_j}(y)$ 的估计式 $\hat{f}_{Y|\boldsymbol{\theta}_j}(y)$ 可以通过极大熵原理用下式获得：

$$\left.\begin{aligned} &\text{Find: } f_{Y|\boldsymbol{\theta}_j}(y) \\ &\text{Maximize: } H[f_{Y|\boldsymbol{\theta}_j}(y)] = -\int f_{Y|\boldsymbol{\theta}_j}(y)\ln[f_{Y|\boldsymbol{\theta}_j}(y)]\mathrm{d}y \\ &\text{Subject: } \int y^{\alpha_k} f_{Y|\boldsymbol{\theta}_j}(y)\mathrm{d}y = M_Y^{\alpha_k},\ k=1,2,\cdots,m \end{aligned}\right\} \tag{11-7}$$

$f_{Y|\boldsymbol{\theta}_j}(y)$ 的估计式 $\hat{f}_{Y|\boldsymbol{\theta}_j}(y)$ 常选用以下形式：

$$\hat{f}_{Y|\boldsymbol{\theta}_j}(y) = \exp\left(-\sum_{k=0}^{m}\lambda_k y^{\alpha_k}\right) \tag{11-8}$$

式中，$\alpha_0=0$ 且 $\lambda_0=\ln\left[\int_Y \exp\left(-\sum_{k=1}^{m}\lambda_k y^{\alpha_k}\right)\mathrm{d}y\right]$，$\alpha_k\ (k=1,2,\cdots,m)$ 和 $\lambda_k\ (k=1,2,\cdots,m)$ 为 $2m$ 个待求系数。为了求解这 $2m$ 个未知系数，利用 Kullback - Leibler(K - L)交叉熵方法，最终将基于分数矩约束的极大熵问题表述为

$$\left.\begin{aligned} &\text{Find: } \boldsymbol{\alpha}=(\alpha_1,\cdots,\alpha_m)^{\mathrm{T}},\ \boldsymbol{\lambda}=(\lambda_1,\cdots,\lambda_m)^{\mathrm{T}} \\ &\text{Minimize: } I(\boldsymbol{\lambda},\boldsymbol{\alpha}) = \ln\left[\int_Y \exp\left(-\sum_{k=1}^{m}\lambda_k y^{\alpha_k}\right)\mathrm{d}y\right] + \sum_{k=1}^{m}\lambda_k M_Y^{\alpha_k} \end{aligned}\right\} \tag{11-9}$$

由式(11-9)可以看出，要求功能函数的概率密度函数，必须要计算功能函数的 α_k 阶分数矩 $M_Y^{\alpha_k}\ (k=1,2,\cdots,m)$。工程应用问题的功能函数一般是隐式的，要计算其分数矩，需要耗费大量的时间，因此本书采用乘法降维方法来解决隐式功能函数分数矩求解困难的问题。

2. 乘法降维方法

功能函数 $Y=g(\boldsymbol{X})$ 可以写成一系列低维函数和的形式[7]：

$$g(\boldsymbol{X})=g_0+\sum_{i=1}^{n}g_i(X_i)+\sum_{1\leqslant i\leqslant j}^{n}g_{ij}(X_i,X_j)+\cdots \tag{11-10}$$

其中每一项可以用下式近似求解：

$$\left.\begin{aligned}&g_0=g(\boldsymbol{\mu_X})\\&g_i(X_i)=g(\mu_{X_1},\cdots,\mu_{X_{i-1}},X_i,\mu_{X_{i+1}},\cdots,\mu_{X_n})-g_0\\&g_{ij}(X_i,X_j)=g(\mu_{X_1},\cdots,\mu_{X_{i-1}},X_i,\mu_{X_{i+1}},\cdots,\mu_{X_{j-1}},X_j,\mu_{X_{j+1}},\cdots,\mu_{X_n})-g_i(X_i)-g_j(X_j)-g_0\\&\cdots\cdots\end{aligned}\right\} \tag{11-11}$$

式中，$\boldsymbol{\mu_X}=\{\mu_{X_1},\mu_{X_2},\cdots,\mu_{X_n}\}^{\mathrm{T}}$ 表示输入随机变量的均值向量。忽略交叉项，则近似有下式成立：

$$g(\boldsymbol{X})\approx\sum_{i=1}^{n}g(X_i,\boldsymbol{\mu}_{\boldsymbol{X}_{\sim i}})-(n-1)g_0 \tag{11-12}$$

其中 $\boldsymbol{\mu}_{\boldsymbol{X}_{\sim i}}$ 表示除 X_i 以外的其他输入变量的均值组成的向量。

为了求解功能函数的分数矩，需要对原始功能函数进行对数变换，即

$$\varphi(\boldsymbol{X})=\ln\{g(\boldsymbol{X})\} \tag{11-13}$$

对式(11-13)作与式(11-12)类似的近似，有下式成立：

$$\varphi(\boldsymbol{X})\approx\sum_{i=1}^{n}\varphi(X_i,\boldsymbol{\mu}_{\boldsymbol{X}_{\sim i}})-(n-1)\varphi_0 \tag{11-14}$$

其中

$$\left.\begin{aligned}&\varphi_0=\ln\{g_0\}\\&\varphi(X_i,\boldsymbol{\mu}_{\boldsymbol{X}_{\sim i}})=\ln\{g(X_i,\boldsymbol{\mu}_{\boldsymbol{X}_{\sim i}})\}\end{aligned}\right\} \tag{11-15}$$

对式(11-14)两边同时进行指数运算，得功能函数的近似表达式为

$$g(\boldsymbol{X})=\exp[\varphi(\boldsymbol{X})]\approx\exp[(1-n)\varphi_0]\exp[\sum_{i=1}^{n}\varphi(X_i,\boldsymbol{\mu}_{\boldsymbol{X}_{\sim i}})]=[g(\boldsymbol{\mu_X})]^{1-n}\prod_{i=1}^{n}g(X_i,\boldsymbol{\mu}_{\boldsymbol{X}_{\sim i}}) \tag{11-16}$$

根据式(11-16)和分数矩的定义，可求得 $\boldsymbol{\theta}=\boldsymbol{\theta}_j$ 时功能函数的 α_k 阶分数矩为

$$\begin{aligned}M_{Y|\boldsymbol{\theta}_j}^{\alpha_k}&=\int_X[g(\boldsymbol{x})]^{\alpha_k}f_{\boldsymbol{X}|\boldsymbol{\theta}_j}(\boldsymbol{x})\mathrm{d}\boldsymbol{x}\\&\approx[g(\boldsymbol{\mu_X})]^{\alpha_k-\alpha_k n}\prod_{i=1}^{n}\left\{\int_{X_i}g(x_i,\boldsymbol{\mu}_{\boldsymbol{X}_{\sim i}})^{\alpha_k}f_{X_i|\boldsymbol{\theta}_j}(x_i)\mathrm{d}x_i\right\}\end{aligned} \tag{11-17}$$

由式(11-17)可知，通过乘法降维方法可以将功能函数的 α_k 阶分数矩 $M_{Y|\boldsymbol{\theta}_j}^{\alpha_k}$ 表示成 n 个单变量函数积分的连乘，即高维积分简化成了一维积分的连乘形式。对于这些一维积分，可以采用高斯积分公式近似求得。表 11-1 和表 11-2 分别给出了不同分布类型下的高斯积分公式，五点高斯积分点以及对应的权重系数[10]。

采用乘法降维方法求解复杂功能函数的分数矩时，其总的计算量为 $N_{\mathrm{DRM}}=\sum_{i=1}^{n}N_i+1$，其中 N_i 表示随机变量 X_i 采用的高斯积分节点数。该方法的计算量随输入变量的维数线性增长，可适用于高维问题。

表 11-1 不同分布类型下的高斯积分公式

分布类型	取值域	积分类型	积分公式
均匀分布	$[a,b]$	Gauss-Legendre	$\frac{1}{2}\sum_{j=1}^{N}w_j\eta(\frac{b-a}{2}z_j+\frac{a+b}{2})$
正态分布	$(-\infty,+\infty)$	Gauss-Hermite	$\sum_{j=1}^{N}w_j\eta(\mu+z_j\sigma)$
对数正态分布	$(0,+\infty)$	Gauss-Hermite	$\sum_{j=1}^{N}w_j\eta[\exp(\mu+z_j\sigma)]$
指数分布	$(0,+\infty)$	Gauss-Laguerre	$\sum_{j=1}^{N}w_j\eta(\frac{z_j}{\lambda})$
威布尔分布	$(0,+\infty)$	Gauss-Laguerre	$\sum_{j=1}^{N}w_j\eta(\theta z_j^{1/\delta})$

表 11-2 不同分布类型下的五点高斯积分点 z_k 和权重系数 w_k

积分类型	k	1	2	3	4	5
Gauss-Hermite	w_k	1.1257×10^{-2}	0.222 08	0.533 33	0.222 08	1.1257×10^{-2}
	z_k	−2.857 0	−1.355 6	0	1.355 6	2.857 0
Gauss-Legendre	w_k	0.236 93	0.478 63	0.568 89	0.478 63	0.236 93
	z_k	−0.906 18	−0.538 47	0	0.538 47	0.906 18
Gauss-Laguerre	w_k	0.521 76	0.398 67	7.5942×10^{-2}	3.6118×10^{-3}	2.3770×10^{-5}
	z_k	0.263 56	1.413 4	3.596 4	7.058 5	12.641

在利用乘法降维方法计算出功能函数的分数矩的基础上，结合基于分数矩约束的极大熵方法，即可求解出功能函数的概率密度函数的估计式 $\hat{f}_{Y|\boldsymbol{\theta}_j}(y)$，则结构的失效概率的估计值 $\hat{P}_f(\boldsymbol{\theta}_j)$ 为

$$\hat{P}_f(\boldsymbol{\theta}_j)=\int_F\hat{f}_{Y|\boldsymbol{\theta}_j}(y)\mathrm{d}y=\int_F\exp(-\sum_{k=0}^{m}\lambda_k y^{\alpha_k})\mathrm{d}y \tag{11-18}$$

11.2.2 自主学习 Kriging 模型

传统的 Kriging 方法利用随机样本来建立 Kriging 模型，其精度取决于给定的样本点提供的信息。如果样本点较少，则其精度不能保证，若样本点取得过多，又会需要大量的计算时间。总而言之，原始的 Kriging 模型由于无法保证用于构造 Kriging 的训练样本都是有信息的样本，因此难以平衡代理精度和计算效率。因此，很多学者提出了基于自主学习策略的 Kriging 方法去克服这一难题。自主学习 Kriging 方法能够利用自主学习函数去挑选对代理模型精度有最大影响的样本，因此，用于构造 Kriging 模型的训练样本几乎都是包含重要信息的样本，这样代理模型精度和计算效率就得到了较好的平衡。

使用自主学习 Kriging 方法求解失效概率函数的基本思想是：首先，在设计空间中随机产生 $N_{\boldsymbol{\theta}}$ 个分布参数的样本，构建分布参数样本池 $\boldsymbol{S}^{\boldsymbol{\theta}}=\{\boldsymbol{\theta}_1,\boldsymbol{\theta}_2,\cdots,\boldsymbol{\theta}_{N_{\boldsymbol{\theta}}}\}^{\mathrm{T}}$，然后从中任意选取 $N_{1\boldsymbol{\theta}}$（$N_{1\boldsymbol{\theta}}\ll N_{\boldsymbol{\theta}}$）个训练样本点构造初始的 Kriging 模型，再根据学习函数不断添加新的样本点，并更新 Kriging 模型，直至满足收敛条件。以下将分别介绍本问题中自主学习 Kriging 方

法的学习函数和停止准则。

1. 学习函数

假设使用当前训练样本构造出的失效概率函数的 Kriging 模型为 $P_f^{(K)}(\boldsymbol{\theta})$，则该 Kriging 模型不仅可以得出待预测点 $\boldsymbol{\theta}$ 处失效概率的均值 $\mu_{P_f^{(K)}}(\boldsymbol{\theta})$，还可以预测其标准差 $\sigma_{P_f^{(K)}}(\boldsymbol{\theta})$ 。由于 $\sigma_{P_f^{(K)}}(\boldsymbol{\theta})$ 反映了预测值的稳健性，因此本节选取的学习函数为

$$\boldsymbol{L}(\boldsymbol{\theta})=\sigma_{P_f^{(K)}}(\boldsymbol{\theta}) \tag{11-19}$$

$\boldsymbol{L}(\boldsymbol{\theta})$ 值越大，则 Kriging 模型对 $\boldsymbol{\theta}$ 这一点预测的不准确性就越大，因而也就越应该将该点 $\boldsymbol{\theta}$ 加入到训练集中提高 Kriging 模型的预测精度。只要学习函数大于某个给定的误差限，那么对应的样本点就需要被添加到训练集中来更新当前的 Kriging 模型。本书中采用每次只添加估计标准差最大的样本点到训练集中进行计算的策略，即每次只添加一个样本点，该样本点可以表示为 $\arg\max\limits_{\boldsymbol{\theta}\in \boldsymbol{S}^{\boldsymbol{\theta}}}\boldsymbol{L}(\boldsymbol{\theta})$ 。利用基于分数矩约束的极大熵方法求得此参数样本对应的失效概率后，将此样本点加入到原来的训练样本集中，更新 Kriging 模型。

2. 停止准则

更新 Kriging 模型后，再重新求解待预测点处失效概率估计值的标准差，若满足

$$\max(\boldsymbol{L}(\boldsymbol{\theta}))=\max_{\boldsymbol{\theta}_k\in \boldsymbol{S}^{\boldsymbol{\theta}}}(\sigma_{P_f^{(K)}}(\boldsymbol{\theta}_k))<\varepsilon \tag{11-20}$$

则迭代停止，得到满足精度要求的失效概率函数的 Kriging 模型。式(11-20)中 ε 是失效概率估计的误差限(本书算例中取 $\varepsilon=10^{-3}$)。否则，则需要根据学习函数选取新的训练点对 Kriging模型进行更新，直至满足停止准则。

11.2.3　失效概率函数求解的自主学习 Kriging 方法的计算步骤

根据上述分析过程，可给出利用自主学习 Kriging 方法求解失效概率函数 $P_f(\boldsymbol{\theta})$ 的计算流程图如图 11-1 所示。具体执行步骤如下

(1)在分布参数空间中随机产生 $N_{\boldsymbol{\theta}}$ 个输入变量分布参数 $\boldsymbol{\theta}$ 的样本，构建分布参数样本池 $\boldsymbol{S}^{\boldsymbol{\theta}}=\{\boldsymbol{\theta}_1,\boldsymbol{\theta}_2,\cdots,\boldsymbol{\theta}_{N_{\boldsymbol{\theta}}}\}^{\mathrm{T}}$ 。

(2)随机从样本集 $\boldsymbol{S}^{\boldsymbol{\theta}}$ 中选出 $N_{1\boldsymbol{\theta}}$ 个样本 $\boldsymbol{\theta}_j\,(j=1,2,\cdots,N_{1\boldsymbol{\theta}})$ 作为初始训练样本。

(3)利用降维积分求解 $\boldsymbol{\theta}=\boldsymbol{\theta}_j$ 时功能函数 α_k 阶分数矩 $M_{Y|\boldsymbol{\theta}_j}^{\alpha_k}\,(k=1,2,\cdots,m)$ 。

(4)根据极大熵原理，以 $M_{Y|\boldsymbol{\theta}_j}^{\alpha_k}\,(k=1,2,\cdots,m)$ 作为约束，求出功能函数的概率密度函数的近似表达式 $\hat{f}_{Y|\boldsymbol{\theta}_j}(y)$ 。

(5)对 $\hat{f}_{Y|\boldsymbol{\theta}_j}(y)$ 进行积分，求出 $\boldsymbol{\theta}=\boldsymbol{\theta}_j$ 处的失效概率的估计值 $\hat{P}_f(\boldsymbol{\theta}_j)\,(j=1,2,\cdots,N_{1\boldsymbol{\theta}})$ 。

(6)由训练样本 $(\boldsymbol{\theta}_j,P_f(\boldsymbol{\theta}_j))\,(j=1,2,\cdots,N_{1\boldsymbol{\theta}})$ 构造失效概率函数的 Kriging 模型 $P_f^{(K)}(\boldsymbol{\theta})$，并求出所有 $N_{\boldsymbol{\theta}}$ 个参数样本对应的失效概率的 Kriging 预测值及标准差 $\boldsymbol{\sigma}_{P_f^{(K)}}(\boldsymbol{\theta}_j)\,(j=1,2,\cdots,N_{\boldsymbol{\theta}})$ 。

(7)根据式(11-20)的停止准则判断 Kriging 模型是否满足精度要求。若满足，执行步骤(8)；若不满足，则选取 $\max\limits_{\boldsymbol{\theta}\in \boldsymbol{S}^{\boldsymbol{\theta}}}(\boldsymbol{L}(\boldsymbol{\theta}))$ 对应的样本 $\arg\max\limits_{\boldsymbol{\theta}\in \boldsymbol{S}^{\boldsymbol{\theta}}}\boldsymbol{L}(\boldsymbol{\theta})$ 加入训练集中，令 $N_{1\boldsymbol{\theta}}=N_{1\boldsymbol{\theta}}+1$，返回步骤(3)。

(8)迭代结束,得到失效概率函数的估计式 $\hat{P}_f(\boldsymbol{\theta})$。

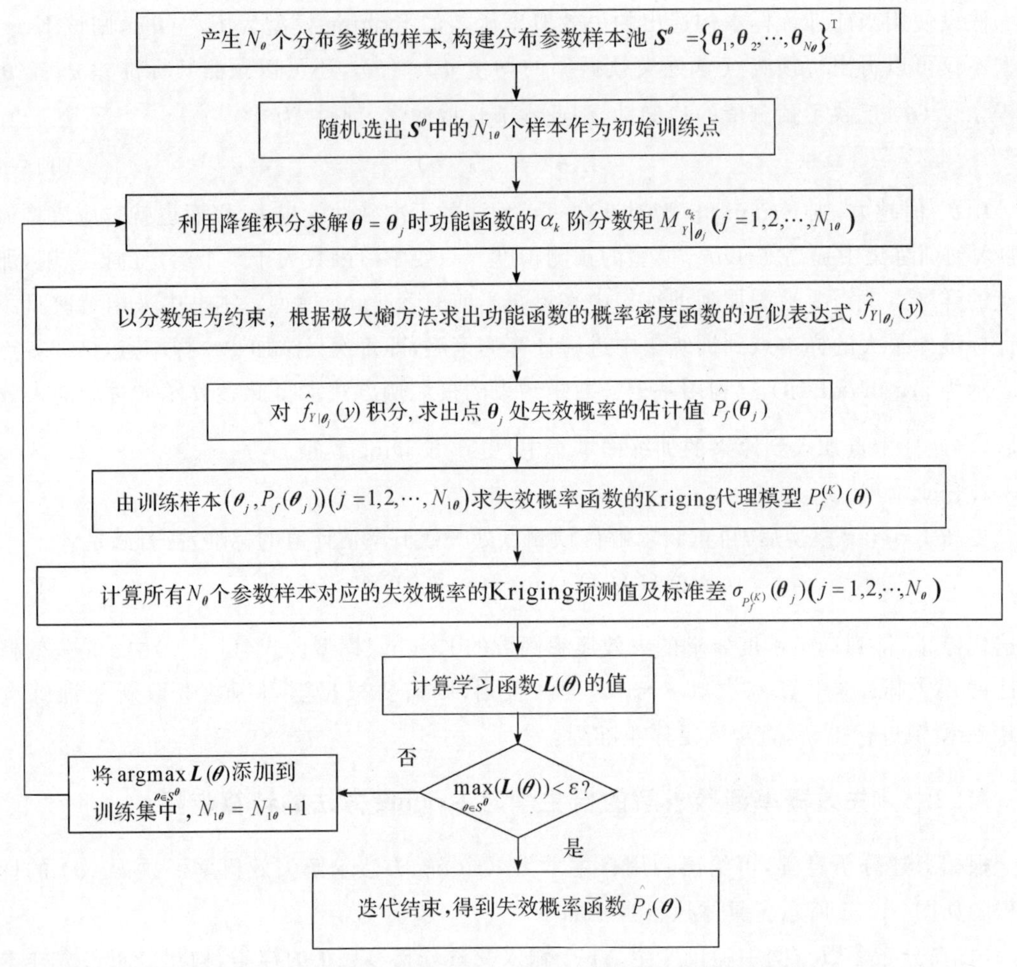

图 11-1　自主学习 Kriging 方法求解失效概率函数的流程图

11.2.4　算例分析及算法教参程序

本小节采用两个算例来验证自主学习 Kriging 方法在求解失效概率函数时的效率和精度,双层 Monte Carlo 方法记为 DLMCS,自主学习 Kriging 方法记为 AK-MaxEnt。

算例 11.1　如图 11-2 所示的屋架,屋架的上弦杆和其他压杆采用钢筋混凝土杆,下弦杆和其他拉杆采用钢杆。设屋架承受均布载荷 q 作用,将均布载荷 q 化成节点载荷后有 $P=ql/4$。由结构力学分析可得 C 点沿垂直地面方向的位移为 $\Delta_C=\dfrac{ql^2}{2}\left(\dfrac{3.81}{A_CE_C}+\dfrac{1.13}{A_SE_S}\right)$,其中 A_C,A_S,E_C,E_S 和 l 分别为混凝土和钢杆的横截面积、弹性模量和长度。考虑屋架的安全性和适用性,以屋架顶端 C 点的向下挠度不大于 3.2cm 为约束条件。根据约束条件可给出结构的功能函数为 $g=0.032/\Delta_C$。假设所有输入变量均服从正态分布且相互独立,它们的分布参数参见表 11-3。

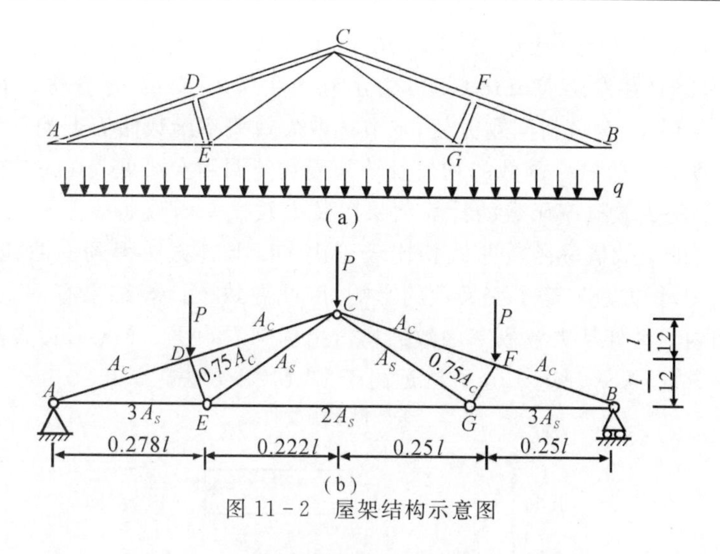

图 11-2　屋架结构示意图

表 11-3　屋架算例输入变量的分布情况

输入变量	分布类型	均值	标准差
均布载荷 $q/(\mathrm{N}\cdot\mathrm{m}^{-1})$	正态	2×10^4	1 400
长度 l/m	正态	12	0.12
横截面积 A_S/m^2	正态	0.04	4.8×10^{-3}
横截面积 A_C/m^2	正态	9.82×10^{-4}	5.892×10^{-5}
弹性模量 $E_S/(\mathrm{N}\cdot\mathrm{m}^{-2})$	正态	1×10^{11}	6×10^9
弹性模量 $E_C/(\mathrm{N}\cdot\mathrm{m}^{-2})$	正态	2×10^{10}	1.2×10^9

情况 1：假设横截面积 $A_C\sim N(\mu_{A_C},0.004\ 8^2)$，$\mu_{A_C}\in[0.03,0.05]$，分别使用双层 Monte Carlo 方法和自主学习 Kriging 方法求得的失效概率函数曲线如图 11-3 所示，失效概率函数的均值及功能函数的调用次数见表 11-4。

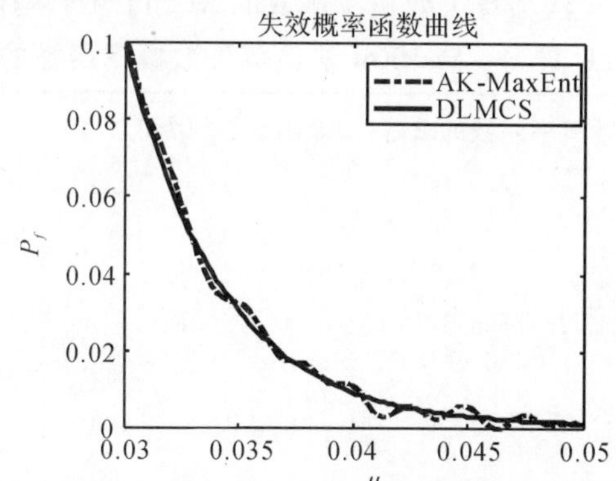

图 11-3　算例 11.1 单设计变量下失效概率函数计算结果

表 11-4　算例 11.1 单设计变量下失效概率函数的均值及功能函数的调用次数

方法	失效概率函数均值	功能函数调用次数
DLMCS	$5.396\ 7\times10^{-3}$	10^8
AK-MaxEnt	$5.374\ 6\times10^{-3}$	1 008

情况 2：假设长度 $l \sim N(\mu_l, 0.12^2)$，$\mu_l \in [11,13]$，$A_C \sim N(\mu_{A_C}, 0.0048^2)$，$\mu_{A_C} \in [0.03, 0.05]$，分别使用双层 Monte Carlo 方法和自主学习 Kriging 方法求得的失效概率函数曲线如图 11－4 所示(为分析问题方便，本节选取失效概率函数曲面上的一条对角线来对方法的精度加以说明)，失效概率函数的均值及功能函数的调用次数见表 11－5。

通过屋架算例的失效概率函数的计算结果以及失效概率函数曲线图可以看出，使用 AK－MaxEnt 方法得到的失效概率函数曲线相比较于由 DLMCS 方法得到的曲线有一些偏差，这是因为 AK－MaxEnt 方法忽略了交叉项的影响，因此导致了计算结果有一定误差，但误差在可以接受的范围内。另外从失效概率函数的均值指标来看，AK－MaxEnt 方法的精度还是较高的。而在效率方面，AK－MaxEnt 方法远高于 DLMCS 方法。

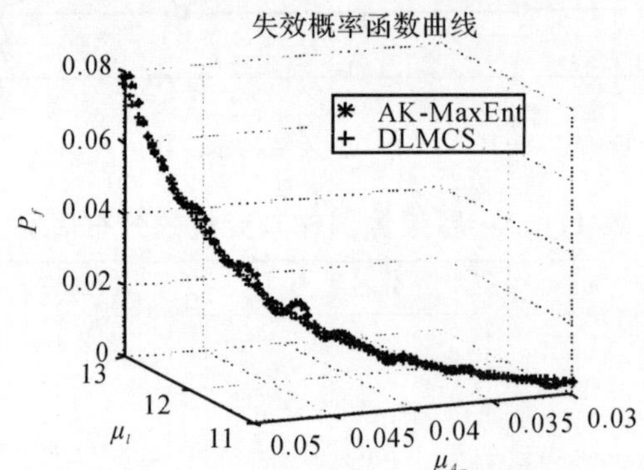

图 11－4　算例 11.1 多设计变量下失效概率函数计算结果

表 11－5　算例 11.1 多设计变量下失效概率函数的均值及功能函数的调用次数

方法	失效概率函数均值	功能函数调用次数
DLMCS	3.9086×10^{-3}	10^8
AK－MaxEnt	3.9203×10^{-3}	1 386

算例 11.1AK－MaxEnt 法估算失效概率函数的 MATLAB 程序见表 11－6。

表 11－6　算例 11.1AK－MaxEnt 法估算失效概率函数的 MATLAB 程序

```
%单分布参数未知情况下失效概率函数的求解(功能函数必须为正)
%屋架算例
clear all;
clc;
u=(linspace(0.03,0.05,100))';%分布参数向量
N=length(u);
g=@(x) 0.032./(x(:,1).*x(:,2).^2.*(3.81./(x(:,3).*x(:,5))+1.13./(x(:,4).*x(:,6)))/
2);%功能函数
sgma=[1400 0.12 0.0048 5.892e-5 1.2e9 0.6e10];
Nx=6;%自变量个数
int_num = 10;
ind_train = randi(N,1,int_num);%初始选取 10 个样本来进行代理模型近似
u_train = u(ind_train);%初始训练样本
for i=1:int_num
```

```
    mu=[20000 12 u_train(i) 9.82e-4 2e10 1e11];
    [C,lamada0,point,GGcc,GGmu,Ww]=MaxEnt_F_PDF(mu,sgma,Nx,g);
    pf_train(i,:)=quadgk(@(y) exp(-lamada0-C(4)*y.^C(1)-C(5)*y.^C(2)-C(6)*y.^C(3)),
0,1);
end
k = oodacefit( u_train, pf_train );% kring 模型拟合
[pf_,s2] = k.predict( u );% y_:pf 的值; s2:pf 求解的方差

flag = int_num;
while flag < N
     lf_U = sqrt(s2);   %学习函数 U
     [lf_U_max,ind_new] = max(lf_U);%学习函数的最小值以及最小值对应的样本的行标
    if lf_U_max<1e-4, break; end
     u_new=u(ind_new);%需要添加的分布参数的样本点
     mu=[20000 12 u_new 9.82e-4 2e10 1e11];
     [C,lamada0,point,GGcc,GGmu,Ww]=MaxEnt_F_PDF(mu,sgma,Nx,g);
     pf_new=quadgk(@(y) exp(-lamada0-C(4)*y.^C(1)-C(5)*y.^C(2)-C(6)*y.^C(3)),0,
1);
     u_train = [u_train; u_new];%新的样本点加入原来的样本点组成新的样本
     pf_train = [pf_train; pf_new];%新的功能函数值
     k = oodacefit( u_train, pf_train );%重新进行 Kriging 拟合
     [pf_,s2] = k.predict( u );
     flag = flag + 1    %最终使用的样本点的总个数
end

[pf,s2]=k.predict(u); %失效概率函数的估计值
M_pf=mean(pf); %失效概率函数估计值的均值
%子程序
function [x,lamada0,Point,GGcc,GGmu,Ww]=MaxEnt_F_PDF(mu,sigma,Nx,G)
     format long
     global fun n MU SIGMA   Gc Gmu W
     n=Nx;
     fun=G;
     MU=mu;
     SIGMA=sigma;
     [Gc,Gmu,Point]=Ggrid(MU,SIGMA,n);
     W=weight(n);
     x0=[-0.5;0.1;0.6;50;100;50];
     options=optimset('MaxFunEvals',90000,'MaxIter',90000,'TolCon',1e-8,'TolFun',1e-8,'
TolX',1e-8);
     [x,fval,exitflag]=fminsearch(@myfun,x0,options);
%%%优化求解功能函数估计中的系数和分数矩
```

```
    lamada0=log(quadgk(@(y)exp(-x(4)*y.^x(1)-x(5)*y.^x(2)-x(6)*y.^x(3)),0,+Inf));
    GGcc=Gc;
    GGmu=Gmu;
    Ww=W;
end
function f=myfun(x)   %%%%优化的目标函数
   global   n Gmu Gc W
   for j=1:3         %%%3个小数阶矩
      MY(j)=Gmu^(x(j)-x(j)*n);
      for k=1:n
         My(k)=W(k,1)*Gc(1,k)^x(j)+W(k,2)*Gc(2,k)^x(j)+W(k,3)*Gc(3,k)^x(j)+W(k,
4)*Gc(4,k)^x(j)+W(k,5)*Gc(5,k)^x(j);
         MY(j)=MY(j)*My(k);
      end
   end
   f=log(quadgk(@(y)exp(-x(4)*y.^x(1)-x(5)*y.^x(2)-x(6)*y.^x(3)),0,+Inf))+x(4)*
MY(1)+x(5)*MY(2)+x(6)*MY(3);
end
function [Gc,Gmu,Point]=Ggrid(m,s,n)
global fun
Gc=zeros(5,n);
Point=zeros(n,5);
Gmu=fun(m);
for t=1:n                  %%%所有变量服从同一分布情况
   MUc=m;
    mux=m(t);
    sigmax=s(t);
   Point1=Gaussian_point_N(mux,sigmax);   %%%Gaussian_point_N 正态情况示例
      for k=1:5                    %%%%随变量具体情况定
         MUc(t)=Point1(k);              %%%%当前变量改为高斯积分点,其余变量全取均值
         Gc(k,t)=fun(MUc);
      end
    Point(t,:)=Point1;
end
end
function w=weight(n)
    w=zeros(n,5);
    %%% Gaussian-Hermite
    wHe=[1.1257e-2,0.22208,0.53333,0.22208,1.1257e-2];
    %%% Gaussian-Legendre
    wLe=[0.23693,0.47863,0.56889,0.47863,0.23693];
    %%% Gaussian-Laguerre
```

```
    wLa=[0.52176,0.39867,7.5942e-2,3.6118e-3,2.3370e-5];

    w(1,:)=wHe;          w(2,:)=wHe;        w(3,:)=wHe;
    w(4,:)=wHe;          w(5,:)=wHe;        w(6,:)=wHe;

end

function z_N=Gaussian_point_N(mux,sigmax)       %%%%正态分布高斯积分点转化
   %%% Gaussian-Hermite
   zHe=[-2.8570,-1.3556,0,1.3556,2.8570];
   for t=1:5
   z_N(t)=mux+zHe(t) * sigmax;
   end
end

  function z_L=Gaussian_point_L(mu1,sigma1)       %%%%对数正态高斯积分点转化
     %%% Gaussian-Hermite
     zHe=[-2.8570,-1.3556,0,1.3556,2.8570];
     sigma2=sqrt(log(1+sigma1^2/mu1^2));
     mu2=log(mu1)-0.5 * sigma2^2;
     for t=1:5
          z_L(t)=exp(mu2+zHe(t) * sigma2);
     end
  end
```

算例 11.2　在汽车工业中,车辆的大部分重量是由车桥通过悬架和车架的连接结构所支撑的,同时,车轮的牵引力或制动力及侧向力也是经过该结构经悬架传给车架的,其中,前轴起着主要的承载作用,因而它的可靠性分析是研究人员十分关注的。如图 11-5(a)所示,工字梁结构目前较多地应用于汽车前轴中,因为工字梁结构具有较高的抗弯强度,同时能够有效减轻前轴的重量。图 11-5(b)表示的是发生在工字梁结构中的危险截面。该截面处的最大正应力和最大切应力分别可以表示为 $\sigma=M/W_x$ 和 $\tau=T/W_\rho$,其中 M 和 T 分别为前轴所受的弯矩和转矩,W_x 和 W_ρ 分别为结构的截面系数和极截面系数,且有

$$W_x=\frac{a\,(h-2t)^3}{6h}+\frac{b}{6h}\left[h^3-(h-2t)^3\right]$$

$$W_\rho=0.8bt^2+0.4\left[a^3(h-2t)/t\right]$$

根据前轴的材料特性,给定前轴的静强度极限为 $\sigma_s=460\text{MPa}$,由静强度分析构建模型的功能函数为 $g=\sigma_s/\sqrt{\sigma^2+3\tau^2}$,工字梁的几何参数 a、b、t、h 与前轴所受的弯矩 M 和转矩 T 为相互独立正态的输入变量,其分布参数见表 11-7。

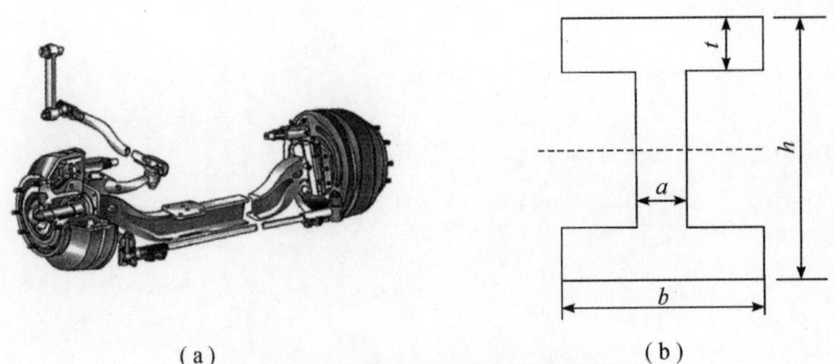

(a)　　　　　　　　　　　　　　(b)

(a)汽车前轴示意图;(b)汽车前轴危险截面

图 11-5　汽车前轴结构示意图

表 11-7　汽车前轴算例输入变量的分布情况

输入变量	分布类型	均值	标准差
a /mm	正态	12	0.60
b /mm	正态	65	3.25
t /mm	正态	14	0.70
h /mm	正态	85	4.25
M/ (N·mm)	正态	3.5×10^6	1.75×10^5
T/ (N·mm)	正态	3.1×10^6	1.55×10^5

情况 1:假设 $b\sim N(\mu_b,3.25^2)$ 且 $\mu_b\in[60,70]$,分别使用双层 Monte Carlo 方法和自主学习 Kriging 方法求得的失效概率函数曲线如图 11-6 所示,失效概率函数的均值及功能函数的调用次数见表 11-8。

表 11-8　算例 11.2 单设计变量下失效概率函数的均值及功能函数的调用次数

方法	失效概率函数均值	功能函数调用次数
DLMCS	0.163 99	10^8
AK-MaxEnt	0.163 91	1 260

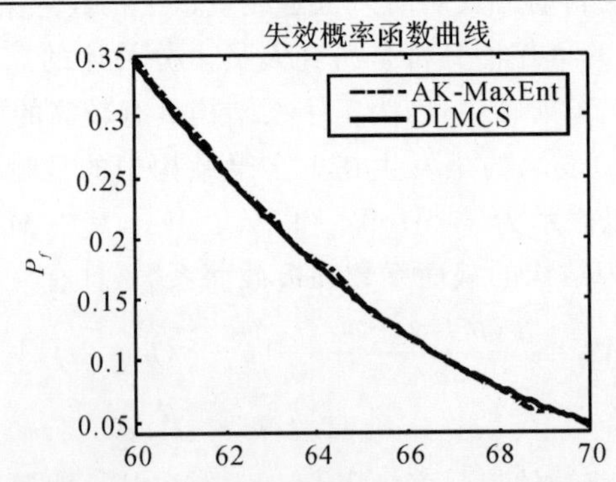

图 11-6　算例 11.2 单设计变量下失效概率函数计算结果

情况 2:假设 $a\sim N(\mu_a,0.6^2)$,$\mu_a\in[11,13]$,且 $b\sim N(\mu_b,3.25^2)$,$\mu_b\in[60,70]$,则分别使用双层 Monte Carlo 方法和自主学习 Kriging 方法求得的失效概率函数曲线如图 11-7

所示,失效概率函数计算结果见表11-9。

对于汽车前轴算例,从计算结果及失效概率函数曲线可以看出,AK-MaxEnt方法拟合精度很高,计算次数相比较于DLMCS方法远远降低,再次说明了AK-MaxEnt方法用于求解失效概率函数时的高效性。

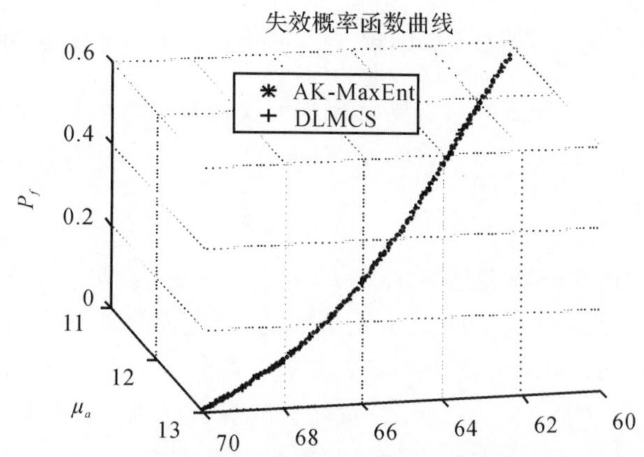

图11-7　算例11.2多设计变量下失效概率函数计算结果

表11-9　算例11.2多设计变量下失效概率函数的均值及功能函数的调用次数

方法	失效概率函数均值	功能函数调用次数
DLMCS	0.199 0	10^8
AK-MaxEnt	0.200 1	1 197

11.3　失效概率函数求解的Bayes公式方法

相比于传统的双层Monte Carlo方法,11.2节介绍的自主学习Kriging方法在很大程度上提高了失效概率函数的计算效率。但在该方法中仍需要求解若干个分布参数点处的失效概率值,即需要进行多次的可靠性分析,若某个或某些分布参数点处的失效概率估计值误差较大,还会影响整个失效概率函数的近似精度。因此,本节将介绍求解失效概率函数的另一类常用的方法——Bayes公式方法[11]。Bayes公式方法的基本思想是:利用Bayes公式将失效概率函数的求解转化为扩展失效概率和分布参数的条件联合概率密度函数的求解。在该方法中,仅需要进行一次可靠性分析就可以同时求出扩展失效概率和分布参数的条件联合概率密度函数,进而求解出整个失效概率函数。传统的Bayes公式方法是采用Monte Carlo方法来计算扩展失效概率的,其计算效率较低,在实际的工程问题中的应用受到较大程度的限制。因此,为进一步提高Bayes公式方法的计算效率,自主学习的Kriging模型被嵌入MCS方法中(缩写为AK-MCS)以提高Bayes公式方法求解失效概率函数的效率。

11.3.1　基于扩展可靠性思想和Bayes公式的$P_f(\boldsymbol{\theta})$求解方法

Au[11]基于扩展可靠性思想将分布参数$\boldsymbol{\theta}$考虑成不确定性变量。首先,给定分布参数$\theta_s(s=1,2,\cdots,n_{\boldsymbol{\theta}})$一个概率密度函数$f_{\Theta_s}(\theta_s)$,然后根据Bayes公式,式(11-2)定义的失效概

率函数 $P_f(\boldsymbol{\theta})$ 可以表示为

$$P_f(\boldsymbol{\theta})=P\{F\mid\boldsymbol{\theta}\}=\frac{P\{F_{x,\theta}\}f_{\Theta}(\boldsymbol{\theta}\mid F_{x,\theta})}{f_{\Theta}(\boldsymbol{\theta})} \tag{11-21}$$

其中 $f_{\Theta}(\boldsymbol{\theta})$ 是分布参数的预先给定的联合概率密度函数，由于所有分布参数之间是相互独立的，因此 $f_{\Theta}(\boldsymbol{\theta})=\prod_{s=1}^{n_\theta}f_{\Theta_s}(\boldsymbol{\theta}_s)$ 。$F_{x,\theta}=\{(\boldsymbol{x},\boldsymbol{\theta})\mid g(\boldsymbol{x})\leqslant 0\}$ 是将 $\boldsymbol{X}$ 和 $\boldsymbol{\theta}$ 同时看成随机变量时的失效域。$f_{\Theta}(\boldsymbol{\theta}\mid F_{x,\theta})$ 是分布参数的条件联合概率密度函数，$P\{F_{x,\theta}\}$ 是扩展失效概率，可由下式求得：

$$P\{F_{x,\theta}\}=\int\cdots\int_{F_{x,\theta}}f_X(\boldsymbol{x}\mid\boldsymbol{\theta})f_{\Theta}(\boldsymbol{\theta})\mathrm{d}\boldsymbol{x}\mathrm{d}\boldsymbol{\theta} \tag{11-22}$$

式(11-21)将失效概率函数表达为 $f_{\Theta}(\boldsymbol{\theta})$ 、$P\{F_{x,\theta}\}$ 和 $f_{\Theta}(\boldsymbol{\theta}\mid F_{x,\theta})$ 三部分的函数。由于分布参数的联合概率密度函数 $f_{\Theta}(\boldsymbol{\theta})$ 是事先给定的，因此基于扩展可靠性的思想以及 Bayes 公式，失效概率函数 $P_f(\boldsymbol{\theta})$ 的求解就转换成了求解扩展失效概率 $P\{F_{x,\theta}\}$ 和分布参数的条件联合概率密度函数 $f_{\Theta}(\boldsymbol{\theta}\mid F_{x,\theta})$ 。显然，分布参数的失效样本是求解扩展失效概率过程中的副产品。也就是说，$f_{\Theta}(\boldsymbol{\theta}\mid F_{x,\theta})$ 可以由求解扩展失效概率 $P\{F_{x,\theta}\}$ 中产生的 $\boldsymbol{\theta}$ 的失效样本点利用概率密度函数拟合方法进行求解，而不需要额外调用功能函数。在求得扩展失效概率 $P\{F_{x,\theta}\}$ 和分布参数的条件联合概率密度函数 $f_{\Theta}(\boldsymbol{\theta}\mid F_{x,\theta})$ 后，失效概率函数就可以通过式(11-21)求得，无需再调用原功能函数。因此，基于扩展可靠性的思想和 Bayes 公式，求解 $P_f(\boldsymbol{\theta})$ 的计算量仅存在于计算扩展失效概率 $P\{F_{x,\theta}\}$ 的过程中。

11.3.2 基于扩展可靠性思想和 Bayes 公式求解 $P_f(\boldsymbol{\theta})$ 的 MCS 法

基于扩展可靠性思想以及 Bayes 公式，可以利用 MCS 方法对失效概率函数进行求解，其具体求解步骤如下：

(1)给定分布参数的先验概率分布。

扩展可靠性将分布参数看作随机变量，事先必须给定分布参数的联合概率密度函数 $f_{\Theta}(\boldsymbol{\theta})$ 。理论上 $f_{\Theta}(\boldsymbol{\theta})$ 的选择对失效概率函数 $P_f(\boldsymbol{\theta})$ 的计算结果没有影响，因此可以假设 $\boldsymbol{\theta}$ 服从简单的均匀分布或者正态分布，本书假设其服从均匀分布。

(2)根据 $f_{\Theta}(\boldsymbol{\theta})=\prod_{s=1}^{n_\theta}f_{\Theta_s}(\theta_s)$ 产生 N_θ 个分布参数的样本 $\boldsymbol{S}^\theta=\{\boldsymbol{\theta}_1,\boldsymbol{\theta}_2,\cdots,\boldsymbol{\theta}_{N_\theta}\}^{\mathrm{T}}$ 。

(3)对分布参数的样本点 $\boldsymbol{\theta}_j(j=1,2,\cdots,N_\theta)$ ，根据 $f_X(\boldsymbol{x}\mid\boldsymbol{\theta}_j)$ 产生相应的输入变量的样本 $\boldsymbol{S}^x=\{\boldsymbol{x}_1,\boldsymbol{x}_2,\cdots,\boldsymbol{x}_{N_\theta}\}^{\mathrm{T}}$ 。

$$f_{\Theta}(\boldsymbol{\theta})\rightarrow\boldsymbol{S}^\theta=\begin{bmatrix}\boldsymbol{\theta}_1\\\boldsymbol{\theta}_2\\\vdots\\\boldsymbol{\theta}_{N_\theta}\end{bmatrix}\xrightarrow{f_X(\boldsymbol{x}\mid\boldsymbol{\theta}_j)}\boldsymbol{S}^x=\begin{Bmatrix}\boldsymbol{x}_1\\\boldsymbol{x}_2\\\vdots\\\boldsymbol{x}_{N_\theta}\end{Bmatrix}=\begin{bmatrix}\boldsymbol{x}_{11}&\boldsymbol{x}_{12}&\cdots&\boldsymbol{x}_{1n}\\\boldsymbol{x}_{21}&\boldsymbol{x}_{22}&\cdots&\boldsymbol{x}_{2n}\\\vdots&\vdots&&\vdots\\\boldsymbol{x}_{N_\theta 1}&\boldsymbol{x}_{N_\theta 2}&\cdots&\boldsymbol{x}_{N_\theta n}\end{bmatrix}$$

(4)计算步骤(3)产生的样本 $\boldsymbol{x}_j(j=1,2,\cdots,N_\theta)$ 对应的功能函数值 $g(\boldsymbol{x}_j)$ 。

(5)统计落入失效域 $F_{x,\theta}=\{(\boldsymbol{x},\boldsymbol{\theta}):g(\boldsymbol{x})\leqslant 0\}$ 内的样本点，并将其记为 $(\boldsymbol{\theta}_j^F,\boldsymbol{x}_j^F)$ ($j=1,2,\cdots,M_F$, M_F 为 $F_{x,\theta}$ 中失效样本点的数目)，则扩展失效概率的估计值 $\hat{P}\{F_{x,\theta}\}$ 可由下式求得：

$$\hat{P}\{F_{x,\theta}\}=\frac{1}{N_{\theta}}\sum_{j=1}^{N_{\theta}}I_{F_{x,\theta}}(\boldsymbol{x}_j)=\frac{M_F}{N_{\theta}} \tag{11-23}$$

其中 $I_{F_{x,\theta}}(\cdot)$ 是扩展失效域 $F_{x,\theta}$ 的指示函数。若 $g(\boldsymbol{x}_j)\leqslant 0$,则 $I_{F_{x,\theta}}(\boldsymbol{x}_j)=1$,否则 $I_{F_{x,\theta}}(\boldsymbol{x}_j)=0$。

(6)从 M_F 个失效样本 $(\boldsymbol{\theta}_j^F,\boldsymbol{x}_j^F)(j=1,2,\cdots,M_F)$ 中选出分布参数的失效样本,记为 $\boldsymbol{\Theta}^F=\{\boldsymbol{\theta}_1^F,\boldsymbol{\theta}_2^F,\cdots,\boldsymbol{\theta}_{M_F}^F\}^{\mathrm{T}}$,即可利用概率密度函数拟合法,例如极大熵方法、核密度估计方法等,求解出分布参数的条件联合概率密度函数的估计式 $\hat{f}_{\boldsymbol{\Theta}}(\boldsymbol{\theta}\mid F_{x,\theta})$。

(7)将 $\hat{P}\{F_{x,\theta}\}$ 和 $\hat{f}_{\boldsymbol{\Theta}}(\boldsymbol{\theta}\mid F_{x,\theta})$ 代入式(11-21),则可求得失效概率函数的估计式 $\hat{P}_f(\boldsymbol{\theta})$。

显然,基于Bayes公式的MCS方法求解失效概率函数的计算量仅在于求解扩展失效概率的过程中。但是对于实际工程中的小概率失效问题,MCS方法仍然需要较大的计算量去保证扩展失效概率的估计精度。为了提高求解失效概率函数的效率,需要提高扩展失效概率的计算效率。11.3.3小节将自主学习的Kriging模型嵌入到MCS方法(缩写为AK-MCS方法)中来求解 $P\{F_{x,\theta}\}$,大幅提高了求解失效概率函数 $P_f(\boldsymbol{\theta})$ 的计算效率。

11.3.3　基于扩展可靠性思想和Bayes公式求解 $P_f(\boldsymbol{\theta})$ 的AK-MCS法

基于Bayes公式求解失效概率函数的AK-MCS方法的基本思想是:先使用Monte Carlo方法构造大容量的样本池 $\boldsymbol{S}^{\theta}$ 和 $\boldsymbol{S}^{x}$,再在样本池中构造收敛的Kriging模型,准确且高效地识别样本池中所有样本功能函数的正负号,进而识别出所有的失效样本点。由于构造Kriging模型所需要的训练样本点的数目远小于样本池中样本的数目,因此AK-MCS方法的高效性可以得到保证。与11.2节中的思想类似,基于Bayes公式的AK-MCS方法中构造Kriging模型来识别MC样本池中失效样本的过程也是一个不断迭代的过程,即首先选用少量的训练样本点构造一个粗糙的Kriging模型,然后根据一定的学习策略不断更新模型,直至满足预设的收敛条件。由于本节构建Kriging模型的目的在于识别样本池中所有样本功能函数的正负号,因此其学习准则与11.2节中的不同。为了达到这一目的,本节选取的学习函数为 U 学习函数[12],U 学习函数的物理概念如下所述。

由自主学习的Kriging模型的原理可知,Kriging模型 $g_K(\boldsymbol{x})$ 在任意一点 $\boldsymbol{x}$ 的后验分布为 $g_K(\boldsymbol{x})\sim N(\mu_{g_K}(\boldsymbol{x}),\sigma_{g_K}^2(\boldsymbol{x}))$,其中 $\mu_{g_K}(\boldsymbol{x})$ 和 $\sigma_{g_K}(\boldsymbol{x})$ 分别表示该点预测值的均值和标准差。如果 $g_K(\boldsymbol{x})>0$,则 $g(\boldsymbol{x})$ 符号判断错误的概率 P_1 可以表示为

$$P_1=\Phi\left(\frac{0-|g_K(\boldsymbol{x})|}{\sigma_{g_K}(\boldsymbol{x})}\right)=\Phi\left(-\frac{|g_K(\boldsymbol{x})|}{\sigma_{g_K}(\boldsymbol{x})}\right) \tag{11-24}$$

式中,$\Phi(\cdot)$ 表示标准正态分布的累积分布函数。如果 $g_K(\boldsymbol{x})\leqslant 0$,则 $g(\boldsymbol{x})$ 符号判断错误的概率 P_2 可以表示为

$$P_2=1-\Phi\left(\frac{0+|g_K(\boldsymbol{x})|}{\sigma_{g_K}(\boldsymbol{x})}\right)=\Phi\left(-\frac{|g_K(\boldsymbol{x})|}{\sigma_{g_K}(\boldsymbol{x})}\right) \tag{11-25}$$

式(11-24)和式(11-25)表明,无论 $g_K(\boldsymbol{x})$ 的正负号如何,$g(\boldsymbol{x})$ 符号判断错误的概率 P_{error} 可以统一表示为

$$P_{\mathrm{error}}=\Phi(-U(\boldsymbol{x})) \tag{11-26}$$

式中,$U(\boldsymbol{x})$ 被称为 U 学习函数,其定义为

$$U(\boldsymbol{x})=\frac{|g_K(\boldsymbol{x})|}{\sigma_{g_K}(\boldsymbol{x})} \tag{11-27}$$

由式(11－26)和式(11－27)可以看出，U 学习函数的值越小，$g_K(\boldsymbol{x})$ 符号判断错误的概率越大。因此，新的训练样本点 $\boldsymbol{x}^u$ 可以通过下式求得：

$$\boldsymbol{x}^u = \underset{x \in \boldsymbol{S}^x}{\arg\min}[U(\boldsymbol{x})] \tag{11-28}$$

一般情况下，由于 $U(\boldsymbol{x})=2$ 表示 $g_K(\boldsymbol{x})$ 错误判断符号的概率为 $\Phi(-2)=0.022\ 8$，因此 Kriging 模型更新的停止准则可以设定为

$$\min_{x \in \boldsymbol{S}^x}[U(\boldsymbol{x})] \geqslant 2 \tag{11-29}$$

式(11－29)能保证样本池中所有样本点的功能函数符号判断准确的概率大于等于 97.7%。

使用 U 学习函数构造出收敛的 Kriging 模型后，便可根据该模型以不低于 97.7% 的正确概率识别出样本池 $\boldsymbol{S}^x$ 中的失效样本点，从而按照 11.3.2 小节类似的步骤计算扩展失效概率，并拟合分布参数的条件概率函数和估算结构的失效概率函数。基于 Bayes 公式求解失效概率函数的 AK－MCS 方法的计算步骤总结如下：

(1)给定分布参数的概率密度函数 $f_{\Theta_s}(\theta_s)(s=1,2,\cdots,n_{\boldsymbol{\theta}})$。

(2)根据 $f_{\boldsymbol{\Theta}}(\boldsymbol{\theta})=\prod_{s=1}^{n_{\boldsymbol{\theta}}} f_{\Theta_s}(\theta_s)$ 产生 $N_{\boldsymbol{\theta}}$ 个分布参数的样本 $\boldsymbol{S}^{\theta}=\{\boldsymbol{\theta}_1,\boldsymbol{\theta}_2,\cdots,\boldsymbol{\theta}_{N_{\boldsymbol{\theta}}}\}^{\mathrm{T}}$。

(3)对每一个分布参数样本点 $\boldsymbol{\theta}_j$，由 $f_X(\boldsymbol{x} \mid \boldsymbol{\theta}_j)$ 产生相应的输入变量的样本 $\boldsymbol{x}_j(j=1,2,\cdots,N_{\boldsymbol{\theta}})$，得到样本池 $\boldsymbol{S}^x=\{\boldsymbol{x}_1,\boldsymbol{x}_2,\cdots,\boldsymbol{x}_{N_{\boldsymbol{\theta}}}\}^{\mathrm{T}}$。

(4)从 $\boldsymbol{S}^x$ 中选出 N_1 个输入变量的样本作为初始训练样本 $\boldsymbol{X}^t=\{\boldsymbol{x}_1^t,\boldsymbol{x}_2^t,\cdots,\boldsymbol{x}_{N_1}^t\}^{\mathrm{T}}$，计算相应的功能函数值 $\boldsymbol{g}^t=\{g(\boldsymbol{x}_1^t),g(\boldsymbol{x}_2^t),\cdots,g(\boldsymbol{x}_{N_1}^t)\}^{\mathrm{T}}$。

(5)由 $\boldsymbol{X}^t$ 和 $\boldsymbol{g}^t$ 构造 Kriging 模型 $g_K(\boldsymbol{X})$。

(6)利用 $g_K(\boldsymbol{X})$ 根据式(11－27)计算 $\boldsymbol{S}^x$ 中样本对应的 U 学习函数值。

(7)若达到停止条件，停止更新 Kriging 模型，执行步骤(8)。否则由式(11－28)找到新的训练样本点 $\boldsymbol{x}^u$，令 $\boldsymbol{X}^t=\boldsymbol{X}^t \cup \boldsymbol{x}^u$，$\boldsymbol{g}^t=\boldsymbol{g}^t \cup g(\boldsymbol{x}^u)$，$N_1=N_1+1$，返回步骤(5)。

(8)选出落入由 Kriging 模型定义的失效域 $F_{\boldsymbol{x},\boldsymbol{\theta}}=\{(\boldsymbol{x},\boldsymbol{\theta}):g_K(\boldsymbol{x})\leqslant 0\}$ 内的 M_F 个失效样本 $(\boldsymbol{\theta}_i^F,\boldsymbol{x}_i^F)(i=1,2,\cdots,M_F)$，则扩展失效概率的估计值 $\hat{P}\{F_{\boldsymbol{x},\boldsymbol{\theta}}\}$ 可由下式估计：

$$\hat{P}\{F_{\boldsymbol{x},\boldsymbol{\theta}}\}=\frac{1}{N_{\boldsymbol{\theta}}}\sum_{i=1}^{N_{\boldsymbol{\theta}}} I_{F_{\boldsymbol{x},\boldsymbol{\theta}}}(\boldsymbol{x}_i)=\frac{M_F}{N_{\boldsymbol{\theta}}} \tag{11-30}$$

(9)从步骤(8)的失效样本中选出分布参数的失效样本 $\boldsymbol{\Theta}^F=\{\boldsymbol{\theta}_1^F,\boldsymbol{\theta}_2^F,\cdots,\boldsymbol{\theta}_{M_F}^F\}^{\mathrm{T}}$，利用概率密度函数估计方法估计出分布参数的条件联合概率密度函数 $\hat{f}_{\boldsymbol{\Theta}}(\boldsymbol{\theta} \mid F_{\boldsymbol{x},\boldsymbol{\theta}})$。

(10)将 $\hat{P}\{F_{\boldsymbol{x},\boldsymbol{\theta}}\}$ 和 $\hat{f}_{\boldsymbol{\Theta}}(\boldsymbol{\theta} \mid F_{\boldsymbol{x},\boldsymbol{\theta}})$ 代入式(11－21)中，即可得到失效概率函数。

基于 Bayes 公式的 AK－MCS 方法求解失效概率函数的流程图如图 11－8 所示。

11.3.4 算例分析及算法参考程序

本小节采用三个算例来验证基于 Bayes 公式的 MCS 方法和基于 Bayes 公式的 AK－MCS 方法在求解失效概率函数时的效率和精度。使用 True 表示解析法，DLMCS 表示双层 Monte Carlo 方法，B－MCS 表示基于 Bayes 公式的 MCS 方法，B－AK－MCS 表示基于 Bayes 公式的 AK－MCS 方法。对于 Bayes 公式方法中的条件概率密度的估计，一维情况下分别使用了基于分数矩约束的极大熵方法(FFM－MaxEnt)，基于一阶整数矩约束的极大熵方法(F－MaxEnt)基于二阶整数矩约束的极大熵方法(S－MaxEnt)和核密度函数估计法(KDE)，二维

情况仅使用了 KDE 方法。

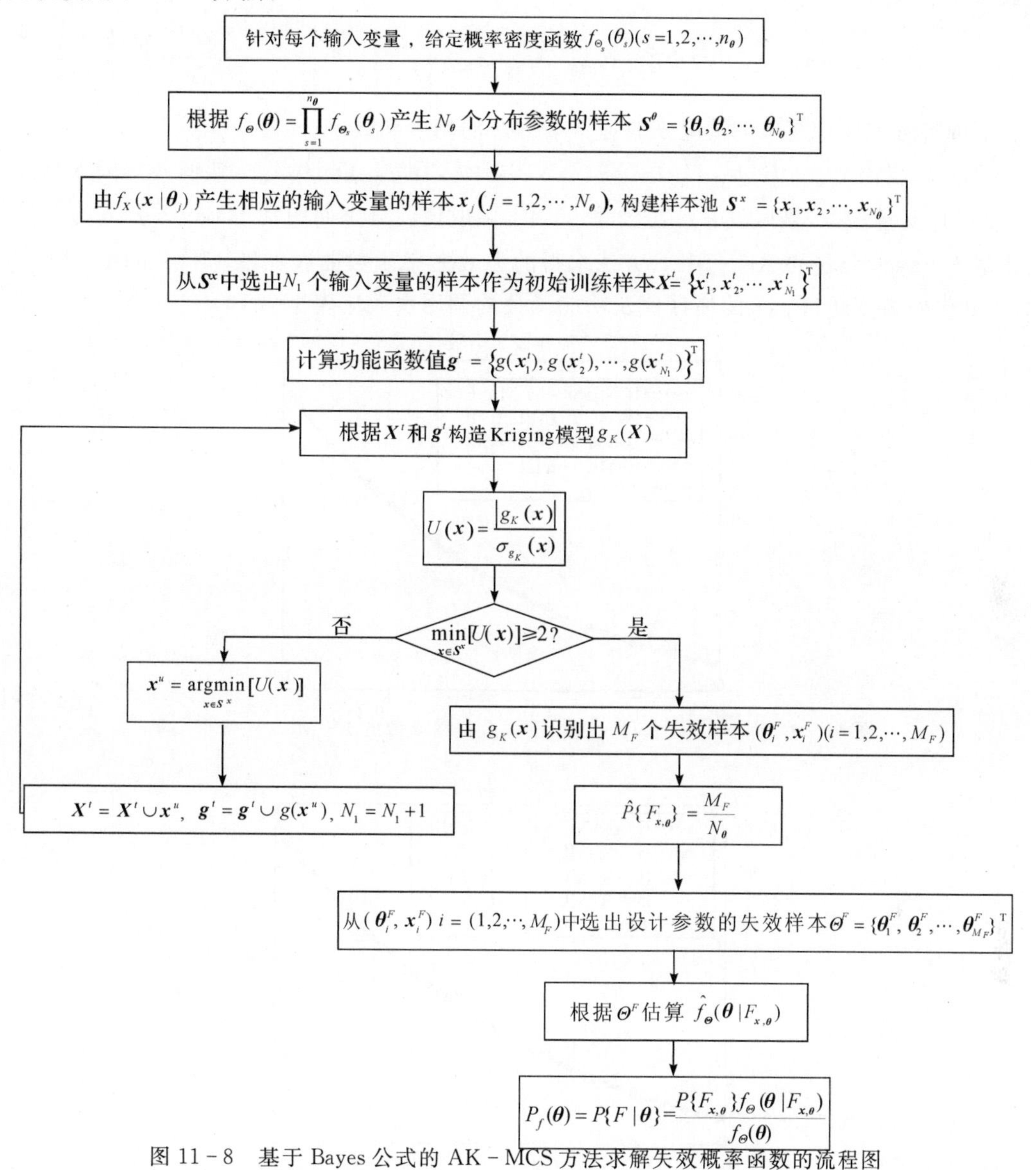

图 11-8　基于 Bayes 公式的 AK-MCS 方法求解失效概率函数的流程图

算例 11.3　考虑结构的功能函数为 $g(X_1,X_2)=4-X_1-X_2$，其中输入变量 X_1 和 X_2 相互独立并且服从正态分布。对线性的功能函数并且输入是相互独立的正态变量的情况，可以利用一次二阶矩方法得到失效概率函数的解析解。功能函数的均值和标准差分别为

$$\mu_g=4-\mu_{X_1}-\mu_{X_2} \tag{11-31}$$

$$\sigma_g=\sqrt{\sigma_{X_1}^2+\sigma_{X_2}^2} \tag{11-32}$$

其中 μ_{X_1}、μ_{X_2}、σ_{X_1} 和 σ_{X_2} 分别是输入变量 X_1 和 X_2 的均值和标准差。可靠度指标 $\beta(\mu_{X_1},\mu_{X_2},\sigma_{X_1},\sigma_{X_2})$ 为

$$\beta(\mu_{X_1},\mu_{X_2},\sigma_{X_1},\sigma_{X_2})=\frac{\mu_g}{\sigma_g}=\frac{4-\mu_{X_1}-\mu_{X_2}}{\sqrt{\sigma_{X_1}^2+\sigma_{X_2}^2}} \tag{11-33}$$

失效概率函数为

$$P_f(\mu_{X_1},\mu_{X_2},\sigma_{X_1},\sigma_{X_2})=\Phi[-\beta(\mu_{X_1},\mu_{X_2},\sigma_{X_1},\sigma_{X_2})]=\Phi\left[-\frac{4-\mu_{X_1}-\mu_{X_2}}{\sqrt{\sigma_{X_1}^2+\sigma_{X_2}^2}}\right] \quad (11-34)$$

下面将考虑两种简单的情况来验证本节方法的精度和效率。

情况 1:假设 $X_1 \sim N(\mu_{X_1},1^2)$，$X_2 \sim N(0,1^2)$，且 $\mu_{X_1}\in[0,1]$，即输入变量 X_1 的均值 μ_{X_1} 是设计变量参数，且假设 μ_{X_1} 在区间 $[0,1]$ 内取值。分别使用基于 Bayes 公式的 MCS 方法和基于 Bayes 公式的 AK－MCS 方法求得的失效概率函数曲线如图 11－9 和图 11－10 所示，扩展失效概率 $P\{F_{x,\theta}\}$ 的估计值及功能函数的调用次数见表 11－10。

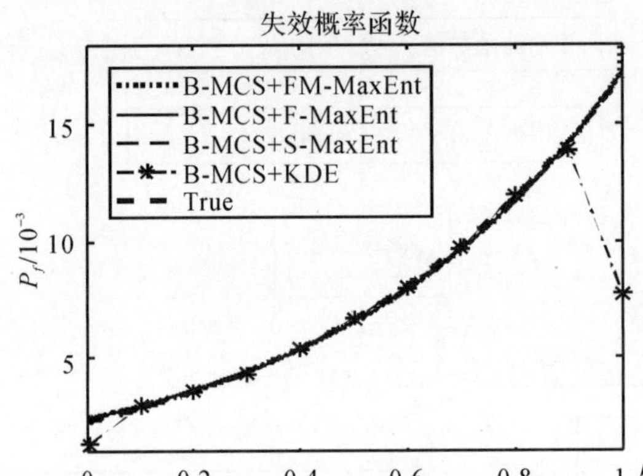

图 11－9　算例 11.3 单设计变量下失效概率函数的 B－MCS 法计算结果

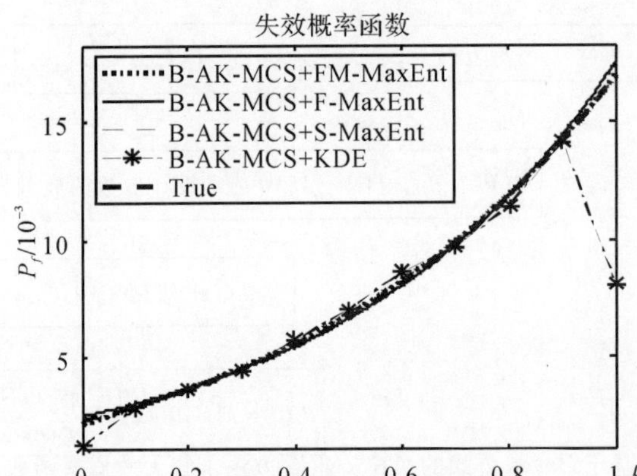

图 11－10　算例 11.3 单设计变量下失效概率函数的 B－AK－MCS 法计算结果

表 11－10　算例 11.3 单设计变量下扩展失效概率的估计值及功能函数的调用次数

方法	$P\{F_{x,\theta}\}$	功能函数调用次数
B－MCS	0.007 6	10^6
B－AK－MCS	0.007 7	15

从计算结果可以看出，相对于解析方法，基于 Bayes 公式的 MCS 方法和基于 Bayes 公式的 AK－MCS 方法在求解失效概率函数时均具有较高的精度，且相比于基于 Bayes 公式的 MCS 方法，基于 Bayes 公式的 AK－MCS 方法极大地提高了计算效率。同时，可以看出相比于 KDE 方法，基于极大熵的密度估计方法具有更高的估算精度。但基于极大熵的密度估计方法仅适用于一维密度估计，因此对于本算例的情况 2 中的二维密度估计只能采取 KDE

方法。

情况 2：$X_1 \sim N(\mu_{X_1},1^2)$，$X_2 \sim N(\mu_{X_2},1^2)$，且 $\mu_{X_1} \in [0,1]$，$\mu_{X_2} \in [0,1]$。分别使用基于 Bayes 公式的 MCS 方法和基于 Bayes 公式的 AK－MCS 方法求得的失效概率函数曲线如图 11－11 所示，$P\{F_{x,\theta}\}$ 的估计值及功能函数的调用次数见表 11－11。

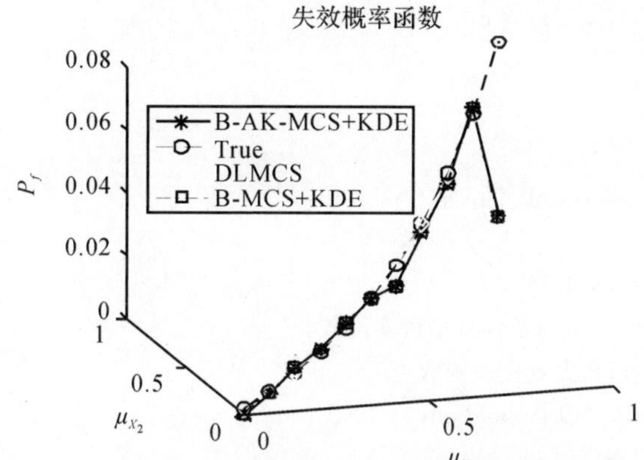

图 11－11　算例 11.3 多设计变量下失效概率函数计算结果

表 11－11　算例 11.3 多设计变量下扩展失效概率的估计值及功能函数的调用次数

方法	$P\{F_{x,\theta}\}$	功能函数调用次数
B－MCS	0.021 1	10^4
B－AK－MCS	0.021 0	17

由图 11－11 和表 11－11 可以看出，基于 Bayes 公式的 MCS 方法和基于 Bayes 公式的 AK－MCS 方法所估计出的失效概率函数在大部分区域与解析解是一致的，在边缘处出现误差的原因可能是由于 KDE 方法在估算二维联合概率密度函数时所带来的误差。

算例 11.3 B－MCS 法估算失效概率函数的 MATLAB 程序见表 11－12。

表 11－12　算例 11.3 B－MCS 法估算失效概率函数的 MATLAB 程序

```
clear;
clc;
g=@(x) 4-x(:,1)-x(:,2);%功能函数
N=10^6;       %抽样次数
fu=1;         %参数假设为均匀分布时的概率密度函数
uf=unifrnd(0,1,N,1);%参数的样本
x1=normrnd(uf,1,N,1);%随机变量的样本
x2=normrnd(0,1,N,1);
S=[x1 x2];  %candidate no.

m=find(g(S)<=0);M=length(m);pf=M/N
U_F=uf(m,:);


mu=sum(U_F)/length(U_F);    %分布参数样本的均值
vu=sum(U_F.^2)/length(U_F);%分布参数样本的二阶矩

%%%基于分数矩的极大熵方法
```

```
[xN,lamda0,f]=MaxEnt_F_PDF(U_F); %最大熵法估计失效概率函数
syms theta;
Pf_t=f(theta) * pf/1;  %失效概率函数
JDS_FM=ezplot(Pf_t,[0,1]);hold on;
set(JDS_FM,'LineStyle',':','LineWidth',2);

%一阶极大熵法
syms a1 x;
g=int(x * exp(a1 * x),x,0,1)/int(exp(a1 * x),x,0,1)-mu;
a1=solve(g,a1);
a0=-log(int(exp(a1 * x),x,0,1));
f_theta1=exp(a0+a1 * theta);%条件概率密度函数
pf_theta1=pf * f_theta1/1;%失效概率函数
JDS_F1=ezplot(pf_theta1,[0,1]);hold on;
set(JDS_F1,'LineStyle','-');

%二阶极大熵法
syms b0 b1 b2;
f1=int(x * exp(b1 * x+b2 * x^2),x,0,1)/int(exp(b1 * x+b2 * x^2),x,0,1)-mu;
f2=int(x^2 * exp(b1 * x+b2 * x^2),x,0,1)/int(exp(b1 * x+b2 * x^2),x,0,1)-vu;
[b1,b2]=solve(f1,f2,'b1,b2');
b0=-log(int(exp(b1 * x+b2 * x^2),x,0,1));
f_theta2=exp(b0+b1 * theta+b2 * theta^2);%条件概率密度函数
pf_theta2=pf * f_theta2/1;%失效概率函数
JDS_F2=ezplot(pf_theta2,[0,1]);hold on;
set(JDS_F2,'LineStyle','--');

%核密度函数估计法
U=[0 0.1 0.2 0.3 0.4 0.5 0.6 0.7 0.8 0.9 1]';
[aa bb]=ksdensity(U_F);
C=interp1(bb,aa,U,'Linear','extrap');
pf_theta_K=C * pf/fu;
KDE_F=plot(U,pf_theta_K,'m * -.');hold on;    % KDE

%%AFOSM法(精确解)
syms theta s;
miug=4-theta;%%功能函数的均值
sgmag=sqrt(2);%%功能函数的标准差
beta=miug/sgmag;%%可靠度
Pf_true=int(1/sqrt(2 * pi) * exp(-s^2/2),s,-inf,-beta);%%失效概率函数
Ture_F=ezplot(Pf_true,[0,1]);                    %True
set(Ture_F,'LineStyle','--','LineWidth',2);
```

```
legend('B-MCS+FM-MaxEnt','B-MCS+F-MaxEnt','B-MCS+S-MaxEnt','B-MCS+
KDE','True');
xlabel('')
title('失效概率函数')
```

算例 11.3 B-AK-MCS 法估算失效概率函数的 MATLAB 程序见表 11-13。

表 11-13　算例 11.3 B-AK-MCS 法估算失效概率函数的 MATLAB 程序

```
clear;
clc;
g=@(x) 4-x(:,1)-x(:,2);%功能函数
N=10^6;        %抽样次数
fu=1;          %参数假设为均匀分布时的概率密度函数
uf=unifrnd(0,1,N,1);%参数的样本
x1=normrnd(uf,1,N,1);%随机变量的样本
x2=normrnd(0,1,N,1);
S=[x1 x2];  %candidate no.

S1=S; N1=N; %candidate no.
m=10;  %initial no.
X_t=S1(5:14,:); Ncall=length(X_t(:,1));
S1(5:14,:)=[]; N1=N1-Ncall;
Y_t=g(X_t);

while Ncall<10^6

    k=oodacefit(X_t,Y_t);    %Kriging model
    [y,s2]=k.predict(S1);

    U=abs(y)./sqrt(s2);
    [a,b]=min(U);

    a
    if a>=2,break; end

   X_new=S1(b,:);
   S1(b,:)=[]; N1=N1-1;

   X_t=[X_t;X_new];
   Y_t=[Y_t;g(X_new)];

  Ncall=Ncall+1
```

```
end

[y,s2]=k.predict(S);
m=find(y<=0);
M=length(m);
pf=M/N
U_F=uf(m,:);

mu=sum(U_F)/length(U_F);    %分布参数样本的均值
vu=sum(U_F.^2)/length(U_F);%分布参数样本的二阶矩

%%%基于分数矩的极大熵方法
[xN,lamda0,f]=MaxEnt_F_PDF(U_F);%最大熵法估计失效概率函数
syms theta;
Pf_t=f(theta)*pf/1;  %失效概率函数
JDS_FM=ezplot(Pf_t,[0,1]);hold on;
set(JDS_FM,'LineStyle',':','LineWidth',2);

%一阶极大熵法
syms a1 x;
g=int(x*exp(a1*x),x,0,1)/int(exp(a1*x),x,0,1)-mu;
a1=solve(g,a1);
a0=-log(int(exp(a1*x),x,0,1));
f_theta1=exp(a0+a1*theta);%条件概率密度函数
pf_theta1=pf*f_theta1/1;%失效概率函数
JDS_F1=ezplot(pf_theta1,[0,1]);hold on;
set(JDS_F1,'LineStyle','-');

%二阶极大熵法
syms b0 b1 b2;
f1=int(x*exp(b1*x+b2*x^2),x,0,1)/int(exp(b1*x+b2*x^2),x,0,1)-mu;
f2=int(x^2*exp(b1*x+b2*x^2),x,0,1)/int(exp(b1*x+b2*x^2),x,0,1)-vu;
[b1,b2]=solve(f1,f2,'b1,b2');
b0=-log(int(exp(b1*x+b2*x^2),x,0,1));
f_theta2=exp(b0+b1*theta+b2*theta^2);%条件概率密度函数
pf_theta2=pf*f_theta2/1;%失效概率函数
JDS_F2=ezplot(pf_theta2,[0,1]);hold on;
set(JDS_F2,'LineStyle','--');

%核密度函数估计法
U=[0 0.1 0.2 0.3 0.4 0.5 0.6 0.7 0.8 0.9 1]';
[aa bb]=ksdensity(U_F);
C=interp1(bb,aa,U,'Linear','extrap');
```

```
pf_theta_K=C * pf/fu;
KDE_F=plot(U,pf_theta_K,'m * -.');hold on;    % KDE
%%AFOSM 法(精确解)
syms theta s;
miug=4-theta;%%功能函数的均值
sgmag=sqrt(2);%%功能函数的标准差
beta=miug/sgmag;%%可靠度
Pf_true=int(1/sqrt(2 * pi) * exp(-s^2/2),s,-inf,-beta);%%失效概率函数
Ture_F=ezplot(Pf_true,[0,1]);                    %True
set(Ture_F,'LineStyle','--','LineWidth',2);
legend('B-AK-MCS+FM-MaxEnt','B-AK-MCS+F-MaxEnt','B-AK-MCS+S-MaxEnt','
B-AK-MCS+KDE','True');
xlabel('')
title('失效概率函数')
```

算例 11.4　重新考虑算例 11.2。单设计变量情况下使用基于 Bayes 公式的 MCS 方法和基于 Bayes 公式的 AK - MCS 方法求得的失效概率函数曲线分别如图 11 - 12 和图 11 - 13 所示。多设计变量情况下使用基于 Bayes 公式的 MCS 方法和基于 Bayes 公式的 AK - MCS 方法求得的失效概率函数曲线如图 11 - 14 所示。单设计变量下和多设计变量下 $P\{F_{x,\theta}\}$ 的估计值及功能函数的调用次数分别见表 11 - 14 和表 11 - 15。

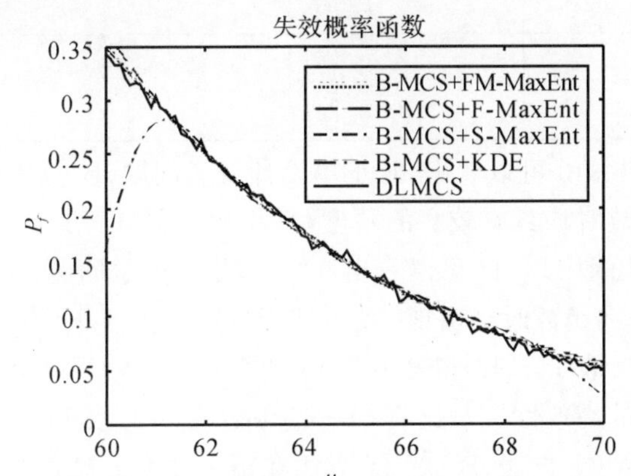

图 11 - 12　算例 11.4 单设计变量下失效概率函数的 B - MCS 法计算结果

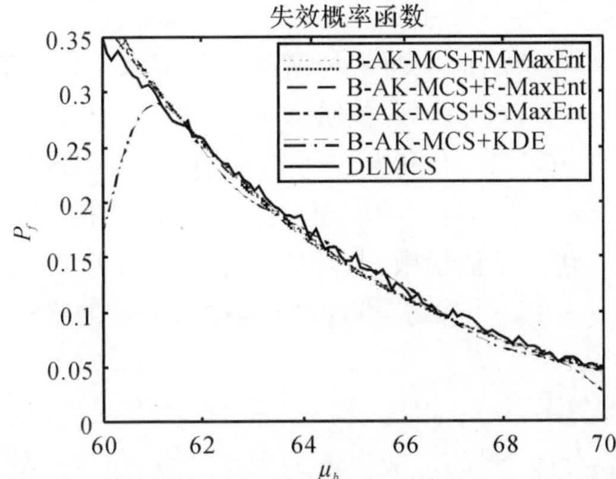

图 11 - 13　算例 11.4 单设计变量下失效概率函数的 B - AK - MCS 法计算结果

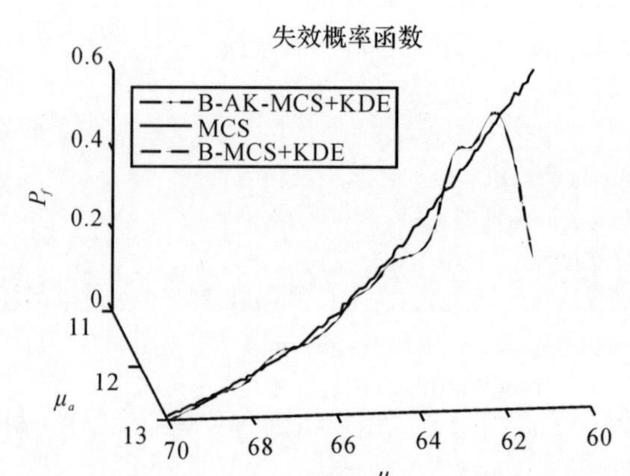

图 11-14　算例 11.4 多设计变量下失效概率函数的计算结果

表 11-14　算例 11.4 单设计变量下扩展失效概率的估计值及功能函数的调用次数

方法	$P\{F_{x,\theta}\}$	功能函数调用次数
B-MCS	0.165 2	10^4
B-AK-MCS	0.165 2	69

表 11-15　算例 11.4 多设计变量下扩展失效概率的估计值及功能函数的调用次数

方法	$P\{F_{x,\theta}\}$	功能函数调用次数
B-MCS	0.173 3	10^4
B-AK-MCS	0.173 3	73

由图 11-12 和图 11-13 可以看出，对于单设计变量问题，B-MCS 方法和 B-AK-MCS 方法在求解失效概率函数时均具有较高的精度，且相比于 KDE 方法，极大熵方法在拟合概率密度函数时更为准确。由图 11-14 可以看出，对于多设计变量问题，B-MCS 方法和 B-AK-MCS 方法在求解失效概率函数时会出现一定的误差，这是由于 KDE 方法在拟合二维联合密度时精度不高所造成的。表 11-14 和表 11-15 证明了 B-MCS 方法和 B-AK-MCS 方法在求解失效概率函数时的高效性。对比表 11-4 和表 11-14，表 11-5 和表 11-15，可以看出相比于 11.1 节中的 DLMCS 方法，B-MCS 方法在很大程度上提高了失效概率函数的计算效率，此外在 AK-MaxEnt 和 B-AK-MCS 两种 AK 方法中，B-AK-MCS 方法调用功能函数的次数更少，更具高效性。

算例 11.5　如图 11-15 所示的平面十杆结构。其中水平杆和竖直杆的长度均为 L；每根杆的截面积为 $A_i(i=1,2,\cdots,10)$；弹性模量为 E；P_1、P_2 和 P_3 为作用在图上所示位置的外载荷。设 L，$A_i(i=1,2,\cdots,10)$，E 和 $P_j(j=1,2,3)$ 为 15 个服从正态分布的输入变量，分布参数见表 11-16。经有限元分析可以绘制出该结构的位移图如图 11-16 所示。以 2 节点纵向位移不超过 0.003 2m 建立功能函数，其功能函数可表示为 $Y=g=0.003\,2-|\Delta_2|$。其中 $\Delta_2=\Delta(L,A_i,E,P_j)$ $(i=1,2,\cdots,10,j=1,2,3)$ 为输入变量的隐式函数，隐式函数关系由有限元模型确定。

在本算例中，设计变量选择为 μ_L，且假设 $\mu_L\in[0.8,1]$。在使用 11.1 节中的 DLMCS 方法计算失效概率函数时，分布参数 μ_L 被离散为 100 个点，每个点处计算结构失效概率所需

的样本量为 10^5，因此 DLMCS 方法总的计算量为 $N_{DLMCS}=100\times10^5=10^7$。分别使用基于 Bayes 公式的 MCS 方法和基于 Bayes 公式的 AK－MCS 方法求得的失效概率函数曲线如图 11－17 和图 11－18 所示，$P\{F_{x,\theta}\}$ 的估计值及功能函数的调用次数见表 11－17。对比所得结果，可以得到与前述算例一致的结论。本节方法只要分布参数的条件联合概率密度函数能够拟合准确，那么就能得到较好的失效概率函数的近似，且相比于 DLMCS 方法计算量大大降低。

表 11－16　平面十杆算例输入变量的分布情况

输入变量	L /m	A_i /m²	E/ GPa	P_1 /kN	P_2 /kN	P_3/ kN
均值	μ_L	0.001	100	80	10	10
变异系数	0.05	0.05	0.05	0.05	0.05	0.05

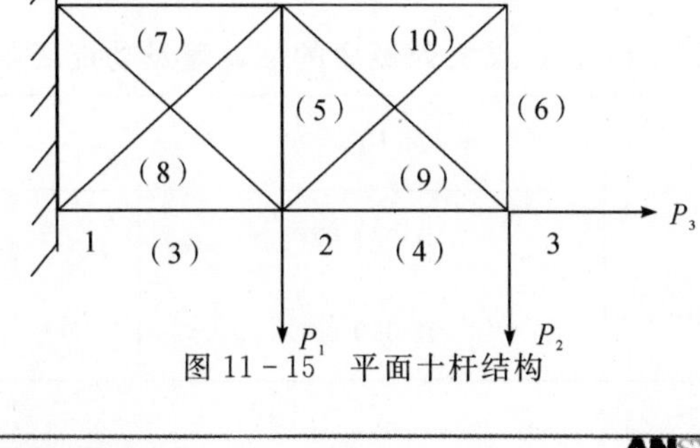

图 11－15　平面十杆结构

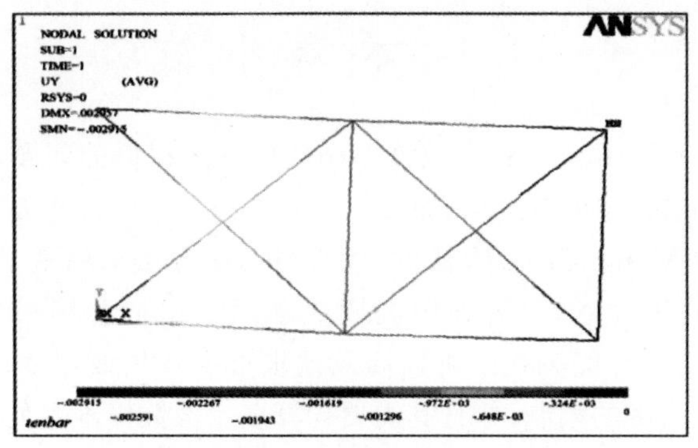

图 11－16　平面十杆结构的有限元分析结果

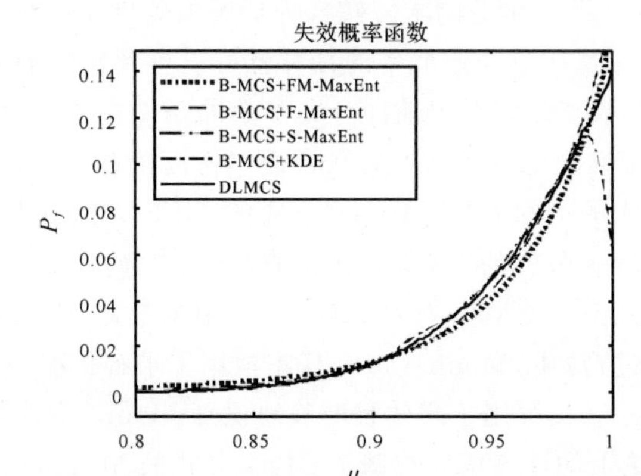

图 11－17　算例 11.5 失效概率函数的 B－MCS 方法计算结果

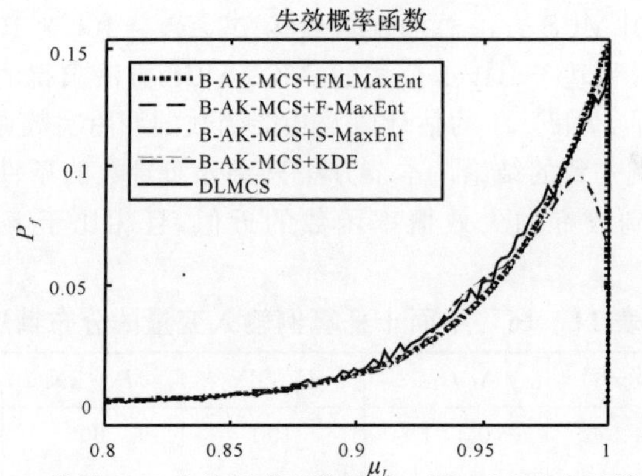

图 11-18　算例 11.5 失效概率函数的 B-AK-MCS 方法计算结果

表 11-17　算例 11.5 扩展失效概率的估计值及功能函数的调用次数

方法	$P\{F_{x,\theta}\}$	功能函数调用次数
B-MCS	0.031 02	10^5
B-AK-MCS	0.030 90	195

11.4　本章小结

针对双层 Monte Carlo 方法求解失效概率函数计算效率低的问题，本章介绍了两种高效的估算失效概率函数的方法，即自主学习 Kriging 方法和 Bayes 公式方法。自主学习 Kriging 方法可以看作是对双层 Monte Carlo 方法的一种改进，该方法采用基于分数矩约束的极大熵方法高效地求解内层的失效概率，对外层失效概率函数的拟合则采用了一种自主学习的 Kriging 模型。该方法的主要优势在于可以高效地求解高维失效概率函数，但其计算精度受到极大熵方法求解失效概率的限制，并且其需要计算多个参数样本点处的失效概率，对于一些复杂问题的适应性较差。

Bayes 公式可以将失效概率函数的求解转换为扩展失效概率和分布参数的条件联合概率密度函数的求解，它只需一次扩展失效概率的计算就可以得到完整的 $P_f(\boldsymbol{\theta})$，因而效率较高。基于 Bayes 公式的方法的缺点是它需要估计分布参数的条件概率密度函数，而目前已有的概率密度函数估计方法很难准确地估计高维的联合概率密度函数。本章 11.3 节基于 Bayes 公式介绍了两种求解 $P_f(\boldsymbol{\theta})$ 的方法：基于 Bayes 公式的 MCS 方法和基于 Bayes 公式的 AK-MCS 方法。其中基于 Bayes 公式的 MCS 方法是直接方法，而基于 Bayes 公式的 AK-MCS 方法则是将自主学习 Kriging 模型嵌入到 MCS 方法中来提高 $P_f(\boldsymbol{\theta})$ 的计算效率。在基于 Bayes 公式的 AK-MCS 方法中，Monte Carlo 样本池用来求解扩展失效概率和条件联合概率密度函数，自主学习 Kriging 模型用于高效且准确地识别 Monte Carlo 样本池中的失效样本。该方法的优势在于其理论上的计算精度与基于 Bayes 公式的 MCS 方法相同，而计算量却只存在于构造 Kriging 模型中。

参 考 文 献

[1] REDDY M V, GRANDHI R V, Hopkins D A. Reliability-based structural optimization: a simplified safety index approach[J]. Computer and Structure, 1994, 53(6): 1407 - 1418.

[2] ENEVOLDSEN I, SORENSEN J D. Reliability-based optimization in structural engineering[J]. Structural Safety, 1994, 15: 169 - 196.

[3] GASSER M, SCHUELLER G I. Reliability-based optimization of structural systems [J]. Mathematical Methods of Operations Research, 1997, 46(3): 287 - 307.

[4] JENSEN H A. Structural optimization of linear dynamical systems under stochastic excitation: a moving reliability database approach[J]. Computer Methods in Applied Mechanics and Engineering, 2005, 194(12 - 16): 1757 - 1778.

[5] BJERAGER P, KRENK S. Parametric sensitivity in first order reliability theory[J]. Journal of Engineering Mechanics. 1989, 115(7): 1577 - 1582.

[6] ENEVOLDSEN I. Sensitivity analysis or reliability-based optimal solution[J]. Journal of Engineering Mechanics, 1994, 120(1): 198 - 205.

[7] ZHANG X F, MAHESH D, PANDEY M. Structural reliability analysis based on the concepts of entropy, fractional moment and dimensional reduction method[J]. Structural Safety, 2013, 43 (9): 28 - 40.

[8] GZYL H, TAGLIANI A. Hausdorff moment problem and fractional moments[J]. Applied Mathematics and Computation, 2010, 216(11): 3319 - 3328.

[9] 凌春燕，吕震宙，员婉莹. 失效概率函数求解的高效算法[J]. 国防科技大学学报，2018，40(3)：159 - 167.

[10] ZHANG X, PANDEY M, ZHANG Y. A numerical method for structural uncertainty response computation[J]. Science China Technological Sciences, 2011, 54 (12): 3347 - 3357.

[11] AU S K. Reliability-based design sensitivity by effcient simulation[J]. Computers and Structures, 2005, 83(14): 1048 - 1061.

[12] ECHARD B, GAYTON N, LEMAIRE M. AK - MCS: An active learning reliability method combining Kriging and Monte Carlo Simulation[J]. Structural Safety, 2011, 33(2): 145 - 154.

第 12 章　基于失效概率的全局灵敏度分析

本章主要介绍基于失效概率的全局灵敏度分析，其目的是为了分析输入变量在其不确定性的全域变化时对结构失效概率的影响。相比较于传统的局部可靠性灵敏度，基于失效概率的全局灵敏度能够更全面衡量输入变量在其整个分布域内变化时对结构失效概率的平均影响。通过基于失效概率的全局灵敏度分析，可以得到显著影响结构失效概率的不确定性因素，从而有助于结构的可靠性设计。

12.1　基于失效概率的全局灵敏度指标的定义

12.1.1　基于绝对值差异的指标定义[1]

假设 $Y=g(\boldsymbol{X})$ 为结构的功能函数，$\boldsymbol{X}=\{X_1,X_2,\cdots,X_n\}^{\mathrm{T}}$ 为结构的 n 维随机输入变量，其联合概率密度函数记为 $f_{\boldsymbol{X}}(\boldsymbol{x})$。对于相互独立的输入变量，可以将其联合概率密度函数表示为 $f_{\boldsymbol{X}}(\boldsymbol{x})=\prod_{i=1}^{n}f_{X_i}(x_i)$，其中 $f_{X_i}(x_i)$ 为输入变量 X_i 的概率密度函数。根据定义，可以将结构的失效概率表示为

$$P\{F\}=\int_F f_{\boldsymbol{X}}(\boldsymbol{x})\mathrm{d}\boldsymbol{x}=\int_{R^n}I_F(\boldsymbol{x})f_{\boldsymbol{X}}(\boldsymbol{x})\mathrm{d}\boldsymbol{x}=E[I_F(\boldsymbol{x})] \tag{12-1}$$

其中，$F=\{\boldsymbol{x}:g(\boldsymbol{x})\leqslant 0\}$ 表示结构系统的失效域，$I_F(\boldsymbol{x})$ 表示失效域指示函数，当 $\boldsymbol{x}\in F$ 时，$I_F(\boldsymbol{x})=1$，当 $\boldsymbol{x}\notin F$ 时，$I_F(\boldsymbol{x})=0$，$E[\cdot]$ 表示期望运算。

为了分析输入变量 X_i 的不确定性对结构失效概率的影响，考虑输入变量 X_i 固定时结构的条件失效概率 $P\{F\mid X_i\}$，即

$$P\{F\mid X_i\}=\int I_F(\boldsymbol{x}\mid X_i)f_{\boldsymbol{X}_{\sim i}}(\boldsymbol{x}_{\sim i})\mathrm{d}\boldsymbol{x}_{\sim i}=E_{\boldsymbol{X}_{\sim i}}[I_F(\boldsymbol{X}\mid X_i)] \tag{12-2}$$

其中，$\boldsymbol{X}_{\sim i}=(X_1,\cdots,X_{i-1},X_{i+1},\cdots,X_n)$ 表示除了 X_i 以外的其他输入变量，$f_{\boldsymbol{X}_{\sim i}}(\boldsymbol{x}_{\sim i})$ 表示 $\boldsymbol{X}_{\sim i}$ 的联合概率密度函数。

那么，输入变量 X_i 对结构失效概率的影响可以通过 $P\{F\}$ 与 $P\{F\mid X_i\}$ 的差异来表示[1]，即

$$s(X_i)=\left|P\{F\}-P\{F\mid X_i\}\right| \tag{12-3}$$

可以看出，式(12-3)仅仅是关于 X_i 的函数，而 X_i 是具有概率密度函数 $f_{X_i}(x_i)$ 的随机变量，所以可以利用 $s(X_i)$ 的期望表示输入变量 X_i 在其分布区域内随机取值时对结构失效概率的平均影响，即

$$E_{X_i}[s(X_i)]=\int s(x_i)f_{X_i}(x_i)\mathrm{d}x_i \tag{12-4}$$

为了得到一个标准化的指标，可以定义如下输入变量 X_i 对结构失效概率的全局灵敏度指标：

$$\delta_i^{P\{F\}} = \frac{1}{2} E_{X_i} \left[s(X_i) \right] \tag{12-5}$$

$\delta_i^{P\{F\}}$ 表示单个输入变量 X_i 的不确定性对结构失效概率的平均影响。

对于任意一组输入变量 $\boldsymbol{X_I} = \{X_{i_1}, X_{i_2}, \cdots, X_{i_r}\}^{\mathrm{T}}$（$2 \leqslant r \leqslant n$），类似地，基于失效概率的全局灵敏度指标可以定义为

$$\begin{aligned} \delta_{i_1,i_2,\cdots,i_r}^{P\{F\}} &= \frac{1}{2} E_{X_{i_1},X_{i_2},\cdots,X_{i_r}} \left[s(X_{i_1}, X_{i_2}, \cdots, X_{i_r}) \right] \\ &= \frac{1}{2} \int \left| P\{F\} - P\{F \mid x_{i_1}, x_{i_2}, \cdots, x_{i_r}\} \right| f_{X_{i_1},X_{i_2},\cdots,X_{i_r}}(x_{i_1}, x_{i_2}, \cdots, x_{i_r}) \mathrm{d}x_{i_1} \mathrm{d}x_{i_2} \cdots \mathrm{d}x_{i_r} \end{aligned} \tag{12-6}$$

$\delta_{i_1,i_2,\cdots,i_r}^{P\{F\}}$ 表示一组输入变量 $\boldsymbol{X_I} = (X_{i_1}, X_{i_2}, \cdots, X_{i_r})$ 的不确定性对结构失效概率的联合影响。基于失效概率的全局灵敏度指标具有如下性质：

性质Ⅰ：$\delta_i^{P\{F\}} \geqslant 0$。

性质Ⅱ：$\delta_i^{P\{F\}} = 0$ 表明输入变量 X_i 对结构的失效概率没有影响。

性质Ⅲ：$\delta_{i,j}^{P\{F\}} = \delta_i^{P\{F\}}$ 表明输入变量 X_i 对结构的失效概率有影响，而输入变量 X_j 对结构的失效概率没有影响。

性质Ⅳ：$\delta_i^{P\{F\}} \leqslant \delta_{i,j}^{P\{F\}} \leqslant \delta_i^{P\{F\}} + \delta_{j|i}^{P\{F\}}$。

性质Ⅴ：$\delta_{\max}^{P\{F\}} = \delta_{1,2,\cdots,n}^{P\{F\}}$。

根据定义，可以很容易得到性质Ⅰ、性质Ⅱ和性质Ⅲ，下面将对性质Ⅳ和Ⅴ加以证明。

证明：

根据三角不等式可得

$$\left| P\{F\} - P\{F \mid X_i, X_j\} \right| \leqslant \left| P\{F\} - P\{F \mid X_i\} \right| + \left| P\{F \mid X_i\} - P\{F \mid X_i, X_j\} \right| \tag{12-7}$$

对式(12-7)两边取期望可得

$$\begin{aligned} \delta_{i,j}^{P\{F\}} = \frac{1}{2} E_{X_i X_j} \left| P\{F\} - P\{F \mid X_i, X_j\} \right| \leqslant \frac{1}{2} E_{X_i X_j} \left| P\{F\} - P\{F \mid X_i\} \right| + \\ \frac{1}{2} E_{X_i X_j} \left| P\{F \mid X_i\} - P\{F \mid X_i, X_j\} \right| \end{aligned} \tag{12-8}$$

由于 $P\{F \mid X_i\}$ 仅与 X_i 有关而与 X_j 无关，从而有

$$\frac{1}{2} E_{X_i X_j} \left| P\{F\} - P\{F \mid X_i\} \right| = \frac{1}{2} E_{X_i} \left| P\{F\} - P\{F \mid X_i\} \right| = \delta_i^{P\{F\}} \tag{12-9}$$

另有

$$\frac{1}{2} E_{X_i X_j} \left| P\{F \mid X_i\} - P\{F \mid X_i, X_j\} \right| = \delta_{j|i}^{P\{F\}} \tag{12-10}$$

且 $\delta_{j|i}^{P\{F\}} \geqslant 0$，从而可以得到 $\delta_{i,j}^{P\{F\}} \leqslant \delta_i^{P\{F\}} + \delta_{j|i}^{P\{F\}}$。再结合性质Ⅲ便可得到性质Ⅳ。

根据性质Ⅳ可得

$$\delta_i^{P\{F\}} \leqslant \delta_{i,j}^{P\{F\}}, \quad \delta_{i,j}^{P\{F\}} \leqslant \delta_{i,j,k}^{P\{F\}}, \quad \cdots \tag{12-11}$$

从而可以得到 $\max \delta_{i_1,i_2,\cdots,i_r}^{P\{F\}} = \delta_{1,2,\cdots,n}^{P\{F\}}$。

根据定义可以看出，为了估计 $\delta_i^{P\{F\}}$，需要先估计出结构的无条件失效概率 $P\{F\}$ 以及当

X_i 取不同值时结构的条件失效概率 $P\{F \mid X_i\}$，因而已有的许多用于估计结构失效概率的方法均可用来估计 $\delta_i^{P\{F\}}$。下面介绍一种经典的蒙特卡罗模拟法，其估计过程如下：

(1)根据输入变量 $\boldsymbol{X}$ 的联合概率密度函数 $f_{\boldsymbol{X}}(\boldsymbol{x})$ 产生一组样本 $\{\boldsymbol{x}^{(1)},\boldsymbol{x}^{(2)},\cdots,\boldsymbol{x}^{(N)}\}^{\mathrm{T}}$，进而根据下式估计结构的无条件失效概率 $P\{F\}$：

$$\hat{P}\{F\}=\frac{1}{N}\sum_{j=1}^{N} I_F(\boldsymbol{x}^{(j)}) \tag{12-12}$$

(2)根据 X_i 的概率密度函数 $f_{X_i}(x_i)$ 产生一组样本 $\{x_i^{(1)},x_i^{(2)},\cdots,x_i^{(N_c)}\}$。针对 X_i 的每一个样本 $x_i^{(j)}$ ($j=1,\cdots,N_c$)，根据 $\boldsymbol{X}_{\sim i}=\{X_1,\cdots,X_{i-1},X_{i+1},\cdots,X_n\}^{\mathrm{T}}$ 的联合概率密度函数 $f_{\boldsymbol{X}_{\sim i}}(\boldsymbol{x}_{\sim i})$ 产生一组样本 $\{\boldsymbol{x}_{\sim i}^{(1)},\boldsymbol{x}_{\sim i}^{(2)},\cdots,\boldsymbol{x}_{\sim i}^{(N)}\}^{\mathrm{T}}$。进而可以根据下式估计结构的条件失效概率 $P\{F \mid X_i=x_i^{(j)}\}$：

$$\hat{P}\{F \mid X_i=x_i^{(j)}\}=\frac{1}{N}\sum_{k=1}^{N} I_F(x_1^{(k)},\cdots,x_{i-1}^{(k)},x_i^{(j)},x_{i+1}^{(k)},\cdots,x_n^{(k)})\ \ (j=1,\cdots,N_c) \tag{12-13}$$

(3)根据下式估计 $\delta_i^{P\{F\}}$：

$$\hat{\delta}_i^{P\{F\}}=\frac{1}{2N_c}\sum_{j=1}^{N_c}\left|\hat{P}\{F\}-\hat{P}\{F \mid X_i=x_i^{(j)}\}\right| \tag{12-14}$$

(4)重复第(2)步至第(3)步，估计出关于所有输入变量的 $\delta_i^{P\{F\}}$。

在上述过程中，估计无条件失效概率 $P\{F\}$ 需要计算功能函数 N 次，估计条件失效概率 $P\{F \mid X_i=x_i\}$ 需要计算功能函数 $n\times N_c\times N$ 次，因而整个过程一共需要计算功能函数 $N+n\times N_c\times N$ 次。

12.1.2 算例分析及算法参考程序

算例 12.1 考虑功能函数

$$Y=g(\boldsymbol{X})=\sin X_1+5\sin^2 X_2+0.1X_3^4\sin X_1 \tag{12-15}$$

其中，所有输入变量相互独立且服从区间 $[-\pi,\pi]$ 上的均匀分布，即 $X_i\sim U(-\pi,\pi)$ ($i=1,2,3$)。估计得到的灵敏度指标 $\delta_i^{P\{F\}}$ 的值见表 12-1，表 12-2 给出了估计 $\delta_i^{P\{F\}}$ 的 MATLAB 参考程序。根据表 12-1 的结果可以看出，输入变量 X_1 的不确定性对失效概率具有最显著的影响，其次为 X_2，X_3 的不确定性对结构失效概率的影响最小。

表 12-1 $\delta_i^{P\{F\}}$ 的估计值

$\delta_1^{P\{F\}}$	$\delta_2^{P\{F\}}$	$\delta_3^{P\{F\}}$
0.104 0	0.071 5	0.043 2

表 12-2 估计 $\delta_i^{P\{F\}}$ 的 MATLAB 参考程序

```
clear;
d = 3;
a = 5; b = 0.1;
g =@(x) sin(x(:,1)) + a * sin(x(:,2)).^2 + b * x(:,3).^4. * sin(x(:,1)); %极限状态函数
x_min = ones(1,3) * (-pi); x_max = ones(1,3) * pi;

N = 2000;  %样本数
delta = ones(1,d);
```

```
q = qrandstream('sobol',d,'Skip',1e3,'Leap',1e2);
x = qrand(q,N);
for i = 1:d
    x(:,i) = unifinv(x(:,i),x_min(i),x_max(i)); %产生输入变量的样本
end
y = g(x);
IF = y<0;
Pf = sum(IF)/N;  %估计无条件失效概率

Nc = 500; %条件变量的样本数
qi = qrandstream('sobol',1,'Skip',1e3,'Leap',1e2);
for i = 1:d
    xi = qrand(qi,Nc);
    xi = unifinv(xi,x_min(i),x_max(i)); %产生条件变量 Xi 的样本
    x_i = x;
    Pf_i = ones(Nc,1);
    for j = 1:Nc
        x_i(:,i) = xi(j);
        y_i = g(x_i);
        IF_i = y_i<0;
        Pf_i(j) = sum(IF_i)/N; %估计条件失效概率
    end
    delta(i) = 0.5 * mean(abs(Pf_i - Pf));  %估计灵敏度指标
end
```

12.1.3　基于平方差异的指标定义

式(12-3)中采用绝对值运算来衡量 $P\{F\}$ 与 $P\{F \mid X_i\}$ 之间的差异，除此之外，也可以采用平方运算来衡量 $P\{F\}$ 与 $P\{F \mid X_i\}$ 之间的差异[2]，即

$$s'(X_i) = [P\{F\} - P\{F \mid X_i\}]^2 \tag{12-16}$$

进而通过对式(12-16)取期望可以定义新的基于失效概率的全局灵敏度指标，即

$$\eta_i^{P\{F\}} = E_{X_i}[s'(X_i)] = \int [P\{F\} - P\{F \mid x_i\}]^2 f_{X_i}(x_i)\mathrm{d}x_i \tag{12-17}$$

$\eta_i^{P\{F\}}$ 同样可以表示输入变量 X_i 的不确定性对结构失效概率的平均影响。类似于式(12-6)，也可以定义针对一组输入变量的全局灵敏度指标。

根据式(12-1)和式(12-2)可以看出，(条件)失效概率可以表示为(条件)失效域指示函数的期望，将其代入式(12-17)可得

$$\eta_i^{P\{F\}} = E_{X_i}[E[I_F(\boldsymbol{X})] - E_{\boldsymbol{X}_{\sim i}}[I_F(\boldsymbol{X} \mid X_i)]]^2 \tag{12-18}$$

根据全期望公式可得 $E_{X_i}[E_{\boldsymbol{X}_{\sim i}}[I_F(\boldsymbol{X} \mid X_i)]] = E[I_F(\boldsymbol{X})]$，即可以将 $E[I_F(\boldsymbol{X})]$ 看作是 $E_{X_{\sim i}}[I_F(\boldsymbol{X} \mid X_i)]$ 的期望，从而根据方差的定义可以将式(12-18)表示为

$$\eta_i^{P\{F\}} = \mathrm{Var}_{X_i}[E_{\boldsymbol{X}_{\sim i}}[I_F(\boldsymbol{X} \mid X_i)]] \tag{12-19}$$

式(12-19)与基于方差的全局灵敏度指标具有相同的形式，只是这里将失效域指示函数

看作是输入-输出函数。对于式(12－19),可以采用另一种更为高效的估计方法[3]。

根据方差的定义,式(12－19)也可以表示为

$$\begin{aligned}\mathrm{Var}_{X_i}\left[E_{\boldsymbol{X}_{\sim i}}\left[I_F(\boldsymbol{X}\mid X_i)\right]\right]&=E_{X_i}\left[E^2_{\boldsymbol{X}_{\sim i}}\left[I_F(\boldsymbol{X}\mid X_i)\right]\right]-E^2_{X_i}\left[E_{\boldsymbol{X}_{\sim i}}\left[I_F(\boldsymbol{X}\mid X_i)\right]\right]\\&=E_{X_i}\left[E^2_{\boldsymbol{X}_{\sim i}}\left[I_F(\boldsymbol{X}\mid X_i)\right]\right]-E^2\left[I_F(\boldsymbol{X})\right]\end{aligned}\tag{12-20}$$

条件期望 $E_{\boldsymbol{X}_{\sim i}}\left[I_F(\boldsymbol{X}\mid X_i)\right]$ 可以表示为

$$E_{\boldsymbol{X}_{\sim i}}\left[I_F(\boldsymbol{X}\mid X_i)\right]=\int I_F(x_1,\cdots,x_i,\cdots,x_n)\prod_{\substack{j=1\\j\neq i}}^{n}f_{X_j}(x_j)\mathrm{d}x_j\tag{12-21}$$

从而可以将 $E_{\boldsymbol{X}_i}\left[E^2_{\boldsymbol{X}_{\sim i}}\left[I_F(\boldsymbol{X}\mid X_i)\right]\right]$ 表示为

$$\begin{aligned}E_{\boldsymbol{X}_i}\left[E^2_{\boldsymbol{X}_{\sim i}}\left[I_F(\boldsymbol{X}\mid X_i)\right]\right]&=\int\left\{\int I_F(x_1,\cdots,x_i,\cdots,x_n)\prod_{j=1,j\neq i}^{n}f_{X_j}(x_j)\mathrm{d}x_j\right\}^2 f_{X_i}(x_i)\mathrm{d}x_i\\&=\int\left\{\int I_F(x_1,\cdots,x_i,\cdots,x_n)I_F(x'_1,\cdots,x_i,\cdots,x'_n)\prod_{j=1,j\neq i}^{n}f_{X_j}(x_j)\mathrm{d}x_j\prod_{j=1,j\neq i}^{n}f_{X'_j}(x'_j)\mathrm{d}x'_j\right\}f_{X_i}(x_i)\mathrm{d}x_i\\&=\iint I_F(x_1,\cdots,x_i,\cdots,x_n)I_F(x'_1,\cdots,x_i,\cdots,x'_n)\prod_{j=1}^{n}f_{X_j}(x_j)\mathrm{d}x_j\prod_{j=1,j\neq i}^{n}f_{X'_j}(x'_j)\mathrm{d}x'_j\end{aligned}\tag{12-22}$$

$E\left[I_F(\boldsymbol{X})\right]$ 可以表示为

$$E\left[I_F(\boldsymbol{X})\right]=\int I_F(x_1,\cdots,x_i,\cdots,x_n)\prod_{j=1}^{n}f_{X_j}(x_j)\mathrm{d}x_j\tag{12-23}$$

根据式(12－20)、式(12－22)和式(12－23)可以得到以下估计 $\eta_i^{P\{F\}}$ 的过程。

(1)根据输入变量 $\boldsymbol{X}$ 的联合概率密度函数 $f_{\boldsymbol{X}}(\boldsymbol{x})$ 产生两组独立同分布的容量为 N 的样本矩阵 $\boldsymbol{A}$ 和 $\boldsymbol{B}$,$\boldsymbol{A}$ 和 $\boldsymbol{B}$ 的每一行分别代表输入变量的一个样本。

$$\boldsymbol{A}=\begin{bmatrix}x_{1,1}&x_{1,2}&\cdots&x_{1,i}&\cdots&x_{1,n}\\x_{2,1}&x_{2,2}&\cdots&x_{2,i}&\cdots&x_{2,n}\\\vdots&\vdots&&\vdots&&\vdots\\x_{N,1}&x_{N,2}&\cdots&x_{N,i}&\cdots&x_{N,n}\end{bmatrix},\quad\boldsymbol{B}=\begin{bmatrix}x'_{1,1}&x'_{1,2}&\cdots&x'_{1,i}&\cdots&x'_{1,n}\\x'_{2,1}&x'_{2,2}&\cdots&x'_{2,i}&\cdots&x'_{2,n}\\\vdots&\vdots&&\vdots&&\vdots\\x'_{N,1}&x'_{N,2}&\cdots&x'_{N,i}&\cdots&x'_{N,n}\end{bmatrix}\tag{12-24}$$

(2)构建样本矩阵 $\boldsymbol{C}_i$,它的第 i 列来自于 $\boldsymbol{A}$,其他各列均来自于 $\boldsymbol{B}$ 。

$$\boldsymbol{C}_i=\begin{bmatrix}x'_{1,1}&x'_{1,2}&\cdots&x_{1,i}&\cdots&x'_{1,n}\\x'_{2,1}&x'_{2,2}&\cdots&x_{2,i}&\cdots&x'_{2,n}\\\vdots&\vdots&&\vdots&&\vdots\\x'_{N,1}&x'_{N,2}&\cdots&x_{N,i}&\cdots&x'_{N,n}\end{bmatrix}\tag{12-25}$$

(3)计算样本矩阵 $\boldsymbol{A}$ 和 $\boldsymbol{C}_i$ 对应的失效域指示函数的值,即

$$I_{F,\boldsymbol{A}}=I_F(\boldsymbol{A}),\quad I_{F,\boldsymbol{C}_i}=I_F(\boldsymbol{C}_i)\tag{12-26}$$

(4)根据下式估计 $\eta_i^{P\{F\}}$:

$$\hat{\eta}_i^{P\{F\}}=\frac{1}{N}\sum_{j=1}^{N}I_{F,\boldsymbol{A}}^{(j)}\cdot I_{F,\boldsymbol{C}_i}^{(j)}-\left(\frac{1}{N}\sum_{j=1}^{N}I_{F,\boldsymbol{A}}^{(j)}\right)^2\tag{12-27}$$

其中,$I_{F,\boldsymbol{A}}^{(j)}$ 和 $I_{F,\boldsymbol{C}_i}^{(j)}$ 分别表示 $I_{F,\boldsymbol{A}}$ 和 $I_{F,\boldsymbol{C}_i}$ 的第 j 行。

在上述过程中，计算矩阵 **A** 对应的失效域指示函数需要计算功能函数 N 次，由于有 n 个输入变量，因而对于矩阵 $\boldsymbol{C}_i$ 共需要计算功能函数 $n\times N$ 次，因而整个过程一共需要计算功能函数 $N+n\times N$ 。相比较于估计 $\delta_i^{P\{F\}}$ 的蒙特卡罗过程，以上估计 $\eta_i^{P\{F\}}$ 的过程所需的计算代价更低。

12.1.4　算例分析及算法参考程序

考虑算例 12.1 所示的功能函数，表 12－3 列出了灵敏度指标 $\eta_i^{P\{F\}}$ 的估计值，结果仍然表明输入变量 X_1 的不确定性对结构失效概率的影响最为显著，其次为 X_2，X_3 的不确定性对结构失效概率的影响最小。这表明两种灵敏度指标都可以有效识别输入变量的相对重要性。

表 12－4 给出了估计 $\eta_i^{P\{F\}}$ 的 MATLAB 参考程序。

表 12－3　$\eta_i^{P\{F\}}$ 的估计值

$\eta_1^{P\{F\}}$	$\eta_2^{P\{F\}}$	$\eta_3^{P\{F\}}$
0.043 1	0.019 6	0.007 6

表 12－4　估计 $\eta_i^{P\{F\}}$ 的 MATLAB 参考程序

```
clear;
d = 3;
a = 5; b = 0.1;
g =@(x) sin(x(:,1)) + a * sin(x(:,2)).^2 + b*x(:,3).^4.*sin(x(:,1)); % 极限状态函数
x_min = ones(1,3)*(-pi); x_max = ones(1,3)*pi;

N = 2000;  %样本数
eta = ones(1,d);
q = qrandstream('sobol',2*d,'Skip',1e2,'Leap',1e2);
x = qrand(q,N);
for i = 1:d
    x(:,i) = unifinv(x(:,i),x_min(i),x_max(i));
    x(:,i+d) = unifinv(x(:,i+d),x_min(i),x_max(i)); %产生两组独立同分布的样本
end
A = x(:,1:d); B = x(:,d+1:end);
yA = g(A); yB = g(B);
IFA = yA<0; IFB = yB<0;

for i = 1:d
    C = B;
    C(:,i) = A(:,i);
    yC = g(C);
    IFC = yC < 0;
    eta(i) = mean(IFA.*IFC) - (mean(IFA))^2; %估计灵敏度指标
end
```

12.2 基于失效概率的全局灵敏度指标的新解释

12.2.1 基于贝叶斯公式的全局灵敏度指标的新解释

早期已有学者提出了一种广义的灵敏度分析方法，该方法通过模型是否能够实现预定的功能将输出响应分为两类，进而通过比较输出响应属于不同类的条件下输入变量的概率分布之间的差异来衡量输入变量对输出响应的影响。在结构可靠性分析中，相比较于功能函数的具体取值，人们更关心其取值的正负，即结构是否失效，因而可以很自然地根据结构失效与否将结构的输出响应分为两类。以下将从输出分类的角度对基于失效概率的全局灵敏度进行解释。

根据贝叶斯公式，可以将条件失效概率 $P\{F \mid X_i\}$ 重新表示为

$$P\{F \mid X_i\} = \frac{P\{F\} f_{X_i}(x_i \mid F)}{f_{X_i}(x_i)} \tag{12-28}$$

其中，$f_{X_i}(x_i \mid F)$ 表示当结构失效时输入变量 X_i 的条件概率密度函数。从而可以将 $\delta_i^{P\{F\}}$ 表示为

$$\begin{aligned}
\delta_i^{P\{F\}} &= \frac{1}{2}\int_{X_i} |P\{F\} - P\{F \mid X_i\}| f_{X_i}(x_i)\mathrm{d}x_i \\
&= \frac{1}{2}\int_{X_i} \left| P\{F\} - \frac{P\{F\} f_{X_i}(x_i \mid F)}{f_{X_i}(x_i)} \right| f_{X_i}(x_i)\mathrm{d}x_i \\
&= \frac{1}{2}P\{F\}\int_{X_i} |f_{X_i}(x_i) - f_{X_i}(x_i \mid F)|\mathrm{d}x_i
\end{aligned} \tag{12-29}$$

对于一个给定的问题，其相应的失效概率 $P\{F\}$ 是一个定值，因此，式(12-29)表明 $\delta_i^{P\{F\}}$ 可以表示输入变量 X_i 的无条件概率密度函数 $f_{X_i}(x_i)$ 与条件概率密度函数 $f_{X_i}(x_i \mid F)$ 之间的差异。从而可以得到以下结论：如果输入变量 X_i 的无条件概率密度函数 $f_{X_i}(x_i)$ 与条件概率密度函数 $f_{X_i}(x_i \mid F)$ 之间有显著的差异，那么表明 X_i 对结构的失效概率有显著的影响；反之，若 $f_{X_i}(x_i)$ 与 $f_{X_i}(x_i \mid F)$ 之间的差异很小，那么表明 X_i 对结构的失效概率没有显著影响。这与基于输出分类的广义灵敏度分析的基本思想是一致的，也就是说，将结构的输出响应根据结构失效与否分为两类，进而通过比较输入变量的无条件概率密度函数与结构失效条件下输入变量的条件概率密度函数之间的差异来衡量输入变量对结构失效概率的影响。

根据式(12-29)可以看出，为了估计 $\delta_i^{P\{F\}}$，只需要估计出结构的失效概率 $P\{F\}$ 和结构失效条件下输入变量 X_i 的条件概率密度函数 $f_{X_i}(x_i \mid F)$。对此，可以用一组样本来估计 $P\{F\}$，同时采用其中的失效样本来估计 $f_{X_i}(x_i \mid F)$，从而可以顺便得到以下估计 $\delta_i^{P\{F\}}$ 的过程[4-5]。

(1)根据输入变量 $\boldsymbol{X}$ 的联合概率密度函数 $f_{\boldsymbol{X}}(\boldsymbol{x})$ 产生一组样本 $\{\boldsymbol{x}^{(1)},\boldsymbol{x}^{(2)},\cdots,\boldsymbol{x}^{(N)}\}$，进而根据下式估计结构的失效概率 $P\{F\}$：

$$\hat{P}\{F\} = \frac{1}{N}\sum_{j=1}^{N} I_F(\boldsymbol{x}^{(j)}) = \frac{N_F}{N} \tag{12-30}$$

其中 N_F 为失效样本的数量。

(2)从 N 个样本中挑选出失效样本 $\{\boldsymbol{x}_F^{(1)},\boldsymbol{x}_F^{(2)},\cdots,\boldsymbol{x}_F^{(N_F)}\}$，以失效样本来估计所有输入变量 X_i（$i=1,\cdots,n$）的条件概率密度函数 $f_{X_i}(x_i \mid F)$（$i=1,\cdots,n$），将估计结果记作 $\hat{f}_{X_i}(x_i \mid F)$（$i=1,\cdots,n$）。

(3)根据下式估计 $\delta_i^{P\{F\}}$（$i=1,\cdots,n$）：

$$\hat{\delta}_i^{P\{F\}}=\frac{1}{2}\hat{P}\{F\}\int_{X_i}|f_{X_i}(x_i)-\hat{f}_{X_i}(x_i \mid F)|\mathrm{d}x_i \tag{12-31}$$

在上述过程中，估计失效概率 $P\{F\}$ 需要计算功能函数 N 次，输入变量 X_i 的条件概率密度函数 $f_{X_i}(x_i \mid F)$ 可以利用相应的失效样本进行估计，并不需要额外计算功能函数，因此，整个过程一共需要计算功能函数 N 次，相比较于传统的蒙特卡罗模拟法，这种估计方法的计算代价有显著降低。在第(2)步中，需要根据失效样本估计输入变量 X_i 的条件概率密度函数 $f_{X_i}(x_i \mid F)$，这里可以采用概率直方图的方法估计 $f_{X_i}(x_i \mid F)$。首先将输入变量 X_i 的取值区间划分为一系列连续但不相交的子区间，然后统计落入每个子区间内的失效样本数并计算相应的频率，进而通过对计算得到的频率进行标准化可以估计出 $f_{X_i}(x_i \mid F)$。第(3)步中需要求解积分，在根据概率直方图估计出 $f_{X_i}(x_i \mid F)$ 后，可以采用复化梯形公式求解式(12－31)中的积分。

根据式(12－28)，也可以将 $\eta_i^{P\{F\}}$ 重新表示为

$$\begin{aligned}\eta_i^{P\{F\}}&=\int_{X_i}[P\{F\}-P\{F \mid X_i\}]^2 f_{X_i}(x_i)\mathrm{d}x_i\\&=\int_{X_i}\left[P\{F\}-\frac{P\{F\}f_{X_i}(x_i \mid F)}{f_{X_i}(x_i)}\right]^2 f_{X_i}(x_i)\mathrm{d}x_i\\&=P^2\{F\}\int_{X_i}\left[\frac{f_{X_i}(x_i)-f_{X_i}(x_i \mid F)}{f_{X_i}(x_i)}\right]^2 f_{X_i}(x_i)\mathrm{d}x_i\\&=P^2\{F\}\int_{X_i}\frac{[f_{X_i}(x_i)-f_{X_i}(x_i \mid F)]^2}{f_{X_i}(x_i)}\mathrm{d}x_i\end{aligned} \tag{12-32}$$

可以看出，$\eta_i^{P\{F\}}$ 也可以表示输入变量 X_i 的无条件概率密度函数 $f_{X_i}(x_i)$ 与条件概率密度函数 $f_{X_i}(x_i \mid F)$ 之间的差异，以上估计 $\delta_i^{P\{F\}}$ 的过程也可以用以估计 $\eta_i^{P\{F\}}$，只需要在第(3)步中估计式(12－32)中的积分即可。

12.2.2　算例分析及算法参考程序

考虑算例 12.1 所示的功能函数，表 12－5 给出了基于贝叶斯公式所得到的 $\delta_i^{P\{F\}}$ 的估计值，与表 12－1 中 $\delta_i^{P\{F\}}$ 的估计值基本一致，这也说明了新的估计方法的有效性。表 12－6 给出了基于贝叶斯公式估计 $\delta_i^{P\{F\}}$ 的 MATLAB 参考程序。

表 12－5　基于贝叶斯公式所得到的 $\delta_i^{P\{F\}}$ 的估计值

$\delta_1^{P\{F\}}$	$\delta_2^{P\{F\}}$	$\delta_3^{P\{F\}}$
0.103 8	0.078 2	0.046 7

表 12-6　基于贝叶斯公式估计 $\delta_i^{P(F)}$ 的 MATLAB 参考程序

```
clear;
d = 3;
a = 5; b = 0.1;
g =@(x) sin(x(:,1)) + a * sin(x(:,2)).^2 + b * x(:,3).^4. * sin(x(:,1)); %极限状态函数
x_min = ones(1,3) * (-pi); x_max = ones(1,3) * pi;

N = 2000;  %样本数
delta = ones(1,d);
q = qrandstream('sobol',d,'Skip',1e3,'Leap',1e2);
x = qrand(q,N);
for i = 1:d
    x(:,i) = unifinv(x(:,i),x_min(i),x_max(i)); %产生输入变量的样本
end
y = g(x);
IF = y<0;
Pf = sum(IF)/N;  %估计无条件失效概率

for i = 1:d
    xi_F = x(IF,i); %失效样本
    lower_xi = min(x(:,i)) - 0.05 * (max(x(:,i)) - min(x(:,i)));
    upper_xi = max(x(:,i)) + 0.05 * (max(x(:,i)) - min(x(:,i)));
    xi_centers = linspace(lower_xi,upper_xi,30);
    pdf_fxi = unifpdf(xi_centers,x_min(i),x_max(i)); %输入变量的无条件概率密度
    ni_F = hist(xi_F,xi_centers);
    pdf_fxi_F = ni_F/length(xi_F)/(xi_centers(2)-xi_centers(1)); %输入变量的条件概率密度
    delta(i) = sum(abs((pdf_fxi_F - pdf_fxi) * (xi_centers(2)-xi_centers(1)))) * Pf * 0.5;
% 估计灵敏度指标
end
```

12.3　基于贝叶斯公式和马尔可夫链的重要抽样法

12.3.1　基于贝叶斯公式和马尔可夫链的重要抽样法

在基于贝叶斯公式的估计方法中，需要根据失效样本来估计输入变量的条件概率密度函数。然而对于小失效概率问题，需要抽取大量的样本才能得到失效概率的准确估计，同时也才能获取足够的失效样本来估计输入变量的条件概率密度函数。为了进一步提高计算效率，可以采用重要抽样来估计失效概率[6]，同时采用马尔可夫链来产生近似服从失效域内输入变量的条件概率密度函数的样本以估计条件概率密度函数 $f_{X_i}(x_i \mid F)$ $(i=1,\cdots,n)$，进而估计出

基于失效概率的全局灵敏度[7]。

在采用重要抽样估计失效概率时需要首先确定一个重要抽样密度函数 $h_{\boldsymbol{X}}(\boldsymbol{x})$，进而可以将失效概率表示为

$$P\{F\}=\int_{R^n} I_F(\boldsymbol{x}) \frac{f_{\boldsymbol{X}}(\boldsymbol{x})}{h_{\boldsymbol{X}}(\boldsymbol{x})} h_{\boldsymbol{X}}(\boldsymbol{x}) \mathrm{d}\boldsymbol{x}=E_h\left[I_F(\boldsymbol{x}) \frac{f_{\boldsymbol{X}}(\boldsymbol{x})}{h_{\boldsymbol{X}}(\boldsymbol{x})}\right] \tag{12-33}$$

从而可以根据重要抽样密度函数 $h_{\boldsymbol{X}}(\boldsymbol{x})$ 产生一组样本 $(\boldsymbol{x}^{(1)},\boldsymbol{x}^{(2)},\cdots,\boldsymbol{x}^{(N_{\mathrm{IS}})})$，然后可以根据下式来估计失效概率：

$$\hat{P}\{F\}=\frac{1}{N_{\mathrm{IS}}} \sum_{j=1}^{N_{\mathrm{IS}}} I_F(\boldsymbol{x}^{(j)}) \frac{f_{\boldsymbol{X}}(\boldsymbol{x}^{(j)})}{h_{\boldsymbol{X}}(\boldsymbol{x}^{(j)})} \tag{12-34}$$

一般情况下，对于相同的总样本数，重要抽样可以得到更多的失效样本，然而由于 $h_{\boldsymbol{X}}(\boldsymbol{x} \mid F) \neq f_{\boldsymbol{X}}(\boldsymbol{x} \mid F)$，这些根据重要抽样密度函数得到的失效样本无法直接用于估计 $f_{X_i}(x_i \mid F)$ $(i=1,\cdots,n)$。但是可以通过重新对这些失效样本进行筛选使其近似服从条件概率密度函数 $f_{\boldsymbol{X}}(\boldsymbol{x} \mid F)$，该过程可以通过马尔可夫链模拟来实现[8-9]。

对于由重要抽样密度函数 $h_{\boldsymbol{X}}(\boldsymbol{x})$ 产生的样本 $\{\boldsymbol{x}^{(1)},\boldsymbol{x}^{(2)},\cdots,\boldsymbol{x}^{(N_{\mathrm{IS}})}\}$，将其中的 M 个失效样本记为 $\{\boldsymbol{x}_F^{(1)},\boldsymbol{x}_F^{(2)},\cdots,\boldsymbol{x}_F^{(M)}\}$。为了得到近似服从条件概率密度函数 $f_{\boldsymbol{X}}(\boldsymbol{x} \mid F)$ 的样本 $\{\boldsymbol{z}^{(1)},\boldsymbol{z}^{(2)},\cdots,\boldsymbol{z}^{(M)}\}$，首先设定初始样本为 $\boldsymbol{z}^{(1)}=\boldsymbol{x}_F^{(1)}$，然后重复进行以下两步操作（$j=1,\cdots,M-1$）：

(1)计算比值 $r(\boldsymbol{z}^{(j)},\boldsymbol{x}_F^{(j+1)})$：

$$r(\boldsymbol{z}^{(j)},\boldsymbol{x}_F^{(j+1)})=\frac{f_{\boldsymbol{X}}(\boldsymbol{x}_F^{(j+1)}) h_{\boldsymbol{X}}(\boldsymbol{z}^{(j)})}{f_{\boldsymbol{X}}(\boldsymbol{z}^{(j)}) h_{\boldsymbol{X}}(\boldsymbol{x}_F^{(j+1)})} \tag{12-35}$$

(2)根据 Metropolis - Hastings 准则确定下一个样本：

$$\boldsymbol{z}^{(j+1)}=\begin{cases}\boldsymbol{x}_F^{(j+1)}, & \min(1,r)>u \\ \boldsymbol{z}^{(j)}, & \min(1,r) \leqslant u\end{cases} \tag{12-36}$$

其中，u 表示服从区间[0,1]内均匀分布的一个随机样本。

在执行以上操作后，所得到的样本 $\{\boldsymbol{z}^{(1)},\boldsymbol{z}^{(2)},\cdots,\boldsymbol{z}^{(M)}\}$ 将是近似服从条件概率密度函数 $f_{\boldsymbol{X}}(\boldsymbol{x} \mid F)$ 的样本。可以看出，以上过程并没有增加功能函数的计算次数，因此没有产生额外的计算代价，所得到的样本 $\{\boldsymbol{z}^{(1)},\boldsymbol{z}^{(2)},\cdots,\boldsymbol{z}^{(M)}\}$ 就可以用来估计所有输入变量的条件概率密度函数 $f_{X_i}(x_i \mid F)$（$i=1,\cdots,n$）。对于以上过程，共需要计算功能函数 N_{IS} 次，上一小节中的方法一共需要计算功能函数 N 次，一般情况下 $N_{\mathrm{IS}}<N$，因而计算效率得到了提高。

12.3.2　算例分析及算法参考程序

算例 12.2　考虑功能函数

$$g(\boldsymbol{X})=X_4-\frac{X_2 X_1}{2 X_3} \tag{12-37}$$

所有输入变量相互独立且服从正态分布，其分布参数见表 12-7。表 12-8 列出了采用不同方法得到的估计结果，“传统蒙特卡罗”表示 12.1 节中的方法，“贝叶斯”表示 12.2 节中的方法，“重要抽样＋马尔可夫”表示 12.3 节中的方法。可以看出三种方法所得到的结果基本一致，而“重要抽样＋马尔可夫”的计算代价最低。表 12-9 给出了采用“重要抽样＋马尔可夫”估计 $\delta_i^{P(F)}$ 的参考 MATLAB 程序。

表 12-7　算例 12.2 中输入变量的分布参数

	X_1	X_2	X_3	X_4
均值	460	20	19	392
标准差	7	2.4	0.8	31.4

表 12-8　算例 12.2 中 $\delta_i^{P\{F\}}$ 的估计结果

方法	$\delta_1^{P\{F\}}$	$\delta_2^{P\{F\}}$	$\delta_3^{P\{F\}}$	$\delta_4^{P\{F\}}$	功能函数计算次数
传统蒙特卡罗	7.07×10^{-5}	3.70×10^{-4}	1.91×10^{-4}	3.81×10^{-4}	4.002×10^{8}
贝叶斯	6.97×10^{-5}	3.83×10^{-4}	1.91×10^{-4}	3.80×10^{-4}	5×10^{5}
重要抽样+马尔可夫	7.04×10^{-5}	3.83×10^{-4}	2.00×10^{-4}	3.79×10^{-4}	2 006

表 12-9　基于重要抽样和马尔可夫链估计 $\delta_i^{P\{F\}}$ 的 MATLAB 参考程序

```
clear;
d = 4;
g=@(x) x(:,4)-x(:,2).*x(:,1)./(2*x(:,3)); %极限状态方程
x_mu = [460 20 19 392]; x_sigma = [7 2.4 0.8 31.4];  %均值及标准差
delta = ones(1,d);
x0=x_mu; %取初值为均值
%求 beta 的初值
dgdx=[];
for i = 1:d
    dgdx = [dgdx,mydiff1(g,x0,i)];
end
s=sqrt(dgdx.^2*(x_sigma.^2)');
lambda=-dgdx.*x_sigma/s;
G=@(beta) g(x_mu+x_sigma.*lambda*beta);
beta=fzero(G,0);  %求解 beta
temp=beta;
x0=x_mu+x_sigma.*lambda*beta;
%迭代求解 beta 及设计点
while(1)
    dgdx=[];
    for i = 1:d
        dgdx = [dgdx,mydiff1(g,x0,i)];
    end
    s=sqrt(dgdx.^2*(x_sigma.^2)');
    lambda=-dgdx.*x_sigma/s;
G=@(beta) g(x_mu+x_sigma.*lambda*beta);
    beta=fzero(G,0);  %求解 beta
    x0=x_mu+x_sigma.*lambda*beta;
if(abs(temp-beta)<=1e-3),break,end
```

```
    temp=beta;
end
x_design = x0;  %设计点

q = qrandstream('sobol',d,'Skip',1e2);
N_IS = 2e3;
x_IS = qrand(q,N_IS);
for i = 1:d
    x_IS(:,i) = norminv(x_IS(:,i),x_design(i),x_sigma(i)); %根据重要抽样密度函数产生样本
end

fx = 1; hx = 1;
for i = 1:d
    fx = fx.*normpdf(x_IS(:,i),x_mu(i),x_sigma(i));
    hx = hx.*normpdf(x_IS(:,i),x_design(i),x_sigma(i));
end
y_IS = g(x_IS);
IF_IS = y_IS < 0;
Pf_IS = sum(IF_IS.*fx./hx)/N_IS;  %估计失效概率
x_f = x_IS(IF_IS,:); %失效样本

%马尔可夫链模拟
z_mar = ones(size(x_f));
z_mar(1,:) = x_f(1,:);
for k = 1:size(x_f,1)-1
    fx_k1 = 1; hz_k = 1; fz_k= 1; hx_k1 = 1;
    for i = 1:d
        fx_k1 = fx_k1.*normpdf(x_f(k+1,i),x_mu(i),x_sigma(i));
        hz_k = hz_k.*normpdf(z_mar(k,i),x_design(i),x_sigma(i));
        fz_k = fz_k.*normpdf(z_mar(k,i),x_mu(i),x_sigma(i));
        hx_k1 = hx_k1.*normpdf(x_f(k+1,i),x_design(i),x_sigma(i));
    end
    ratio = (fx_k1*hz_k)/(fz_k*hx_k1);  %计算比值
    rand_value = rand;
    if min(1,ratio) > rand_value  %确定下一个样本
z_mar(k+1,:) = x_f(k+1,:);
    else
        z_mar(k+1,:) = z_mar(k,:);
end
end

for i = 1:d
    xi_F = z_mar(:,i);
```

```
    lower_xi =x_mu(i) - 5 * x_sigma(i);
    upper_xi =x_mu(i) + 5 * x_sigma(i);
    xi_centers = linspace(lower_xi,upper_xi,30);
    pdf_fxi = normpdf(xi_centers,x_mu(i),x_sigma(i));
    ni_F = hist(xi_F,xi_centers);
    pdf_fxi_F = ni_F/length(xi_F)/(xi_centers(2)-xi_centers(1));
    delta(i) = sum(abs((pdf_fxi_F - pdf_fxi) * (xi_centers(2)-xi_centers(1)))) * Pf_IS * 0.5;
end

function f = mydiff1( fun,x,dim )  % 求偏导函数
%   x：自变量(向量)，x=[x1,x2,x3,…]
%   dim：对第几个变量求偏导
if dim<1,error('dim should >=1'),end;
h=0.00001;
n=length(x);
if dim>n,error('dim should <=%d',n),end;
I=zeros(1,n);
I(dim)=1;
f=(-fun(x+2*h*I)+8*fun(x+h*I)-8*fun(x-h*I)+fun(x-2*h*I))/(12*h);
end
```

12.4 本章小结

本章主要介绍了基于失效概率的全局灵敏度分析方法。相比较于传统的局部可靠性灵敏度分析，基于失效概率的全局灵敏度分析能够更全面地衡量输入变量的不确定性对结构失效概率的平均影响。首先分别给出了基于绝对值差异和平方差异的失效概率全局灵敏度指标的定义，并且介绍了相应的估计方法。两种定义都能够有效衡量输入变量的不确定性对结构失效概率的影响，基于平方差异而定义的失效概率全局灵敏度指标与方差灵敏度指标具有相同的形式，从而可以得到相对比较高效的估计方法。进一步，基于贝叶斯公式，可以从输出分类的角度得到失效概率全局灵敏度指标的新解释，同时也得到了相应的高效估计方法。针对小失效概率问题，为了进一步提高计算效率，介绍了基于重要抽样和马尔可夫链模拟相结合的高效估计方法。

参考文献

[1] CUI L J, LU Z Z, ZHAO X P. Moment-independent importance measure of basic random variable and its probability density evolution solution[J]. Science China Technological Sciences, 2010, 53(4): 1138-1145.

[2] LI L Y, LU Z Z, EFENG J, et al. Moment-independent importance measure of basic

variable and its state dependent parameter solution[J]. Structural Safety, 2012, 38: 40 - 47.

[3] WEI P, LU Z Z, HAO W R, et al. Efficient sampling methods for global reliability sensitivity analysis[J]. Computer Physics Communications, 2012, 183: 1728 - 1743.

[4] XIAO S N, LU Z Z. Structural reliability sensitivity analysis based on classification of model output[J]. Aerospace Science and Technology, 2017, 71: 52 - 61.

[5] WANG Y P, XIAO S N, LU Z Z. An efficient method based on Bayes' theorem to estimate the failure-probability-based sensitivity measure[J]. Mechanical Systems and Signal Processing, 2019, 115(15): 607 - 620.

[6] AU S K, BECK J L. Importance sampling in high dimensions[J]. Structural Safety, 2002, 25: 139 - 163.

[7] WANG Y P, XIAO S N, LU Z Z. A new efficient simulation method based on Bayes' theorem and importance sampling Markov chain simulation to estimate the failure-probability-based global sensitivity measure[J]. Aerospace Science and Technology, 2018, 79: 364 - 372.

[8] HASTINGS W K. Monte Carlo sampling methods using Markov chains and their applications[J]. Biometrika, 1970, 57: 97 - 109.

[9] JOHNSON A A, JONES G L, NEATH R C. Component-wise Markov chain Monte Carlo: uniform and geometric ergodicity under mixing and composition[J]. Statistical Science, 2013, 28(3): 360 - 375.

第 13 章　随机不确定性环境下的结构设计

工程结构进行优化设计的目的是在保证结构满足约束的情况下，使其尽可能地减少造价、成本或使某种性能达到最优。传统工程问题的分析和优化一般基于确定性的系统参数和优化模型，并借助经典的确定性优化方法进行模型的求解。然而，在许多工程实际问题中，不可避免地在初始条件、边界条件、结构几何参数、测量误差、材料特性等参数中存在有不确定性因素。虽然这些不确定性因素的数值一般较小，但由于系统非线性及多系统耦合效应则会造成结构或系统性能产生较大的波动而无法完成其规定的功能，甚至会造成极其严重的后果。这些不确定性因素的处理主要有两种方式：①尽量消除这些不确定性的因素或减小它们的变化范围，例如在制造过程中尽可能提高部件的精准程度，以及缩小公差带等，但是实际情况下，由于不可控因素的客观存在，这种处理方法并不能完全奏效。②尽可能降低不确定性因素对结构性能的影响，或将其影响控制在一定范围内，使结构性能对这些因素的变化不敏感，并具有较高的可靠性。针对第二种处理方式，出现了基于不确定性的优化设计(Uncertainty-based Design Optimization，UBDO)理念，具体又可分为基于可靠性的优化设计(Reliability-based Design Optimization，RBDO)和稳健性优化设计(Robust Design Optimization，RDO)两大类。

本章将对基于可靠性的优化设计和稳健性优化设计的基本概念以及一般分析方法进行介绍。

13.1　可靠性优化设计

根据设计变量的不同类型，结构优化一般可分为尺寸、形状及拓扑优化。在常规结构优化中，结构所处的载荷环境、结构参数及失效模型、设计要求、目标函数、约束条件和设计变量等均被考虑为确定性的，这在一定程度上简化了结构的设计和计算过程，降低了计算代价，但由于没有考虑到不确定性的影响，当输入变量具有一定波动时，优化结果就有可能不再满足约束条件。为了弥补确定性优化设计的不足，不确定性优化设计相继产生。不确定性优化设计包括可靠性优化设计和稳健性优化设计，可靠性优化设计与确定性优化设计相比，增加了包含结构可靠度要求的约束或者目标函数。而稳健性优化是基于可靠性优化设计的方法，其不仅使目标函数尽可能达到最优，还要使目标函数值相对设计变量的敏感度尽可能小。不确定性因素主要体现在以下四方面。

(1)材料属性的不确定性。制造环境、技术条件、材料的多相特征等因素，使得工程中材料的弹性模量、泊松比、质量密度等属性具有不确定性。

(2)几何尺寸的不确定性。制造安装误差使得几何尺寸(如梁的截面积、惯性矩、板的厚度等几何尺寸)具有不确定性。

(3)载荷的不确定性。测量条件、外部环境等因素,使作用在结构上的载荷具有不确定性。

(4)结构边界条件的不确定性。结构的复杂性使结构元件之间的连接等边界条件具有不确定性。

传统的确定性优化设计问题的数学模型可以表示为

$$\left.\begin{aligned}&\operatorname*{Min}_{\boldsymbol{d}} C(\boldsymbol{d})\\&\text{s. t.}\begin{cases}L_i(\boldsymbol{d})\leqslant 0,\ i=1,2,\cdots,r\\\boldsymbol{d}^L\leqslant\boldsymbol{d}\leqslant\boldsymbol{d}^U,\ \boldsymbol{d}\in R^{n_d}\end{cases}\end{aligned}\right\}\tag{13-1}$$

式中,$C(\boldsymbol{d})$ 为优化的目标函数,一般为费用、质量等,$L_i(\boldsymbol{d})$ 为第 i 个约束函数,r 为约束函数的个数,$\boldsymbol{d}$ 为设计变量,$\boldsymbol{d}^U$ 和 $\boldsymbol{d}^L$ 分别为设计变量取值范围的上界和下界。

在基于不确定性的优化设计中,涉及不确定性的量有两类:①影响目标性能的随机输入变量,在优化模型中以 $\boldsymbol{X}$ 来表达;②设计变量,在优化模型中以 $\boldsymbol{d}$ 来表达,它既可以是确定性变量,也可以是随机输入变量的统计数字特征,例如随机输入变量的均值等。

典型的可靠性优化设计的模型将可靠性要求结合到优化问题的约束内,即在满足一定的结构系统可靠性要求下,通过调整结构参数使结构的重量或费用最小,其具体的数学模型为

$$\left.\begin{aligned}&\operatorname*{Min}_{\boldsymbol{d}} C(\boldsymbol{d})\\&\text{s. t.}\begin{cases}P\{g_i(\boldsymbol{X},\boldsymbol{d})\leqslant 0\}\leqslant P_{f_i}^*,\ i=1,2,\cdots,m\\h_j(\boldsymbol{d})\leqslant 0,\ j=1,2,\cdots,M\\\boldsymbol{d}^L\leqslant\boldsymbol{d}\leqslant\boldsymbol{d}^U,\ \boldsymbol{d}\in R^{n_d}\end{cases}\end{aligned}\right\}\tag{13-2}$$

式中,$P\{\cdot\}$ 是概率算子,$\boldsymbol{X}$ 是随机输入变量,$g_i(\boldsymbol{X},\boldsymbol{d})$ 是第 i 个功能函数,$P_{f_i}^*$ 是第 i 个失效概率约束,$h_j(\cdot)$ 是第 j 个确定性约束函数,m 是概率约束的个数,M 是确定性约束的个数,$n_{\boldsymbol{d}}$ 是设计变量 $\boldsymbol{d}$ 的个数。一般情况下,在可靠性优化设计中认为 $g_i(\boldsymbol{X},\boldsymbol{d})\leqslant 0$ 的区域为失效域,而在稳健性优化设计中可以进行等价变换,即通过 $l_i(\boldsymbol{X},\boldsymbol{d})=-g_i(\boldsymbol{X},\boldsymbol{d})$ 将 $g_i(\boldsymbol{X},\boldsymbol{d})\leqslant 0$ 的区域转化为 $l_i(\boldsymbol{X},\boldsymbol{d})\geqslant 0$ 的区域,通常情况下稳健性优化设计中失效域的定义为 $l_i(\boldsymbol{X},\boldsymbol{d})\geqslant 0$。因此式(13-2)亦可以为

$$\left.\begin{aligned}&\operatorname*{Min}_{\boldsymbol{d}} C(\boldsymbol{d})\\&\text{s. t.}\begin{cases}P\{l_i(\boldsymbol{X},\boldsymbol{d})\geqslant 0\}\leqslant P_{f_i}^*,\ i=1,2,\cdots,m\\h_j(\boldsymbol{d})\leqslant 0,\ j=1,2,\cdots,M\\\boldsymbol{d}^L\leqslant\boldsymbol{d}\leqslant\boldsymbol{d}^U,\ \boldsymbol{d}\in R^{n_d}\end{cases}\end{aligned}\right\}\tag{13-3}$$

在可靠性优化设计中,亦可以将结构的可靠度要求结合到优化问题的目标函数内,即在一定的结构重量或费用约束条件下,通过调整结构参数使结构的可靠度最大。本书中主要介绍第一种模型,即将失效概率作为优化问题的约束条件。

按照可靠性优化设计的结构系统,既能定量给出产品在使用中的可靠性,又能得到产品的功能、参数匹配、结构尺寸与重量、成本等方面参数的最优解。

目前,可靠性优化的方法主要有工程迭代法、双层法、单层法以及解耦法。每大类方法所包含的具体方法如图 13-1 所示。

工程迭代法是一种适用于工程问题分析的近似求解方法,主要通过最优解条件建立相应的迭代格式对可靠性优化设计的最优解进行逐步逼近。

双层法是将可靠性分析嵌套在优化过程中,属于嵌套优化过程,内层求解可靠性,外层通过优化求得在可靠性约束下的最低(最轻)费用(质量)。

单层法的目标是将可靠性优化设计中的嵌套优化过程转换成单层优化过程,其主要利用等价的最优条件来避免双层法中的内层可靠性分析过程。第 1 类单层法将概率可靠性分析直接整合到优化设计过程中形成单一的优化问题;第 2 类单层法将概率分析和设计优化按次序排列成一个循环。

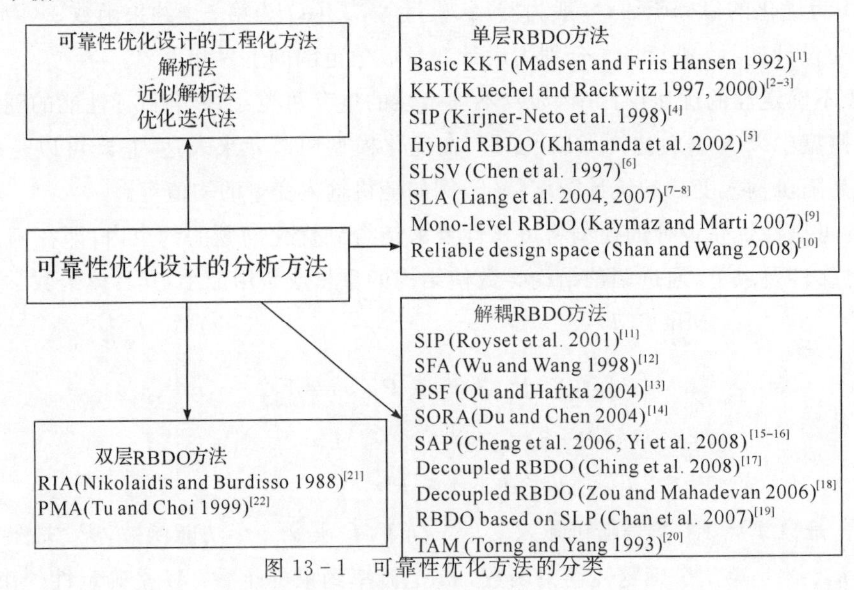

图 13-1　可靠性优化方法的分类

解耦法是将内层嵌套的可靠性分析与外层的优化设计进行分离,将可靠性优化问题中包含的概率约束进行显式近似,从而将不确定性优化问题转化成一般的确定性优化问题,进而可以采用常规的确定性优化算法来进行求解。最直接的解耦方法是在进行优化前预先求得失效概率函数,将预先求得的失效概率函数代入到可靠性优化模型中,直接将不确定性优化等价转化为一个确定性优化问题,且在等价转化的确定性优化分析中无需再进行可靠性的分析。失效概率函数的求解可采用第 11 章所介绍的高效方法。

双层法是最为直接的求解可靠性优化设计问题的方法,对于内层可靠性的估计可以采用本书中第 2 章到第 9 章所介绍的可靠性分析方法,外层的优化过程可以采用惩罚函数法、可行方向法、信赖域法以及智能优化算法。在可靠性优化设计中,若采用梯度优化算法则需要求失效概率对设计变量的偏导数,即可靠性局部灵敏度指标,其可以根据第 2 章至第 5 章以及第 9 章中的方法在求解可靠性的同时求得相应的可靠性局部灵敏度指标。

13.1.1　可靠性优化设计的工程化方法

可靠性优化设计的工程迭代法包括解析方法、近似解析法以及优化迭代法,其具体的思路及迭代格式如下所述。

1. 解析方法

若可以在可靠性优化设计前得到可靠性与所需设计的变量 $\boldsymbol{d}$ 的解析关系或近似解析关系，即 $P_f(\boldsymbol{d})=s(\boldsymbol{d})$，则可靠性优化模型可表示为

$$\left.\begin{array}{l}\min\limits_{\boldsymbol{d}} C(\boldsymbol{d}) \\ \text{s.t.}\begin{cases}s(\boldsymbol{d}) \leqslant P_{f_i}^*,\ i=1,2,\cdots,m \\ \boldsymbol{d}^L \leqslant \boldsymbol{d} \leqslant \boldsymbol{d}^U,\ \boldsymbol{d} \in R^{n_d}\end{cases}\end{array}\right\} \tag{13-4}$$

通过解析过程将失效概率函数解析为设计变量的显式函数，再通过式(13-4)的优化模型求得满足可靠性约束下的最优设计。为简化表达起见，在约束条件中不考虑确定性约束 $h_j(\boldsymbol{d}) \leqslant 0\ (j=1,2,\cdots,M)$。

以受拉杆的可靠性设计、简支梁的可靠性设计以及受扭杆的可靠性设计为例，对解析法作以简单说明。

算例 13.1 (受拉杆结构)　受拉杆是一种最简单的结构零件，如图 13-2 所示。设受拉杆的截面是圆形的，由于制造偏差，直径 d 为正态随机变量；作用在杆上的拉力 P 也为随机变量，且服从正态分布；杆的材料为铝合金棒材，其抗拉强度 R 也是服从正态分布的随机变量。随机变量的分布参数为：$\mu_P=28\ 000\text{N}$，$\sigma_P=4\ 200\text{N}$，$\mu_R=483\text{N/mm}^2$，$\sigma_R=13\text{N/mm}^2$。要求杆的可靠度约束为 $P_r^*=0.999\ 9$，且已知杆的破坏是受拉断裂引起的。设计满足规定可靠度下的最小的杆的直径，其中 $d \sim N(\mu_d,\sigma_d^2)$，$\sigma_d=V_d \cdot \mu_d$，$V_d$ 为 d 的变异系数，在本算例中取 $V_d=0.005$。

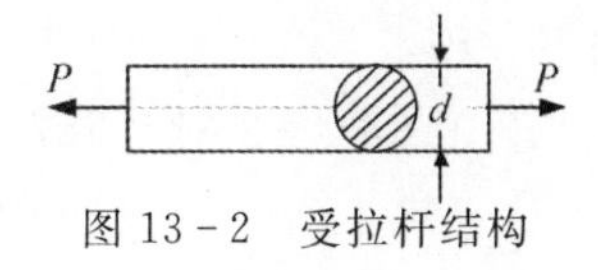

图 13-2　受拉杆结构

(1)优化模型。

由于该算例中杆的直径 d 为正态随机变量且其变异系数 $V_d=0.005$ 已知，因此实际的设计变量应该为 d 的均值 μ_d。另外，由于杆的破坏是受拉断裂而引起的，因此其可靠性分析的功能函数为杆的强度 R 和杆截面应力 S 的函数，即

$$g(R,S)=R-S \tag{13-5}$$

根据材料力学可知，杆的截面上的应力 S 与杆所受拉力 P 以及杆的直径 d 的关系为

$$S=\frac{P}{A}=\frac{4P}{\pi d^2} \tag{13-6}$$

将式(13-6)在随机变量的均值点处进行泰勒级数展开，仅取泰勒级数展开的常数项及线性项作为式(13-6)的近似，则有

$$S \approx \frac{4\mu_P}{\pi\mu_d^2}+\frac{4}{\pi\mu_d^2}(P-\mu_P)-\frac{8\mu_P}{\pi\mu_d^3}(d-\mu_d) \tag{13-7}$$

根据式(13-7)可解析出应力的均值 μ_S 和标准差 σ_S 的近似表达式，其分别为

$$\left.\begin{aligned}\mu_S &\approx \frac{4\mu_P}{\pi\mu_d^2}\\ \sigma_S^2 &\approx \left(\frac{4}{\pi\mu_d^2}\right)^2\sigma_P^2+\left(\frac{8\mu_P}{\pi\mu_d^3}\right)^2\sigma_d^2\\ &=\frac{16}{\pi^2\mu_d^4}(\sigma_P^2+4V_d^2\mu_P^2)=\frac{16}{\pi^2\mu_d^4}(\sigma_P^2+10-4\times\mu_P^2)\end{aligned}\right\}\tag{13-8}$$

该算例的优化模型为

$$\left.\begin{aligned}&\text{Find}\quad \mu_d\\ &\text{Min}\quad \mu_d\\ &\text{s.t.}\quad P\{g(R,S)>0\}\geqslant 0.999\,9\end{aligned}\right\}\tag{13-9}$$

(2)用均值一次二阶矩法进行优化设计模型的求解。

依据第2章均值一次二阶矩法的基本原理,将应力和强度的均值和方差代入到可靠性指标的求解公式中,可以得到可靠度指标的计算式为$\beta=\dfrac{\mu_R-\mu_S}{\sqrt{\sigma_R^2+\sigma_S^2}}$,根据标准正态分布表查得设计杆要求的可靠度$P_r^*=0.999\,9$相对应的可靠度指标$\beta^*$值为3.72。由于优化模型中约束条件取等号时可以得到最小的杆直径均值μ_d,因此由$\beta=\beta^*$建立如下所示的方程,可求得该算例优化模型的最优解。

$$\beta=\frac{\mu_R-\mu_S}{\sqrt{\sigma_R^2+\sigma_S^2}}=\frac{483-\dfrac{4\times 28\,000}{3.14\times\mu_d^2}}{\sqrt{13^2+\dfrac{16}{3.14^2\times\mu_d^4}(4\,200^2+10-4\times 28\,000^2)}}=\beta^*=3.72\tag{13-10}$$

整理并化简式(13-10)后得如下方程:

$$\mu_d^4-149.118\mu_d^2+3\,774.587=0\tag{13-11}$$

对式(13-11)求解得

$$\mu_d^2=32.316\,2\ \text{或}\ \mu_d^2=116.801\,6\tag{13-12}$$

将式(13-12)的结果代入可靠度指标公式验证并舍去使得$\mu_S>\mu_R$的解,最终得

$$\left.\begin{aligned}\mu_d&=10.807\text{mm}\\ \sigma_d&=V_d\mu_d=0.005\times 10.807\text{mm}=0.054\text{mm}\end{aligned}\right\}\tag{13-13}$$

因此可知该算例中最优的杆直径均值为$\mu_d=10.807\text{mm}$,考虑加工误差为$\pm 3\sigma_d$,可以取杆直径为$\mu_d\pm 3\sigma_d=(10.807\pm 0.162)\text{mm}$。

算例13.2(简支梁结构) 简支梁如图13-3所示,其有多种可能的失效模式,其中由于弯矩使梁产生过大的弯曲应力而失效是梁的主要失效模式,在设计中仅考虑这种情况。

设计中的简支梁受集中力P的作用,梁自重忽略不计。梁的跨度为l,集中力作用点到固定端A的距离为a。梁的截面高h是宽度b的2倍。P,l,a均为随机变量,假设它们均服从正态分布。有关梁的数据为:$\mu_P=30\text{kN}$,$\sigma_P=1.5\text{kN}$,$\mu_l=3\text{m}$,$\sigma_l=0.001\text{m}$,$\mu_a=1.2\text{m}$,$\sigma_a=0.001\text{m}$;简支梁的强度R也服从正态分布,其均值和标准差分别为$\mu_R=602.2\text{MPa}$和$\sigma_R=44.9\text{MPa}$。梁的失效概率约束为$P_f^*=10^{-3}$,设宽度$b\sim N(\mu_b,\sigma_b^2)$,其变异系数$V_b=0.01$。设计满足规定可靠度要求$P_r^*=1-P_f^*=0.999$的梁的宽度。

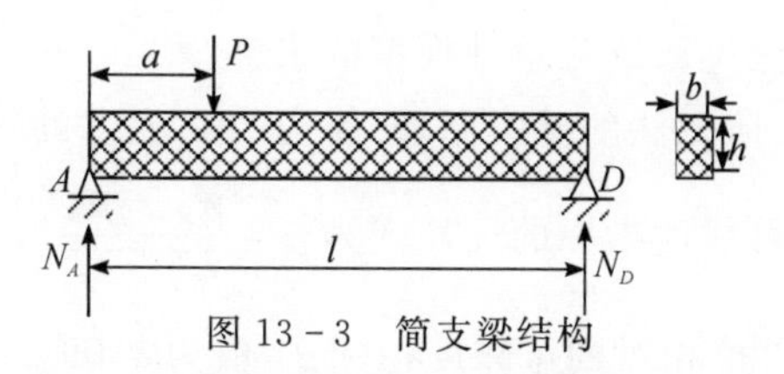

图 13-3　简支梁结构

(1)优化模型。

由于该算例中梁的宽度 b 为正态随机变量且其变异系数 $V_b=0.01$,因此实际的设计变量应该为 b 的均值 μ_b。另外,由于梁的破坏是梁产生过大的弯曲应力产生的,因此其可靠性分析的功能函数为梁的强度 R 和梁截面的最大应力 S 的函数,即

$$g(R,S)=R-S \tag{13-14}$$

根据材料力学可知,梁所受的最大应力和梁的截面尺寸之间的函数关系为

$$S=\frac{Mh/2}{bh^3/12} \tag{13-15}$$

其中,最大弯矩 $M=\dfrac{Pa(l-a)}{l}$,$h=2b$。

将式(13-15)在随机变量的均值点处进行泰勒级数展开,仅取泰勒级数展开的常数项及线性项作为式(13-15)的近似,则有

$$S\approx\frac{3\mu_M}{2\mu_b^3}+\frac{3}{2\mu_b^3}(M-\mu_M)-\frac{9\mu_M}{2\mu_b^4}(b-\mu_b) \tag{13-16}$$

根据式(13-16)可解析出应力的均值 μ_S 和标准差 σ_S 的近似表达式,其分别为

$$\mu_S=\frac{3\mu_M}{2\mu_b^3} \tag{13-17}$$

$$\sigma_S^2=\left(\frac{3}{2\mu_b^3}\right)^2\sigma_M^2+\left(\frac{9\mu_M}{2\mu_b^2}\right)^2\sigma_b^2 \tag{13-18}$$

其中,μ_M 和 σ_M 也可以通过将 $M=\dfrac{Pa(l-a)}{l}$ 在输入变量的均值点(μ_P,μ_a,μ_l)处线性展开后求得,即

$$\mu_M=\frac{\mu_P\mu_a(\mu_l-\mu_a)}{\mu_l}=\frac{30\times1.2\times(3-1.2)}{3}\text{kN}\cdot\text{m}=21.6\text{kN}\cdot\text{m} \tag{13-19}$$

由于 σ_l 及 σ_a 值较小,因此忽略其对 σ_M 的贡献,也即可以只考虑 σ_P 来计算 σ_M^2:

$$\sigma_M^2\approx\left(\frac{\partial M}{\partial P}\right)^2\sigma_P^2=\left(\frac{\mu_a(\mu_l-\mu_a)}{\mu_l}\right)^2\sigma_P^2=\left(\frac{1.2\times(3-1.2)}{3}\right)^2\times1.5^2\ (\text{kN}\cdot\text{m})^2=1.08\ (\text{kN}\cdot\text{m})^2 \tag{13-20}$$

由梁宽度 b 的变异系数 $V_b=0.01$,可得出梁宽度 b 的标准差 σ_b 与均值 μ_b 的关系为

$$\sigma_b=0.01\mu_b \tag{13-21}$$

该算例的优化模型为

$$\left.\begin{aligned}&\text{Find}\quad \mu_b\\&\text{Min}\quad \mu_b\\&\text{s.t.}\quad P\{g(R,S)>0\}\geqslant0.999\end{aligned}\right\} \tag{13-22}$$

(2)用均值一次二阶矩法进行优化设计模型的求解。

依据第2章均值一次二阶矩法的基本原理,将应力和强度的均值和方差代入到可靠性指标的求解公式中,可以得到可靠度指标的计算式为$\beta=\dfrac{\mu_R-\mu_S}{\sqrt{\sigma_R^2+\sigma_S^2}}$,根据标准正态分布表查得设计梁要求的可靠度$P_r^*=0.999$相对的可靠度指标$\beta^*$值为3.09。由于优化模型中约束条件取等号时可以得到最小的梁的宽度均值μ_b,因此由$\beta=\beta^*$建立如下所示的方程,可求得该算例优化模型的最优解。

$$\beta=\frac{602.2\times10^6-\dfrac{3\times21.6\times10^3}{2\mu_b^3}}{\sqrt{(44.9\times10^6)^2+\left(\dfrac{3}{2\mu_b^3}\right)^2\times1.08\times10^6+\left(\dfrac{9\times21.6\times10^3}{2\mu_b^4}\right)^2\times0.01^2\times\mu_b^2}}=\beta^*=3.09 \tag{13-23}$$

利用MATLAB中的fsolve函数求得梁宽度的均值为$\mu_b\approx0.041\,813\,12\text{m}$,考虑加工误差为$\pm3\sigma_b$,可以取梁的宽度为$\mu_b\pm3\sigma_b=(0.041\,813\,12\pm0.001\,25)\text{m}$。

算例13.3(受扭杆结构) 实心圆形截面直杆如图13-4所示。其一端固定,另一端在截面内受扭矩作用。设作用在杆端面内的扭矩为T,S为杆外表面的最大剪应力,r为杆的半径,T及r均为正态随机变量且$\mu_T=11.3\times10^6\text{N}\cdot\text{mm}$,$\sigma_T=1.13\times10^6\text{N}\cdot\text{mm}$,服从正态分布的剪切强度$R$的均值和标准差分别为$\mu_R=344.8\text{N/mm}^2$和$\sigma_R=34.48\text{N/mm}^2$,杆半径$r\sim N(\mu_r,\sigma_r^2)$,其变异系数$V_r=0.01$,假设该受扭杆的破坏是剪切应力超越了剪切强度,要求所设计受扭杆的可靠度指标约束为$\beta^*=4.2$。试确定该受扭杆的半径。

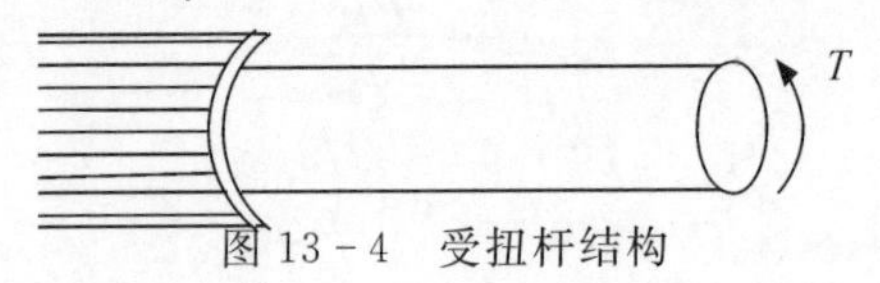

图13-4 受扭杆结构

(1)优化模型。

由于该算例中杆的半径r为正态随机变量且其变异系数已知,因此实际的设计变量应该为r的均值μ_r。另外由于杆的破坏是受扭引起的,因此其可靠性分析的功能函数为杆的剪切强度R和杆截面的应力S的函数,即

$$g(R,S)=R-S \tag{13-24}$$

根据材料力学可知,实心圆形直杆扭转时的最大剪应力为

$$S=\frac{Tr}{J}=\frac{2T}{\pi r^3} \tag{13-25}$$

将式(13-25)在随机变量的均值点处进行泰勒级数展开,仅取泰勒级数展开的常数项及线性项作为式(13-25)的近似,则有

$$S\approx\frac{2\mu_T}{\pi\mu_r^3}+\frac{2}{\pi\mu_r^3}(T-\mu_T)-\frac{6\mu_T}{\pi\mu_r^4}(r-\mu_r) \tag{13-26}$$

根据式(13-26)可解析出应力的均值μ_S和标准差σ_S的近似表达式,分别为

$$\mu_S\approx\frac{2\mu_T}{\pi\mu_r^3}=\frac{2\times11.3\times10^6}{\pi\mu_r^3}=\frac{7.193\,8\times10^6}{\mu_r^3} \tag{13-27}$$

$$\sigma_S^2=\left(\frac{2}{\pi\mu_r^3}\right)^2\sigma_T^2+\left(\frac{6\mu_T}{\pi\mu_r^4}\right)^2\sigma_r^2=\frac{4}{\pi^2\mu_r^6}\times 1.3918\times 10^{12} \tag{13-28}$$

由以上分析计算，可建立该算例的优化模型为

$$\left.\begin{array}{ll}\text{Find} & \mu_r\\ \text{Min} & \mu_r\\ \text{s.t.} & P\{g(R,S)>0\}\geqslant\Phi(4.2)\end{array}\right\} \tag{13-29}$$

(2)用均值一次二阶矩法进行优化设计模型的求解。

依据第 2 章均值一次二阶矩法的基本原理，将应力和强度的均值和方差代入到可靠性指标的求解公式中可以得到可靠度指标的计算式为 $\beta=\dfrac{\mu_R-\mu_S}{\sqrt{\sigma_R^2+\sigma_S^2}}$ 。由于优化模型中约束条件取等号时可以得到最小的实心圆形截面直杆的半径均值 μ_r ，因此由 $\beta^*=4.2$ 建立以下方程，可求得该算例优化模型的最优解

$$\beta=\frac{344.8-\dfrac{7.1938\times 10^6}{\mu_r^3}}{\sqrt{(34.48)^2+\dfrac{4}{\pi^2\mu_r^6}\times 1.3918\times 10^{12}}}=\beta^*=4.2 \tag{13-30}$$

利用 MATLAB 中的 fsolve 函数求得杆半径的均值为 $\mu_r=34.196414\text{mm}$ ，考虑加工误差为 $\pm 3\sigma_r$ ，可以取杆的半径为 $\mu_r\pm 3\sigma_r=(34.196414\pm 1.025892)\text{mm}$ 。

2. 近似解析法

上述解析法中主要针对设计变量与可靠性有解析关系的情况，其采用均值一次二阶矩法来建立设计变量与可靠性之间的解析关系。在本小节的近似解析法中将引入改进的一次二阶矩法，对基于均值一次二阶矩的方法作以修正，主要针对单变量、单模式问题，具体模型为

$$\left.\begin{array}{l}k=1,2,\cdots\\ g(\boldsymbol{x}^{(k+1)})=0\\ \text{其中}\begin{cases}\boldsymbol{x}^{(k+1)}=\boldsymbol{\mu}_X^{(k)}+\boldsymbol{\lambda}^{(k)}\boldsymbol{\sigma}_X\beta^*\\ \boldsymbol{\lambda}^{(k)}=-\boldsymbol{\sigma}_X\nabla_X g(\boldsymbol{x}^{(k)})/\|\boldsymbol{\sigma}_X\nabla_X g(\boldsymbol{x}^{(k)})\|\end{cases}\end{array}\right\} \tag{13-31}$$

式中，矢量 $\boldsymbol{\lambda}$ 是功能函数在标准正态空间中给定点处线性展开的一次项的系数向量，$\boldsymbol{\mu}_X$ 和 $\boldsymbol{\sigma}_X$ 分别为输入随机变量的均值向量和标准差向量。在本小节的近似解析法中只考虑分布参数中有一个是待求的设计变量 d 的情况。在优化设计的迭代计算中，第 k 次迭代求得设计变量的值记为 $d^{(k)}$ ，当 $|d^{(k)}-d^{(k-1)}|\leqslant\varepsilon$ (ε 为设定的误差阈值)时上述迭代求解过程结束。

本小节的基于改进一次二阶矩的近似解析过程仅适用于单变量、单模式问题，对于多变量、多模式问题可以采用 13.1.3 小节的方法。

算例 13.4 (受拉杆结构)　重新考虑算例 13.1，首先建立受拉杆的功能函数为

$$g=R-\frac{4P}{\pi d^2} \tag{13-32}$$

已知条件见算例 13.1，其可靠度约束 $P_r^*=0.9999$，要求采用改进的一次二阶矩法对直径均值 μ_d 进行设计。其优化设计的模型如式(13-9)所示。

以下将采用改进的一次二阶矩法对受拉杆结构进行优化设计，求解 μ_d 的概念流程图如图 13-5所示，其中误差允许的阈值 $\varepsilon=10^{-3}$。其具体计算的优化迭代流程图如图 13-6 所示。

按照概念流程图，该算例的迭代步骤如下所述。

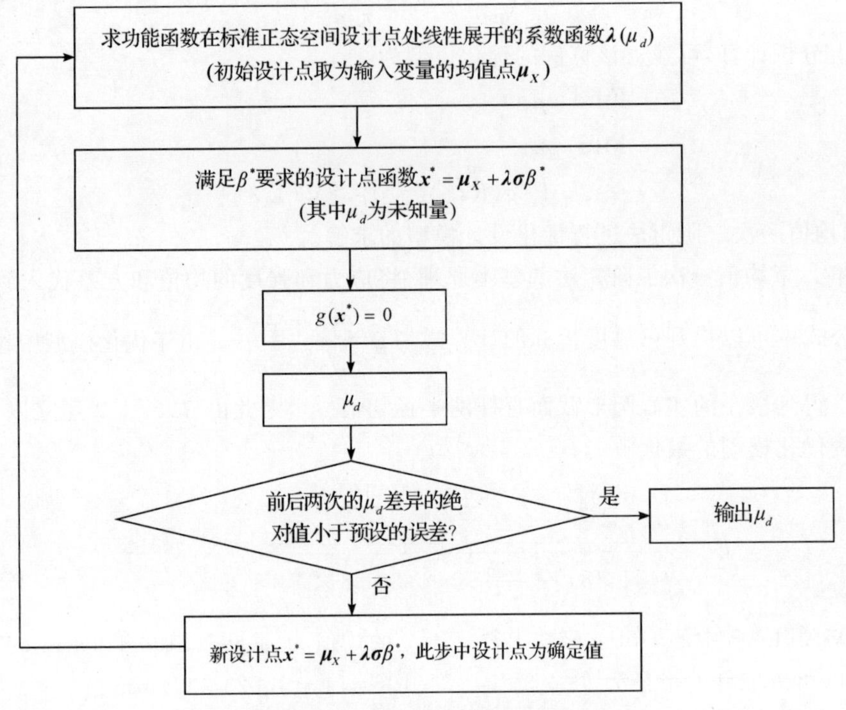

图 13-5　求解 μ_d 的概念流程图

第 1 步：在均值点处对功能函数进行线性展开，求解设计变量 $\mu_d^{(1)}$。

首先求解式(13-32)的功能函数对输入随机变量的偏导数，即

$$\left.\begin{aligned}&\frac{\partial g}{\partial R}=1\\&\frac{\partial g}{\partial P}=-\frac{4}{\pi d^2}\\&\frac{\partial g}{\partial d}=\frac{8}{\pi d^3}\end{aligned}\right\}\tag{13-33}$$

功能函数在标准正态空间中输入变量均值点(可视为初始第 1 步迭代的设计点)处线性展开所得的系数函数 $\lambda_R^{(1)}$，$\lambda_P^{(1)}$ 及 $\lambda_d^{(1)}$ 分别为

$$\left.\begin{aligned}\lambda_R^{(1)}&=-\frac{1\times 13}{\sqrt{1\times 13^2+\left(-\frac{4}{\pi\,(\mu_d^{(1)})^2}\right)^2\times 4\,200^2+\left(\frac{8\times 28\,000}{\pi\,(\mu_d^{(1)})^3}\right)^2(\mu_d^{(1)}\times 0.005)^2}}\\\lambda_P^{(1)}&=-\frac{\left(-\frac{4}{\pi\,(\mu_d^{(1)})^2}\right)\times 4\,200}{\sqrt{1\times 13^2+\left(-\frac{4}{\pi\,(\mu_d^{(1)})^2}\right)^2\times 4\,200^2+\left(\frac{8\times 28\,000}{\pi\,(\mu_d^{(1)})^3}\right)^2(\mu_d^{(1)}\times 0.005)^2}}\\\lambda_d^{(1)}&=-\frac{\left(\frac{8\times 28\,000}{\pi\,(\mu_d^{(1)})^3}\right)\times\mu_d^{(1)}\times 0.005}{\sqrt{1\times 13^2+\left(-\frac{4}{\pi\,(\mu_d^{(1)})^2}\right)^2\times 4\,200^2+\left(\frac{8\times 28\,000}{\pi\,(\mu_d^{(1)})^3}\right)^2(\mu_d^{(1)}\times 0.005)^2}}\end{aligned}\right\}\tag{13-34}$$

上述系数 $\boldsymbol{\lambda}^{(1)}$ 均为设计变量的函数，因此称之为系数函数。

此时满足可靠度指标要求 $\beta^{*}=\Phi^{-1}(P_r^{*})=3.72$ 的设计点也为待求参数 μ_d 的函数，称之为设计点函数，即

$$\left.\begin{aligned} R^{(1)*} &= 483+13\times\lambda_R^{(1)}\times 3.72 \\ P^{(1)*} &= 28\,000+4\,200\times\lambda_P^{(1)}\times 3.72 \\ d^{(1)*} &= \mu_d^{(1)}+\mu_d^{(1)}\times 0.005\times\lambda_d^{(1)}\times 3.72 \end{aligned}\right\} \tag{13-35}$$

将上述设计点函数代入功能函数中，求解方程 $R^{(1)*}-\dfrac{4\times P^{(1)*}}{\pi\,(d^{(1)*})^2}=0$ 可解得第 1 步迭代的设计变量值为

$$\mu_d^{(1)}=10.807\,794\,0\text{mm} \tag{13-36}$$

第 2 步：在第 1 步所得的设计点处对功能函数进行线性展开，再次求解设计变量 $\mu_d^{(2)}$ 。

将 $\mu_d^{(1)}$ 代入式(13-35)可得第 2 步的设计点为

$$R^{(2)*}=469.817\,0\text{N/mm}^2,\ P^{(2)*}=42\,998.98\text{N},\ d^{(2)*}=10.794\,9\text{mm} \tag{13-37}$$

将功能函数在式(13-37)中所给出的设计点处进行泰勒展开并保留常数项及线性项，计算第 2 步的系数函数 $\boldsymbol{\lambda}^{(2)}$ 及新的设计点函数 $R^{(2)*}$，$P^{(2)*}$ 及 $d^{(2)*}$。系数函数 $\lambda_R^{(2)}$，$\lambda_P^{(2)}$ 及 $\lambda_d^{(2)}$ 分别为

$$\left.\begin{aligned} \lambda_R^{(2)} &= -\frac{1\times 13}{\sqrt{1\times 13^2+\left(-\dfrac{4}{\pi\times 10.794\,9^2}\right)^2\times 4\,200^2+\left(\dfrac{8\times 42\,998.98}{\pi\times 10.794\,9^3}\right)\times(\mu_d^{(2)}\times 0.005)^2}} \\ \lambda_P^{(2)} &= -\frac{\left(-\dfrac{4}{\pi\times 10.794\,9^2}\right)\times 4\,200}{\sqrt{1\times 13^2+\left(-\dfrac{4}{\pi\times 10.794\,9^2}\right)^2\times 4\,200^2+\left(\dfrac{8\times 42\,998.98}{\pi\times 10.794\,9^3}\right)\times(\mu_d^{(2)}\times 0.005)^2}} \\ \lambda_d^{(2)} &= -\frac{\left(\dfrac{8\times 42\,998.98}{\pi\times 10.794\,9^3}\right)\times\mu_d^{(2)}\times 0.005}{\sqrt{1\times 13^2+\left(-\dfrac{4}{\pi\times 10.794\,9^2}\right)^2\times 4\,200^2+\left(\dfrac{8\times 42\,998.98}{\pi\times 10.794\,9^3}\right)\times(\mu_d^{(2)}\times 0.005)^2}} \end{aligned}\right\} \tag{13-38}$$

相应的第 2 步迭代的设计点函数为

$$\left.\begin{aligned} R^{(2)*} &= 483+13\times\lambda_R^{(2)}\times 3.72 \\ P^{(2)*} &= 28\,000+4\,200\times\lambda_P^{(2)}\times 3.72 \\ d^{(2)*} &= \mu_d^{(2)}+\mu_d^{(2)}\times 0.005\times\lambda_d^{(2)}\times 3.72 \end{aligned}\right\} \tag{13-39}$$

将设计点函数 $R^{(2)*}$，$P^{(2)*}$ 及 $d^{(2)*}$ 代入方程 $R^{(2)*}-\dfrac{4\times P^{(2)*}}{\pi\,(d^{(2)*})^2}=0$ 可解得第 2 步迭代的设计变量值为

$$\mu_d^{(2)}=10.808\,997\,7\text{mm} \tag{13-40}$$

第 3 步：在第 2 步所得的设计点处对功能函数进行线性展开，再次求解设计变量 $\mu_d^{(3)}$ 。

将 $\mu_d^{(2)}$ 代入式(13-39)可得第 3 步的设计点为

$$R^{(3)*}=469.850\,8\text{N/mm}^2,\ P^{(3)*}=42\,957.18\text{N},\ d^{(3)*}=10.789\,3\text{m} \tag{13-41}$$

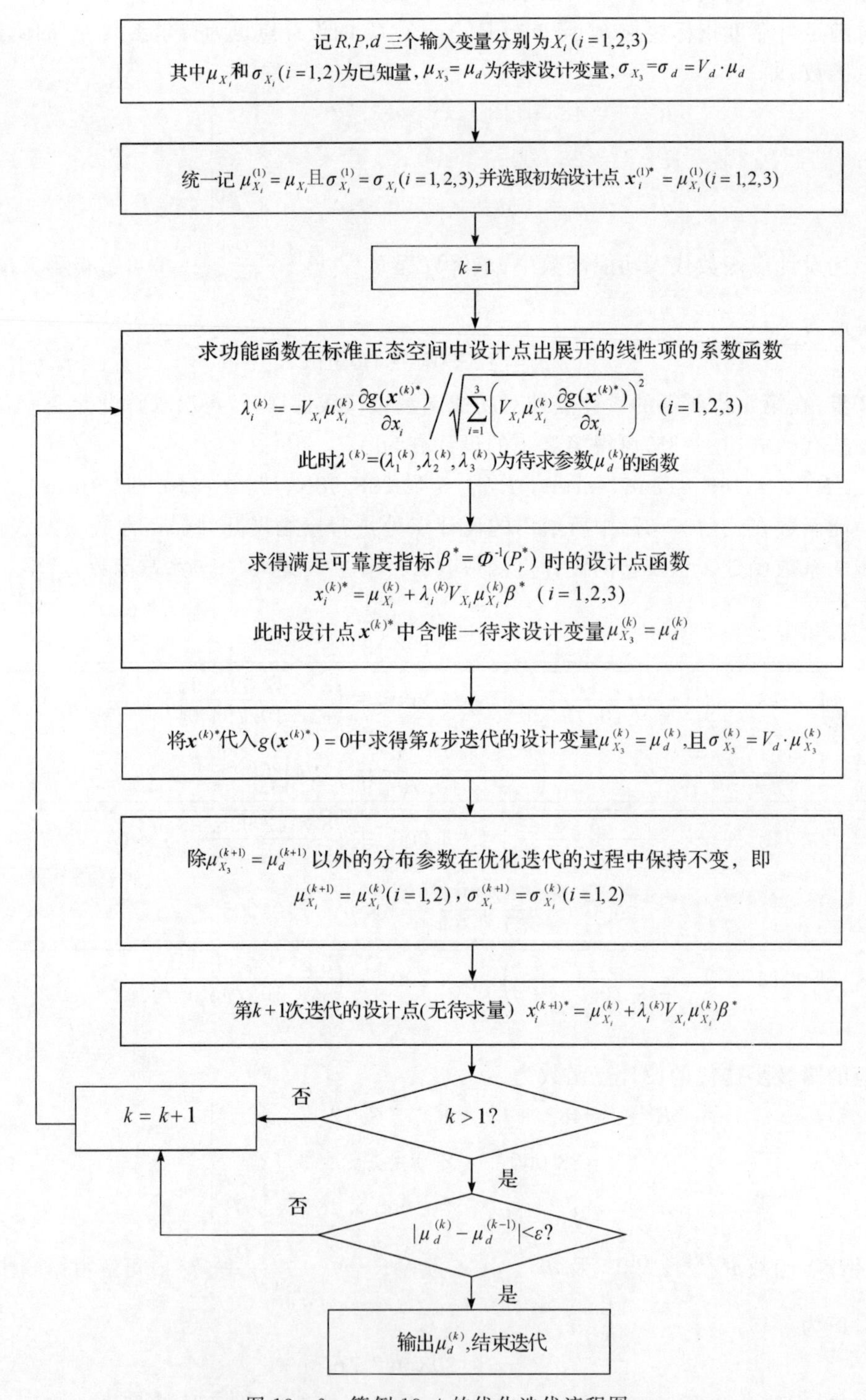

图 13-6　算例 13.4 的优化迭代流程图

将功能函数在式(13-41)所给出的设计点处进行泰勒展开并保留常数项及线性项,计算第3步的系数函数 $\boldsymbol{\lambda}^{(3)}$ 及新的设计点函数 $R^{(3)*}$，$P^{(3)*}$ 及 $d^{(3)*}$。系数 $\lambda_R^{(3)}$,$\lambda_P^{(3)}$ 及 $\lambda_d^{(3)}$ 分别为

$$\left.\begin{aligned}
\lambda_R^{(3)} &= -\frac{1\times 13}{\sqrt{1\times 13^2+\left(-\dfrac{4}{\pi\times 10.789\,3^2}\right)^2\times 4\,200^2+\left(\dfrac{8\times 429\,57.18}{\pi\times 10.789\,3^3}\right)\times(\mu_d^{(3)}\times 0.005)^2}}\\
\lambda_P^{(3)} &= -\frac{\left(-\dfrac{4}{\pi\times 10.789\,3^2}\right)\times 4\,200}{\sqrt{1\times 13^2+\left(-\dfrac{4}{\pi\times 10.789\,3^2}\right)^2\times 4\,200^2+\left(\dfrac{8\times 429\,57.18}{\pi\times 10.789\,3^3}\right)\times(\mu_d^{(3)}\times 0.005)^2}}\\
\lambda_d^{(3)} &= -\frac{\left(\dfrac{8\times 42\,957.18}{\pi\times 10.789\,3^3}\right)\times\mu_d^{(3)}\times 0.005}{\sqrt{1\times 13^2+\left(-\dfrac{4}{\pi\times 10.789\,3^2}\right)^2\times 4\,200^2+\left(\dfrac{8\times 42\,957.18}{\pi\times 10.789\,3^3}\right)\times(\mu_d^{(3)}\times 0.005)^2}}
\end{aligned}\right\}\tag{13-42}$$

相应地，第 3 步迭代的设计点函数为

$$\left.\begin{aligned}
R^{(3)*} &= 483+13\times\lambda_R^{(3)}\times 3.72\\
P^{(3)*} &= 28\,000+4\,200\times\lambda_P^{(3)}\times 3.72\\
d^{(3)*} &= \mu_d^{(3)}+\mu_d^{(3)}\times 0.005\times\lambda_d^{(3)}\times 3.72
\end{aligned}\right\}\tag{13-43}$$

将设计点函数 $R^{(3)*}$，$P^{(3)*}$ 及 $d^{(3)*}$ 代入方程 $R^{(3)*}-\dfrac{4\times P^{(3)*}}{\pi\,(d^{(3)*})^2}=0$ 可解得第 3 步迭代的设计变量值为

$$\mu_d^{(3)}=10.808\,997\,8\mathrm{mm}\tag{13-44}$$

$|\mu_d^{(3)}-\mu_d^{(2)}|=10^{-7}<\varepsilon$，因此认为结果收敛。根据该方法可知受拉杆的最优的杆直径均值为 $\mu_d=10.808\,997\,8\mathrm{mm}$，考虑加工误差为 $\pm 3\sigma_d$，可以取杆直径为 $\mu_d\pm 3\sigma_d=(10.808\,997\,8\pm 0.162\,135\,0)\mathrm{mm}$。

对解析法及近似解析法所得结果进行验证，抽取 5×10^7 个样本计算基于均值一次二阶矩的解析法及基于改进一次二阶矩的近似解析法所得设计变量结果下结构的可靠度，分别为 0.999 898 96及 0.999 900 26，而可靠度约束 $P_r^*=0.999\,9$，可以看出基于改进一次二阶矩的近似解析法的计算结果更符合设计要求。

算例 13.5（简支梁结构）　重新考虑算例 13.2，其功能函数为

$$g=R-\frac{3Pa(l-a)}{2b^3l}=R-\frac{3Pa}{2b^3}+\frac{3Pa^2}{2b^3l}\tag{13-45}$$

已知条件及待求参数见算例 13.2，采用算例 13.4 中同样的迭代流程，该算例采用改进的一次二阶矩法进行设计的步骤如下所述。

第 1 步：在均值点处对功能函数进行线性展开，求解设计变量 $\mu_b^{(1)}$。

首先求解式(13-45)定义的功能函数对输入随机变量的偏导数，即

$$\left.\begin{aligned}
\frac{\partial g}{\partial R} &= 1\\
\frac{\partial g}{\partial P} &= -\frac{3a}{2b^3}+\frac{3a^2}{2b^3l}\\
\frac{\partial g}{\partial a} &= -\frac{3P}{2b^3}+\frac{3Pa}{b^3l}\\
\frac{\partial g}{\partial l} &= -\frac{3Pa^2}{2b^3l^2}\\
\frac{\partial g}{\partial b} &= \frac{9Pa}{2b^4}-\frac{9Pa^2}{2b^4l}
\end{aligned}\right\}\tag{13-46}$$

根据第2章中改进的一次二阶矩方法得到功能函数在标准正态空间中输入变量均值点处展开的系数函数$\lambda_R^{(1)}$，$\lambda_P^{(1)}$，$\lambda_a^{(1)}$，$\lambda_l^{(1)}$，$\lambda_b^{(1)}$及相应的设计点函数$R^{(1)*}$，$P^{(1)*}$，$a^{(1)*}$，$l^{(1)*}$，$b^{(1)*}$。根据设计点处功能函数值为0的条件可得第1步迭代的设计变量的值为

$$\mu_b^{(1)} = 0.041\ 869\ 78\mathrm{m} \tag{13-47}$$

第2步：在第1步所得的设计点处对功能函数进行线性展开，再次求解设计变量$\mu_b^{(2)}$。

第1步过程中得到的第2步迭代的设计点为

$$R^{(2)*} = 230.27\mathrm{MPa},\ P^{(2)*} = 36.11\mathrm{kN},\ a^{(2)*} = 1.2\mathrm{m},\ l^{(2)*} = 3(\mathrm{m}),\ b^{(2)*} = 0.040\ 8\mathrm{m} \tag{13-48}$$

将功能函数在式(13-48)给出的设计点处进行泰勒展开并保留常数项及线性项，计算第2步迭代的系数函数$\boldsymbol{\lambda}^{(2)}$及新的设计点函数$R^{(2)*}$，$P^{(2)*}$，$a^{(2)*}$，$l^{(2)*}$及$b^{(2)*}$并代入到功能函数等于0的方程中，可解得第2步迭代的设计变量的值为

$$\mu_b^{(2)} = 0.041\ 869\ 58\mathrm{m} \tag{13-49}$$

$|\mu_b^{(2)} - \mu_b^{(1)}| = 2\times 10^{-7} < \varepsilon$，因此认为结果收敛。根据该方法可知简支梁最优的梁的宽度均值为$\mu_b = 0.041\ 869\ 58\mathrm{m}$，考虑加工误差为$\pm 3\sigma_b$，可以取梁的宽度为$\mu_b \pm 3\sigma_b = (0.041\ 869\ 58 \pm 0.001\ 256\ 09)\mathrm{m}$。

算例13.6（受扭杆结构） 重新考虑算例13.3，所有已知条件、待求参数以及优化模型与算例13.3相同，此算例中将采用改进的一次二阶矩法对受扭杆结构进行优化设计，其具体的优化迭代过程如下所述。

首先建立功能函数为

$$g = R - \frac{2T}{\pi r^3} \tag{13-50}$$

第1步：在均值点处对功能函数进行线性展开，求解设计变量$\mu_r^{(1)}$。

首先求解式(13-50)定义的功能函数对随机变量的偏导数，即

$$\left.\begin{aligned} \frac{\partial g}{\partial R} &= 1 \\ \frac{\partial g}{\partial T} &= -\frac{2}{\pi r^3} \\ \frac{\partial g}{\partial r} &= \frac{6T}{\pi r^4} \end{aligned}\right\} \tag{13-51}$$

根据第2章中改进的一次二阶矩方法得到功能函数在标准正态空间中输入变量均值点展开的系数函数$\lambda_R^{(1)}$，$\lambda_T^{(1)}$，$\lambda_r^{(1)}$及相应的设计点函数$R^{(1)*}$，$T^{(1)*}$，$r^{(1)*}$。根据设计点处功能函数值为0的条件，得到第1步迭代的设计变量的值为

$$\mu_r^{(1)} = 34.229\ 925\mathrm{mm} \tag{13-52}$$

第2步：在第1步所得的设计点处对功能函数进行线性展开，再次求解设计变量$\mu_r^{(2)}$。

第1步过程中得到的第2步迭代的设计点为

$$R^{(2)*} = -189.686\ 1\mathrm{N/mm^2},\ T^{(2)*} = 2.041\ 2\times 10^7\mathrm{N\cdot mm},\ r^{(2)*} = 33.401\ 8\mathrm{mm} \tag{13-53}$$

将功能函数在式(13-53)给出的设计点处进行泰勒展开并保留常数项及线性项，计算第2步迭代的系数函数$\boldsymbol{\lambda}^{(2)}$及新的设计点函数$R^{(2)*}$，$T^{(2)*}$，$r^{(2)*}$并代入到功能函数等于0的方程中，可解得第2步迭代的设计变量的值为

$$\mu_r^{(2)} = 34.208\ 084\text{mm} \tag{13-54}$$

第3步:在第2步所得的设计点处对功能函数进行线性展开,再次求解设计变量 $\mu_r^{(3)}$ 。

第2步过程中得到的第3步迭代的设计点为

$$R^{(3)*} = -178.682\ 1\text{N/mm}^2,\ T^{(3)*} = 2.022\ 4 \times 10^7\text{N}\cdot\text{mm},\ r^{(3)*} = 32.744\ 9\text{mm} \tag{13-55}$$

将功能函数在式(13-55)给出的设计点处进行泰勒展开并保留常数项及线性项,计算第3步迭代的系数函数 $\boldsymbol{\lambda}^{(3)}$ 及新的设计点函数 $R^{(3)*}$,$T^{(3)*}$,$r^{(3)*}$ 并代入到功能函数等于0的方程中,可解得第3步迭代的设计变量的值为

$$\mu_r^{(3)} = 34.209\ 242\text{mm} \tag{13-56}$$

第4步:在第3步所得的设计点处对功能函数进行线性展开,再次求解设计变量 $\mu_r^{(4)}$ 。

第3步过程中得到的第4步迭代的设计点为

$$R^{(4)*} = -178.684\ 0\text{N/mm}^2,\ T^{(4)*} = 2.202\ 4 \times 10^7\text{N}\cdot\text{mm},\ r^{(4)*} = 32.755\ 7\text{mm} \tag{13-57}$$

将功能函数在式(13-57)给出的设计点处进行泰勒展开并保留常数项及线性项,计算第4步迭代的系数函数 $\boldsymbol{\lambda}^{(4)}$ 及新的设计点函数 $R^{(4)*}$,$T^{(4)*}$,$r^{(3)*}$ 并代入到功能函数等于0的方程,可解得第4步迭代的设计变量的值为

$$\mu_r^{(4)} = 34.209\ 128\text{mm} \tag{13-58}$$

$|\mu_r^{(4)} - \mu_r^{(3)}| = 1.14 \times 10^{-4} < \varepsilon$,因此认为结果收敛。根据该方法可知受扭杆的最优杆半径均值为 $\mu_r = 34.209\ 128\text{mm}$,考虑加工误差为 $\pm 3\sigma_r$,可以取杆的半径为 $\mu_r \pm 3\sigma_r = (34.209\ 128 \pm 1.026\ 274)\text{mm}$ 。

3.优化迭代法

在该部分将以结构尺寸是设计变量为例来说明优化迭代法的基本原理。当失效概率函数 $P_f(\boldsymbol{d})$ 与需设计的尺寸变量 $\boldsymbol{d}$ 的解析关系 $P_f(\boldsymbol{d})$ 很复杂,或者它们之间不存在解析关系时,上述所介绍的解析方法将不可行,此时可采用工程迭代方法来解决该可靠性优化问题。

首先介绍单变量、单模式问题的优化迭代法,其可靠性优化设计的模型为

$$\left.\begin{aligned} &\underset{d}{\text{Min}}\, C(d) \\ &\text{s.t.}\ P_f(d) \leqslant P_f^* \end{aligned}\right\} \tag{13-59}$$

式中,函数 $P_f(d)$ 没有解析或近似解析表达式。

工程迭代法建立了如下优化迭代格式:

$$d^{(k+1)} = d^{(k)} \left(\frac{P_f^{(k)}}{P_f^*}\right)^{\gamma} \tag{13-60}$$

式中,$d^{(k)}$ 为尺寸设计变量第 k 步的迭代结果;$P_f^{(k)}$ 为第 k 步尺寸设计变量为 $d^{(k)}$ 时的失效概率;P_f^* 为失效概率的约束值;γ 为可调参数,用以控制收敛速度,γ 太大会使步长过大而产生震荡,γ 太小又会使步长太小而收敛过慢,根据经验一般取 $\gamma = 1/2^7 \sim 1/2^4$,当 P_f^* 较小时,γ 应取较小值,且 γ 的取值一般应随迭代次数增加而减小。

上述迭代格式表明:当 $P_f^{(k)}/P_f^* > 1$ 时,则第 $k+1$ 次迭代将在第 k 次迭代的基础上增加尺寸设计变量的值,以减小失效概率,否则减小尺寸设计变量的值,以增大失效概率。当 $P_f^{(k)}/P_f^* \to 1$ 时,$d^{(k)}$ 趋近于尺寸设计变量的最优解 d^* 。优化迭代收敛的准则为

$$\varepsilon^{(k)}=\left|\frac{P_f^{(k)}-P_f^*}{P_f^*}\right|\leqslant\varepsilon^* \tag{13-61}$$

式中，ε^* 为预先根据精度要求确定的一个较小的正数。

对于多模式、多变量问题的结构可靠性优化设计，其优化迭代方法及迭代格式讨论如下所述。

多模式、多变量的可靠性优化模型可表示为

$$\left.\begin{aligned}&\text{Min } w=\sum_{i=1}^{n}w_i\\&\text{s.t. } P_r^{(s)}\geqslant P_r^{(s)*}\end{aligned}\right\} \tag{13-62}$$

式中，n 为元件个数，w_i 为第 i 个元件的重量，w 为总重量，$P_r^{(s)}$ 为设计出的系统的可靠度，$P_r^{(s)*}$ 为系统可靠度约束值。

一般情况下，当约束条件采用等式时可求得最小重量，因此取等式约束并构建拉格朗日泛函数为

$$L(w_i,\lambda)=\sum_{i=1}^{n}w_i+\lambda(P_r^{(s)*}-P_r^{(s)}) \tag{13-63}$$

拉格朗日泛函数分别对 $w_i(i=1,2,\cdots,n)$ 和 λ 求偏导数得 $\frac{\partial L}{\partial w_i}(i=1,2,\cdots,n)$ 及 $\frac{\partial L}{\partial\lambda}$ 分别为

$$\left.\begin{aligned}&\frac{\partial L}{\partial w_i}=1-\lambda\frac{\partial P_r^{(s)}}{\partial w_i}\ (i=1,2,\cdots,n)\\&\frac{\partial L}{\partial\lambda}=P_r^{(s)*}-P_r^{(s)}\end{aligned}\right\} \tag{13-64}$$

令偏导数 $\frac{\partial L}{\partial w_i}=0(i=1,2,\cdots,n)$ 及 $\frac{\partial L}{\partial\lambda}=0$ 可得

$$\left.\begin{aligned}&1-\lambda\frac{\partial P_r^{(s)}}{\partial w_i}=0\Rightarrow\frac{\partial P_r^{(s)}}{\partial w_i}=\frac{1}{\lambda}\ (i=1,2,\cdots,n)\\&P_r^{(s)*}-P_r^{(s)}=0\Rightarrow P_r^{(s)*}=P_r^{(s)}\end{aligned}\right\} \tag{13-65}$$

式(13-65)表明：当 $\frac{\partial P_r^{(s)}}{\partial w_1}=\frac{\partial P_r^{(s)}}{\partial w_2}=\cdots\frac{\partial P_r^{(s)}}{\partial w_n}=\frac{1}{\lambda}$ 为常数时，可求得最优解。$\frac{\partial P_r^{(s)}}{\partial w_i}$ 可看作系统可靠度对第 i 个元件的重量 w_i 的灵敏度，“各元件灵敏度相等时可求得最优解”的优化准则很容易从概念上加以说明：若各元件的灵敏度不相等，如 $\frac{\partial P_r^{(s)}}{\partial w_i}=0.02$ 且 $\frac{\partial P_r^{(s)}}{\partial w_j}=0.01$，则降低第 j 个元件 2 个单位重量，引起 $P_r^{(s)}$ 减小 0.01×2 个单位，增加第 i 个元件 1 个单位重量，引起 $P_r^{(s)}$ 增加 0.02×1 个单位，此时可靠性不变，但总重量却下降了，因此在系统可靠度对各元件重量的灵敏度相等时可得最优解。

多模式、多变量的结构体系可靠性优化设计的迭代格式为

$$w_i^{(k+1)}=\left(\frac{\Delta P_{r\Delta w_i}^{(s)(k)}}{\Delta\bar{P}_{r\Delta w}^{(s)(k)}}\right)^{\gamma_1}\left(\frac{P_r^{(s)*}}{P_r^{(s)(k)}}\right)^{\gamma_2}w_i^{(k)} \tag{13-66}$$

式中，$\Delta P_{r\Delta w_i}^{(s)}=\Delta P_r^{(s)}/\Delta w_i$ 称为系统可靠性对 i 元件重量的灵敏度，$\Delta\bar{P}_{r\Delta w}^{(s)}=\frac{1}{n}\sum_{i=1}^{n}\Delta P_{r\Delta w_i}^{(s)}$ 称为

平均可靠性对重量的灵敏度，$\dfrac{\Delta P_{r\Delta w_i}^{(s)}}{\Delta P_{r\Delta w}^{(s)}}$ 可称为 i 元件的灵敏度系数(或称之为相对灵敏度)，γ_1 和 γ_2 为控制调节步长的指数参数，经验取值小于 1。

上述迭代格式中的第一项表明：相对灵敏度大于 1，则增加该元件的重量，反之则减小其重量；第二项表明：第 k 次迭代的可靠度小于可靠度要求，则第 $k+1$ 次迭代增加元件的重量，反之则减小元件重量。

迭代的收敛准则为

$$\left.\begin{aligned} \varepsilon_{P_r^{(s)}}^{(k)} &= \left|\frac{P_r^{(s)(k)} - P_r^{(s)*}}{P_r^{(s)*}}\right| \leqslant \varepsilon_{P_r^{(s)}}^{*} \\ \varepsilon_w^{(k)} &= \left|\frac{w^{(k)} - w^{(k-1)}}{w^{(k-1)}}\right| \leqslant \varepsilon_w^{*} \end{aligned}\right\} \tag{13-67}$$

式中，$\varepsilon_{P_r^{(s)}}^{*}$ 及 ε_w^{*} 为根据精度要求预先给定的小正数。上述迭代格式是对进入主要破坏模式的元件设置的，可称之为主迭代元的迭代格式。

对于主要破坏模式中不包含的元件，可采用如下迭代格式(称之为次迭代元的迭代格式)

$$w_i^{(k+1)} = \left(\frac{\sigma_i^{(k)}}{[\sigma_i]}\right)^{\gamma_3} \left(\frac{P_r^{(s)*}}{P_r^{(s)(k)}}\right)^{\gamma_4} w_i \tag{13-68}$$

式中，$\sigma_i^{(k)}$ 及 $[\sigma_i]$ 分别为第 i 个元件在第 k 次迭代的应力和第 i 个元件材料的许用应力。

上述次迭代元的迭代格式中既包含应力比值项，又包含可靠度比值项，因此迭代收敛时趋向于满应力和满可靠性的要求。值得注意的是：随着迭代的进行，主、次失效模式会发生相互转化，因此主、次迭代元的迭代公式应交替使用。

13.1.2　可靠性优化设计的双层法

可靠性优化设计的双层法的思想为：内层进行可靠性分析，外层进行最优设计变量的求解。双层法主要有可靠度指标法及功能测度法。

1. 可靠度指标法

可靠性分析中，若采用基于数字模拟的样本法将会产生较大的计算量，而采用优化算法求解可靠度指标的计算量小于样本法。基于此，可以将式(13-2)中的失效概率约束转化为可靠度指标约束。

若功能函数为 $g_i(\boldsymbol{X},\boldsymbol{d})$，则基于可靠度指标法的可靠性优化模型为

$$\left.\begin{aligned} &\underset{\boldsymbol{d}}{\mathrm{Min}}\, C(\boldsymbol{d}) \\ &\mathrm{s.t.}\ \begin{cases} \beta_{ig}(\boldsymbol{d}) \geqslant \beta_i^{*},\ i=1,2,\cdots,m \\ h_j(\boldsymbol{d}) \leqslant 0,\ j=1,2,\cdots,M \\ \boldsymbol{d}^L \leqslant \boldsymbol{d} \leqslant \boldsymbol{d}^U,\ \boldsymbol{d} \in R^{n_d} \end{cases} \end{aligned}\right\} \tag{13-69}$$

式中，$\beta_{ig}(\boldsymbol{X},\boldsymbol{d})$ 为根据功能函数 $g_i(\boldsymbol{X},\boldsymbol{d})$ 所求得的可靠度指标函数，β_i^{*} 为第 i 个功能函数的可靠度指标约束值。通过转换可以将随机变量 $\boldsymbol{X}$ 转换为独立标准正态变量 $\boldsymbol{U}$(即 $\boldsymbol{U}=T(\boldsymbol{X})$)。可靠度指标可以通过如下优化模型求得

$$\left.\begin{aligned} &\underset{\boldsymbol{u}}{\mathrm{Min}}\ \|\boldsymbol{u}\| \\ &\mathrm{s.t.}\ \bar{g}_i(\boldsymbol{u}) = g_i(T^{-1}(\boldsymbol{u})) \leqslant 0 \end{aligned}\right\} \tag{13-70}$$

式(13－70)的解 $\boldsymbol{u}_i^*$ 即为最可能失效点(亦称为设计点)，因此可靠度指标可以通过下式计算，即

$$\beta_{ig}=\|\boldsymbol{u}_i^*\| \tag{13-71}$$

根据 $P_{f_i}=\Phi(-\beta_{ig})$ 亦可得失效概率，其中 $\Phi(\cdot)$ 是标准正态分布函数。

另外，考虑到可靠性优化设计中约束条件与稳健性优化设计中约束条件格式的关系[27,28]令功能函数 $l_i(\boldsymbol{X},\boldsymbol{d})=-g_i(\boldsymbol{X},\boldsymbol{d})$，则等价的失效域为 $l_i(\boldsymbol{X},\boldsymbol{d})\geqslant 0$，且 $\beta_{il}(\boldsymbol{d})=-\beta_{ig}(\boldsymbol{d})$，此时，式(13－69)的模型可等价表示为

$$\left.\begin{array}{l}\underset{\boldsymbol{d}}{\mathrm{Min}}\,C(\boldsymbol{d})\\ \text{s.t.}\begin{cases}\beta_{il}(\boldsymbol{d})\leqslant-\beta_i^*,\ i=1,2,\cdots,m\\ h_j(\boldsymbol{d})\leqslant 0,\ j=1,2,\cdots,M\\ \boldsymbol{d}^L\leqslant\boldsymbol{d}\leqslant\boldsymbol{d}^U,\ \boldsymbol{d}\in R^{n_d}\end{cases}\end{array}\right\} \tag{13-72}$$

式中，$\beta_{il}(\boldsymbol{d})$ 为根据功能函数 $l_i(\boldsymbol{X},\boldsymbol{d})$ 所求得的可靠度指标，β_i^* 为第 i 个可靠度指标约束。通过转换可以将随机变量 $\boldsymbol{X}$ 转换到独立标准正态变量 $\boldsymbol{U}$。可靠度指标可以通过以下优化模型求得，即

$$\left.\begin{array}{l}\underset{\boldsymbol{u}}{\mathrm{Min}}\ \|\boldsymbol{u}\|\\ \text{s.t.}\ \bar{l}_i(\boldsymbol{u})=l_i(T^{-1}(\boldsymbol{u}))=-g_i(T^{-1}(\boldsymbol{u}))\geqslant 0\end{array}\right\} \tag{13-73}$$

式(13－73)的解 $\boldsymbol{u}_i^*$ 是最可能失效点，因此可靠度指标可以通过下式计算

$$\beta_{il}=-\|\boldsymbol{u}_i^*\| \tag{13-74}$$

其中，$P\{l_i(\boldsymbol{X},\boldsymbol{d})\geqslant 0\}=\Phi(\beta_{il})$。

对于内层的可靠性求解，可以采用第 2 章所介绍的矩方法以避免式(13－70)或式(13－73)的优化过程，从而简化分析模型，提高分析效率。采用二阶矩代替式(13－70)中的优化，可建立式(13－69)的相应的可靠性优化模型为

$$\left.\begin{array}{l}\underset{\boldsymbol{d}}{\mathrm{Min}}\,C(\boldsymbol{d})\\ \text{s.t.}\begin{cases}\beta_i^*\sigma_{g_i}-\mu_{g_i}\leqslant 0,\ i=1,2,\cdots,m\\ h_j(\boldsymbol{d})\leqslant 0,\ j=1,2,\cdots,M\\ \boldsymbol{d}^L\leqslant\boldsymbol{d}\leqslant\boldsymbol{d}^U,\ \boldsymbol{d}\in R^{n_d}\end{cases}\end{array}\right\} \tag{13-75}$$

式中，μ_{g_i} 和 σ_{g_i} 为式(13－2)中第 i 个概率约束条件中功能函数 $g_i(\boldsymbol{X},\boldsymbol{d})$ 的均值和标准差。

若采用四阶矩代替式(13－70)中的优化，可建立式(13－69)相应的基于四阶矩可靠性优化模型为

$$\left.\begin{array}{l}\underset{\boldsymbol{d}}{\mathrm{Min}}\,C(\boldsymbol{d})\\ \text{s.t.}\begin{cases}\beta_i^*\sqrt{(5\alpha_{3g_i}^2-9\alpha_{4g_i}+9)(1-\alpha_{4g_i})}-\\ 3(\alpha_{4g_i}-1)\alpha_{1g_i}/\alpha_{2g_i}-\alpha_{3g_i}(\alpha_{1g_i}^2/\alpha_{2g_i}^2-1)\leqslant 0,\ i=1,2,\cdots,m\\ h_j(\boldsymbol{d})\leqslant 0,\ j=1,2,\cdots,M\\ \boldsymbol{d}^L\leqslant\boldsymbol{d}\leqslant\boldsymbol{d}^U,\ \boldsymbol{d}\in R^{n_d}\end{cases}\end{array}\right\} \tag{13-76}$$

式中，$\alpha_{kg_i}\ (k=1,2,3,4)$ 为式(13－2)中第 i 个概率约束条件中的前 4 阶中心矩(分别为均值、标准差、偏度和峰度)。

类似地,式(13-72)的基于二阶矩的可靠性优化模型为

$$\left.\begin{array}{l}\underset{\boldsymbol{d}}{\operatorname{Min}} C(\boldsymbol{d}) \\ \text{s. t. }\left\{\begin{array}{l}\mu_{l_i}+\beta_i^* \sigma_{l_i} \leqslant 0,\ i=1,2,\cdots,m \\ h_j(\boldsymbol{d}) \leqslant 0,\ j=1,2,\cdots,M \\ \boldsymbol{d}^L \leqslant \boldsymbol{d} \leqslant \boldsymbol{d}^U,\ \boldsymbol{d} \in R^{n_d}\end{array}\right.\end{array}\right\} \tag{13-77}$$

式中,μ_{l_i} 和σ_{l_i} 为式(13-3)中第 i 个概率约束条件中功能函数 $l_i(\boldsymbol{X},\boldsymbol{d})$ 的均值和标准差。

式(13-72)的基于四阶矩的可靠性优化模型为

$$\left.\begin{array}{l}\underset{\boldsymbol{d}}{\operatorname{Min}} C(\boldsymbol{d}) \\ \text{s. t. }\left\{\begin{array}{l}\beta_i^* \sqrt{(5\alpha_{3l_i}^2-9\alpha_{4l_i}+9)(1-\alpha_{4l_i})}+ \\ 3(\alpha_{4l_i}-1)\alpha_{1l_i}/\alpha_{2l_i}+\alpha_{3l_i}(\alpha_{1l_i}^2/\alpha_{2l_i}-1) \leqslant 0,\ i=1,2,\cdots,m \\ h_j(\boldsymbol{d}) \leqslant 0,\ j=1,2,\cdots,M \\ \boldsymbol{d}^L \leqslant \boldsymbol{d} \leqslant \boldsymbol{d}^U,\ \boldsymbol{d} \in R^{n_d}\end{array}\right.\end{array}\right\} \tag{13-78}$$

式中,$\alpha_{kl_i}(k=1,2,3,4)$ 为式(13-3)中第 i 个概率约束条件中功能函数 $l_i(\boldsymbol{X},\boldsymbol{d})$ 的前 4 阶中心矩(分别为均值、标准差、偏度和峰度)。

2. 功能测度法

在可靠度指标法中,当结构的失效概率是 1 或是 0 时,理论上相应的可靠度指标会是$-\infty$或$+\infty$。在优化过程中出现$-\infty$或$+\infty$时会使得可靠度指标法产生奇异。为了避免优化过程出现奇异并增加优化过程的稳健性,以下将介绍功能测度法。

式(13-2)中的概率约束可以等价表示为

$$F_{g_i}(0) \leqslant \Phi(-\beta_i^*) \tag{13-79}$$

式中,$F_{g_i}(\cdot)$ 为第 i 个概率约束中功能函数的分布函数,且 $F_{g_i}(0)=P\{g_i(\boldsymbol{X},\boldsymbol{d}) \leqslant 0\}$ 。

对式(13-79)两边同时求逆可得

$$F_{g_i}^{-1}(F_{g_i}(0)) \leqslant F_{g_i}^{-1}(\Phi(-\beta_i^*)) \tag{13-80}$$

即

$$0 \leqslant F_{g_i}^{-1}(\Phi(-\beta_i^*)) \tag{13-81}$$

令 $F_{g_i}^{-1}(\Phi(-\beta_i^*))=G_i^P$,则式(13-2)可等价为

$$\left.\begin{array}{l}\underset{\boldsymbol{d}}{\operatorname{Min}} C(\boldsymbol{d}) \\ \text{s. t. }\left\{\begin{array}{l}G_i^P \geqslant 0,\ i=1,2,\cdots,m \\ h_j(\boldsymbol{d}) \leqslant 0,\ j=1,2,\cdots,M \\ \boldsymbol{d}^L \leqslant \boldsymbol{d} \leqslant \boldsymbol{d}^U,\ \boldsymbol{d} \in R^{n_d}\end{array}\right.\end{array}\right\} \tag{13-82}$$

式中,G_i^P 为目标可靠度指标 β_i^* 下的功能测度,其可以通过逆可靠性分析法求得,即如下优化过程

$$\left.\begin{array}{l}\operatorname{Min}\ g_i(T^{-1}(\boldsymbol{u} \mid \boldsymbol{d})) \\ \text{s. t. }\ \|\boldsymbol{u}\|=\beta_i^*\end{array}\right\} \tag{13-83}$$

其中 $\boldsymbol{u}=T(\boldsymbol{x} \mid \boldsymbol{d})$, $\boldsymbol{x}=T^{-1}(\boldsymbol{u} \mid \boldsymbol{d})$ 。G_i^P 为 $\|\boldsymbol{u}\|=\beta_i^*$ 约束下 $g_i(T^{-1}(\boldsymbol{u} \mid \boldsymbol{d}))$ 的最小值。

可以看出不论结构的可靠性如何,G_i^P 总是一个有界的值。因此,从理论上来说,功能测度法较可靠度指标法在解决可靠性优化设计问题上更为稳健。

13.1.3 可靠性优化设计的单层法

单层法的目的是避免每一次外层寻优过程中内层费时的可靠性分析，这可以通过最优条件(Karush－Kuhn－Tucher 条件)[6] 的方法将双层嵌套优化过程整合为一个优化过程来实现。本节介绍 Chen 等人在 1997 年建立的可靠性优化设计的单层法，其具体优化模型为

$$\left.\begin{aligned}&\min_{\boldsymbol{d}} C(\boldsymbol{d})\\&\text{s.t.}\begin{cases}g_i(\boldsymbol{d}^{(k)},\boldsymbol{x}_i^{(k)})\geqslant 0,\ i=1,2,\cdots,m\\h_j(\boldsymbol{d}^{(k)})\leqslant 0,\ j=1,2,\cdots,M\end{cases}\\&\text{其中}\begin{cases}\boldsymbol{x}_i^{(k)}=\boldsymbol{\mu}_{\boldsymbol{X}}^{(k)}+\boldsymbol{\lambda}_i^{(k)}\boldsymbol{\sigma}_{\boldsymbol{X}}^{(k)}\beta_i^*\\\boldsymbol{\lambda}_i^{(k)}=-\boldsymbol{\sigma}_{\boldsymbol{X}}^{(k)}\ \nabla_X g_i(\boldsymbol{d}^{(k)},\boldsymbol{x}_i^{(k-1)})/\parallel\boldsymbol{\sigma}_{\boldsymbol{X}}^{(k)}\ \nabla_X g_i(\boldsymbol{d}^{(k)},\boldsymbol{x}_i^{(k-1)})\parallel\end{cases}\end{aligned}\right\}\tag{13-84}$$

式中，$\begin{cases}\boldsymbol{x}_i^{(k)}=\boldsymbol{\mu}_{\boldsymbol{X}}^{(k)}+\boldsymbol{\lambda}_i^{(k)}\boldsymbol{\sigma}_X\beta_i^*\\\boldsymbol{\lambda}_i^{(k)}=-\boldsymbol{\sigma}_{\boldsymbol{X}}^{(k)}\ \nabla_X g_i(\boldsymbol{d}^{(k)},\boldsymbol{x}_i^{(k-1)})/\parallel\boldsymbol{\sigma}_{\boldsymbol{X}}^{(k)}\ \nabla_X g_i(\boldsymbol{d}^{(k)},\boldsymbol{x}_i^{(k-1)})\parallel\end{cases}$ 为当功能函数的可靠度指标满足预先设定的可靠度指标约束时，根据第 2 章中所介绍的一次二阶矩法计算出来的最可能失效点(设计点) $\boldsymbol{x}_i^{(k)}$。设计点 $\boldsymbol{x}_i^{(k)}$ 处的功能函数值必须在可行域内，因此约束条件 $g_i(\boldsymbol{d}^{(k)},\boldsymbol{x}_i^{(k)})\geqslant 0$ 需满足。$\boldsymbol{\mu}_{\boldsymbol{X}}^{(k)}$ 为循环到第 k 次时随机变量的均值向量，$\boldsymbol{\sigma}_{\boldsymbol{X}}^{(k)}$ 为循环到第 k 次时随机变量的标准差向量，∇为梯度算子，$\parallel\cdot\parallel$ 为模算子。

13.1.4 可靠性优化设计的解耦法

可靠性优化设计中的解耦法的目的是解除优化求解和可靠性分析的嵌套耦合，将不确定性优化过程转化为一系列的确定性优化过程，且可靠性分析在确定性优化过程之前完成。本节介绍 Cheng 等人在 2006 年提出的 SAP(Sequential Approximate Programming)法[15]，其具体优化模型为

$$\left.\begin{aligned}&\text{Find } \boldsymbol{d}\\&\text{Min } C(\boldsymbol{d})\\&\text{s.t.}\begin{cases}\beta_i(\boldsymbol{d})\geqslant\beta_i^*,\ i=1,2,\cdots,m\\h_j(\boldsymbol{d})\leqslant 0,\ j=1,2,\cdots,M\end{cases}\end{aligned}\right\}\tag{13-85}$$

该解耦法的本质是建立可靠度指标函数 $\beta_i(\boldsymbol{d})$ 的近似表达式，对可靠度指标函数 $\beta_i(\boldsymbol{d})$ 在 $\boldsymbol{d}^{(k-1)}$ 处进行 Taylor 展开并保留常数项及线性项，即

$$\beta^{(k)}(\boldsymbol{d})\approx\beta(\boldsymbol{d}^{(k-1)})+(\nabla_d\beta(\boldsymbol{d}^{(k-1)}))^{\mathrm{T}}(\boldsymbol{d}-\boldsymbol{d}^{(k-1)})\tag{13-86}$$

其中 $\boldsymbol{d}^{(k-1)}$ 为第 $k-1$ 次迭代得到的优化设计解，$\beta(\boldsymbol{d}^{(k-1)})$ 及 $\nabla_d\beta(\boldsymbol{d}^{(k-1)})$ 需在第 k 次确定性优化设计前求得。为高效求得可靠度指标及可靠度指标对设计变量的梯度，可以采用第 2 章介绍的一次二阶矩法，具体计算过程如下所述。

首先根据设计点、可靠度指标及功能函数梯度方向之间的关系可得

$$\boldsymbol{u}^*=-\parallel\boldsymbol{u}^*\parallel\ \frac{\nabla_U g(\boldsymbol{d},\boldsymbol{u}^*)}{\parallel\nabla_U g(\boldsymbol{d},\boldsymbol{u}^*)\parallel}=-\beta\frac{\nabla_U g(\boldsymbol{d},\boldsymbol{u}^*)}{\parallel\nabla_U g(\boldsymbol{d},\boldsymbol{u}^*)\parallel}\tag{13-87}$$

且设计点应在功能函数等于 0 的面上，即

$$g(\boldsymbol{d},\boldsymbol{u}^*)=0\tag{13-88}$$

为快速求解式(13－88)所示的方程，在第 $(k-1)$ 次迭代的设计参数 $\boldsymbol{d}^{(k-1)}$ 条件下将功能

函数在展开点 $\boldsymbol{u}^{(k-1)}$ 处进行 Taylor 展开并保留常数项及线性项，即下列方程成立

$$g(\boldsymbol{d}^{(k-1)},\boldsymbol{u}^{(k-1)})+(\nabla_U g(\boldsymbol{d}^{(k-1)},\boldsymbol{u}^{(k-1)}))^{\mathrm{T}}(\boldsymbol{U}-\boldsymbol{u}^{(k-1)})=0 \tag{13-89}$$

为便于求解式(13-87)中的可靠度指标，将式(13-89)作如下变换

$$\begin{aligned}&g(\boldsymbol{d}^{(k-1)},\boldsymbol{u}^{(k-1)})+(\nabla_U g(\boldsymbol{d}^{(k-1)},\boldsymbol{u}^{(k-1)}))^{\mathrm{T}}\boldsymbol{U}-(\nabla_U g(\boldsymbol{d}^{(k-1)},\boldsymbol{u}^{(k-1)}))^{\mathrm{T}}\boldsymbol{u}^{(k-1)}=0\\ \Rightarrow\ &(\nabla_U g(\boldsymbol{d}^{(k-1)},\boldsymbol{u}^{(k-1)}))^{\mathrm{T}}\boldsymbol{U}=(\nabla_U g(\boldsymbol{d}^{(k-1)},\boldsymbol{u}^{(k-1)}))^{\mathrm{T}}\boldsymbol{u}^{(k-1)}-g(\boldsymbol{d}^{(k-1)},\boldsymbol{u}^{(k-1)})\end{aligned} \tag{13-90}$$

将式(13-87)代入到式(13-90)得

$$\begin{aligned}&-\hat{\beta}(\boldsymbol{d}^{(k-1)})\frac{(\nabla_U g(\boldsymbol{d}^{(k-1)},\boldsymbol{u}^{(k-1)}))^{\mathrm{T}}\nabla_U g(\boldsymbol{d}^{(k-1)},\boldsymbol{u}^{(k-1)})}{\|\nabla_U g(\boldsymbol{d}^{(k-1)},\boldsymbol{u}^{(k-1)})\|}=(\nabla_U g(\boldsymbol{d}^{(k-1)},\boldsymbol{u}^{(k-1)}))^{\mathrm{T}}\boldsymbol{u}^{(k-1)}-g(\boldsymbol{d}^{(k-1)},\boldsymbol{u}^{(k-1)})\\ &\Rightarrow\hat{\beta}(\boldsymbol{d}^{(k-1)})=\frac{g(\boldsymbol{d}^{(k-1)},\boldsymbol{u}^{(k-1)})-(\nabla_U g(\boldsymbol{d}^{(k-1)},\boldsymbol{u}^{(k-1)}))^{\mathrm{T}}\boldsymbol{u}^{(k-1)}}{\|\nabla_U g(\boldsymbol{d}^{(k-1)},\boldsymbol{u}^{(k-1)})\|}\end{aligned} \tag{13-91}$$

则可得设计参数 $\boldsymbol{d}^{(k-1)}$ 条件下的近似可靠度指标 $\hat{\beta}(\boldsymbol{d}^{(k-1)})$ 为

$$\hat{\beta}(\boldsymbol{d}^{(k-1)})=\alpha^{(k-1)}[g(\boldsymbol{d}^{(k-1)},\boldsymbol{u}^{(k-1)})-(\boldsymbol{u}^{(k-1)})^{\mathrm{T}}\nabla_U g(\boldsymbol{d}^{(k-1)},\boldsymbol{u}^{(k-1)})] \tag{13-92}$$

其中 $\boldsymbol{u}^{(k-1)}$ 是标准正态空间中采用一次二阶矩方法的得到的设计点，$\alpha^{(k-1)}$ 定义为

$$\alpha^{(k-1)}=\frac{1}{\|\nabla_U g(\boldsymbol{d}^{(k-1)},\boldsymbol{u}^{(k-1)})\|} \tag{13-93}$$

下一步迭代的设计点 $\boldsymbol{u}^{(k)}$ 将可通过当前近似得到的可靠度指标及上一步的设计点信息根据式(13-87)进行更新，即

$$\boldsymbol{u}^{(k)}=-\hat{\beta}(\boldsymbol{d}^{(k-1)})\alpha^{(k-1)}\nabla_U g(\boldsymbol{d}^{(k-1)},\boldsymbol{u}^{(k-1)}) \tag{13-94}$$

而可靠度指标近似式 $\hat{\beta}(\boldsymbol{d}^{(k-1)})$ 的梯度可通过下式求得[23-24]，即

$$\nabla_{\boldsymbol{d}}\hat{\beta}_i(\boldsymbol{d}^{(k-1)})=\nabla_{\boldsymbol{d}}g_i(\boldsymbol{d}^{(k-1)},\boldsymbol{u}^{(k-1)})/\|\nabla_U g_i(\boldsymbol{d}^{(k-1)},\boldsymbol{u}^{(k-1)})\| \tag{13-95}$$

因此，式(13-86)可通过下式近似得到

$$\hat{\beta}^{(k)}(\boldsymbol{d})\approx\hat{\beta}(\boldsymbol{d}^{(k-1)})+(\nabla_{\boldsymbol{d}}\hat{\beta}(\boldsymbol{d}^{(k-1)}))^{\mathrm{T}}(\boldsymbol{d}-\boldsymbol{d}^{(k-1)}) \tag{13-96}$$

上述解耦法的过程实质上是简化了内层可靠性分析的过程，并未完全解耦。完全解耦法的思想为：在进行优化前求得失效概率函数 $P_f(\boldsymbol{d})$ 的解析式或插值模型，在求得失效概率函数后可靠性优化过程可以彻底地转换为确定性优化过程。对于失效概率函数的求解可以采用第 11 章所介绍的高效方法。完全解耦法的可靠性优化设计模型为

$$\left.\begin{aligned}&\min_{\boldsymbol{d}} C(\boldsymbol{d})\\ &\text{s.t.}\ \begin{cases}\hat{P}_{f_i}(\boldsymbol{d})\leqslant P_{f_i}^{*},\ i=1,2,\cdots,m\\ \boldsymbol{d}^{L}\leqslant\boldsymbol{d}\leqslant\boldsymbol{d}^{U},\ \boldsymbol{d}\in R^{n_d}\end{cases}\end{aligned}\right\} \tag{13-97}$$

其中 $\hat{P}_{f_i}(\boldsymbol{d})$ 为进行优化设计前预先求得的失效概率函数的估计式。

13.2　稳健性优化设计

可靠性优化设计的目标是搜索失效概率小于给定可接受水平的设计方案，而稳健优化设计的目标是寻找对不确定性因素变差不敏感的设计方案。虽然两者从本质上讲都是考虑随机因素的优化，可以抽象成相似的数学模型，然而它们的研究对象和侧重点是不同的。可靠性优

化设计是使结构失效出现的概率小于可接受水平，关心的是功能函数概率密度函数的尾部。稳健性优化设计关心的是参数在发生波动的条件下结构性能的变异程度，即结构的稳健性，是以降低结构性能对参数变异的敏感性为目标的。

最早的稳健设计是由 Taguchi 所创立的以实验设计和信噪比为工具的三次设计方法，其基本思想是：在不消除和减小不确定性源的前提下，通过设计来尽可能地降低不确定性因素对产品性能的影响。Taguchi 方法是在离散空间内实施的，主要基于试验，被称为基于试验的稳健设计。随着计算机仿真技术的发展，基于仿真模型的稳健设计得到了人们更多的研究重视，主要是因为 Taguchi 方法的设计变量是定义在离散空间内的，而且很难处理工程设计的约束条件，而基于仿真模型的稳健设计可以在连续的设计空间内利用数学优化算法寻找最优解。近年来，随着计算机技术、优化设计方法、CAE 技术的迅速发展，稳健设计被赋予了更多的内容，稳健设计也从传统的三次设计发展为现代稳健优化设计。稳健性优化的几个主要研究问题为：①稳健性的度量；②目标函数的处理及数学模型的建立；③稳健优化的求解策略。

确定性优化解、可靠性优化解及稳健优化解的具体区别如图 13－7 所示，确定性优化解在图中的点 A，当设计变量在 $\pm\Delta x$ 范围内变化时，点 A 处的响应波动 Δy_A 较大，很有可能超出约束边界从而导致设计失败。点 B 是在满足可靠度要求的前提下目标函数的可靠性优化解，点 C 是稳健性优化设计得到的最优解。由图 13－7 可见，在 $\pm\Delta x$ 的范围内变化时，点 B 的设计目标的波动 Δy_B 没有超出约束边界，满足可靠性的要求，但与 C 点相比，其对设计变量 x 具有更高的敏感性，而点 C 不仅在满足约束条件的前提下具有较好的设计响应值（与点 B 的差距不大），而且当假定设计变量在 $\pm\Delta x$ 的范围内变化时，响应的波动值仅为 Δy_C（$\Delta y_C < \Delta y_B$），目标函数对参数不敏感，比较稳健。

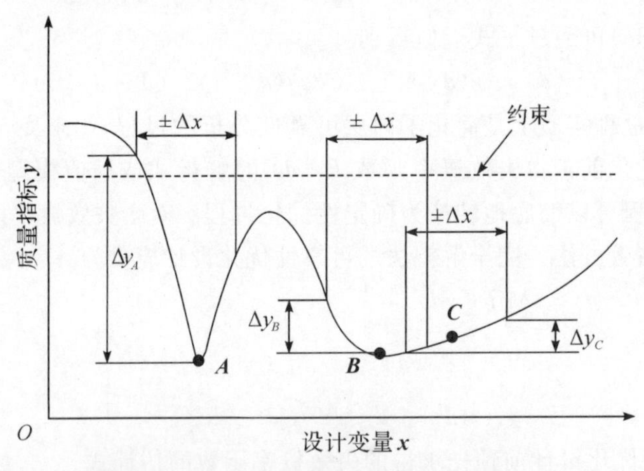

A 为确定性优化解；B 为可靠性优化解；C 为稳健性优化解

图 13－7　确定性优化与不确定性优化

在可靠性优化设计的基础上，稳健性优化设计不仅要考虑输入变量和设计变量的不确定性，让目标值在满足概率约束和确定性约束的条件下达到尽可能的小，同时要保证它的稳健性。稳健性优化设计的数学模型为

$$
\left.\begin{array}{l}
\operatorname{Min} M(C) \\
\text{s.t.}\left\{\begin{array}{l}
P\{l_i(\boldsymbol{X},\boldsymbol{d})>0\} \leqslant P_{f_i}^*,\ i=1,2,\cdots,m \\
h_j(\boldsymbol{d}) \leqslant 0,\ j=1,2,\cdots,M \\
\boldsymbol{d}^L \leqslant \boldsymbol{d} \leqslant \boldsymbol{d}^U,\ \boldsymbol{d} \in R^{n_d}
\end{array}\right.
\end{array}\right\} \tag{13-98}
$$

式中，$M(C)$ 为确定性优化的目标函数 $C(d)$ 的稳健性度量，目前有 3 种度量方法：①由结构某种性能的方差来度量稳健性；②Du 等人提出的基于分位数的指标；③Beer 等基于 Shannon 熵的概念提出的第 3 类稳健度量指标，该指标的优点是可以处理非概率不确定性因素。目标函数 C 的均值 $\mu_C(\boldsymbol{d})$ 和标准差 $\sigma_C(\boldsymbol{d})$ 的组合是目前运用最为广泛的度量，基于此，式(13－98)中目标函数可具体表示为

$$
\operatorname{Min}[\mu_C(\boldsymbol{d}),\sigma_C(\boldsymbol{d})] \tag{13-99}
$$

亦有学者将随机响应的高阶矩考虑到稳健性度量中，可以看出稳健性优化设计是一个多目标优化问题。为了将一个多目标优化问题变成单目标优化问题，学者 Du 与 Lee 等人利用加权组合法将多目标问题转化为单目标问题。基于加权组合法及矩方法求解可靠性约束的稳健性优化设计模型如下所述。

基于二阶矩的稳健性优化设计的数学模型为[25-27]

$$
\left.\begin{array}{l}
\operatorname{Min}\ \omega_1 \dfrac{\mu_C}{\mu_C^*}+\omega_2 \dfrac{\sigma_C}{\sigma_C^*} \\
\text{s.t.}\left\{\begin{array}{l}
\mu_{l_i}+\beta_i^* \sigma_{l_i} \leqslant 0,\ i=1,2,\cdots,m \\
h_j(\boldsymbol{d}) \leqslant 0,\ j=1,2,\cdots,M \\
\boldsymbol{d}^L \leqslant \boldsymbol{d} \leqslant \boldsymbol{d}^U,\ \boldsymbol{d} \in R^{n_d}
\end{array}\right.
\end{array}\right\} \tag{13-100}
$$

式中，ω_1 和 ω_2 为加权因子，且有 $\omega_1+\omega_2=1$；μ_C 和 σ_C 分别为目标函数的均值和标准差，μ_C^* 和 σ_C^* 分别为单目标情况下的最优解。通常情况下取 $\omega_1=\omega_2=0.5$，但也可根据实际问题进行调整。

基于随机响应的前 4 阶统计矩来度量目标函数和概率约束条件的稳健性，建立的基于高阶矩的稳健性优化设计的数学模型为[28]

$$
\left.\begin{array}{l}
\operatorname{Min}\ \omega_1 \dfrac{\alpha_{1C}}{\alpha_{1C}^*}+\omega_2 \dfrac{\alpha_{2C}}{\alpha_{2C}^*}+\omega_3 \dfrac{\alpha_{3C}}{\alpha_{3C}^*}+\omega_4 \dfrac{\alpha_{4C}}{\alpha_{4C}^*} \\
\text{s.t.}\left\{\begin{array}{l}
3(\alpha_{4l_i}-1)\alpha_{1l_i}/\alpha_{2l_i}+\alpha_{3l_i}(\alpha_{1l_i}^2/\alpha_{2l_i}^2-1)+\beta_i^* \sqrt{5\alpha_{3l_i}^2-9\alpha_{4l_i}+9)(1-\alpha_{4l_i})} \leqslant 0,\ i=1,2,\cdots,m \\
h_j(\boldsymbol{d}) \leqslant 0,\ j=1,2,\cdots,M \\
\boldsymbol{d}^L \leqslant \boldsymbol{d} \leqslant \boldsymbol{d}^U,\ \boldsymbol{d} \in R^{n_d}
\end{array}\right.
\end{array}\right\} \tag{13-101}
$$

式中，$\omega_1,\cdots,\omega_4$ 为加权因子，且有 $\omega_1+\omega_2+\omega_3+\omega_4=1$。$\alpha_{kf}^*(k=1,2,3,4)$ 分别为单目标情况下的四阶矩的最优解。通常情况下取 $\omega_1=\omega_2=\omega_3=\omega_4=0.25$，但也可根据实际问题进行调整。

稳健性优化设计的基本流程如图 13－8 所示，主要分为以下四步。

第 1 步：不考虑自变量的不确定性，进行确定性优化设计，其优化解将作为稳健优化设计的初始解。

第 2 步：考虑自变量的不确定性和增加满足可靠度要求的约束，建立稳健优化设计的数学

模型。

第 3 步：选取合适的稳健性度量，并处理目标函数。

第 4 步：进行稳健优化设计模型的求解，如果不收敛则重新设计，如果收敛即得到稳健的优化解，结束计算。

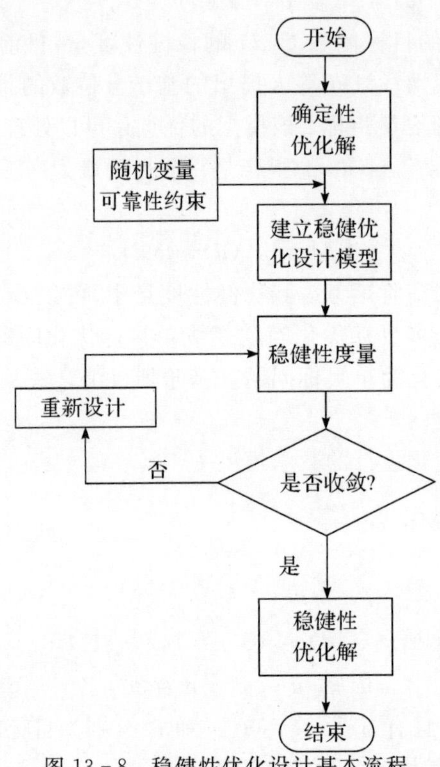

图 13－8　稳健性优化设计基本流程

基于稀疏网格的矩估计方法：

对于功能函数以及目标函数的前 4 阶统计矩的计算，本章介绍稀疏网格法[29]来进行矩估计。

近年来，以 Smolyak 准则为基础的稀疏网格法被广泛地应用到数值积分、插值、微分方程的求解以及随机不确定性的传递分析中，并且已经被证明是一种特别适用于高维情况的有效离散化方法。其基本原理如下所述。

设 $U_1^{s_i}$ 和 $w_1^{s_i}$ 表示第 i 个变量一维空间中的积分点和权重，则 n 维空间中 k 精度水平下所有的稀疏网格积分点的集合 $\boldsymbol{U}_n^{(k)}$ 由以下 Smolyak 准则选取

$$\boldsymbol{U}_n^{(k)}=\bigcup_{k+1\leqslant|s|\leqslant q} U_1^{s_1}\otimes U_1^{s_2}\otimes\cdots\otimes U_1^{s_n} \tag{13-102}$$

式中，$\otimes$ 表示张量积计算，$q=k+n$，$|s|=s_1+s_2+\cdots+s_n$ 为多维指标之和。依据 Smolyak 准则，集合 $\boldsymbol{U}_n^k$ 中相应于第 l 个积分点 $\boldsymbol{\xi}_l=[\xi_{l_{s_1}}^{s_1},\cdots,\xi_{l_{s_n}}^{s_n}]\in\boldsymbol{U}_n^k$ 的权重 ω_l 为

$$\omega_l=(-1)^{q-|s|}\binom{n-1}{q-|s|}(\omega_{l_{s_1}}^{s_1}\cdots\omega_{l_{s_n}}^{s_n}) \tag{13-103}$$

则对含有 n 维基本变量 $\boldsymbol{X}=\{X_1,X_2\cdots,X_n\}$ 的非线性函数 $g(\boldsymbol{X})$ 的积分可以由式(13－104)中的稀疏网格积分公式求得，并且能够达到 $2k+1$ 阶多项式精度，即

$$\int\cdots\int_{R^n} g(\boldsymbol{x}) f_{\boldsymbol{X}}(\boldsymbol{x}) \mathrm{d}\boldsymbol{x} \approx \sum_{l=1}^{N_n^{(k)}} \omega_l g(T^{-1}(\boldsymbol{\xi}_l)) = \sum_{l=1}^{N_n^{(k)}} \omega_l g(\boldsymbol{x}_l) \tag{13-104}$$

式中，$f_{\boldsymbol{X}}(\boldsymbol{x})$ 为基本输入变量 $\boldsymbol{X}$ 的联合概率密度函数。$\boldsymbol{\xi}_l$ 和 ω_l 分别为依据稀疏网格选点技术得到的 n 维空间中的积分点以及相应的权重，$N_n^{(k)}$ 表示积分点的个数。$T^{-1}(\cdot)$ 为任意分布的变量 $\boldsymbol{X}$ 向积分点 $\boldsymbol{\xi}$ 空间变换函数的反函数，在第 l 个积分点 $\boldsymbol{\xi}_l$ 处的 $\boldsymbol{X}$ 的值为 $\boldsymbol{x}_l$，$\boldsymbol{x}_l = T^{-1}(\boldsymbol{\xi}_l)$。

稀疏网格积分法求解模型 $Y = g(\boldsymbol{X})$ 输出的前 4 阶中心矩的表达式为

$$\alpha_{1g} = \int\cdots\int_{R^n} g(\boldsymbol{x}) f_{\boldsymbol{X}}(\boldsymbol{x}) \mathrm{d}\boldsymbol{x} \approx \sum_{l=1}^{N_n^{(k)}} \omega_l g(\boldsymbol{x}_l) \tag{13-105}$$

$$\alpha_{pg} = \int\cdots\int_{R^n} (g(\boldsymbol{x}) - \alpha_{1g})^p f_{\boldsymbol{X}}(\boldsymbol{x}) \mathrm{d}\boldsymbol{x} \approx \sum_{l=1}^{N_n^{(k)}} \omega_l (g(\boldsymbol{x}_l) - \alpha_{1g})^p, \ p = 2,3,4 \tag{13-106}$$

由于 Smolyak 准则的稀疏网格积分能够在一定程度上克服传统数值积分计算量随变量维数呈指数级增长(即“维度诅咒”)的问题，因而对高维积分问题具有很好的适用性。其实现过程简单灵活，采用不同类型一维积分点可适用于不同输入分布，通过调整精度水平 k 可以很方便地提高积分的精度。

13.3　算例分析

算例 13.7　某等截面积的矩形悬臂梁结构的受力情况如图 13-9 所示，输入变量 P、E、L、σ_d、w 分别代表集中力、弹性模量、悬臂梁的长度、许可应力以及许可挠度，并且它们之间相互独立，具体参数见表 13-1。设计变量为横截面的宽 a 与高 b，即设计变量向量为 $\boldsymbol{d} = \{a, b\}^{\mathrm{T}}\,\mathrm{mm}$，它们的标准差为 $\boldsymbol{\sigma_d} = \{0.1, 0.1\}^{\mathrm{T}}\,\mathrm{mm}$。悬臂梁的主要失效模式是强度失效和刚度失效，需要满足的可靠度 $\beta^* = 3$，优化设计的目标是通过设计使得悬臂梁横截面积最小。

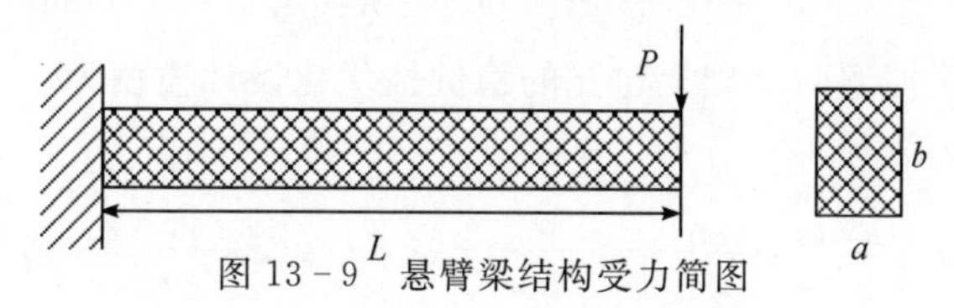

图 13-9　悬臂梁结构受力简图

表 13-1　悬臂梁结构输入变量的分布参数

输入变量	分布类型	均值	标准差
P/kN	正态	20	2
E/GPa	正态	206	10.3
L/mm	正态	200	1
σ_d/GPa	正态	300	15
w/mm	正态	1	0.005

根据力学知识，悬臂梁的强度失效和刚度失效对应的约束条件表达式分别为

$$l_1(\boldsymbol{d}) = \frac{6PL}{ab^2} - \sigma_d \leqslant 0 \tag{13-107}$$

$$l_2(\boldsymbol{d})=\frac{4PL^3}{Eab}-w\leqslant 0 \tag{13-108}$$

此外,还应考虑悬臂梁结构需满足的设计规范要求,即尺寸约束为

$$1\leqslant\frac{b}{a}\leqslant 2 \tag{13-109}$$

$$20\leqslant a\leqslant 40,\quad 40\leqslant b\leqslant 55 \tag{13-110}$$

其中,式(13-109)可转化为

$$b-a\geqslant 0,\quad b-2a\leqslant 0 \tag{13-111}$$

首先,不考虑设计变量的随机性,建立确定性优化设计的数学模型为

$$\left.\begin{aligned}&\text{Find } a,b\\&\text{Min } C(\boldsymbol{d})=ab\\&\text{s.t. } l_1(\boldsymbol{d})=\frac{6PL}{ab^2}-\sigma_d\leqslant 0\\&\qquad l_2(\boldsymbol{d})=\frac{4PL^3}{Eab}-w\leqslant 0\\&\qquad b-a\geqslant 0,\quad b-2a\leqslant 0\\&\qquad 20\leqslant a\leqslant 40,\quad 40\leqslant b\leqslant 55\end{aligned}\right\} \tag{13-112}$$

基于该确定性优化模型的基础上建立的可靠性优化设计模型为

$$\left.\begin{aligned}&\text{Find } a,b\\&\text{Min } C(\boldsymbol{d})=ab\\&\text{s.t. } P\left\{l_1(\boldsymbol{d})=\frac{6PL}{ab^2}-\sigma_d\geqslant 0\right\}\leqslant\Phi(-3)\\&\qquad P\left\{l_2(\boldsymbol{d})=\frac{4PL^3}{Eab}-w\geqslant 0\right\}\leqslant\Phi(-3)\\&\qquad b-a\geqslant 0,\quad b-2a\leqslant 0\\&\qquad 20\leqslant a\leqslant 40,\quad 40\leqslant b\leqslant 55\end{aligned}\right\} \tag{13-113}$$

基于该可靠性优化模型的基础上建立的稳健性优化设计模型为

$$\left.\begin{aligned}&\text{Find } a,b\\&\text{Min } \omega_1\frac{\alpha_{1C}}{\alpha^*_{1C}}+\omega_2\frac{\alpha_{2C}}{\alpha^*_{2C}}+\omega_3\frac{\alpha_{3C}}{\alpha^*_{3C}}+\omega_4\frac{\alpha_{4C}}{\alpha^*_{4C}}\left(\text{或 }\omega_1\frac{\alpha_{1C}}{\alpha^*_{1C}}+\omega_2\frac{\alpha_{2C}}{\alpha^*_{2C}}\right)\\&\text{s.t. } P\left\{l_1(\boldsymbol{d})=\frac{6PL}{ab^2}-\sigma_d\geqslant 0\right\}\leqslant\Phi(-3)\\&\qquad P\left\{l_2(\boldsymbol{d})=\frac{4PL^3}{Eab^3}-w\geqslant 0\right\}\leqslant\Phi(-3)\\&\qquad b-a\geqslant 0,\quad b-2a\leqslant 0\\&\qquad 20\leqslant a\leqslant 40,\quad 40\leqslant b\leqslant 55\end{aligned}\right\} \tag{13-114}$$

优化结果见表13-2。可靠性优化采用式(13-77)的优化过程。功能函数以及目标函数的各阶矩的求解采用稀疏网格法进行求解。由表13-2的优化结果可以看出,考虑变量的随机不确定性所得到的可靠性优化及稳健性优化结果的目标函数值均大于确定性优化的目标函数值,稳健性优化结果的目标函数值大于可靠性优化结果的目标函数值,这也验证了图13-7中的分析结论。

表 13-2　悬臂梁结构的优化结果

优化方法	a/mm	b/mm	$C(\boldsymbol{d})$/mm
确定性优化	24.963 5	49.927 0	1 246.353 9
可靠性优化	26.878 6	53.757 3	1 444.921 8
基于二阶矩的稳健性优化	28.427 6	52.762 6	1 499.911 4
基于四阶矩的稳健性优化	27.499 9	54.999 4	1 512.481 3

悬臂梁结构可靠性优化设计及稳健性优化的 MATLAB 程序见表 13-3。

表 13-3　悬臂梁结构可靠性优化设计及稳健性优化设计的 MATLAB 程序

```
clc
clear all
lb=[20,40];
ub=[40,55];
A=[-2,1;1,-1];
b=[0;0];
x0=[35 55];
Sigma=[0.1 0.1];
[x,fval]=fmincon(@myfun,x0,A,b,[],[],lb,ub,@mycon)%确定性优化
[x,fval]=fmincon(@myfun,x0,A,b,[],[],lb,[],@robust_con)%可靠性优化
[xr,fval]=fmincon(@r_fun,x,A,b,[],[],lb,ub,@robust_con)%稳健性优化

function f = myfun(x)%%确定性优化和可靠性优化的目标函数
f=x(:,1).*x(:,2);
end

function [c,ceq]=mycon(x)%确定性优化的约束条件
ceq=[];
P=20;
E=206;
L=200;
s=300;
w=1;
c(1)=(6*P*L)/(x(1)*x(2)^2)-s;
c(2)=(4*P*L^3)/(E*x(1)*x(2)^3)-w;
end

function fr = r_fun(x)%稳健性优化的目标函数
Sigma=[0.1 0.1];
Mu=[x(1),x(2)];
[f1,f2,f3,f4]=nwSpGr_FM(Mu,Sigma,@myfun); %系数网格法求解目标函数前四阶矩
% fr=0.5*f1/f1*+0.5*f2/f2*; %基于二阶矩的稳健性优化目标函数
```

```
% fr=0.25 * f1/f1 * +0.25 * f2/f2 * +0.25 * f3/f3 * +0.25 * f4/f4 * ;
%基于四阶矩的稳健性优化目标函数
End %其中 f1 * 为 fr=f1 时所求结果;f2 * 为 fr=f2 时所求结果;f3 * 为 fr=f3 时所求结果;f4 * 为 fr=
%f4 时所求结果。

function [c,ceq] = robust_con(x) %稳健性优化的约束条件
ceq=[];
Sigma=[0.1,0.1,2,10.3,1,15,0.005];
P=20;
E=206;
L=200;
sd=300;
w=1;
%基于二阶矩的稳健性优化的约束条件
Mu=[x(1),x(2),P,E,L,sd,w];
[m,s]=nwSpGr_FM(Mu,Sigma,@r_1);
c(1)=3 * s+m;
[m,s]=nwSpGr_FM(Mu,Sigma,@r_2);
c(2)=3 * s+m;

%基于四阶矩的稳健性优化的约束条件
% [a1,a2,a3,a4]=nwSpGr_FM(Mu,Sigma,@r_1);
% c(1)=3 * (a4-1) * a1/a2+a3 * (a1^2/(a2^2)-1)+3 * sqrt((5 * a3^2-9 * a4+9) * (1-a4));
% [a1,a2,a3,a4]=nwSpGr_FM(Mu,Sigma,@r_2);
% c(2)=3 * (a4-1) * a1/a2+a3 * (a1^2/(a2^2)-1)+3 * sqrt((5 * a3^2-9 * a4+9) * (1-a4));
end
```

13.4 本章小结

本章主要介绍了随机不确定性环境下的结构优化设计理论,包括可靠性优化设计和稳健性优化设计。同时综述了不确定性优化设计较确定性优化设计的优势,分析了确定性优化设计、可靠性优化设计和稳健性优化设计之间的关系。

在可靠性优化设计中,综述了可靠性优化设计的四类求解方法,主要针对基本的双层循环分析算法(包括可靠度指标法及功能测度法)进行了详细的介绍。在可靠度指标法中引入了矩方法,将内层可靠性求解的优化过程转换为功能函数矩的求解,而对矩的求解介绍了高效的稀疏网格法。

在稳健性优化设计中,综述了其与可靠性优化设计的区别,介绍了将多目标优化设计转化为单目标优化设计的加权组合法,包括基于目标函数前 2 阶矩的线性加权法以及基于目标函数前 4 阶矩的线性加权法。

参考文献

[1] MADSEN H O, HANSEN P F. A comparison of some algorithms for reliability-based structural optimization and sensitivity analysis [J]. Springer-Verlag Berlin Heidelberyg, 2015,76:443 - 451.

[2] KUSCHEL N, RACKWITZ R. Two basic problems in reliability-based structural optimization[J]. Mathematical Methods of Operations Research, 1997, 46(3):309 - 333.

[3] KUSCHEL N, RACKWITZ R. Optimal design under time-variant reliability constraints[J]. Structural Safety, 2000, 22(2): 113 - 127.

[4] KIRJNER - NETO C, POLAK E, KIUREGHIAN A D. An outer approximation approach to reliability-based optimal design of structures[J]. Journal of Optimization Theory & Applications, 1998, 98(1): 1 - 16.

[5] KHARMANDA G, MOHAMED A, LEMAIRE M. Efficient reliability based design optimization using a hybrid space with application to finite element analysis [J]. Structural and Multidisciplinary Optimization, 2002, 24(3): 233 - 245.

[6] CHEN D, HASSELMAN T K, NEILL D J. Reliability-based structural design optimization for practical applications [C]. Proceedings of the 38th AIAA/ASME/ASCE/AHS/ASC Structures, Structural Dynamics, and Material Conference, Kissimmee, 1997: 2724 - 2732.

[7] LIANG J, MOURELATOS Z P, TU J. A single-loop method for reliability-based design optimization[C]. Proceedings of ASME Design Engineering Technical Conferences, 2004: 225 - 233.

[8] LIANG J, MOURELATOS Z P, NIKOLAIDIS E. A single-loop approach for system reliability-based design optimization[J]. Journal of Mechanical Design, 2007, 129(12): 1215 - 1224.

[9] KAYMAZ I, MARTI K. Reliability-based design optimization for elastoplastic mechanical structures[J]. Computers & Structures, 2007, 85(10): 615 - 625.

[10] SHAN S, WANG G G. Reliable design space and complete single-loop reliability-based design optimization[J]. Reliability Engineering & System Safety, 2008, 93(8): 1218 - 1230.

[11] ROYSET J O, KIUREGHIAN A D, POLAK E. Reliability-based optimal structural design by the decoupling approach[J]. Reliability Engineering & System Safety, 2001, 73(3): 213 - 221.

[12] WU Y T, WANG W. Efficient probabilistic design by converting reliability constraints to approximately equivalent deterministic constraints[J]. Journal of Integrated Design and Process Science, 1998, 2(4): 13 - 21.

[13] QU X, HAFTKA R T. Reliability-based design optimization using probabilistic sufficiency factor[J]. Structural and Multidisciplinary Optimization, 2004, 27(5): 314 - 325.

[14] DU X, CHEN W. Sequential optimization and reliability assessment method for efficient probabilistic design [J]. Journal of Mechanical Design, 2004, 126(2): 225 - 233.

[15] CHENG G, XU L, JIANG L. A sequential approximate programming strategy for reliability-based structural optimization [J]. Computers & Structures, 2006, 84 (21): 1353 - 1367.

[16] YI P, CHENG G, JIANG L. A sequential approximate programming strategy for performance-measure-based probabilistic structural design optimization [J]. Structural Safety, 2008, 30(2): 91 - 109.

[17] CHING J, HSU W C. Transforming reliability limit-state constraints into deterministic limit-state constraints [J]. Structural Safety, 2008, 30(1): 11 - 33.

[18] ZOU T, MAHADEVAN S. A direct decoupling approach for efficient reliability-based design optimization[J]. Structural and Multidisciplinary Optimization, 2006, 31(3): 190 - 200.

[19] CHAN K Y, SKERLOS S J, PAPALAMBROS P. An adaptive sequential linear programming algorithm for optimal design problems with probabilistic constraints [J]. Journal of Mechanical Design, 2007, 129(2): 140 - 149.

[20] TORNG T Y, YANG R J. An advanced reliability-based optimization method for robust design optimization method[M]// SPANOS P D, WU Y T. Probabilistic Structural Mechanics: Advances in Structural Reliability Methods. New York: Springer, 1993:534 - 549.

[21] NIKOLAIDIS E, BURDISSO R. Reliability-based design optimization using probabilistic sufficiency factor [J]. Computers & Structures, 1988, 28(6): 781 - 788.

[22] TU J, CHOI K K. A new study on reliability-based design optimization [J]. Journal of Mechanical Design, 1999, 121(4): 557 - 564.

[23] ENEVOLDSEN I B. Sensitivity analysis of reliability-based optimal solution [J]. Journal of Engineering Mechanics, 1994, 120(1): 198 - 205.

[24] HOHENBICHLER M, RACKWITZ R. Sensitivity and importance measures in structural reliability [J]. Civil Engineering Systems, 2007, 3(4): 203 - 209.

[25] DU X P, CHEN W. Towards a better understanding of modeling feasibility robustness in engineering design [J]. Journal of Mechanical Design, 2000, 122(4): 385 - 394.

[26] HANG B, DU X P. A robust design method using gauss-hermite integration [J]. International Journal for Numerical Methods in Engineering, 2006, 22(12): 1841 - 1858.

[27] LEE K H, PARK G J. Robust optimization considering tolerances of design variables [J]. Computers and Structures, 2001, 79: 77 - 86.

[28] 宋述芳，吕震宙. 基于高阶矩的稳健性优化设计研究[J]. 力学学报, 2012, 44(4): 735 - 744.

[29] GERSTNER T, GRIEBEL M. Numerical integration using sparse grids [J]. Numerical Algorithms, 1998, 18(3 - 4): 209 - 232.